住房和城乡建设部"十四五"规划教材
高等学校土木工程专业应用型人才培养系列教材
"十三五"江苏省高等学校重点教材

土木工程施工技术
（第二版）

王利文　郑显春　主　编
马兴亮　杨曙兰　吴昌胜　刘　阳　李世才　副主编

中国建筑工业出版社

图书在版编目（CIP）数据

土木工程施工技术/王利文，郑显春主编；马兴亮
等副主编. --2 版. --北京：中国建筑工业出版社，
2024. 6. --（住房和城乡建设部"十四五"规划教材）
（高等学校土木工程专业应用型人才培养系列教材）（"
十三五"江苏省高等学校重点教材）. --ISBN 978-7
-112-29955-3

Ⅰ. TU7

中国国家版本馆 CIP 数据核字第 20246SN468 号

　　本书是依据现行规范、标准、企业工法编制的立体化教材。本教材适当页注了施工中
应用到的规范、规程、标准对应条文，同时通过二维码植入了教学视频，方便读者在可视
化情景中学习。

　　全书共分 12 章，内容包括土方工程、地基处理与桩基础施工、砌体工程、模架与垂
直运输设备、钢筋混凝土工程、装配式结构工程、防水工程、建筑装饰与节能工程、地下
工程、道路与桥梁工程、城市轨道工程、虚拟施工。

　　本书针对应用型本科的特点，强调理论联系实际，以达到培养学生解决工程实际问题
的能力。同时反映了当前土木工程施工的先进水平，删减了部分淘汰工艺，增加了部分新
技术、新材料、新设备、新工艺的内容。本书可作为高等院校土木工程专业、工程项目管
理专业及其他相关专业的施工技术课教材，不仅适合应用型人才培养，同时也可作为现场
工程师参考用书。

　　为了更好地支持教学，我社向采用本书作为教材的教师提供课件，有需要者可与出版
社联系，索取方式如下：邮箱 jckj@cabp.com.cn，电话（010）58337285。

＊　　　＊　　　＊

责任编辑：仕　帅　吉万旺　王　跃
责任校对：张惠雯

住房和城乡建设部"十四五"规划教材
高等学校土木工程专业应用型人才培养系列教材
"十三五"江苏省高等学校重点教材
土木工程施工技术
（第二版）
王利文　郑显春　主　编
马兴亮　杨曙兰　吴昌胜　刘　阳　李世才　副主编

＊

中国建筑工业出版社出版、发行（北京海淀三里河路 9 号）
各地新华书店、建筑书店经销
北京科地亚盟排版公司制版
廊坊市海涛印刷有限公司印刷

＊

开本：787 毫米×1092 毫米　1/16　印张：32¾　字数：813 千字
2024 年 12 月第二版　　2024 年 12 月第一次印刷
定价：**88.00** 元（赠教师课件及配套数字资源）
ISBN 978-7-112-29955-3
（41990）

出 版 说 明

党和国家高度重视教材建设。2016 年，中办国办印发了《关于加强和改进新形势下大中小学教材建设的意见》，提出要健全国家教材制度。2019 年 12 月，教育部牵头制定了《普通高等学校教材管理办法》和《职业院校教材管理办法》，旨在全面加强党的领导，切实提高教材建设的科学化水平，打造精品教材。住房和城乡建设部历来重视土建类学科专业教材建设，从"九五"开始组织部级规划教材立项工作，经过近 30 年的不断建设，规划教材提升了住房和城乡建设行业教材质量和认可度，出版了一系列精品教材，有效促进了行业部门引导专业教育，推动了行业高质量发展。

为进一步加强高等教育、职业教育住房和城乡建设领域学科专业教材建设工作，提高住房和城乡建设行业人才培养质量，2020 年 12 月，住房和城乡建设部办公厅印发《关于申报高等教育职业教育住房和城乡建设领域学科专业"十四五"规划教材的通知》（建办人函〔2020〕656 号），开展了住房和城乡建设部"十四五"规划教材选题的申报工作。经过专家评审和部人事司审核，512 项选题列入住房和城乡建设领域学科专业"十四五"规划教材（简称规划教材）。2021 年 9 月，住房和城乡建设部印发了《高等教育职业教育住房和城乡建设领域学科专业"十四五"规划教材选题的通知》（建人函〔2021〕36 号）。为做好"十四五"规划教材的编写、审核、出版等工作，《通知》要求：（1）规划教材的编著者应依据《住房和城乡建设领域学科专业"十四五"规划教材申请书》（简称《申请书》）中的立项目标、申报依据、工作安排及进度，按时编写出高质量的教材；（2）规划教材编著者所在单位应履行《申请书》中的学校保证计划实施的主要条件，支持编著者按计划完成书稿编写工作；（3）高等学校土建类专业课程教材与教学资源专家委员会、全国住房和城乡建设职业教育教学指导委员会、住房和城乡建设部中等职业教育专业指导委员会应做好规划教材的指导、协调和审稿等工作，保证编写质量；（4）规划教材出版单位应积极配合，做好编辑、出版、发行等工作；（5）规划教材封面和书脊应标注"住房和城乡建设部'十四五'规划教材"字样和统一标识；（6）规划教材应在"十四五"期间完成出版，逾期不能完成的，不再作为《住房和城乡建设领域学科专业"十四五"规划教材》。

住房和城乡建设领域学科专业"十四五"规划教材的特点，一是重点以修订教育部、住房和城乡建设部"十二五""十三五"规划教材为主；二是严格按照专业标准规范要求编写，体现新发展理念；三是系列教材具有明显特点，满足不同层次和类型的学校专业教学要求；四是配备了数字资源，适应现代化教学的要求。规划教材的出版凝聚了作者、主审及编辑的心血，得到了有关院校、出版单位的大力支持，教材建设管理过程有严格保障。希望广大院校及各专业师生在选用、使用过程中，对规划教材的编写、出版质量进行反馈，以促进规划教材建设质量不断提高。

住房和城乡建设部"十四五"规划教材办公室

2021 年 11 月

第二版前言

为贯彻落实国务院《深化标准化工作改革方案》精神，按照《住房和城乡建设部关于深化工程建设标准化工作改革的意见》（建标〔2016〕166号）关于构建我国全文强制性工程建设规范体系要求，住房和城乡建设部先后颁布了多本通用规范。第二版就是在这个背景下进行修订的。第二版除了在结合现行通用规范对第一版内容进行补充修订外，还在大学MOOC平台配套了"土木工程施工技术"在线课程，读者可以结合在线课程学习教材内容。在这次修订中，每章增加了素质教育的内容，在知识传递的同时，引领正确的价值观；同时增加了第12章虚拟施工创新性教学内容。随着信息技术的发展，传统方式的施工技术交底逐渐会被可视化虚拟仿真补充或替代，利用虚拟仿真方式给操作人员交底和利用编程指令给建筑机器人交底将是智能建造的两种形态。

本书内容涵盖了建筑工程、道路桥梁工程、地下工程、城市轨道交通工程等领域，力求构建土木工程较全面的知识体系。在内容上与我国现行规范、规程、标准吻合，并适当页注现行规范的对应条文，具有内容新颖、结构完整、深入浅出、通俗易懂、实用性强的特点。

在编写过程中，编写组与北京睿格致科技有限公司、湖南柏慕联创工程技术服务有限公司、长沙启睿信息技术咨询有限公司进行了深入的校企合作。北京睿格致科技有限公司刘阳结合公司开发的BIMFILM编写了第12章内容。湖南柏慕联创工程技术服务有限公司李世才提供了每章后基于BIM的工程案例。

本教材参考学时为48～64学时。

本书由王利文、郑显春担任主编，马兴亮、杨曙兰、吴昌胜、刘阳、李世才担任副主编。具体分工为：王利文编写第1章、第5章、第6章；郑显春编写第2章、第3章；杨曙兰编写第7章、第10章；吴昌胜编写第9章；马兴亮编写第4章；包海蓉编写第8章；宋杨编写第11章；刘阳编写第12章。

本书在编写过程中得到了许多业内人士的支持与指导，在此表示感谢。

由于编者学识水平有限，书中难免存在不足之处，恳请读者、同行专家批评指正。

编　者
2023.10

第一版前言

土木工程施工技术是一门综合性、实践性非常强的课程，笔者从事了二十多年施工教学，一直被如何在时间、空间、内容、进度上安排好实践性教学，如何把现场实践与课堂教学有机融合等此类问题所困扰。我们知道，这门课程必须联系实践，仅仅通过课堂教学是行不通的，土木工程建造过程中的许多施工流程、施工工艺特点，施工设备的选择与使用等，不可能仅仅在课堂的有限时间内讲明白。施工课程的现场教学虽然效果很好，但很难实现，而且安全问题一直困扰着课堂教学的实践延伸。

本书是一本立体、可视的"多媒体"教材，多媒体手段的参与，可以帮助读者身临其境地学习教材内容，在熟悉教材内容的同时，也能把理论融合到真实的实践案例中，解决了现场实践教学与课堂教学有机融合的问题，这个问题的解决得益于目前的信息化手段。本书利用二维码提供了与该书配套的微信公众平台 tmgcsjk 的图文信息、视频信息，这些信息扩展延伸了教材的知识，大量的施工图片、照片、动画演示、录像片段和工程案例，不仅使读者增加感性认识，而且易于理解和掌握课程内容，也利于加深印象、提高综合应用能力。

本书依据高等学校土木工程学科专业指导委员会编制的《高等学校土木工程本科指导性专业规范》进行章节编排，针对应用型本科的特点及土木工程专业的培养目标进行内容的编写，涵盖了建筑工程、道路工程、桥梁工程、地下工程、城市轨道交通等专业领域，力求构建土木工程较全面的知识体系。在内容上苛求与我国现行规范、规程、标准吻合，适当脚注现行设计、施工规范的对应条文，理论、规范与实践应用无缝对接，具有内容新颖、结构完整、深入浅出、通俗易懂、实用性强的特点。

在编写过程中，为了加强教材的实践内容，我们与江苏南通二建集团有限公司进行了深入的校企合作，组建了两个编写组。理论部分由常州工学院、南京理工大学、江南大学、徐州工程学院、河北建筑工程学院从事多年土木工程施工专业课教学的老师组成；实践部分由江苏南通二建集团有限公司杨晓东董事长率领的技术中心的工程师组成。

本书由王利文担任主编，杨晓东、郁海军、连俊英、于洋担任副主编。具体分工为：连俊英编写第1章，郑显春编写第2章，郁海军编写第3章，包海蓉编写第4章，王利文编写第5章、第6章，李卫青编写第7章，李胜编写第8章，吴大群编写第9章，于洋、李鹏波编写第10章，任大龙编写第11章，宋杨编写第12章。参与本书实践部分编写的工程师有：杨晓东、钱晨、席海华、陈海华、姚远、朱帅帅、周晨、张立、王少臣、陆云峰等。

本书由东南大学郭正兴教授担任主审，江苏南通二建集团有限公司总经理王忠担任副主审。他们对本书提出了许多宝贵意见，在此表示衷心感谢。本书在编写过程中得到了广大业内人士的支持与指导，如本书介绍的装配式结构安装工艺内容得到信息产业电子第十一设计研究院科技工程股份有限公司上海分公司俞一凡工程师的大力帮助，在此表示感谢。

由于编者学识水平有限，书中难免存在不足之处，恳切希望读者、同行专家批评指正。

编　者

2017. 10

目 录

第1章　土方工程

【知识目标】
(1) 土方工程量计算及调配；
(2) 土方挖填施工的要点；
(3) 土方工程机械化施工；
(4) 基坑降水及基坑支护施工技术；
(5) 基坑监测与基坑周边环境保护。

【能力目标】
(1) 能够编制土方挖填、基坑支护、基坑降水的专项施工方案；
(2) 能合理选用土方施工机械。

【素质教育】扫描二维码 1-1 观看红旗渠精神永存视频。

二维码 1-1
红旗渠精神
永存

红旗渠精神同延安精神是一脉相承的，是中华民族不可磨灭的历史记忆，永远震撼人心。年轻一代要继承和发扬吃苦耐劳、自力更生、艰苦奋斗的精神，摒弃骄娇二气，像我们的父辈一样把青春热血镌刻在历史的丰碑上。

——2022 年 10 月 28 日，习近平在河南安阳考察时的讲话

1.1　概述

二维码 1-2
土方概述

土木工程土方施工主要有：开挖、运输、填筑与压实等主要施工项目，以及排水、降水和土壁支撑等辅助土方施工准备工作，在实际施工中，辅助土方施工准备工作决定着土方工程施工的可行性。扫描二维码 1-2 观看土方概述教学视频。

1.1.1　土方工程的划分

土方工程是地基与基础分部的子分部，它包括土方开挖、土方回填、场地平整三个分项工程❶。

---

❶ 《建筑与市政工程施工质量控制通用规范》GB 55032—2022 规定：
A.0.1 建筑工程的分部工程、分项工程划分应符合表 A.0.1 的规定。

1.1.2　土方工程施工前准备工作

1. 收集建设单位提供的实测地形图、原有地下管线或构筑物竣工图、规划部分提供的控制点位置以及其他技术资料。主要有：

(1) 附有坐标和等高线的地形图；

(2) 拟建建（构）筑物的总平面布置图、基础形式、尺寸和埋置深度；

(3) 场地及其附近已有的勘察资料；

(4) 拟建场地的标高和土方调配情况；

(5) 基坑开挖深度、基坑平面尺寸、基坑地质勘察；

(6) 环境条件、场地的水文地质、场地的排水等。

2. 根据工程条件编制的土石方施工安全技术方案。包括：

(1) 编制挖、填土石方施工方案（土方调配方案、施工机械选择、场地内机械行走的道路修筑、场外运输道路方案选择等）；

(2) 基坑排降水、基坑边坡支护等专项方案论证；

(3) 编制施工计划，尽量避免雨期施工；

(4) 妥善保护施工区域内已有的土木工程、树木、通信、电力设备，施工前妥善处理施工区域内的其他障碍物；

(5) 落实土方施工的技术措施。如流砂、管涌、边坡稳定、基坑边堆载控制等。

3. 根据土石方施工安全技术方案，落实土方工程施工安全工作。

土方工程必须单独编制附具安全验算结果的专项施工方案，经施工单位技术负责人、总监理工程师签字后实施，由专职安全生产管理人员进行现场监督。土方工程施工安全工作包括：

1) 基坑开挖前，土方工程施工安全工作

随着城市建设加快，各种地下管网、电缆交叉密布，因为盲目的基坑开挖而挖坏地下管网，造成停水、停气、通信中断等事故频繁发生，严重影响了人民群众生命财产安全和城市运行秩序。所以基坑开挖前必须做好以下工作：

(1) 认真调查取证场地地下管线、设施的原始资料。

根据地下设施情况制定专项地下工程及设施的防护方案；例如：基坑平面位置、标高、边坡坡率、压实度、排水系统、地下水控制系统、预留土墩、分层开挖厚度、支护结构的变形限值。

(2) 合理安排土方运输车辆的行走路线及弃土场。

优化外运土方路线，合理避开交通繁忙线路和穿越主要通道，做好环境保护工作。

(3) 安排专职监测人员，对周围环境观测和监测。

对于附近有重要保护设施的基坑，应在土方开挖前对围护体的止水性能进行检验。

(4) 施工现场临时供水、供电管线埋设时，采取必要的防冻、防压、防渗措施。

(5) 施工现场警示灯、警示标牌的设置要醒目，施工防护围挡要坚固。

(6) 预防突发恶劣天气的避险预案。

2) 土石方施工机械安全

土石方施工的机械设备应有出厂合格证书，严禁超载作业或任意扩大范围。遇到下列情况之一时应立即停止作业：

（1）填挖区土体不稳定、有坍塌可能；

（2）地面涌水冒浆，出现陷车或因下雨发生坡道打滑；

（3）大雨、雷电、浓雾、水位暴涨及山洪暴发等情况；

（4）施工标志及防护设施被损坏；

（5）工作面净空不足，难以保证安全作业；

（6）出现其他不能保证作业和运行安全的情况。例如：拉铲或反铲挖掘机履带到工作面边缘的安全距离小于 1.0m；在电力管线、通信管线、燃气管线 2m 范围内及上下水管线 1m 范围内挖土，没有专人监护等。❶

3）边坡安全

边坡施工应坚持"先设计后施工、边施工边治理、边施工边监测"的作业原则。

例如：基坑支护结构必须在达到设计要求的强度后，方可开挖下层土方；严禁提前开挖和超挖；施工过程中，严禁设备或重物碰撞支撑、腰梁、锚杆等基坑支护结构，也不得在支护结构上放置或悬挂重物。

在基坑（槽）、管沟等周边堆土的堆载限值和堆载范围应符合基坑支护设计要求，严禁在基坑（槽）、管沟、地铁及建（构）筑物周边影响范围内堆土。对于临时性堆土，应视挖方边坡处的土质情况、边坡坡率和高度，检查堆放的安全距离。

土方挖掘过程中和降低地下水位时，要对毗邻的建筑物、构筑物、管线采取有效的加固措施，并进行有效的沉降监测。防止基坑底部隆起并防止危害周边环境。修筑坑边道路时，路基边缘距坑边不得小于 1m。❷

4. 其他准备工作。现场供水、供电、临时生产和生活用的设施，以及施工机具、材料进场等准备工作。

1.2　土的工程性质

在土木工程施工中，根据土的开挖难易程度将土分为：松软土、普通土、坚土、砂砾坚土、软石、次坚石、坚石、特坚硬石等八类。在这些土的工程性质中，对施工影响较大

---

❶ 《建筑施工土石方工程安全技术规范》JGJ 180—2009 规定：

3.2.3 拉铲或反铲作业时，挖掘机履带到工作面边缘的安全距离不应小于 1.0m。

❷ 《建筑施工土石方工程安全技术规范》JGJ 180—2009 规定：

3.3.2 修筑坑边道路时，必须由里侧向外侧碾压。距路基边缘不得小于 1m。

6.2.1 开挖深度超过 2m 的基坑周边必须安装防护栏杆。防护栏杆应符合下列规定：

1. 防护栏杆高度不应低于 1.2m；

2. 防护栏杆应由横杆及立杆组成；横杆应设 2～3 道，下杆离地高度宜为 0.3～0.6m，上杆离地高度宜为 1.2～1.5m；立杆间距不宜大于 2.0m，立杆离边坡边距离宜大于 0.5m；

3. 防护栏杆宜加挂密目安全网和挡脚板；安全网应自上而下封闭设置；挡脚板高度不应小于 180mm，挡脚板下沿离地高度不应大于 10mm；

4. 防护栏杆应安装牢固，材料应有足够的强度。

6.3.1 在电力管线、通信管线、燃气管线 2m 范围内及上下水管线 1m 范围内挖土时，应有专人监护。

6.3.2 基坑支护结构必须在达到设计要求的强度后，方可开挖下层土方，严禁提前开挖和超挖。施工过程中，严禁设备或重物碰撞支撑、腰梁、锚杆等基坑支护结构，亦不得在支护结构上放置或悬挂重物。

的有：土的可松性、土的渗透性、土的含水量、土的密实度等。扫描二维
码 1-3 观看土方性质教学视频。

二维码 1-3
土方性质

1.2.1　土的可松性

土的可松性是指自然状态下的土，经过开挖以后，其体积因松散而增加后虽然振动夯实，仍不能恢复原状。土方工程量是以自然状态的体积来计算的，而土方挖运则是以松散体积来计算的，同时，在进行土方的平衡调配，计算填方所需挖方体积，确定基坑（槽）开挖时的留弃土量以及计算挖、运土机具数量时，也需要考虑土的可松性。土的可松性程度可用可松性系数表示，即：

最初可松性系数：
$$K_S = \frac{V_2}{V_1} \tag{1-1}$$

最终可松性系数：
$$K_S' = \frac{V_3}{V_1} \tag{1-2}$$

式中　K_S——最初可松性系数；
　　　K_S'——最终可松性系数；
　　　V_1——土在天然状态下的体积（m^3）；
　　　V_2——土挖出后的松散状态下的体积（m^3）；
　　　V_3——土经回填压实后的体积（m^3）。

1.2.2　土的渗透性

水在土孔隙中渗透流动的性能称为土的渗透性，用渗透系数 k 表示。施工中，计算地下水的涌水量时，渗透系数一般宜通过现场抽水试验测定❶，现场测试方法如下：

沿垂直于地下水流方向，设置三口水井，距抽水井 X_1 与 X_2 处为两个观测井（三井在同一直线上，见图 1-1），抽水稳定后，观测井内的水深 Y_1 与 Y_2 及抽水孔相应的抽水量 Q，依据式（1-3）计算渗透系数值。

$$k = \frac{Q \lg \frac{X_2}{X_1}}{1.366(Y_2^2 - Y_1^2)} \tag{1-3}$$

式中　k——渗透性系数又称水力传导系数（m/d）；
　X_1、X_2——试验井与观察井水平距离（m）；
　Y_1、Y_2——试验井抽水稳定后，观察井与试验井的地下水位差（m）。

1.2.3　土的含水量

土的含水量是土中水的质量与固体颗粒质量之比，以相对百分比表示。

❶ 《建筑基坑支护技术规程》JGJ 120—2012 规定：
7.3.17 含水层的渗透系数应按下列规定确定：
1. 宜按现场抽水试验确定；
2. 对粉土和黏性土，也可通过原状土样的室内渗透试验并结合经验确定；
3. 当缺少试验数据时，可根据土的其他物理指标按工程经验确定。

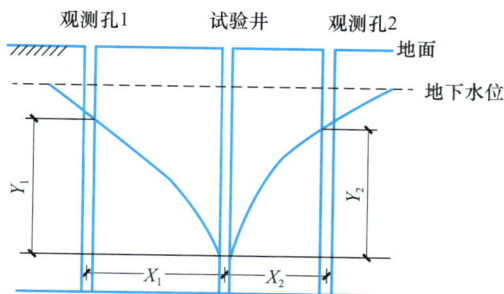

图 1-1 施工现场渗透试验

$$w=\frac{m_1-m_2}{m_2}\times100\%\qquad(1-4)$$

式中 m_1——含水状态下土的质量；

m_2——烘干后土的质量。

土的含水量随雨雪和地下水的变化而变化，土的含水量对挖土的难易、土质边坡的稳定性、填土的密实程度均有影响。所以在制定土方施工方案、选择土方机械和确定地基处理方案时，均应考虑土的含水量。

1.2.4 土的密实度

土的密实度是指土被固体颗粒所充实的程度，反映了土的紧密程度，土的密实度用土的压实系数表示。填土压实后，必须要达到要求的密实度，《建筑地基基础设计规范》GB 50007—2011 规定，压实填土的质量以设计规定的压实系数 λ_c 的大小作为控制标准，压实系数按式（1-5）计算确定。

$$\lambda_c=\rho_d/\rho_{dmax}\qquad(1-5)$$

式中 λ_c——土的压实系数，见表 1-1；

ρ_d——土的实际干密度，干密度越大，表明土越坚实，在土方填筑时，常以土的干密度作为土的夯实控制标准；按式 $\rho_d=\rho/(1+0.01\omega)$ 计算；

ρ_{dmax}——土的最大干密度，由试验室击实试验测定。

压实填土地基压实系数控制值   表 1-1

结构类型	填土部位	压实系数 λ_c	控制含水量（%）
砌体承重及框架结构	在地基主要受力层范围内	≥0.97	$\omega_{op}\pm2$
	在地基主要受力层范围以下	≥0.95	
排架结构	在地基主要受力层范围内	≥0.96	
	在地基主要受力层范围以下	≥0.94	

注：1. 压实系数（λ_c）为填土的实际干密度（ρ_d）与最大干密度（ρ_{dmax}）之比；ω_{op} 为最优含水量；
2. 地坪垫层以下及基础底面标高以上的压实填土，压实系数不应小于 0.94。

土的实际干密度一般在现场临时试验室测定。细粒土的干密度，宜采用"环刀法"进行测定，试样的湿密度按下式计算：

$$\rho = \frac{m_0}{V} \tag{1-6}$$

式中 m_0——天然湿土质量（g）；

       V——环刀的体积（cm³）。

     试样易碎裂、难以切削时，可用蜡封法，试样的湿密度应按下式计算：

$$\rho = \frac{m_0}{\dfrac{m_n - m_{nw}}{\rho_{wT}} - \dfrac{m_n - m_0}{\rho_n}} \tag{1-7}$$

式中 m_n——试样加蜡质量（g）；

       m_{nw}——试样加蜡在水中质量（g）；

       ρ_{wT}——纯水在 T℃时的密度（g/cm³），准确至 0.01g/cm³；

       ρ_n——蜡的密度（g/cm³），准确至 0.01g/cm³。❶

     环刀法或蜡封法试验应进行两次平行测定，两次测定的差值不得大于 0.03g/cm³，取两次测值的平均值。

     土的工程性质对土方工程的施工有直接影响。在进行土方量的计算、确定土方挖运机械的类型和数量时，需考虑到土的可松性；在确定基坑降水方案时，需考虑到土的渗透性；在分析边坡稳定性、进行土方填筑时，要考虑到土的含水量和密实度。

1.3   土方量计算与土方调配

     扫描二维码 1-4 观看土方量计算与土方调配教学视频。

1.3.1   基坑、基槽土方量的计算

     1. 基坑土方量计算

     基坑土方量是按立体几何拟柱体体积公式（即由两个平行的平面做底的一种多面体）来计算的（图 1-2），称为中截面法。

二维码 1-4
土方量计算与
土方调配

---

❶ 《土工试验方法标准》GB/T 50123—2019 规定：

6.2.2 环刀法试验应按下列步骤进行：

1. 按工程需要取原状土试样或制备所需状态的扰动土试样，整平其两端，将环刀内壁涂一薄层凡士林，刃口向下放在试样上；

2. 用切土刀（或钢丝锯）将土样削成略大于环刀直径的土柱。然后将环刀垂直下压，边压边削，至土样伸出环刀为止。将两端余土削去修平，取剩余的代表性土样测定含水率；

3. 擦净环刀外壁称量，准确至 0.1g。

6.3.2 蜡封法试验应按下列步骤进行：

1. 切取约 30cm³ 的试样。削去松浮表土及尖锐棱角后，系于细线上称量，准确至 0.01g，取代表性试样测定含水率；

2. 持线将试样徐徐浸入刚过熔点的蜡中，待全部沉浸后，立即将试样提出。检查涂在试样四周的蜡中有无气泡存在。当有气泡时，应用热针刺破，并涂平孔口。冷却后称蜡封试样质量，准确至 0.1g；

3. 用线将试样吊于天平一端，并使试样浸没于纯水中称量，准确至 0.1g。测记纯水的温度；

4. 取出试样，擦干蜡表面的水分，用天平称量蜡封试样，准确至 0.1g。当试样质量增加时，应另取试样重做试验。

计算公式为：
$$V=\frac{H(A_1+4A_0+A_2)}{6} \tag{1-8}$$

式中　H——基坑深度（m）；

A_1、A_2——基坑上、下两底面面积（m²）；

A_0——基坑中截面面积（m²）。

2. 基槽土方量计算

基槽或路堤的土方量计算，可以沿长度方向分段计算（图1-3），土方量计算方法同上述基坑土方量计算方法，只需将式（1-8）中的基坑深度改为基槽的分段长度。把各段体积的土方量计算出来后累加，即得到总的基槽土方量。

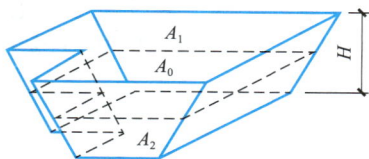

图1-2　基坑土方量

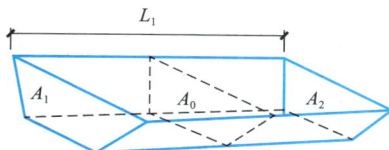

图1-3　基槽土方量

1.3.2　场地平整土方量计算

场地平整土方量计算方法有两种：方格网法和断面法，其中断面法计算精度较低，只适用于地形起伏变化较大精度要求不高的土方量估算。对于地形较平坦地区，一般采用方格网法。

1. 场地设计标高的确定

1）场地设计标高的确定原则

场地设计标高是进行场地平整和土方量计算的依据，也是总体规划和竖向设计的依据。在确定场地设计标高时，需考虑以下因素：

（1）建筑规划、建筑功能、生产工艺要求；

（2）场地内土方挖填平衡且土方量最小；

（3）利用地形因地制宜，尽量减少挖、填土方量；

（4）设计基准期内的最高洪水水位；

（5）满足场地地表水的排水要求，泄水坡度不小于2‰。

2）场地设计标高的确定方法和步骤

（1）确定场地平均高程 H_0

① 在地形图上将施工区域划分为若干方格（边长 $a=10\sim40$m）（图1-4）。

② 拾取各方格的角点高程。可根据地形图上相邻两等高线的高程，用插入法计算求得，见图1-5，$H_{13}=252.00-0.6\times(252.00-251.50)=251.7$m。

③ 计算平均高程 H_0

$$H_0=\frac{\sum H_1+2\sum H_2+3\sum H_3+4\sum H_4}{4N} \tag{1-9}$$

式中　H_1——方格仅有的一个角点标高（m）；

H_2——两个方格共有的角点标高（m）；

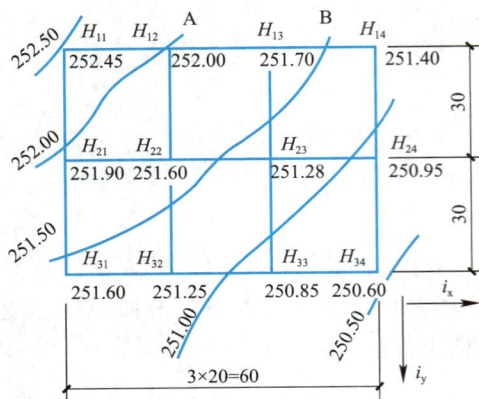

图 1-4　在等高线地形图上划分方格

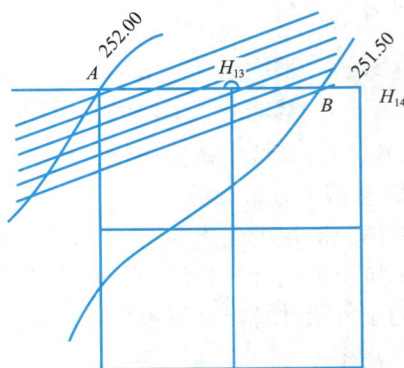

图 1-5　插入法计算方格角点高程

H_3——三个方格共有的角点标高（m）；

H_4——四个方格共有的角点标高（m）；

N——方格数。

如图 1-4 所示场地的平均高程为：

$$H_0=[(252.45+251.4+250.6+251.6)+2\times(252+251.7+250.95$$
$$+250.85+251.25+251.9)+4\times(251.6+251.28)]/(4\times6)=251.453\text{m}$$

（2）场地平均高程调整值 H_0'

平均高程 H_0，只是一个理论值，实际上还应该考虑一些其他的因素，对 H_0 进行调整，这些因素有：

① 土的可松性影响

由于土具有可松性，所以挖出一定体积的土，不可能等体积回填，会出现多余。因此，应该考虑由于土的可松性而引起的设计标高增加值 Δh_1，如图 1-6 所示。

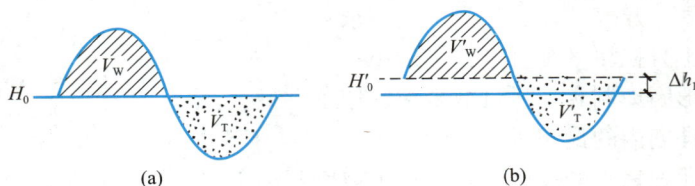

(a)　　　　　　　　　　　　(b)

图 1-6　可松性引起的设计标高增加值

② 规划场地内挖、填方及就近取、弃土影响

由于场地内大型基坑土方开挖、场内修路、场内筑堤，以及从经济角度考虑，部分土方就近弃土或就近取土，都会引起挖、填土方量的变化。因此，应该考虑由于就近弃土或就近取土而引起的设计标高变化值 Δh_2。

$$H_0'=H_0+\Delta h_1\pm\Delta h_2$$

③ 泄水坡度影响

当按平均高程进行平整时，则整个场地表面均处于同一水平面，但是，场地需要有一定的泄水坡度。因此，还必须根据场地泄水坡度的要求，计算出场地内各方格角点设计标高。

a. 单向泄水坡度

场地具有单向泄水坡度时，设计标高的确定方法，是把已经调整后的平均高程 H_0' 作为场地中心的设计标高（图 1-7a），场地内任意一点的设计标高则为：

$$H_{ij}=H_0'\pm li \tag{1-10}$$

式中　H_{ij} ——场地内任意一点的设计标高；

l ——场地任意一点至场地中心线的距离；

i ——场地泄水设计坡度（不小于 2‰）❶。

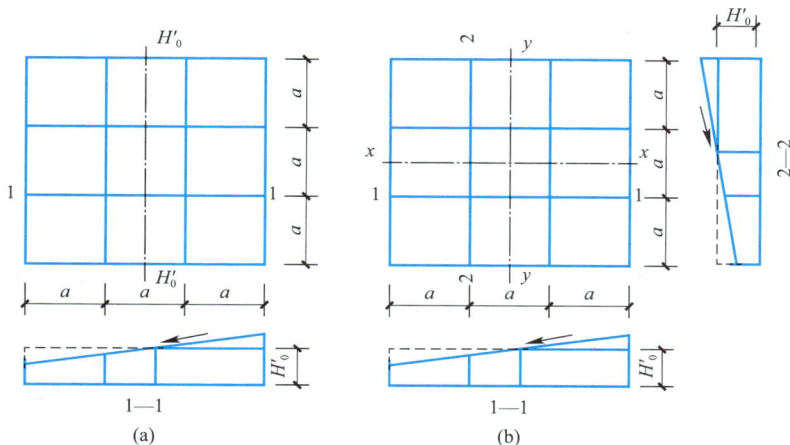

图 1-7　考虑泄水坡度角点标高示意

（a）单向泄水坡度；（b）双向泄水坡度

例如，图 1-4 中，原 $H_{11}=252.45\text{m}$，场地的平均高程 H_0' 为 251.45m，考虑沿 $x\text{-}x$ 具有 2‰泄水坡度以后，H_{11} 的设计标高为：

$H_{11}=H_0'+1.5\times a\times i_x=251.45+1.5\times20\times2‰=251.45+0.06=251.51\text{m}$。

该角点需要挖：$251.51-252.45=-0.94\text{m}$。

b. 双向泄水坡度

场地具有双向泄水坡度时设计标高的确定方法同样是把已调整后的平均高程 H_0'，作为场地的纵向和横向中心点设计标高，见图 1-7（b），场地内任意一点的设计标高为：

$$H_{ij}=H_0'\pm l_{ix}i_x\pm l_{iy}i_y \tag{1-11}$$

式中　l_{ix}、l_{iy} ——分别为任意一点沿 $x\text{-}x$、$y\text{-}y$ 方向距场地中心的距离；

i_x、i_y ——分别为任意一点沿 $x\text{-}x$、$y\text{-}y$ 方向的泄水坡度。

例如，图 1-4 中，原 $H_{34}=250.60\text{m}$，场地的设计标高为 251.45m，那么，考虑具有双向泄水坡度以后，如果沿 $x\text{-}x$、$y\text{-}y$ 的坡度分别为 3‰、2‰，H_{34} 角点的设计标高为：

---

❶ 《建筑地基基础工程施工质量验收标准》GB 50202—2018 规定：

9.1.4 平整后的场地表面坡率应符合设计要求，设计无要求时，沿排水沟方向的坡率不应小于 2‰，平整后的场地表面应逐点检查。土石方工程的标高检查点为每 100m² 取 1 点，且不应少于 10 点；土石方工程的平面几何尺寸（长度、宽度等）应全数检查；土石方工程的边坡为每 20m 取 1 点，且每边不应少于 1 点。土石方工程的表面平整度检查点为每 100m² 取 1 点，且不应少于 10 点。

$$H_{34}=H'_0-1.5a\times i_x-a\times i_y=251.45-1.5\times20\times3‰-20\times2‰$$
$$=251.45-0.09-0.04=251.32m$$

该角点需要填：$251.32-250.60=+0.72m$。

2. 方格网法计算场地土方量

首先把场地上各方格角点的自然标高与设计标高分别标注在方格角点上，计算各角点设计标高与自然标高的差值，并填在各角点上，即为各角点的施工高度。场地土方量计算步骤如下：

（1）求各方格角点的施工高度

用 h_{ij} 表示各角点的施工高度，亦即挖填高度，并且以"＋"为填，以"－"为挖。H_{dij} 表示各角点的设计标高，H_{nij} 表示各角点的自然标高，那么有：$h_{ij}=H_{dij}-H_{nij}$。

（2）绘出"零线"

"零点"是某一方格的两个相临挖、填角点连线与该方格边线的交点。两个相邻"零点"的连线即为"零线"。

（3）计算场地挖、填土方量

"零线"求出以后，场地内的挖、填方区域就可以标出来，然后用四角棱柱体法和三角棱柱体法进行计算，表1-2是四角棱柱体法计算公式。

四角棱柱体法计算公式　　　　　　　　　　　　　表1-2

项　目	图　式	计算公式
一点填方或挖方（三角形）		$V=\dfrac{1}{2}bc\dfrac{\sum h}{3}=\dfrac{bch_3}{6}$ 当 $b=a=c$ 时，$V=\dfrac{a^2h_3}{6}$
两点填方或挖方（梯形）		$V_+=\dfrac{b+c}{2}a\dfrac{\sum h}{4}=\dfrac{a}{8}(b+c)(h_1+h_3)$ $V_-=\dfrac{d+e}{2}a\dfrac{\sum h}{4}=\dfrac{a}{8}(d+e)(h_2+h_4)$
三点填方或挖方（五角形）		$V=\left(a^2-\dfrac{bc}{2}\right)\dfrac{\sum h}{5}$ $=\left(a^2-\dfrac{bc}{2}\right)\dfrac{h_1+h_2+h_3}{5}$
四点填方或挖方（正方形）		$V=\dfrac{a^2}{4}\sum h=\dfrac{a^2}{4}(h_1+h_2+h_3+h_4)$

由于平整场地的土方量计算工作量比较大，所以对于比较大的场地平整，多采用土方计算软件进行计算。

1.3.3　土方调配

土方调配的原则：挖填平衡、运距最短、费用最省；减少土方的重复挖、填和运输。土方调配的步骤如下：

1. 土方调配区的划分

（1）调配区的划分应与土木工程进度协调，满足工程施工顺序和分期施工的要求，使近期施工和后期利用相结合。

（2）调配区的大小应考虑土方及运输机械的技术性能，使其功能得到充分发挥。例如：调配区的长度应不小于机械的铲土长度；调配区的面积最好和施工段的大小相适应。

（3）调配区的范围应与计算土方量的方格网相协调。通常情况下可由若干个方格网组成一个调配区。

（4）从经济效益出发，考虑就近借土或就近弃土。此时，一个借土区或一个弃土区均作为一个独立的调配区。

2. 调配区之间的平均运距

当用铲运机或推土机在场地中进行平整时，平均运距即是指挖方调配区土方重心至填方调配区土方重心之间的距离。当挖、填方调配区之间的距离较远，采用汽车、自行式铲运机或其他运土工具沿工地道路或规定路线运土时，其运距应按实际情况计算。

对于第一种情况，求平均运距，需先求出每个调配区重心 G（X_g，Y_g），重心求出后，标于相应的调配区图上，然后计算出调配区之间的平均运距。

3. 最优调配方案的确定

最优调配方案的确定，是以运筹学的线性规划理论为基础进行的优化。现结合实例进行说明。

【例1-1】已知某施工场地有四个挖方区和三个填方区，表1-3是其相应的挖填土方量和各对调配区的运距。（表中单元格内容为：挖、填土方量 X_{ij}/调配区间的平均运距 C_{ij}。）

调配区的挖填土方量和调配区间的平均运距　　　　　表 1-3

挖方区	填方区			挖方量（m³）
	T_1	T_2	T_3	
W_1	X_{11}/50	X_{12}/70	X_{13}/100	500
W_2	X_{21}/70	X_{22}/40	X_{23}/90	500
W_3	X_{31}/60	X_{32}/110	X_{33}/70	500
W_4	X_{41}/80	X_{42}/100	X_{43}/40	400
填方量	800	600	500	1900

【调配步骤】

（1）用"最小元素法"编制初始调配方案

最小元素法就是优先满足最小运距的土方需求量。

在运距表依次满足最小运距的需求量，得出一组需求量解，确定了初始调配方案，见表1-4。但是，这并不能保证这组解是最优解，需要进行判别。

初始调配方案　　　　　　　　　　　　　表1-4

挖方区	填方区			挖方量（m³）
	T_1	T_2	T_3	
W_1	500	×	×	500
W_2	×	500	×	500
W_3	300	100	100	500
W_4	×	×	400	400
填方量（m³）	800	600	500	1900

（2）最优方案的判别

最优方案的判别法有"假想运距法"和"位势法"，这里介绍假想运距法进行检验。利用假想运距法，就是初始调配方案确定了有数解的运距不变，其余的"×解"的运距用"假想运距法"确定，在计算"×解"的假想运距时，假想表格中相邻四个单元格对角线运距之和两两相等，从三个有解的相邻四个单元格开始，得出的"×解"的假想运距，逐一得出"×解"的运距，编出假想运距表。然后用"×解"的原运距与假想运距进行对比，如果假想运距都小于原运距（差值为正），则证明调配方案最优，反之，差值为负则说明方案非最优，应进行调整；调整从负值开始进行调整，先满足负值要求，依次调整直到检验表中全为正值。

（3）方案的调整

用"闭合回路法"进行调整。从负值格出发（如出现多个负值，可选择其中绝对值大的先进行调配）。沿水平或竖向方向前进，遇到适当的有解方格作90°转弯，然后依次前进转回到出发点，形成闭合回路，见表1-5。

闭合回路　　　　　　　　　　　　　　　表1-5

	T_1	T_2	T_3
W_1	500	—	+
W_2	+	500	+
W_3	300	100	100
W_4	+	+	400

在各奇数次转角点的数字中，挑出一个最小的解，各奇数次转角点方格均减此数，各偶数次转角点均加此数。这样调整后，便可得表1-6的新调配方案。

新调配方案　　　　　　　　　　　　　表1-6

挖方区	填方区			挖方量（m³）
	T_1	T_2	T_3	
W_1	(400)/50	(100)/70	×/100	500
W_2	×/70	(500)/40	×/90	500
W_3	(400)/60	×/110	(100)/70	500
W_4	×/80	×/100	(400)/40	400
填方量/m³	800	600	500	1900

对新调配方案，仍用"假想运距法"再进行检验，看其是否是最优方案。若检验仍有负数出现，那就仍按上述步骤继续调整，直到找出最优方案为止。

上例调整一次后即为最优方案。其土方的总运输量为：

$S=400×50+100×70+500×40+400×60+100×70+400×40=94\ 000\text{m}^3·\text{m}$。

（4）绘制土方调配图

最后将调配方案绘成土方调配图（图1-8）。在土方调配图上应注明挖填调配区、调配方向、土方数量以及挖、填之间的平均运距。

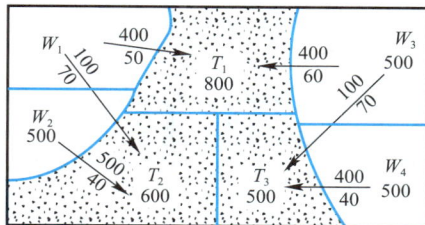

图1-8 土方调配图

1.4 土方的挖填与压实

扫描二维码1-5观看土方的挖填与压实教学视频。

二维码1-5
土方的挖填
与压实

1.4.1 土方的开挖

1. 土方开挖施工工艺顺序（图1-9）

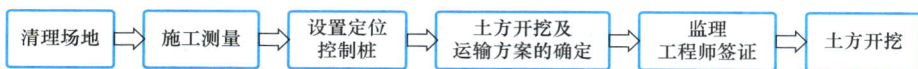

图1-9 土方开挖施工工艺顺序

2. 土方开挖的方法

土方开挖常用的方法有：放坡开挖、有支撑的分层开挖、盆式开挖、岛式开挖及逆作法开挖等，工程中可根据具体条件选用，逆作法在后面单独介绍。

（1）放坡开挖

放坡开挖适合于基坑四周空旷、有足够的放坡场地、周围没有建筑设施或地下管线的情况。放坡直接分层开挖施工方便，挖土机作业时没有支撑干扰，工效高，可根据设计要求分层开挖或一次挖至坑底，基坑开挖后基础结构施工作业空间大，施工工期短。

（2）有支撑的分层开挖

有支撑的分层开挖包括有内支撑支护的基坑开挖和无内支撑支护的基坑开挖。无内支撑支护有：悬臂式、拉锚式、重力式、土钉墙等，该种支护的土壁可垂直向下开挖，基坑边四周不需要有很大的场地，可用于场地狭小、土质又较差的情况。同时，在地下结构完成后，其基坑土方回填工作量也小。

有内支撑支护基坑土方开挖比较困难，其土方分层开挖必须与支撑结构施工相协调。图1-10是一个有两道支撑的基坑土方开挖及支撑设置的施工过程示意图，从图中可以看出在有内支撑支护的基坑中进行土方开挖，受内支撑影响比较大，施工困难。

（3）盆式开挖

盆式开挖适合于基坑面积大、支撑或拉锚作业困难且无法放坡的基坑。它的开挖过程是先开挖基坑中央部分，形成盆式（图1-11），此时可利用留下的土坡平衡支护结构稳定，此时的土坡相当于"土边坡支撑"。在地下室结构达到一定强度后开挖留下的土坡土方，并按"随挖随撑、先撑后挖"的原则，在支护结构与已施工的地下室结构部分设置支撑（图1-11c）后，再施工边缘部位的地下室结构（图1-11d）。

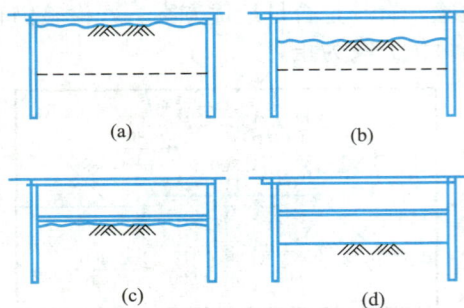

图 1-10　有内支撑支护土方开挖

(a) 浅层挖土、设置第一层支撑；(b) 第二层挖土；
(c) 设置第二层支撑；(d) 开挖第三层土

图 1-11　盆式开挖方法

(a) 中心挖土；(b) 中心地下结构施工；
(c) 边缘土方开挖及支撑设置；(d) 边缘地下结构施工；
1—边坡留土；2—基础底板；3—支护墙；4—支撑；5—坑底

盆式开挖支撑用量小、费用低、盆式部位土方开挖方便，因此，适用于大面积基坑施工。但这种施工方法地下室结构设置的后浇带、施工缝较多，不利于地下结构的防水。

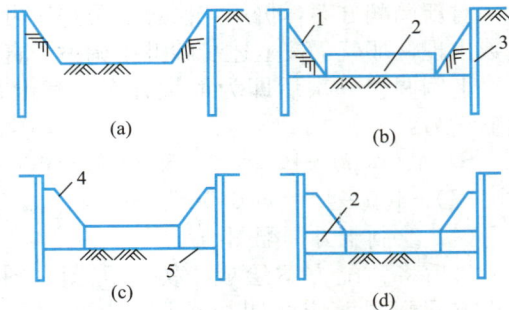

图 1-12　岛式开挖方法

（4）岛式开挖

当基坑面积较大，地下室底板设计有后浇带或可以留施工缝时，也可采用岛式开挖方法（图 1-12）。

这种方法与盆式开挖相反，是先开挖边缘部分的土方，将基坑中央的土方暂时保留，该土方具有反压作用，可有效地防止坑底土的隆起，有利于支护结构的稳定。必要时还可以在留土区与挡土墙之间架设支撑。在边缘土方开挖到基底以后，先浇筑该区域的底板，以形成底部支撑，再开挖中央部分的土方。

3. 土方挖掘机械

1）土方挖掘机械种类

土方挖掘机械主要用于挖掘基坑、沟槽、清理和平整场地，更换工作装置后还可进行装卸、起重、打桩等其他作业，能一机多用，工效高、经济效果好，是工程建设中的常用机械。

（1）场地平整机械：推土机、铲运机、刮平机；

（2）土方挖掘机：按行走方式分为履带式和轮胎式，按工作装置分为正铲、反铲、抓铲、拉铲，斗容量 $0.1 \sim 2.5 \mathrm{m}^3$，常用的土方开挖机械是正铲和反铲挖掘机。土方工程挖掘机械的特点及适用范围见表 1-7。

土方工程挖掘机械的特点及适用范围　　　　　　表 1-7

机械种类		机械特点	适用范围	运行路线
土方开挖机械选择	正铲挖掘机 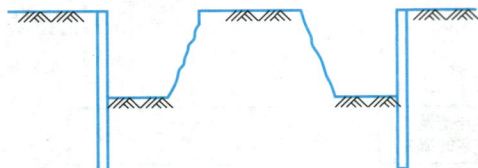	前进向上，强制切土。它适用于开挖停机面以上的土方，且需与汽车配合完成整个挖运工作	正铲挖土机挖掘力大，适用于开挖含水量较小的一类～四类土和经爆破的岩石及冻土。一般用于大型基坑开挖，也可用于场地平整施工	① 正向开挖，侧向卸土； ② 正向开挖，后方卸土

续表

机械种类		机械特点	适用范围	运行路线
土方开挖机械选择	反铲挖土机	后退向下，强制切土。主要用于开挖停机面以下的土方	它适用于开挖一至三类的砂土或黏土。一般最大挖土深度为6m，经济合理的挖土深度为3～5m。反铲也需要配备运土汽车进行运输	① 沟端开挖，沟侧卸土；② 沟侧开挖侧方卸土
	拉铲挖土机	拉铲挖土时，依靠土斗自重及拉索拉力切土，卸土时斗齿朝下，利用惯性，较湿的黏土也能卸尽	适用于开挖停机面以下的一至三类土，用于开挖较大的基坑（槽）和沟渠、挖取水下泥土，也可用于大型场地平整、填筑路基和堤坝等	拉铲的开挖方式和反铲一样，也有沟端开挖和沟侧开挖两种
	抓铲挖土机	"直上直下，自重切土"	它适用于开挖停机面以下的一、二类土，在软土地区常用于开挖基坑、沉井等。抓铲还可用于挖取水中淤泥，装卸碎石、矿渣等松散材料	开挖方式有沟侧开挖和定位开挖两种。抓挖淤泥时，抓斗容易被淤泥"吸住"
场地平整机械	推土机	能单独地进行挖土、运土和卸土工作。经济运距在100m以内，当运距为30～60m时，效率最高	适用于场地平整、开挖深度1.5m左右的基坑、移挖作填、填筑堤坝、回填基坑和基槽土方等	①下坡推土；②槽形推土；③并列推土；④多铲集运
	铲运机	能连续独立完成铲、装、运、卸作业以及填筑和压实等工作。经济运距为800～1500m	深度2m以内的大面积基坑开挖可采用铲运机。适用于坡度为20°以内的大面积场地平整、大型基坑开挖、填筑路基堤坝	①环形路线；②8字形路线；③下坡铲土；④跨铲法；⑤助铲法

2）挖土机械的选择

挖土机械的选择一般规律有：深度2m以内的大面积基坑开挖可采用铲运机；面积大且深的基础，多采用正铲挖掘；操作面较狭窄、地下水位较高可采用反铲挖掘机；深度超过5m，宜分层用反铲挖掘机接力开挖，或者采用加长臂挖掘机，或采用正铲挖掘机下坑分层开挖，正铲挖掘机坑下开挖，需要修筑10%～15%坡道供挖土及运输车辆进出；在水中挖土可用拉铲或抓铲。

　　3）挖土机与运土车辆的配套计算

　　机械开挖的路线、顺序、土方堆放地点等具体安排必须根据施工方案确定。

　　当挖土机挖出的土方需要运土车辆运走时，挖土机的生产率不仅取决于本身的技术性能，而且还取决于所选的运输工具是否与之协调。

　　（1）挖土机台班生产率

　　根据挖土机的技术性能，其生产率可按下式计算：

$$P = \frac{8 \times 3600}{t} q \frac{K_c}{K_s} K_B \qquad (1\text{-}12)$$

式中　P——挖土机生产率（m^3/台班）；

　　　　t——挖土机每次作业循环延续时间（s）；W_1-100 正铲挖土机为 $25 \sim 40s$；W_1-100 反铲挖土机为 $45 \sim 60s$；

　　　　q——挖土机斗容量（m^3）；

　　　　K_s——土的最初可松性系数；

　　　　K_c——挖土机土斗充盈系数，可取 $0.8 \sim 1.1$；

　　　　K_B——挖土机工作时间利用系数，一般为 $0.7 \sim 0.9$。

　　（2）挖土机数量计算

$$N = \frac{Q}{PTC} \qquad (1\text{-}13)$$

式中　N——挖土机数量（台）；

　　　　Q——工程量（m^3）；

　　　　T——工期（d）；

　　　　C——每天工作台班数。

　　（3）运土车辆数量计算

　　为了使挖土机械充分发挥生产能力，应使运土车辆的载重量与挖土机的每斗土重保持一定的倍数关系，并有足够数量车辆以保证挖土机械连续工作。从挖土机方面考虑，汽车的载重量越大越好，可以减少等待车辆调头的时间。从车辆方面考虑，载重量小的车辆台班费便宜但使用数量多；载重量大，则台班费高但数量可减少。最适合的车辆载重量应当是使土方施工单价为最低，一般情况下，汽车的载重量以每斗土重的 $3 \sim 5$ 倍为宜。运土车辆的数量 N，可按下式计算：

$$N = \frac{T}{t_1 + t_2} \qquad (1\text{-}14)$$

$$T = t_2 + 2L/v + t_3 + t_4 \qquad (1\text{-}15)$$

式中　T——运输车辆每一工作循环延续时间（s），由装车、重车运输、卸车、空车开回及等待时间组成；

　　　　t_1——运输车辆调头而使挖土机等待的时间（s）；为了减少车辆的调头、等待和装土时间，装土场地必须考虑调头场地及停车位置。如在坑边设置两个通道，使汽车不用调头，可以缩短调头、等待时间；

t_2——运输车辆装满一车土的时间（s），$t_2 = nt$；

　t——挖土机每次作业循环延续时间（s）；

　n——运土车辆每车装土次数，$n = \dfrac{10Q}{q \times k_c \times \gamma} \times k_s$；

　L——运土距离（km），即挖土地点至卸土地点间距离；

　v——运土车辆往（重车）返（空车）的平均速度（km/h）；

t_3——卸土时间（s），可取 1min；

t_4——运输过程中耽搁时间（s），如等车、让车时间，可取 2～3min，也可根据交通运输情况而定；

　Q——运土车辆的载重量（t）；

　γ——土的重度（kN/m³）。

4. 土方开挖的技术要求

1）根据挖深、地质条件、施工方法、周围环境、支护结构形式、工期、气候和地面载荷等情况综合分析，制定可行的专项施工方案、环境保护措施、监测方案等，并进行相关论证。

（1）对降水、排水措施进行专项设计，遵照先排水后挖土原则；

（2）开挖对邻近建筑物、地下管线、永久性道路产生危害时，应对基坑、管沟进行支护专项设计后再开挖；

（3）根据基坑监测情况适时调整挖土的方法、进度、流向。

2）对特大型基坑，应遵循"大基坑、小开挖"的原则，减少基坑暴露时间，严禁超挖。

3）土方开挖应在围护桩、支撑梁、压顶梁和围檩等支护结构强度达到设计强度的80%后进行，严禁挖土机直接碾压支撑、围檩、压顶梁等支护结构。

4）土方开挖的监测：

（1）土方开挖前应检查定位放线、排水和降低地下水位系统，合理安排土方运输车的行走路线及弃土场；

（2）施工过程中应监控平面位置、标高、边坡坡度、压实度、排水、降低地下水位系统，并随时监测边坡稳定性、周围环境的异常情况；

（3）土方开挖工程的质量应符合规范要求❶。

1.4.2　土方填筑与压实

土方填筑必须正确选择填方土料和压实方法。土方填筑最好采用同类土，并应分层填土压实，如果采用不同类土，应把透水性较大的土层置于透水性较小的土层下面；若不可避免在透水性较小的土层上填筑透水性较大的土壤，必须将两层结合面施工成中央高、四周低的弧面（或设置盲沟），以免填土内形成水囊。不能将各种土混杂一起填筑。

---

❶ 《建筑地基基础工程施工质量验收标准》GB 50202—2018 规定：

9.2.5 土方开挖工程的质量检验标准应符合表 9.2.5-1～表 9.2.5-4 的规定。

1. 土方填筑一般要求

1) 土料的选择[1]

(1) 以卵石、砾石、块石或岩石碎屑作填料时，分层压实时其最大粒径不宜大于200mm，分层夯实时其最大粒径不宜大于400mm；

(2) 性能稳定的矿渣、煤渣等工业废料；

(3) 以粉质土、粉土作填料时，其含水量宜为最优含水量，可采用击实试验确定；

(4) 挖高填低或开山填沟的土石料，应符合设计要求；

(5) 不得使用淤泥、耕土、冻土、膨胀性土以及有机质含量大于5%的土。

当利用压实填土作为建筑工程的地基持力层时，应根据结构类型、填料性能和现场条件等，对拟压实的填土提出质量要求。未经检验查明以及不符合质量要求的压实填土，均不得作为建筑工程的地基持力层。

填方工程设计前应具备详细的场地地形、地貌及工程地质勘察资料。位于塘、沟、积水洼地等区域，应查明地下水的补给与排泄条件、底层软弱土体的清除情况、自重固结程度等。

对含有生活垃圾或有机质废料的填土，未经处理不可作为建筑物地基使用。

2) 回填土的技术要求

在选择好土料的前提下，回填土工序主要包括基底处理、铺土、平土、（洒水）、压实、（刨毛）、质检等。为控制好各个施工工序，确保工程质量，一般填土施工做法是"算方上料，定点卸料，随卸随平，定机定人，铺平把关，插杆检查"。

(1) 基底处理。回填土前应先清除基底积水和杂物、处理软弱土层；基底为含水量大的松软土，应采取排水疏干或换土等措施。

(2) 人工打夯应按一定方向进行，一夯压半夯、夯夯相接、分层夯打。打夯路线应由四边开始，然后再夯中间；填土时，若分段进行，每层分段接缝处应作成斜坡形，辗迹重叠0.5～1.0m；上、下层分段接缝应错开不小于1.0m。

(3) 在碾压机械碾压之前，宜先用轻型碾低速预压4～5遍，使表面平实，再选用重碾；采用振动平碾压碎石类土，应先静压后振压；碾压机械压实填方时，应控制行驶速度和压实遍数，使其符合要求。平碾碾压完一层后，应用人工或推土机将表面整平，土层表面太干时，应洒水湿润后继续回填，碾压路线应从两边逐渐压向中间。

(4) 基础两侧要同时、对称、分层回填夯实，使两侧受力平衡，两侧填土高差不超过300mm，防止基础位移。如遇室内外回填标高相差较大，回填土时可在另一侧临时加支撑；严禁在单侧临时大量堆料以及行走重型机械设备。

(5) 当填方位于倾斜的基层（坡度大于20%）时，应先将斜坡改成阶梯状，阶高0.2～0.3m，阶宽大于1m，然后分层填土。

2. 填土的压实方法及压实机械

1) 填土的压实方法

土料的压实效果涉及压实方法，压实方法涉及压实机具。压实方法按其原理有四种：碾压法（也称静力法），它适宜各类土的压实；夯实法（也称冲击法），它适宜各类

---

[1] 《建筑地基基础设计规范》GB 50007—2011 第6.3.6条规定。

土的压实，更适宜砂性土的压实；振动法，它仅适宜砂性土的压实；综合法，它是将碾压法与振动法结合在一起的方法，有的适宜黏性土的压实，有的适宜砂性土的压实；见图 1-13。

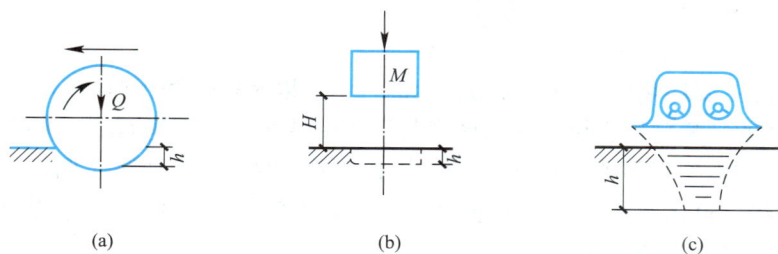

图 1-13　填土压实方法
（a）碾压法；（b）夯实法；（c）振动法

2）压实机械

（1）静压碾

静压碾有平碾、羊足碾等，见图 1-14。

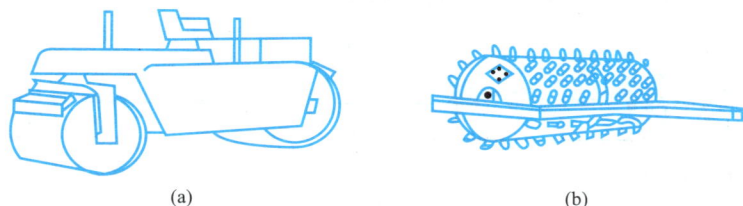

图 1-14　静压碾机械示意图
（a）平碾；（b）羊足碾

平碾碾压特点是土层碾压上紧下松，底部不易压实，碾压质量不均匀，不利于上下土层之间的结合，易出现剪切裂缝，对防渗不利。

羊足碾的羊足插入土中，不仅使羊足底部的土料得到压实，并且使羊足侧向的土料受到挤压，同时有利于上下土层的结合。羊足碾不适宜砂砾料的压实，因为压实过程中羊足从行进的后面由土中拔出时，会将压实的砂性土翻松，产生侧向滑移，达不到应有的压实效果。羊足碾需要较大的牵引力。

与刚性碾比，气胎碾不仅对土体的接触压力分布均匀，而且作用时间长，压实效果好，压实土层厚度大，生产效率高。利用运土汽车碾压土壤也可取得较大的密实度，但必须进行运土汽车的路线规划。

（2）振动碾

振动碾的振动力是以压力波的方式向土体内传递，并能达到较大的深度，在振动作用下，土粒间的摩擦力急剧降低，并在静力作用下产生移动充填空隙而达到密实状态。实践证明，振动碾对砂砾料以及含有大量石块的土料的压实效果非常明显，但对黏性土和粒径均匀的粉砂的压实效果较差。振动碾按照振动滚筒的外形可分为振动平碾、振动羊足碾、振动凸块碾、振动轮胎碾等，这些碾可以适应不同土的压实。振动平碾多用于砂砾料等非黏性土的压实。

（3）夯实机械

夯实机械是利用冲击力压实土方的一类机械。主要作为碾压机械的补充，往往在碾压机械难以施工的狭窄部位采用这一类机械。常用的夯实机械有蛙式打夯机、夯板、强夯机；人工夯土用的工具有木夯、石夯等。

3. 填土压实的影响因素

填土压实的主要影响因素为压实功、土的含水量以及每层铺土厚度。

1）压实功的影响。填土压实后的密度与压实机械在其上所施加功的关系。

2）含水量的影响。回填土料含水率的大小直接影响到压实质量，回填土时应严格控制土的含水量接近最优含水量。含水率过大，应采取翻松、晾晒、风干、换土、掺入干土等措施；含水率过小，应洒水润湿。

3）铺土厚度的影响。土在压实功的作用下，压应力随深度增加而减小，其影响深度与压实机械、土的性质和含水量有关。每层铺土厚度应小于有效作用深度，最佳的铺土厚度是耗费最小的机械功压实回填土。填土施工时的分层厚度及压实遍数见表1-8。

填土施工时的分层厚度及压实遍数　　　　表1-8

压实机具	分层厚度（mm）	每层压实遍数
平碾	250～300	6～8
振动压实机	250～350	3～4
柴油打夯机	200～250	3～4
人工打夯	＜200	3～4

4. 土方回填质量验收

填方施工结束后，应检查标高、边坡坡度、压实程度，检验标准应符合规范要求。

1.5　基坑支护

1.5.1　边坡种类及边坡稳定

边坡按其成因可分为天然边坡和人工边坡。天然边坡是指自然形成的山坡和江河湖海的岸坡；人工边坡是指人工开挖基坑、基槽、路堑或填筑路堤、土坝形成的边坡。

1. 人工边坡形式

一般基坑及各类挖方和填方的边坡类型见图1-15，土方边坡的坡度以边坡深度 h 与

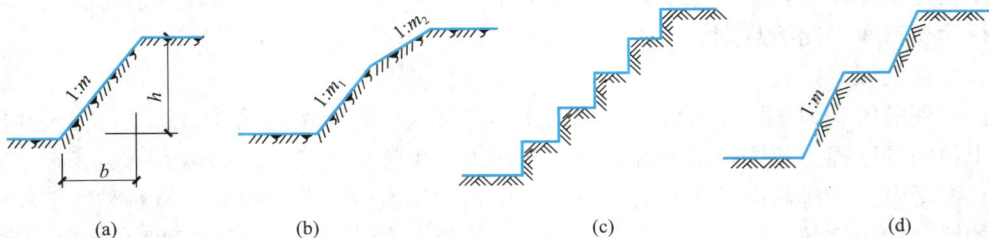

图 1-15　人工边坡形式

（a）直线形；（b）折线形；（c）阶梯形；（d）分级形

边坡宽度 b 之比表示，$m=b/h$ 称为边坡系数。边坡坡度因边坡高度、土质、工程性质等而异；土质边坡坡率允许值见表 1-9。

土质边坡坡率允许值　　　　　　　　表 1-9

边坡土体类别	状态	坡率允许值（高宽比）	
		坡高小于 5m	坡高 5～10m
碎石土	密实	1：0.35～1：0.50	1：0.50～1：0.75
	中密	1：0.50～1：0.75	1：0.75～1：1.00
	稍密	1：0.75～1：1.00	1：1.00～1：1.25
黏性土	坚硬	1：0.75～1：1.00	1：1.00～1：1.25
	硬塑	1：1.00～1：1.25	1：1.25～1：1.50

注：1. 碎石土的充填物为坚硬或硬塑状态的黏性土；
　　2. 对于砂土或充填物为砂土的碎石土，其边坡坡率允许值应按砂土或碎石土的自然休止角确定。

2. 边坡稳定条件及其影响因素

扫描二维码 1-6 观看土方边坡稳定教学视频。

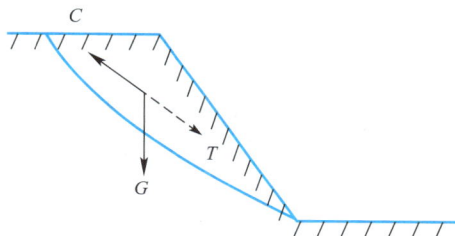

土方边坡在一定条件下，局部或一定范围内沿某一滑动面向下和向外滑动而丧失其稳定性，这就是常常遇到的边坡失稳现象。

二维码 1-6
土方边坡稳定

影响边坡稳定的因素很多，一般可归结为：开挖深度、土质条件、水（地下、地表）、周围环境（地上、地下）、施工坡顶荷载（动、静、无）、留置时间六大因素。边坡失去稳定发生滑动，可以归结为土体内抗剪强度降低或剪应力增加，如图 1-16 土方边坡的稳定条件：$T<C$。

T——土体下滑力。下滑土体自重及其他竖向荷载的分力，除自重还受坡上荷载、雨水、静水压力影响；

C——土体抗剪力。由土质决定，受气候、含水量及动水压力影响。

（1）引起土体内抗剪强度降低的原因

气候干燥，使土质失水风化；黏土中的夹层因浸水而产生润滑作用；饱和的细砂，粉砂因振动而液化等。

图 1-16　边坡稳定条件示意图

（2）引起土体内剪应力增加的原因

高度或深度增加，土体主、被动土压力加大；边坡上增加荷载（静、动）；土体中地下水渗流产生的动水压力；土体竖向裂缝中的静水压力。

（3）不恰当工程活动

人工挖断坡脚；人工边坡过陡引起牵引式滑坡；在斜坡上部荷载引起推动式滑坡；破坏自然边坡排水系统、植被，造成地表水集中下渗，软化或泥化了土体。

1.5.2　基坑支护

基坑支护结构通常有两种情况，一是基坑支护结构为临时性结构，地下工程施工完成后，即失去作用，其工程有效使用期一般不超过两年；二是基坑支护结构在地下工程施工期间起支护作用，建成后是建筑物永久性地下室外墙，此类支护结构必须满足永久结构的设计使用要求。

支护体系主要由挡土结构和撑锚结构两部分组成。支护体系主要承担土压力、水压力、边坡上的施工荷载（施工机具自重、材料堆放、堆土）等。

1. 基坑支护结构设计❶

扫描二维码1-7观看基坑支护设计教学视频。

1）一般规定

基坑支护应满足下列功能要求：

（1）保证基坑周边建（构）筑物、地下管线、道路的安全和正常使用；

（2）保证主体地下结构的施工空间；

（3）基坑支护设计时，应综合考虑基坑周边环境和地质条件的复杂程度、基坑深度等因素，按表1-10采用支护结构的安全等级；

二维码1-7
基坑支护设计

支护结构的安全等级

表 1-10

安全等级	破坏后果
一级	支护结构失效、土体过大变形对基坑周边环境或主体结构施工安全的影响很严重
二级	支护结构失效、土体过大变形对基坑周边环境或主体结构施工安全的影响严重
三级	支护结构失效、土体过大变形对基坑周边环境或主体结构施工安全的影响不严重

对同一基坑的不同部位，可采用不同的安全等级。

2）支护结构设计

（1）支护结构构件

按承载能力极限状态设计，按式（1-16）计算：

$$\gamma_0 S_d \leqslant R_d \tag{1-16}$$

式中　γ_0——支护结构重要性系数；

　　　S_d——作用基本组合的效应（轴力、弯矩、剪力）设计值；

　　　R_d——支护结构构件的抗力设计值。

（2）支护结构

按正常使用极限状态设计，按式（1-17）计算：

$$S_d \leqslant C \tag{1-17}$$

式中　S_d——作用标准组合的效应（水平位移、沉降等）设计值；

　　　C——支护结构水平位移、基坑周边建（构）筑物和地面沉降等的限值。

---

❶ 《建筑与市政地基基础通用规范》GB 55003—2021规定：

7.1.1 基坑支护结构应按承载能力极限状态和正常使用极限状态进行设计。

7.1.2 基坑支护结构进行承载能力极限状态设计的计算应包括下列内容：

1. 根据基坑支护形式及其受力特点进行基坑稳定性验算；

2. 基坑支护结构的受压、受弯、受剪、受扭承载力计算；

3. 当有锚杆或支撑时，应对其进行承载力计算和稳定性验算。

7.1.3 对于支护结构安全等级为一级、二级的基坑工程，应对支护结构变形及基坑周边土体的变形进行计算，并应进行周边环境影响的分析评价。

7.1.4 基坑开挖与支护结构施工、基坑工程监测应严格按设计要求进行，并应实施动态设计和信息化施工。

7.1.5 安全等级为一级、二级的支护结构，在基坑开挖过程与支护结构使用期内，必须进行支护结构的水平位移监测和基坑开挖影响范围内建（构）筑物、地面的沉降监测。

（3）基坑支护结构稳定性

① 支护结构稳定性

$$KS_k \leqslant R_k \tag{1-18}$$

式中　S_k——滑动力、滑动力矩、倾覆力矩、锚杆和土钉拉力等作用标准值的效应；

R_k——抗滑力、抗滑力矩、抗倾覆力矩、锚杆和土钉的极限抗拔承载力等土的抗力标准值；

K——安全系数。

② 整体稳定性验算

悬臂式和单支点支护结构应验算抗倾覆、整体稳定及结构抗滑移稳定性；多支点支护结构应验算整体稳定性。

2. 支护结构选型

1）支护体系分类

支护体系分为支挡式结构、土钉墙、重力式水泥土墙和放坡。扫描二维码1-8观看基坑边坡支护教学视频。

二维码 1-8
基坑边坡支护

其中，支挡式结构有锚拉式、支撑式、悬臂式、双排桩、逆作法；土钉墙有单一土钉墙、预应力锚杆复合土钉墙、水泥土桩垂直复合土钉墙、微型桩垂直复合土钉墙；重力式水泥土墙有深层搅拌水泥土桩墙、高压喷射注浆桩墙、粉体喷射注浆桩墙。

支护体系一般为临时结构，待建筑物或构筑物的基础及地下工程施工完毕，或管线施工完毕即失去作用。所以支护体系常采用可回收再利用的材料，如钢板桩；也可使用永久埋在地下的材料，如钢筋混凝土板桩、混凝土灌注桩、旋喷桩、深层搅拌水泥土墙和地下连续墙等。设计时可将其作为地下结构的一部分，如地下连续墙支护体系可作为地下室墙体，以此降低工程造价。

2）支护结构选型

选用支护结构类型时可采用以下原则：基坑开挖深度不大时，可采用悬臂式支护结构、土钉墙或喷锚支护等；开挖深度较大时，则应考虑加多层锚杆或多层支撑。土质较好的情况下可考虑土钉墙或喷锚支护等；土质较差时，则要采用桩、地下连续墙加锚杆或支撑支护的方案。各类支护结构的适用条件见表1-11。

各类支护结构的适用条件　　　　　　　　　　　　　　　表 1-11

结构类型		适用条件	
		安全等级	基坑深度、环境条件、土类和地下水条件
支挡式结构	锚拉式结构	一级 二级 三级	适用于较深的基坑
	支撑式结构		适用于较深的基坑
	悬臂式结构		适用于较浅的基坑
	双排桩		当锚拉式、支撑式和悬臂式结构不适用时，可考虑采用双排桩
	支护结构与主体结构结合的逆作法		适用于基坑周边环境条件很复杂的深基坑

右侧跨多行合并说明：
（1）排桩适用于可采用降水或截水帷幕的基坑；
（2）地下连续墙宜同时用作主体地下结构外墙，可同时用于截水；
（3）锚杆不宜用在软土层和高水位的碎石土、砂土层中；
（4）当邻近基坑有建筑物地下室、地下构筑物等，锚杆的有效锚固长度不足时，不应采用锚杆；
（5）当锚杆施工会造成基坑周边建（构）筑物的损害或违反城市地下空间规划等规定时，不应采用锚杆

续表

结构类型		适用条件		
		安全等级	基坑深度、环境条件、土类和地下水条件	
土钉墙	单一土钉墙	二级 三级	适用于地下水位以上或经降水的非软土基坑，且基坑深度不宜大于 12m	当基坑潜在滑动面内有建筑物、重要地下管线时，不宜采用土钉墙
	预应力锚杆复合土钉墙		适用于地下水位以上或经降水的非软土基坑，且基坑深度不宜大于 15m	
	水泥土桩垂直复合土钉墙		用于非软土基坑时，基坑深度不宜大于 12m；用于淤泥质土基坑时，基坑深度不宜大于 6m；不宜用在高水位的碎石土、砂土、粉土层中	
	微型桩垂直复合土钉墙		适用于地下水位以上或经降水的基坑，用于非软土基坑时，基坑深度不宜大于 12m；用于淤泥质土基坑时，基坑深度不宜大于 6m	
重力式水泥土墙		二级 三级	适用于淤泥质土、淤泥基坑，且基坑深度不宜大于 7m	
放坡		三级	(1) 施工场地应满足放坡条件； (2) 可与上述支护结构形式结合	

注：1. 当基坑不同部位的周边环境条件、土层性状、基坑深度等不同时，可在不同部位分别采用不同的支护形式；
　　2. 支护结构可采用上、下部以不同结构类型组合的形式。

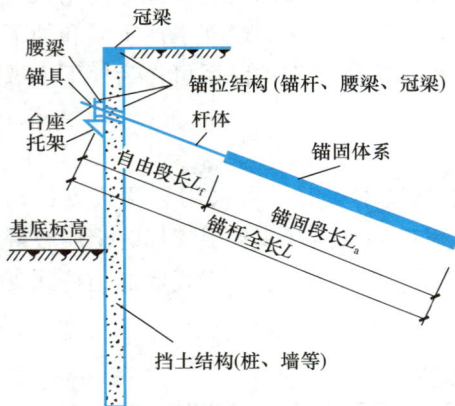

图 1-17　锚拉式支护体系

(1) 支挡式结构

① 锚拉式

锚拉式由挡土结构和锚拉结构两部分组成，见图 1-17。挡土结构常采用钢筋混凝土排桩墙和地下连续墙等。锚拉方式可分为锚杆式和地面拉锚式。地面拉锚式需要有足够的场地设置锚桩，或其他锚固物；锚杆式需要土体能提供锚杆较大的锚固力。锚杆式适用于砂土、黏土地质，不适用于软黏土。

锚杆（索）的大量使用影响周围地下环境，为后续工程留下了隐患。

② 支撑式

支撑式由挡土结构和内撑结构两部分组成，见图 1-18。挡土结构常采用钢筋混凝土桩、地下连续墙等。支撑体系可采用水平支撑和斜支撑。当基坑开挖面积很大而开挖深度不太大时，宜采用单层支撑，内撑常采用钢筋混凝土支撑和型钢支撑两种。支撑式围护结构适用范围广，可适用于各种土层和基坑深度。

临时水平支撑及支承水平支撑的竖向支承系统往往造价高、施工周期长、拆除不便，且大量拆除的混凝土等废弃物处置困难，不经济。

③ 悬臂式

悬臂式依靠足够的入土深度和结构的抗弯能力来维持整体稳定和结构安全，见图 1-19。

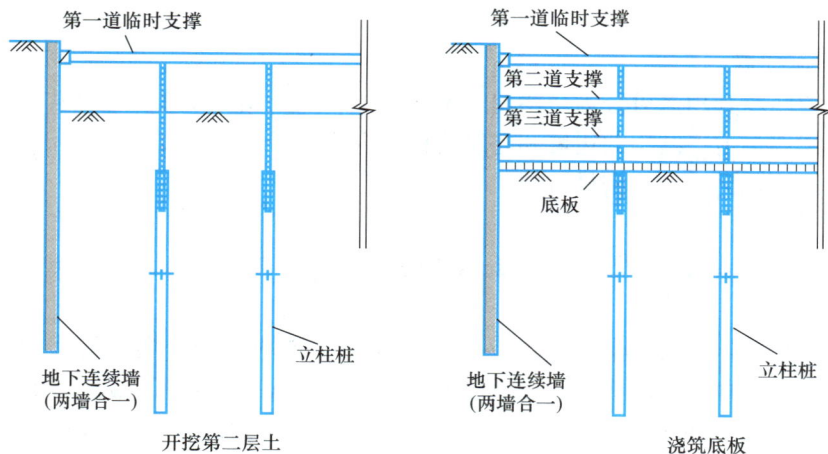

图 1-18 支撑式支护体系

悬臂式所受土压力分布与开挖深度成正比,其剪力是深度的二次函数,弯矩是深度的三次函数,水平位移是深度的五次函数,所以悬臂式结构对开挖深度很敏感,尤其变形问题。悬臂式适用于土质较好、开挖深度较浅的基坑工程。

④ 双排桩

双排桩支护体系,见图 1-20,提出了桩土共同工作的深基坑支护体系理论。该支护体系工作可靠、工程实施效果良好,较好地解决了深基坑支护体系设置大量斜锚杆(索)造成地下"锚杆污染"问题,特别是很好地解决了密集建筑区的深基坑支护桩由于紧邻建筑有地下室、地下空间不能设置锚杆(索)的支护难题。

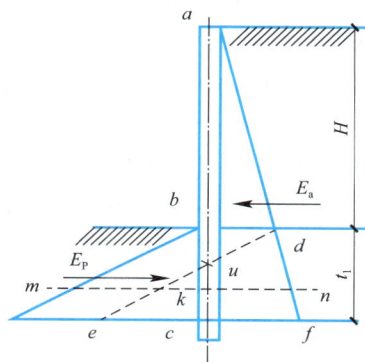

图 1-19 悬臂式支护体系

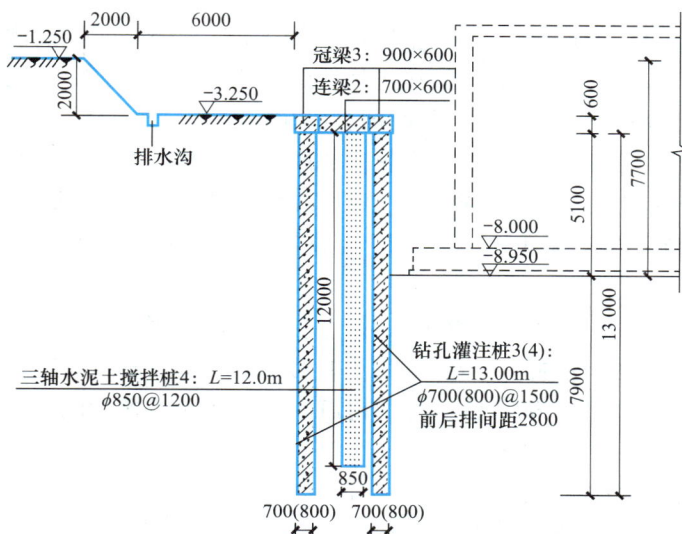

图 1-20 双排桩支护体系

（2）挡土结构

① 地下连续墙

地下连续墙按其用途可分为防渗墙、基坑支护、挡土墙、用作主体结构兼作临时挡土墙的地下连续墙、地下结构的边墙和建筑物的基础。地下连续墙的施工方法主要有两种，一种是开槽筑墙，另一种是密排桩墙。

a. 一般规定

（a）地下连续墙的墙体厚度宜按成槽机的规格，选取 600mm、800mm、1000mm 或 1200mm。

（b）一字形槽段长度宜取 4～6m。当成槽施工可能对周边环境产生不利影响或槽壁稳定性较差时，应取较小的槽段长度。必要时，宜采用搅拌桩对槽壁进行加固。

（c）地下连续墙的转角处或有特殊要求时，单元槽段的平面形状可采用 L 形、T 形等。

（d）地下连续墙的混凝土设计强度等级宜取 C30～C40。❶ 地下连续墙用于截水时，墙体混凝土抗渗等级不宜小于 P6。当地下连续墙同时作为主体地下结构构件时，墙体混凝土抗渗等级应满足现行国家标准《地下工程防水技术规范》GB 50108—2008 及其他相关规范的要求。

b. 现浇地下连续墙施工工艺

现浇钢筋混凝土地下连续墙施工工艺：修筑导墙→泥浆护壁→开挖沟槽→插入接头管→吊放钢筋笼→用导管法浇筑水下混凝土→拔出接头管，见图 1-21。依次逐单元槽段施工形成一道连续的地下钢筋混凝土墙。

（a）修筑导墙。导墙深 1～2m，导墙壁的厚度一般为 100～200mm，为了防止地面水流入槽段，顶面还要高出施工地面 100mm。导墙是地下连续墙挖槽之前修筑的临时结构，其作用是挖槽导向、防止槽段上口塌方、存蓄泥浆，同时还可作为施工测量的基准。导墙一般可采用现浇、预制混凝土构筑。如地下水位很高时，则宜采用预制的钢筋混凝土导墙。

（b）泥浆护壁。地下连续墙挖槽过程中常采用泥浆护壁，即在挖槽时注入水泥浆或利用槽中黏性土成浆。为了使泥浆能适应多种要求和改善泥浆性能，可在泥浆中加入适量掺合料，掺合料有加重剂、增黏剂、分散剂和堵漏剂四类。

（c）槽段开挖。挖槽是地下连续墙施工中的主要工序，挖槽约占地下连续墙施工工期的一半，因此提高挖槽效率是缩短工期的关键。同时，槽壁形状基本上决定了墙体外形，所以挖槽的精度又是保证地下连续墙质量的关键之一。地下连续墙挖槽的施工要点包括：

ⓐ 单元槽段的划分。地下连续墙施工时，预先沿墙体长度方向把地下连续墙划分为许多一定长度的施工单元，这种施工单元称为"单元槽段"。单元槽段长度一般可取 6～8m。

ⓑ 清底。槽段挖至设计标高后，先用超声波等方法测量槽段断面，而后清理槽底的

---

❶ 《建筑与市政地基基础通用规范》GB 55003—2021 规定：

7.2.5 两墙合一的地下连续墙混凝土强度等级不应低于 C30。地下连续墙基坑外侧的纵向受力钢筋的混凝土保护层厚度不应小于 70mm。地下连续墙墙体和槽段施工接头应满足防渗设计要求。

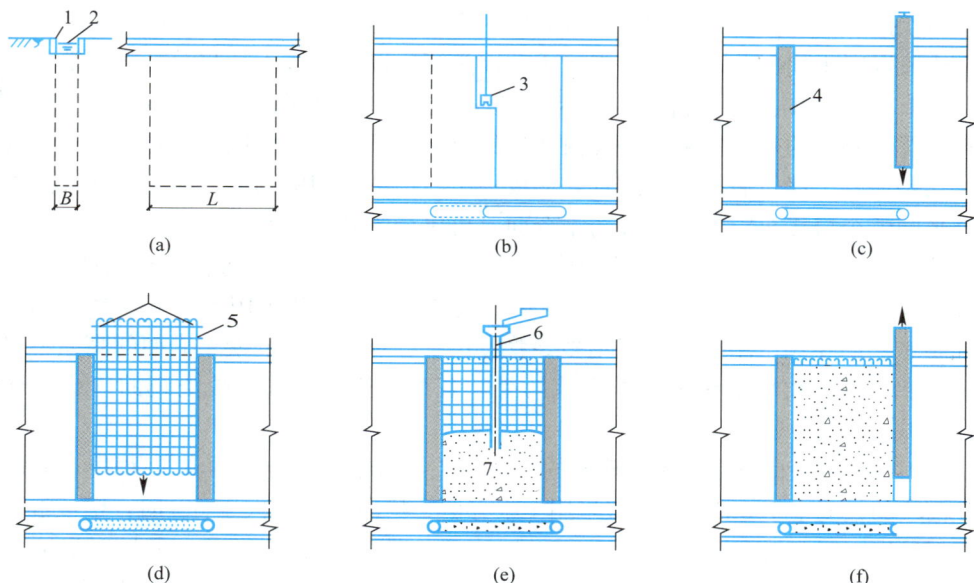

图 1-21 现浇钢筋混凝土地下连续墙施工工艺过程

（a）挖导沟、筑导墙；（b）挖槽；（c）吊放接头管；（d）吊放钢筋笼；（e）浇筑混凝土；（f）拔出接头管
1—导墙；2—泥浆液面；3—挖槽机具；4—接头管；5—钢筋笼；6—导管；7—混凝土；
B—墙厚；L—单元槽段长度

土渣和沉淀物，以保证墙体质量，同时为后续工序提供良好的条件。清底的方法，一般有沉淀法和置换法。

（d）钢筋笼制作和吊放。钢筋笼的尺寸应根据单元槽段、接头形式及现场起重能力等确定。钢筋笼的宽度最好是按单元槽段组装成一个整体。焊接钢筋笼时，要考虑导管插入。钢筋笼的吊放应注意不要因起重臂摆动而使钢筋笼碰撞槽壁。❶

（e）地下连续墙的接头。地下连续墙的接头，可分两大类：施工接头（竖向接头）和结构接头（水平接头）。施工接头是浇筑地下连续墙时，在墙的竖向连接两相邻单元墙段的接头；结构接头是已完工的地下连续墙在水平向与其内部结构的梁、板等相连接的接头。❷

---

❶ 《建筑基坑支护技术规程》JGJ 120—2012 规定：

4.5.6 地下连续墙的纵向受力钢筋应沿墙身两侧均匀配置，可按内力大小沿墙体竖向分段配置，但通长配置的纵向钢筋不应小于总数的 50%；纵向受力钢筋宜选用 HRB400、HRB500 钢筋，直径不宜小于 16mm，净间距不宜小于 75mm。水平钢筋及构造钢筋宜选用 HPB300 或 HRB400 钢筋，直径不宜小于 12mm，水平钢筋间距宜取 200～400mm。冠梁按构造设置时，纵向受力钢筋伸入冠梁的长度宜取冠梁厚度。冠梁按结构受力构件设置时，墙身纵向受力钢筋伸入冠梁的锚固长度应符合现行国家标准《混凝土结构设计规范》GB/T 50010 对钢筋锚固的有关规定。当不能满足锚固长度的要求时，其钢筋末端可采取机械锚固措施。

4.5.7 地下连续墙纵向受力钢筋的保护层厚度，在基坑内侧不宜小于 50mm，在基坑外侧不宜小于 70mm。

❷ 《建筑基坑支护技术规程》JGJ 120—2012 规定：

4.5.9 地下连续墙的槽段接头应按下列原则选用：

1. 地下连续墙宜采用圆形锁口管接头、波纹管接头、楔形接头、工字形钢接头或混凝土预制接头等柔性接头；

2. 当地下连续墙作为主体地下结构外墙，且需要形成整体墙体时，宜采用刚性接头；刚性接头可采用一字形或十字形穿孔钢板接头、钢筋承插式接头等；当采取地下连续墙顶设置通长冠梁、墙壁内侧槽段接缝位置设置结构壁柱、基础底板与地下连续墙刚性连接等措施时，也可采用柔性接头。

ⓐ 常用的施工接头是接头管（亦称锁口管）。浇筑混凝土后，为使接头管能顺利拔出，在槽段混凝土初凝前，应经常旋转拔动接头管，以防止接头管与混凝土粘结。在混凝土浇筑结束后 8h 以内将接头管全部拔出，接头管拔出后即可进行下一单元槽段的施工。接头管一是起侧模的作用，阻止槽段内新浇的混凝土进入另一槽段或与相邻未开挖的土体固结；二是混凝土浇筑后拔出接头管，形成一个与槽宽相同的圆弧，使相邻槽段的混凝土有一个半圆弧企口接头，形成较好的结合面，可以增强整体性和防水能力。

ⓑ 常用的结构接头有预埋连接钢筋法、预埋连接钢板法、预埋剪力连接件法。

（f）地下连续墙混凝土浇筑。在泥浆中浇筑混凝土，一般采用单导管和多导管法水下浇筑混凝土。如在一个单元槽段采用多导管方法，各导管处的混凝土表面的高差不得超过300mm。由于浇筑时混凝土表面被泥浆污染，其浮浆层需凿去，故浇筑面应比设计墙顶面高出 200～300mm。

浇筑时使用导管的根数与单元槽段的长度有关，每根导管分担的浇筑面积应基本均等。当单元槽段的长度小于3m时，一般采用1根导管；槽段长度不大于6m时，槽段混凝土宜采用2根导管同时浇筑；槽段长度大于6m时，槽段混凝土宜采用3根导管同时浇筑。

导管间距与使用的导管直径有关，导管内径150mm时，间距不宜超过2m；内径为200mm以上的导管，间距不宜超过3m。导管距离槽段端部不宜大于1.5m，如果间距过大，易造成槽段端部和两根导管之间的混凝土面较低，也容易卷入泥浆。

导管拼接时，其接缝应密闭。混凝土浇筑过程中，导管埋入混凝土面的深度宜在 2.0～6.0m，浇筑混凝土面的上升速度不宜小于 2m/h。

c. 地下连续墙质量控制

地下连续墙的施工应根据地质条件的适应性进行成槽试验，并应通过试验确定施工工艺参数，当地下连续墙邻近的既有建筑物、地下管线、地下构筑物对地基变形敏感时，地下连续墙的施工应采取有效措施控制槽壁变形。

地下连续墙质量检验标准应符合《建筑地基基础工程施工质量验收标准》GB 50202—2018 规定。

② 排桩

排桩是沿基坑侧壁排列设置的支护桩及冠梁组成的支挡式结构或悬臂式支挡结构。

a. 排桩的桩型选择

根据土层的性质、地下水条件及基坑周边环境要求等选择混凝土灌注桩、型钢桩、钢管桩、钢板桩、型钢水泥土搅拌桩等桩型；当支护桩施工影响范围内存在对地基变形敏感、结构性能差的建筑物或地下管线时，不应采用挤土效应严重、易塌孔、易缩径或有较大振动的桩型；采用挖孔桩且成孔需要降水时，降水引起的地层变形应满足周边建筑物和地下管线的要求，否则应采取截水措施。图 1-22 为钻孔咬合桩示意图，相邻单桩相互咬合（桩圆周相嵌），从而形成能起到挡土、止水作用的钢筋混凝土"桩墙"。

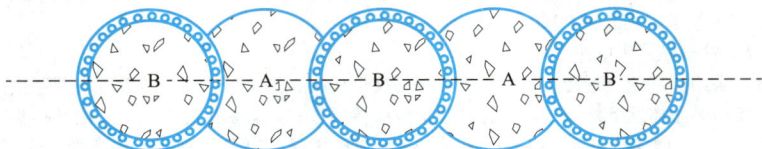

图 1-22　钻孔咬合桩示意图

钻孔咬合桩采用全回转钻机（或旋挖钻机）钻孔施工，在相邻单桩之间形成相互咬合排列的桩墙围护结构。桩的排列形式采用素混凝土桩（A桩）和钢筋混凝土桩（B桩）间隔交错布置。施工顺序为先施工A桩，在A桩混凝土初凝之前完成B桩的施工。

b. 混凝土灌注排桩的技术要求

（a）悬臂混凝土支护桩的桩径宜不小于600mm；锚拉式排桩或支撑式排桩，支护桩的桩径宜不小于400mm；排桩的中心距不宜大于桩直径的2.0倍；

（b）支护桩桩身混凝土强度等级不宜低于C25；

（c）支护桩纵向受力钢筋宜选用HRB400、HRB500钢筋，单桩的纵向受力钢筋不宜少于8根，其净间距不应小于60mm。支护桩顶部设置钢筋混凝土构造冠梁时，纵向钢筋伸入冠梁的长度宜取冠梁厚度；冠梁按结构受力构件设置时，桩身纵向受力钢筋伸入冠梁的锚固长度应符合现行规范规定。

c. 控制地基变形的防护措施

（a）宜采取间隔成桩的施工顺序；

（b）对松散或稍密的砂土、稍密的粉土、软土等易坍塌或流动的软弱土层，要采取改善泥浆性能措施，对人工挖孔桩采取减小每节挖孔和护壁的长度、加固孔壁等措施；

（c）支护桩成孔过程出现流砂、涌泥、塌孔、缩径等异常情况时，应暂停成孔并及时采取有针对性的措施进行处理，防止继续塌孔；

（d）当成孔过程中遇到不明障碍物时，应查明其性质，且在不会危害既有建筑物、地下管线、地下构筑物的情况下方可继续施工。

d. 质量检测

应采用低应变动测法检测桩身完整性，检测桩数不宜少于总桩数的20%，且不得少于5根；当根据低应变动测法判定的桩身完整性为Ⅲ类或Ⅳ类时[1]，应采用钻芯法进行验证，并应扩大低应变动测法检测的数量。

③ 水泥土搅拌桩

（a）止水帷幕

水泥土搅拌桩止水帷幕是由一定比例的水泥浆液和地基土用特制的机械在地基深处就地强制搅拌而成，可以改善基坑边坡的稳定性、抗渗性能，达到止水、挡土的效果。水泥土搅拌桩适用于处理松散砂砾、粗砂、淤泥或地下水渗透系数不大于80m/d的土层边坡。水泥土搅拌桩止水帷幕一般可与微型桩复合形成挡土结构，其中SMW型钢水泥土复合搅拌桩就是其中一种复合形式。

（b）深层搅拌水泥土桩重力式围护结构

深层搅拌水泥土桩重力式围护结构是由水泥土桩与其包围的天然土形成重力式挡墙，水泥土的抗拉强度低，所以只适用于较浅的基坑工程，常用于软黏土地区开挖深度在6m以内的基坑工程。

---

[1] 《建筑基桩检测技术规范》JGJ 106—2014规定：

8.4.3 桩身完整性类别应结合缺陷出现的深度、测试信号衰减特性以及设计桩型、成桩工艺、地基条件、施工情况，按本规范表3.5.1和表8.4.3所列时域信号特征或幅频信号特征进行综合分析判定。

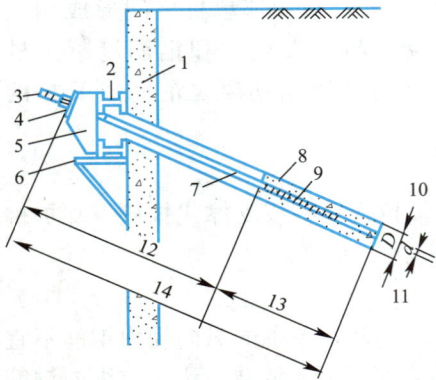

图 1-23　锚杆与挡土结构连接示意图

1—挡土结构；2—腰梁；3—螺母；4—垫板；
5—台座；6—托架；7—套管；8—锚固体；
9—钢拉杆；10—锚固体直径；11—拉杆直径；
12—非锚固段长 L_f；13—有效锚固段长 L_a；
14—锚杆全长 L

（3）锚拉结构

① 锚拉结构的选择

（a）锚拉结构宜采用钢绞线锚杆；承载力要求较低时，也可采用钢筋锚杆；当环境保护不允许在支护结构使用功能完成后锚杆杆体滞留在地层内时，应采用可拆芯钢绞线锚杆；见锚杆与挡土结构连接示意图 1-23。

（b）在易塌孔的松散或稍密的砂土、碎石土、粉土、填土层，高液性指数的饱和黏性土层，高水压力的各类土层中，钢绞线锚杆、钢筋锚杆宜采用套管护壁成孔工艺。

（c）锚杆注浆宜采用二次压力注浆工艺。

（d）锚杆锚固段不宜设置在淤泥、淤泥质土、泥炭、泥炭质土及松散填土层内。

（e）在复杂地质条件下，应通过现场试验确定锚杆的适用性。

② 锚杆的构造要求

（a）锚杆的水平间距不宜小于 1.5m；对多层锚杆，其竖向间距不宜小于 2.0m；

（b）锚固段的上覆土层厚度不宜小于 4.0m；

（c）锚杆倾角宜取 15°~25°，不应大于 45°，不应小于 10°；

（d）当锚杆上方存在天然地基的建筑物或地下构筑物时，宜避开易塌孔、变形的土层；

（e）锚杆自由段的长度不应小于 5m，且应穿过潜在滑动面并进入稳定土层不小于 1.5m；钢绞线、钢筋杆体在自由段应设置隔离套管；

（f）土层中的锚杆锚固段长度不宜小于 6m；

（g）锚杆型钢组合腰梁可选用双槽钢或双工字钢，槽钢之间或工字钢之间应用缀板焊接为整体构件，焊缝连接应采用贴角焊。双槽钢或双工字钢之间的净间距应满足锚杆杆体平直穿过的要求。

③ 锚杆施工

a. 锚杆施工工艺流程（图 1-24）

图 1-24　锚杆施工工艺流程图

b. 锚杆施工注意事项

（a）锚杆成孔

锚杆成孔是锚杆施工的一个关键环节，主要应注意以下问题：

塌孔。造成锚杆杆体不能插入，注浆液掺入杂物影响固结体完整性和强度、影响握裹力和粘结强度，使钻孔周围土体塌落、建筑物基础下沉等。

遇障碍物。锚杆达不到设计长度，如果碰到电力、通信、煤气管线等地下管线会使其损坏并酿成严重后果。

孔壁形成泥皮。在高塑性指数的饱和黏性土层及采用螺旋钻杆成孔时易出现这种情况，使粘结强度和锚杆抗拔力大幅度降低。

涌水涌砂。当采用帷幕截水时，在地下水位以下特别是承压水土层成孔会出现孔内向外涌水冒砂，造成无法成孔、钻孔周围土体坍塌、地面或建筑物基础下沉、注浆液被水稀释等。

（b）锚杆张拉锁定

当锚杆固结体的强度达到15MPa或设计强度的75％后，方可进行锚杆的张拉锁定；锁定时的锚杆拉力应考虑锁定过程的预应力损失量，缺少测试数据时，锁定时的锚杆拉力可取锁定值的1.1～1.15倍；锚杆锁定应考虑相邻锚杆张拉锁定引起的预应力损失，当锚杆预应力损失严重时，应进行再次张拉锁定。

（c）锚杆抗拔承载力的检测

检测数量不应少于锚杆总数的5％，且同一土层中的锚杆检测数量不应少于3根；检测试验应在锚固段注浆固结体强度达到15MPa或达到设计强度的75％后进行。

（4）内支撑结构

① 内支撑结构选择

内支撑结构可选用钢支撑、混凝土支撑、钢与混凝土的混合支撑。内支撑结构应综合考虑基坑平面形状及尺寸、开挖深度、周边环境条件、主体结构形式等因素，选用有立柱或无立柱的内支撑形式。

（a）混凝土支撑

混凝土的强度等级不应低于C25；支撑构件的纵向钢筋直径不宜小于16mm，沿截面周边的间距不宜大于200mm；箍筋的直径不宜小于8mm，间距不宜大于250mm。

（b）钢支撑

钢支撑构件可采用钢管、型钢及其组合截面；钢支撑受压杆件的长细比不应大于150，受拉杆件长细比不应大于200；钢支撑连接宜采用螺栓连接，必要时可采用焊接连接。

② 内支撑施工

a. 内支撑施工工艺流程（图1-25）

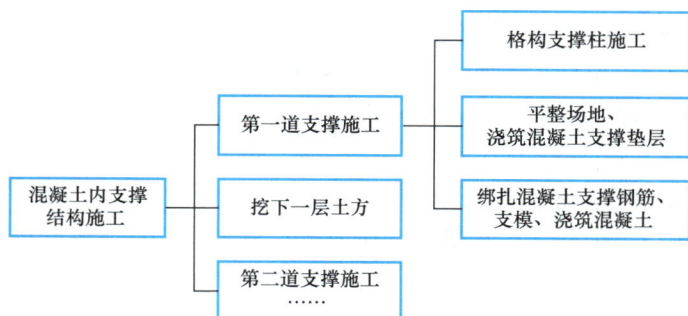

图1-25 内支撑施工工艺流程图

　　b. 内支撑结构施工注意事项

　　（a）内支撑的布置应满足主体结构的施工要求，避开地下主体结构的墙、柱；

　　（b）采用机械挖土时，相邻水平支撑的间距要满足挖土机械作业的空间要求，且不小于4m；

　　（c）内支撑设置在腰梁或冠梁上支撑点的间距：钢腰梁不大于4m，混凝土梁不大于9m；

　　（d）钢腰梁与排桩、地下连续墙等挡土构件间隙的宽度宜小于100mm，并在钢腰梁安装定位后，用强度等级不低于C30的细石混凝土填充密实或采用其他可靠连接措施；

　　（e）内支撑结构的施工与拆除顺序，应与设计工况一致；

　　（f）土方开挖必须遵循先支撑后开挖的原则。

　　3. 复合支护体系

　　1）复合土钉墙支护

　　土钉墙是一种原位加固土边坡支护技术，它由原位土体、设置在土中的土钉和喷射混凝土面层组成（图1-26），土钉墙适用于地下水位以上、开挖深度为5~12m的基坑支护，不宜用于含水丰富的砂、砂砾、淤泥质土，不用于饱和软弱土层和淤泥土质。

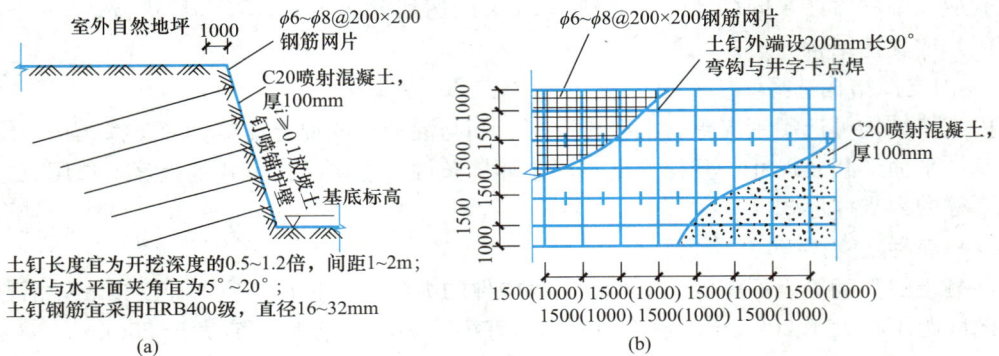

图 1-26　土钉墙示意图
（a）土钉墙剖面；（b）土钉墙面层

　　复合土钉墙是将土钉墙与一种或几种支护技术或截水技术有机组合成的复合支护体系，它的构成要素主要有土钉、预应力锚杆、截水帷幕、微型桩、挂网喷射混凝土面层、原位土体等。

　　（1）复合土钉墙组合类型

　　在工程实践中复合土钉墙组合类型见图1-27，复合结构包括下面7种类型：

　　① 土钉墙＋预应力锚杆。在边坡支护工程中应用较为广泛；

　　② 土钉墙＋止水帷幕。在地下水位比较高的地区较为常见，多用于土质较差、基坑开挖不深时；

　　③ 土钉墙＋微型桩。在地质条件较差时较为常用；

　　④ 土钉墙＋预应力锚杆＋止水帷幕。在地下水富集地区且基坑开挖较深，应用最为广泛；

　　⑤ 土钉墙＋微型桩＋止水帷幕。在地下水富集地区且基坑开挖较深，应用最为广泛；

　　⑥ 土钉墙＋预应力锚杆＋微型桩。在不需要止水帷幕且基坑开挖较深的地区，应用

较为广泛；

⑦ 土钉墙＋预应力锚杆＋微型桩＋止水帷幕。多用于深大及条件复杂的基坑支护。

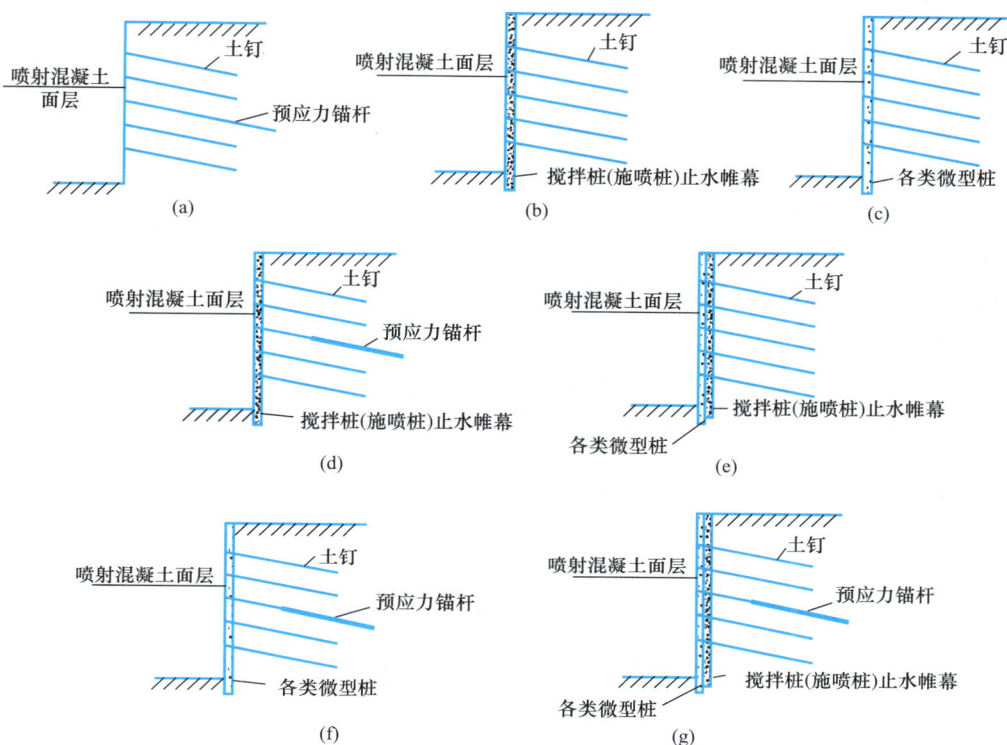

图 1-27　复合土钉墙组合类型

(a) 土钉墙＋预应力锚杆；(b) 土钉墙＋止水帷幕；(c) 土钉墙＋微型桩；
(d) 土钉墙＋预应力锚杆＋止水帷幕；(e) 土钉墙＋微型桩＋止水帷幕；
(f) 土钉墙＋预应力锚杆＋微型桩；(g) 土钉墙＋预应力锚杆＋微型桩＋止水帷幕

(2) 复合土钉墙施工流程

① 施作止水帷幕和微型桩，基坑降水；❶

② 截水帷幕、微型桩强度满足后，开挖第一层土方，修整土壁；

③ 施作土钉、预应力锚杆并养护；

④ 铺设、固定钢筋网；

⑤ 喷射混凝土面层并养护；

⑥ 施作围檩，张拉和锁定预应力锚杆；

⑦ 进入下一层土方施工，重复第②～第⑥步骤直至完成。

2) 型钢水泥土复合搅拌桩（SMW 工法桩）支护

型钢水泥土复合搅拌桩通过多轴深层搅拌机自上而下将施工场地原位土体切碎，同时

---

❶　《复合土钉墙基坑支护技术规范》GB 50739—2011 规定：

6.1.3 土方开挖应与土钉、锚杆及降水施工密切结合，开挖顺序、方法应与设计工况相一致；复合土钉墙施工必须符合"超前支护，分层分段，逐层施作，限时封闭，严禁超挖"的要求。

从搅拌头处将水泥浆等固化剂注入土体并与土体搅拌均匀，连续的重叠搭接施工，形成水泥土墙，在搅拌桩施工结束后 30min 内（水泥土硬凝之前），将型钢插入水泥土中，形成型钢与水泥土的复合墙体。型钢水泥土复合搅拌桩支护结构同时具有抵抗侧向土水压力和阻止地下水渗漏的功能，墙体水泥土渗透系数 k 可达 10^{-7}cm/s。

（1）技术要点

① 型钢水泥土搅拌墙的计算与验算应包括内力和变形、稳定性验算和坑外土体变形估算；

② 型钢水泥土搅拌墙中三轴水泥土搅拌桩的直径宜采用 650mm、850mm、1000mm；内插的型钢宜采用 H 型钢；

③ 水泥土复合搅拌桩 28d 无侧限抗压强度标准值不宜小于 0.5MPa；

④ 搅拌桩的入土深度宜比型钢的插入深度深 0.5～1.0m；

⑤ 搅拌桩体与内插型钢的垂直度偏差不应大于 1/200；

⑥ 当搅拌桩达到设计强度，且龄期不小于 28d 后方可进行基坑开挖。

（2）施工流程（图 1-28）

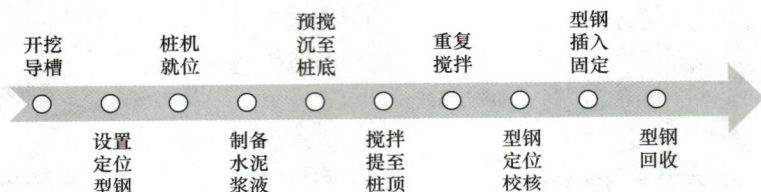

图 1-28　施工流程图

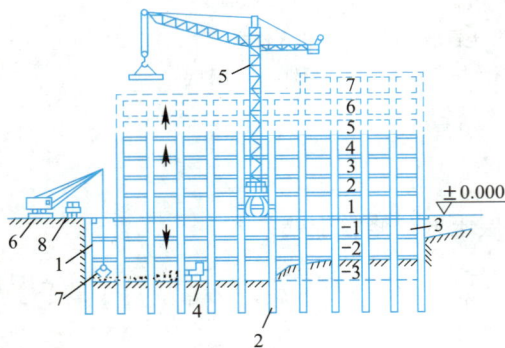

图 1-29　逆作法施工示意图

1—地下连续墙；2—中间支承桩；3—地下车库；
4—小型推土机；5—塔式起重机；6—抓斗挖土机；
7—抓斗；8—运土自卸汽车

3）逆作法

逆作法施工是以地面为起点，先建地下室的外墙和中间支承柱，然后由上而下逐层施工梁、板或框架，利用它们水平支承系统，进行下部地下工程的结构施工，同时按常规自下而上进行上部建筑物的施工，这种施工方法称为"逆作法"。

目前深基础采用逆作法施工的围护结构有地下连续墙、密排桩、钢板桩等，而使用最多的为地下连续墙。利用地下连续墙和中间支承桩进行逆作法施工，对于市区建筑密度大、施工场地狭窄、施工工期紧、软土地基面积大、邻近建筑物及周围环境对沉降变形敏感、三层或多于三层的地下室结构施工

是十分有效的，如图 1-29 所示。

（1）施工方法

逆作法施工一般要根据工程地质、水文地质、建筑规模、地下室层数、地下室承重结构体系与基础选型、建筑物周围环境、施工机具、施工经验等因素确定逆作法施工方法。一般按照上部建筑与地下室是否同步施工，分成全逆作法、半逆作法、部分逆作法三种。❶

① 全逆作法（图1-30）。全逆作法施工流程为：先沿建筑物地下室轴线施工地下连续墙，同时施工中间支承桩。由地下连续墙和中间支承桩组成竖向承重体系，然后向下逐层开挖土方和浇筑各层地下结构，直至底板封底。由于地下一层的楼顶结构已完成，所以在各层地下结构施工的同时，可以向上逐层进行地上结构的施工。

② 半逆作法（图1-31）。半逆作法与全逆作法相同，只是不同时向上进行结构层施工。这种施工方法对缩短施工工期很有限。

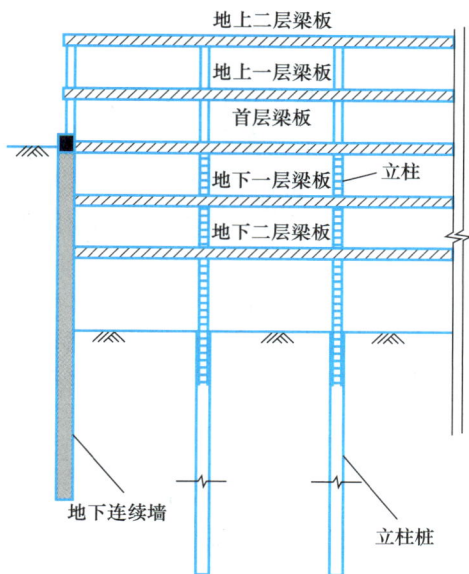

图1-30　全逆作法

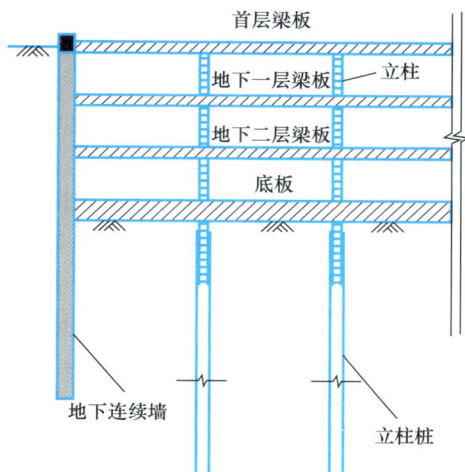

图1-31　半逆作法

③ 部分逆作法。中顺边逆逆作法（图1-32）可以保留四周土方平衡围护结构侧压力，减小围护结构施工阶段的内力和变形，围护结构可采用地下连续墙兼作地下室承重外墙，

---

❶ 《地下建筑工程逆作法技术规程》JGJ 165—2010规定：

3.0.2 地下建筑工程逆作法的范围和方法，应根据工程地质条件、水文地质条件、地下建筑结构类型、周边环境、开挖深度、施工条件等因素，合理选择。【条文说明】逆作法施工可分为半逆作法、全逆作法和部分逆作法。逆作法设计与施工与本条所述的各种因素密切相关，这些因素决定所采取的设计与施工方案，对这些影响因素应综合考虑。

《建筑地基基础设计规范》GB 50007—2011规定：

9.7.1 逆作法适用于支护结构水平位移有严格限制的基坑工程。根据工程具体情况，可采用全逆作法，半逆作法，部分逆作法。

9.7.4 当采用逆作法施工时，可采用支护结构体系与地下结构结合的设计方案：

1. 地下结构墙体作为基坑支护结构；

2. 地下结构水平构件（梁、板体系）作为基坑支护的内支撑；

3. 地下结构竖向构件作为支护结构支承柱。

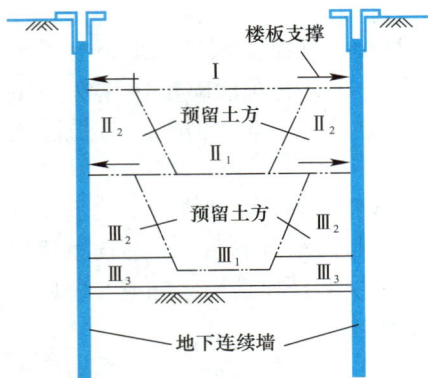

图 1-32　中顺边逆逆作法

亦可采用密排桩与内衬墙组成桩墙合一的地下室承重外墙。

其施工流程为：工程桩与围护结构施工→地下室中部土方开挖，保留四周一跨土方以平衡围护结构外侧压力→地下室中部承台板混凝土浇筑→地下室中部柱或核心筒剪力墙混凝土顺作法施工→首层梁板结构混凝土浇筑，并与四周围护结构联结形成水平内支撑→混凝土养护→挖出地下室四周的保留土方，浇筑四周基础底板和内衬墙混凝土，完成地下结构施工→顺次进行地上结构施工，直至工程结束。

（2）施工技术要点

① 竖向承重体系的施工❶

首先沿建筑物地下室外墙四周施工地下室永久性承重外墙围护结构、基坑支护和止水的承重体系；然后施工地下室的中间支承桩，中间支承桩的位置和数量，要根据结构布置和施工方案等详细考虑后经计算确定，一般布置在主体结构柱子位置或纵、横墙相交处。中间支承桩所承受的最大荷载，是地下室已修筑至最下一层而地面上已修筑至规定的最高层数时的荷载。

竖向承重体系围护结构可以是地下连续墙兼作地下室承重外墙，也可以是密排桩与内衬墙组成桩墙合一的地下室承重外墙。一般情况下，软土地基优先采用地下连续墙；地质条件较好，地下水位较低（当地下水位较高，密排桩外围需加止水帷幕），地下层数不超过三层，可采用密排桩（人工挖孔桩或钻孔灌注桩）。

② 楼层施工

（a）地下楼层施工顺序。竖向承重结构施工完后，开挖负一层土方→施工负一层顶板结构（顺做法施工负一层梁板结构)→利用已施工并达到一定强度的地下室楼层梁板作为围护结构的水平内支撑，继续从上向下开挖土方→施工负二层梁板结构→⋯⋯。每一层留一定数量的混凝土楼板不浇筑，作为下层的出土口与下料口。

（b）地下室楼层结构的施工方案。其主要有两种，一种是支模方式浇筑梁板（图 1-33），土方采用盆式开挖至负一层标高处，然后人工清槽至负一层标高－150mm 处，浇筑150mm 厚 C25 混凝土垫层，垫层混凝土达到强度后，支模施工负一层顶板结构。第二种是采用土模方案，向下挖土至楼层结构设计标高后，将土面整平夯实，浇筑一层厚约50mm 的素混凝土，然后刷一层隔离层，即成楼板模板。对于梁模板，若土质好时，可用土胎模，按梁断面挖出沟槽即可，若土质较差则应用模板支设梁模板；在梁模板下组装柱

❶ 《建筑地基基础设计规范》GB 50007—2011 规定：

9.7.7 竖向支承结构的设计应符合下列规定：

1. 竖向支承结构宜采用一根结构柱对应布置一根临时立柱和立柱桩的形式（一柱一桩）。

2. 立柱应按偏心受压构件进行承载力计算和稳定性验算，立柱应进行单桩竖向承载力与沉降计算。

3. 在主体结构底板施工之前，相邻立柱间以及立柱桩与邻近基坑围护墙之间的差异沉降不宜大于 1/400 柱距，且不宜大于 20mm。作为立柱桩的灌注桩宜采用桩端后注浆措施。

头模板，若土质好，柱头也可用土胎模，否则应用模板支设。该方案的柱子施工缝处的处理方法见图1-34。

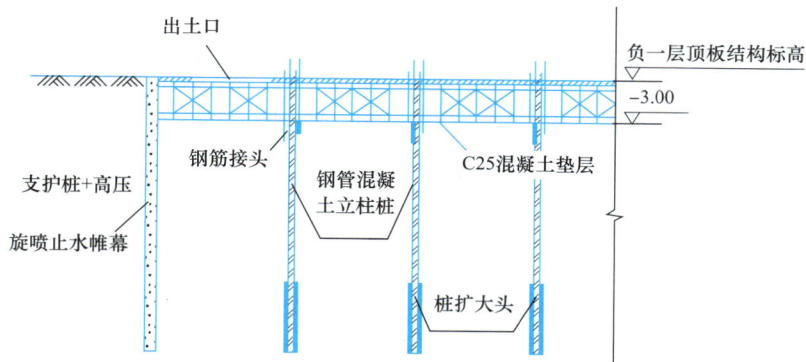

图 1-33　支模方式浇筑梁板

（c）内衬外包层施工。地下室各层梁板结构与基础底板施工全部完成后，自下向上浇筑地下室四周内衬墙混凝土、中间支承桩外包混凝土、剪力墙混凝土以及留置的出土口与下料口的楼板混凝土等，最终完成地下室结构施工。

竖向结构构件内衬外包层混凝土的浇筑一般是从构件顶部的侧面入仓，为便于浇筑应把构件顶部的模板做成喇叭形（图1-35）。由于该方法上、下层构件的结合面在上层构件的底部，在结合面处易出现裂缝，为此，宜在结合面处的模板上预留压浆孔，以便用压力灌浆来消除缝隙，保证构件连接处的密实性。

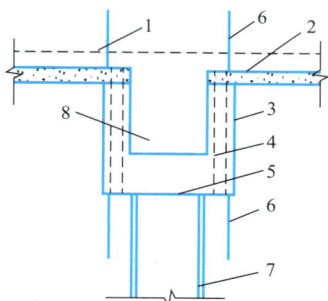

图 1-34　柱头模板与施工缝

1—楼板面；2—素混凝土层与隔离层；3—柱头模板；
4—预留浇筑孔；5—施工缝；6—柱筋；7—型钢桩；8—梁

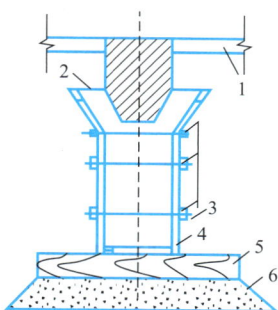

图 1-35　竖向结构浇筑时的模板

1—上层板；2—浇筑入仓口；3—螺栓；4—模板；
5—枕木；6—砂垫层

4）沉井

沉井是修筑深基础和地下构筑物的一种支护施工工艺。施工时先在地面或基坑内制作开口的钢筋混凝土井身，待其达到规定强度后，在井身内挖土，随着挖土沉井井身受其自重或在其他措施协助下克服井壁与土体间的摩阻力和刃脚反力，不断下沉，直至设计标高就位，然后进行封底，见图1-36。

沉井施工顺序见图1-37。

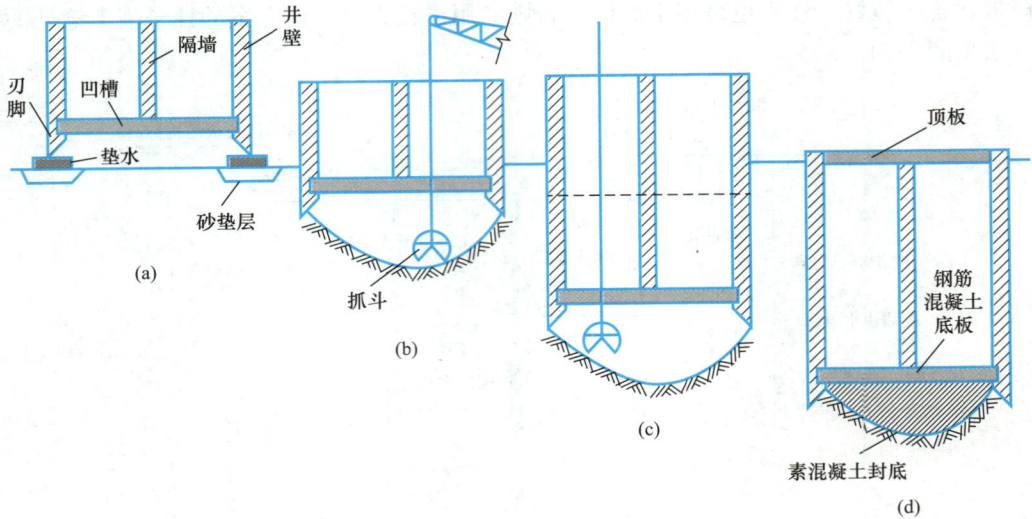

图 1-36　沉井施工程序示意图

（a）浇筑井壁；（b）挖土下沉；（c）接高井壁，继续挖土下沉；
（d）下沉到设计标高后，浇筑封底混凝土，底板和沉井顶板

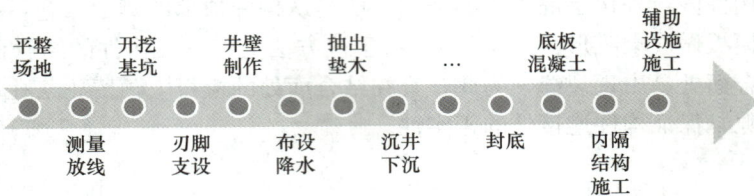

图 1-37　沉井施工顺序图

1.6　地下水控制

　　地下水控制应根据工程地质和水文地质条件、基坑周边环境要求及支护结构形式选用截水、降水、集水明排方法或其组合。

　　地下水控制设计要符合规范对基坑周边建（构）筑物、地下管线、道路等沉降控制值的要求。当坑底以下有水头高于坑底的承压水时，各类支护结构均要按规范规定进行承压水作用下的坑底突涌稳定性验算，不满足突涌稳定性要求时，需要对该承压水含水层采取截水、减压措施。扫描二维码 1-9 观看基坑降水教学视频。

二维码 1-9
基坑降水

1.6.1　截水

　　基坑截水帷幕一般有水泥土搅拌桩帷幕、高压旋喷或摆喷注浆帷幕、地下连续墙或咬合式排桩三种。水泥土搅拌桩帷幕、高压喷射注浆帷幕宜通过试验确定其适用性或外加剂品种及掺量。也可采用高压旋喷或摆喷注浆与排桩相互咬合的组合帷幕。

1. 截水帷幕一般要求

1）水泥土搅拌桩帷幕的桩径一般取 450～800mm，桩间搭接宽度一般为 150～250mm，搅拌桩水泥浆液的水灰比宜取 0.6～0.8，搅拌桩的水泥掺量一般取土的天然质量的 15%～20%。

2）与排桩咬合的组合帷幕，要先进行排桩施工，后进行高压喷射注浆施工。

3）高压喷射注浆帷幕，其施工作业顺序应采用隔孔分序方式，相邻孔喷射注浆的间隔时间不宜小于 24h。喷射注浆时，应由下而上均匀喷射，停止喷射的位置宜高于帷幕设计顶面 1m。采用复喷工艺可以增大固结体半径、提高固结体强度。

2. 降水井、隔水帷幕、基坑位置关系（表 1-12）

当降水会对基坑周边建（构）筑物、地下管线、道路等造成危害或对环境造成长期不利影响时，要采用截水方法控制地下水。采用悬挂式帷幕时，要同时采用坑内降水，并宜根据水文地质条件结合坑外回灌措施。

降水井、隔水帷幕、基坑位置关系   表 1-12

降水井布设	配合措施	优点	缺点	适用条件
坑外降水井点布设	无隔水帷幕	有利边坡稳定，减少围护的侧压力	坑外水位下降	环境要求不高
坑内降水井点布设	隔水帷幕或部分无隔水帷幕	坑外水位不下降或少下降	形成向坑内水头差	环境要求高

1）当坑底以下存在连续分布、埋深较浅的隔水层时，应采用落底式帷幕。落底式帷幕进入下卧隔水层的深度应满足下式要求，且不宜小于 1.5m：

$$l \geqslant 0.2\Delta h - 0.5b \tag{1-19}$$

式中 l——帷幕进入隔水层的深度（m）；

Δh——基坑内外的水头差值（m）；

b——帷幕的厚度（m）。

2）当坑底以下含水层厚度大而需采用悬挂式帷幕时，帷幕进入透水层的深度应满足《建筑基坑支护技术规程》JGJ 120—2012 第 C.0.2 条、第 C.0.3 条对地下水从帷幕底绕流的渗透稳定性要求，并应对帷幕外地下水位下降引起的基坑周边建（构）筑物、地下管线沉降进行分析。

3）截水帷幕在平面布置上应沿基坑周边闭合。当采用沿基坑周边非闭合的平面布置形式时，应对地下水沿帷幕两端绕流引起的渗流破坏和地下水位下降进行分析。❶

❶《建筑地基基础设计规范》GB 50007—2011 规定：

9.9.4 隔水帷幕设计应符合下列规定：

1. 采用地下连续墙或隔水帷幕隔离地下水，隔离帷幕渗透系数宜小于 1.0×10^{-4}m/d，竖向截水帷幕深度应插入下卧不透水层，其插入深度应满足抗渗流稳定的要求。

2. 对封闭式隔水帷幕，在基坑开挖前应进行坑内抽水试验，并通过坑内外的观测井观察水位变化、抽水量变化等确认帷幕的止水效果和质量。

3. 当隔水帷幕不能有效切断基坑深部承压含水层时，可在承压含水层中设置减压井，通过设计计算，控制承压含水层的减压水头，按需减压，确保坑底土不发生突涌。对承压水进行减压控制时，因降水减压引起的坑外地面沉降不得超过环境控制要求的地面变形允许值。

4）管井在有隔水帷幕的基坑内。基坑支护结构位于降水含水层以下，隔水帷幕将基坑内的地下水与基坑外的地下水分隔开来，基坑内、外地下水无水力联系。降水方法采用管井抽水方法，也可以采取真空井点、喷射井点抽水方法。

如图1-38所示，隔水帷幕达到了不透水层，阻断了基坑内、外地下水的联系，所以降水对周边环境影响小。

5）管井在有隔水帷幕的基坑外。隔水帷幕未深入含水层降水水力漏斗下。降水方法采用管井抽水方法。该类降水对周边环境影响比较大。

如图1-39所示，基坑内、外地下水相通，不受隔水帷幕的影响，降水对周边环境影响比较大。

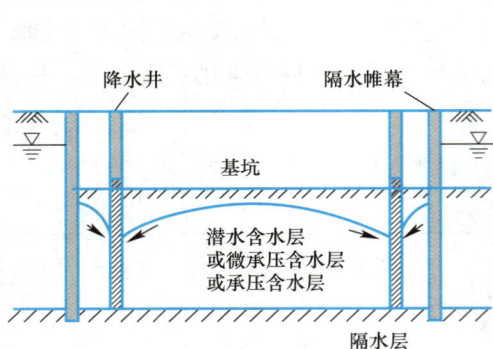

图1-38　管井在有隔水帷幕的基坑内

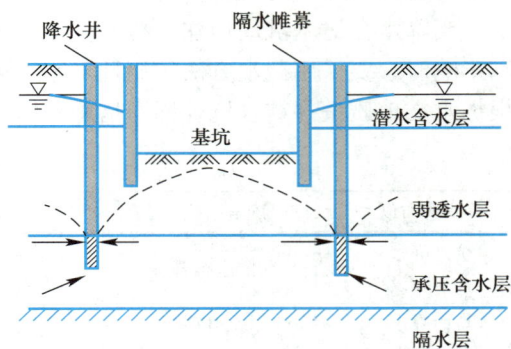

图1-39　管井在有隔水帷幕的基坑外

6）管井在有隔水帷幕的基坑内。降水的前期以降低基坑下部承压含水层的水头为目的，后期以疏干承压含水层为目的，这类井也称为降压井。降水方法采用管井抽水方法。

如图1-40所示，基坑内、外承压含水层大部分被隔水帷幕隔开，仅含水层底部联通。随着水位降深的加大，井内、外水位降相差增大。显然，这类降水对周边环境的影响取决于降水井的位置、滤管长度及其与隔水帷幕的关系。

7）管井与基坑间无隔水帷幕。这类基坑深度浅、无隔水帷幕，降水设计依据的理论是潜水含水层平面渗流理论，这类井也称为疏水井。降水方法可采用真空井点、喷射井点抽水方法。

如图1-41所示，地下水无隔水帷幕的阻挡，基坑内、外地下水相通，降水对周边环境影响比较大。

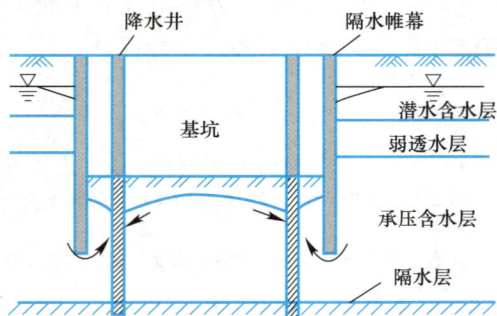

图1-40　管井在有隔水帷幕的基坑内

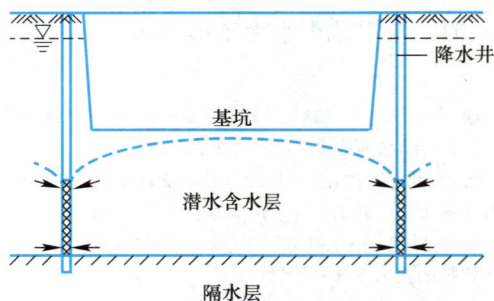

图1-41　管井与基坑间无隔水帷幕

1.6.2 基坑降水

开挖基坑时，流入坑内的地下水和地面水如不及时排走，不但会使施工条件恶化，造成土壁塌方，还会影响地基的承载力。基坑降水可分为集水井排水法和井点降水法。❶

1. 集水井排水

集水井排水是在开挖基坑时，沿坑底周围开挖排水沟，在沟底端设集水井，使基坑内的水，经排水沟流向集水井，然后用水泵抽走（图 1-42）。对坑底汇水、基坑周边地表汇水及降水井抽出的地下水，可采用明沟排水；对坑底渗出的地下水，可采用盲沟排水。当地下室底板与支护结构间不能设置明沟时，也可采用盲沟排水。明沟和盲沟的坡度不宜小于0.3%。

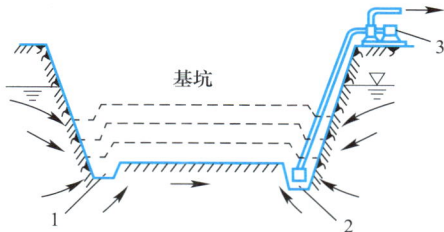

图 1-42　集水井排水
1—排水沟；2—集水井；3—水泵

集水井应设置于基础范围之外，集水井间距，一般每隔 30～50m 设置一个。集水井的直径一般为 0.6～0.8m，低于挖土工作面 0.7～1.0m。当基坑挖至设计标高后，井底应低于坑底 1～2m，并铺设碎石滤水层，防止由于抽水时间较长而将泥砂抽出。井壁可用竹、木等材料进行简易加固，排水用的水泵主要有离心泵、潜水泵等。

2. 井点降水

井点降水就是在基坑开挖前，先在基坑周围埋设一定数量的井点管（井），利用抽水设备抽水，使地下水位降落在基坑底以下，直至已施工的结构工程自重大于地下水浮力为止。井点降水有管井井点、真空井点、喷射井点等。

降水井在平面布置上要沿基坑周边形成闭合。当地下水流速较小时，降水井可以等间距布置；当地下水流速较大时，在地下水补给方向需要适当缩小降水井间距。对宽度较小的狭长形基坑，降水井也可在基坑一侧布置。

降水后基坑内的水位要低于坑底 0.5m，基坑地下水位降深应根据规范规定计算确定❷。当主体结构有加深的电梯井、集水井时，坑底需要按电梯井、集水井底面考虑或对其另行采取局部地下水控制措施。

---

❶ 《建筑地基基础设计规范》GB 50007—2011 规定：

9.9.3 基坑降水设计应包括下列内容：

1. 基坑降水系统设计应包括下列内容：

1）确定降水井的布置、井数、井深、井距、井径、单井出水量；

2）疏干井和减压井过滤管的构造设计；

3）人工滤层的设置要求；

4）排水管路系统。

2. 验算坑底土层的渗流稳定性及抗承压水突涌的稳定性。

3. 计算基坑降水域内各典型部位的最终稳定水位及水位降深随时间的变化。

4. 计算降水引起的对邻近建（构）筑物及地下设施产生的沉降。

5. 回灌井的设置及回灌系统设计。

6. 渗流作用对支护结构内力及变形的影响。

7. 降水施工、运营、基坑安全监测要求，除对周边环境的监测外，还应包括对水位和水中微细颗粒含量的监测要求。

❷ 《建筑基坑支护技术规程》JGJ 120—2012 第 7.3.4～7.3.10 条。

常用的降水形式的降水适用条件见表1-13。

降水适用条件　　　　　　　　　表 1-13

方法	土类	渗透系数（m/d）	降水深度（m）
管井	粉土、砂土、碎石土	0.1～200.0	不限
真空井点	黏性土、粉土、砂土	0.005～20.0	单级井点小于6 多级井点小于20
喷射井点	黏性土、粉土、砂土	0.005～20.0	小于20

1）管井井点

管井又称深井，系由滤水井管、吸水管和抽水设备等组成。管井井点具有井距大、易于布置、排水量大、降水深（大于 15m）、降水设备和操作工艺简单等特点。适用于渗透系数大（大于 10^{-5} cm/s）、土质为砂类土、地下水丰富、降水深、面积大、时间长的降水工程❶。

管井井点构造如图 1-43 所示，一般沿工程基坑周围距边坡上口 0.5～1.5m 呈环形布置，当基坑宽度较窄，亦可在一侧呈直线布置，但要布置在上游水头。基坑开挖深 8m 以内，井距为 10～15m；8m 以上井距为 15～20m，每个管井单独用一台潜水泵抽水。

2）真空井点

真空井点系统，就是沿基坑四周将许多井点管埋入蓄水层内，井点管上部与总管连接，真空抽水设备通过总管将地下水从井点管内不断抽出，将原有的地下水位降至坑底下 0.5～1.5m。

（1）真空井点系统组成

真空井点设备主要包括：井点管、滤管、集水总管、弯联管及真空抽水设备（图 1-44）。滤管直径为 38～50mm，长度为 1～1.5m（图 1-45）；井点管直径为 38～50mm，其长度为 3～7m；弯联管装有检修井点用阀门。❷

---

❶ 《建筑基坑支护技术规程》JGJ 120—2012 规定：

7.3.18 管井的构造应符合下列要求：

1. 管井的滤管可采用无砂混凝土滤管、钢筋笼、钢管或铸铁管。

2. 滤管内径应按满足单井设计流量要求而配置的水泵规格确定，宜大于水泵外径 50mm。滤管外径不宜小于 200mm。管井成孔直径应满足填充滤料的要求。

3. 井管与孔壁之间填充的滤料宜选用磨圆度好的硬质岩石成分的圆砾，不宜采用棱角形石渣料、风化料或其他黏质岩石成分的砾石。

4. 采用深井泵或深井潜水泵抽水时。水泵的出水量应根据单井出水能力确定，水泵的出水量应大于单井出水能力的 1.2 倍。

5. 井管的底部应设置沉砂段，井管沉砂段长度不宜小 3m。

❷ 《建筑基坑支护技术规程》JGJ 120—2012 规定：

7.3.19 真空井点的构造应符合下列要求：

1. 井管宜采用金属管，管壁上渗水孔宜按梅花状布置，渗水孔直径宜取 12～18mm，渗水孔的孔隙率应大于 15%，渗水段长度应大于 1.0m；管壁外应根据土层的粒径设置滤网；

2. 真空井管的直径应根据单井设计流量确定，井管直径宜取 38～110mm；井的成孔直径应满足填充滤料的要求，且不宜大于 300mm；

3. 孔壁与井管之间的滤料宜采用中粗砂，滤料上方应使用黏土封堵，封堵至地面的厚度应大于 1m。

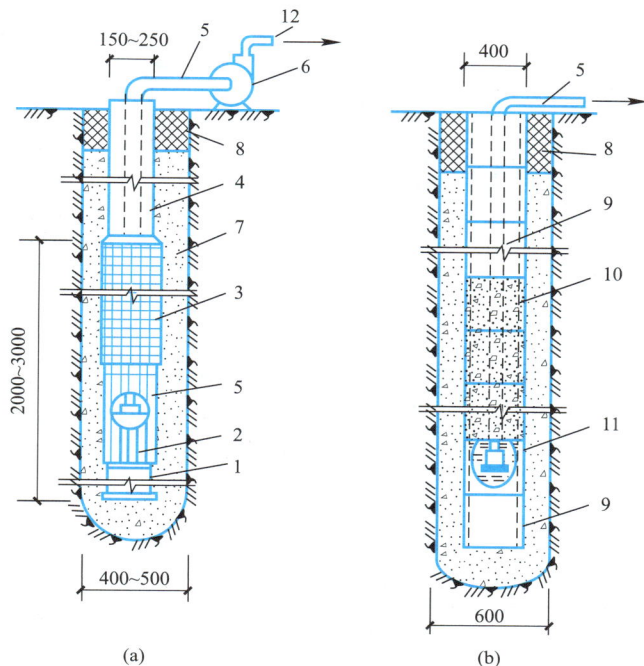

(a)

(b)

图 1-43 管井井点构造

（a）钢管井点；（b）混凝土管井点

1—沉砂管；2—钢筋焊接骨架；3—滤网；4—管身；5—吸水管；6—离心泵；7—小砾石过滤层；
8—黏土封口；9—混凝土实管；10—混凝土过滤管；11—潜水泵；12—出水管

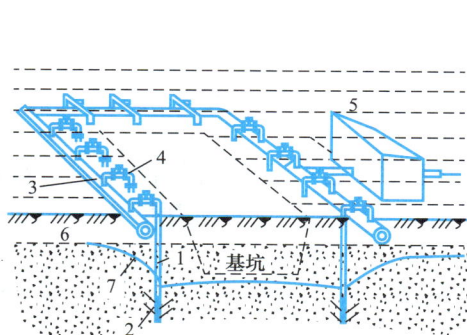

图 1-44 真空井点降低地下水位全貌图

1—井点管；2—滤管；3—总管；4—弯联管；
5—水泵房；6—原地下水位线；
7—降低后地下水位线

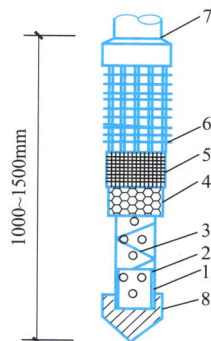

图 1-45 滤管构造

1—钢管；2—管壁上小孔；3—缠绕的铁丝；
4—细滤网；5—粗滤网；6—粗铁丝保护网；
7—井点管；8—铸铁头

真空井点真空抽水设备由真空泵、离心水泵和水气分离器组成。

（2）真空井点的布置

① 平面布置。当基槽宽度小于 6m 且降水深度不超过 5m 时，可采用单排井点，井点管必须布置在地下水流的上游一侧（图 1-46）；双排布置适用于基坑宽度大于 6m 或土质不良的基槽情况；当基坑面积较大时则应采用环形井点（图 1-47）。

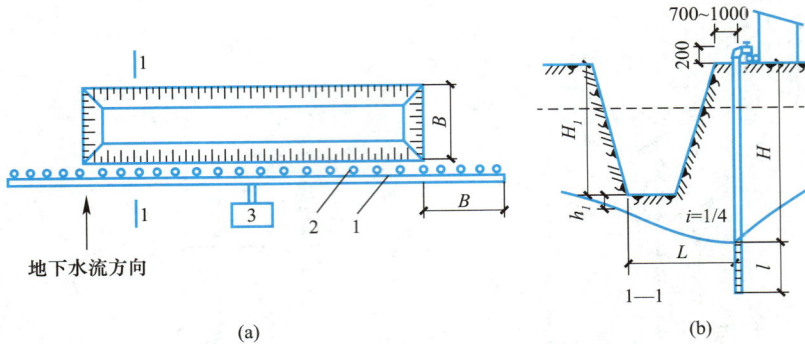

图 1-46　单排井点的布置

（a）平面布置；（b）高程布置

1—总管；2—井点管；3—泵站

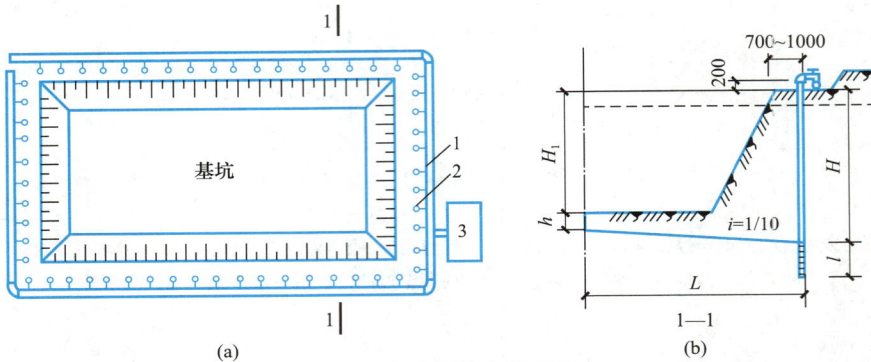

图 1-47　环形井点的布置

（a）平面布置；（b）高程布置

1—总管；2—井点管；3—泵站

② 高程布置。真空井点的降水深度，从理论上讲可达 10.3m，但由于管路系统的沿程、水头损失，其实际的降水深度一般不宜超过 6m。井点管的埋置深度 H（不包括滤管），可按下式计算：

$$H \geqslant H_1 + h + iL \tag{1-20}$$

式中　H_1——井点管埋设面至坑底面的距离（m）；

　　　h——降低后的地下水位距基坑中心底面的距离，一般为 0.5～1m；

　　　i——地下水降落坡度，环形井点为 1/10，单排井点为 1/4；

　　　L——井点管至基坑中心的水平距离（m）。（单排井点为井点管至基坑另一侧的距离，双排井点一般取基坑短边）

如 "H + 井点管外露长度" 不大于降水深度 6m 时，则可用一级井点；"H + 井点管外露长度" 稍大于 6m 时，如降低井点管的埋置面，可满足降水深度要求时，仍可采用一级井点；当一级井点达不到降水深度要求时，则可采用二级井点（图 1-48）。在确定井点埋置深度时，还要考虑井点管露出地面 0.2～0.3m，方便与总管连接；滤管必须埋在透水层内。

3）喷射井点❶

当基坑开挖较深、降水深度超过 8m 时，宜采用喷射井点。喷射井点是在井点管内部装设特制的喷射器，用高压水泵或空气压缩机通过井点管中的内管向喷射器输入高压水（喷水井点）或压缩空气（喷气井点）。喷水井点在内管下端装有升水装置（喷射扬水器）与滤管相连（图 1-49）。当高压水经内外管之间的环形空间由喷嘴喷出时，地下水即被吸入而压出地面。

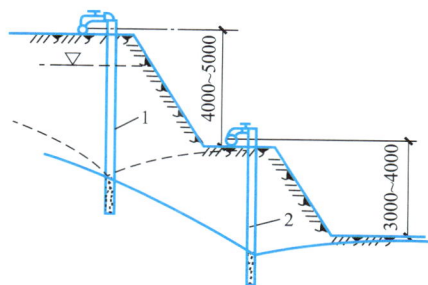

图 1-48　二级井点

1—第一级井点管；2—第二级井点管

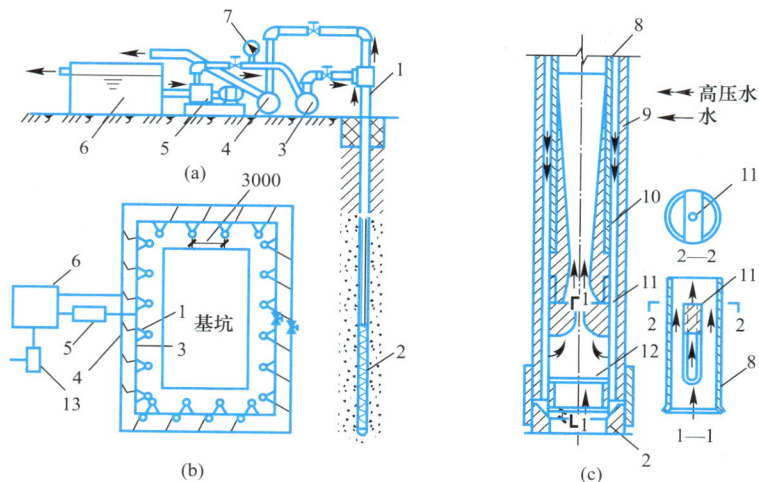

图 1-49　喷射井点

（a）竖向布置；（b）平面布置；（c）喷射井管详图

1—喷射井管；2—滤管；3—进水总管；4—排水总管；5—高压力泵；6—水池；
7—压力计；8—内管；9—外管；10—扩散器；11—喷嘴；12—混合室；13—水泵

喷射井点管布置、井点管的埋设等与真空井点相同。基坑面积较大时，采用环形布置；基坑宽度小于 10m 时，采用单排线型布置；大于 10m 时做双排布置。井点间距一般为 2.0～3.5m，采用环形布置，施工设备进出口（道路）处的井点间距为 5～7m；冲孔直径为 400～600mm，冲孔深度比滤管底深 1m 以上。

该法具有设备简单，排水强度大（其降水深度可达 8～20m），比使用多层真空井点降水设备少，基坑土方开挖量节省，施工速度快，费用低等特点。

---

❶ 《建筑基坑支护技术规程》JGJ 120—2012 规定：

7.3.20 喷射井点的构造应符合下列要求：

1. 喷射井点过滤器的构造应符合本规程第 7.3.19 条第 1 款的规定；喷射混合室直径可取 14mm，喷嘴直径可取 6.5mm；

2. 井的成孔直径宜取 400～600mm，井孔应比滤管底部深 1m 以上；

3. 孔壁与井管之间填充滤料的要求应符合本规程第 7.3.19 条第 3 款的规定；

4. 工作水泵可采用多级泵，水泵压力宜大于 2MPa。

3. 基坑涌水量计算

1) 群井按大井简化的均质含水层潜水完整井的基坑降水，见图 1-50。总涌水量按式 (1-21) 计算：

$$Q = \pi k \frac{(2H - S_d)S_d}{\ln\left(1 + \dfrac{R}{r_0}\right)} \tag{1-21}$$

式中　Q——基坑降水的总涌水量（m^3/d）；

　　　　k——渗透系数（m/d）；

　　　　H——潜水含水层厚度（m）；

　　　　S_d——基坑地下水位的设计降深（m）；

　　　　R——降水影响半径（m）；

　　　　r_0——基坑等效半径（m），可按 $r_0 = \sqrt{\dfrac{A}{\pi}}$ 计算；

　　　　A——基坑面积（m^2）。

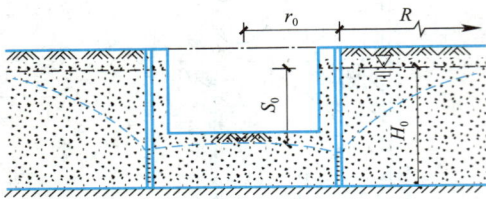

图 1-50　均质含水层潜水完整井

2) 群井按大井简化的均质含水层潜水非完整井的基坑降水，见图 1-51。总涌水量可按式 (1-22) 计算：

$$Q = \pi k \frac{H^2 - h^2}{\ln\left(1 + \dfrac{R}{r_0}\right) + \dfrac{h_m - l}{l}\ln\left(1 + 0.2\dfrac{h_m}{r_0}\right)} \tag{1-22}$$

$$h_m = \frac{H + h}{2} \tag{1-23}$$

式中　h——降水后基坑内的水位高度（m）；

　　　　l——过滤器进水部分的长度（m）。

3) 群井按大井简化时，均质含水层承压水完整井的基坑降水，见图 1-52。总涌水量可按式 (1-24) 计算：

$$Q = 2\pi k \frac{M S_d}{\ln\left(1 + \dfrac{R}{r_0}\right)} \tag{1-24}$$

式中　M——承压水含水层厚度（m）。

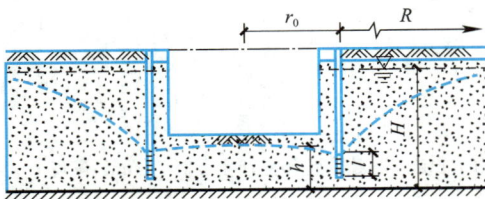

图 1-51　均质含水层潜水非完整井

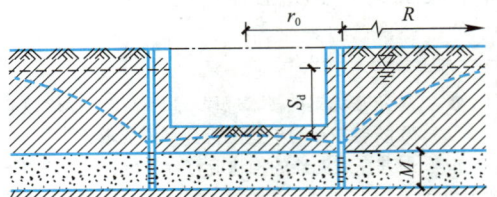

图 1-52　均质含水层承压水完整井

4. 井点管的埋设与使用❶

井水管的埋设可以利用冲孔或钻孔，井孔冲成后，立即拔出冲管，插入井点管，并在井点管与孔壁之间迅速填灌砂滤层，以防孔壁塌土。灌砂滤层一般宜选用干净粗砂，填灌均匀，并填至距滤管顶 1～1.5m 处用黏土封口，以防漏气。井点安装完毕后，需进行试抽，以便检查抽水设备运转是否正常、管路有无漏气。

井点使用时，一般应连续抽水（特别是开始阶段）。若时抽时停，滤管易于堵塞，出水浑浊并引起附近建筑物地基土颗粒流失而沉降。同时由于中途停抽，地下水回升，也可能引起基础上浮或边坡塌方等事故。抽水过程中，应调节离心泵的出水量，使抽吸排水保持均匀，达到细水长流。正常的出水规律是"先大后小，先浊后清"。真空度是判断井点系统工作情况是否良好的尺度，必须经常观察检查。造成真空度不足的原因很多，但多是井点系统有漏气现象，应及时采取措施。

在抽水过程中，还应检查有无"死井"（工作正常的井管，用手触摸时，应有冬暖夏凉的感觉，或从弯联管上的透明阀门观察），如死井太多，严重影响降水效果时，应逐个用高压水冲洗或拔出重埋。为观察地下水位的变化，可在影响半径内设观察孔。

井点系统的拆除必须在地下室或地下结构物竣工并将基坑进行回填土后，计算最大地下水的浮托力小于已施工的结构自重后方可拆除，且底板混凝土必须达到一定的强度，防止因水浮力引起地下结构浮起或破坏底板。拔管后所留的孔洞应用砂或土填塞，对有防渗要求的地基基础，需在基础中设置止水套管，降水结束后除用补偿混凝土填堵套管外，还要用钢板焊接封口，尤其承压井。

5. 周围环境保护

1）减少井点降水对周围建筑物及地下管线造成的影响

在高水位地区，开挖深基坑一方面要保证土方开挖及地下工程的施工，另一方面又要预防对周围环境的不利影响。因此，在降水的同时，应采取相应的措施，减少井点降水对周围建筑物及地下管线造成的影响。主要应该采取下列措施：

（1）设置地下水位观测孔，在降水系统运转过程中随时检查观测孔中的水位，并对邻

---

❶ 《建筑基坑支护技术规程》JGJ 120—2012 规定：

7.3.21 管井的施工应符合下列要求：

1. 管井的成孔施工工艺应适合地层特点，对不易塌孔、缩颈的地层宜采用清水钻进；钻孔深度宜大于降水井设计深度 0.3～0.5m；

2. 采用泥浆护壁时，应在钻进到孔底后清除孔底沉渣并立即置入井管、注入清水，当泥浆比重不大于 1.05 时，方可投入滤料；遇塌孔时不得置入井管，滤料填充体积不应小于计算量的 95%；

3. 填充滤料后，应及时洗井，洗井应直至过滤器及滤料滤水畅通，并应抽水检验井的滤水效果。

7.3.22 真空井点和喷射井点的施工应符合下列要求：

1. 真空井点和喷射井点的成孔工艺可选用清水或泥浆钻进、高压水套管冲击工艺（钻孔法、冲孔法或射水法），对不易塌孔、缩颈的地层也可选用长螺旋钻机成孔；成孔深度宜大于降水井设计深度 0.5～1.0m；

2. 钻进到设计深度后，应注水冲洗钻孔、稀释孔内泥浆；滤料填充应密实均匀，滤料宜采用粒径为 0.4～0.6mm 的纯净中粗砂；

3. 成井后应及时洗孔，并应抽水检验井的滤水效果；抽水系统不应漏水、漏气；

4. 抽水时真空度应保持在 55kPa 以上，且抽水不应间断。

7.3.24 抽水系统的使用期应满足主体结构的施工要求。当主体结构有抗浮要求时，停止降水的时间应满足主体结构施工期的抗浮要求。

近建筑物、管线进行监测，发现沉降量达到报警值时，应及时采取措施。

（2）降水施工时，应做好井点管滤网及砂滤层结构，防止抽水带走土层中的细颗粒。

（3）如果施工区周围有湖、河、滨等贮水体时，应在井点和贮水体之间设置止水帷幕，以防抽水造成与贮水体穿通，引起大量涌水带出土颗粒。

（4）在建筑物和地下管线密集区或对地面沉降控制有严格要求的地区开挖深基坑，应尽可能采用隔水帷幕，并进行坑内降水的方法，一方面可疏干坑内地下水，同时，可利用隔水帷幕减少或切断坑外地下水的涌入，减小对周围环境的影响。

（5）场地外缘设置回灌系统也是减小降水对周围环境影响的有效方法，回灌系统包括井点回灌和砂井回灌两种形式。❶

2）流砂现象及其防治

土质为细砂土或粉砂土时，如土方开挖施工方案不当，往往容易出现"流砂"的现象，即土颗粒随渗透水流一起不断从基坑边或基坑底冒出的现象。一旦出现流砂，不仅使施工条件恶化，基坑难以挖到设计标高，而且使地基的承载能力下降。严重时可以引起基坑边坡塌方、地面开裂沉陷、板桩崩塌，邻近建筑开裂、下沉、倾斜甚至倒塌。

流砂现象的产生是水在土中渗流所产生的动水压力对土体作用的结果。动水压力的大小 G_D 与水力坡度 I 成正比，渗透压力的方向与渗透水流的切线方向相同。

当渗透水流向上时，土颗粒受到的向上作用力不仅有水的浮力作用，还有向上的动水压力。当 $G_D \geq \gamma'$ 时，则土粒处于悬浮状态，土颗粒往往会随渗流的水一起流动，涌入基坑，形成流砂。细颗粒、松散、饱和的非黏性土特别容易发生流砂现象。

防治流砂的具体措施有：

（1）枯水期施工。枯水期地下水位较低，基坑内外水位差小，动水压力小，不易产生流砂。

（2）设隔水帷幕。连续的止水支护结构形成封闭的止水帷幕增加地下水渗流路经，减少水力坡度，从而减少动水压力，防止流砂出现。

（3）水下挖土。如不排（降）水可满足工程质量和施工安全要求，可采用水下挖土法。此时，动水压力非常小，不易出现流砂。

（4）井点降水。井点降水使地下水位低于基坑底面以下，地下水的渗流向下，动水压力方向向下，水不渗入基坑，可有效防止流砂发生。

（5）抢挖并抛大石块。分段抢挖土方，使挖土速度超过冒砂速度，在挖至标高后立即铺竹席并抛大石块，以平衡动水压力，将流砂压住。此法适用于治理局部的或轻微的流砂。

---

❶ 《建筑基坑支护技术规程》JGJ 120—2012规定：

7.3.25 当基坑降水引起的地层变形对基坑周边环境产生不利影响时，宜采用回灌方法减少地层变形量。回灌方法宜采用管井回灌，回灌应符合下列要求：

1. 回灌井应布置在降水井外侧，回灌井与降水井的距离不宜小于6m；回灌井的间距应根据回灌水量的要求和降水井的间距确定；

2. 回灌井宜进入稳定水面不小于1m，回灌井过滤器应置于渗透性强的土层中，且宜在透水层全长设置过滤器；

3. 回灌水量应根据水位观测孔中的水位变化进行控制和调节，回灌后的地下水位不应高于降水前的水位。采用回灌水箱时，箱内水位应根据回灌水量的要求确定；

4. 回灌用水应采用清水，宜用降水井抽水进行回灌。回灌水质应符合环境保护要求。

7.3.26 当基坑面积较大时，可在基坑内设置一定数量的疏干井。

3）降水漏斗范围内地面沉降

地下水位下降以后，降水漏斗范围内会造成地面沉降，该影响范围较大，有时影响半径可达百米。在实际工程中，由于井点管滤网及砂滤层结构不良，把土层中的黏土颗粒、粉土颗粒甚至细砂同地下水一同抽出地面的情况经常发生，这种现象会使地面不均匀沉降加剧，造成附近建筑物及地下管线下沉。

地下水降水控制标准：

（1）地下工程施工期间，地下水位控制在基坑面以下 0.5～1.5m；

（2）满足坑底突涌验算要求；

（3）满足坑底和侧壁抗渗流稳定的要求；

（4）控制坑外地面沉降量及沉降差，保证临近建（构）筑物及地下管线的正常使用。

1.7 基坑监测

为了确保基坑和周边环境安全，在基坑施工中，应对周边地下水位、地形、基坑支护的变化情况进行监测，如变形、沉降、倾斜、裂缝和水平位移等。基坑工程施工前，应由建设方委托具备相应能力的第三方对基坑工程实施现场监测。

1.7.1 实施监测基坑工程

1. 基坑设计安全等级为一、二级的基坑。

2. 开挖深度不小于 5m 的下列基坑：

（1）土质基坑；

（2）极软岩基坑、破碎的软岩基坑、极破碎的岩体基坑；

（3）上部为土体，下部为极软岩、破碎的软岩、极破碎的岩体构成的土岩组合基坑。

3. 开挖深度小于 5m 但现场地质情况和周围环境较复杂的基坑。

1.7.2 土质基坑工程监测项目选择

监测项目与基坑工程设计、施工方案相匹配❶；针对监测对象的关键部位进行重点观测；各监测项目的选择应利于形成互为补充、验证的监测体系。基坑工程现场监测采用仪器与现场巡视检查相结合的方法。基坑工程施工和使用期内，每天均应由专人进行巡视检查，现场巡视检查内容详见《建筑基坑工程监测技术标准》GB 50497—2019；土质基坑工程仪器监测项目内容可按照表 1-14 选择。

监测值的变化和周边建（构）筑物、地下管网允许的最大沉降变形参数，是确定监控报警标准的主要依据，极限是周边建（构）筑物原有的沉降与基坑开挖造成的附加沉降叠

---

❶ 《建筑基坑工程监测技术标准》GB 50497—2019 规定：

1.0.3 基坑工程监测应综合考虑基坑工程设计方案、建设场地的岩土工程条件、周边环境条件、施工方案等因素，制定合理的监测方案，精心组织和实施监测。

《建筑地基基础设计规范》GB 50007—2011 规定：

10.3.6 边坡工程施工过程中，应严格记录气象条件、挖方、填方、堆载等情况。尚应对边坡的水平位移和竖向位移进行监测，直到变形稳定为止，且不得少于两年。爆破施工时，应监控爆破对周边环境的影响。

加，不能超过允许的最大沉降变形值。

土质基坑工程仪器监测项目内容　　　　　　　　　　表 1-14

基坑工程安全等级	监测项目														周边建筑			周边建筑裂缝、地表裂缝	周边管线		周边道路竖向位移
	围护墙(边坡)顶部水平位移	围护墙(边坡)顶部竖向位移	深层水平位移	立柱竖向位移	围护墙内力	支撑轴力	立柱内力	锚杆轴力	坑底隆起	围护墙侧向土压力	孔隙水压力	地下水位	土体分层竖向位移	周边地表竖向位移	竖向位移	倾斜	水平位移		竖向位移	水平位移	
一级	√	√	√	√	△	√	○	√	○	○	○	√	○	√	√	△	△	√	√	○	√
二级	√	√	√	○	△	√	○	√	○	○	○	√	○	√	√	△	△	√	√	○	△
三级	√	√	○	△	○	△	○	○	○	○	○	√	○	△	√	○	○	√	○	○	○

注：√为应测项目，△为宜测项目，○为可测项目。

1.7.3　基坑支护结构的维护

基坑开挖和支护结构使用期内，应按下列要求对基坑进行维护：

1）基坑周边地面宜作硬化或防渗处理，基坑周边的施工用水应有排放系统，不得渗入土体内；雨期施工时，应在坑顶、坑底采取有效的截排水措施，对地势低洼的基坑，应考虑周边汇水区域地面径流向基坑汇水的影响；排水沟、集水井应采取防渗措施，当坑体渗水、积水或有渗流时，应及时进行疏导、排泄、截断水源。

2）开挖至坑底后，应及时进行混凝土垫层和主体地下结构施工。

3）主体地下结构施工时，结构外墙与基坑侧壁之间应及时回填。

4）当出现下列情况之一时，必须立即进行危险报警，并应通知有关各方对基坑支护结构和周边环境保护对象采取应急措施：

（1）基坑支护结构的位移值突然明显增大或基坑出现流砂、管涌、隆起、陷落等；

（2）基坑支护结构的支撑或锚杆体系出现过大变形、压屈、断裂、松弛或拔出的迹象；

（3）基坑周边建筑的结构部分出现危害结构的变形裂缝；

（4）基坑周边地面出现较严重的突发裂缝或地下空洞、地面下陷；

（5）基坑周边管线变形突然明显增长或出现裂缝、泄漏等；

（6）冻土基坑经受冻融循环时，基坑周边土体温度显著上升，发生明显的冻融变形；

（7）出现基坑工程设计方提出的其他危险报警情况，或根据当地工程经验判断，出现其他必须进行危险报警的情况。

1.8　工程案例

首地城市航站楼位于武汉中央商务区，范湖路与青年路交接口，是集办公、商业、飞行办理为一体的高端综合物业。总建筑面积约 12 万 m^2，由裙楼及两栋写字楼组成，单体最高 27 层，总高 149m。扫描二维码 1-10 观看案例视频。

二维码 1-10
案例视频

作业

南京华能双子座项目位于南京市鼓楼区。建筑面积 21.8 万 m^2，地下 4 层，地上 32 层，基坑深度最深 30m，建筑高度 150m。建成后将成为南京市首个集酒店、办公、观光、城市旅游等配套于一体的滨江城市会客厅。

面对长江漫滩、构造裂隙、岩溶发育、岩层起伏等难题，建设者们采用 BIM、物探、钻孔勘探等技术，多措并举探明每一寸土质，结合 3D 打印技术呈现了地下 170m 空间内的地质分布，为穿越复杂地质桩基础的施工奠定了基础。

在基坑智能化监测方面，开发基于"经验＋人工智能技术"的反分析计算云平台，总结一套完整的基坑安全评价方法。

【任务】该工程的基坑施工有哪些难点，施工单位应对方案有哪些？扫描二维码 1-11 观看作业参考视频。

二维码 1-11
作业参考视频

本章小结

（1）土方工程必须单独编制附具安全验算结果的专项施工方案。土的工程性质对土方工程的施工有直接影响。

（2）基坑土方量是按立体几何拟柱体体积公式计算；场地平整土方量有方格网法和断面法。土方调配的步骤：划分调配区→计算土方调配区之间的平均运距（或单位土方运价，或单位土方施工费用）→确定土方的最优调配方案→绘制土方调配图表。

（3）土方开挖常用的方法有放坡开挖、有支撑的分层开挖、盆式开挖、岛式开挖及逆作法开挖等。填土压实的主要影响因素为压实功、土的含水量以及每层铺土厚度。

（4）基坑支护体系主要由挡土结构和撑锚结构两部分组成，支护体系分为支挡式结构、土钉墙、重力式水泥土墙和放坡。逆作法适用于支护结构水平位移有严格限制的基坑工程，其施工方法一般有全逆作法、半逆作法、部分逆作法三种，围护结构有地下连续墙、密排桩、钢板桩等，使用最多的多为地下连续墙。

（5）现浇钢筋混凝土地下连续墙施工工艺：修筑导墙→泥浆护壁→开挖沟槽→插入接头管→吊放钢筋笼→用导管法浇筑水下混凝土→拔出接头管。

（6）基坑降水可分为集水井降水法和井点降水法。井点降水有管井井点、真空井点、喷射井点。

（7）为了确保基坑和周边环境安全，在基坑施工中，应对周边地下水位、地形、基坑支护的变化情况进行监测。如变形、沉降、倾斜、裂缝和水平位移等。

第 2 章　地基处理与桩基础施工

【知识目标】

(1) 软弱地基处理方法及其施工工艺；

(2) 混凝土预制桩施工工艺；

(3) 混凝土灌注桩施工工艺。

【能力目标】

(1) 能编制地基处理施工方案；

(2) 能够编制预制桩施工方案；

(3) 能够编制混凝土灌注桩施工方案。

【素质教育】扫描二维码 2-1，观看素质教育视频创新是企业经营最重要的品质。

二维码 2-1
创新是企业经营
最重要的品质

2.1　概述

2.1.1　建（构）筑物对地基的要求

地基是支承基础的土体或岩体，可分为天然地基和人工地基两大类。建（构）筑物对地基的要求可概括为地基承载力、地基变形和地基稳定性三个方面❶。

1. 地基承载力

地基承载力主要与土的抗剪强度有关，也与基础形式、大小、埋深、加荷速率等因素有关。例如当基础埋深较浅，荷载为缓慢施加的恒载时，将趋向于形成整体剪切破坏；若基础埋深较大，荷载是快速施加的，则趋向于形成冲切或局部剪切破坏。

2. 地基变形

设计等级为甲级、乙级的建筑物按地基变形设计。在建（构）筑物的荷载作用下，地基产生沉降、位移变形，变形超过允许值，将会影响建（构）筑物的安全与正常使用，严重的将造成建（构）筑物破坏。

---

❶ 《建筑与市政地基基础通用规范》GB 55003—2021 规定：

4.1.1 地基设计应符合下列规定：

1. 地基计算均应满足承载力计算的要求；

2. 对地基变形有控制要求的工程结构，均应按地基变形设计；

3. 对受水平荷载作用的工程结构或位于斜坡上的工程结构，应进行地基稳定性验算。

在地基变形中，不均匀沉降超过允许值造成的工程事故比例最高，特别在深厚软黏土、湿陷性黄土、膨胀土、季节性冻土等地区。

1）湿陷变形与胀缩变形

① 湿陷变形。是指湿陷性土浸水后产生附加沉降，其湿陷系数不小于0.015，湿陷变形一般只出现在受水浸湿部位，而没有浸水部位则基本不附加变形，从而形成沉降差，整体刚度较大的房屋和构筑物，如烟囱、水塔等则易发生倾斜。当地基遇到多处湿陷时，基础往往产生较大弯曲变形，引起基础和管道折断。当沉降造成给水排水干管折断时，对周围建筑物还会构成更大的危害。

② 胀缩变形。主要发生在膨胀土地区，膨胀土亲水性矿物颗粒具有吸水膨胀和失水收缩特性，带来胀缩变形，其自由膨胀率一般不小于40%。

2）冻胀变形❶

基础埋深浅于冻结深度时，在基础侧面作用着切向冻胀力 T，如图 2-1 所示，在基底作用着法向冻胀力 N。如果基础上荷载 F 和自重 G 不足以平衡法向和切向冻胀力，基础就被抬起来。融化时，冻胀力消失，冰变成水，土的强度降低，基础产生融陷。不论上抬还是融陷，一般是不均匀的，其结果必然造成建筑物的开裂破坏。

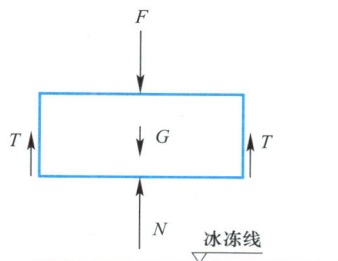

图 2-1　基础冻胀受力示意图

3. 地基稳定性

（1）滑移造成失稳。一般情况下，平缓地形上的建筑物，只要基础具有一定的埋深，地基满足承载力的要求，基础就不会出现滑移。但是对于高大的建筑物（构筑物），当经常有水平荷载作用，或地基位于斜坡、不同厚度的软弱土层时，滑移失去稳定性就要引起重视。

（2）浮力造成失稳。当建筑物基础存在浮力作用时需要进行抗浮稳定性验算，抗浮稳定性不满足设计要求时，就需要设置抗浮桩。

2.1.2　地基验槽

验槽是指基坑或基槽开挖至坑底设计标高后，检验地基是否符合设计要求的活动。地

---

❶ 《建筑地基基础设计规范》GB 50007—2011 规定：

5.1.9 在冻胀、强冻胀和特强冻胀地基上采用防冻害措施时应符合下列规定：

1. 对在地下水位以上的基础，基础侧表面应回填不冻胀性的中、粗砂，其厚度不应小于 200mm；对在地下水位以下的基础，可采用桩基础、保温性基础、自锚式基础（冻土层下有扩大板或扩底短桩）；也可将独立基础或条形基础做成正梯形的斜面基础。

2. 宜选择地势高、地下水位低、地表排水条件好的建筑场地。对低洼场地，建筑物的室外地坪标高应至少高出自然地面 300～500mm。其范围不宜小于建筑四周向外各一倍冻结深度距离的范围。

3. 应做好排水设施，施工和使用期间防止水浸入建筑地基。在山区应设截水沟或在建筑物下设置暗沟，以排走地表水和潜水。

4. 在强冻胀性和特强冻胀性地基上，其基础结构应设置钢筋混凝土圈梁和基础梁，并控制建筑的长高比。

5. 当独立基础连系梁下或桩基础承台下有冻土时，应在梁或承台下留有相当于该土层冻胀量的空隙。

6. 外门斗、室外台阶和散水坡等部位宜与主体结构断开，散水坡分段不宜超过 1.5m，坡度不宜小于 3%，其下宜填入非冻胀性材料。

7. 对跨年度施工的建筑，入冬前应对地基采取相应的防护措施；按采暖设计的建筑物，当冬季不能正常采暖时，也应对地基采取保温措施。

基基槽（坑）开挖到设计标高后，必须进行基槽（坑）检验，当发现与勘察报告和设计文件不一致或遇到异常情况时，应与地勘及设计单位联系，及时研究地基处理方案。

1. 验槽重点部位

(1) 当持力土层的标高有较大的起伏变化时；

(2) 基础范围内存在两种以上不同成因类型的地层时；

(3) 基础范围内存在局部异常土质或坑穴、古井、古迹遗址时；

(4) 基础范围内遇有断层带、软弱岩脉、废弃河道（湖、沟、坑）等不良地质条件时；

(5) 在雨期或冬期等不良气候条件下施工，基底土质可能受到影响时。

2. 验槽工作要点

勘察、设计、监理、施工、建设等各方相关技术人员必须共同参加验槽。验槽时，现场应具备岩土工程勘察报告、轻型动力触探记录（可不进行轻型动力触探的情况除外）、地基基础设计文件、地基处理或深基础施工质量检测报告等。验槽应在基坑或基槽开挖至设计标高后进行，槽底留置一定厚度的原状土，防止地基被扰动❶。地基基槽（坑）验槽后，必须及时对基槽（坑）进行封闭，并采取防止水浸、暴露和扰动基底土的措施。

1) 天然地基验槽

(1) 根据勘察、设计文件核对基坑的位置、平面尺寸、坑底标高；

(2) 根据勘察报告核对基坑底、坑边岩土体和地下水情况；

(3) 检查空穴、古墓、古井、暗沟、防空掩体及地下埋设物的情况，并应查明其位置、深度和性状；

(4) 检查基坑底土质的扰动情况以及扰动的范围和程度；

(5) 检查基坑底土质受到冰冻、受水冲刷或浸泡等扰动情况，并应查明影响范围和深度。

在进行直接观察时，可用袖珍式贯入仪或其他手段作为验槽辅助。天然地基验槽前应在基坑或基槽底普遍进行轻型动力触探检验，宜采用机械自动化实施，检验完毕后，触探孔位处应灌砂填实，检验数据作为验槽依据。

2) 地基处理地基验槽

设计文件有明确地基处理要求的，在地基处理完成、开挖至基底设计标高后进行验槽。经过地基处理的地基承载力和沉降特性，必须以处理后的检测报告为准。

(1) 换填地基、强夯地基。必须现场检查处理后的地基均匀性、密实度等检测报告和承载力检测资料。

(2) 增强体复合地基。必须现场检查桩位、桩头、桩间土情况和复合地基施工质量检测报告。

(3) 特殊土地基。必须现场检查处理后地基的湿陷性、地震液化、冻土保温、膨胀土隔水、盐渍土改良等方面的处理效果检测资料。

---

❶《建筑地基基础工程施工规范》GB 51004—2015 规定：

4.1.4 施工过程中应采取减少基底土体扰动的保护措施，机械挖土时，基底以上 200～300mm 厚土层应采用人工挖除。

3）桩端验槽

在桩基工程验槽时，需要根据岩土工程勘察报告对出现的异常情况、桩端岩土层的起伏变化及桩周岩土层的分布进行判别。

（1）桩间土共同作用的桩型。要在开挖清理至设计标高后对桩间土进行检验；

（2）人工挖孔桩。必须在桩孔孔底虚土清理完毕后，逐孔检查桩端扩底情况；

（3）大直径旋挖桩。必须逐孔检验孔底的岩土情况。

2.1.3 沉降变形观测

对地基变形有控制要求的、软弱地基上的、处理地基上的建筑与市政工程，地基施工可能引起地面沉降或隆起变形、周边建（构）筑物和地下管线变形、地下水位变化及土体位移的建筑与市政工程必须在整个施工期间及使用期间进行沉降变形监测，直至沉降变形达到稳定为止，并以实测资料作为建筑物地基基础工程质量检查的依据之一。

（1）建筑物施工的观测日期和次数，应根据施工进度确定；

（2）建筑物竣工后的第一年内，每隔 2～3 月观测一次，以后适当延长至 4～6 月，直至达到沉降变形稳定为止。

扫描二维码 2-2，观看地基与基础工程概述教学视频。

二维码 2-2
地基与基础
工程概述

2.2 地基处理

地基处理就是提高地基承载力，改善其变形性能或渗透性能而采取的技术措施。扫描二维码 2-3，观看地基处理教学视频。

在土木工程建设中经常遇到软弱和不良地基，不满足建（构）筑物对地基的强度、变形和稳定性要求时，就需要进行地基处理。不同的建（构）筑物对地基的要求是不同的，各地区天然地基情况差别也是很大的，这就决定了地基处理的地域性、复杂性和多样性。地基处理方案是否恰当，不仅影响建筑物的安全和使用，而且影响建设速度和工程造价。

二维码 2-3
地基处理

地基处理施工前的施工准备工作：

（1）搜集详细的岩土工程勘察资料、上部结构及基础设计资料等；

（2）结合工程情况，了解当地地基处理经验和施工条件，对于有特殊要求的工程，尚需了解其他地区相似场地上同类工程的地基处理经验和使用情况；

（3）调查施工场地的周边环境情况，例如邻近建筑、地下工程、周边道路及有关管线等情况；

（4）编制地基处理施工组织设计或地基处理施工方案，其内容主要包括：地基处理技术参数、地基处理施工工艺流程、地基处理施工方法、地基处理施工安全技术措施、应急预案、工程监测要求等；

（5）地基处理方法必须通过现场试验确定其适用性和处理效果；当处理地基施工采用振动或挤土方法施工时，必须采取措施控制振动和侧向挤压对邻近建（构）筑物及周边环

境产生的有害影响❶；

（6）湿陷性黄土、膨胀土、盐渍土、多年冻土、压实填土地基施工和使用过程中，要采取防止施工用水、场地雨水和邻近管道渗漏水渗入地基的处理措施。

2.2.1　土木工程常用地基处理方法

土木工程常用地基处理方法见表2-1。

常用地基处理方法　　　　　　　　　　　　　表2-1

编号	分类	处理方法	原理及作用	适用范围
1	换填	砂石垫层，素土垫层，灰土垫层，矿渣垫层	以砂石、素土、灰土和矿渣等强度较高的材料置换地基表层软弱土，提高持力层的承载力，减少沉降量	① 软弱土层厚度不大的地基，适用于处理暗沟、暗塘等。② 垫层厚度不宜超过3.0m
2	压实	重锤夯实，机械碾压，振动压实，强夯（动力固结）	利用压实原理，通过机械碾压、夯击，把表层地基土压实；强夯则利用强大的夯击能，在地基中产生强烈的冲击波和动应力，迫使土动力固结密实	适用于碎石土、砂土、粉土、低饱和度的黏性土、杂填土等，对饱和黏性土应慎重采用
3	预压	堆载预压，真空预压，真空和堆载联合预压	在地基中增设竖向排水体，加速地基的固结、增长强度，提高地基的稳定性；加速沉降发展，使基础沉降提前完成	适用于处理饱和软弱土层；对于渗透性极低的泥碳土，必须慎重对待
4	挤密	振冲挤密，灰土挤密桩，砂桩，石灰桩，爆破挤密，夯实水泥土桩	采用一定的技术措施，通过振动或挤密，使土体的孔隙减少，强度提高；必要时，在振动挤密的过程中，回填砂、砾石、灰土、水泥土、素土等，与地基土组成复合地基，从而提高地基的承载力，减少沉降量	适用于处理松砂、粉土、杂填土及湿陷性黄土
5	置换	振冲置换，深层搅拌，高压喷射注浆，石灰桩等	采用专门的技术措施，以砂、碎石等置换软弱土地基中部分软弱土，或在部分软弱土地基中掺入水泥、石灰或砂浆等形成加固体，与未处理部分土组成复合地基，从而提高地基承载力，减少沉降量	黏性土、冲填土、粉砂、细砂等。振冲置换法对于不排水抗剪强度小于20kPa时慎用
6	加筋	土钉墙、锚定板挡墙、加筋土挡墙和土工合成材料	在地基或土体中埋设强度较大的土工合成加筋材料，使地基或土体能承受抗拉力，防止断裂，保持整体性，提高刚度，改变地基土体的应力场和应变场，从而提高地基的承载力，改善变形特性	软弱土地基、填土及陡坡填土、砂土

❶ 《建筑桩基技术规范》JGJ 94—2008规定：

3.3.1条文说明：成桩过程的挤土效应在饱和黏性土中是负面的，会引发灌注桩断桩、缩颈等质量事故，对于挤土预制混凝土桩和钢桩会导致桩体上浮，降低承载力，增大沉降；挤土效应还会造成周边房屋、市政设施受损；在松散土和非饱和填土中则是正面的，会起到加密、提高承载力的作用。对于非挤土桩，由于其既不存在挤土负效应，又具有穿越各种硬夹层、嵌岩和进入各类硬持力层的能力，桩的几何尺寸和单桩的承载力可调空间大。因此钻、挖孔灌注桩使用范围大，尤以高重建筑物更为合适。沉管挤土灌注桩无需排土排浆，造价低。20世纪80年代曾风行于南方各省，由于设计施工对于这类桩的挤土效应认识不足，造成的事故极多。因而挤土沉管灌注桩仅用于在软土地区多层住宅单排桩条基使用。

续表

编号	分类	处 理 方 法	原 理 及 作 用	适 用 范 围
7	其他	注浆，冻结，托换技术，纠偏技术	通过独特的技术措施处理软弱土地基	根据实际情况确定

本书只介绍水泥土搅拌桩复合地基，其他地基处理方法详见《建筑地基处理技术规范》JGJ 79—2012。

水泥土搅拌桩复合地基指的是以水泥作为固化剂的主要材料，通过深层搅拌机械，将固化剂和地基土强制搅拌形成竖向增强体的复合地基。

1. 水泥土搅拌桩复合地基处理基本要求

1）水泥土搅拌桩复合地基适用于处理正常固结的淤泥、淤泥质土、素填土、黏性土（软塑、可塑）、粉土（稍密、中密）、粉细砂（松散、中密）、中粗砂（松散、稍密）、饱和黄土等土层。不适用于含大孤石或障碍物较多且不易清除的杂填土、欠固结的淤泥和淤泥质土、硬塑及坚硬的黏性土、密实的砂类土，以及地下水渗流影响成桩质量的土层。当地基土的天然含水量小于30%（黄土含水量小于25%）时不宜采用粉体搅拌法。冬期施工时，应考虑负温对处理地基效果的影响。

2）采用水泥土搅拌桩处理地基，除按现行国家标准《岩土工程勘察规范》GB 50021—2001（2009年版）要求进行岩土工程详细勘察外，尚要查明拟处理地基土层的pH值、塑性指数、有机质含量、地下障碍物及软土分布情况、地下水位及其运动规律等。

3）设计前，应进行处理地基土的室内配比试验，见表2-2。水泥土搅拌桩用于处理泥炭土、有机质土、pH值小于4的酸性土、塑性指数大于25的黏土，或在腐蚀性环境中以及无工程经验的地区使用时，必须通过现场和室内试验确定其适用性。

室内配比试验　　　　　　　　　　　　　　　　　表2-2

竖向承载的水泥土强度	90d龄期试块的立方体抗压强度平均值
水平承载的水泥土强度	28d龄期试块的立方体抗压强度平均值
固化剂	不小于32.5级普通硅酸盐水泥
型钢水泥土搅拌墙	不小于42.5级普通硅酸盐水泥
块状加固水泥掺量	不小于7%被加固天然土质量
复合地基增强体水泥掺量	不小于12%被加固天然土质量
型钢水泥土搅拌墙（桩）水泥掺量	不小于20%被加固天然土质量

4）增强体的水泥掺量不应小于12%，块状加固时水泥掺量不应小于加固天然土质量的7%；湿法的水泥浆水灰比可取0.5～0.6，需要根据工程需要和土质条件选用具有早强、缓凝、减水以及节约水泥等作用的外加剂；干法可掺加二级粉煤灰等掺合材料。

5）水泥土搅拌桩复合地基需要在基础和桩之间设置褥垫层，厚度可取200～300mm。褥垫层材料一般选用中砂、粗砂、级配砂石等，最大粒径不宜大于20mm。褥垫层的夯填度不得大于0.9。

2. 水泥土搅拌法施工

1）施工要求

（1）施工前施工现场需要平整，清除地上和地下的障碍物；

（2）水泥土搅拌桩施工前，需要根据设计进行工艺性试桩，数量不得少于3根，多轴搅拌施工不得少于3组。应对工艺试桩的质量进行检验，确定施工参数；

（3）搅拌头翼片的枚数、宽度、与搅拌轴的垂直夹角、搅拌头的回转数、提升速度应相互匹配，干法搅拌时钻头每转一圈的提升（或下沉）量宜为10～15mm，确保加固深度范围内土体的任何一点均能经过20次以上的搅拌；

（4）搅拌桩施工时，停浆（灰）面应高于桩顶设计标高500mm。在开挖基坑时，应将桩顶以上土层及桩顶施工质量较差的桩段，采用人工挖除；

（5）施工中，应保持搅拌桩机底盘的水平和导向架的竖直，搅拌桩的垂直度允许偏差和桩位偏差应满足规范规定❶；成桩直径和桩长不得小于设计值。

2）三轴水泥土搅拌法施工工艺

水泥土搅拌桩的施工工艺分为浆液搅拌法（简称湿法）和粉体搅拌法（简称干法）。可采用单轴、双轴、多轴搅拌或连续成槽搅拌形成柱状、壁状、搁栅状或块状水泥土加固体。三轴水泥土搅拌法施工工艺流程如图2-2所示，三轴水泥土搅拌也多用于施工基坑止水帷幕。

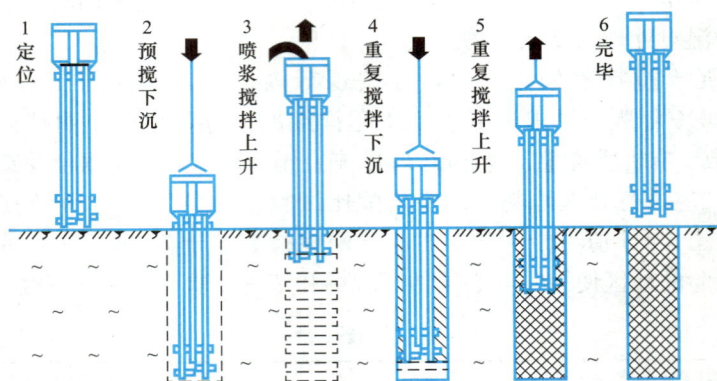

图2-2　三轴水泥土搅拌法施工工艺流程图

（1）施工深度大于30m的搅拌桩宜采用接杆工艺，大于30m的机架应有稳定性措施，导向架垂直度偏差不应大于1/250。

（2）三轴水泥土搅拌桩水泥浆液的水灰比宜为1.5～2.0，制备好的浆液不得离析，泵送应连续，且应采用自动压力流量记录仪。

（3）搅拌下沉速度宜为0.5～1.0m/min，提升速度宜为1～2m/min，并应保持匀速下沉或提升。

（4）三轴水泥土搅拌法可采用跳打方式、单侧挤压方式和先行钻孔套打三种方式施工，对于硬质土层，当成桩有困难时，可采用预先松动土层的先行钻孔套打方式施工。

① 跳打方式：一般适用于标准贯入试验击数 N 值30以下的土层，施工顺序如图2-3所示，先施工第一单元，然后施工第二单元；第三单元的Ⓐ轴和Ⓒ轴插入到第一单元的Ⓒ

---

❶ 《建筑地基处理技术规范》JGJ 79—2012规定：

7.1.4 复合地基增强体单桩的桩位施工允许偏差：对条形基础的边桩沿轴线方向应为桩径的±1/4，沿垂直轴线方向应为桩径的±1/6，其他情况桩位的施工允许偏差应为桩径的±40%；桩身的垂直度允许偏差应为±1%。

轴及第二单元的Ⓐ轴孔中，两端完全重叠；依此类推，施工完成水泥土搅拌墙，这是常用的施工顺序。

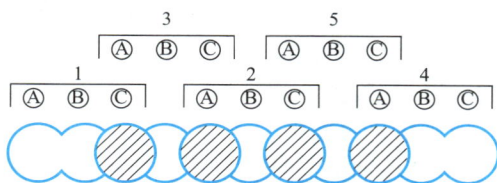

图 2-3　跳打方式施工顺序
1—第一单元；2—第二单元；3—第三单元；4—第四单元；5—第五单元

② 单侧挤压方式：一般适用于标准贯入试验击数 N 值 30 以下的土层，受施工条件的限制，搅拌桩机无法来回行走时或搅拌墙转角处常用这类施工顺序，具体施工顺序如图 2-4 所示，先施工第一单元，第二单元的Ⓐ轴插入第一单元的Ⓒ轴中，边孔重叠施工，依此类推，施工完成水泥土搅拌墙。

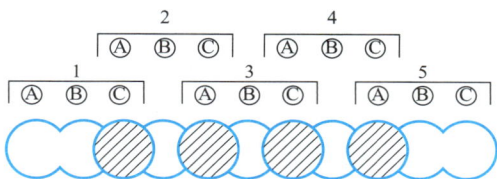

图 2-4　单侧挤压方式施工顺序
1—第一单元；2—第二单元；3—第三单元；4—第四单元；5—第五单元

③ 先行钻孔套打方式：适用于标准贯入试验击数 N 值 30 以上的硬质土层，在水泥土搅拌墙施工时，用装备有大功率减速机的钻孔机先行钻孔，局部松散硬土层，然后用三轴搅拌机采用跳打或单侧挤压方式施工完成水泥土搅拌墙；先行施工时，可加入膨润土等外加剂便于松动土层；螺旋式和螺旋叶片式搅拌机头在施工过程中能通过螺旋效应排土，因此挤土量较小；与双轴水泥土搅拌桩和高压旋喷桩相比，三轴水泥土搅拌桩施工过程中的挤土效应相对较小，对周边环境的影响较小。

3）水泥土搅拌湿法施工注意事项

（1）施工前，应确定灰浆泵输浆量、灰浆经输浆管到达搅拌机喷浆口的时间和起吊设备提升速度等施工参数，并应根据设计要求，通过工艺性成桩试验确定施工工艺。

① 环境保护要求高的工程采用三轴搅拌桩应通过试成桩及其监测结果调整施工参数，邻近保护对象时，搅拌下沉速度宜为 0.5～0.8m/min，提升速度宜为 1.0m/min 内，喷浆压力不宜大于 0.8MPa。

② 施工时宜用流量泵控制输浆速度，注浆泵出口压力宜保持在 0.4～0.6MPa，并应使搅拌提升速度与输浆速度同步。

③ 当水泥浆液到达出浆口后，应喷浆搅拌 30s，在水泥浆与桩端土充分搅拌后，再开始提升搅拌头。

（2）搅拌桩在加固区以上的土层扰动区宜采用低掺量加固。

（3）搅拌机预搅下沉时，不宜冲水，当遇到硬土层下沉太慢时，可适量冲水，但应考虑冲水对桩身强度的影响。

（4）施工过程中，如因故停浆，应将搅拌头下沉至停浆点以下 0.5m 处，待恢复供浆时再喷浆搅拌提升，若停机超过 3h，宜先拆卸输浆管路，并清洗。

（5）壁状加固时，相邻桩的施工时间间隔不宜超过 12h。如间隔时间太长，与相邻桩无法搭接时，应采取局部补桩或注浆等补强措施。

4）水泥土搅拌桩复合地基质量检验❶

（1）施工前应检查水泥及外掺剂的质量、桩位、搅拌机工作性能，并应对各种计量设备进行检定或校准。

（2）施工中应检查机头提升速度、水泥浆或水泥注入量、搅拌桩的长度及标高。

（3）施工结束后，应检验桩体的强度和直径，以及单桩与复合地基的承载力。水泥土搅拌桩地基质量检验标准详见表 2-3。

水泥土搅拌桩地基质量检验标准　　　　　　　　　　　　表 2-3

项目	序号	检查项目	允许值及允许偏差	检查方法
主控项目	1	复合地基承载力	不小于设计值	静载试验
	2	单桩承载力	不小于设计值	静载试验
	3	水泥用量	不小于设计值	查看流量表
	4	搅拌叶回转直径	±20mm	用钢尺量
	5	桩长	不小于设计值	测钻杆长度
	6	桩身强度	不小于设计值	28d 试块强度或钻芯法
一般项目	1	水胶比	设计值	实际用水量与水泥等胶凝材料的重量比
	2	提升速度	设计值	测机头上升距离及时间
	3	下沉速度	设计值	测机头下沉距离及时间
	4	桩位	条基边桩沿轴线不大于 1/4 设计桩径（mm）垂直轴线不大于 1/6 设计桩径（mm）其他情况不大于 2/5 设计桩径（mm）	全站仪或用钢尺量
	5	桩顶标高	±200mm	水准测量，最上部 500mm 浮浆层及劣质桩体不计入
	6	导向架垂直度	不大于 1/150	经纬仪测量
	7	褥垫层夯填度	不大于 0.9	水准测量

---

❶ 《建筑地基处理技术规范》JGJ 79—2012 规定：

7.3.7 水泥土搅拌桩复合地基质量检验应符合下列规定：

1. 施工过程中应随时检查施工记录和计量记录。

2. 水泥土搅拌桩的施工质量检验可采用下列方法：

1）成桩 3d 内，采用轻型动力触探（N_{10}）检查上部桩身的均匀性，检验数量为施工总桩数的 1%，且不少于 3 根；

2）成桩 7d 后，采用浅部开挖桩头进行检查，开挖深度宜超过停浆（灰）面下 0.5m，检查搅拌的均匀性，量测成桩直径，检查数量不少于总桩数的 5%。

3. 静载荷试验宜在成桩 28d 后进行。水泥土搅拌桩复合地基承载力检验应采用复合地基静载荷试验和单桩静载荷试验，验收检验数量不少于总桩数的 1%，复合地基静载荷试验数量不少于 3 台（多轴搅拌为 3 组）。

4. 对变形有严格要求的工程，应在成桩 28d 后，采用双管单动取样器钻取芯样作水泥土抗压强度检验，检验数量为施工总桩数的 0.5%，且不少于 6 点。

（4）水泥土搅拌桩的施工质量检验：成桩 3d 内，采用轻型动力触探（N_{10}）检查上部桩身的均匀性，检验数量为施工总桩数的 1%，且不少于 3 根；成桩 7d 后，采用浅部开挖桩头进行检查，开挖深度宜超过停浆（灰）面下 0.5m，检查搅拌的均匀性，量测成桩直径，检查数量不少于总桩数的 5%。

（5）静载荷试验宜在成桩 28d 后进行。水泥土搅拌桩复合地基承载力检验应采用复合地基静载荷试验和单桩静载荷试验，验收检验数量不少于总桩数的 1%，复合地基静载荷试验数量不少于 3 台（多轴搅拌为 3 组）。

（6）对变形有严格要求的工程，应在成桩 28d 后，采用双管单动取样器钻取芯样作水泥土抗压强度检验，检验数量为施工总桩数的 0.5%，且不少于 6 点。

2.2.2 地基处理质量检验与检测

处理后的地基应进行地基承载力和变形评价、处理范围和有效加固深度内地基均匀性评价。复合地基应进行增强体强度及桩身完整性和单桩竖向承载力检验以及单桩或多桩复合地基载荷试验，施工工艺对桩间土承载力有影响时尚应进行桩间土承载力检验。

1. 地基处理工程施工验收检验要求

（1）换填垫层地基要分层进行密实度检验，在施工结束后进行承载力检验；

（2）高填方地基必须分层填筑、分层压（夯）实、分层检验，且处理后的高填方地基必须满足密实和稳定性要求；

（3）预压地基要进行承载力检验。预压地基排水竖井处理深度范围内和竖井底面以下受压土层，经预压所完成的竖向变形和平均固结度必须进行检验；

（4）压实、夯实地基必须进行承载力、密实度及处理深度范围内均匀性检验。压实地基的施工质量检验要分层进行。强夯置换地基施工质量检验需要查明置换墩的着底情况、密度随深度的变化情况；

（5）对散体材料复合地基（砂桩，石灰桩）增强体需要进行密实度检验；对有粘结强度复合地基增强体要进行强度及桩身完整性检验；

（6）复合地基承载力的验收检验必须采用复合地基静载荷试验，对有粘结强度的复合地基增强体尚要进行单桩静载荷试验；

（7）注浆加固处理后地基的承载力必须进行静载荷试验检验。

2. 处理地基承载力试验[1]

复合地基载荷试验的加载方式采用慢速维持荷载法（图 2-5），地基承载力检验时，静载试验最大加载量不得小于设计要求的承载力特征值的 2 倍；

1）荷载板规定

（1）素土和灰土地基、砂和砂石地基、土工合成材料地基、粉煤灰地基、注浆地基、预压地基的静载试验的压板面积不宜小于 1.0m²；

（2）强夯地基静载试验的压板面积不宜小于 2.0m²；

（3）采用单桩复合地基试验方式时，压板面积为一根桩承担的处理面积；

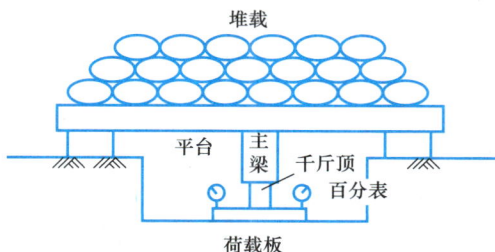
图 2-5 地基载荷试验示意图

---

[1] 详见《建筑地基检测技术规范》JGJ 340—2015 第 5 章相关规定。

（4）采用多桩复合地基试验方式时，压板面积为相应多根桩承担的处理面积，需要根据设计置换率计算确定。

2）检验数量

（1）换填地基

素土和灰土地基、砂和砂石地基、土工合成材料地基、粉煤灰地基、强夯地基、注浆地基、预压地基的承载力检验数量每 $300m^2$ 不得少于 1 点，超过 $3000m^2$ 部分每 $500m^2$ 不少于 1 点。每单位工程不得少于 3 点。

（2）复合地基

① 砂石桩、高压喷射注浆桩、水泥土搅拌桩、土和灰土挤密桩、水泥粉煤灰碎石桩、夯实水泥土桩等复合地基的检验数量不少于单位工程总桩数的 0.5%，且不少于 3 点。

② 单位工程复合地基载荷试验可根据所采用的处理方法及地基土层情况，选择多桩复合地基载荷试验或单桩复合地基载荷试验。

（3）增强体

一般只对粘结强度复合地基竖向增强体进行载荷试验，单位工程检测数量不少于总桩数的 0.5%，且不得少于 3 根。

3. 桩身完整度检测

一般只对高粘结强度复合地基增强体进行桩身完整度检测，例如 CFG 桩。

桩身完整度检测采用低应变法检测，低应变法有许多种，目前国内外普遍采用瞬态冲击方式，通过实测桩顶加速度或速度响应时域曲线，用一维波动理论分析来判定基桩的桩身完整性，这种方法称为反射波法。该方法适用于检测有粘结强度、规则截面的桩身强度大于 8MPa 竖向增强体的完整性，判定缺陷的程度及位置。

单位工程检测数量不应少于总桩数的 10%，且不得少于 10 根。

2.3　桩基础施工

桩基础是由设置于岩土中的桩和与桩顶连接的承台共同组成的基础或由柱与桩直接连接的单桩基础。在一般房屋基础工程中，桩主要承受垂直的竖向荷载；但在港口、桥梁、近海钻采平台、支挡结构中，桩还要承受侧向的风力、波浪力、土压力等水平荷载。

当浅层天然地基无法承受建筑物荷载，或要严格控制建筑物的沉降时，常采用桩基础。若考虑桩穿越软弱土层时能挤密加固软弱土层，则桩和周围土体构成人工复合地基（如水泥土挤密桩）；若考虑通过桩将上部结构荷载传给坚硬土持力层，则桩成为深基础。

1. 施工准备

（1）桩基施工前，必须编制桩基工程施工组织设计或桩基工程施工方案，其内容包括：桩基施工技术参数、桩基施工工艺流程、桩基施工方法、桩基施工安全技术措施、应急预案、工程监测要求等；

（2）桩基施工前必须进行工艺性试验确定施工技术参数；

混凝土预制桩和钢桩的起吊、运输和堆放必须符合设计要求，严禁拖拉取桩；

锚杆静压桩利用锚固在基础底板或承台上的锚杆提供压桩力时，必须对基础底板或承台的承载力进行验算；

（3）在湿陷性黄土场地、膨胀土场地进行灌注桩施工时，必须采取防止地表水、场地雨水流入桩孔内的措施；

（4）在季节性冻土地区进行桩基施工时，必须采取防止或减小桩身与冻土之间产生切向冻胀力的防护措施。

2. 环境保护

地基基础工程施工要注意给环境带来的负面影响。例如振动、噪声、扬尘、废水、废弃物以及有毒有害物质对工程场地、周边环境和人身健康的危害，必须采取控制措施。

例如：

（1）混凝土灌注桩施工采用泥浆护壁成孔时，应采取导流沟和泥浆池等排浆及储浆措施，施工现场应设置专用泥浆池，未经沉淀的泥浆水不得经市政管网排放；

（2）在施工挤土桩时，必须控制挤土效应对周边设施的影响；

（3）在城区或人口密集地区沉桩施工时，宜采用静压沉桩工艺，防止噪音污染。

2.3.1 桩基础分类

1. 桩基础分类

桩基础分类方法很多，下面只介绍按承载性状、成桩方法两种方法分类的桩型。

1）按承载性状分类

（1）端承型桩

端承桩的桩顶竖向荷载主要由桩端可靠持力层承担。

① 端承桩（图 2-6a）。在承载能力极限状态下，桩顶竖向荷载由桩端阻力承受，桩侧阻力小到可忽略不计；

② 摩擦端承桩。在承载能力极限状态下，桩顶竖向荷载主要由桩端阻力承受。

（2）摩擦型桩

摩擦桩的桩顶竖向荷载主要由桩的侧表面和土体之间的摩擦阻力承受。

① 摩擦桩（图 2-6b）。在承载能力极限状态下，桩顶竖向荷载由桩侧阻力承受，桩端阻力小到可忽略不计。

② 端承摩擦桩。在承载能力极限状态下，桩顶竖向荷载主要由桩侧阻力承受。

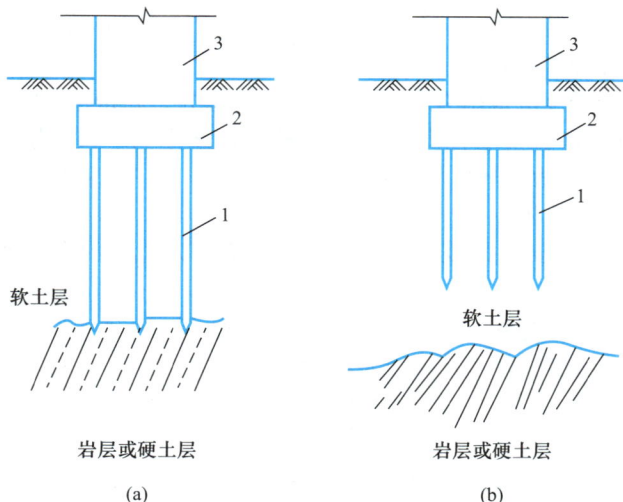

图 2-6 桩基础

（a）端承桩；（b）摩擦桩

1—桩；2—承台；3—上部结构

2）按成桩方法分类

（1）非挤土桩。其分为干作业法钻（挖）孔灌注桩、泥浆护壁法钻（挖）孔灌注桩、套管护壁法钻（挖）孔灌注桩；

（2）部分挤土桩。其分为冲孔灌注桩、钻孔挤扩灌注桩、搅拌劲芯桩、预钻孔打入（静压）预制桩、打入（静压）式敞口钢管桩、敞口预应力混凝土空心桩和 H 型钢桩；

（3）挤土桩。其分为沉管灌注桩、沉管夯（挤）扩灌注桩、打入（静压）预制桩、闭口预应力混凝土空心桩和闭口钢管桩。

2. 桩型与成桩工艺选择

桩型与成桩工艺应根据建筑结构类型、荷载性质、桩的使用功能，穿越土层、桩端持力层、地下水位、施工设备、施工环境、施工经验、制桩材料供应条件等，根据安全适用、经济合理的原则按表 2-4 选择。

2.3.2 钢筋混凝土预制桩施工

预制桩常用的有混凝土实心方桩、预应力混凝土空心管桩、钢管桩和锥形桩，其中以钢筋混凝土实心方桩和管桩应用较多。

扫描二维码 2-4，观看教学视频预制桩基础施工。

二维码 2-4
预制桩基础施工

1. 混凝土预制桩种类

预制混凝土桩一般在混凝土构件厂生产，按桩的形状不同有方形桩、圆形桩、管桩。按混凝土强度等级可分为预应力高强混凝土（PHC）桩、预应力混凝土（PC）桩。

1）混凝土预制桩

混凝土预制桩的截面边长不应小于 200mm；预应力混凝土预制实心桩的截面边长不宜小于 350mm；预制桩的混凝土强度等级不宜低于 C30；预应力混凝土实心桩的混凝土强度等级不应低于 C40；预制桩纵向钢筋的混凝土保护层厚度不宜小于 30mm；预制桩的桩身配筋应按吊运、打桩及桩在使用中的受力等条件计算确定。

（1）采用锤击法沉桩时，预制桩的最小配筋率不宜小于 0.8%。静压法沉桩时，最小配筋率不宜小于 0.6%，主筋直径不宜小于 14mm，打入桩桩顶以下（4～5）d 长度范围内箍筋应加密，并设置钢筋网片。

（2）预制桩的分节长度应根据施工条件及运输条件确定；每根桩的接头数量不宜超过 3 个。

（3）预制桩的桩尖可将主筋合拢焊在桩尖辅助钢筋上，对于持力层为密实砂和碎石类土时，宜在桩尖处包以钢板桩靴，加强桩尖。

2）预应力混凝土空心桩

预应力混凝土空心桩按截面形式可分为管桩、空心方桩。混凝土管桩的标识如图 2-7 所示。

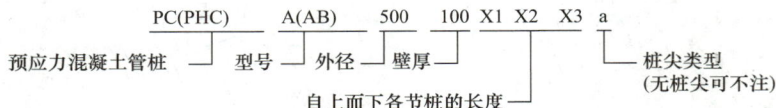

图 2-7 预应力管桩标识

例：PHC A 500 100 12 GB/T 13476 表示：外径 500mm、壁厚 100mm、长度 12m 的 A 型执行《先张法预应力混凝土管桩》GB/T 13476—2023 标准的预应力高强混凝土管桩。

预应力混凝土空心桩质量要求，必须符合国家现行标准《先张法预应力混凝土管桩》GB/T 13476—2023 和《预应力混凝土空心方桩》JG/T 197—2018 及其他的有关标准规定。预应力混凝土空心桩桩尖形式宜根据地层性质选择闭口形或敞口形；闭口形分为平底十字形和锥形。

桩型与成桩工艺选择 表2-4

桩类	桩径		最大桩长(m)	穿越土层											桩端进入持力层				地下水位		对环境影响		
	桩身(mm)	扩底端(mm)		一般黏性土及其填土	淤泥和淤泥质土	粉土	砂土	碎石土	季节性冻土膨胀土	非自重湿陷性黄土	自重湿陷性黄土	中间有硬夹层	中间有砂夹层	中间有硬夹石层	硬黏性土	密实砂土	碎石土	软质岩石和风化岩石	以上	以下	振动和噪声	排浆	孔底有无挤密
干作业法 长螺旋钻孔灌注桩	300~800	—	28	○	×	○	△	×	○	○	△	×	△	×	○	○	△	△	○	×	无	无	无
短螺旋钻孔灌注桩	300~800	—	20	○	×	○	△	×	○	○	×	×	△	×	○	○	△	×	○	×	无	无	无
钻孔扩底灌注桩	300~600	800~1200	30	○	×	○	×	×	○	△	△	△	△	△	○	○	△	△	○	×	无	无	无
机动洛阳铲成孔灌注桩	300~500	—	20	○	×	△	△	×	△	△	△	△	△	×	○	○	×	×	○	×	无	无	无
人工挖孔扩底灌注桩	800~2000	1600~3000	30	○	×	△	△	△	△	△	△	△	△	△	△	○	△	△	△	△	无	无	无
泥浆护壁法 潜水钻成孔灌注桩	500~800	—	50	○	○	○	△	×	○	△	×	×	△	×	○	○	△	×	○	○	无	有	无
反循环钻成孔灌注桩	600~1200	—	80	○	○	○	△	△	△	△	△	○	△	○	○	○	△	×	○	○	无	有	无
正循环钻成孔灌注桩	600~1200	—	80	○	○	○	△	△	△	○	△	○	△	○	○	○	△	△	○	○	无	有	无
旋挖成孔灌注桩	600~1200	—	60	○	△	○	△	△	△	○	△	○	○	○	○	○	○	○	○	○	无	有	无
钻孔扩底灌注桩	600~1200	1000~1600	30	○	○	○	○	○	○	○	○	○	○	○	○	○	○	△	○	○	无	有	无
套管护壁 贝诺托灌注桩	800~1600	—	50	○	○	○	○	×	△	○	△	△	△	△	○	○	○	△	○	○	无	无	无
非挤土成桩 短螺旋钻孔灌注桩	300~800	—	20	○	○	○	○	×	△	△	△	×	△	×	○	○	△	△	○	○	无	无	无

续表

成桩类别	桩类		桩径 桩身(mm)	桩径 扩底端(mm)	最大桩长(m)	穿越土层 一般黏性土及其填土	淤泥和淤泥质土	粉土	砂土	碎石土	季节性冻土膨胀土	黄土 非自重湿陷性黄土	黄土 自重湿陷性黄土	中间有硬夹层	中间有砂夹层	中间有砾石夹层	桩端进入持力层 硬黏性土	密实砂土	碎石土	软质岩石和风化岩石	地下水位以上	地下水位以下	对环境影响 振动和噪声	排浆	孔底有无挤密
部分挤土成桩	灌注桩	冲击成孔灌注桩	600~1200	—	50	○	△	△	△	○	△	×	×	○	○	○	○	○	○	○	○	○	有	有	无
		长螺旋钻孔压灌桩	300~800	—	25	○	△	○	○	△	△	○	○	△	△	△	○	△	△	△	△	△	无	无	无
		钻孔挤扩多支盘桩	700~900	1200~1600	40	○	○	○	△	○	○	○	○	△	△	△	○	△	△	○	○	○	无	有	无
	预制桩	预钻孔打入式预制桩	500	—	50	○	○	○	○	×	○	○	○	△	△	△	○	△	△	△	○	○	有	无	有
		静压混凝土（预应力混凝土）敞口管桩	800	—	60	○	○	○	△	×	△	○	○	△	△	△	○	△	△	△	△	△	无	无	有
		H型钢桩	规格	—	80	○	○	○	○	○	△	○	○	△	×	×	○	○	○	○	○	○	有	无	无
		敞口钢管桩	600~900	—	80	○	○	○	○	○	△	○	○	○	△	△	○	○	○	○	○	○	有	无	有
挤土成桩	灌注桩	内夯沉管灌注桩	325,377	460~700	25	○	○	○	△	○	△	△	○	×	△	△	○	△	○	×	△	△	有	无	有
	预制桩	打入式混凝土预制桩、闭口钢管桩、混凝土管桩	500×500　1000	—	60	○	○	○	△	△	△	○	○	○	△	△	○	○	○	○	○	○	有	有	有
		静压桩	1000	—	60	○	○	○	△	△	△	△	○	○	△	△	○	△	○	×	○	○	无	无	有

注：表中符号○表示比较合适；△表示有可能采用；×表示不宜采用。

　2. 钢筋混凝土预制桩起吊、运输和堆放
　1）混凝土桩的吊运
　（1）出厂前要进行出厂检查，其规格、批号、制作日期符合所属的验收批号内容；混凝土设计强度达到 70% 及以上方可起吊，达到 100% 方可运输。
　（2）桩在起吊和搬运时，吊点应进行设计，原则是计算起吊时，构件吊点与跨间正负弯矩相等的原则进行设置。考虑预制桩吊运时可能受到冲击和振动的影响，计算吊运产生的内力时，可将桩身重力乘以 1.5 的动力系数。一般吊点的设置如图 2-8 所示；空心桩可采用专用吊钩勾住桩两端内壁直接进行水平起吊。

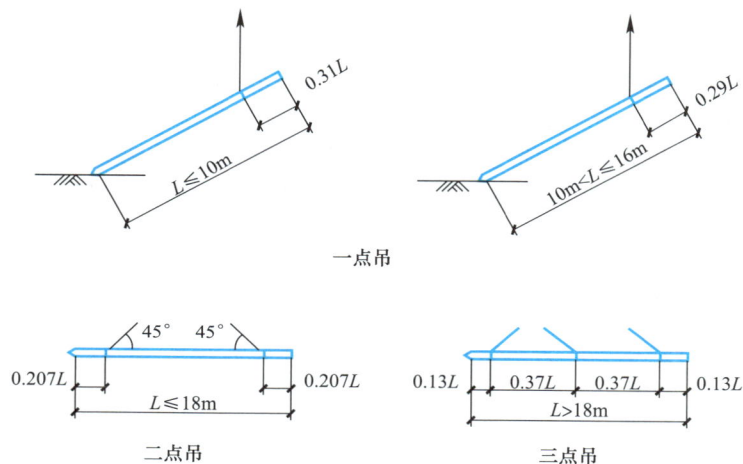

图 2-8　钢筋混凝土预制桩的合理吊点位置

　（3）运输过程中垫木与吊点应保持一致性，且各层垫木应上下对齐。运至施工现场时必须进行检查验收，严禁使用质量不合格及在吊运过程中产生裂缝的桩。
　（4）打桩前，要根据打桩顺序随打随运，避免二次搬运。
　2）混凝土桩的堆放
　（1）堆放场地要平整坚实，排水良好，不得产生不均匀沉陷。最下层与地面接触的垫木要有足够的宽度和高度，垫木宜选用耐压的长木方或枕木，不得使用有棱角的金属构件。堆放要做到桩身平稳放置，严禁在场地上直接拖拉、滚动桩体。
　（2）当场地条件许可时，单层堆放；当叠层堆放时，要在垂直于桩长度方向的地面上设置 2 道垫木，垫木应分别位于距桩端 1/5 桩长处；底层最外缘的桩要在垫木处用木楔塞紧；外径为 500～600mm 的桩不宜超过 4 层，外径为 300～400mm 的桩不宜超过 5 层；
　（3）要按不同规格、长度及施工流水顺序分别堆放。

2.3.2.1　静力压桩

　预制桩沉桩方法有锤击沉桩、振动锤击沉桩和静力压桩等。锤击沉桩和静力压桩相比，由于避免了锤击应力，桩的混凝土强度及其配筋只要满足吊装弯矩和使用期受力要求就可以，因而桩的断面和配筋可以减小，同时压桩引起的桩周土体水平应力也小，因此静压桩沉桩方法是目前的主要绿色施工方法，适用于软土、填土及一般黏性土层中应用，特别适合于居民稠密的地区沉桩，但不宜用于地下有较多孤石、障碍物或有厚度大于 2m 的中密以上砂夹层的情况。

　1. 静压桩机选型
　静力压桩需要根据单节桩的长度选用直压式液压压桩机和抱压式液压压桩机，目前最大吨位可达 800t，均为液压步履式底座。压桩时利用压桩架（型钢制作）的自重和配重，将桩逐节压入土中。由于施工中无振动、噪声和空气污染，故广泛应用于建筑物、地下管线较密集的地区。

1）压桩机的选择参数

（1）压桩机型号、桩机质量（不含配重）、最大压桩力等；

（2）压桩机的外形尺寸；

（3）压桩机的最小边桩距及最大压桩力；

（4）长、短船型履靴的接地压强（场地地基承载力不应小于压桩机接地压强的 1.2 倍）；

（5）夹持机构的形式；

（6）液压油缸的数量、直径，率定后的压力表读数与压桩力的对应关系；

（7）吊桩机构的性能及吊桩能力。

2）最大压桩力

液压式压桩机的最大压桩力取压桩机的机架重量和配重之和乘以 0.9，不宜小于设计的单桩竖向极限承载力标准值，必要时可由现场试验确定。静压桩机最大压桩力与适用桩型见表 2-5。

静压桩机最大压桩力与适用桩型　　　　　　　　　表 2-5

项目		最大压桩力对应适用条件				
最大压桩力（kN）		1600～1800	2400～2800	3000～3600	4000～4600	5000～6000
适用管桩	最小桩径（mm）	300	300	400	400	500
	最大桩径（mm）	400	500	500	550	600
单桩极限承载力（kN）		1000～2000	1700～3000	2100～3800	2800～4600	3500～5500
桩端持力层		中密～密实的砂土层，硬塑坚硬的黏性土层，残积土层	密实的砂土层，坚硬的黏性土层，全风化岩	密实的砂土层，坚硬的黏性土层，全风化岩	密实的砂土层，坚硬的黏性土层，全风化岩，强风化岩	密实的砂土层，坚硬的黏性土层，全风化岩，强风化岩

当边桩空位不能满足中置式压桩机施压条件时，宜利用压边桩机构或选用前置式液压压桩机进行压桩，但此时需要估计最大压桩能力降低造成的影响。

2. 静力压桩施工工艺

静力压桩的施工工艺流程见图 2-9。

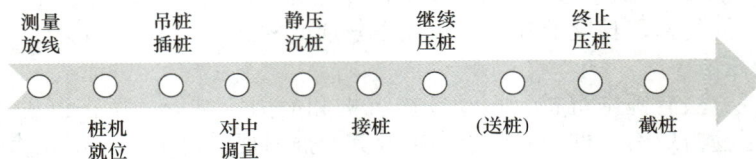

测量放线　吊桩插桩　静压沉桩　继续压桩　终止压桩

桩机就位　对中调直　接桩　（送桩）　截桩

图 2-9　静力压桩的施工工艺流程

1）桩机就位

静压桩机就位时，应对准桩位，将静压桩机调至水平、稳定，确保在施工中不发生倾斜和移动。

2）吊桩、插桩

预制桩起吊和运输时，混凝土预制桩的混凝土强度达到强度设计值的100％才能运输和压桩施工。起吊就位时，将桩机吊至静压桩机夹具中夹紧并对准桩位，将桩尖放入土中，位置要准确，然后除去吊具。

3）桩身对中调直

桩尖插入桩位后，移动静压桩机，调整桩的垂直度，偏差不得超过0.5％，对中调直后静压桩机要处于稳定状态。

4）静压沉桩

压桩顺序应根据地质条件、基础的设计标高等进行，一般采取先深后浅、先大后小、先长后短的顺序。密集群桩，可自中间向两个方向或四周对称进行，当毗邻建筑物时，从建筑物向另一方向进行施工。静压桩机应根据设计和土质情况配足配重；桩帽、桩身和送桩的中心线应重合；应尽量缩短压桩停歇时间。

（1）停止静压沉桩情形

出现下列情况之一时，应暂停压桩作业：

① 压力表读数显示情况与勘察报告中的土层性质明显不符；

② 桩难以穿越硬夹层；

③ 实际桩长与设计桩长相差较大；

④ 出现异常响声；压桩机械工作状态出现异常；

⑤ 桩身出现纵向裂缝和桩头混凝土出现剥落等异常现象；

⑥ 夹持机构打滑；

⑦ 压桩机下陷。

（2）减小静压桩的挤土效应技术措施❶

① 预钻孔沉桩。当设计要求或施工需要采用引孔法压桩时，要配备螺旋钻孔机，或在压桩机上配备专用的螺旋钻。当桩端需进入较坚硬的岩层时，要配备可入岩的钻孔桩机或冲孔桩机。对于预钻孔沉桩，孔径约比桩径（或方桩对角线）小50～100mm；深度视桩距和土的密实度而定，一般宜为桩长的1/3～1/2，引孔作业和压桩作业要连续进行，间隔时间不宜大于12h，在软土地基中不宜大于3h。

② 限制压桩速度。压桩一般是分节压入，逐段接长，每节桩的长度根据压桩架的高度而定，施工时，先将第一节桩压入土中，当其上端与压桩机操作平台齐平时，进行接桩，一般前桩端距地面2m左右时将第二节桩接上，每一根桩的压入，各工序应连续进行（图2-10）。如初压时桩身发生较大移位、倾斜，压入过程中桩身突然下沉或倾斜，桩顶混凝土破坏或压桩阻力剧变时，应暂停压桩。

5）接桩

桩的连接可采用焊接（图2-11a）、法兰连接（图2-11b）或机械快速连接（螺纹式、

---

❶ 《建筑桩基技术规范》JGJ 94—2008规定：

3.3.1条文说明：预应力管桩不存在缩颈、夹泥等质量问题，但是沉桩过程的挤土效应常常导致断桩（接头处）、桩端上浮、增大沉降，以及对周边建筑物和市政设施造成破坏等；其次，预制桩不能穿透硬夹层，往往使得桩长过短，持力层不理想，导致沉降过大；其三，预制桩的桩径、桩长、单桩承载力可调范围小，不能或难于按变刚度调平原则优化设计。因此，预制桩的使用要因地、因工程对象制宜。

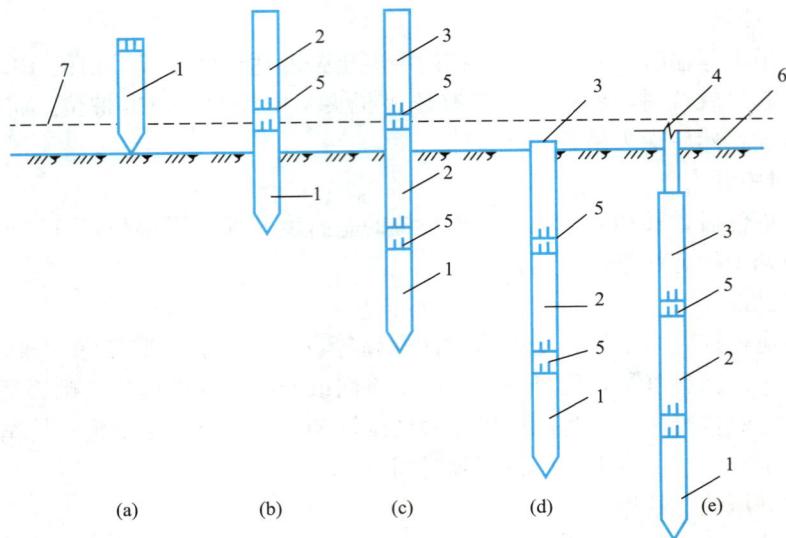

图 2-10　静力压桩的施工程序

（a）准备压第一节桩；（b）接第二节桩；（c）接第三节桩；

（d）该根桩压入地平线下；（e）用送桩器压到指定标高

1—第一节桩；2—第二节桩；3—第三节桩；4—送桩器；5—接桩处；6—自然地平线；

7—压桩架操作平台线

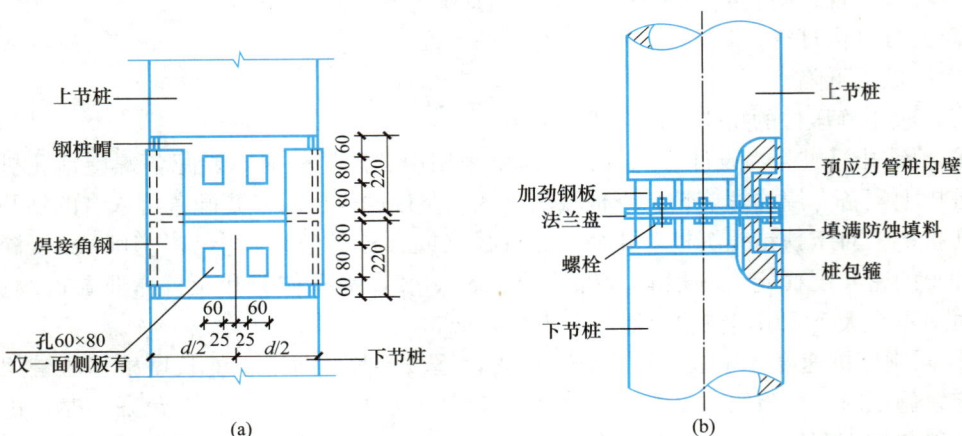

图 2-11　混凝土预制桩的接桩

（a）角钢绑焊接头构造示意图；（b）预应力管桩法兰接头构造示意图

啮合式）。焊接接桩的钢板宜采用低碳钢，焊条宜采用 E43；法兰接桩的钢板和螺栓宜采用低碳钢。

焊接接桩注意事项：

（1）下节桩段的桩头要高出地面 0.5～1.0m，不宜在桩端进入硬土层时接桩❶。

---

❶　《建筑桩基技术规范》JGJ 94—2008 规定：

7.1.5 条文说明：桩尖停在硬层内接桩，如电焊连接耗时较长，桩周摩阻得到恢复，使进一步锤击发生困难。对于静力压桩，则沉桩更困难，甚至压不下去。若采用机械式快速接头，则可避免这种情况。

（2）下节桩的桩头处要设导向箍；接桩时上下节桩段要保持顺直，错位偏差不大于2mm；接桩就位纠偏时，不得采用大锤横向敲打。

（3）桩对接前，上下端板表面应采用铁刷子清刷干净，坡口处应刷至露出金属光泽。

（4）焊接宜在桩四周对称地进行，待上下桩节固定后拆除导向箍再分层施焊；焊接层数不得少于2层，第一层焊完后必须把焊渣清理干净，方可进行第二层（的）施焊，焊缝应连续、饱满。

（5）焊好后的桩接头应自然冷却后方可继续沉桩，自然冷却时间不宜少于8min；严禁采用水冷却或焊好即沉桩。

（6）雨天焊接时，应采取可靠的防雨措施。

（7）焊接接头的质量检查宜采用探伤检测，同一工程探伤抽样检验不得少于3个接头。

6）送桩

设计要求送桩时，送桩的中心线与桩身吻合一致方能进行送桩。若桩顶不平可用麻袋垫平。送桩留下的孔应立即用砂土回填。

静压送桩的质量控制：

（1）测量桩的垂直度并检查桩头质量，合格后方可送桩。压桩、送桩作业要连续进行。

（2）送桩必须采用专制钢质送桩器，不得将工程桩用作送桩器。

（3）当场地上多数桩的有效桩长不大于15m或桩端持力层为风化软质岩，需要复压时，送桩深度不宜超过1.5m。

（4）当桩的垂直度偏差小于1%，且桩的有效桩长大于15m时，静压桩送桩深度不宜超过8m。

（5）送桩的最大压桩力不得超过桩身允许抱压压桩力的1.1倍。

7）终压

（1）根据现场试压桩的试验结果确定终压标准。

（2）终压连续复压次数应根据桩长及地质条件等因素确定。对于入土深度不小于8m的桩，复压次数可为2～3次；对于入土深度小于8m的桩，复压次数可为3～5次。

（3）稳压压桩力不得小于终压力，稳定压桩的时间宜为5～10s。

3. 静力压桩的施工质量控制

1）质量控制

（1）静力压桩施工前应对成品桩做外观及强度检验，接桩用焊条应有产品合格证书，或送有关部门检验，压桩用压力表、锚杆规格及质量也应进行检查。

（2）压桩过程中应检查压力、桩垂直度、接桩间歇时间、桩的连接质量及压入深度。重要工程应对电焊接桩的接头做10%的探伤检查，对承受反力的结构应加强观测。

（3）施工结束时，应做桩的承载力及桩体质量检验。

（4）同一根桩的压桩过程应连续进行，压桩时操作员应时刻注意压力表上压力值。

2）质量检验标准

压桩施工时应随时注意使桩保持轴心受压，接桩时也应保证上下接桩的轴线一致，第一节桩下压时垂直度偏差不应大于0.5%。接桩时间要短，否则，会出现土体固结导致压不下去；压桩过程中，当桩尖碰到夹砂层时，压桩阻力可能突然增大，可采取变频加压的方法，忽停忽开的办法，是解决穿过砂层的较好的方法。

（1）最大压桩力不得小于设计的单桩竖向极限承载力标准值，必要时可由现场试验确定。

（2）宜将每根桩一次性连续压到底，且最后一节有效桩长不宜小于5m；当桩接近设计标高时，不可过早停压，否则，在补压时也会发生压不下去或压入过少的现象。

（3）对于大面积桩群，应控制日压桩量。当桩较密集，或地基为饱和淤泥、淤泥质土及黏性土时，应设置塑料排水板、袋装砂井消减超孔压或采取引孔等措施。在压桩施工过程中应对总桩数10％的桩设置上浮和水平偏位观测点，定时检测桩的上浮量及桩顶水平偏位值，若上浮和偏位值较大，应采取复压措施。

（4）钢筋混凝土预制静压桩质量检验标准必须满足《建筑地基基础工程施工质量验收标准》GB 50202—2018规定，详见表2-6。

钢筋混凝土预制静压桩质量标准　　　　　　　　　　　表2-6

项目	序号	检查项目	允许值或允许偏差		检查方法
			单位	数值	
主控项目	1	承载力	不小于设计值		静载试验、高应变法等
	2	桩身完整性	—		低应变法
一般项目	1	成品桩质量	GB 50202—2018 表 5.5.4-1		查产品合格证
	2	桩位	GB 50202—2018 表 5.1.2		全站仪或用钢尺量
	3	电焊条质量	设计要求		查产品合格证
	4	接桩：焊缝质量	GB 50202—2018 表 5.10.4		GB 50202—2018 表 5.10.4
		电焊结束后停歇时间	min	≥6（3）	用表计时
		上下节平面偏差	mm	≤10	用钢尺量
		节点弯曲矢高	同桩体弯曲要求		用钢尺量
	5	终压标准	设计要求		现场实测或查沉桩记录
	6	桩顶标高	mm	±50	水准测量
	7	垂直度	≤1/100		经纬仪测量
	8	混凝土灌芯	设计要求		查灌注量

2.3.2.2　其他沉桩施工方法

1. 锤击沉桩

锤击沉桩是利用桩锤下落时的瞬时冲击机械能，克服土体对桩的阻力，将预制桩打入地基中的施工方法。具有沉桩速度快、机械化程度高、适用范围广等优点，但锤击法施工会产生振动、噪声、挤土、土中孔隙水压力升高等问题，对周边环境产生噪声污染。不得用于医院、学校、科研单位、住宅等有限定噪音或振动要求的区域。

1）打桩顺序

打桩顺序影响挤土方向，当土壤向一个方向挤压时，不仅使后面桩难以打下，而且还有可能使外侧已打的桩被挤压而浮起。打桩顺序一般有逐排打、自边缘向中央打、自中央向边缘打、分段打或跳打等（图2-12）。

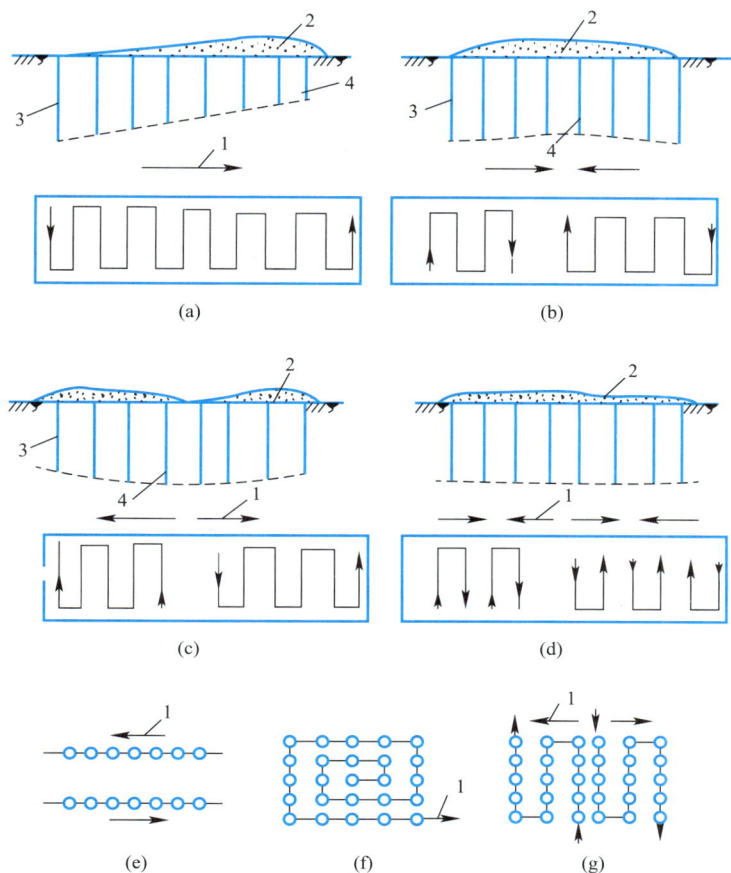

图 2-12　打桩顺序和土体挤密情况

（a）逐排单向打设；（b）自边缘向中央打设；（c）自中部向两侧打设；

（d）分段相对打设；（e）逐排打设；（f）自中央向边缘打设；（g）分段打设

1—打设方向；2—土壤挤密情况；3—沉降量小；4—沉降量大

打桩顺序的选择应结合地基土的挤压情况、桩距大小、桩机性能及工作特点、工期要求等因素综合确定：

（1）对于密集桩群，自中间向两个方向或四周对称施打；

（2）当一侧毗邻建筑物时，由毗邻建筑物处向另一方向施打；

（3）根据基础的设计标高，宜先深后浅；

（4）根据桩的规格，宜先大后小，先长后短。

2）锤击沉桩注意事项

（1）地表以下有厚度为 10m 以上的流塑性淤泥土层时，第一节桩下沉后宜设置防滑箍进行接桩作业；

（2）桩锤、桩帽及送桩器应和桩身在同一中心线上，桩插入时的垂直度偏差不得大于 0.5%；

（3）沉桩顺序应按先深后浅、先大后小、先长后短、先密后疏的次序进行；

（4）密集桩群应控制沉桩速率❶。

3）终止沉桩

（1）终止沉桩应以桩端标高控制为主，贯入度控制为辅，当桩端达到坚硬、硬塑的黏性土，中密以上粉土、砂土、碎石类土及风化岩时，可以贯入度控制为主，桩端标高控制为辅；

（2）贯入度已达到设计要求而桩端标高未达到时，应继续锤击3阵，按每阵10击的贯入度不大于设计规定的数值予以确认，必要时施工控制贯入度应通过试验与设计协商确定。

2. 振动沉桩

振动沉桩是将桩与振动锤连接在一起，振动锤产生的振动力通过桩身带动土体振动，土颗粒受迫振动改变了土颗粒排列组织，使土体的内摩擦角减小，使桩表面与土体间的摩擦力减少，桩在自重和振动力共同作用下沉入土中；适用于砂石、松散砂土及软土，尤其在砂土中施工效率较高；也适用于地下水位较高的地基，更适合于打钢板桩，同时借助起重设备可以拔桩。

3. 射水沉桩法

射水法沉桩又称水冲法沉桩，是将射水管附在桩身上，用高压水流束冲桩尖附近的土体，以减少土对桩端的正面阻力，同时水流及土的颗粒沿桩身表面涌出地面，减少了土与桩身的摩擦力，使桩借自重沉入土中；但在沉桩附近有建筑物时，由于水的冲刷将会引起临近地基湿陷，所以在未采取有效防护措施前严禁使用。

射水沉桩方法往往与锤击（或振动）法同时使用，射水法沉桩宜用于砂土和碎石土。

（1）射水沉桩的设备

水泵、水源、输水管路和射水管。内外射水管的布置见图2-13。水压与流量根据地质条件、桩锤或振动机具、沉桩深度和射水管直径、数目等因素确定，通常在沉桩施工前经过试桩选定。

（2）射水沉桩的施工要点

吊插桩时要注意及时引送输水胶管，防止拉断与脱落；桩就位校正后，压上桩帽桩锤，开始用较小水压，使桩靠自重下沉。初期控制桩身下沉不应过快，以免阻塞射水管嘴，并注意随时控制和校正桩的垂直度。下沉渐趋缓慢时，可开锤轻击。沉至一定深度（8～10m）已能保持桩身稳定后，可逐步加大水压和锤的冲击动能。

---

❶ 《建筑桩基技术规范》JGJ 94—2008 的规定：

7.4.9 施工大面积密集桩群时，应采取下列辅助措施：

1. 对预钻孔沉桩，预钻孔孔径可比桩径（或方桩对角线）小 50～100mm，深度可根据桩距和土的密实度、渗透性确定，宜为桩长的 1/3～1/2；施工时应随钻随打；桩架宜具备钻孔锤击双重性能；

2. 对饱和黏性土地基，应设置袋装砂井或塑料排水板；袋装砂井直径宜为 70～80mm，间距宜为 1.0～1.5m，深度宜为 10～12m；塑料排水板的深度、间距与袋装砂井相同；

3. 应设置隔离板桩或地下连续墙；

4. 可开挖地面防震沟，并可与其他措施结合使用，防震沟沟宽可取 0.5～0.8m，深度按土质情况决定；

5. 应控制打桩速率和日打桩量，24h 内休止时间不应少于 8h；

6. 沉桩结束后，宜普遍实施一次复打；

7. 应对不少于总桩数 10% 的桩顶上涌和水平位移进行监测；

8. 沉桩过程中应加强邻近建筑物、地下管线等的观测、监护。

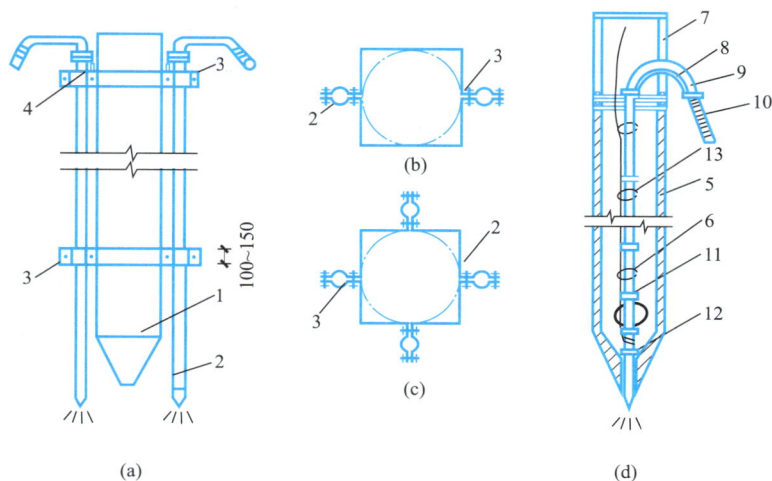

图 2-13 内外射水管示意图

（a）外射水管；（b）、（c）、（d）内射水管

1—预制实心桩；2—外射水管；3—夹箍；4—木楔；5—胶管；6—两侧外射水管夹箍；7—管桩；

8—内射水管；9—导向环；10—挡砂板；11—钢丝绳保险；12—弯管；13—胶管

沉桩至距设计标高一定距离（1~2m）停止射水，拔出射水管，进行锤击或振动，使桩下沉至设计要求标高。

2.3.3 混凝土灌注桩施工

混凝土灌注桩施工时无振动、无挤土、噪声小，宜在建筑物密集地区使用。与预制桩相比由于避免了锤击应力和沉桩的挤压应力，桩的混凝土强度及配筋只要满足承载力要求就可以，因而具有节约材料、成本低廉的特点，灌注桩能适应各种土层的变化，无需接桩。但成孔时有大量土渣或泥浆排出，在软土地基中易缩颈、断桩。

扫描二维码 2-5，观看灌注桩施工教学视频。

二维码 2-5
灌注桩施工

2.3.3.1 灌注桩桩型

混凝土灌注桩是一种直接在现场桩位上就地成孔，然后在孔内浇筑混凝土或安放钢筋笼再浇筑混凝土而成的桩。根据成孔方法的不同，灌注桩可以分为干作业成孔灌注桩、泥浆护壁成孔灌注桩、套管成孔灌注桩、旋挖成孔灌注桩、冲孔灌注桩、夯扩桩、灌注桩后注浆、长螺旋钻孔压灌桩、人工挖孔灌注桩、爆扩成孔灌注桩等。不同灌注桩桩型的特点见表 2-7。

灌注桩桩型的特点 表 2-7

序号	桩型	施工特点	注意事项
1	泥浆护壁钻孔灌注桩	正循环成孔。由钻机回转装置带动钻杆和钻头回转切削破碎岩土，泥浆由泥浆泵输进钻杆内腔后，经钻头出浆口射出，带动钻渣沿孔壁上升到孔口，进入泥浆池净化后再使用	当孔径较大时，正循环回转钻进，其与孔壁间的环状断面将会增大，泥浆上返速度将降低，排出钻渣的能力较差。在黏土中成孔时，宜选用尖底钻头，中等钻速的钻进方法；在砂土及软土等易塌孔土层中，宜选用平底钻头，低挡慢速钻进，泥浆相对密度适量加大

续表

序号	桩型	施工特点	注意事项
1	泥浆护壁钻孔灌注桩	反循环成孔。与正循环原理相似，区别在于泥浆液是从钻杆和孔壁间的空隙中进入钻孔底部，由钻杆内腔抽吸返回地面	反循环成孔时，泥浆液上返速度较快，效率较高。适用于填土层、砂层、卵石层和岩层中，但块石、卵石块不得大于钻杆内径的3/4，以免造成钻头或管路堵塞
		冲击钻成孔。成孔至护筒下3～4m后可正常冲击；每钻进4～5m更换钻头验孔。冲击成孔灌注桩施工的关键在于合理确定冲击钻头重量，选择冲击行程和冲击频率。在冲击成孔时需要根据土层情况，合理选择参数，勤松绳、少放绳、勤淘渣	冲孔时，应低锤密击，进入基岩后，应采用大冲程、低频率冲击，孔位出现偏差时，应回填片石至偏孔上方300～500mm处后再成孔；大直径桩孔可分级成孔，第一级成孔直径应为设计桩径的0.6～0.8倍；冲孔桩孔口护筒，其内径应大于钻头直径200mm；每钻进4～5m应验孔一次，在更换钻头前或容易缩孔处，均应验孔
		旋挖钻成孔。钻进过程中需要检查钻杆垂直度，控制钻斗的升降速度，保持泥浆液面平稳。在砂层中，宜降低钻进速度及转速，并提高泥浆相对密度和黏度	成孔时桩距应控制在4倍桩径内，排出的渣土距桩孔口距离应大于6m，并应及时清除。旋挖成孔过程中要控制钻斗在孔内的升降速度，速度过快，孔内泥浆将会对孔壁进行冲刷，甚至在提升钻斗时产生负压，导致塌孔
2	干作业成孔	钻孔（扩底）灌注桩。采用短螺旋钻孔机钻进，每次钻进深度应与螺旋长度相同。钻进过程中应及时清除孔口积土和地面散落土。 扩底灌注桩的桩身直孔段成孔完毕至扩底段完成时间间隔较长，泥浆中的悬浮颗粒会大量沉淀，扩底成孔中也会产生新的颗粒，因此应增加一次清孔	砂土层中钻进遇到地下水时，钻深不大于初见水位。扩底灌注桩的中心距不宜小于扩底直径的1.5倍，当扩底直径大于2m时，桩端净距不宜小于1m。当渗水量过大时，采取场地截水、降水或水下灌注混凝土等有效措施，严禁在桩孔中边抽水边开挖，同时不得灌注相邻桩
		人工挖孔灌注桩。挖孔前必须检测井下的有毒、有害气体，当桩孔开挖深度超过10m时，需要配置给井下送风的设备，风量不宜少于25L/s。挖出的土石方必须及时运离孔口，不得堆放在孔口周边1m范围内，机动车辆的通行不得对井壁的安全造成影响	当桩净距小于2.5m时，应采用间隔开挖。相邻排桩跳挖的最小施工净距不得小于4.5m。存在下列条件之一的区域不得使用： （1）地下水丰富、软弱土层、流砂等不良地质条件的区域； （2）孔内空气污染物超标准； （3）机械成孔设备可以到达的区域
3	沉管灌注桩	沉管灌注桩包括锤击沉管灌注桩、振动、振动冲击沉管灌注桩、内夯沉管灌注桩。根据土质情况和荷载要求，选用单打、复打或反插法	需要考虑桩基施工中挤土效应对桩基及周边环境的影响；在深厚饱和软土中不宜采用大片密集的沉管灌注桩。混凝土的充盈系数不得小于1.0，对于充盈系数小于1.0的桩，应全长复打，对可能断桩和缩颈桩，应进行局部复打
4	其他灌注桩工艺	长螺旋钻孔压灌桩。开孔时下钻速度应缓慢，钻进过程中，不宜反转或提升钻杆。桩身混凝土的泵送压灌要连续进行，泵送混凝土时，料斗内混凝土的高度不得低于400mm。混凝土压灌结束后，应立即将钢筋笼插至设计深度。钢筋笼插设宜采用专用插筋器	压灌桩的充盈系数宜为1.0～1.2。桩顶混凝土超灌高度不宜小于0.3～0.5m。杜绝在泵送混凝土前提拔钻杆，以免造成桩端处存在虚土或桩端混合料离析、端阻力减小。提拔钻杆中应连续泵料，特别是在饱和砂土、饱和粉土层中不得停泵待料，避免造成混凝土离析、桩身缩径和断桩

续表

序号	桩型	施工特点	注意事项
4	其他灌注桩工艺	灌注桩后注浆。注浆作业一般成桩 2d 后开始，不宜迟于成桩 30d 后。饱和土中的复式注浆顺序宜先桩侧后桩端；非饱和土宜先桩端后桩侧；多断面桩侧注浆应先上后下；桩侧桩端注浆间隔时间不宜少于 2h；对于桩群注浆宜先外围、后内部	注浆压力超过设计值，注浆总量已达到设计值的 75% 时，终止注浆；当注浆压力长时间低于正常值或地面出现冒浆或周围桩孔串浆，需要改为间歇注浆，间歇时间宜为 30～60min，或调低浆液水灰比

2.3.3.2 泥浆护壁钻孔灌注桩

泥浆护壁成孔灌注桩是利用原土自然造浆或人工造浆护壁，并通过泥浆循环将被切削的土渣排出而成孔，再吊放钢筋笼，水下灌注混凝土成桩。泥浆护壁成孔能够平衡地下水的渗透压，降低孔壁塌落、钻具磨损发热、沉渣过厚等问题。成孔机械有回转钻机、潜水钻机、冲击钻等。

1. 泥浆护壁成孔灌注桩工艺流程

泥浆护壁成孔灌注桩工艺流程如图 2-14 所示。

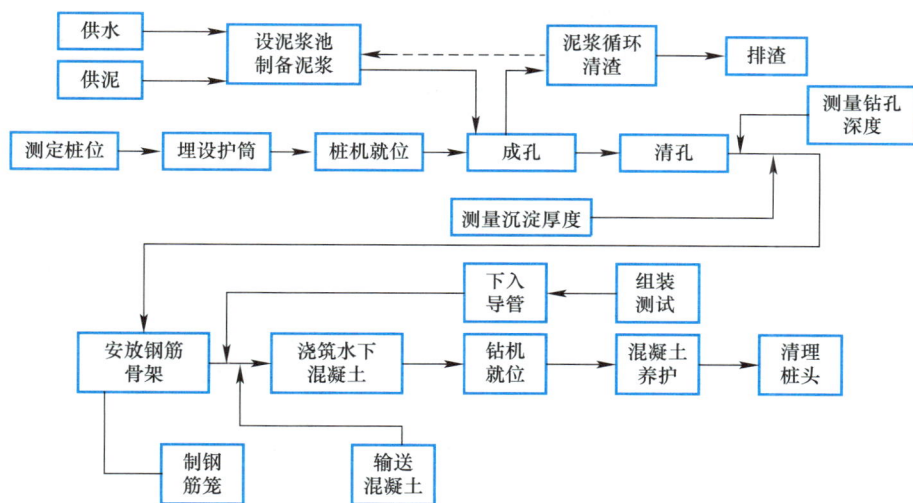

图 2-14 泥浆护壁成孔灌注桩工艺流程

1）埋设护筒

护筒的作用是固定桩孔位置，保护孔口，防止塌孔，增加桩孔内水压。护筒由 3～5mm 钢板制成，其内径比钻头直径大 100mm，埋在桩位处。其顶面应高出地面 400～600mm，上部留有 1～2 个溢浆口，护筒周围用黏土填实，以防漏水。护筒的埋设深度一般为 1.0～1.5m，并应保持孔内泥浆面高于地下水位 1m 以上，防止塌孔。

2）泥浆护壁

泥浆制备应选用高塑性黏土或膨润土。在黏性土和粉质黏土中成孔时，可采用自备泥浆，边钻孔边把钻削下来的泥土拌合形成泥浆。在砂土或其他土中钻孔时，应采用高塑性黏土或膨润土加水配制护壁泥浆，泥浆应根据施工机械、工艺及穿越土层情况进行配合比设计。

泥浆护壁的施工要求：

（1）施工期间护筒内的泥浆面应高出地下水位 1.0m 以上，在受水位涨落影响时，泥浆面应高出最高水位 1.5m 以上；

（2）在清孔过程中，应不断置换泥浆，直至灌注水下混凝土；

（3）灌注混凝土前，孔底 500mm 以内的泥浆相对密度应小于 1.25；含砂率不得大于 8%；黏度不得大于 28s；

（4）在容易产生泥浆渗漏的土层中应采取维持孔壁稳定的措施。

3）机械成孔

（1）回转钻机成孔

回转钻机是由动力装置带动钻机的回转装置转动，由钻头切削土壤，切削形成的土渣，通过泥浆循环排出桩孔。根据泥浆循环方式的不同，分为正循环和反循环，正循环回转钻机成孔的工艺如图 2-15（a）所示，泥浆由钻杆内部注入，并从钻杆底部喷出，携带钻下的土渣沿孔壁向上流动，由孔口将土渣带出流入沉淀池，经沉淀的泥浆再注入钻杆，不断循环，当孔深不太深，孔径小于 800mm 时钻进效率比较高。

反循环回转钻机成孔的工艺如图 2-15（b）所示。泥浆由钻杆与孔壁间的环状间隙流入钻孔，然后由泥浆泵通过钻杆内腔吸出泥浆至沉淀池，沉淀后经泥浆池再流入桩孔。反循环工艺的泥浆上流的速度较高，排渣的能力强。对孔深大于 30m 的端承型桩，宜采用反循环。

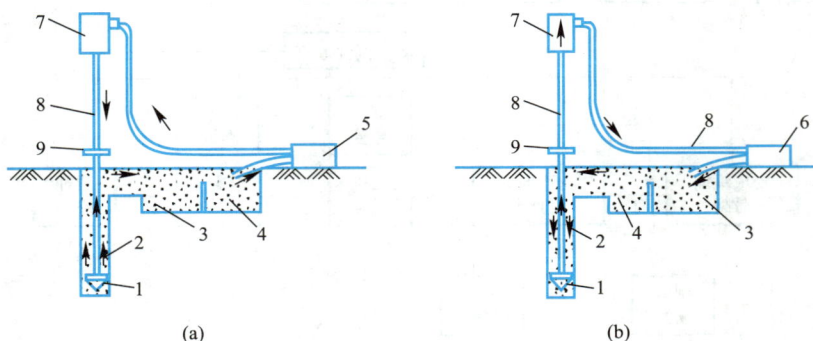

图 2-15　泥浆循环成孔工艺
（a）正循环；（b）反循环
1—钻头；2—泥浆循环方向；3—沉淀池；4—泥浆池；5—泥浆泵；6—砂石泵；
7—水龙头；8—钻杆；9—钻机回转装置

（2）潜水钻机成孔

潜水钻机是一种旋转式钻孔机械，其动力、变速机构和钻头连在一起，因而可以下放至孔中地下水位以下进行切削土壤成孔（图 2-16）。用正循环工艺输入泥浆，进行护壁和将钻下的土渣排出孔外。潜水钻机成孔，亦需先埋设护筒，其他施工过程与回转钻机成孔相似。

（3）冲击钻成孔

冲击钻主要用于在岩土层中成孔，成孔时将冲击式钻头提升一定高度后，以自由下落的冲击力来破碎岩层，然后用掏渣筒掏取孔内的渣浆（图 2-17），每钻进 4~5m验孔一次。

冲孔时，采用低锤密击，当表土为软弱土层时，需要加黏土块夹小片石反复冲击造壁。

进入基岩后，采用大冲程、低频率冲击，当发现成孔偏移时，回填片石至偏孔上方 300~500mm 处，重新冲孔。遇到孤石时，可预爆或采用高低冲程交替冲击，将大孤石击碎或挤入孔壁。

（4）旋挖钻机成孔

旋挖钻在钻杆下端连接一个底部带耙齿的桶状钻具，在回转力矩作用下，耙齿切削土层，并将切削下的土渣旋入旋挖钻斗内，然后提钻卸渣，最终成孔（图 2-18）。旋挖钻能适合各种复杂地层，可在水位较高、卵石较大等用正反循环及长螺旋钻无法施工的地层中施工，目前，旋挖钻机成孔最大深度超过 100m，最大直径超过 2m。

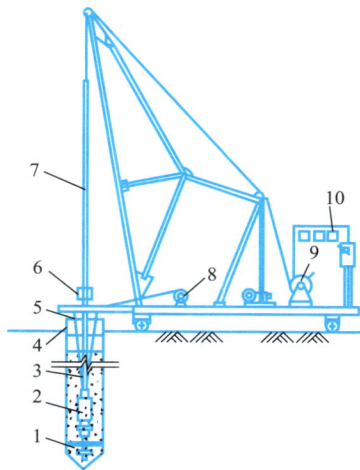

图 2-16　潜水钻机

1—钻头；2—潜水钻机；3—电缆；
4—护筒；5—水管；6—滚轮支点；
7—钻杆；8—电缆盘；9—卷扬机；
10—控制箱

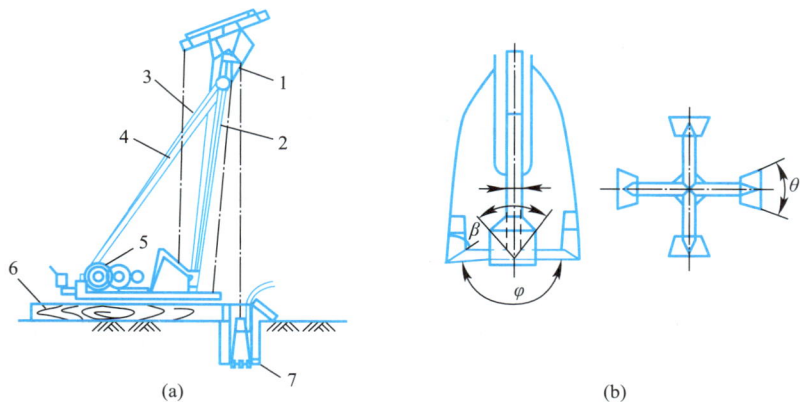

(a)　　　　　　　　　　　　(b)

图 2-17　冲击钻机

（a）冲击钻机成孔；（b）十字形冲头

1—滑轮；2—主杆；3—拉索；4—斜撑；5—卷扬机；6—垫木；7—十字形冲头

旋挖钻机在建筑工程、市政工程、交通工程应用广泛，如国家体育场鸟巢桩基础、青藏铁路桥梁桩基础、京津快速铁路桥梁桩基础、天津交通枢纽、京沪高速铁路、甬舟铁路西堠门公铁跨海大桥❶。

4）清孔

清孔一般有正循环清孔、泵吸反循环清孔和气举反循环清孔。正循环清孔一般适用于

---

❶　山河智能超级旋挖钻机 SWDM1280 最大成孔直径可达 7m，最大成孔深度可达 176m，超级装备支撑超级工程。2023 年 2 月 18 日，该钻机在世界最大跨度公铁两用大桥——甬舟铁路西堠门公铁跨海大桥项目首桩开钻。

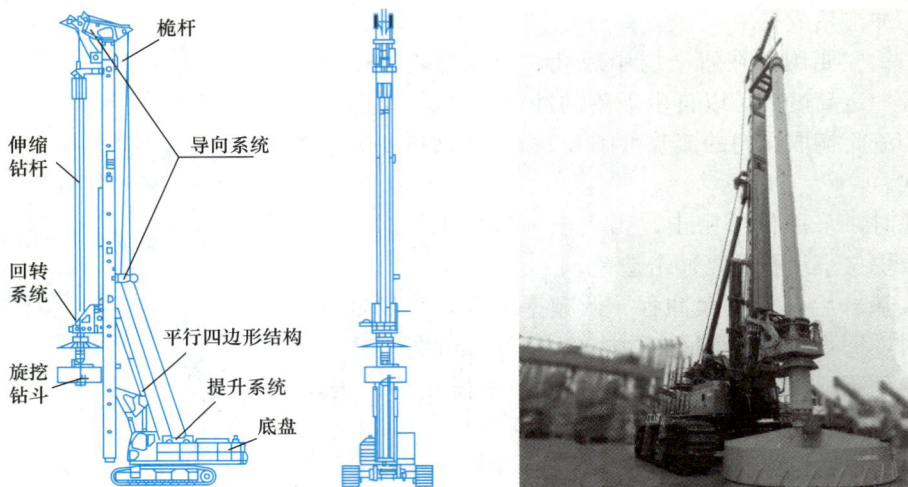

图 2-18   旋挖钻

直径小于 800mm 的桩孔，当孔底沉渣粒径较大，正循环难以将其带上来时，或长时间清孔难以达到要求时，采用泵吸反循环清孔。清孔后要求测定的泥浆指标有三项，即相对密度、含砂率和黏度。灌注混凝土之前，孔底沉渣厚度指标规定：对端承型桩不应大于 50mm，对摩擦型桩不应大于 100mm。孔底沉渣厚度是影响混凝土灌注质量的主要指标。

（1）正循环清孔

第一次利用成孔钻具直接清孔，清孔时应先将钻头提离孔底 0.2～0.3m，通过钻杆输入泥浆循环清孔。孔深小于 60m 的桩，清孔时间宜为 15～30min，孔深大于 60m 的桩，清孔时间宜为 30～45min；第二次利用导管输入泥浆循环清孔。

（2）泵吸反循环清孔

将钻头提离孔底 0.5～0.8m，通过钻杆泵吸泥浆反循环清孔，清孔时，合理控制泵吸量，保持补量充足。

（3）气举反循环清孔❶

气举反循环清孔的送气量要由小到大，气压必须大于孔底水头压力，清孔时应维持孔内泥浆液面的稳定。

5）钢筋笼安装入孔

（1）钢筋笼制作

钢筋笼依据笼的整体刚度分段制作，分段长度需要考虑钢筋长度以及起重设备的有效高度。钢筋笼主筋接头采用焊接或机械连接，并根据拉、压工况错开接头位置。加劲箍要与主筋焊接，钢筋弯钩不得向内圆伸露，钢筋笼的内径必须比导管接头处外径大 100mm 以上，以免妨碍导管提升。搬运和吊装钢筋笼时，需要防止变形。

---

❶ 气举反循环清孔是利用空压机的压缩空气，通过安装在导管的风管送至桩孔，高压气与泥浆混合，在导管形成一种密度小于泥浆的浆气混合物，浆气混合物因其相对密度低而上升，在导管混合器底端形成负压，下面的泥浆在负压的作用下上升，并在气压动量的联合作用下，不断补浆，上升至混合器的泥浆与气体形成气浆混合物后继续上升，从而形成流动，因为导管的断面积小于导管外壁与桩壁间的环状断面积，便形成了流速、流量极大的反循环，携带沉渣从导管反出，排出导管以外。

（2）钢筋笼安装入孔

钢筋笼安装入孔时，必须对准孔位保持垂直，上下节钢筋笼主筋连接时，主筋要对正，且保持上下节钢筋笼垂直，钢筋笼安装标高允许偏差为±100mm。

6）水下混凝土浇筑

水下混凝土灌注应采用导管法，导管接头采用法兰连接，具有良好的水密性；导管安装完毕后，应进行二次清孔，泥浆相对密度、孔底沉渣厚度符合要求后，即进行混凝土浇筑，水下混凝土施工详见第5章。

水下混凝土必须连续灌注，浇筑时检测混凝土面上升情况，最后一次混凝土超灌高度高于设计桩顶标高1.0m以上，充盈系数不小于1.0。

2.3.3.3 干作业机械成孔灌注桩

干作业成孔灌注桩适用于在成孔深度内无地下水的土质，不需要护壁直接取土成孔。目前干作业成孔一般采用螺旋钻机、旋挖钻机，洛阳铲等。

1. 螺旋钻机成孔

螺旋钻机由主机、滑轮组、螺旋钻杆、钻头、滑动支架、出土装置等组成，它是利用动力旋转钻杆，使钻头的螺旋叶片旋转切削土体，土块沿螺旋叶片上升排出孔外，见图2-19。全叶片螺旋钻机成孔直径一般为300～600mm，钻孔深度为8～20m。

在软塑土层，含水量大时，用疏纹叶片钻杆，以便较快地钻进；在可塑或硬塑黏土中，或含水量较小的砂土中用密纹叶片钻杆。操作时要求钻杆垂直，钻孔过程中如发现钻杆摇晃或难钻进时，可能是遇到石块等异物，应立即停机检查。在钻进过程中，随时清理孔口积土，遇到塌孔、缩孔等异常情况，必须停钻研究解决方案。螺旋钻机施工过程见图2-20。

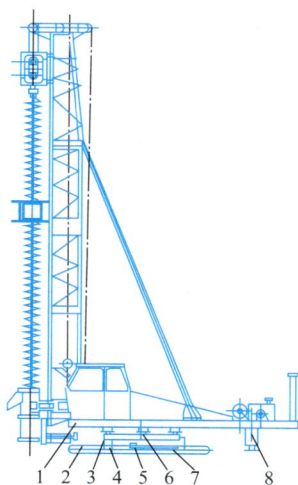

图 2-19　步履式螺旋钻机

1—上底盘；2—下底盘；3—回转滚轮；
4—行车滚轮；5—钢丝滑轮；6—回转轴；
7—行车油缸；8—支腿

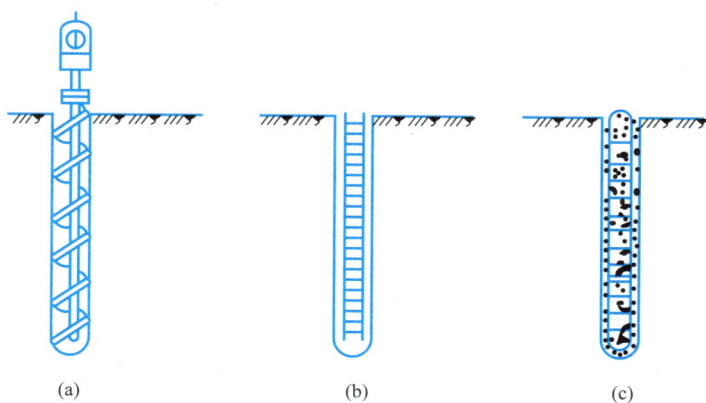

图 2-20　螺旋钻机钻孔灌注桩施工过程示意图

（a）钻机进行钻孔；（b）放入钢筋骨架；（c）浇筑混凝土

当螺旋钻机钻至设计标高时，在原位空转清土，停钻后提出钻杆弃土，钻出的土应及时清除，不可堆在孔口。钢筋笼绑好后，一次整体吊入孔内，如过长可分段吊。钢筋笼吊放完毕，及时分层灌注分层捣实，每次灌注高度控制在 1.5m 以内。

2. 人工挖孔灌注桩施工

人工挖孔灌注桩的桩身直径大，有很高的强度和刚度，能穿过深厚的软土层直接支承在岩石或密实土层上。人工挖孔灌注桩桩径（不含护壁）必须满足人在孔内操作的空间要求，一般不小于 800mm。当桩净距小于 2 倍桩径且小于 2.5m 时，采用间隔跳挖，跳挖的最小施工净距不得小于 4.5m。人工挖孔灌注桩孔深大于 10m 时，需要用鼓风机给孔内送风。

1）井壁支护

人工开挖桩孔，为确保人工挖（扩）孔桩施工过程中的安全，必须进行孔壁护圈支护，护圈多为钢筋混凝土现浇，开挖一段浇筑一段，混凝土护圈的厚度不宜小于 100mm，混凝土强度等级不得低于桩身混凝土强度等级，上下节护圈间用钢筋拉结。

2）人工挖孔灌注桩施工工艺（图 2-21）

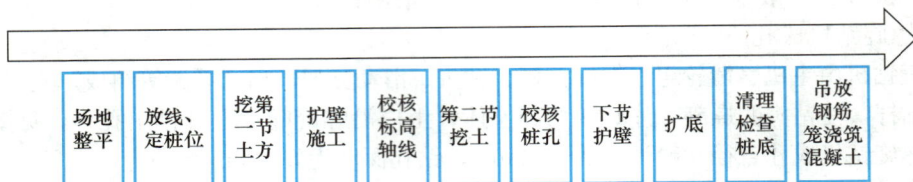

图 2-21　人工挖孔灌注桩施工工艺

3）人工挖孔桩安全施工措施

（1）孔内必须设置应急软爬梯供人员上下；使用的电葫芦、吊笼等应安全可靠，并配有自动卡紧保险装置，不得使用麻绳和尼龙绳吊挂或脚踏井壁上下。电葫芦宜用按钮式开关，使用前必须检验其安全起吊能力。

（2）每日开工前必须检测井下有毒、有害气体的含量及浓度，并应有足够的安全防范措施。当桩孔开挖深度超过 10m 时，应有专门向下送风的设备，风量不宜少于 25L/s。

（3）孔口四周必须设置护栏，护栏高度宜为 0.8m。

（4）挖出的土石方应及时运离孔口，不得堆放在孔口周边 1m 范围内，机动车辆的通行不得对井壁的安全造成影响。

（5）桩孔内电缆、电线必须有防磨损、防潮、防断等保护措施。照明应采用安全矿灯或 12V 以下的安全灯。

2.3.3.4　套管成孔灌注桩施工

套管成孔灌注桩是采用锤击或振动的方法将一根与桩的设计尺寸相适应的钢管沉入土中，将钢筋笼放入钢套管内，然后灌注混凝土，最后拔出钢管，拔管的同时利用锤击（或振动）钢管将混凝土捣实成桩。

1. 锤击沉管灌注桩

锤击沉管施工时，用桩架吊起钢套管，合拢桩尖处活瓣或对准预先设在桩位处的预制混凝土桩靴。套管与桩靴连接处要垫以麻、草绳，以防止地下水渗入管内。锤击沉管灌注桩施工应根据土质情况和荷载要求，选用单打法、复打法或反插法。单打法用于含水量较小的土层，且宜采用预制桩尖；反插法及复打法可用于饱和土层，采用活瓣桩尖。

1）单打法施工工艺流程（图 2-22）

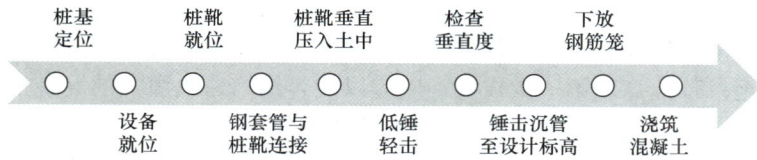

桩基定位 → 设备就位 → 桩靴就位 → 钢套管与桩靴连接 → 桩靴垂直压入土中 → 低锤轻击 → 检查垂直度 → 锤击沉管至设计标高 → 下放钢筋笼 → 浇筑混凝土

图 2-22 单打法施工工艺流程

2）复打法

（1）复打就是在同一桩孔内进行两次单打，或根据要求进行局部复打，见图 2-23。其施工顺序如下：在第一次灌注桩施工完毕，拔出套管后，清除管外壁上的污泥，再在原桩位埋预制桩靴或合好活瓣第二次沉管复打，使未凝固的混凝土向四周挤压扩大桩径，然后第二次灌注混凝土。如配有钢筋，复打法第一次灌注混凝土前不能放置钢筋笼。

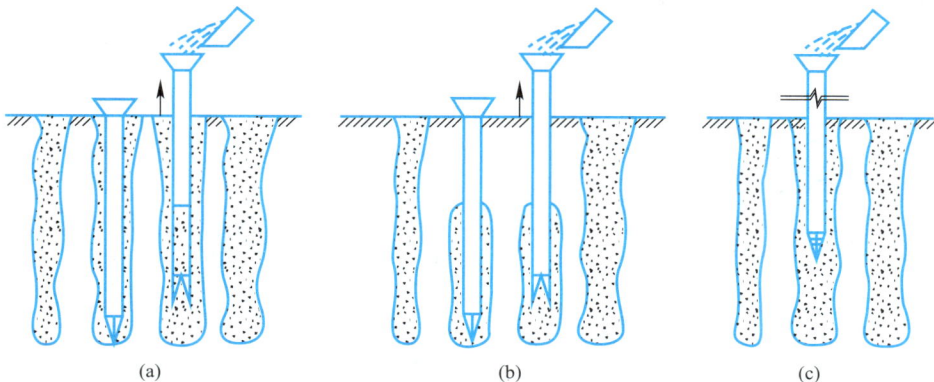

(a)   (b)   (c)

图 2-23 复打法示意图
（a）全部复打桩；（b）、（c）局部复打桩

对于充盈系数小于 1.0 的桩，应全长复打，对可能断桩和缩颈桩，进行局部复打。成桩后的桩身混凝土顶面高于桩顶设计标高 500mm 以内。全长复打时，桩管入土深度宜接近原桩长，局部复打必须超过断桩或缩颈区 1m 以上。

（2）全长复打桩施工要点

① 第一次灌注混凝土必须达到自然地面；

② 拔管过程中要及时清除粘在管壁上和散落在地面上的混凝土；

③ 初打与复打的桩轴线必须重合；

④ 复打施工必须在第一次灌注的混凝土初凝之前完成。

3）锤击沉管灌注桩施工注意事项

（1）桩管、混凝土预制桩尖或钢桩尖的加工质量和埋设位置应与设计相符，桩管与桩尖的接触应有良好的密封性。

（2）群桩基础的基桩施工，应根据土质、布桩情况，采取消减挤土效应的技术措施，确保成桩质量；桩的中心距小于 4 倍桩外径或小于 2m 时，均应跳打，中间空出的桩须待邻桩混凝土达到设计强度的 50% 以后方可施打，以防止因挤土而使已浇筑的桩发生桩身断裂。

（3）沉管至设计标高后，应立即检查和处理桩管内的进泥、进水和吞桩尖等情况，并立即灌注混凝土。

（4）当桩身配置局部长度钢筋笼时，第一次灌注混凝土应先灌至笼底标高，然后放置钢筋笼，再灌至桩顶标高。第一次拔管高度应以能容纳第二次灌入的混凝土量为限。在拔管过程中应采用测锤或浮标检测混凝土面的下降情况。

（5）拔管速度应保持均匀，在管底未拔至桩顶设计标高之前，倒打和轻击不得中断。

（6）混凝土的充盈系数不得小于 1.0；混凝土的坍落度宜为 80～100mm。

2. 振动沉管灌注桩

振动灌注桩采用振动锤或振动冲击锤沉管，施工工艺流程见图 2-24。施工前，先安装好桩机，将桩管下端活瓣合拢或套入桩靴，对准桩位，徐徐放下套管，压入土中，校正垂直度，开动激振器沉管。桩管受振后与土体之间摩阻力减小，同时利用振动锤自重在套管上加压，把套管沉入土中。

振动沉管方法根据试桩和当地的施工经验、土质情况和荷载要求，选用单打法、复打法、反插法等。单打法可用于含水量较小的土层，且宜采用预制桩尖；反插法及复打法可用于饱和土层。

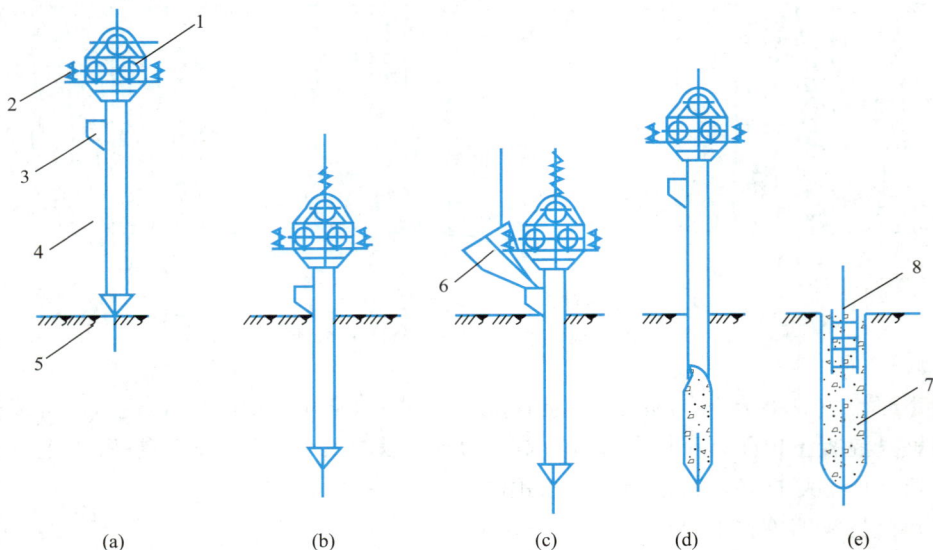

图 2-24　振动沉管灌注桩工艺流程

(a) 就位；(b) 振动沉管；(c) 第一次灌注混凝土；(d) 边振边拔边继续灌注混凝土；(e) 成桩

1—振动锤；2—加压减振弹簧；3—加料口；4—桩管；5—活瓣桩尖；

6—上料斗；7—混凝土桩；8—短钢筋骨架

（1）单打法。必须严格控制最后 30s 的电流、电压值，其值按设计要求或根据试桩和当地经验确定；桩管内灌满混凝土后，应先振动 5～10s，再开始拔管，边振边拔，每拔出 0.5～1.0m，停拔，振动 5～10s；如此反复，直至桩管全部拔出。

在一般土层内，拔管速度宜为 1.2～1.5m/min，用活瓣桩尖时宜慢，用预制桩尖时可适当加快；在软弱土层中宜控制在 0.6～0.8m/min。

（2）反插法。桩管灌满混凝土后，先振动再拔管，每次拔管高度 0.5～1.0m，反插深度 0.3～0.5m；在拔管过程中，应分段添加混凝土，保持管内混凝土面始终不低于地表面或高于地下水位 1.0～1.5m 以上，拔管速度应小于 0.5m/min。

在距桩尖处 1.5m 范围内，宜多次反插以扩大桩端部断面；穿过淤泥夹层时，必须减慢拔管速度，并减少拔管高度和反插深度，在流动性淤泥中不宜使用反插法。

3. 沉管灌注桩质量控制

（1）施工前应对放线后的桩位进行检查；

（2）施工中应对桩位、桩长、垂直度、钢筋笼笼顶标高、拔管速度等进行检查；

（3）施工结束后应对混凝土强度、桩身完整性及承载力进行检验；

（4）沉管灌注桩的质量应符合验收规范《建筑地基基础工程施工质量验收标准》GB 50202—2018 表 5.9.4 相关规定。

2.3.3.5 灌注桩工艺

1. 长螺旋钻孔压灌桩

长螺旋钻孔压灌桩指的是先用螺旋钻机钻孔至设计标高后，边提升钻杆边通过长螺旋钻中空钻杆泵入混凝土，直至混凝土升至地下水位以上或无塌孔危险的位置处，提出全部钻杆后，向孔内沉放钢筋笼，如图 2-25 所示，提钻速度应根据土层情况确定，且应与混凝土泵送量相匹配，保证管内有一定高度的混凝土。混凝土灌桩的充盈系数宜为 1.0～1.2❶，成桩的桩径为 300～1000mm，深度可达 50m。

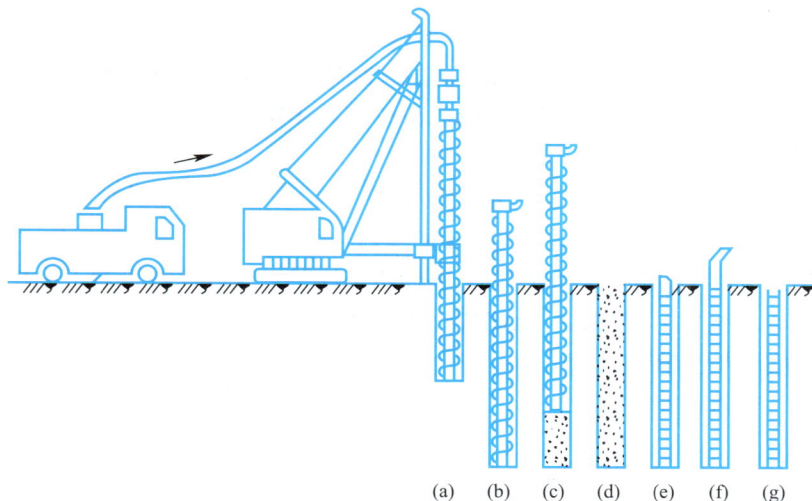

图 2-25 长螺旋钻孔压灌混凝土桩工艺流程

（a）钻机就位；（b）钻进至设计深度；（c）边提钻边泵送混凝土；（d）钻提出，泵送混凝土至孔口；（e）吊放钢筋笼；（f）将桩身混凝土振捣密实；（g）成桩

2. 灌注桩后注浆

灌注桩后注浆是指灌注桩成桩后一定时间，通过预设于桩身内的注浆导管及与之相连

---

❶ 灌注桩的混凝土充盈系数是指一根桩实际灌注的混凝土量与按实际桩径计算的桩身体积之比。振动灌注桩和锤击式灌注桩的充盈系数一般为 1.05～1.20；静压灌注桩一般为 1.02～1.10。对充盈系数小于 1 的桩，应立即实行复打，但复打时应防止桩壁土体混入混凝土桩身内。泥浆护壁成孔灌注桩的混凝土充盈系数不得小于 1，在一般土质中为 1.1，在软土中为 1.2～1.3。桩顶混凝土超灌高度不宜小于 0.3～0.5m。

的桩端、桩侧注浆阀注入水泥浆，使桩端、桩侧土体（包括沉渣和泥皮）得到加固，从而提高单桩承载力，减小沉降。注浆不仅通过桩底和桩侧后注浆加固桩底沉渣（虚土）和桩身收缩裂缝，而且通过渗入（粗颗粒土）、劈裂（细粒土）和压密（非饱和松散土）注浆起到加固桩底和桩侧一定范围土体作用，从而提高单桩承载力，减少桩基沉降。

1）灌注桩后注浆工艺流程（图2-26）

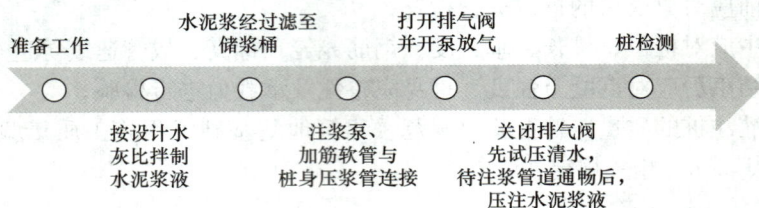

图 2-26　灌注桩后注浆工艺流程

2）注浆导管

后注浆导管应采用钢管，且应与钢筋笼加劲筋绑扎固定或焊接；桩端后注浆导管及注浆阀数量宜根据桩径大小设置，对于直径不大于 1200mm 的桩，宜沿钢筋笼圆周对称设置 2 根；对于直径大于 1200mm 而不大于 2500mm 的桩，宜对称设置 3 根。

对于桩长超过 15m 且承载力增幅要求较高者，宜采用桩端桩侧复式注浆；桩侧后注浆管阀设置数量应综合地层情况、桩长和承载力增幅要求等因素确定，可在离桩底 5～15m 以上、桩顶 8m 以下，每隔 6～12m 设置一道桩侧注浆阀，当有粗粒土时，宜将注浆阀设置于粗粒土层下部，对于干作业成孔灌注桩宜设于粗粒土层中部。

3）注浆参数

（1）浆液水灰比：对于饱和土，水灰比宜为 0.45～0.65；对于非饱和土，水灰比宜为 0.7～0.9（松散碎石土、砂砾宜为 0.5～0.6）。

（2）桩端注浆终止注浆压力应根据土层性质及注浆点深度确定，对于风化岩、非饱和黏性土及粉土，注浆压力宜为 3～10MPa；对于饱和土层注浆压力宜为 1.2～4MPa，软土宜取低值，密实黏性土宜取高值。

（3）单桩注浆水泥量：

$$G_c = \alpha_p d + \alpha_s nd \tag{2-1}$$

式中　α_p——桩端注浆量经验系数 $\alpha_p = 1.5～1.8$；

　　　α_s——桩侧注浆量经验系数 $\alpha_s = 0.5～0.7$；

　　　n——桩侧注浆断面数；

　　　d——桩径（m）。

对独立单桩、桩距大于 $6d$ 的群桩和群桩初始注浆的数根基桩的注浆量应按上述估算值乘以 1.2 的系数；

（4）注浆流量不宜超过 75L/min。

4）后注浆作业施工注意事项

（1）注浆作业宜于成桩 2d 后开始；不宜迟于成桩 30d 后；

（2）注浆作业与成孔作业点的距离不宜小于 8～10m；

（3）对于饱和土中的复式注浆顺序宜先桩侧后桩端；对于非饱和土宜先桩端后桩侧；多断面桩侧注浆应先上后下；桩侧桩端注浆间隔时间不宜少于 2h；

（4）桩墙注浆应对同一根桩的各注浆导管依次实施等量注浆；

（5）对于群桩注浆宜先外围、后内部。

5）适用范围

灌注桩后注浆工法可用于各类钻、挖、冲孔灌注桩及地下连续墙的沉渣（虚土）、泥皮和桩底、桩侧一定范围土体的加固。实际工程中，注浆参数应根据土的类别、饱和度及桩的尺寸、承载力增幅等因素适当调整，并通过现场试注浆和试桩试验最终确定。

2.4 桩承台

2.4.1 桩基承台的构造

桩承台是将上部结构荷载传递给桩基础的构件，桩基承台的构造要求：

（1）柱下独立桩基承台的最小宽度不应小于 500mm，边桩中心至承台边缘的距离不应小于桩的直径或边长，且桩的外边缘至承台边缘的距离不应小于 150mm。对于墙下条形承台梁，桩的外边缘至承台梁边缘的距离不应小于 75mm，承台的最小厚度不应小于 300mm。

（2）承台混凝土材料及其强度等级必须符合结构混凝土耐久性要求和抗渗要求；承台底层钢筋的保护层厚度：有垫层时不小于 50mm，无垫层时不小于 70mm。

（3）柱下独立桩基承台钢筋应通长配置，对四桩以上（含四桩）承台按双向均匀布置，三桩的三角形承台按三向板带均匀布置，内侧三根钢筋围成的区域必须在柱截面范围内。

（4）混凝土桩的桩顶纵向主筋应锚入承台内，钢筋锚固长度不小于抗拉锚固长度 l_a，且不小于 35 倍纵向主筋直径（图 2-27a）。当承台高度不满足锚固要求时，竖向锚固长度不小于 $0.6l_{ab}$，且不小于 20 倍纵向主筋直径，并向承台轴线方向呈 90°弯折（图 2-27b）。

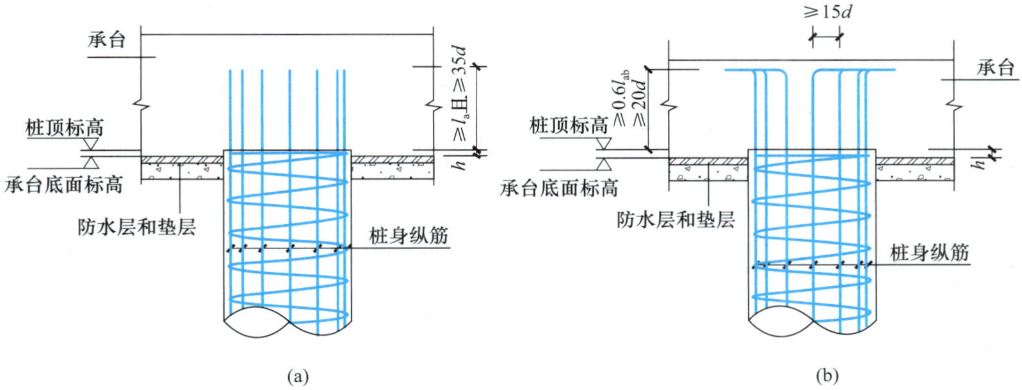

图 2-27 桩钢筋锚入承台长度

（a）承台高度满足直锚长度；（b）承台高度不满足直锚长度

注：d 为桩内纵筋直径；h 为桩顶进入承台高度，桩径小于 800mm 时取 50mm，

桩径不小于 800mm 时取 100mm。

2.4.2 预制管桩与承台连接

在施工完混凝土垫层后，如管桩内有积水应排出，用吊筋下放 3mm 厚的圆形钢板托板，并采用填芯混凝土的做法，填芯灌注深度不得小于 $3D$（D 为管桩外径），且不得小于 1.5m，后插钢筋锚入承台内长度不小于 l_a，有抗震要求不小于 l_{aE}。填芯混凝土强度等级不得低于 C40，或者与承台浇筑混凝土时一同灌入同强度等级混凝土。

需要注意，承压管桩与承台连接构造做法，对于截桩与不截桩有着不同的构造做法，见图 2-28。

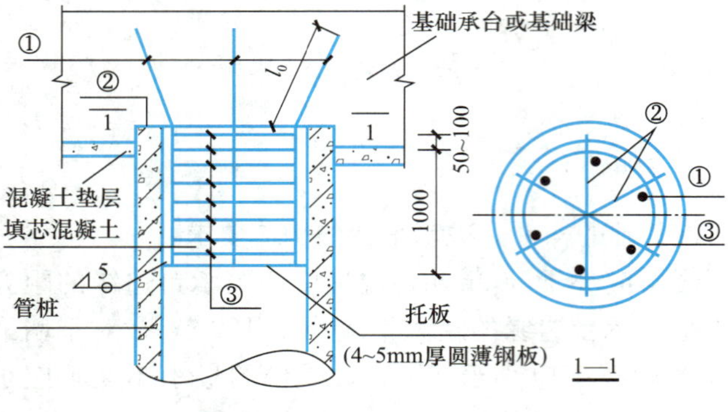

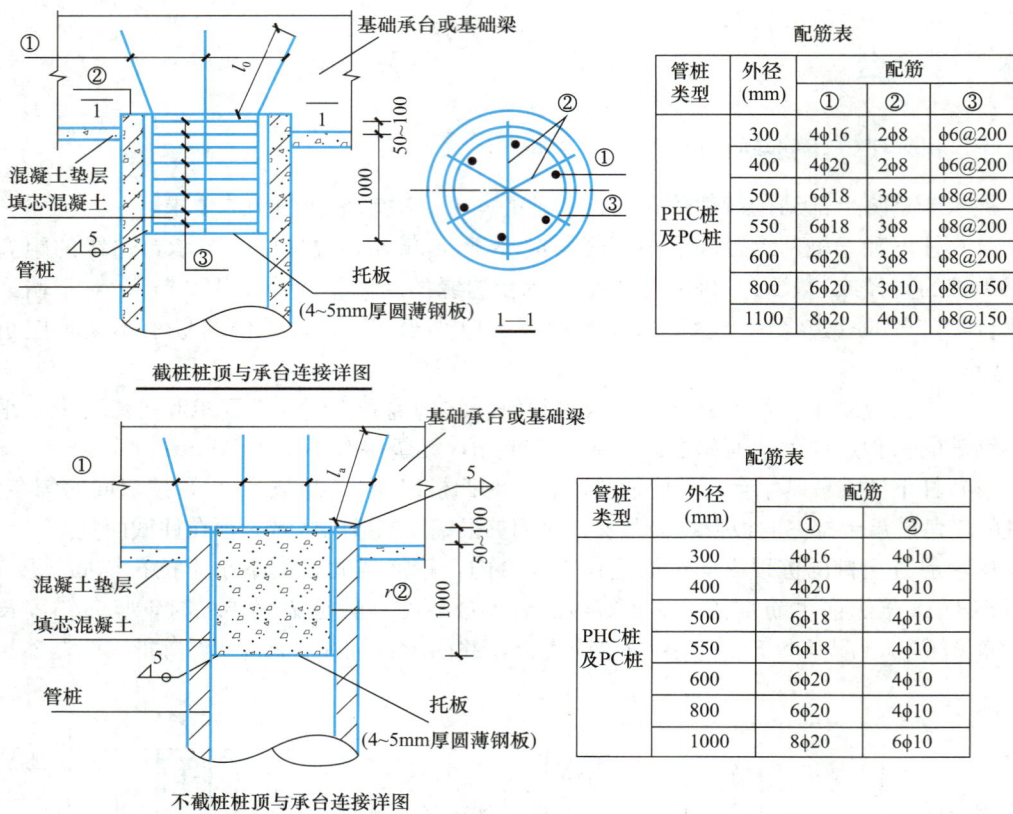

截桩桩顶与承台连接详图

配筋表

管桩类型	外径(mm)	配筋 ①	配筋 ②	配筋 ③
PHC桩及PC桩	300	4φ16	2φ8	φ6@200
	400	4φ20	2φ8	φ6@200
	500	6φ18	3φ8	φ8@200
	550	6φ18	3φ8	φ8@200
	600	6φ20	3φ8	φ8@200
	800	6φ20	3φ10	φ8@150
	1100	8φ20	4φ10	φ8@150

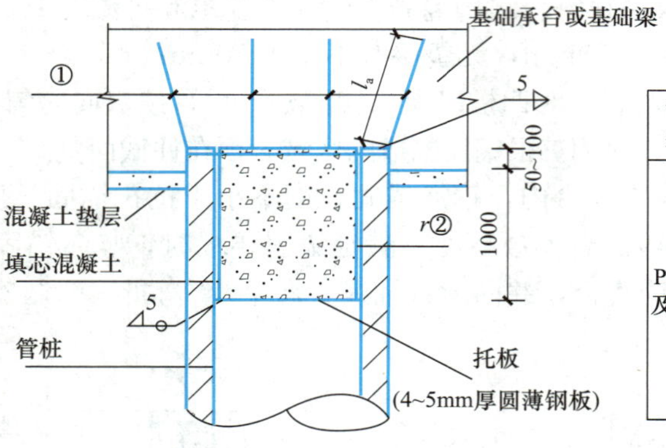

不截桩桩顶与承台连接详图

配筋表

管桩类型	外径(mm)	配筋 ①	配筋 ②
PHC桩及PC桩	300	4φ16	4φ10
	400	4φ20	4φ10
	500	6φ18	4φ10
	550	6φ18	4φ10
	600	6φ20	4φ10
	800	6φ20	4φ10
	1000	8φ20	6φ10

图 2-28 承压管桩与承台连接构造图

2.5 桩基工程施工验收

2.5.1 桩基工程施工验收检验要求

（1）施工完成后的工程桩应进行竖向承载力检验，承受水平力较大的桩应进行水平承载力检验，抗拔桩应进行抗拔承载力检验；

（2）灌注桩应对孔深、桩径、桩位偏差、桩身完整性进行检验，嵌岩桩要对桩端的岩性进行检验，灌注桩混凝土强度检验的试件要在施工现场随机留取；

（3）混凝土预制桩要对桩位偏差、桩身完整性进行检验；

（4）钢桩应对桩位偏差、断面尺寸、桩长和矢高进行检验；

（5）人工挖孔桩终孔时，必须进行桩端持力层检验；

（6）单柱单桩的大直径嵌岩桩，应视岩性检验孔底下 3 倍桩身直径或 5m 深度范围内有无溶洞、破碎带或软弱夹层等不良地质条件。

2.5.2 桩基工程施工质量验收内容

桩基工程施工质量验收必须遵守《建筑地基基础工程施工质量验收标准》GB 50202—2018 相关规定，桩基工程施工质量验收一般内容见表 2-8。

桩基工程施工质量验收内容　　　　　　　表 2-8

序号	桩基类型	验收内容	检测手段
1	钢筋混凝土预制桩	（1）施工前应检验成品桩构造尺寸及外观质量； （2）施工中应检验接桩质量、锤击及静压的技术指标、垂直度以及桩顶标高等； （3）施工结束后应对承载力及桩身完整性等进行检验	（1）外观及允许偏差项目采用实测实量； （2）预制桩成品质量查验产品合格证； （3）承载力采用静载试验、高应变法； （4）预制桩桩身完整性采用低应变法； （5）灌注桩桩身完整性采用钻芯法（大直径嵌岩桩钻至桩尖下 500mm），低应变法，声波透射法； （6）混凝土强度采用 28d 试块强度或钻芯法； （7）入岩深度采用取岩样或超前钻孔取样； （8）灌注桩桩径采用井径仪或超声波检测，干作业时用钢尺量，人工挖孔桩不包括护壁厚度
2	泥浆护壁成孔灌注桩	（1）施工前应检验灌注桩原材料及桩位处的地下障碍物处理资料； （2）施工中应对成孔、钢筋笼制作与安装、水下混凝土灌注等各项质量检查验收；嵌岩桩应对桩端的岩性和入岩深度进行检验； （3）施工后应对桩身完整性、混凝土强度及承载力进行检验	
3	干作业成孔灌注桩	（1）施工前应对原材料、施工组织设计中制定的施工顺序、主要成孔设备性能指标、监测仪器、监测方法、保证人员安全的措施或安全专项施工方案等进行检查验收； （2）施工中应检验钢筋笼质量、混凝土坍落度、桩位、孔深、桩顶标高等； （3）施工结束后应检验桩的承载力、桩身完整性及混凝土的强度； （4）人工挖孔桩、嵌岩桩桩端持力层的岩性报告	
4	长螺旋钻孔压灌桩	（1）施工前应对放线后的桩位进行检查； （2）施工中应对桩位、桩长、垂直度、钢筋笼顶标高等进行检查； （3）施工结束后应对混凝土强度、桩身完整性及承载力进行检验	
5	沉管灌注桩	（1）施工前应对放线后的桩位进行检查； （2）施工中应对桩位、桩长、垂直度、钢筋笼顶标高、拔管速度等进行检查； （3）施工结束后应对混凝土强度、桩身完整性及承载力进行检验	

2.6 工程案例

南潦河大桥属于南昌市公路管理局省道 S218 安义互通至石鼻镇段公路（安义县古村大道）改建工程，大桥全长 547m，桥面净宽 17m。上部结构采用预应力混凝土小箱梁，先简支后连续，下部结构 0 号桥台采用肋板台，18 号桥台采用柱式台，墩台采用钻孔灌注摩擦桩基础。扫描二维码 2-6 观看南潦河大桥项目桩基施工工艺动画。

二维码 2-6
观看南潦河大桥项目桩基施工

作业

浙江石化 4000 万吨/年炼化一体化项目一期工程，建成后为亚洲最大的炼化一体化基地。项目位于舟山市岱山县的大渔山岛。下面是煤焦储运构筑物桩基施工的案例分析。

1. 煤焦储运工程桩基础施工的难点

（1）场地大面积进行回填，回填土主要为开山区碎石、块石，一般粒径 200～600mm，最大粒径约 2000mm，最大厚度 10m，成孔困难；

（2）填土层下分布着深厚淤泥质土层，最大深度达 33m，且没有固结完成，存在负摩阻力以及固结沉降问题；

（3）该场地基岩起伏较大，建筑物位于基岩埋深较浅区域时，桩基需满足一定嵌岩深度（$\geqslant 0.4d$），以满足抗滑移要求；

（4）受潮汐作用，地下水位变幅深度范围干湿交替频繁，每升地下水氯离子含量高达8000 多毫克，对混凝土内钢筋及预制桩接头钢板具有强腐蚀性。

2. 常规桩基施工工艺分析

（1）施工现场试验性冲孔灌注桩施工，需要 2～3d 完成 1 根 $\phi 800$、$L = 40m$ 的桩基施工，进度满足不了要求。同时发现，冲孔灌注桩在巨厚人工填土层内护筒深度难以保证，极易塌孔，不仅沉渣厚度无法控制，而且在巨厚淤泥质土层中容易出现缩颈；

（2）巨厚人工填土层内管桩直接锤击沉桩困难，极易断桩。在基岩起伏较大区域桩身无法完全嵌入中风化岩。

3. DJP 复合管桩方案

用大直径潜孔冲击钻具（600mm）成孔穿透上覆巨厚块石填土及桩端持力层基岩，并形成水泥土搅拌桩，在水泥土桩初凝前采用静压及锤击工艺植入预应力管桩，形成 DJP 复合管桩。

【任务】编制 DJP 复合管桩施工方案。

扫描二维码 2-7 观看 DJP 复合管桩施工过程。

二维码 2-7
观看 DJP 复合
管桩施工过程

本章小结

（1）建筑物沉降观测包括从施工开始，整个施工期内和使用期间对建筑物进行的沉降观测。

（2）地基处理的方法有换填、压实、预压、挤密、置换、加筋等；地基处理方法的选择一般需要根据各种因素进行综合分析，选择几种方案，然后从多方面进行技术经济分析，选择一种或者几种最佳的方法。

（3）钢筋混凝土预制桩的沉桩方法有锤击沉桩、振动沉桩、水冲成桩和静力压桩等。静力压桩是一种绿色施工方法，是目前推广的施工方法。

（4）混凝土灌注桩可以分为干作业成孔灌注桩、泥浆护壁成孔灌注桩、套管成孔灌注桩、旋挖成孔灌注桩、冲孔灌注桩、夯扩桩、灌注桩后注浆、长螺旋钻孔压灌桩、人工挖孔灌注桩、爆扩成孔灌注桩等。灌注桩后注浆可使单桩承载力提高 40%～120%，沉降减小 30%左右。

（5）泥浆护壁湿作业成孔能够平衡地下水的渗透压，降低孔壁塌落、钻具磨损发热、沉渣过厚等问题。湿作业成孔机械有回转钻机、潜水钻机、冲击钻等。根据泥浆循环方式的不同，分为正循环和反循环，对孔深大于 30m 的端承型桩，宜采用反循环。

（6）管桩与承台连接采用填芯混凝土的做法，填芯灌注深度不得小于 3D（D 为管桩外径），且不得小于 1.5m，后插钢筋锚入承台内长度不小于 l_a，有抗震要求不小于 l_{aE}。填芯混凝土强度等级不得低于 C40，或者与承台浇筑混凝土时一同灌入同强度等级混凝土。

第 3 章 砌 体 工 程

【知识目标】

(1) 砌体材料的种类及性能；

(2) 砌体的施工工艺和质量检查方法；

【能力目标】

(1) 掌握各类砌体的施工流程、工艺特点、质量检查及控制方法；

(2) 能够编制砌体工程施工方案。

【素质教育】扫描二维码 3-1，观看万里长城永远屹立在世界的巅峰。

二维码 3-1
万里长城永远
屹立在世界的
巅峰

在两千多年历史长河中，"秦砖汉瓦"为中华文明的形成、传承和发展，作出了无与伦比的贡献。万里长城、北京故宫等用砖瓦垒成的宏伟建筑，无一不叙述着中华文明的灿烂和辉煌。

但黏土砖的烧制要大量使用黏土，对良田毁损严重，而且红砖在高温烧制的过程中，会产生二氧化硫、氟化物，对环境造成严重污染。淘汰黏土砖，推广和使用新型墙体材料，是节约能源、保护土地和环境的有效途径。

随着黏土砖的淘汰，以黏土砖为代表的竖向承重的砖混结构也在经历着变革，所以本章简化了黏土砖的施工内容；在采用钢筋混凝土框架和其他结构承重的建筑中，常用预拌砂浆砌筑轻质块体材料围护结构。

3.1 砌体材料

砌体结构材料应依据其承载性能、节能环保性能、使用环境条件合理选用，所用的材料要有产品出厂合格证书、产品性能型式检验报告；对块材、水泥、钢筋、外加剂、预拌砂浆、预拌混凝土等材料，需要对其主要性能进行检验；砌筑砂浆需要根据块材类别和性能选用与其匹配的预拌砂浆。

二维码 3-2
砌体工程
教学视频

砌体结构中多处用到钢筋，如墙体拉结筋、配筋砌体、约束砌体构件中的钢筋等，尤其对配筋砌体、约束砌体构件而言，钢筋采取防腐处理或

其他保护措施是十分重要的耐久性设计内容。❶ 扫描二维码 3-2 观看砌体工程教学视频。

3.1.1 砌筑块体材料

1. 砖

砌体工程所用的砖种类较多，根据制作方法的不同，有烧结砖和非烧结砖两大类。

1）烧结砖

烧结砖是以黏土、页岩、煤矸石、粉煤灰为主要原料，经压制成型、焙烧而成。常用的有：

（1）烧结多孔砖

烧结多孔砖的规格较多，其长度有 290mm、240mm，宽度有 190mm、180mm、140mm，厚度有 115mm、90mm，孔形多为竖孔，此外还有长条孔、圆孔、椭圆孔、方形孔、菱形孔等。按其抗压强度分为 MU30、MU25、MU20、MU15、MU10 五个强度等级，可用于砌筑承重墙。在潮湿环境使用，其最低强度等级不得低于 MU15。

（2）烧结空心砖及砌块

烧结空心砖的孔洞率大于 40%，孔形主要有矩形条孔、方形孔及菱形孔，其尺寸规格较多，长度有 390、290、240、190、180、140mm，宽度有 190、180、175、140、115mm，厚度有 180、140、115、90mm。按抗压强度等级分为 MU10、MU7.5、MU5 和 MU3.5 四个强度等级，只能用于非承重砌体。

2）非烧结砖

非烧结砖一般采用蒸汽养护或蒸压养护的方法生产，根据主要原材料的不同，分为灰砂砖、混凝土砖、粉煤灰砖、煤渣砖、炉渣砖、煤矸石砖等。长期处于 200℃ 以上或急热急冷的部位，以及有酸性介质的部位，不得采用非烧结墙体材料。

（1）蒸压灰砂砖

蒸压灰砂砖是以石灰和砂为主要原料，经坯料制备、压制成型、蒸压养护而制成的实心砖或空心砖（孔洞率大于 15%），现主要以实心砖为主，其长度为 240mm，宽度有 115、180mm，高度有 175、115、103、53mm 等。按强度等级分为 MU25、MU20 和 MU15 三个强度等级。

（2）蒸压粉煤灰砖

蒸压粉煤灰砖是以粉煤灰、生石灰为主要原料，可掺加适量的石膏等外加剂和其他集

---

❶ 《砌体结构通用规范》GB 55007—2021 规定：

2.0.8 砌体结构所处的环境类别应依据气候条件及结构的使用环境条件按表 2.0.8 分类。

环境类别	环境名称	环境条件
1	干燥环境	干燥室内外环境；室外有防水防护环境
2	潮湿环境	潮湿室内或室外环境，包括与无侵蚀性土和水接触的环境
3	冻融环境	寒冷地区潮湿环境
4	氯侵蚀环境	与海水直接接触的环境，或处于滨海地区的盐饱和的气体环境
5	化学侵蚀环境	有化学侵蚀的气体、液体或固态形式的环境，包括有侵蚀性土壤的环境

2.0.10 环境类别为 2 类～5 类条件下砌体结构的钢筋应采取防腐处理或其他保护措施。

2.0.11 环境类别为 4 类、5 类条件下的砌体结构应采取抗侵蚀和耐腐蚀措施。

料，经坯料制备、压制成型、高压蒸汽养护而成，产品代号 AFB。主要规格有：240mm×115mm×53mm、400mm×115mm×53mm。按强度等级分为 MU25、MU20 和 MU15 三个强度等级。

（3）混凝土多孔砖

混凝土多孔砖是以水泥为胶结材料，以砂、石等为主要集料，加水搅拌、成型、养护制成的一种多排小孔的混凝土砖。其孔洞率不小于 25%，孔的尺寸小而数量多，大部分用于建筑物的围护结构、隔墙，少量用于承重结构。主规格尺寸为 240mm×115mm×90mm。按强度等级分为 MU30、MU25、MU20 和 MU15 四个强度等级。在潮湿环境使用，其最低强度等级不得低于 MU20。

2. 砌块

目前我国砌块的种类规格较多，按规格分有小型砌块、中型砌块和大型砌块，砌块高度 115～380mm 称小型砌块，高度 380～980mm 称中型砌块，高度大于 980mm 称大型砌块；按用途分为承重砌块和非承重砌块。

（1）承重砌块

承重砌块以混凝土砌块为主，它有竖向方孔，主规格尺寸为 390mm×190mm×190mm，还有一些辅助规格的砌块以配合使用，最小壁肋厚度为 30mm。限制使用单排孔普通混凝土小型砌块。按强度等级分为 MU20、MU15、MU10、MU7.5 和 MU5 五个强度等级。夹心墙的外叶墙强度等级不应低于 MU10；在潮湿环境使用，其最低强度等级不得低于 MU7.5。

（2）非承重砌块

非承重砌块一般有蒸压加气混凝土砌块、轻骨料混凝土小型空心砌块、粉煤灰硅酸盐砌块及各种工业废渣砌块等。砌体结构不应采用非蒸压硅酸盐砌块及非蒸压加气混凝土制品。❶

目前，蒸压加气混凝土砌块应用比较广泛。蒸压加气混凝土砌块是以硅质材料和钙质材料为主要原材料，掺加发气剂及其他调节材料，通过配料浇注、发气静停、切制、蒸压养护等工艺制成的多孔轻质硅酸盐建筑制品。砌块按尺寸偏差分为 I 型和 II 型，I 型适用于薄灰缝砌筑，II 型适用于厚灰缝砌筑。按强度和干密度分级、规格尺寸和标准编号进行标记，产品代号 AAC-B。

根据《蒸压加气混凝土砌块》GB/T 11968—2020 标准，示例：抗压强度为 A3.5、干密度为 B05、规格尺寸为 600mm×200mm×250mm 的蒸压加气混凝土 I 型砌块，其标记为：AAC-B A3.5 B05 600×200×250（I）GB/T 11968。

蒸压加气混凝土砌块按抗压强度分为 A1.5、A2.0、A2.5、A3.5、A5.0 五个级别。强度级别 A1.5、A2.0 适用于建筑保温。按干密度分为 B03、B04、B05、B06、B07 五个级别，干密度级别 B03、B04 适用于建筑保温。其尺寸为 600mm×100（120、125、150、

---

❶ 《砌体结构通用规范》GB 55007—2021 规定：

3.1.3 砌体结构不应采用非蒸压硅酸盐砖、非蒸压硅酸盐砌块及非蒸压加气混凝土制品。

3.2.7 夹心墙的外叶墙的砖及混凝土砌块的强度等级不应低于 MU10。

3.2.8 填充墙的块材最低强度等级，应符合下列规定：

1. 内墙空心砖、轻骨料混凝土砌块、混凝土空心砌块应为 MU3.5，外墙应为 MU5；

2. 内墙蒸压加气混凝土砌块应为 A2.5，外墙应为 A3.5。

180、200、240、250、300)mm×200(240、250、300)mm。

（3）新型砌块

近几年节能墙体材料种类越来越多，常用的有：石膏或水泥轻质隔墙板、复合自保温砌块（图 3-1）、陶粒砌块、石膏砌块、BM 轻集料连锁砌块等。

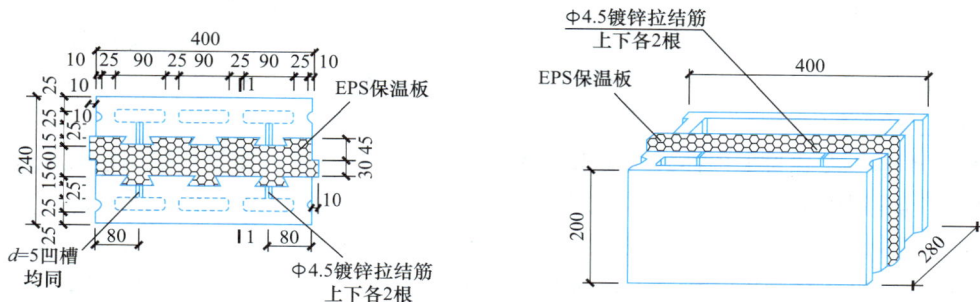

图 3-1　GH 复合自保温砌块

这些砌块通常以粉煤灰、煤矸石、石粉、炉渣等为主要原料。具有质轻、隔热、隔声、保温、无甲醛、无苯、无污染等特点。部分新型复合节能墙体材料集防火、防水、防潮、隔声、隔热、保温等功能于一体。

3.1.2　预拌砌筑砂浆

1. 砌筑砂浆的强度等级❶

砌筑砂浆选择时，应采用与块体材料相适应且能提高砌筑工作性能的砌筑砂浆，具体要求有：

（1）烧结普通砖、烧结多孔砖采用的普通砂浆，强度等级：M15、M10、M7.5、M5和 M2.5。

（2）蒸压灰砂普通砖、蒸压粉煤灰普通砖砌体采用的专用砌筑砂浆，强度等级：Ms15、Ms10、Ms7.5、Ms5.0。

蒸压硅酸盐砖表面光滑，与砂浆粘结力较差，砌体沿灰缝抗剪强度较低，因此，为了保证砂浆砌筑时的工作性能和砌体抗剪强度，应采用粘结性强度高、工作性能好的专用砌筑砂浆。

（3）混凝土普通砖、混凝土多孔砖和煤矸石混凝土砌块砌体采用的砂浆强度等级：Mb20、Mb15、Mb10、Mb7.5 和 Mb5。

对于块体高度较高的普通混凝土砖空心砌块，普通砂浆很难保证竖向灰缝的砌筑质量。调查发现，一些砌块建筑墙体的灰缝不饱满，有的出现了"瞎缝"，影响了墙体的整

---

❶ 《砌体结构通用规范》GB 55007—2021 规定：

3.3.1 砌筑砂浆的最低强度等级应符合下列规定：

1. 设计工作年限大于和等于 25 年的烧结普通砖和烧结多孔砖砌体应为 M5，设计工作年限小于 25 年的烧结普通砖和烧结多孔砖砌体应为 M2.5；

2. 蒸压加气混凝土砌块砌体应为 Ma5，蒸压灰砂普通砖和蒸压粉煤灰普通砖砌体应为 Ms5；

3. 混凝土普通砖、混凝土多孔砖砌体应为 Mb5；

4. 混凝土砌块、煤矸石混凝土砌块砌体应为 Mb7.5；

5. 配筋砌块砌体应为 Mb10；

6. 毛料石、毛石砌体应为 M5。

体性，所以采用混凝土砌块砌筑时，要采用强度等级不小于 Mb5.0 的专用砌筑砂浆。

（4）双排孔或多排孔轻集料混凝土砌块采用的砂浆强度等级：Mb10、Mb7.5 和 Mb5。

（5）毛料石、毛石砌体采用的砂浆强度等级：M7.5、M5 和 M2.5。

2. 预拌砌筑砂浆

预拌砂浆指的是专业生产厂生产的湿拌砂浆或干混砂浆。砌体结构工程使用的预拌砌筑砂浆，应符合设计要求及国家现行标准《预拌砂浆》GB/T 25181—2019、《蒸压加气混凝土墙体专用砂浆》JC/T 890—2017 和《预拌砂浆应用技术规程》JGJ/T 223—2010 的规定。

1）预拌砂浆分类

普通预拌砂浆分为干预拌砂浆和湿预拌砂浆，干预拌砂浆主要是直接用包装袋或者干粉运输车运输到施工现场，直接加水拌合使用的砂浆，一般应用在小面积施工和人工施工；湿预拌砂浆是直接在生产车间加水拌好的成品砂浆，直接运输到施工现场使用，一般用于大面积的机械化施工。表 3-1 为《预拌砂浆》GB/T 25181—2019 中列举的预拌砂浆强度等级。

预拌砌筑砂浆分类　　　　　　　　　　　　　表 3-1

项目	湿拌砌筑砂浆 WM	干混砌筑砂浆 DM	
		普通砌筑砂浆（G）	薄层砌筑砂浆（T）
强度等级	M5、M7.5、M10、M15、M20、M25、M30	M5、M7.5、M10、M15、M20、M25、M30	M5、M10
保水率（%）	≥88.0	≥88.0	≥99.0

2）预拌砂浆标记

（1）湿拌砂浆标记

按湿拌砂浆代号、型号、强度等级、抗渗等级（有要求时）、稠度、保塑时间、标准号顺序进行标记。示例：湿拌砌筑砂浆的强度等级为 M10，其标记为：WM M10 GB/T 25181—2019。

（2）干混砂浆标记

按干混砂浆代号、型号、主要性能、标准号顺序进行标记。示例：干混砌筑砂浆的强度等级为 M10，其标记为：DM-G M10 GB/T 25181—2019。

3）预拌砂浆运输及储存

（1）湿拌砂浆应采用专用搅拌车运输，湿拌砂浆运至施工现场后，应进行稠度检验，在储存、使用过程中严禁加水，当存放过程中出现少量泌水时，应拌合均匀后使用；

（2）干混砂浆及其他专用砂浆在运输和储存过程中，不得淋水、受潮、靠近火源或高温。储存期不应超过 3 个月，超过 3 个月的干混砂浆在使用前应重新检验，合格后使用；

（3）干混砂浆应采用计算机控制的干混砂浆混合机进行混合，混合机应符合《建材工业用干混砂浆混合机》JC/T 2182—2013 的规定。

（4）预拌砂浆及蒸压加气混凝土砌块专用砌筑砂浆的使用时间应按照厂方提供的说明书确定。❶

---

❶ 《砌体结构工程施工规范》GB 50924—2014 规定：

5.1.2 砌体结构工程施工中，所用砌筑砂浆宜选用预拌砂浆，当采用现场拌制时，应按砌筑砂浆设计配合比配制。对非烧结类块材，宜采用配套的专用砂浆。

5.1.3 不同种类的砌筑砂浆不得混合使用。

5.1.4 砂浆试块的试验结果，当与预拌砂浆厂的试验结果不一致时，应以现场取样的试验结果为准。

3.　预拌砌筑砂浆的强度检验

1）进场检验

（1）预拌砂浆进场时，供方应按规定批次向需方提供质量证明文件。质量证明文件应包括出厂检验报告等。

（2）预拌砂浆进场时的外观检验

① 湿拌砂浆应外观均匀，无离析、泌水现象；

② 散装干混砂浆应外观均匀，无结块、受潮现象；

③ 袋装干混砂浆应包装完整，无受潮现象。

（3）湿拌砂浆应进行稠度检验，稠度要符合表 3-2 要求。稠度检查要在湿拌砂浆运到交货地点 20min 内完成。

砌筑砂浆的稠度　　　　　　　　　　　　表 3-2

砌体种类	砂浆稠度（mm）
烧结普通砖砌体、蒸压粉煤灰砖砌体	70～90
混凝土实心砖、混凝土多孔砖砌体、普通混凝土小型空心砌块砌体、蒸压灰砂砖砌体	50～70
烧结多孔砖、空心砖砌体、轻骨料小型空心砌块砌体、蒸压加气混凝土砌块砌体	60～80
石砌体	30～50

注：采用薄灰砌筑法砌筑蒸压加气混凝土砌块砌体时，加气混凝土粘结砂浆的加水量按照其产品说明书控制。砌筑其他块体时，其砌筑砂浆的稠度可根据块体吸水特性及气候条件确定。

薄层砂浆砌筑法即采用蒸压加气混凝土砌块专用砂浆砌筑蒸压加气混凝土砌块墙体的施工方法，水平灰缝厚度和竖向灰缝宽度为 2～4mm。简称薄灰砌筑法。

2）现场抽检

（1）对同品种、同强度等级的砌筑砂浆，湿拌砌筑砂浆应以 50m³ 为一个检验批，干混砌筑砂浆应以 100t 为一个检验批；不足一个检验批的数量时，应按一个检验批计。

（2）每检验批应至少留置 1 组抗压强度试块。

（3）砌筑砂浆取样时，干混砌筑砂浆宜从搅拌机出料口、湿拌砌筑砂浆宜从运输车出料口或储存容器随机取样。砌筑砂浆抗压强度试块的制作、养护、试压等应符合现行行业标准《建筑砂浆基本性能试验方法标准》JGJ/T 70—2009 的规定，龄期应为 28d。

3）强度评定

砌筑砂浆抗压强度依据验收批的砂浆试块抗压强度检验报告单进行评定：

（1）同一验收批砌筑砂浆试块抗压强度平均值不小于设计强度等级所对应的立方体抗压强度的 1.10 倍，且最小值不小于设计强度等级所对应的立方体抗压强度的 0.85 倍。

（2）当同一验收批砌筑砂浆抗压强度试块少于 3 组时，每组试块抗压强度值应不小于设计强度等级所对应的立方体抗压强度的 1.10 倍。

（3）对新建砌体结构，当遇到下列情况之一时，需要检测砌筑砂浆强度、块材强度或砌体的抗压、抗剪强度：

① 砂浆试块缺乏代表性或数量不足；

② 砂浆试块强度的检验结果不满足设计要求；

③ 对块材或砂浆试块的检验结果有怀疑或争议；

④ 对施工质量有怀疑或争议，需进一步分析砂浆、块材或砌体的强度；

⑤ 发生工程事故，需进一步分析事故原因。

3.2　砌筑工程施工

3.2.1　约束砌体和配筋砌体

在建筑工程中，常用的承重墙砌体为约束砌体和配筋砌体，按规定要求设置构造柱或芯柱、圈梁和拉结钢筋的砌体称为约束砌体；由配置钢筋的砌体作为建筑物主要受力构件的结构，称为配筋砌体结构。砌体砌块一般有烧结砖、混凝土空心砌块、自保温混凝土复合砌块、石料等。扫描二维码 3-3 观看砌体工程施工教学视频（一）。

二维码 3-3
砌体工程施工
教学视频（一）

1. 约束砌体和配筋砌体构造

约束砌体与配筋砌块砌体结构能够改善砌体的受力性能，显著提高砌体的变形能力和抗震性能。为了更好地发挥约束砌体与配筋砌块砌体的受力性能，砌筑砌体的材料强度等级略高于普通的砖砌体。一般永久砌体结构，砌块强度不应低于 MU10；配筋砌体的砌筑砂浆强度等级不应低于 Mb10，约束砌体的砌筑砂浆强度等级不宜低于 Mb7.5；构造柱、圈梁、连梁混凝土的强度等级不应低于 C25；芯柱或灌孔混凝土的强度等级不应低于 Cb25；构造柱和圈梁的钢筋宜采用 HPB300 级和 HRB400 级钢筋；❶

---

❶ 《砌体结构通用规范》GB 55007—2021 规定：

3.2.4 对处于环境类别 1 类和 2 类的承重砌体，所用块体材料的最低强度等级应符合表 3.2.4 的规定；对配筋砌块砌体抗震墙，表 3.2.4 中 1 类和 2 类环境的普通、轻骨料混凝土砌块强度等级为 MU10；安全等级为一级或设计工作年限大于 50 年的结构，表 3.2.4 中材料强度等级应至少提高一个等级。

环境类别	烧结砖	混凝土砖	普通、轻骨料混凝土砌块	蒸压普通砖	蒸压加气混凝土砌块	石材
1	MU10	MU15	MU7.5	MU15	A5.0	MU20
2	MU15	MU20	MU7.5	MU20	—	MU30

3.3.1 砌筑砂浆的最低强度等级应符合下列规定：

1. 设计工作年限大于和等于 25 年的烧结普通砖和烧结多孔砖砌体应为 M5，设计工作年限小于 25 年的烧结普通砖和烧结多孔砖砌体应为 M2.5；

2. 蒸压加气混凝土砌块砌体应为 Ma5，蒸压灰砂普通砖和蒸压粉煤灰普通砖砌体应为 Ms5；

3. 混凝土普通砖、混凝土多孔砖砌体应为 Mb5；

4. 混凝土砌块、煤矸石混凝土砌块砌体应为 Mb7.5；

5. 配筋砌块砌体应为 Mb10；

6. 毛料石、毛石砌体应为 M5。

3.3.2 混凝土砌块砌体的灌孔混凝土强度等级不应低于 Cb20，且不应低于 1.5 倍的块体强度等级。

3.3.5 配筋砌块砌体的材料选择应符合下列规定：

1. 灌孔混凝土应具有抗收缩性能；

2. 对安全等级为一级或设计工作年限大于 50 年的配筋砌块砌体房屋，砂浆和灌孔混凝土的最低强度等级应按本规范相关规定至少提高一级。

1) 构造柱构造

根据《约束砌体与配筋砌体结构技术规程》JGJ 13—2014 规定，约束砌体房屋应在纵横墙交接处设置现浇钢筋混凝土构造柱或芯柱，在楼、屋面标高处设置现浇钢筋混凝土圈梁。其中，设置在约束砌体房屋中的构造柱，有以下要求：

（1）非抗震设计时，应在纵横墙交接处、墙端部和较大洞口的洞边设置构造柱，其间距不宜大于 4.0m。

（2）抗震设计时，墙段两端应按现行国家标准《建筑抗震设计标准》GB/T 50011 的要求设置构造柱，且墙肢两端及中部构造柱的间距不宜大于层高或 3.0m，较大洞口两侧应设置构造柱；构造柱最小截面可为 240mm×240mm（墙厚 190mm 时为 240mm×190mm），边、角柱的截面宜适当加大。

（3）构造柱的纵向钢筋和箍筋配筋设置要求，见表 3-3。构造柱配筋见图 3-2，钢筋混凝土保护层厚度宜为 20mm，且不小于 15mm。

构造柱的纵向钢筋和箍筋设置要求　　　　　　　　　　表 3-3

位置	非抗震设计				抗震设计			
	纵向钢筋		箍筋		纵向钢筋		箍筋	
	最小直径（mm）	根数	最小直径（mm）	最大间距（mm）	最小直径（mm）	最小直径（mm）	加密区范围（mm）	加密区间距（mm）
角柱	12	4	6	200	14	6	全高	100
边柱							上端700	
中柱					12		下端500	

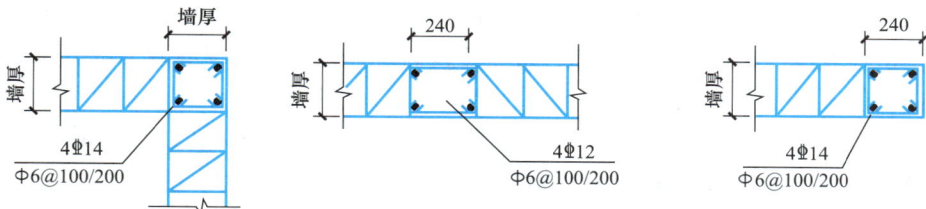

图 3-2　构造柱配筋图

（4）构造柱与墙连接处应砌成马牙槎（图 3-3），采用先砌墙后浇柱的施工顺序，每个马牙槎沿高度方向的尺寸不宜超过 300mm，每个马牙槎退进应不小于 60mm，从每层柱脚开始，先退后进。❶

沿墙高设置拉结钢筋，拉结钢筋应满足表 3-4 的要求：

构造柱与楼层圈梁连接处，构造柱的纵向钢筋应穿过圈梁，并保证构造柱纵向钢筋上下贯通；构造柱的纵向钢筋应在基础梁和屋面圈梁中锚固，并应符合受拉钢筋的锚固要求。

---

❶　《砌体结构通用规范》GB 55007—2021 规定：

5.1.9 砌体与构造柱的连接处以及砌体抗震墙与框架柱的连接处均应采用先砌墙后浇柱的施工顺序，并应按要求设置拉结钢筋；砖砌体与构造柱的连接处应砌成马牙槎。

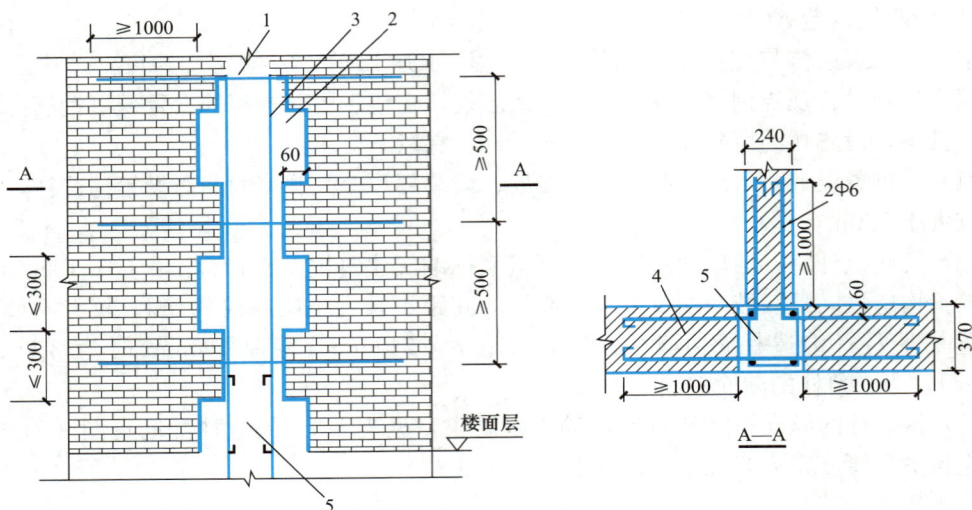

图 3-3　构造柱与墙连接

1—拉结钢筋；2—马牙槎；3—构造柱钢筋；4—墙；5—构造柱

拉结钢筋设置要求　　　　　　　　　　　　　　　表 3-4

墙体类型	非抗震设计		抗震设计		备注
	竖向间距 (mm)	伸入墙内长度 (mm)	竖向间距 (mm)	伸入墙内长度 (mm)	
砖墙体	500	600	500	1000	2Φ6
砌块砌体	600	800	400	1000	Φ4 钢筋网片

（5）对于纵墙承重的多层砖房，当在无横墙处的纵墙中设置构造柱时，应在楼板处预留相应构造柱宽度的板缝，并与构造柱混凝土同时浇灌，做成现浇混凝土带。现浇混凝土带的纵向钢筋不应少于 4 根直径 12mm 的钢筋，箍筋间距不宜大于 200mm。

（6）构造柱的竖向钢筋末端应做成 90°弯钩，接头可以采用绑扎，其搭接长度宜为 35 倍钢筋直径。在搭接接头长度范围内的箍筋间距不应大于 100mm。

2）芯柱构造

（1）当采用砌体抗震墙时，洞口两侧应设置芯柱或混凝土构造柱；当墙长大于 4m 时，应在墙体中部设置芯柱或混凝土构造柱，宜在墙体内均匀布置（图 3-4），最大净距不宜大于 2.0m。

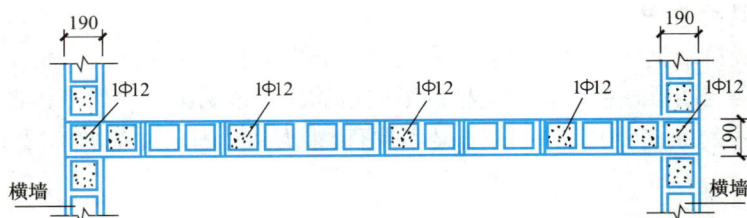

图 3-4　芯柱墙体内均匀布置

（2）芯柱截面不宜小于 120mm×120mm，宜用不低于 Cb20 的细石混凝土浇灌。

（3）芯柱的竖向插筋应贯通墙身且与圈梁连接；插筋不应小于Φ12mm，6度、7度时超过5层、8度时超过4层和9度时，插筋不应小于Φ14mm；底部应伸入室内地面下500mm或与基础圈梁锚固（图3-5）。

（4）芯柱与墙体连接处应设置拉结钢筋网片，网片可采用Φ4mm的钢筋点焊而成，沿墙高间距不大于600mm，并应沿墙体水平通长设置。6度、7度时底部1/3楼层，8度时底部1/2楼层，9度时全部楼层。上述拉结钢筋网片沿墙高间距不应大于400mm，如图3-6所示。

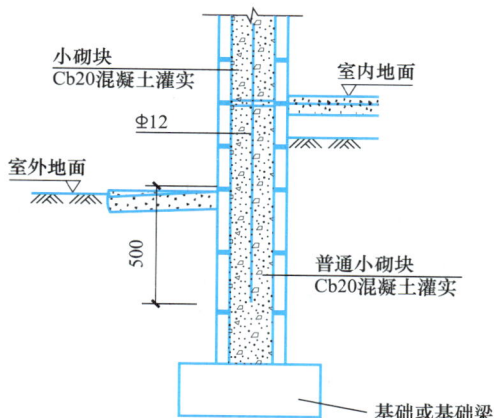

图3-5　小砌块芯柱根部做法

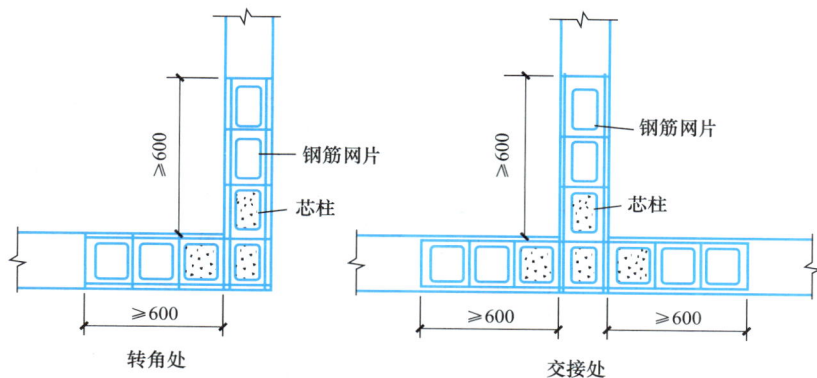

图3-6　芯柱与墙体连接处拉结钢筋网片

3）圈梁与砌体构造

（1）圈梁的宽度不得小于190mm；圈梁混凝土抗压强度不应小于相应灌孔砌块砌体的强度，且不应小于C25。

（2）圈梁纵向钢筋不应少于4Φ12，圈梁及箍筋不应小于Φ6，间距不应大于200mm；当圈梁高度大于300mm时，应沿梁截面高度方向设置腰筋，其间距不应大于200mm，不应小于Φ10。

（3）圈梁宜连续地设置在同一水平面上，并形成封闭状。当不能在同一水平面上闭合时，应增设附加圈梁。附加圈梁的搭接长度应不小于其垂直间距的两倍，且不得小于1m，当搭接长度不能满足要求时，可用构造柱连接上下圈梁、使之闭合。

4）配筋砌块砌体抗震墙

（1）配筋砌块砌体抗震墙全部用灌孔混凝土灌实。

（2）配筋砌块砌体抗震墙的水平钢筋必须配置在系梁中，同层配置2根钢筋，且钢筋不应小于Φ8mm，钢筋净距不应小于60mm；竖向钢筋应配置在砌块孔洞内，在190mm墙厚情况下，同一孔内应配置1根，钢筋直径不应小于10mm。

（3）配筋砌块砌体抗震墙的配筋构造：

① 在墙的转角、端部和孔洞的两侧配置竖向连续的钢筋，钢筋直径不小于12mm；

② 在洞口的底部和顶部设置不小于 2Φ10 的水平钢筋，其伸入墙内的长度不应小于 40d 和 600mm；

③ 在楼板、屋面的所有纵横墙处设置现浇钢筋混凝土圈梁，圈梁的宽度和高度应等于墙厚和块高，圈梁主筋不应少于 4Φ10，圈梁的混凝土强度等级不应低于同层混凝土块体 2 个强度等级，或该层灌孔混凝土的强度等级，且不应低于 Cb25；

④ 抗震墙其他部位的水平和竖向钢筋的间距不应大于墙长、墙高的 1/3，也不应大于 600mm。

5）蒸压加气混凝土砌块承重墙

(1) 抗震设防烈度为 6 度或 7 度时，砌块强度等级不应低于 A5.0，砌筑砂浆强度等级不应低于 M5 或 Ms5。

(2) 多层房屋的底层墙体每皮水平灰缝内、顶层墙体每两皮水平灰缝内及其他各层墙体每三皮水平灰缝内，应通长配置 2Φ4mm、横向分布钢筋间距不大于 600mm 的焊接钢筋网片（图 3-7）。

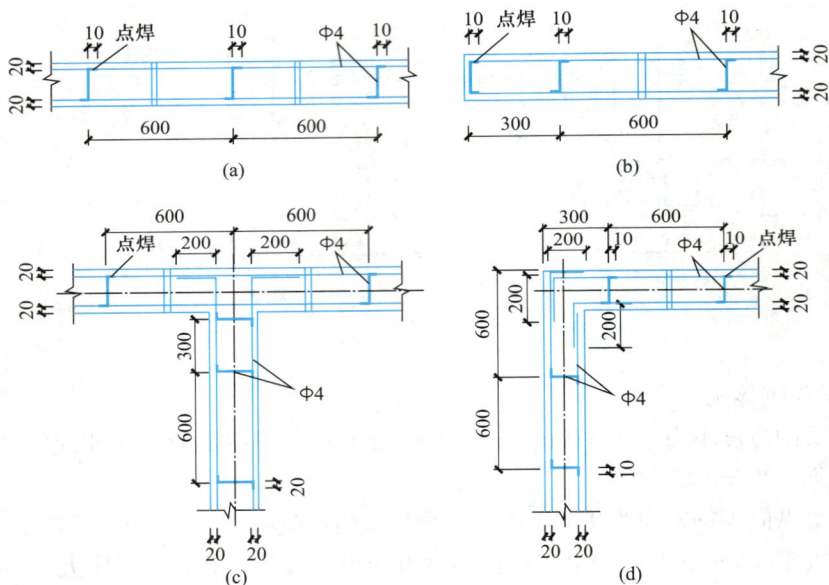

图 3-7　点焊钢筋网片布置与连接

(a) 一般墙体；(b) 洞口墙体；(c) 纵墙与横墙连接；(d) 墙体阴、阳角处连接

(3) 蒸压加气混凝土砌块承重多层房屋，每层、每开间应设置现浇混凝土圈梁。当内横墙为板底圈梁时，截面尺寸不应小于 240mm×120mm，配置 4Φ10mm 的纵向钢筋，当抗震设防烈度为 6 度或 7 度时，箍筋间距不应大于 250mm，当抗震设防烈度为 8 度或 9 度时，箍筋间距不应大于 200mm。混凝土强度等级不应低于 C25。

(4) 构造柱的截面尺寸不应小于 240mm×240mm，纵向应配置不小于 4Φ12mm 的钢筋，箍筋间距不应大于 200mm，混凝土强度等级不应低于 C25；应先砌墙后浇柱，且墙柱连接面砌体应预留马牙槎。

(5) 外墙构造柱宜内缩，内缩尺寸不宜小于 50mm（图 3-8）。

(6) 当蒸压加气混凝土砌块配筋砌体采用薄灰缝砌筑时，宜采用放置钢筋的槽口型砌块。

2. 约束砌体和配筋砌体施工

1）施工准备

（1）砌体结构工程施工前，应编制砌体结构工程施工方案。

（2）设置砌体结构的标高、轴线、各类控制线，这些控制线引自基准控制点。

（3）砌体结构工程所用的材料应有产品的合格证书、产品性能型式检测报告等。块体、水泥、钢筋、外加剂尚应有材料主要性能的进场复验报告。材料选择注意事项有：

① 底层室内地面以下或防潮层以下的砌体，应采用水泥砂浆砌筑，小砌块的孔洞应采用强度等级不低于 Cb20 或 C20 的混凝土灌实。Cb20 混凝土性能应符合现行行业标准《混凝土砌块（砖）砌体用灌孔混凝土》JC/T 861—2008 的规定。

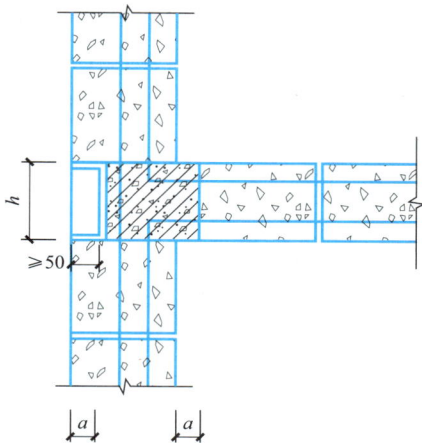

图 3-8 构造柱内缩构造

② 防潮层以上的小砌块砌体，宜采用专用砂浆砌筑；当采用其他砌筑砂浆时，应采取改善砂浆和易性和粘结性的措施。

③ 小砌块砌筑时的含水率，对普通混凝土小砌块，宜为自然含水率，当天气干燥炎热时，可提前浇水湿润；对轻骨料混凝土小砌块，宜提前 1～2d 浇水湿润。不得雨天施工，小砌块表面有浮水时，不得使用。

2）混凝土空心砌块砌体施工

混凝土空心砌块一般通过复合保温层的方法提高保温隔热性能，保温复合砌块既适合北方的冬期保温，也适用于南方的夏期隔热，具有广泛的地区适应性。保温复合砌块施工时，需要进行细部塞缝保温隔热处理，防止因为砌筑原因产生的冷热桥。

（1）施工准备

墙体施工前必须按房屋设计图编绘小砌块平、立面排块图。排块时应根据小砌块规格、灰缝厚度和宽度、门窗洞口尺寸、过梁与圈梁或连系梁的高度、芯柱或构造柱位置、预留洞大小、管线、开关、插座敷设部位等进行对孔、错缝搭砌排列，并以主规格小砌块为主，辅以配套的辅助块。

（2）墙体放线、立皮数杆

砌筑前应在基础面或楼层结构面上弹出各层的控制轴线、标高，并用 1∶2 水泥砂浆或 C15 细石混凝土找平楼层结构面；砌筑前应按砌块尺寸和灰缝厚度计算皮数和排数。墙体砌筑应从房屋外墙转角定位处开始，砌筑皮数、灰缝厚度、标高应与皮数杆标志相一致。皮数杆应竖立在墙体的转角和交界处，间距宜小于 15m。

（3）砌筑

砌筑小砌块的砂浆应随铺随砌。水平灰缝应满铺下皮小砌块的全部壁肋或单排、多排孔小砌块的封底面；竖向灰缝宜将小砌块一个端面朝上满铺砂浆，上墙应挤紧，并加浆插捣密实。灰缝应横平竖直。砌筑厚度大于 240mm 的小砌块墙体时，宜在墙体内外侧同时挂两根水平准线。正常施工条件下，小砌块墙体（柱）每日砌筑高度宜控制在 1.4m 或一步脚手架高度内。

空心砌块墙的转角处，纵、横墙砌块应相互搭砌，即纵、横墙砌块均应隔皮端面露头，如图 3-9 所示。砌块墙的丁字交接处，应使横墙砌块隔皮端面露头，为避免出现通缝，应在纵横墙交接处砌一块三孔的大规格砌块，砌块的中间孔正对横墙露头砌块靠外的孔洞，如图 3-10 所示。

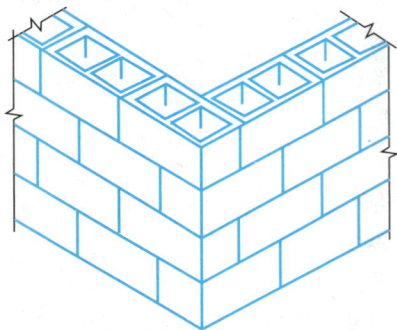

图 3-9　混凝土空心砌块墙转角砌法　　　图 3-10　混凝土空心砌块墙 T 字交接处砌法

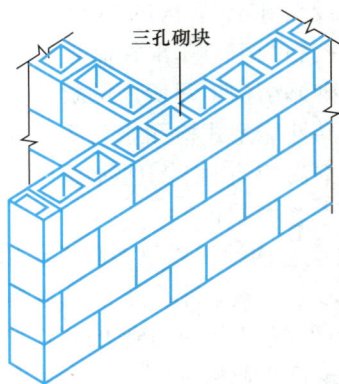

墙体临时间断处应砌成斜槎，如图 3-11 所示；斜槎水平投影长度不应小于高度的 2/3（一般按一步脚手架高度控制）。如必须留槎，槎口尺寸为长 100mm、高 200mm，并应设 Φ4@400 的钢筋网片。

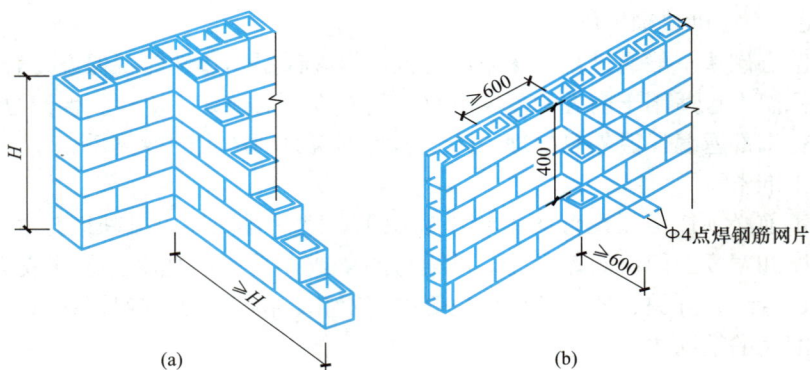

图 3-11　混凝土空心砌块墙留槎

直接安放钢筋混凝土梁、板或设置挑梁墙体的顶皮小砌块应正砌，并应采用强度等级不低于 Cb20 或 C20 混凝土灌实孔洞，其灌实高度和长度应符合设计要求。

（4）芯柱施工❶

① 在芯柱部位，每层楼的第一皮砌块，应采用开口小砌块或 U 形小砌块砌筑，以形

---

❶ 《砌体结构通用规范》GB 55007—2021 规定：

5.1.11 采用小砌块砌筑时，应将小砌块生产时的底面朝上反砌于墙上。施工洞口预留直槎时，应对直槎上下搭砌的小砌块孔洞采用混凝土灌实。

5.1.12 砌体结构的芯柱混凝土应分段浇筑并振捣密实。并应对芯柱混凝土浇灌的密实程度进行检测，检测结果应满足设计要求。

成清理口，为便于施工操作，开口一般应朝向室内，以便清理杂物；

②芯柱的纵向钢筋应采用带肋钢筋，钢筋直径不小于 10mm，并从每层墙（柱）顶向下穿入小砌块孔洞，通过清扫口与从圈梁（基础圈梁、楼层圈梁）或连系梁伸出的竖向插筋绑扎搭接；

③芯柱应沿房屋全高贯通，并与各层圈梁整体现浇。芯柱处沿墙高每隔 400mm 应设Φ4 钢筋网片拉结，每边伸入墙体不小于 600mm；

④浇筑混凝土前，从清理口掏出孔洞内的落地灰等杂物，校正钢筋位置；并用水冲洗孔洞内壁，将积水排出；

⑤芯柱的混凝土应待墙体砌筑砂浆强度等级达到 1MPa 及以上时，方可浇灌，灌筑芯柱的混凝土前，应先浇 50mm 厚与灌孔混凝土成分相同不含粗骨料的水泥砂浆。芯柱的混凝土应按分层浇灌、分层捣实的原则进行操作，浇捣后的芯柱混凝土上表面，应低于最上一皮砌块表面（上口）50～80mm，以使圈梁与芯柱交接处形成一个暗键，加强抗震能力。振捣时，宜选用微型行星式高频振动棒；

⑥小砌块砌体的芯柱混凝土不得漏灌。振捣芯柱时的震动力对墙体的整体性带来不利影响，为此规定浇灌芯柱混凝土时，砌筑砂浆强度必须大于 1MPa。

3. 约束砌体和配筋砌体施工要点

1）混凝土空心砌块施工要点

（1）施工前，应按房屋设计图绘制小砌块排列图。

（2）砌筑墙体时，小砌块产品龄期不应小于 28d。

（3）正常施工条件下，小砌块砌体每日砌筑高度宜控制在 1.4m 或一步脚手架高度内。

（4）配筋砌块砌体应对孔错缝搭砌，并应采用砌块专用的砌筑砂浆和灌孔混凝土，一次灌孔混凝土最大浇筑高度不得大于 1.2m，并应插捣密实。

（5）厚度为 190mm 的自承重小砌块墙体宜与承重墙同时砌筑。厚度小于 190mm 的自承重小砌块墙宜后砌，且应按设计要求预留拉结筋或钢筋网片；当砌筑厚度大于 190mm 的小砌块墙体时，宜在墙体内外侧双面挂线；砌筑时，应将小砌块生产时的底面朝上反砌于墙上，不得混砌黏土砖或其他墙体材料。

（6）小砌块墙体应孔对孔、肋对肋、错缝搭砌。当个别部位不能满足搭砌要求时，应在此部位的水平灰缝中设Φ4 钢筋网片，且网片两端与该位置的竖缝距离不得小于 400mm，如图 3-12 所示。

（7）在墙体的下列部位，应用 C20 混凝土灌实砌块的孔洞：

①底层室内地面以下或防潮层以下的砌体；

②无圈梁的楼板支承面以下的一皮砌块；

③没有设置混凝土垫块的屋架、梁等构件支承面下，高度不应小于 600mm，长度不应小于 600mm 的区域；

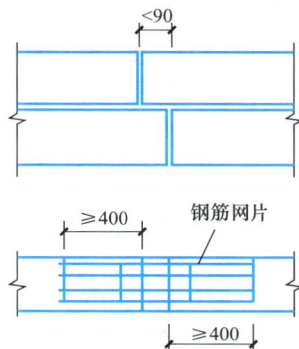
图 3-12　Φ4 钢筋网片

④挑梁支承面下，距墙中心线每边不应小于 300mm，高度不应小于 600mm 的砌体；

⑤散热器、厨房、卫生间等需要安装设备卡具的部位。

（8）固定现浇圈梁、挑梁等构件侧模的水平拉杆、扁铁或螺栓所需的穿墙孔洞，宜在砌体灰缝中预留，或采用设有穿墙孔洞的异型小砌块，不得在小砌块上打洞。利用侧砌的小砌块孔洞进行支模时，模板拆除后应采用强度等级不低于 Cb20 或 C20 混凝土填实孔洞。

（9）砌筑小砌块墙体应采用双排脚手架或工具式脚手架。当需在墙上设置脚手眼时，可采用辅助规格的小砌块侧砌，利用其孔洞作脚手眼，墙体完工后应采用强度等级不低于 Cb20 或 C20 的混凝土填实。

2）自保温混凝土复合砌块施工要点❶

（1）自保温砌块的型号、强度等级必须符合相关规范规定，成品必须满足 28d 以上的养护龄期，方可进入施工现场。

（2）对插 EPS 保温板的砌块，采用薄铺灰法铺摊专用胶粘剂，留有盲孔的可反砌，不留盲孔的可用网格布覆盖后，铺灰砌筑；常温下砌块的日砌筑高度宜控制在 2m 左右。

（3）当砌体上设置竖向水电配管时，应采用机械开槽形式，配管设于自保温砌块孔内，要采用阻燃管材，管槽背面和周围用保温浆料填充密实，表面用 200mm 宽耐碱玻纤网铺贴。

（4）当自保温砌块墙体挂重量较大的物件时（如热水器、隔柜、洗面盆），应将锚固件位置的砌块内侧空腔全部用 C20 混凝土灌实；固定门窗框的门窗洞口两侧相应位置切开砌块壁或取出孔腔保温芯材灌入 C20 混凝土。门窗框和洞口砌体间缝隙应用高效保温材料填塞，并用防水密封材料填实，缝口处应用密封胶嵌缝。

（5）自保温砌块墙体抹灰宜在墙体砌筑完成 60d 后进行，最短不应少于 45d，抹灰前应对基层墙体进行界面砂浆处理，并应覆盖全部基层表面，厚度不宜大于 2mm。

4. 防止或减轻约束砌体房屋墙体开裂的主要措施

1）约束砌体房屋顶层采取的措施：

（1）屋面应设置有效的保温、隔热层。屋面保温、隔热层或屋面刚性面层及砂浆找平层应设置分隔缝，分隔缝间距不宜大于 6m，其缝宽不小于 30mm，并与女儿墙隔开。

（2）屋面设置后浇带。现浇混凝土楼板可划分成 2～3 个区段，每个区段长度宜在 40m 以内，钢筋可连续铺设。后浇带内应加设 2φ6mm、间距 500mm 的加强钢筋。

（3）房屋两端圈梁下的墙体宜适当增设通长水平钢筋。

（4）顶层挑梁末端下墙体灰缝内设置 3 道焊接钢筋网片。每道钢筋网片的纵向钢筋不少于 2φ4mm@200mm，钢筋网片自梁末端伸入两边墙体不应小于 1000mm（图 3-13）。

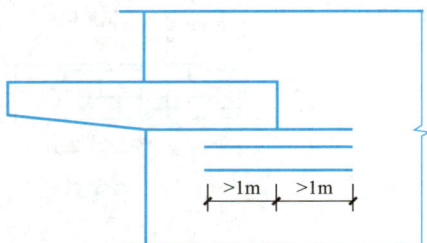

图 3-13　顶层挑梁末端下构造加筋

（5）顶层墙体有门窗洞口时，在过梁上的水平灰缝内设置 2～3 道焊接钢筋网片或 2φ6 的钢筋，并应伸入洞口两端墙内不小于 600mm。

（6）女儿墙应设置钢筋混凝土构造柱或芯柱，构造柱间距不宜大于 4m 且每开间设置，插筋芯柱间距不宜大于 1.6m，构造柱或芯柱插筋应伸至女儿墙顶，并与现浇钢筋混凝土压顶整浇在一起。

---

❶ 《自保温混凝土复合砌块》JG/T 407—2013。

（7）加强顶层构造柱或芯柱与墙体的拉结，拉结钢筋网片的竖向间距不宜大于400mm，伸入墙体长度不宜小于1000mm。

（8）山墙和端开间的内、外纵墙，宜在墙内设置2Φ6mm的通长水平钢筋或焊接钢筋网片，竖向间距不宜大于300mm。

2）约束砌体房屋的底层墙体，应在窗台下墙体灰缝内设置3道通长焊接钢筋网片或2根直径6mm的通长水平钢筋，竖向间距不应大于400mm。

3）约束砌体房屋在各层门、窗过梁上方的水平灰缝内及窗台下第一和第二道水平灰缝内，宜设置通长焊接钢筋网片或2Φ6mm的钢筋。

4）约束砌体房屋两端和底层第一、第二开间的门窗洞口处采取的措施：

（1）在门窗洞口两边墙体的水平灰缝中，设置长度不小于900mm、竖向设置2Φ4@400mm的焊接钢筋网片。

（2）在顶层和底层宜设置通长钢筋混凝土窗台梁，窗台梁的高度宜为块高的模数，纵筋不小于4Φ10，箍筋宜为Φ6@200，混凝土强度等级不低于C25。

（3）在混凝土砌块砌体房屋门窗洞口两侧不少于一个孔洞中设置不小于1Φ12竖向钢筋，钢筋应在楼层圈梁或基础内锚固，并采用不低于Cb20混凝土灌实。

3.2.2　蒸压加气混凝土砌块填充墙

框架结构中分隔内部空间填充在梁、柱子之间的墙是非承重填充墙；短肢剪力墙结构间的墙体也为非承重填充墙。非承重填充墙均采用轻质墙体材料。扫描二维码3-4观看砌体工程施工教学视频（二）。

二维码3-4
砌体工程施工
教学视频（二）

填充墙与框架的连接，可根据设计要求采用脱开或不脱开方法。有抗震设防要求时宜采用填充墙与框架脱开的方法。

1. 蒸压加气混凝土填充墙构造

1）填充墙与框架脱开的构造要求❶

填充墙与框架柱、梁脱开是为了减小地震时填充墙对框架梁、柱的顶推作用，在《蒸压加气混凝土制品应用技术标准》JGJ/T 17—2020中，规定了填充墙与框架脱开间隙、填充墙与框架卡口铁件连接等构造要求。

---

❶ 《砌体结构设计规范》GB 50003—2011规定：

6.3.4　1 当填充墙与框架采用脱开的方法时，宜符合下列规定：

1）填充墙两端与框架柱，填充墙顶面与框架梁之间留出不小于20mm的间隙；

2）填充墙端部应设置构造柱，柱间距宜不大于20倍墙厚且不大于4000mm，柱宽度不小于100mm。柱竖向钢筋不宜小于Φ10，箍筋宜为Φ^R5，竖向间距不宜大于400mm。竖向钢筋与框架梁或其挑出部分的预理件或预留钢筋连接，绑扎接头时不小于30d，焊接时（单面焊）不小于10d（d为钢筋直径）。柱顶与框架梁（板）应预留不小于15mm的缝隙，用硅酮胶或其他弹性密封材料封缝。当填充墙有宽度大于2100mm的洞口时，洞口两侧应加设宽度不小于50mm的单筋混凝土柱；

3）填充墙两端宜卡入设在梁、板底及柱侧的卡口铁件内，墙侧卡口板的竖向间距不宜大于500mm，墙顶卡口板的水平间距不宜大于1500mm；

4）墙体高度超过4m时宜在墙高中部设置与柱连通的水平系梁。水平系梁的截面高度不小于60mm。填充墙高不宜大于6m；

5）填充墙与框架柱、梁的缝隙可采用聚苯乙烯泡沫塑料板条或聚氨酯发泡材料充填，并用硅酮胶或其他弹性密封材料封缝。

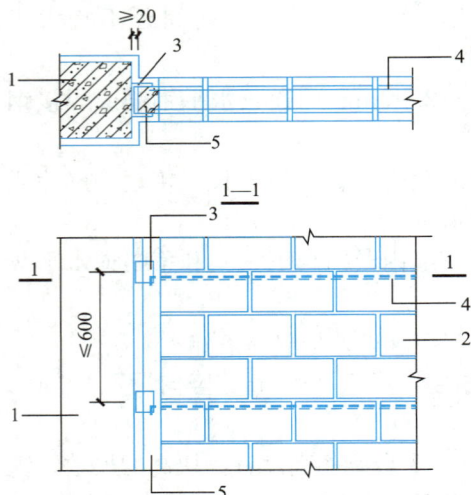

图 3-14　墙与主体结构拉结构造

1—柱；2—加气混凝土砌块；3—卡口铁件；
4—拉结钢筋；5—构造柱

（1）自承重填充墙的连接构造应满足传力、变形、耐久及防护要求。填充墙与主体结构之间设置不小于 20mm 的缝，缝隙宜采用柔性嵌缝材料填实。

（2）当填充墙与主体结构采用柔性连接时，端部应设置构造柱，柱间距不宜大于 20 倍墙厚，且不应大于 4m，柱宽度不应小于 100mm。需指出的是，设于填充墙内的构造柱施工时，不需预留马牙槎。柱顶预留不小于 20mm 的缝隙。

填充墙两端宜卡入固定在主体结构的卡口铁件内（图 3-14），卡口铁件的竖向间距不宜大于 600mm，灰缝下皮的砌块上刻槽，在槽内埋入拉结钢筋。

（3）填充墙顶部与梁（板）底部应留有不大于 20mm 的缝隙，并应与设置在梁（板）底部的连接件柔性连接，连接件的水平间距不宜大于 1.2m，U 形卡口及可滑动角铁连接件、预埋件（图 3-15）等均应做防腐防锈处理。

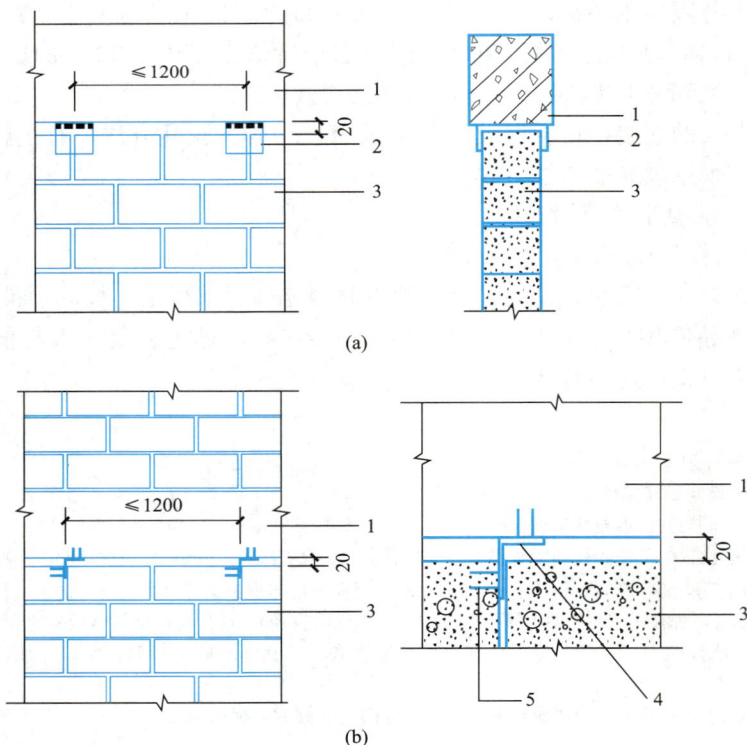

(a)

(b)

图 3-15　墙与钢筋混凝土梁的柔性连接

（a）U 形卡连接件（mm）；（b）可滑动角铁连接件（mm）

1—梁（板）；2—U 形卡件；3—砌块墙体；

4—可滑动角铁（供竖向滑动的椭圆孔）；5—锚钉

（4）自承重墙体构造柱可不砌马牙槎，可利用 U 形砖设置内包式构造柱（图 3-16），柱宽度不应小于 100mm。构造柱混凝土强度等级不应低于 C20，竖向钢筋直径不宜小于 10mm，箍筋宜为直径 5mm 的单肢箍，竖向间距不宜大于 400mm。竖向钢筋与框架梁应采用后锚固连接。

柱顶与框架梁（板）应预留不小于 20mm 的缝隙，应采用硅酮胶或其他弹性密封材料封缝。当填充墙有宽度大于 2.1m 的洞口时，洞口两侧应加设宽度不小于 50mm 的三面包双筋混凝土柱（图 3-17）。

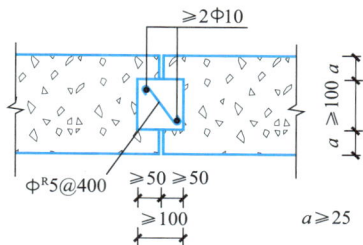

图 3-16　内包柱构造

（5）当填充墙墙体高度超过 4m 时，宜在墙半高处设置与柱连接且沿墙全长贯通的内包钢筋混凝土水平系梁（图 3-18），水平系梁的截面高度不应小于 60mm，宽度不应小于 100mm，混凝土强度等级不应低于 C20，梁内应配 2Φ6mm 的纵向钢筋和直径 5mm 间距 300mm 的单肢箍筋。填充墙高不宜大于 6m。

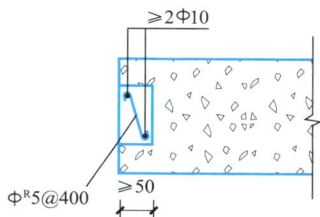

图 3-17　三面包双筋混凝土柱

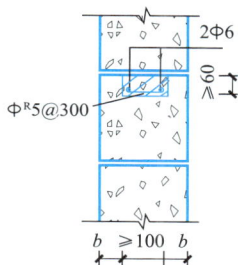

图 3-18　内包钢筋混凝土水平系梁

（6）严寒及寒冷地区外墙宜采用蒸压加气混凝土配筋过梁及断桥式混凝土窗台板。

（7）蒸压加气混凝土制品墙体的防水设计应符合下列规定：

① 有防水要求的房间，墙面应做防水处理；内墙根部应做配筋混凝土坎梁，坎梁高度不应小于 200mm，坎梁混凝土强度等级不应小于 C20。

② 外门、窗框与墙体之间以及伸出墙外的雨篷、开敞式阳台、室外空调机搁板、遮阳板、外楼梯根部及水平装饰线脚等处，均应采取防水措施。

③ 防潮层宜设置在室外散水与室内地坪间的砌体内。

2）填充墙与框架不脱开的构造要求

（1）沿柱高每隔 500mm 配置 2Φ6mm 的拉结钢筋（墙厚大于 240mm 时配置 3Φ6mm），钢筋伸入填充墙长度不宜小于 700mm（图 3-19），且拉结钢筋应错开截断，相距不宜小于 200mm。填充墙墙顶应与框架梁紧密结合，顶面与上部结构接触处宜用一皮砖或配砖斜砌楔紧（图 3-20）。

（2）当填充墙有洞口时，宜在窗洞口的上端或下端、门洞口的上端设置钢筋混凝土带，钢筋混凝土带应与过梁的混凝土同时浇筑，其过梁的断面及配筋由设计确定。钢筋混凝土带的混凝土强度等级不小于 C20。当有洞口的填充墙尽端至门窗洞口边距离小于 240mm 时，宜采用钢筋混凝土门框（图 3-21）。

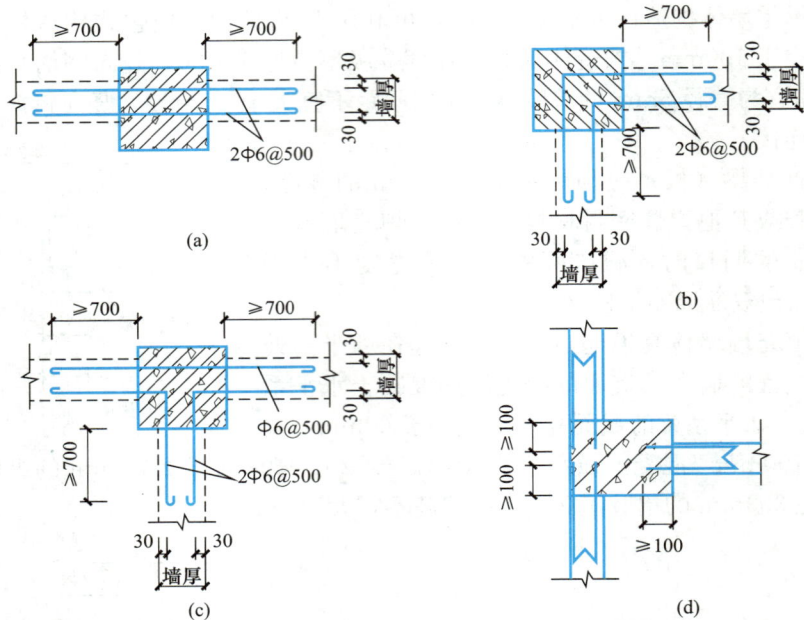

图 3-19 拉结钢筋与结构柱连接

（a）、（b）、（c）—预埋拉结筋；（d）—植筋

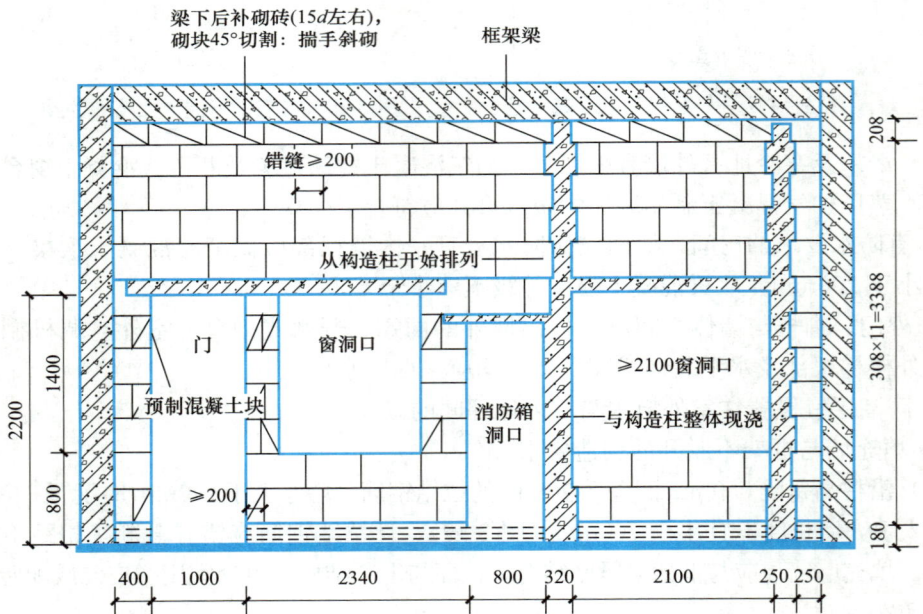

图 3-20 填充墙墙顶斜砌与框架梁楔紧

（3）填充墙长度超过5m或墙长大于2倍层高时，墙顶与梁宜有拉接措施，墙体中部应加设构造柱（图3-22）；墙高度超过4m时宜在墙高中部设置与柱连接的水平系梁，墙高超过6m时，宜沿墙高每2m设置与柱连接的水平系梁，梁的截面高度不小于60mm。

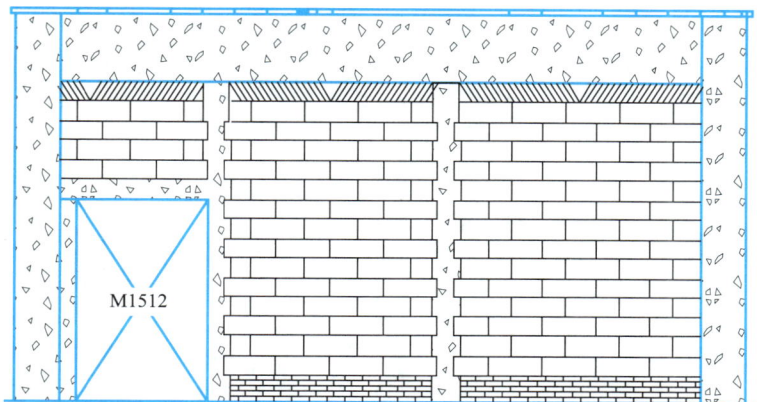

图 3-21 钢筋混凝土门框

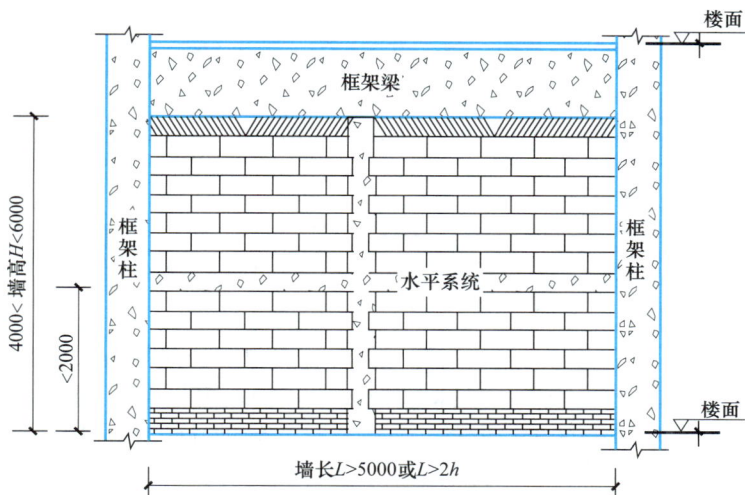

图 3-22 墙体中部构造柱

2. 填充墙工艺流程

1）填充墙与框架脱开施工

（1）墙体砌块排块设计❶

依据施工图纸，对所有墙面位置进行测量、优化砌块排块图（图 3-23）。在排列图中标明砌块规格、灰缝厚度和宽度、门窗洞口尺寸、过梁与圈梁或连系梁的高度、芯柱或构造柱位置、预留洞大小、管线、开关、插座等。批量非标准块应用大圆锯或带锯切割，禁止砍剁。

---

❶ 《蒸压加气混凝土制品应用技术标准》JGJ/T 17—2020 规定：

4.1.3 蒸压加气混凝土砌块墙体排块设计应符合下列规定：

1. 砌块墙体与结构构件的关系应与其他专业相配合；

2. 门窗洞口的尺寸设计应满足结构设计要求；

3. 竖向灰缝不应排在窗洞口下角部；

4. 夹心墙排块应使外叶墙与内叶墙的灰缝处在同一水平高度；

5. 应考虑管线在墙体内的走向、位置及预埋件和木砖的布置等；

6. 蒸压加气混凝土砌块建筑模数，应与制品规格尺寸相协调。

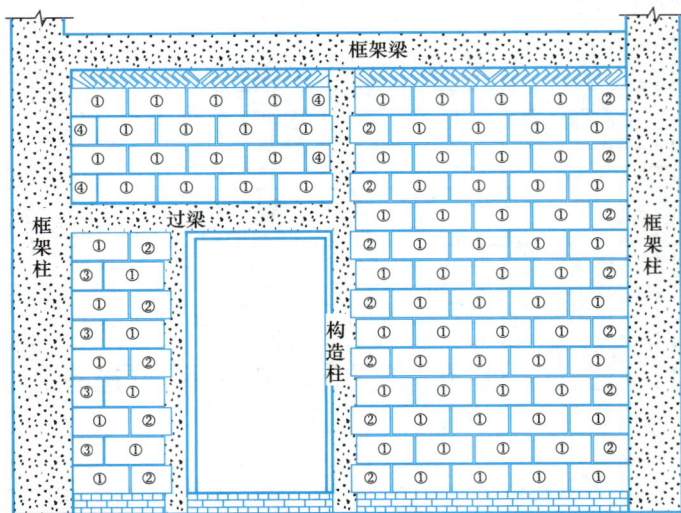

图 3-23　砌块排列图

① 200×300×600；② 200×300×390；③ 200×300×330；④ 200×300×240

（2）砌筑前准备工作

① 砌筑前清理地面（楼面）或梁、柱基层，用 C20 细石混凝土（水平缝厚度超过 20mm）或 1∶3 水泥砂浆（基层平整度较好）找平，基层应验收合格后，弹出墙的控制线、边线及门、窗洞口的位置线；

② 根据设计排块图，确定内包式构造柱位置、内包钢筋混凝土水平系梁位置；

③ 在厨房、卫生间、浴室等处，墙体底部宜现浇 C20 混凝土坎台，其高度宜为 200mm；

④ 预埋与主体结构连接的卡口铁件，预埋铁件必须做好防腐处理；

⑤ 当采用普通砂浆砌筑时，砌块应提前一天浇水浸湿，浸水深度宜为 8mm；当采用蒸压加气混凝土专用砂浆时，应按砂浆说明书浇水浸湿。

（3）排砖摆底

依据排块图排砖摆底、立皮数杆，排块时需要考虑内包式构造柱、内包钢筋混凝土水平系梁的占位，以主规格砌块为主辅以配套的辅助小砌块试排，排砖摆底时需要考虑内外墙应同时砌筑，纵横墙应交错搭接。

墙体的阴阳角及内外墙交接处应增设皮数杆，且杆间距不宜超过 15m。皮数杆应标示蒸压加气混凝土砌块的皮数、灰缝厚度以及内包水平系梁位置、门窗洞口、过梁、圈梁和楼板等部位的标高。

（4）砌筑、校正

从外墙转角处或定位处开始薄铺灰砌筑，砌块砌体灰缝应横平竖直，砂浆水平灰缝与垂直灰缝的砂浆饱满度满足规范要求。填充墙两端端部的构造柱，要卡入固定在主体结构的卡口铁件内，拉结钢筋下皮的砌块上需刻槽并清理净槽内碎末及粉尘，再铺刮专用砂浆砌筑。

内包构造柱及内包系梁施工时，应采用异型砌块，内包面清扫干净后再浇筑混凝土；墙体门、窗洞口的过梁宜采用蒸压加气混凝土配筋过梁，过梁每侧支承长度不应小于 240mm。当填充墙有宽度大于 2.1m 的洞口时，洞口两侧应加设宽度不小于 50mm 的三

面包双筋混凝土构造柱。❶

（5）墙体暗敷管线

对在砌块墙体上开槽埋设暗管，须待墙体达到一定强度后方可进行，开槽前应先弹线，然后沿线用手提式电动切割机切槽，再用凿子或专用镂槽器剔出槽口，要求平直整齐。应尽量避免水平方向开槽，敷设管线后的槽应用聚合物砂浆分两次补平，沿槽长外贴宽度不小于100mm的耐碱玻纤网格布增强。

（6）修补及缝隙填充

砌块墙体在做饰面前，应对缺棱掉角部位进行修补，修补时应使用专用修补材料；当修补工作量较小时，也可用1∶1∶3水泥、石灰膏、砌块产品粉末，并掺入适量的建筑胶修补。

砌块墙顶面与主体结构预留的20mm缝隙，待砌块沉降稳定后（砌筑完成后约15d），抹灰前再在缝隙内用PU发泡剂或聚合物砂浆填实。

2）填充墙与框架不脱开施工

（1）排砖撂底

依据排块图排砖撂底，要求组砌方法合理，便于操作。根据墙体各个部位实际状况，排砖撂底，制定合理的、便于操作的组砌方法。

（2）植筋、填充墙与结构的拉结

墙体拉筋采用植筋胶植筋的方式与主体结构进行锚固❷。严格按设计要求进行打孔，锚固深度及孔径要满足设计要求；植筋完成后，经现场拉拔试验合格后方可进行下道工序施工。

---

❶ 《砌体结构设计规范》GB 50003—2011规定：

6.3.4　1当填充墙与框架采用脱开的方法时，宜符合下列规定：

1）填充墙两端与框架柱，填充墙顶面与框架梁之间留出不小于20mm的间隙。

2）填充墙端部应设置构造柱，柱间距宜不大于20倍墙厚且不大于4000mm，柱宽度不小于100mm。柱竖向钢筋不宜小于Φ10，箍筋宜为Φ^R5，竖向间距不宜大于400mm。竖向钢筋与框架梁或其挑出部分的预埋件或预留钢筋连接，绑扎接头时不小于30d，焊接时（单面焊）不小于10d（d为钢筋直径）。柱顶与框架梁（板）应预留不小于15mm的缝隙，用硅酮胶或其他弹性密封材料封缝。当填充墙有宽度大于2100mm的洞口时，洞口两侧应加设宽度不小于50mm的单筋混凝土柱。

3）填充墙两端宜卡入设在梁、板底及柱侧的卡口铁件内，墙侧卡口板的竖向间距不宜大于500mm，墙顶卡口板的水平间距不宜大于1500mm。

4）墙体高度超过4m时宜在墙高中部设置与柱连通的水平系梁。水平系梁的截面高度不小于60mm。填充墙高不宜大于6m。

5）填充墙与框架柱、梁的缝隙可采用聚苯乙烯泡沫塑料板条或聚氨酯发泡材料充填，并用硅酮胶或其他弹性密封材料封缝。

6）所有连接用钢筋、金属配件、铁件、预埋件等均应做防腐防锈处理，并应符合本规范第4.3节的规定。嵌缝材料应能满足变形和防护要求。

❷ 《砌体结构设计规范》GB 50003—2011规定：

6.3.4　2当填充墙与框架采用不脱开的方法时，宜符合下列规定：

1）沿柱高每隔500mm配置2根直径6mm的拉结钢筋（墙厚大于240mm时配置3根直径6mm），钢筋伸入填充墙长度不宜小于700mm，且拉结钢筋应错开截断，相距不宜小于200mm。填充墙墙顶应与框架梁紧密结合。顶面与上部结构接触处宜用一皮砖或配砖斜砌楔紧。

2）当填充墙有洞口时，宜在窗洞口的上端或下端、门洞口的上端设置钢筋混凝土带，钢筋混凝土带应与过梁的混凝土同时浇筑，其过梁的断面及配筋由设计确定。钢筋混凝土带的混凝土强度等级不小于C20。当有洞口的填充墙尽端至门窗洞口边距离小于240mm时，宜采用钢筋混凝土门窗框。

3）填充墙长度超过5m或墙长大于2倍层高时，墙顶与梁宜有拉接措施，墙体中部应加设构造柱；墙高度超过4m时宜在墙高中部设置与柱连接的水平系梁，墙高超过6m时，宜沿墙高每2m设置与柱连接的水平系梁，梁的截面高度不小于60mm。

（3）构造柱钢筋绑扎

填充墙长度超过 5m 或墙长大于 2 倍层高时，墙体中部应加设构造柱；构造柱的截面尺寸不应小于 240mm×240mm，纵向应配置不少于 4Φ12mm 的钢筋，箍筋间距不应大于 200mm。

（4）砌筑

铺灰。宜用加气混凝土砌块砌筑专用砂浆，其中又分为"薄灰砌筑法"和非"薄灰砌筑法"砌筑砂浆，灰缝应横平竖直，砂浆饱满。

砌块就位。应从转角处或砌块定位处开始，按砌块排列图依次砌筑。正常施工条件下，蒸压加气混凝土砌体的每日砌筑高度宜控制在 1.5m 或一步脚手架高度内。内外墙应同时砌筑，纵横墙应交错搭接，墙体的临时间断留设斜槎。

（5）校正砌块、灌竖缝、镶砖

校正。砌块吊装就位后，如发现偏斜、高低不同时，可用人工校正，直至校正为止。如人工不能校正，应将砌块吊起，重新铺平灰缝砂浆，再重新安装。

灌竖缝。校正后即灌竖缝，应做到随砌随灌，灌缝应密实。超过 30mm 的竖缝应用强度等级不低于 C15 的细石混凝土灌实。砌块灌缝后，不得碰撞或撬动，如发生错位，应重新铺砌。

镶砖。用于较大的竖缝和梁底找平，镶砖的砖间的灰缝厚为 6～15mm，砖与砌块间的竖缝为 15～30mm。在两砌块之间凡是不足 150mm 的竖向间隙不得镶砖，而需用与砌块强度等级相同的细石混凝土灌注。

（6）过梁施工

当填充墙有洞口时，宜在窗洞口的上端或下端、门洞口的上端设置钢筋混凝土带，钢筋混凝土带应与过梁的混凝土同时浇筑，其过梁的断面及配筋由设计确定。钢筋混凝土带的混凝土强度等级不小于 C20。当有洞口的填充墙尽端至门窗洞口边距离小于 240mm 时，宜采用钢筋混凝土门窗框。

（7）顶部斜砖镶砌

填充墙墙顶应与框架梁紧密结合，填充墙长度超过 5m 或墙长大于 2 倍层高时，墙顶与梁宜有拉接措施。填充墙砌至板、梁底附近后，应待砌体沉实 15d 后，顶面与上部结构接触处宜用斜砌法填充。

3. 蒸压加气混凝土砌块填充墙施工注意事项

（1）砌筑蒸压加气混凝土砌块填充墙时，砌块的产品龄期不应小于 28d，填充墙砌筑砂浆的强度等级不宜低于 A2.5，宜采用 3～4mm 薄灰缝砌体。

（2）蒸压加气混凝土制品施工时，切锯、钻孔、镂槽等施工均应采用相应工具。

（3）砌筑前，应按排块图立皮数杆，墙体的阴阳角及内外墙交接处应增设皮数杆，且杆间距不宜超过 15m。皮数杆应标示蒸压加气混凝土砌块的皮数、灰缝厚度以及门窗洞口、过梁、圈梁和楼板等部位的标高。

（4）蒸压加气混凝土砌块墙体不得与其他块体材料混砌。不同强度等级的同类砌块不应混砌。

（5）当采用普通砂浆砌筑时，砌块应提前一天浇水浸湿，浸水深度宜为 8mm。当采用蒸压加气混凝土用砂浆时，应按砂浆说明书浇水浸湿。

（6）蒸压加气混凝土墙体悬挂空调、热水器、吊柜等重物时，应采用机械锚栓、胶粘型锚栓或尼龙锚栓进行后锚固；锚栓根据荷载大小，考虑 0.6 抗震折减系数后选用（图 3-24）。

（7）蒸压加气混凝土砌块墙体与混凝土梁柱相接触部位，应粘贴两道正交的玻璃纤维网格布，玻璃纤维布的宽度宜为 200mm。

（8）屋面保温（隔热）层或屋面刚性面层及砂浆找平层设置分隔缝，分隔缝间距不大于 6m，并与女儿墙或突出屋顶的外墙（如水箱间、楼梯间等）隔开，其缝宽不小于 30mm，并填塞弹性防水嵌缝膏料。蒸压加气混凝土后锚固锚栓见图 3-24。

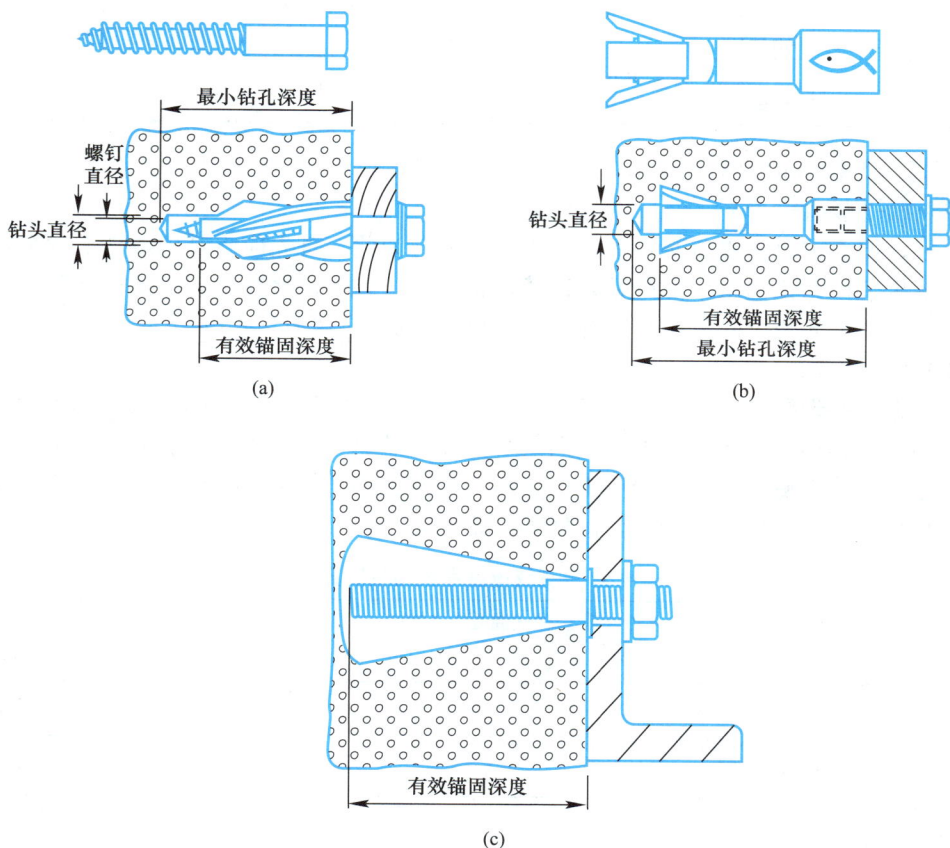

图 3-24 蒸压加气混凝土后锚固锚栓

（a）尼龙锚栓；（b）机械锚栓；（c）胶粘型锚栓

3.2.3 砌体质量控制

1. 砌体结构施工质量等级

根据现场质量管理水平、砂浆与混凝土质量控制、砂浆拌合工艺、砌筑工人技术等级四个要素从高到低将砌体结构施工质量控制等级分为 A、B、C 三级，C 级不能作为设计工作年限为 50 年及以上的砌体结构工程。砌体结构工程施工质量控制等级的划分见表 3-5。

砌体结构工程施工质量控制等级划分　　表 3-5

项目	施工质量控制等级		
	A	B	C
现场质量管理	监督检查制度健全，并严格执行；施工方有在岗专业技术管理人员，人员齐全，并持证上岗	监督检查制度基本健全，并能执行；施工方有在岗专业技术管理人员，人员齐全，并持证上岗	有监督检查制度；施工方有在岗专业技术管理人员
砂浆、混凝土强度	试块按规定制作，强度满足验收规定，离散性小	试块按规定制作，强度满足验收规定，离散性较小	试块按规定制作，强度满足验收规定，离散性大
砂浆拌合	机械拌合；配合比计量控制严格	机械拌合；配合比计量控制一般	机械或人工拌合；配合比计量控制较差
砌筑工人	中级工以上，其中高级工不少于30%	高、中级工不少于70%	初级工以上

2. 砌筑工程质量的基本要求

（1）横平竖直

横平，即要求每一皮砖必须在同一水平面上。为此，首先应将基础或楼面找平，砌筑时严格按皮数杆标识挂水平准线并要拉紧，将每皮砖砌平，严禁出现"螺丝墙"。

竖直，即竖向灰缝隔皮垂直对齐，严禁出现"通缝""游丁走缝"。

（2）厚薄均匀

为使砌块均匀受压，不产生剪切及水平推力，墙、柱等承受竖向荷载的砌体，其灰缝应厚薄均匀。砌体水平灰缝厚度和竖向灰缝宽度宜满足表 3-6 要求。水平灰缝过厚不仅易使砖块浮滑，墙身侧倾，同时由于砌体受压时，砂浆和砖的横向膨胀不一致，而使砖块受拉，且灰缝越厚，砌块拉力越大，砌体强度降低越多。

砌体水平灰缝厚度和竖向灰缝宽度　　表 3-6

砌体类型	配筋砌体	蒸压加气混凝土砌块砌体		石砌体
		非专用粘结砂浆砌筑	专用粘结砂浆薄层砂浆砌筑	
水平、竖向灰缝	水平灰缝厚度和竖向灰缝宽度宜为10mm，但不应小于8mm，且不应大于15mm	灰缝厚度宜为2~4mm		细料石砌体灰缝不宜大于5mm，粗料石和毛料石砌体灰缝不宜大于20mm

（3）砂浆饱满

为保证砖块均匀受力和使块体紧密结合，要求水平灰缝砂浆饱满。砂浆饱满程度以砂浆饱满度表示，为保证砌体的抗压强度，要求砖墙水平灰缝砂浆饱满度不低于规范规定，见表 3-7。竖向灰缝对砌体的抗剪强度有一定影响，同时竖缝砂浆饱满，可避免透风漏水，改善保温性能，竖向灰缝宜采用挤浆或加浆方法使其饱满，不得出现透明缝、瞎缝和假缝。

（4）上下错缝、内外搭砌❶

砌块组砌方式往往会影响砌体的整体受力性能，砌体中块体必要的搭接能够防止砌体

---

❶ 《砌体结构通用规范》GB 55007—2021 规定：

5.1.3 砌体砌筑时，墙体转角处和纵横交接处应同时咬槎砌筑；砖柱不得采用包心砌法；带壁柱墙的壁柱应与墙身同时咬槎砌筑；临时间断处应留槎砌筑；块材应内外搭砌、上下错缝砌筑。

受荷后过早出现局部承压或剪切破坏。

水平灰缝砂浆饱满度[1]　　　　　　表 3-7

砌体类型	砖砌体	混凝土小型空心砌块	蒸压加气混凝土砌块砌体	石砌体
水平灰缝砂浆饱满度	水平灰缝的砂浆饱满度不得小于 80%，砖柱的水平灰缝和竖向灰缝饱满度不应小于 90%	小砌块砌体的水平灰缝砂浆饱满度应按扣除小砌块孔洞后的净面积计算，不得小于 90%；竖向灰缝饱满度不应小于 90%，且不得有透光缝与假缝存在。配筋小砌块砌体的竖缝饱满度不计凹槽部位的面积	砂浆水平灰缝与垂直灰缝的砂浆饱满度不应低于 95%	采用铺浆法砌筑，砂浆应饱满，叠砌面的粘灰面积应大于 80%

为提高砌体的整体性、稳定性和承载能力，砖块排列应上下错缝、内外搭砌，避免出现连续的竖向"通缝"，不同砌块砌体错缝的要求见表 3-8，同时还应考虑砌筑方便，少砍砖。对于砖柱严禁采用包心砌法。

上下错缝内外搭砌　　　　　　表 3-8

砖砌体	混凝土小型空心砌块	蒸压加气混凝土砌块砌体	石砌体
组砌方式采用一顺一丁、梅花丁、三顺一丁，上下错缝不小于 60mm	1. 单排孔小砌块的搭接长度应为块体长度的 1/2，多排孔小砌块的搭接长度不宜小于砌块长度的 1/3； 2. 当个别部位不能满足搭砌要求时，应在此部位的水平灰缝中设 Φ4 钢筋网片，且网片两端与该位置的竖缝距离不得小于 400mm，或采用配块； 3. 墙体竖向通缝不得超过 2 皮小砌块，独立柱不得有竖向通缝	上下皮应错缝砌筑，搭接长度不得小于块长的 1/3，当砌块长度小于 300mm 时，其搭接长度不得小于块长的 1/2；	分皮卧砌，错缝搭砌，搭接长度不得小于 80mm，内外搭砌时，不得采用外面侧立石块中间填心的砌筑方法

（5）接槎可靠[2]

接槎是指相邻砌体不能同时砌筑而又必须设置的临时间断，砌体的转角处和交接处应同时砌筑，严禁无可靠措施的内外墙分砌施工。对不能同时砌筑而又必须留置的临时间断处应砌成斜槎，斜槎水平投影长度不应小于斜槎高度的 2/3（图 3-25a）。

非抗震设防及抗震设防烈度为 6 度、7 度地区的临时间断处，当不能留斜槎时，除转角处外，可留直槎，但直槎必须做成马牙槎（图 3-25b），并加设拉结筋，拉结筋竖向间距、埋入砌体中的长度要满足不同砌体的规范规定。临时间断处构造要求见表 3-9。

---

❶　详见《混凝土小型空心砌块建筑技术规程》JGJ/T 14—2011；《砌体结构工程施工规范》GB 50924—2014；《约束砌体与配筋砌体结构技术规程》JGJ 13—2014；《蒸压加气混凝土制品应用技术标准》JGJ/T 17—2020。

❷　《砌体结构工程施工质量验收规范》GB 50203—2011 规定：

5.2.3、5.2.4 条文解释：砖砌体转角处和交接处的砌筑和接槎质量，是保证砖砌体结构整体性能和抗震性能的关键之一，地震震害充分证明了这一点。根据陕西省建筑科学研究院有限公司对交接处同时砌筑和不同留槎形式接槎部位连接性能的试验分析，同时砌筑的连接性能最佳；留踏步槎（斜槎）的次之；留直槎并按规定加拉结钢筋的再次之；仅留直槎不加设拉结钢筋的最差。上述不同砌筑和留槎形式试件的水平抗拉力之比为 1.00、0.93、0.85、0.72。因此，对抗震设防烈度 8 度及 8 度以上地区，不能同时砌筑时应留斜槎。对抗震设防烈度为 6 度、7 度地区的临时间断处，允许留直槎并按规定加设拉结钢筋，这主要是从实际出发，在保证施工质量的前提下，留直槎加设拉结钢筋时，其连接性能较留斜槎时降低有限，对抗震设防烈度不高的地区允许采用留直槎加设拉结钢筋是可行的。

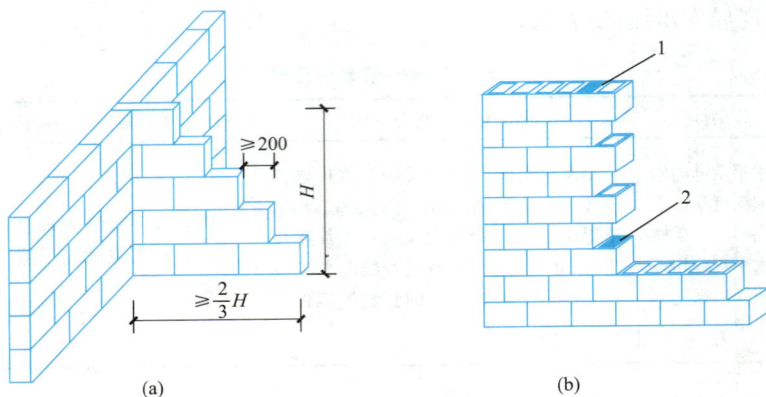

图 3-25　砌体接槎

（a）蒸压加气块斜槎；（b）混凝土空心砖直槎

1—先砌洞口灌孔混凝土（随砌随灌）；2—后砌洞口灌孔混凝土（随砌随灌）

临时间断处构造要求　　　　　　　　　　　　　　　　　　　　　表 3-9

砌体类型	临时间断处构造措施
混凝土小型空心砌块	1. 小于 190mm 厚的非承重小砌块墙宜后砌，且应按设计要求从承重墙预留出不少于 600mm 长的 2Φ6@400 拉结筋或Φ4@400T（L）形点焊钢筋网片； 2. 当需同时砌筑时，小于 190mm 厚的非承重墙不得与设有芯柱的承重墙相互搭砌，但可与无芯柱的承重墙搭砌。在两墙交接处的水平灰缝中必须埋置 2Φ6@400 拉结筋或Φ4@400T（L）形点焊钢筋网片； 3. 在砌体中设置临时性施工洞口时，洞口净宽度不应超过 1m。洞边离交接处的墙面距离不得小于 600mm，并应在洞口两侧每隔 2 皮小砌块高度设置长度为 600mm 的Φ4 点焊钢筋网片及经计算的钢筋混凝土门过梁
蒸压加气块砌体	1. 从外墙转角处或定位处开始砌筑，内外墙应同时砌筑，纵横墙应交错搭接； 2. 当砌筑需临时间断时，应砌成斜槎，斜槎的投影长度不得小于高度的 2/3，与斜槎交接的后砌墙灰缝应饱满密实，砌块之间粘结应良好

（6）防裂有效

房屋在施工或在使用期间，其底层和顶层墙体裂缝现象较为常见，其影响因素较为复杂。工程实践表明，在砌体水平灰缝中配置适量的钢筋是解决这一问题的方法之一，除此之外，灰缝配筋还可增加墙体的延性，有利于墙体抗震。

鉴于灰缝厚度限制，钢筋网片的主筋与分布筋宜采用平焊，当非平焊时，放置钢筋网片的砌块应经特殊加工而带有放置钢筋的槽口。表 3-10 为砌体拉结钢筋的设置要求。

砌体拉结钢筋设置要求　　　　　　　　　　　　　　　　　　　　表 3-10

砌体类型	砌体拉结钢筋设置要求
混凝土小型空心砌块	1. 框架填充墙墙厚不大于 240mm 时，宜沿柱高每隔 400mm 埋设或用植筋法预留 2Φ6mm 的拉结钢筋；墙厚大于 240mm 时，宜沿柱高每隔 400mm 配置 3Φ6mm 的拉结钢筋。其伸入填充墙内水平灰缝中的长度应按抗震设计要求沿墙全长贯通； 2. 小砌块砌体房屋墙体交接处或芯柱、构造柱与墙体连接处应设置拉结钢筋网片，网片可采用Φ4mm 的钢筋点焊而成，沿墙高间距不大于 600mm，并应沿墙体水平通长设置，埋置Φ4 点焊钢筋网片，Φ4 纵筋应分置于小砌块内、外壁厚的中间位置，Φ4 横筋间距应为 200mm。6、7 度时底部 1/3 楼层，8 度时底部 1/2 楼层，9 度时全部楼层，沿墙高间距不大于 400mm；

续表

砌体类型	砌体拉结钢筋设置要求
混凝土小型空心砌块	3. 顶层挑梁末端下墙体灰缝内设置3道焊接钢筋网片（纵向钢筋不宜少于Φ4，横筋间距不宜大于200mm），钢筋网片应自挑梁末端伸入两边墙体不小于1m； 4. 底层砌台下墙体设置通长钢筋网片Φ4及横筋Φ4@200，竖向间距不大于400mm； 5. 在门窗洞口两边的墙体水平灰缝中，设置长度不小于900mm、竖向间距为400mm的Φ4焊接钢筋网片
蒸压加气块自承重填充墙	1. 沿墙高每600mm或三皮砌块高度的灰缝配置不小于2Φ5mm的通长钢筋； 2. 砌体女儿墙应设构造柱，其间距不应大于3m，当抗震设防烈度为6度、7度时，宜沿墙高每两皮砌块配置2Φ5mm拉结钢筋，当抗震设防烈度为8度、9度时宜沿墙高每皮砌块配置2Φ5mm拉结钢筋，拉结钢筋应与构造柱锚固。女儿墙顶部应设高度不小于200mm、配置2Φ5mm纵向钢筋的压顶梁，且压顶梁与构造柱整体现浇混凝土强度等级不应低于C20； 3. 为了控制砌体裂缝，窗台下安放散热器的墙体，宜在砌体每皮水平灰缝中设置2Φ4、横筋间距不大于600mm的点焊钢筋网片，其伸入窗间墙内的长度不宜小于400mm
蒸压加气块承重填充墙	1. 多层房屋的底层承重墙体每皮水平灰缝内、顶层墙体每两皮水平灰缝内及其他各层墙体每三皮水平灰缝内，应通长配置2Φ4mm、横向分布钢筋间距不大于600mm的焊接钢筋网片； 2. 抗震设防的纵墙及承重横墙，应沿墙高每两皮灰缝内设置不少于2Φ5mm且与同直径横向钢筋焊接而成的钢筋网片（横筋间距不大于400mm）； 3. 抗震设防的顶层楼梯间墙体应沿墙高设置由2Φ5的通长钢筋和Φ5的分布短钢筋平面内点焊的拉结钢片或Φ5的点焊钢筋网片。当抗震设防烈度为6度时，应每隔两皮设置；当抗震设防烈度为7度~9度时，每皮均应设置； 4. 对突出屋顶的抗震设防楼、电梯间，构造柱应伸到顶部，并应与顶部圈梁连接，所有墙体应沿墙高每隔两皮设置2Φ5的通长钢筋或Φ5的点焊钢筋网片； 承重外墙窗台板下及下皮砖的水平灰缝，应通长设置2Φ4、横向分布钢筋间距不大于400mm的点焊钢筋网片； 5. 为了控制砌体裂缝，承重外墙窗台板下及下皮砖的水平灰缝，应通长设置2Φ4mm、横向分布钢筋间距不大于400mm的点焊钢筋网片

3. 砌体质量检验

砌体质量检验分为主控项目和一般项目，具体要求应符合《砌体结构工程施工质量验收规范》GB 50203—2011 的规定。

1）砌体结构工程检验批的划分

（1）所用材料类型及同类型材料的强度等级相同；

（2）不超过 250m³ 砌体；

（3）主体结构砌体一个楼层（基础砌体可按一个楼层计）；填充墙砌体量少时可多个楼层合并。

2）砌体结构工程验收内容

砌体结构工程检验批验收时，其主控项目应全部符合规范的规定，一般项目应有80%及以上的抽检处符合规范的规定，见表3-11；有允许偏差的项目，最大超差值为允许偏差值的1.5倍。

3）检验批抽检容量

砌体结构分项工程中检验批抽检时，各抽检项目的样本最小容量除有特殊要求外，按不应小于5确定。

砌体主控项目与一般项目　　　　　　　　　表 3-11

砌体类型	主控项目	一般项目
配筋砌体	1. 钢筋的品种、规格、数量和设置部位应符合设计要求。 2. 构造柱、芯柱、组合砌体构件、配筋砌体剪力墙构件的混凝土及砂浆的强度等级应符合设计要求。 3. 构造柱与墙体的连接应符合下列规定： （1）墙体应砌成马牙槎，马牙槎凹凸尺寸不宜小于 60mm，高度不应超过 300mm，马牙槎应先退后进，对称砌筑；马牙槎尺寸偏差每一构造柱不应超过 2 处； （2）预留拉结钢筋的规格、尺寸、数量及位置应正确，拉结钢筋应沿墙高每隔 500mm 设 2Φ6，伸入墙内不宜小于 600mm，钢筋的竖向移位不应超过 100mm，且竖向移位每一构造柱不得超过 2 处； （3）施工中不得任意弯折拉结钢筋。 4. 配筋砌体中受力钢筋的连接方式及锚固长度、搭接长度应符合设计要求	1. 构造柱一般尺寸允许偏差及检验方法应符合规范规定。 2. 设置在砌体灰缝中钢筋的防腐保护应符合设计规定，且钢筋防护层完好，不应有肉眼可见裂纹、剥落和擦痕等缺陷。 3. 网状配筋砖砌体中，钢筋网规格及放置间距应符合设计规定。每一构件钢筋网沿砌体高度位置超过设计规定一皮砖厚不得多于一处。 4. 钢筋安装位置的允许偏差及检验方法应符合规范规定
填充墙	1. 烧结空心砖、小砌块和砌筑砂浆的强度等级应符合设计要求。 2. 填充墙砌体应与主体结构可靠连接，其连接构造应符合设计要求，未经设计同意，不得随意改变连接构造方法。每一填充墙与柱的拉结筋的位置超过一皮块体高度的数量不得多于一处。 3. 填充墙与承重墙、柱、梁的连接钢筋，当采用化学植筋的连接方式时，应进行实体检测。锚固钢筋拉拔试验的轴向受拉非破坏承载力检验值应为 6.0kN。抽检钢筋在检验值作用下应基材无裂缝、钢筋无滑移宏观裂损现象；持荷 2min 期间荷载值降低不大于 5%	1. 填充墙砌体尺寸、位置的允许偏差及检验方法应符合规范规定。 2. 填充墙砌体的砂浆饱满度及检验方法应符合规范规定。 3. 填充墙留置的拉结钢筋或网片的位置应与块体皮数相符合。拉结钢筋或网片置于灰缝中，埋置长度应符合设计要求，竖向位置偏差不应超过一皮高度。 4. 砌筑填充墙时应错缝搭砌，蒸压加气混凝土砌块搭砌长度不应小于砌块长度的 1/3；轻骨料混凝土小型空心砌块搭砌长度不应小于 90mm；竖向通缝不应大于 2 皮。 5. 填充墙的水平灰缝厚度和竖向灰缝宽度应正确，烧结空心砖、轻骨料混凝土小型空心砌块砌体的灰缝应为 8～12mm；蒸压加气混凝土砌块砌体当采用水泥砂浆、水泥混合砂浆或蒸压加气混凝土砌块砌筑砂浆时，水平灰缝厚度和竖向灰缝宽度不应超过 15mm；当蒸压加气混凝土砌块砌体采用蒸压加气混凝土砌块粘结砂浆时，水平灰缝厚度和竖向灰缝宽度宜为 3～4mm

4. 保证质量措施

砌体强度除与块体、砌筑砂浆强度直接相关外，尚与施工过程的质量控制有关，如砌筑砂浆的拌制质量及强度的离散性、块体砌筑前浇水湿润程度、砌筑手法、灰缝厚度及砂浆饱满度等。因此在保证砌体的强度时，除应使块体和砌筑砂浆合格外，尚应加强施工过程控制，这是保证砌体施工质量的综合措施。

（1）雨天不宜在露天砌筑墙体，对下雨当日砌筑的墙体应进行遮盖。继续施工时，应复核墙体的垂直度，如果垂直度超过允许偏差，应拆除重新砌筑。正常施工条件下，砖砌体、小砌块砌体每日砌筑高度宜控制在 1.5m 或一步脚手架高度内，石砌体不宜超过 1.2m。

（2）为保证墙面垂直、平整，砌筑过程中应随时检查，作到"三皮一吊、五皮一靠"。

（3）房屋相邻部分高差较大时，应先建高层部分。分段施工时，砌体相邻施工段的高差，不得超过一层楼，也不得大于 4m。

（4）砌体施工时，楼面和屋面堆载不得超过楼板的允许荷载值。施工层进料口楼板下，宜采取临时加撑措施。

（5）砖墙体砌筑时，各层承重墙的最上一皮砖应砌丁砖层，以使楼板支承点牢靠稳定，锚固和受力均较合理。在梁或梁垫的下面，变截面砖砌体的台阶水平面及砌体的挑出层（挑檐、腰线）等处，也应用丁砖层砌筑，以保证砌体的整体强度。

（6）在墙上留置临时施工洞口，其侧边离交接处墙面不应小于 500mm，洞口净宽度不应超过 1m。临时施工洞口应做好补砌。

（7）在墙体下列部位不得留置脚手眼：

① 120mm 厚墙、清水墙、料石墙、独立柱和附墙柱；

② 过梁上与过梁成 60°角的三角形范围及过梁净跨度 1/2 的高度范围内；

③ 宽度小于 1m 的窗间墙；

④ 门窗洞口两侧石砌体 300mm，其他砌体 200mm 范围内；转角处石砌体 600mm，其他砌体 450mm 范围内；

⑤ 梁或梁垫下及其左右 500mm 范围内；

⑥ 轻质墙体；

⑦ 夹心复合墙外叶墙。

（8）宽度超过 300mm 的洞口上部，应设置钢筋混凝土过梁。砖过梁底部的模板及其支架拆除时，灰缝砂浆强度不应低于设计强度的 75%。

（9）弧拱式及平拱式过梁的灰缝应砌成楔形缝，拱底灰缝宽度不宜小于 5mm，拱顶灰缝宽度不应大于 15mm，拱体的纵向及横向灰缝应填实砂浆；平拱式过梁拱脚下面应伸入墙内不小于 20mm，砖砌平拱过梁底应有 1% 的起拱。

（10）设置在潮湿环境或有化学侵蚀性介质的环境中的砌体灰缝内的钢筋应采取防腐措施。

（11）设计要求的洞口、管道、沟槽应于砌筑时正确留出或预埋，未经设计同意，不得打凿墙体和在墙体上开凿水平沟槽。不应在截面长边小于 500mm 的承重墙体、独立柱内埋设管线。

（12）墙和柱的允许自由高度。尚未施工楼板或屋面的墙或柱，其抗风允许自由高度不得超过表 3-12 的规定。如超过表中限值时，必须采用临时支撑等有效措施。

墙和柱的允许自由高度（m）　　　　表 3-12

墙（柱）厚（mm）	砌体密度大于 1600（kg/m³）			砌体密度 1300~1600（kg/m³）		
	风载（kN/m²）			风载（kN/m²）		
	0.3（7级风）	0.4（8级风）	0.5（9级风）	0.3（7级风）	0.4（8级风）	0.5（9级风）
190	—	—	—	1.4	1.1	0.7
240	2.8	2.1	1.4	2.2	1.7	1.1
370	5.2	3.9	2.6	4.2	3.2	2.1

续表

墙（柱）厚（mm）	砌体密度大于 1600（kg/m³）			砌体密度 1300～1600（kg/m³）		
	风载（kN/m²）			风载（kN/m²）		
	0.3（7 级风）	0.4（8 级风）	0.5（9 级风）	0.3（7 级风）	0.4（8 级风）	0.5（9 级风）
490	8.6	6.5	4.3	7.0	5.2	3.5
620	14.0	10.5	7.0	11.4	8.6	5.7

注：1. 本表适用于施工处相对标高 H 在 10m 范围的情况。如 10m$<H\leqslant$15m，15m$<H\leqslant$20m 时，表中的允许自由高度应分别乘以 0.9、0.8 的系数；如果 $H>$20m 时，应通过抗倾覆验算确定其允许自由高度；

2. 当所砌筑的墙有横墙或其他结构与其连接，而且间距小于表中相应墙、柱的允许自由高度的 2 倍时，砌筑高度可不受本表的限制；

3. 当砌体密度小于 1300kg/m³ 时，墙和柱的允许自由高度应另行验算确定。

3.3　砌筑施工设备

3.3.1　砌筑用里脚手架

搭设于建筑物内部的脚手架称为里脚手架。里脚手架在每完成一层墙体砌筑或者抹灰后，就将其转移到上一层楼上去重新搭设。频繁装拆的特点要求其结构轻便灵活、装拆方便，一般常用的工具式里脚手架有折叠式、支柱式、门架式等。

1. 折叠式里脚手架

根据材料不同，分为角钢、钢管和钢筋折叠式里脚手架。如图 3-26 所示为角钢折叠式里脚手架，其架设间距，砌墙时不超过 2m，抹灰粉刷时不超过 2.5m，可以搭设两步脚手架，第一步高约 1m，第二步高约 1.65m。钢管和钢筋折叠式里脚手架的架设间距，砌墙时不超过 1.8m，抹灰粉刷时不超过 2.2m。

2. 支柱式里脚手架

支柱式里脚手架由若干支柱和横杆组成，如图 3-27 所示为套管式支柱，将插管插入

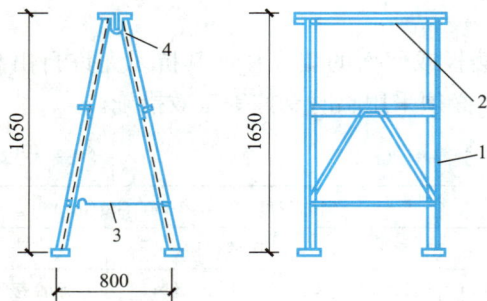

图 3-26　角钢折叠式里脚手架

1—立柱；2—横楞；3—挂钩；4—铰链

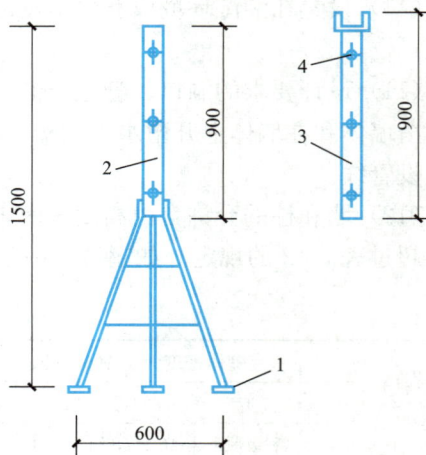

图 3-27　套管式支柱

1—支脚；2—立管；3—插管；4—销孔

立管中，以销孔间距调节高度，在插管顶端的凹形支托内搁置方木或脚手管，横杆上铺设脚手板。其搭设间距砌墙时不超过 2.0m，抹灰粉刷时不超过 2.5m。架设高度一般为 1.5~2.1m。

3. 门架式里脚手架

门架式里脚手架由两片 A 形支架与门架组成，如图 3-28 所示。适用于砌墙和粉刷，其架设高度为 1.5~2.4m，A 形支架的间距，砌墙时不超过 2.2m，粉刷时不超过 2.5m。

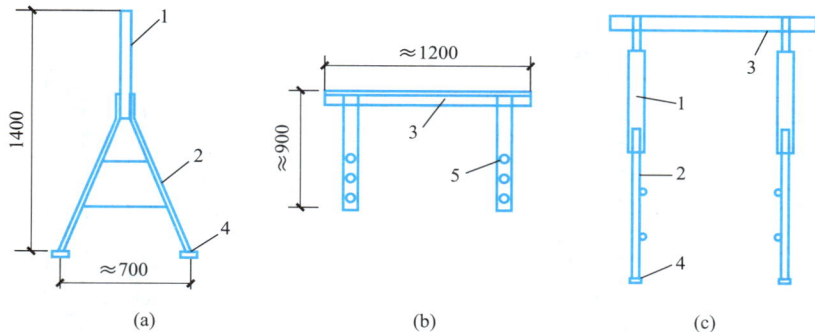

图 3-28　门架式里脚手架

（a）A 形支架　（b）门架　（c）安装示意
1—立管；2—支脚；3—门架；4—垫板；5—销孔

3.3.2　砌筑用垂直运输设备

砌筑工程垂直运输量很大，在施工过程中要运送大量的成品半成品建筑材料。目前常用的垂直运输设施有塔式起重机、井架、龙门架、施工电梯等，其中井架、龙门架不得用于 25m 及以上的建设工程。

1. 井架（图 3-29）。砌筑施工中最常用的垂直运输设施，可用型钢或钢管加工成定型产品，也可用脚手架材料搭设而成。井架多为单孔，也可构成两孔或多孔井架，内设有吊盘。为扩大起吊运输的服务范围，常在井架上安装起重臂，臂长 5~10m。起重能力为 5~10kN。吊盘起重量能力为 10~15kN，其中可放置运料的手推车或其他散装材料，不得用于 25 米及以上的建设工程。

2. 龙门架❶。是由两榀矩形截面的钢结构格构柱及天轮梁（横梁）组成的门式架（图 3-30）。在龙门架上设滑轮、导轨、吊盘、缆风绳等，进行材料、机具和小型预制构件的垂直运输。龙门架构造简单、制作容易、用材少、装拆方便，但刚度和稳定性较差，不得用于 25m 及以上的建设工程。

---

❶ 《龙门架及井架物料提升机安全技术规范》JGJ 88—2010 规定：

3.0.7 在各停层平台处，应设置显示楼层的标志。

4.1.7 井架式物料提升机的架体，在各停层通道相连接的开口处应采取加强措施。

4.1.10 物料提升机自由端高度不宜大于 6m；附墙架间距不宜大于 6m。

8.3.2 当物料提升机安装高度大于或等于 30m 时，不得使用缆风绳。

11.0.3 物料提升机严禁载人。

11.0.4 物料应在吊笼内均匀分布，不应过度偏载。

11.0.5 不得装载超出吊笼空间的超长物料，不得超载运行。

11.0.11 作业结束后，应将吊笼返回最底层停放，控制开关应扳至零位，并应切断电源，锁好开关箱。

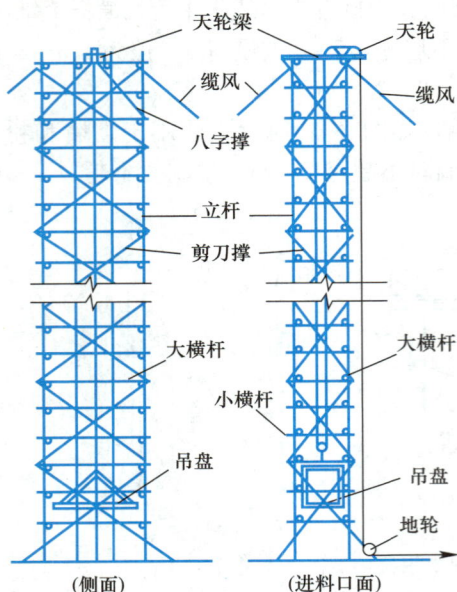

（侧面）　　　　（进料口面）

钢管井架立面

图 3-29　钢井架

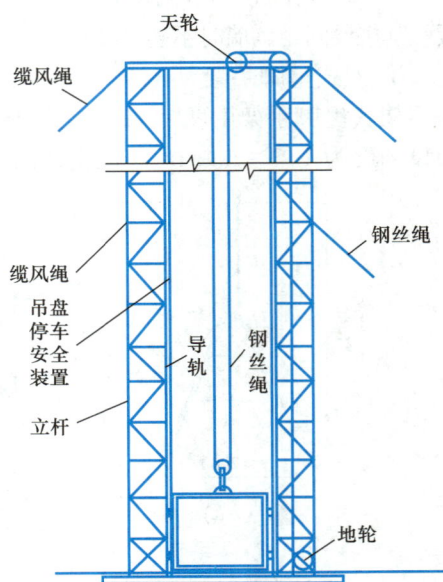

龙门架的基本构造形式

图 3-30　龙门架

3. 施工电梯❶。多为人、货两用，其主要由底笼（外笼）、驱动机构、安全装置、附墙架、起重装置和起重拔杆等构成，按驱动方式可分为齿条驱动和绳轮驱动两种。齿条驱动电梯又有单吊箱（笼）式和双吊箱（笼）式两种，并装有可靠的限速装置，适于 20 层以上建筑工程使用；绳轮驱动电梯为单吊箱（笼），无限速装置，适于 20 层以下建筑工程使用。

4. 塔式起重机。具有提升、回转、水平运输等功能，不仅是重要的吊装设备，而且也是重要的垂直运输设备，尤其在吊运长、大、重的物料时有明显的优势，故在可能条件下宜优先选用，详见第 4 章。

---

❶ 《建筑施工升降机安装、使用、拆卸安全技术规程》JGJ 215—2010 规定：

4.2.22 施工升降机最外侧边缘与外面架空输电线路的边线之间，应保持安全操作距离。最小安全操作距离应符合表 4.2.22 的规定。

最小安全操作距离　　　　　　　　　　表 4.2.22

外电线电路电压（kV）	<1	1~10	35~110	220	330~500
最小安全操作距离（m）	4	6	8	10	15

5.2.13 施工升降机运行通道内不得有障碍物。不得利用施工升降机的导轨架、横竖支撑、层站等牵拉或悬挂脚手架、施工管道、绳缆标语、旗帜等。

5.2.27 施工升降机使用过程中，运载物料的尺寸不应超过吊笼的界限。

5.2.34 当在施工升降机运行中由于断电或其他原因中途停止时，可进行手动下降。吊笼手动下降速度不得超过额定运行速度。

6.0.1 拆卸前应对施工升降机的关键部件进行检查，当发现问题时，应在问题解决后方能进行拆卸作业。

6.0.4 夜间不得进行施工升降机的拆卸作业。

3.4　工程案例

明昇壹城一期二标段沿街住宅及商业建安工程项目位于长沙市雨花区武广新城，京珠高速以东，花侯路以西，劳动东路以北。项目占地面积754亩。总规划面积约120万 m^2，分三期开发建设。本工程为一期二标段，建筑面积约34.9万 m^2。

扫二维码3-5，观看明昇壹城一期二标段项目加气混凝土砌块砌筑工艺。

二维码3-5
明昇壹城一期
二标段项目加
气混凝土砌块
砌筑工艺

作业

某高校教学楼，地上建筑面积20 440.40 m^2，地上6层，框架结构，建筑高度为23.95m。

1. 墙体建筑说明

（1）外墙：地上外墙采用200厚砂加气自保温砌块（B06级）（强度等级不小于A5.0），M5专用砂浆。

（2）内墙：地上内墙采用200厚蒸压加气混凝土砌块（强度等级不小于A5.0），M5专用砂浆砌筑。

（3）楼梯间和前室、电梯厅填充墙：190mm×190mm×190mm厚承重多孔砖，多孔砖强度等级及砂浆强度等级详结施。

（4）所有卫生间、茶水间等经常有水房间墙体：采用190mm×190mm×90mm，190mm×90mm×190mm厚非承重多孔砖，强度等级及砂浆强度等级详结施。

（5）防火墙：采用200mm厚蒸压加气混凝土砌块。

2. 墙体结构说明

（1）墙体底部设置距地200mm高且宽度同墙厚的C20现浇混凝土带或墙下部灌实一皮砌块；砌筑砂浆采用预拌砂浆；填充墙中的构造柱、圈梁、过梁除结构施工图中特别注明外均采用C25。

（2）填充墙沿框架柱全高每隔500mm设2Φ6拉筋（墙厚大于240mm时设3Φ6拉筋），拉筋伸入墙内的长度，抗震措施采用的设防烈度为6度高层建筑及7、8、9度时应全长贯通；6度多层建筑楼梯间和疏散通道的填充墙拉筋沿墙全长贯通，其他墙体拉筋不应小于墙长的1/5且不小于700。地面以下的填充墙拉筋按6度要求。

（3）当墙高度大于4m时，在墙中部或门窗顶部设与柱连接且沿墙全长贯通的钢筋混凝土水平系梁（兼作门窗过梁时不小于对应跨度过梁的截面及配筋）。水平系梁纵向钢筋应锚入框架柱或构造柱内 L_{aE}。

（4）当墙高度大于6m时，沿墙高每2m设置与柱连接且沿墙全长贯通的钢筋混凝土水平系梁（兼作门窗过梁时不小于对应跨度过梁的截面及配筋）。水平系梁纵向钢筋应锚入框架柱或构造柱内 L_{aE}。

（5）内、外砖墙砌筑至顶部做法：当墙体长度小于5m时，应待下部平砌砖墙沉实后

（一般在砌筑 7d 后）斜砌、当墙长不小于 5m 时，墙顶与梁（板）应设拉结筋。具体做法见详图。

（6）除图中注明外、按以下要求设置构造柱：

① 当墙长度大于 5m 或层高 2 倍时，应设置间距不大于 4m 的钢筋混凝土构造柱；

② 当填充墙端部无主体结构或垂直墙体与之拉结时，应在端部设置；

③ 当填充墙顶部未砌至上方的梁板时，应在墙内设置，间距不应大于 2.5m；

④ 当洞口宽度大于 3.0m 或抗震设计洞口宽度大于 2.1m（6、7 度）、1.5m（8 度）时，应在洞口两侧设置；

⑤ 当外围护墙砌筑在悬挑梁上时，应在墙中设置，间距不宜大于 3.0m；

⑥ 当电梯井道采用砌体时，应在电梯井道四角设置；

⑦ 当填充墙设置带形窗时，应在带形窗下填充墙内设置间距不大于 2.5m，构造柱顶与带形窗台高度处的钢筋混凝土压顶圈梁整浇；

⑧ 外窗间墙中无框架柱处设置；

⑨ 构造柱截面：墙厚×200mm，纵筋 4Φ12，箍筋Φ6@200。

扫描二维码 3-6，观看不脱开自承重填充墙施工工艺。

【任务】

（1）依据图纸设计说明、《砌体结构通用规范》GB 55007—2021、《蒸压加气混凝土砌块》GB/T 11968—2020，指出 3.4 工程案例视频中的不合规之处；

（2）依据《蒸压加气混凝土制品应用技术标准》JGJ/T 17—2020，参考 3.4 工程案例中的不脱开填充墙的施工工艺，编写与主体结构采用柔性连接的蒸压加气混凝土砌块薄灰缝自承重填充墙施工工艺交底。鼓励采用可视化方法交底。

二维码 3-6 不脱开自承重填充墙施工工艺

本章小结

（1）砌体材料包括块材和砌筑砂浆，其中块材包括烧结砖和非烧结砖两大类。

（2）在建筑围护结构中，墙体的保温隔热性能直接影响着建筑节能能耗，墙体节能技术又分为复合墙体节能与单一墙体节能。根据复合材料与围护结构位置的不同，又分为内保温、外保温、夹心保温及综合保温四种保温形式。

（3）砌筑工程一般用里脚手架，频繁装拆的特点要求其结构轻便灵活、装拆方便，一般常用的工具式里脚手架有折叠式、支柱式、门架式等。

（4）砌筑工程的垂直运输设备包括塔式起重机、井架、龙门架、施工电梯等。

（5）本章主要介绍了约束砌体和配筋砌体、蒸压加气混凝土砌块砌体的施工工艺。无论是何种材料砌体，砌筑的一般工艺流程均为：找平→弹线→摆砖样→立皮数杆→盘角→挂线→砌筑→构造柱、圈梁、楼盖结构施工→楼层轴线、标高引测→下一个楼层砌体施工。

（6）砌筑工程质量的基本要求是：横平竖直、厚薄均匀、砂浆饱满、上下错缝、内外搭砌、接槎可靠。砌体质量检验分为主控项目和一般项目，具体要求应符合《砌体结构工程施工质量验收规范》GB 50203—2011 的规定。

第4章　模架与垂直运输设备

【知识目标】
(1) 各类脚手架、模板、模板支架的构造及施工；
(2) 垂直运输设备的分类及性能。

【能力目标】
(1) 能够根据施工参数编写脚手架、模板的施工方案；
(2) 能够根据施工参数优选塔式起重机、混凝土泵。

【素质教育】扫描二维码 4-1 观看空中造楼机视频。

"空中造楼机"是我国自主研发的施工集成平台，享有"大国重器"的美誉。由创新驱动发展战略为指引，由自力更生、艰苦奋斗的精神做支撑，一定能把创新主动权、发展主动权牢牢掌握在自己手中。

二维码 4-1
空中造楼机

4.1　概述

随着国内超高层建筑、大型公共建筑、新型装配式混凝土结构、管廊工程、桥梁工程、隧道工程的快速发展，模板、脚手架、垂直运输设备日新月异，国内土木工程相关领域结合工程实际进行了大量的研究与探索。扫描二维码 4-2 观看模架与垂直运输设备概述教学视频。

二维码 4-2
模架与垂直运输
设备概述

4.1.1　脚手架

脚手架是用来满足施工要求而搭设的支架，有的脚手架用来承受施工荷载，有的脚手架起安全防护作用，在施工中，需要根据使用要求选择不同类型的脚手架。大部分脚手架工程是危险性较大和超过一定规模的危险性较大的分部分项工程❶。

由于扣件式钢管脚手架连接构造、材料质量、装拆、可靠性、安全性、经济性上存在着不足，许多地方建设行政主管部门发文限制使用扣件式脚手架。20世纪80年代初，先后从国外引进门式脚手架、碗扣式脚手架等多种形式脚手架，但由于其自身缺陷或其他原因，未能得到推广应用。承插型盘扣式钢管脚手架是继门式、碗扣式脚手架之后的升级换代产品，可靠性、安全性、节省人工方面有显著社会效益和经济效益。

4.1.2　模板及支架

模板系统由模板、支架系统组成，模板的主要功能就是满足混凝土成型的要求，所以模板必须保证形状、尺寸准确，接缝严密、不漏浆。目前推广的铝模板、塑料模板、铝框复合模板相对于传统的木模板、钢模板而言，具有自重轻、混凝土表观光滑的特点。自重轻改善了每吊模板吊量，光滑平整的混凝土外观可以减少后期装饰的粉刷工作量。

模板支架系统推广使用承插盘扣式脚手架，这种模板支架节点受力工况优于扣件式脚手架，解决了扣件式钢管脚手架节点受力不合理的弊端（扣件连接的钢管脚手架的水平杆和立杆的轴线在节点上不交汇，通过横杆传递给立杆荷载，产生53mm的偏心距）。

对于超高层建筑，模板支架需要配合高层施工升降平台协同工作，就大模板体系、滑（顶）模体系和爬模体系而言，大模板体系不能自主爬升，无法适应快速施工要求；滑模体系又因对结构平面布置和截面厚度有一定要求，且其混凝土边浇捣、模板边提升的工艺决定了钢筋被扰动的缺陷。

---

❶《危险性较大的分部分项工程安全管理规定》建办质〔2018〕31号文规定了危险性较大和超过一定规模的危险性较大的分部分项工程范围。其中模板工程及支撑体系、脚手架工程范围见下表：

分部分项工程	危险性较大的分部分项工程	超过一定规模的危险性较大的分部分项工程
模板工程及支撑体系	（一）各类工具式模板工程：包括滑模、爬模、飞模、隧道模等工程。 （二）混凝土模板支撑工程：搭设高度5m及以上；搭设跨度10m及以上，或施工总荷载（荷载效应基本组合的设计值，以下简称设计值）10kN/m² 及以上，或集中线荷载（设计值）15kN/m及以上，或高度大于支撑水平投影宽度且相对独立无联系构件的混凝土模板支撑工程。 （三）承重支撑体系：用于钢结构安装等满堂支撑体系	（一）各类工具式模板工程：包括滑模、爬模、飞模、隧道模等工程。 （二）混凝土模板支撑工程：搭设高度8m及以上，或搭设跨度18m及以上，或施工总荷载（设计值）15kN/m² 及以上，或集中线荷载（设计值）20kN/m及以上。 （三）承重支撑体系：用于钢结构安装等满堂支撑体系，承受单点集中荷载7kN及以上
脚手架工程	（一）搭设高度24m及以上的落地式钢管脚手架工程（包括采光井、电梯井脚手架）。 （二）附着式升降脚手架工程。 （三）悬挑式脚手架工程。 （四）高处作业吊篮。 （五）卸料平台、操作平台工程。 （六）异型脚手架工程	（一）搭设高度50m及以上的落地式钢管脚手架工程。 （二）提升高度150m及以上的附着式升降脚手架工程或附着式升降操作平台工程。 （三）分段架体搭设高度20m及以上的悬挑式脚手架工程

目前常用的是整体顶升钢平台模架体系，金茂大厦核心筒施工中的格构柱支撑式整体钢平台模架体系、上海中心大厦高达 580m 的核心筒结构施工中的支撑式液压爬升整体钢平台模架体系的成功使用（图 4-1），使超高层模板支架系统的智能、绿色、安全施工水平达到了一个新高度。

图 4-1　上海中心钢平台模架

4.1.3　垂直运输设备

建筑施工常用的垂直运输设备有：塔式起重机、施工外用电梯、混凝土泵等，中国建筑第三工程局有限公司研发的单塔多笼施工升降机、武汉绿地中心项目的单导轨架多笼循环运行施工升降机技术，详见图 4-2。这些技术使超高层垂直运输设备上升了一个新台阶。

超高层建筑塔式起重机布置，常规采用外挂、内爬等形式附着于建筑主体结构，为满足吊装需要，施工单

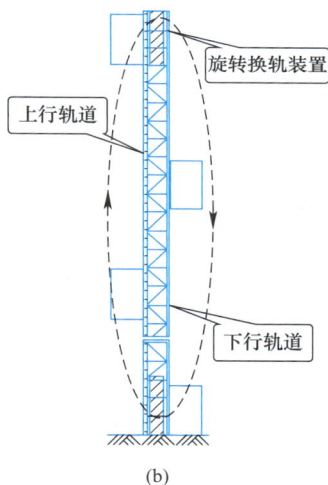

(a)　　　　　　　　　　　　　　　　(b)

图 4-2　单导轨架多笼循环运行施工升降机
（a）武汉绿地中心项目施工升降机照片；（b）单导轨架多笼循环示意图

位往往会投入数部大型塔式起重机。中国建筑第三工程局有限公司研发的整体自动顶升回转式多起重机集成运行平台，在回转平台上布置多台大小型号组合的动臂式塔式起重机，实现了塔式起重机、模架一体化安装与爬升，并将核心筒立体施工同步作业面从 3 层半增至 4 层半。

实践表明，在建筑施工中，垂直运输设备的创新研发，可以优化垂直运输设备的空间布局、平面布置、提高吊运能力、缩短工期。

4.1.4　集成施工平台

近年来，以上海建工集团股份有限公司、中国建筑第三工程局有限公司为代表的技术

创新性施工单位，经过对超高层施工装备的不断探索与试验，先后研发了各类超高层施工顶升平台（图4-3）。整个平台四周全封闭，大型塔式起重机、施工电梯、布料机、模板、堆场等施工用设备设施高度集成，集模架、大型塔式起重机、安全防护、智能监控系统在内的各类施工装备于一体，显著提升了超高层建筑建造过程的工业化及绿色、安全施工水平。

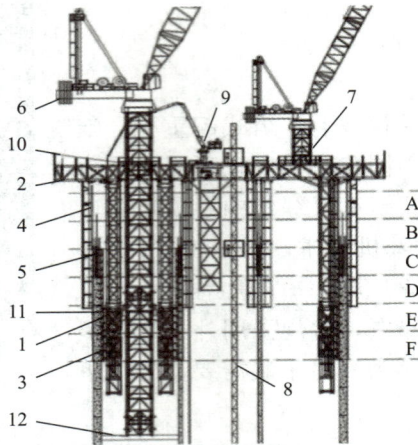

图4-3　集成平台体系示意图

1—支承系统；2—框架系统；3—动力系统；4—挂架系统；5—集成模板；6—塔式起重机附着式集成；
7—塔式起重机自立式集成；8—施工升降机；9—混凝土布料机；10—塔式起重机顶部附着；
11—塔式起重机中部附着；12—塔式起重机底部附着；
A—劲性构件吊装层；B—钢筋绑扎层；C—混凝土浇筑层；D—混凝土养护层；E—上支承架层；F—下支承架层

4.2　脚手架工程

由杆件或结构单元、配件通过可靠连接而组成，能承受相应荷载，具有安全防护功能，为建筑施工提供作业条件的架体，包括作业脚手架和支撑脚手架。

1. 脚手架分类

1）作业脚手架

由杆件或结构单元、配件通过可靠连接而组成，支承于地面、建筑物上或附着于工程结构上，为建筑施工提供作业平台和安全防护的脚手架，包括以各类不同杆件（构件）和节点形式构成的落地作业脚手架、悬挑脚手架、附着式升降脚手架等，简称作业架。

2）支撑脚手架

由杆件或结构单元、配件通过可靠连接而组成，支承于地面或结构上，可承受各种荷载，具有安全保护功能，为建筑施工提供支撑和作业平台的脚手架，包括以各类不同杆件（构件）和节点形式构成的结构安装支撑脚手架、混凝土施工用模板支撑脚手架等，简称支撑架。

2. 脚手架安全等级

脚手架结构设计需要根据脚手架种类、搭设高度和荷载采用不同的安全等级。脚手架安全等级的划分详见表4-1。

脚手架安全等级的划分 表 4-1

落地作业脚手架		悬挑脚手架		满堂支撑脚手架（作业）		支撑脚手架		安全等级
搭设高度（m）	荷载标准值（kN）	搭设高度（m）	荷载标准值（kN）	搭设高度（m）	荷载标准值（kN）	搭设高度（m）	荷载标准值（kN）	
≤40	—	≤20	—	≤16	—	≤8	≤15kN/m² 或≤20kN/m 或≤7kN/点	Ⅱ
>40	—	>20	—	>16	—	>8	>15kN/m² 或>20kN/m 或>7kN/点	Ⅰ

注：1. 支撑脚手架的搭设高度、荷载中任一项不满足安全等级为Ⅱ级的条件时，其安全等级应划为Ⅰ级；
2. 附着式升降脚手架安全等级均为Ⅰ级；
3. 竹、木脚手架搭设高度在其现行行业规范限值内，其安全等级均为Ⅱ级。

3. 脚手架材料及配件❶

1）脚手架构配件要具有良好的互换性，且可重复使用。杆件、构配件（脚手架所用钢管（Q235、Q355）、竹木杆、铸铁或铸钢）的质量需要符合国家现行相关材料、产品标准的要求。

2）脚手架挂扣式连接、承插式连接的连接件必须有防止退出或防止脱落的措施。

3）底座和托座需要进行设计计算后加工制作，其材质必须满足现行国家材质标准规定，而且需要满足下列要求：

（1）底座的钢板厚度不得小于 6mm，U 形托座钢板厚度不得小于 5mm，钢板与螺杆应采用环焊，焊缝高度不得小于钢板厚度，并需要设置加劲板。

（2）可调底座和可调托座螺杆插入脚手架立杆钢管的配合公差要小于 2.5mm。

（3）可调底座和可调托座螺杆与可调螺母啮合的承载力应高于可调底座和可调托座的承载力，应通过计算确定螺杆与调节螺母啮合的齿数，螺母厚度不得小于 30mm。

扫描二维码观看 4-3 脚手架工程施工教学视频。

二维码 4-3
脚手架工程施工
教学视频

4.2.1 承插型盘扣式钢管脚手架

承插型盘扣式钢管脚手架是立杆之间采用外套管或内插管连接，水平杆和斜杆采用杆端扣接头卡入连接盘，用楔形插销连接的一种脚手架，见图 4-4，插销外表面应与水平杆和斜杆杆端扣接头内表面吻合，具有可靠防拔脱构造措施，插销连接应保证锤击自锁后不拔脱，抗拔力不得小于 3kN。脚手架杆件材料及制作质量应符合行业标准《承插型盘扣式钢管支架构件》JG/T 503—2016 的规定。

承插型盘扣式钢管脚手架根据立杆外径大小，分为标准型和重型，其中标准型（B型）脚手架的立杆钢管外径应为 48.3mm，重型（Z 型）脚手架的立杆钢管外径应为 60.3mm。脚手架安全等级的划分详见表 4-2。

❶ 详见《建筑施工脚手架安全技术统一标准》GB 51210—2016 第 4 章。注：规范中的 Q345 调整为《低合金高强度结构钢》GB/T 1591—2018 中的 Q355。

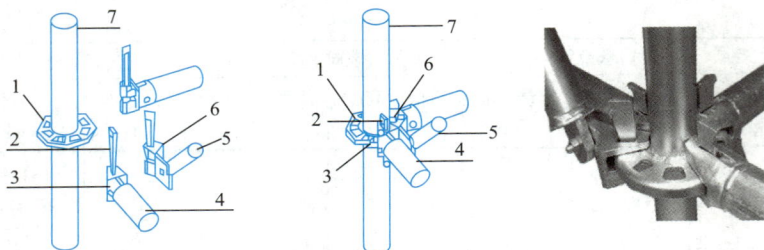

图 4-4　盘扣主节点

1—连接盘；2—插销；3—水平杆杆端扣接头；4—水平杆；
5—斜杆；6—斜杆杆端扣接头；7—立杆

脚手架安全等级的划分❶　　　　　　　　表 4-2

作业架		支撑架		安全等级
搭设高度（m）	荷载标准值（kN）	搭设高度（m）	荷载标准值（kN）	
≤24	—	≤8	≤15kN/m² 或≤20kN/m 或≤7kN/点	Ⅱ
>24	—	>8	>15kN/m² 或>20kN/m 或>7kN/点	Ⅰ

注：支撑脚手架的搭设高度、荷载中任一项不满足安全等级为Ⅱ级的条件时，其安全等级划为Ⅰ级。

1. 承插型盘扣式钢管支架型号表达

型号由产品代号、型号、型式代号、主参数代号和产品变型更新代号组成。承插型盘扣式钢管支架型号表示如下：

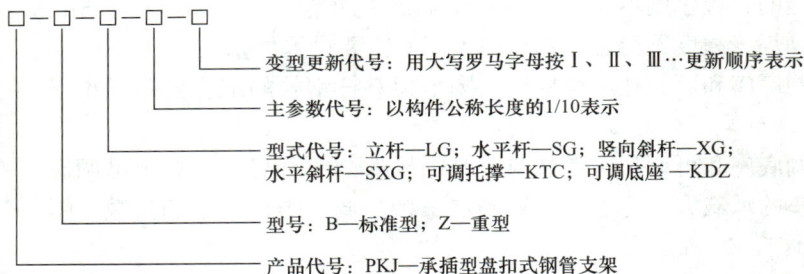

变型更新代号：用大写罗马字母按Ⅰ、Ⅱ、Ⅲ…更新顺序表示

主参数代号：以构件公称长度的1/10表示

型式代号：立杆—LG；水平杆—SG；竖向斜杆—XG；水平斜杆—SXG；可调托撑—KTC；可调底座—KDZ

型号：B—标准型；Z—重型

产品代号：PKJ—承插型盘扣式钢管支架

例如，公称长度为 900mm，第 2 次变型更新的承插型盘扣式钢管支架重型水平杆，表示为：PKJ-Z-SG-90-Ⅱ；

例如，公称长度为 600mm，第 3 次变型更新的承插型盘扣式钢管支架标准型可调托撑，表示为：PKJ-B-KTC-60-Ⅲ。

2. 承插型盘扣式钢管作业脚手架设置

1）承插型盘扣式钢管脚手架基本要求

（1）脚手架的构造体系应完整，脚手架具有整体稳定性。如图 4-5 所示，立杆顶部插入可调托撑构件，底部插入可调底座构件，立杆之间采用套管或插管连接，水平杆和斜杆采用杆端扣接头卡入连接盘，用楔形插销连接，形成结构几何不变体系。

（2）根据施工方案计算得出的立杆纵横向间距选用定长的水平杆和斜杆，并组合基座、可调托撑和可调底座。

---

❶　《建筑施工承插型盘扣式钢管脚手架安全技术标准》JGJ/T 231—2021 第 3.0.4 条规定。

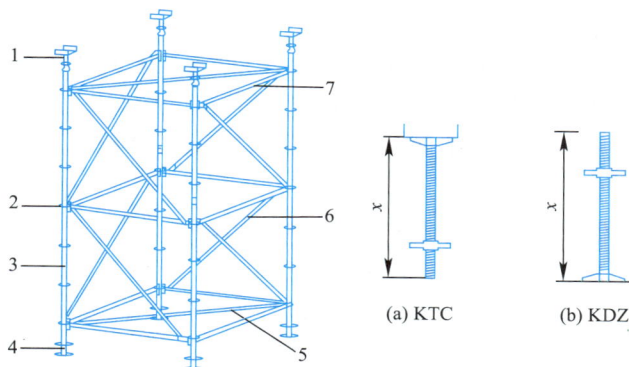

图 4-5　承插型盘扣式钢管支架

（a）可调托撑，$x=500$mm；（b）可调底座，$x=600$mm；

1—可调托撑；2—盘扣节点；3—立杆；4—可调底座；5—水平斜杆；6—竖向斜杆；7—水平杆

（3）脚手架搭设步距不得超过 2m。

（4）脚手架的竖向斜杆不得采用钢管扣件。

（5）当标准型（B 型）立杆荷载设计值大于 40kN，或重型（Z 型）立杆荷载设计值大于 65kN 时，脚手架顶层步距应比标准步距缩小 0.5m。

2）承插型盘扣式钢管作业架的设计计算❶

（1）立杆的稳定性计算。

（2）纵横向水平杆的承载力计算。

（3）连墙件的强度、稳定性和连接强度的计算。

（4）当通过立杆连接盘传力时的连接盘抗剪承载力验算。

（5）立杆地基承载力计算。

3）承插型盘扣式钢管作业架构造

（1）作业架的高宽比宜控制在 3 以内；当作业架高宽比大于 3 时，需要设置抛撑或缆风绳等抗倾覆措施。

（2）当搭设双排外作业架时或搭设高度 24m 及以上时，相邻水平杆步距不宜大于 2m。

（3）双排外作业架首层立杆要采用不同长度的立杆交错布置，立杆底部配置可调底座或垫板。

（4）当设置双排外作业架人行通道时，需要在通道上部架设支撑横梁，横梁截面大小需要按跨度以及承受的荷载计算确定，通道两侧作业架要加设斜杆；洞口顶部必须铺设封闭的防护板，两侧设置安全网；通行机动车的洞口，需要设置安全警示和防撞设施。

（5）双排作业架的外侧立面上需要设置竖向斜杆，设置要求：

① 在脚手架的转角处、开口型脚手架端部应由架体底部至顶部连续设置斜杆；

② 每隔不大于 4 跨设置一道竖向连续斜杆；当架体搭设高度在 24m 以上时，每隔不大于 3 跨设置一道竖向斜杆；

③ 竖向斜杆要在双排作业架外侧相邻立杆间由底至顶连续设置（图 4-6）。

❶ 详见《建筑施工承插型盘扣式钢管脚手架安全技术标准》JGJ/T 231—2021 第五章结构设计。

（6）连墙件的设置要求：[1]

① 连墙件采用可承受拉、压荷载的刚性杆件，并需要与建筑主体结构和架体连接牢固；

② 连墙件应靠近水平杆的盘扣节点设置；

③ 同一层连墙件要在同一水平面，水平间距不应大于 3 跨；连墙件之上架体的悬臂高度不得超过 2 步；

④ 在架体的转角处或开口型双排脚手架的端部必须按楼层设置，且竖向间距不得大于 4m；

⑤ 连墙件要从底层第一道水平杆处开始设置；

⑥ 连墙件采用菱形布置，也可采用矩形布置；

⑦ 连墙点必须均匀分布；

⑧ 当脚手架下部不能搭设连墙件时，需要外扩搭设多排脚手架并设置斜杆形成外侧斜面状附加梯形架。

（7）当地基高差较大时，可利用立杆节点位差配合可调底座进行调整（图 4-7）。

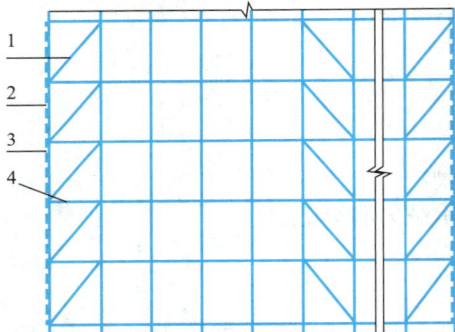

图 4-6　斜杆搭设示意图

1—斜杆；2—立杆；3—两端竖向斜杆；4—水平杆

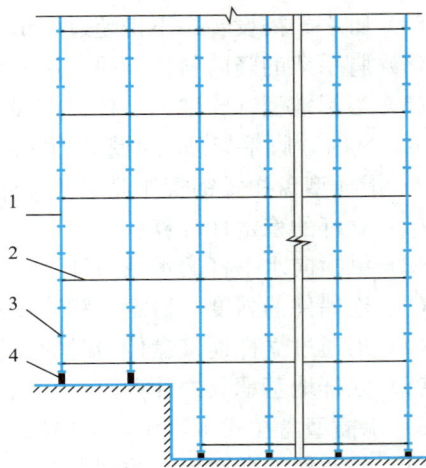

图 4-7　可调底座调整立杆连接盘示意

1—立杆；2—水平杆；3—连接盘；4—可调底座

3. 承插型盘扣式作业钢管脚手架安装与拆除

1）落地作业架安装流程（图 4-8）

2）作业架安装注意事项

（1）作业架要分段搭设、分段使用，必须经验收合格后方可使用。

（2）作业架立杆要定位准确，并配合施工进度搭设，双排外作业架一次搭设高度不得超过最上层连墙件两步，且自由高度不应大于 4m；当立杆处于受拉状态时，立杆的套管连接接长部位应采用螺栓连接。

---

[1] 《施工脚手架通用规范》GB 55023—2022 规定：

4.4.6 作业脚手架应按设计计算和构造要求设置连墙件，并应符合下列要求：

1. 连墙件应采用能承受压力和拉力的刚性构件，并应与工程结构和架体连接牢固；

2. 连墙点的水平间距不得超过 3 跨，竖向间距不得超过 3 步，连墙点之上架体的悬臂高度不应超过 2 步；

3. 在架体的转角处、开口型作业脚手架端部应增设连墙件，连墙件竖向间距不应大于建筑物层高，且不应大于 4m。

作业架
专项设计 　安装底座、调整水平 　连墙件安装 　安装防护措施

地基处理铺设垫板 　安装立杆、水平杆、斜拉杆 　铺设作业层脚手板 　检查、验收

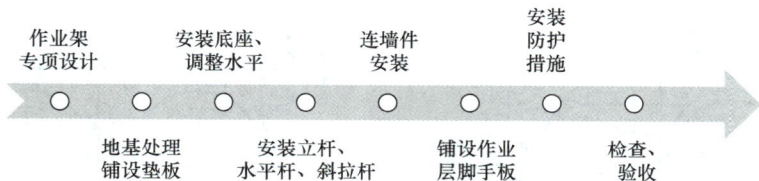

图4-8 落地作业架安装流程

（3）双排外作业架连墙件要随脚手架高度上升同步设置，不得滞后安装和任意拆除；加固件、斜杆要与作业架同步搭设。

（4）必须满铺脚手板。当采用钢脚手板时，钢脚手板的挂钩必须稳固扣在水平杆上，挂钩要处于锁住状态。

（5）作业层与主体结构间的空隙必须设置水平防护网；双排外作业架外侧需要设挡脚板和防护栏杆，防护栏杆可在每层作业面立杆的0.5m和1.0m的连接盘处布置两道水平杆，并在外侧满挂密目安全网；作业架顶层的外侧防护栏杆高出顶层作业层的高度不应小于1.5m。

3）作业架拆除注意事项

（1）作业架必须经单位工程负责人确认并签署拆除许可令后，方可拆除。

（2）当作业架拆除时，应划出安全区，应设置警戒标志，并派专人看管。

作业架拆除要按先装后拆、后装先拆的原则进行，不得上下同时作业。双排外脚手架连墙件必须随脚手架逐层拆除，分段拆除的高度差不得大于两步。如因作业条件限制，当出现高度差大于两步时，必须增设连墙件加固。

（3）拆除至地面的脚手架及构配件应及时检查、维修及保养，并应按品种、规格分类存放。

4.2.2 扣件式钢管脚手架

扣件式钢管脚手架各杆件之间是用扣件连接起来的，扣件基本形式有三种（图4-9）。

扣件式钢管脚手架可搭成单排或双排，双排脚手架较为常用（图4-10）。单排脚手架搭设高度不应超过24m；双排脚手架搭设高度不宜超过50m，高度超过50m的双排脚手架，应采用分段搭设等措施。

1. 扣件式钢管脚手架构造要求

（1）立杆构造❶

每根立杆底部宜设置底座或垫板，纵向扫地杆采用直角扣件固定在距钢管底端不大于

---

❶ 《建筑施工扣件式钢管脚手架安全技术规范》JGJ 130—2011规定：

6.3.4 单、双排脚手架底层步距均不应大于2m。

6.3.5 单排、双排与满堂脚手架立杆接长除顶层顶步外，其余各层各步接头必须采用对接扣件连接。

6.3.6 脚手架立杆的对接、搭接应符合下列规定：

1. 当立杆采用对接接长时，立杆的对接扣件应交错布置，两根相邻立杆的接头不应设置在同步内，同步内隔一根立杆的两个相隔接头在高度方向错开的距离不宜小于500mm；各接头中心至主节点的距离不宜大于步距的1/3；

2. 当立杆采用搭接接长时，搭接长度不应小于1m，并应采用不少于2个旋转扣件固定。端部扣件盖板的边缘至杆端距离不应小于100mm。

注：关于脚手架立杆的强制性条文，详见《施工脚手架通用规范》GB 55023—2022中第4.4.3、4.4.5、4.4.8、4.4.14、4.4.15、4.4.16相关规定。

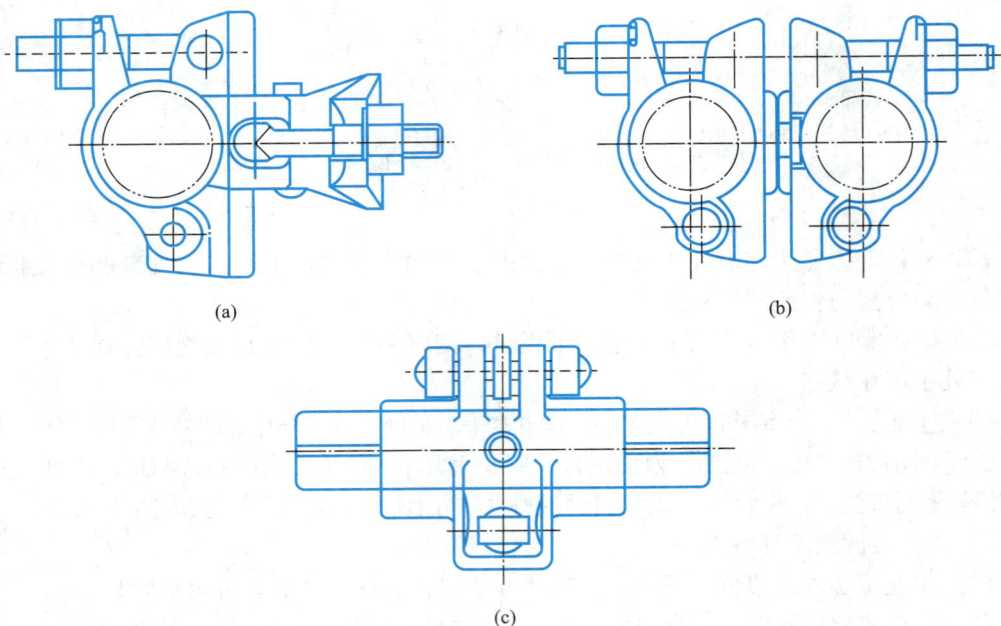

(a)　　　　　　　　　　　　　　　(b)

(c)

图 4-9　扣件形式

（a）直角扣件；（b）旋转扣件；（c）对接扣件

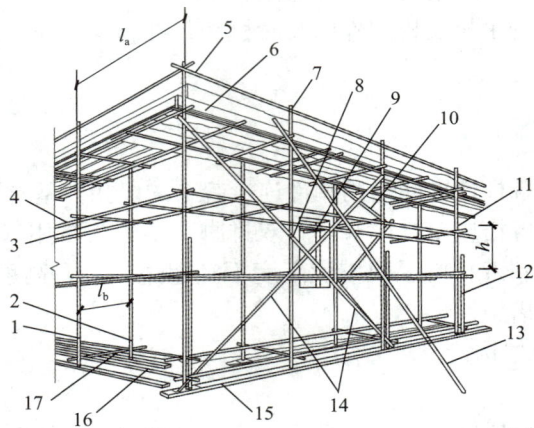

图 4-10　双排扣件式钢管脚手架各杆件位置

1—外立杆；2—内立杆；3—横向水平杆；

4—纵向水平杆；5—栏杆；6—挡脚板；7—直角扣件；

8—旋转扣件；9—连墙件；10—横向斜撑；

11—主立杆；12—副立杆；13—抛撑；14—剪刀撑；

15—垫板；16—纵向扫地杆；17—横向扫地杆

200mm 处的立杆上，横向扫地杆采用直角扣件固定在紧靠纵向扫地杆下方的立杆上。

　　双排与满堂脚手架立杆接长除顶层顶步外，其余各层各步接头必须采用对接扣件连接，脚手架立杆顶端栏杆宜高出女儿墙上端 1m，宜高出檐口上端 1.5m。

（2）纵向水平杆、横向水平杆构造❶

纵向水平杆应设置在立杆内侧，单根杆长度不应小于3跨，纵向水平杆接长应采用对接扣件连接或搭接。

作业层上非主节点处的横向水平杆，宜根据支承脚手板的需要等间距设置，最大间距不应大于纵距的1/2。

（3）连墙件构造❷

脚手架连墙件数量的设置除应满足计算要求外，还应符合表4-3的规定。连墙件必须采用可承受拉力和压力的构造。对高度24m以上的双排脚手架，采用刚性连墙件与建筑物连接。

连墙件布置最大间距　　　　　　　　　　　　　表4-3

搭设方法	高度	竖向间距（h）	水平间距（l_a）	每根连墙件覆盖面积（m²）
双排落地	≤50m	$3h$	$3l_a$	≤40
双排悬挑	>50m	$2h$	$3l_a$	≤27
单排	≤24m	$3h$	$3l_a$	≤40

注：h 为步距；l_a 为纵距。

（4）剪刀撑构造

每道剪刀撑跨越立杆的根数应按表4-4的规定确定，每道剪刀撑宽度不小于4跨，且不应小于6m，斜杆与地面的倾角应在45°～60°之间，剪刀撑斜杆的接长采用搭接或对接，剪刀撑斜杆应用旋转扣件固定在与之相交的横向水平杆的伸出端或立杆上，旋转扣件中心线至主节点的距离不应大于150mm；高度在24m及以上的双排脚手架应在外侧全立面连续设置剪刀撑；高度在24m以下的单、双排脚手架，均必须在外侧两端、转角及中间间

---

❶ 《建筑施工扣件式钢管脚手架安全技术规范》JGJ 130—2011规定：

6.2.1 纵向水平杆的构造应符合下列规定：

1. 纵向水平杆应设置在立杆内侧，单根杆长度不应小于3跨；

2. 纵向水平杆接长应采用对接扣件连接或搭接，并应符合下列规定：

1）两根相邻纵向水平杆的接头不应设置在同步或同跨内；不同步或不同跨两个相邻接头在水平方向错开的距离不应小于500mm；各接头中心至最近主节点的距离不应大于纵距的1/3；

2）搭接长度不应小于1m，应等间距设置3个旋转扣件固定；端部扣件盖板边缘至搭接纵向水平杆杆端的距离不应小于100mm。

注：关于立杆规范强制性条文，详见《施工脚手架通用规范》GB 55023—2022中第4.4.4、4.4.14相关规定。

❷ 《建筑施工扣件式钢管脚手架安全技术规范》JGJ 130—2011规定：

6.4.3 连墙件的布置应符合下列规定：

1. 应靠近主节点设置，偏离主节点的距离不应大于300mm；

2. 应从底层第一步纵向水平杆处开始设置，当该处设置有困难时，应采用其他可靠措施固定；

3. 应优先采用菱形布置，或采用方形、矩形布置；

6.4.5 连墙件中的连墙杆应呈水平设置，当不能水平设置时，应向脚手架一端下斜连接。

6.4.6 连墙件必须采用可承受拉力和压力的构造。对高度24m以上的双排脚手架应采用刚性连墙件与建筑物连接。

6.4.7 当脚手架下部暂不能设连墙件时应采取防倾覆措施。当搭设抛撑时，抛撑应采用通长杆件，并用旋转扣件固定在脚手架上，与地面的倾角应在45°～60°之间；连接点中心至主节点的距离不应大于300mm。抛撑应在连墙件搭设后方可拆除。

6.4.8 架高超过40m且有风涡流作用时，应采取抗上升翻流作用的连墙措施。

注：关于连墙件规范强制性条文，详见《施工脚手架通用规范》GB 55023—2022中第4.4.6规定。

隔不超过 15m 的立面上，各设置一道剪刀撑，并应由底至顶连续设置。

剪刀撑跨越立杆的最多根数　　　　　　　　　　　　　　　　表 4-4

剪刀撑斜杆与地面的倾角 a	45°	50°	60°
剪刀撑跨越立杆的最多根数 n	7	6	5

（5）横向斜撑构造

横向斜撑应在同一节间，由底至顶层呈之字形连续布置。高度在 24m 以下的封闭型双排脚手架可不设横向斜撑，高度在 24m 以上的封闭型脚手架，除拐角应设置横向斜撑外，中间应每隔 6 跨距设置一道。开口型双排脚手架的两端均必须设置横向斜撑。

2. 扣件式钢管脚手架的搭设要点

（1）底座、垫板均应准确地放在定位线上；垫板采用长度不少于 2 跨、厚度不小于 50mm、宽度不小于 200mm 的木垫板。

（2）脚手架立杆、纵向水平杆、横向水平杆搭设时必须满足规范《建筑施工扣件式钢管脚手架安全技术规范》（JGJ 130—2011）。❶

（3）单、双排脚手架必须配合施工进度搭设，一次搭设高度不得超过相邻连墙件以上两步；如果超过相邻连墙件以上两步，无法设置连墙件时，必须采取撑拉固定等措施与建筑结构拉结；连墙件的安装需要随脚手架搭设同步进行，不得滞后安装。

（4）脚手架剪刀撑与双排脚手架横向斜撑要随立杆、纵向和横向水平杆等同步搭设，不得滞后安装。

（5）脚手板要铺满、铺稳，离墙面的距离不得大于 150mm；作业层端部脚手板探头长度不得大于 150mm，并要用镀锌钢丝固定在支承杆件上。

（6）作业层、斜道的栏杆和挡脚板均需要搭设在外立杆的内侧，上栏杆上皮高度不得大于 1.2m，中栏杆应居中设置，挡脚板高度不应小于 180mm。

4.2.3　悬挑式脚手架

悬挑式脚手架（图 4-11）适用于高层建筑主体阶段的施工。是在建筑结构边缘向外伸出临时悬挑结构来支承外脚手架，并将脚手架的荷载传递给建筑结构。悬挑式脚手架的关键是悬挑支承结构（挑梁），它必须有足够的强度、刚度和稳定性，并能将脚手

---

❶《建筑施工扣件式钢管脚手架安全技术规范》JGJ 130—2011 规定：

7.3.4 立杆搭设应符合下列规定：

1. 相邻立杆的对接连接应符合本规范第 6.3.6 条的规定；2. 脚手架开始搭设立杆时，应每隔 6 跨设置一根抛撑，直至连墙件安装稳定后，方可根据情况拆除；3. 当架体搭设至有连墙件的主节点时，在搭设完该处的立杆、纵向水平杆、横向水平杆后，应立即设置连墙件。

7.3.5 脚手架纵向水平杆搭设应符合下列规定：

1. 脚手架纵向水平杆应随立杆按步搭设，并应采用直角扣件与立杆固定；2. 纵向水平杆的搭设应符合本规范第 6.2.1 条的规定；3. 在封闭型脚手架的同一步中，纵向水平杆应四周交圈设置，并应用直角扣件与内外角部立杆固定。

7.3.6 脚手架横向水平杆搭设应符合下列规定：

1. 搭设横向水平杆应符合本规范第 6.2.2 条的构造规定；2. 双排脚手架横向水平杆的靠墙一端至墙装饰面的距离不应大于 100mm。

7.3.11 扣件安装应符合下列规定：

1. 扣件规格应与钢管外径相同；2. 螺栓拧紧扭力矩不应小于 40N·m，且不应大于 65N·m；3. 在主节点处固定横向水平杆、纵向水平杆、剪刀撑、横向斜撑等用的直角扣件、旋转扣件的中心点的相互距离不应大于 150mm；4. 对接扣件开口应朝上或朝内；5. 各杆件端头伸出扣件盖板边缘的长度不应小于 100mm。

架的荷载传递给建筑结构。架体高度可依据施工要求、结构承载力和塔式起重机的提升能力（当采取塔式起重机分段整体提升时）确定，最高可搭设至12步，约20m高，可同时进行2～3层作业。

1. 挑梁形式❶

（1）悬挂式挑梁，型钢挑梁一端固定在结构上，另一端用拉杆或拉绳拉结到结构的可靠部位上。拉杆或拉绳应有收紧措施，以使其在收紧以后承担脚手架荷载。

（2）下撑式挑梁，其挑梁受拉。

（3）桁架式挑梁，一般采用型钢制作支撑三角桁架，通过螺栓与结构连接，螺栓穿在刚性墙体或柱的预留孔洞或预埋套管中，可以方便地拆除和重复使用。

目前，常用的挑梁多为工字钢挑梁（图4-12），楼板上预埋钢筋环对挑梁进行固定。

2. 型钢悬挑脚手架构造

（1）型钢悬挑梁宜采用双轴对称截面的型钢。悬挑钢梁型号及锚固件应按设计确定，钢梁截面高度不应小于160mm。悬挑梁应固定在钢筋混凝土梁板结构上不少于两处，锚固型钢悬挑梁的U形钢筋拉环或锚固螺栓直径不宜小于16mm。

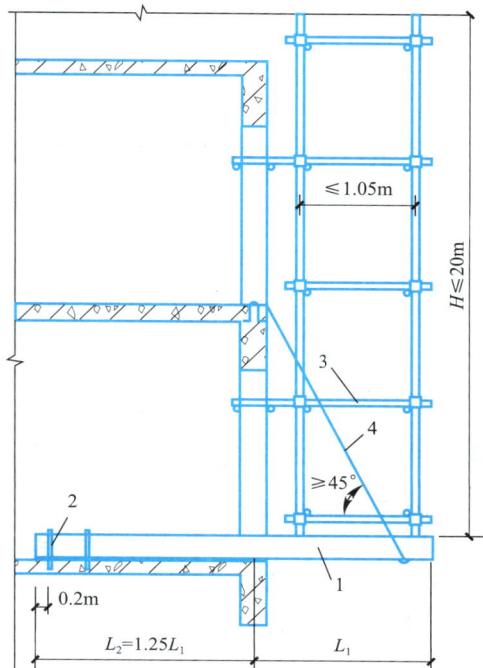

图 4-11　悬挑式脚手架
1—型钢悬挑梁；2—预埋钢环；
3—连墙件；4—钢丝绳

（2）型钢悬挑梁悬挑端应设置能使脚手架立杆与钢梁可靠固定的定位点，定位点离悬挑梁端部不应小于100mm。

（3）锚固位置设置在楼板上时，楼板的厚度不宜小于120mm。如果楼板的厚度小于120mm应采取加固措施。

（4）悬挑梁间距应按悬挑架架体立杆纵距设置，每一纵距设置一根。

（5）悬挑架的外立面剪刀撑应自下而上连续设置。剪刀撑、横向斜撑、连墙件设置应符合规范的规定。

（6）锚固型钢的主体结构混凝土强度等级不得低于C20。

---

❶ 《建筑施工扣件式钢管脚手架安全技术规范》JGJ 130—2011 规定：

6.10.1 一次悬挑脚手架高度不宜超过 20m。

6.10.2 型钢悬挑梁宜采用双轴对称截面的型钢。悬挑钢梁型号及锚固件应按设计确定，钢梁截面高度不应小于160mm。悬挑梁尾端应在两处及以上固定于钢筋混凝土梁板结构上。锚固型钢悬挑梁的U形钢筋拉环或锚固螺栓直径不宜小于16mm。

6.10.3 用于锚固的U型钢筋拉环或螺栓应采用冷弯成型。U形钢筋拉环、锚固螺栓与型钢间隙应用钢楔或硬木楔楔紧。

6.10.4 每个型钢悬挑梁外端宜设置钢丝绳或钢拉杆与上一层建筑结构斜拉结。钢丝绳、钢拉杆不参与悬挑钢梁受力计算；钢丝绳与建筑结构拉结的吊环应使用 HPB300 级钢筋，其直径不宜小于 20mm，吊环预埋锚固长度应符合现行国家标准《混凝土结构设计标准》GB/T 50010—2010 中钢筋锚固的规定。

6.10.5 悬挑钢梁悬挑长度应按设计确定，固定段长度不应小于悬挑段长度的 1.25 倍。型钢悬挑梁固定端应采用 2 个（对）及以上 U 形钢筋拉环或锚固螺栓与建筑结构梁板固定，U 形钢筋拉环或锚固螺栓应预埋至混凝土梁、板底层钢筋位置，并应与混凝土梁、板底层钢筋焊接或绑扎牢固，其锚固长度应符合现行国家标准《混凝土结构设计标准》GB/T 50010—2010 中钢筋锚固的规定。

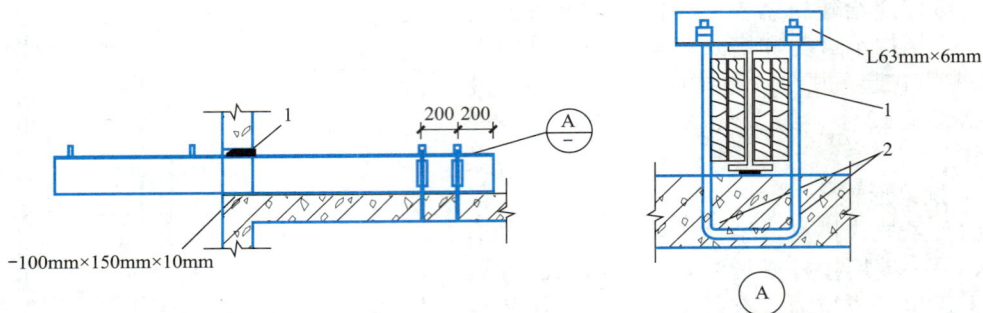

图 4-12　悬挑脚手架钢梁固定构造

1—木楔；2—两根 1.5m 长直径 18mm 的 HRB400 钢筋

4.2.4　全钢或铝合金附着式升降脚手架

附着于建筑结构上，依靠自身的升降设备和装置，可随工程结构施工需要，逐层爬升或下降的外脚手架。附着升降式脚手架要使用全钢或铝合金附着式升降脚手架，不得采用钢管扣件附着式升降脚手架。

附着式升降脚手架应由竖向主框架、水平支承桁架、架体构架、附着支承结构、防倾覆装置、防坠落装置、升降机构、同步控制装置等组成（图 4-13）。

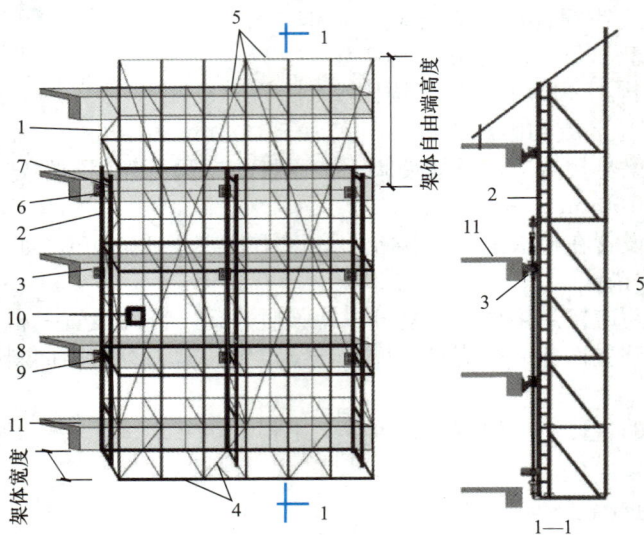

图 4-13　附着式升降脚手架示意图

1—竖向主框架；2—导轨；3—附墙支座（含防倾覆、防坠落装置）；4—水平支承桁架；
5—架体构架；6—升降设备；7—升降上吊挂件；8—升降下吊点（含荷载传感器）；
9—定位装置；10—同步控制装置；11—工程结构

1. 附着式升降脚手架一般构造尺寸

（1）架体高度不得大于 5 倍楼层高；

（2）架体宽度不得大于 1.2m；

（3）架体立杆纵距不得大于 2.5m；

（4）架体步距不得大于 2m；

（5）直线布置的架体支承跨度不得大于 7m，折线或曲线布置的架体，相邻竖向主框架支承点处架体外侧距离不得大于 5.4m；

（6）架体的水平悬挑长度不得大于 2m，且不得大于跨度的 1/2；

（7）架体全高与支承跨度的乘积不得大于 110m²；

（8）架体悬臂高度不得大于架体高度的 2/5，且不得大于 6m。

2. 附着式升降脚手架安装要点

（1）竖向主框架、水平支承桁架应采用桁架或刚架结构，杆件应采用焊接或螺栓连接；

（2）应设有防倾、防坠、停层、荷载、同步升降控制装置，各类装置应灵敏可靠；

（3）在竖向主框架所覆盖的每个楼层均应设置一道附墙支座；每道附墙支座应能承担竖向主框架的全部荷载；

（4）当采用电动升降设备时，电动升降设备连续升降距离应大于一个楼层高度，并应有制动和定位功能；

（5）附着式升降脚手架验收必须满足《建筑施工工具式脚手架安全技术规范》JGJ 202—2010 相关规定。

4.2.5　其他类型脚手架

1. 碗扣式钢管脚手架

碗扣式钢管脚手架由钢管立杆、横杆、碗扣接头等组成，杆件接点处采用碗扣连接。其基本构造和搭设要求与扣件式钢管脚手架类似，不同之处主要在于碗扣接头。碗扣接头（图 4-14）是由上碗扣、下碗扣、横杆接头和上碗扣的限位销等组成。在立杆上焊接下碗扣和上碗扣的限位销，将上碗扣套入立杆内。在横杆和斜杆上焊接插头。组装时，将横杆和斜杆插入下碗扣内，压紧和旋转上碗扣，利用限位销固定上碗扣。碗扣间距 600mm，碗扣处可同时连接 9 根横杆，可以互相垂直或偏转一定角度。可组成直线形、曲线形、直角交叉形式等多种形式。

2. 门式钢管脚手架

它是以门架、交叉支撑、连接棒、水平架、锁臂、底座等组成基本结构，再以水平加固杆、剪刀撑、扫地杆加固，能承受相应荷载，具有安全防护功能，为建筑施工提供作业条件的一种定型化钢管脚手架，包括门式作业脚手架和门式支撑架（图 4-15）。

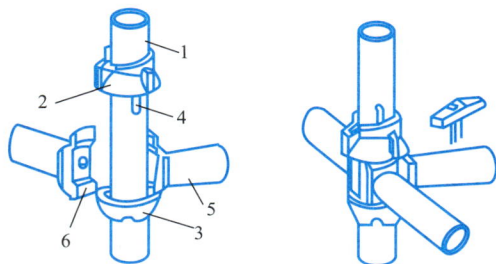

图 4-14　碗扣接头

1—立杆；2—上碗扣；3—下碗扣；
4—限位销；5—横杆；6—横杆接头

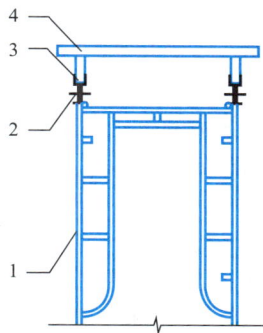

图 4-15　门式支撑架

1—门架；2—托座；3—横梁；4—小愣

门式钢管脚手架的构造、搭设必须遵守《建筑施工门式钢管脚手架安全技术标准》JGJ/T 128—2019 有关规定。

3. 高处作业吊篮

悬挂装置架设于建筑物上，提升机通过钢丝绳驱动悬吊平台沿立面运行的非常设悬挂接近设备（简称吊篮），适用于外墙装饰工程施工。严禁使用依靠人力进行驱动的，用扣件和钢管等在施工现场组装搭设的作业吊篮。吊篮检查与验收的内容应包括进场查验、安装（包括跨楼层移位）后检查和使用前验收。

4. 起升式外防护架

附着于建筑结构上，利用自身或外部设备分片逐层提升，对结构施工作业起防护作用的轻型外脚手架（图 4-16），称起升式外防护架。

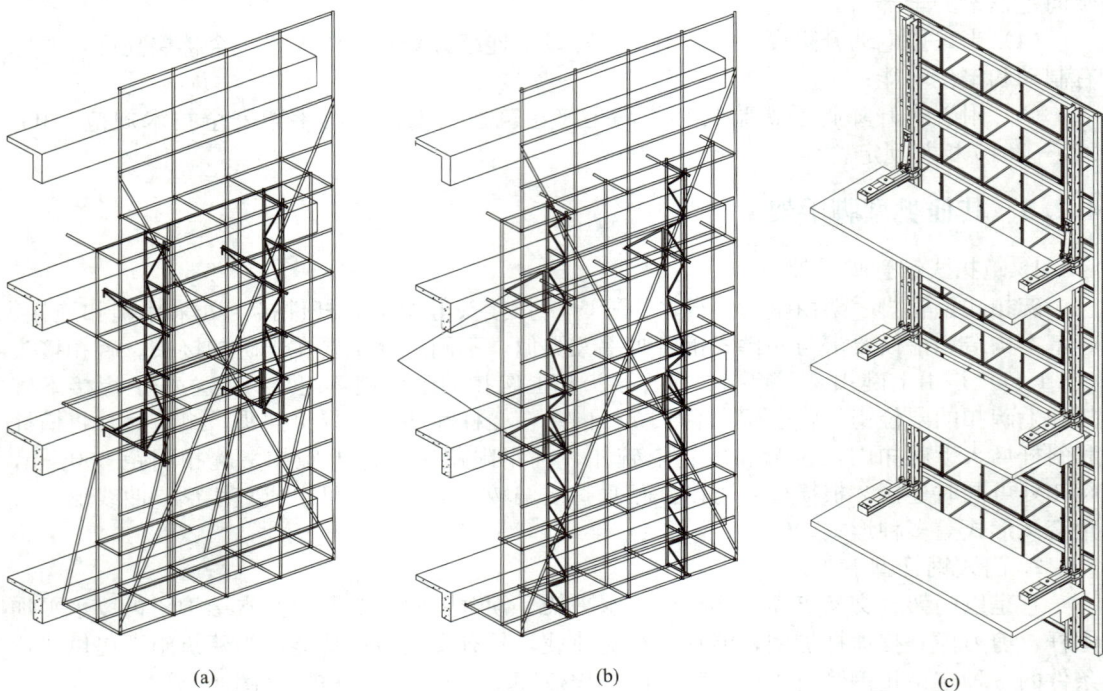

(a)　　　　　　　　(b)　　　　　　　　(c)

图 4-16　起升式外防护架构造示意图
(a) 无轨起升式外防护架构造图；(b) 桁架导轨起升式外防护架构造图；
(c) 型钢导轨起升式外防护架构造图

其可分为无轨起升式、导轨起升式两种。起升式外防护架检查与验收包括首次安装完毕使用前验收、提升前检查和就位后投入使用前检查。

4.3　模板工程

近年来，因模板支撑体系的局部或整体失稳导致的模板坍塌事故比较多，造成事故的主要原因是没有按规定对模板进行设计计算、方案论证、搭设检查验收。实践证明，只有对模板支撑架的设计、搭设、使用、拆除这四个重点环节加强事前控制和预防，才能减少和避免事故的发生。

扫描二维码 4-4 观看模板概述教学视频。

4.3.1　模板体系的组成

模板体系由面板、支架和连接件三部分组成。面板是直接接触混凝土的承力板，包括拼装的板和加肋楞板；支架是支撑面板用的楞梁、立柱、斜撑、剪刀撑和水平拉条等；连接件是面板与楞梁的连接、面板自身的拼接、支架结构自身的连接和其中二者相互间连接所用的零配件，包括卡销、螺栓、扣件、卡具、拉杆等。

二维码 4-4
模板概述

模板体系的基本要求：

（1）保证工程结构构件各部分形状尺寸和相互位置的正确；

（2）模板及其支架应具有足够的承载能力、刚度和稳定性，能可靠地承受新浇筑混凝土的重量、侧压力以及施工荷载；

（3）构造简单、装拆方便、重量轻，便于钢筋的绑扎、安装和混凝土的浇筑、养护等要求；

（4）模板面板必须平整、光滑，接缝应严密，不得漏浆；

（5）因地制宜，合理选材，做到用料经济，通用性强，并能多次周转使用。

4.3.2　模板的种类

模板按所用的材料不同，分为木模板、竹模板、钢模板、钢木模板、钢竹模板、胶合板模板、塑料模板、玻璃钢模板、铝合金模板、预应力混凝土叠合板、轻质绝热永久性泡沫模板、建筑用菱镁钢丝网复合模板等，此外，还有一种以纸基加胶或浸塑制成的各种直径和厚度的圆形筒模和半圆形筒模，它们可方便锯割成使用长度，用在墙板中预留孔道和构造圆柱模板；

按工艺分：有组合式模板、大模板、滑升模板、爬升模板、永久性模板以及飞模、模壳、隧道模等；按其结构构件的类型不同分为基础模板、柱模板、梁模板、楼板模板、墙模板、楼梯模板、壳模板和烟囱模板等；按其形式不同分为整体式模板、定型模板、工具式模板、滑升模板、胎模等。

1. 组合钢模板

组合钢模板是一种工具式定型模板，由钢模板、连接件和支承件三部分组成。

2. 胶合板模板

胶合板模板包括木胶合板模板和竹胶合板模板。

1）木胶合板模板❶

模板用的木胶合板通常由 5、7、9、11 层等奇数层单板经热压固化而胶合成型，其表板和内层板对称地配置在中心层或板芯的两侧，最外层表板的纹理方向和胶合板面的长向平行，因此，整张胶合板的长向为强方向，短向为弱方向，使用时须加以注意。

混凝土模板用的木胶合板具有高耐候、耐水的Ⅰ类胶合板，胶粘剂为酚醛树脂胶，主要用桦木、马尾松、云南松、落叶松等树种加工。

2）竹胶合板模板

竹胶合板是一组竹片铺放成的单板相互垂直组坯胶合而成的板材，具有收缩率小、膨

---

❶ 《混凝土模板用胶合板》GB/T 17656—2018 规定：

5.2.1 相邻两层单板的木纹应互相垂直。中心层两侧对称层的单板应为同一树种或物理性能相似的树种和同一厚度。

胀率和吸水率低以及承载力大的特点，是目前市场上应用最广泛的模板之一。

3）板面处理胶合板

经树脂饰面处理的混凝土用胶合板模板，简称涂胶板。经浸渍胶膜纸贴面处理的混凝土模板用胶合板，简称覆膜板。这两种胶合板用做模板时，增加了板面耐久性；脱模性能良好，外观平整光滑，最适用于有特殊要求的、混凝土外表面不加修饰处理的清水混凝土工程，如混凝土桥墩、立交桥、筒仓、烟囱以及塔等。

3. 铝模板

铝模板，全称为建筑用铝合金模板系统。是继竹木模板，钢模板之后出现的新型模板，采用铝合金制作成建筑模板，表面非常光滑、平整、观感好，而且铝模板的重复使用次数多，平均使用成本低，报废后的回收价值高。

铝模板体系需要根据楼层特点进行配套设计，铝模板系统中约80％的模块可以在多个项目中循环利用，铝模板系统适用于标准化程度较高的超高层建筑或多层楼群和别墅群。

4. 大模板

大模板是采用定型化的设计和工厂加工制作而成的一种工具式模板，它的单块模板面积较大，通常是以一面现浇混凝土墙体为一块模板。施工时配以相应的吊装和运输机械，用于现浇钢筋混凝土墙体，广泛应用于各种剪力墙结构的多高层建筑、桥墩和筒仓等结构体系中。

大模板由面板构架系统、支撑系统、操作平台系统及连接件等组成。根据大模板对墙面的分块方式的不同，可分为平模、角模和筒形模三种类型，现按模板类型分述其构造如下：

1）墙模

墙模（图4-17）一般取房间的一个墙面为一块模板，其板面构架系统由面板、横肋和竖肋组成。面板所用的材料有钢板、胶合板、木板、木纤维板、铝板等。横肋和竖肋一般用6.5～8号槽钢。

支撑系统由支撑桁架、支腿和调整螺栓组成。支撑桁架由角钢构成，桁架与竖肋相连接，借以加强竖肋的刚度。在模板两侧的支撑桁架底部支腿设调节螺栓，用来调整模板的垂直度、水平度和标高，在堆放时可保证模板有一定的倾斜度以防止倾覆。脱模时，只要将支腿端部的两个调整螺栓旋起，使模板后倾起吊脱模。

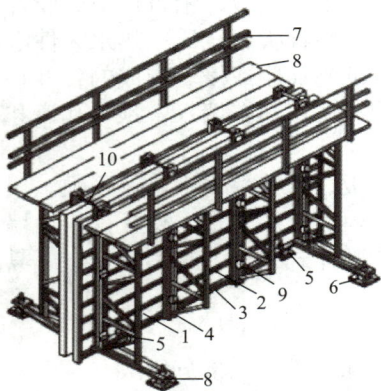

图 4-17　墙模构造示意图

1—面板；2—次肋；3—支撑桁架；
4—主肋；5—调整水平用的螺旋千斤顶；
6—调整垂直用的螺旋千斤顶；7—栏杆；
8—脚手架；9—穿墙螺栓；10—卡具

操作平台是利用支撑桁架在其上满铺脚手板构成，平台外围有护身栏杆，以保证安全。为便于操作人员上下，在每块模板背后可设上人爬梯。

其主要的锚固连接件是穿墙螺栓。它是用以固定墙体两侧模板之间的间距，穿墙螺栓外加硬塑料套管，以保证墙体的准确厚度，并承受混凝土作用于模板的侧压力。一般非抗渗墙体的穿墙螺栓，拆模后继续周转使用，抗渗墙体穿墙螺栓中间加设了止水片部分，不能周转使用。拆模后，穿墙螺栓孔的封堵是防止渗漏的关键工序，见图4-18。

2）角模

角模可分为大角模和小角模两种。大角模是由两块平模组成（图4-19a），模板拼缝在

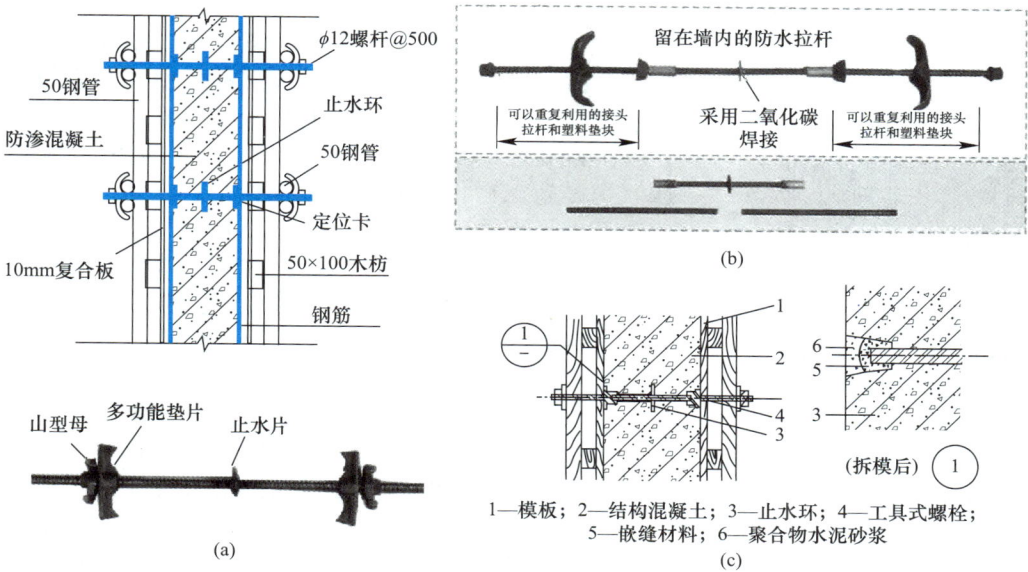

图 4-18 穿墙螺栓支模示意图

（a）普通止水螺杆；（b）三段式止水螺杆；（c）三段式螺杆拆模后堵孔

墙面中间，影响美观，装拆也较麻烦，已很少采用。小角模则是一个房间由四块平模和四个等边角钢组装而成（图 4-19b、c），采用小角模施工，模板拼接处难以保证平整，在接缝处墙面错缝和凹凸现象是质量控制的重点。

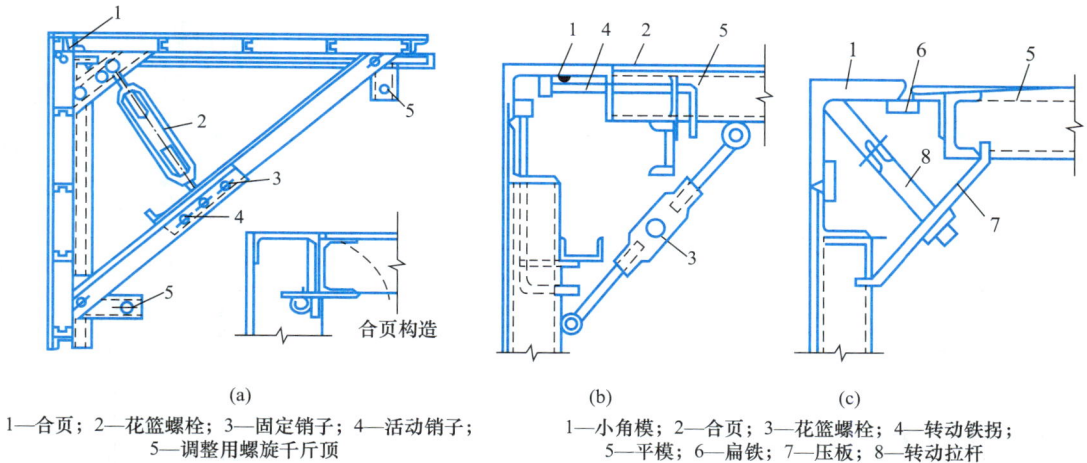

1—合页；2—花篮螺栓；3—固定销子；4—活动销子；5—调整用螺旋千斤顶

1—小角模；2—合页；3—花篮螺栓；4—转动铁拐；5—平模；6—扁铁；7—压板；8—转动拉杆

图 4-19 角模示意图

（a）大角模；（b）带合页小角模；（c）不带合页小角模

3）筒形模

主要由钢架、墙面模板和小角模组成。如图 4-20 所示为由三块墙面模板（另一墙面为外墙，采用预制大型墙板）和四个小角模组成的筒形模。每块墙面模板用两个吊轴悬挂在钢架的立柱上，墙面模板可沿吊轴作少量水平移动以便于拆模起吊。花篮螺栓拉杆和支杆用以调整和固定墙面模板与钢架之间的相对位置。钢架上部铺上木板即为操作平台。钢架四根立柱下端各设有一个调整螺栓，用以调整模板高度和垂直度。

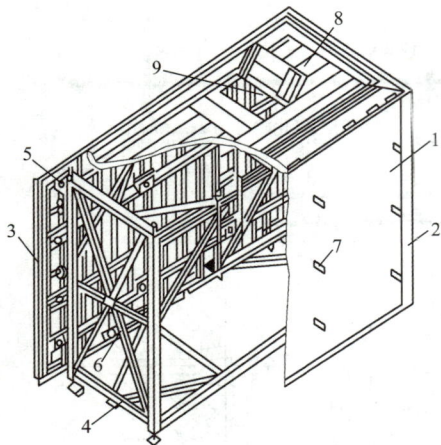

图 4-20　筒形模构造示意图

1—墙面模板；2—内角模；3—外角模；
4—钢架；5—吊轴；6—支杆；7—穿墙螺栓；
8—操作平台；9—出入孔

接长的支承杆向上滑升，直至设计标高。

液压滑升模板用于现场浇筑高耸的构筑物和建筑物，尤其适于浇筑烟囱、筒仓、电视塔、双曲线冷却塔、竖井、沉井和剪力墙体系等截面变动较小的混凝土结构。

5. 液压滑升模板

液压滑升模板简称滑模，滑模由模板系统、操作平台系统和提升系统三部分组成，模板系统能随混凝土的浇筑向上滑升。模板系统用于成型混凝土，由模板、围圈和提升架组成；平台系统是施工操作场所，包括操作平台、辅助平台、内外吊脚手架；滑升系统是滑升动力装置，包括支承杆、液压千斤顶、高压油管和液压控制台。滑模设备一次性投资较多，耗钢量较大，对建筑物截面变化频繁者施工起来比较麻烦。

工作原理：滑动模板（高 1.5~1.8m）通过围圈与提升架相连，固定在提升架上的千斤顶（35~120kN）通过支承杆（$\phi25\sim\phi48$ 钢管）承受全部荷载并提供滑升动力。滑升施工时，依次在模板内分层（30~45cm）绑扎钢筋、浇筑混凝土，并滑升模板。滑升模板时，整个滑模装置沿不断

6. 爬升模板

爬升模板（简称爬模），是一种适用于现浇钢筋混凝土竖向、高耸建（构）筑物施工的模板工艺，其工艺优于液压滑模。

爬模按爬升方式可分为"有架爬模"（模板爬架子、架子爬模板）和"无架爬模"（模板爬模板）；按爬升设备可分为电动爬模和液压爬模。液压爬模自带液压顶升系统，液压系统可使模板架体与导轨间形成互爬，从而使液压自爬模稳步向上爬升，液压自爬模在施工过程中无需其他起重设备，操作方便，爬升速度快，安全系数高。是高层建筑剪力墙结构、框架结构核心筒、大型柱、桥墩、桥塔、高耸构筑物等现浇钢筋混凝土结构工程首选模板体系，液压爬模的技术要点详见《液压爬升模板工程技术标准》JGJ/T 195—2018。

由于自爬的模板上还可悬挂脚手架，所以可省去结构施工阶段的外脚手架，因此其经济效益较好。如图 4-21 所示为构筑物墙体爬模示意图，在建筑工程中，由于有各层楼板，所以一般只进行外模爬升，内模为普通剪力墙大模板与爬升模板配套。

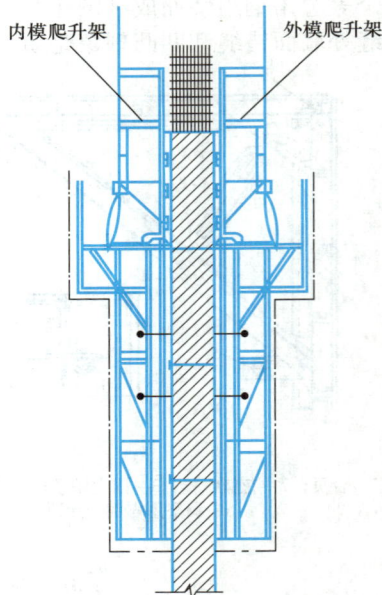

图 4-21　爬升示意图

7. 隧道模

隧道模系由大模板和台模结合而成，可用作同时浇筑墙体和楼板的混凝土。它由顶板、墙板、横梁、支撑和滚轮等组成，拆模时放松支撑，使模板回缩，从开间内整体移出。每个房间的模板，先用若干个单元角模联结成半隧道模，再由两个半隧道模拼成门型

模板，脱模后形似矩形隧道，故称隧道模。隧道模最适用于标准开间，对于非标准开间，可以通过加入插板或台模结合而使用。它还可解体改装做其他模板使用。其使用效率较高、施工周期短。

8. 台模

台模又称飞模、桌模，是现浇钢筋混凝土楼板的一种大型工具式模板。一般是一个房间一块台模，在施工中可以整体脱模和转运，利用起重机从浇筑完的楼板下吊出，转移至上一楼层。台模适用于各种结构的现浇混凝土楼板的施工，单座台模面板的面积从 $2\sim6m^2$ 到 $60m^2$ 以上。台模的优点是整体性好，混凝土表面容易平整，施工进度快。

9. 钢铝框胶合板模板

钢铝框胶合板模板是以钢材或铝材为周边框架，以木胶合板或竹胶合板作面板，并加焊若干钢肋承托面板的一种新型工业化组合模板，亦称板块组合式模板。支撑其板面的框架均在工厂铆焊定型，施工现场使用时，只进行板块式模板单元之间的组合。

板块式组合模板依据其模板单元面积和重量的大小，可分为轻型和重型两种。在结构构造上，这两种模板的主要区别是边框的截面形状不同。轻型边框是板式实心截面，而重型边框是箱形空心截面。

10. 塑料模板

塑料模板是通过高温 200℃挤压而成的复合材料，是一种节能型和绿色环保产品，是继木模板、组合钢模板、竹木胶合模板、全钢大模板之后又一新型换代产品。它能完全取代传统的钢模板、木模板、方木，具有平整光洁、轻便易装、脱模简便、稳定耐候、利于养护、可变性强、降低成本、节能环保八大优势。

塑料模板的周转次数能达到 30 次以上，还能回收再造，温度适应范围大，规格适应性强，可锯、钻，使用方便。模板表面的平整度、光洁度超过了现有清水混凝土模板的技术要求，有阻燃、防腐、抗水及抗化学品腐蚀的功能，有较好的力学性能和电绝缘性能。能满足各种长方体、正方体、L 形、U 形的建筑支模的要求。

模壳是用于钢筋混凝土现浇密肋楼板的一种工具式塑料，如图 4-22 所示。塑料模壳主要采用聚丙烯塑料和玻璃纤维增强塑料制成，配置以钢支柱（或门架）、钢（或木）龙骨等

图 4-22　模壳安装示意图

支撑系统，使模板施工的工业化程度大大提高，特别适用于大空间、大柱网的工业厂房、仓库、商场和图书馆等公共建筑。

塑料和玻璃钢模壳具有可按设计尺寸和形状加工，质轻、坚固、耐冲击、不腐蚀、施工简便、周转次数高以及拆模后混凝土表面光滑等优点，特别适合用于密肋楼板的模板工程。

11. 永久性模板

永久性模板，又称一次性消耗模板，即在现浇混凝土结构浇筑后模板不再拆除，其中有的模板与现浇结构叠合后组合成共同受力构件。

1）永久性模板的优点

永久性模板具有施工工序简化、操作简便、改善了劳动条件、不用或少用模板支撑、

节约模板支拆用工量和加快施工进度等优点。

2）永久性模板的材料

用来作为永久性模板的材料主要有以下几类：压型（镀锌）钢板类，钢筋（或钢丝网）混凝土薄板类，挤压成型的聚苯乙烯泡沫板类，木材（或竹材）水泥板类，FRP（纤维增强聚合物）板类等。目前装配式建筑的楼板均采用叠合板，楼板的预制部分同时扮演了模板的角色（图4-23）。

压型钢板做永久性模板，其施工工艺过程为：搭设楼板支撑→钢梁间铺设压型钢板→栓钉锚固压型钢板于钢梁上→绑扎楼板钢筋→浇筑楼板混凝土。压型钢板不再拆除，作为楼板结构的一部分。楼层结构由栓钉将钢筋混凝土、压型钢板和钢梁组合成整体结构（图4-24）。

图 4-23   混凝土楼板模板

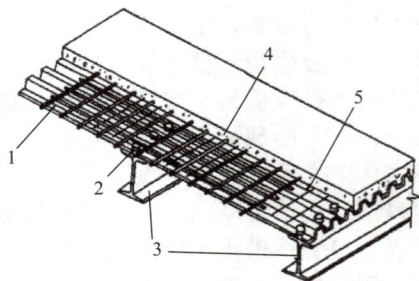

图 4-24   压型钢板永久性模板构造

1—压型钢板；2—栓钉；3—钢梁；
4—混凝土；5—横向钢筋

12. 吊模

混凝土扩展基础包括墙下条形基础、柱下条形基础、柱下独立基础、预制柱下杯形基础、预制柱下高杯形基础等，常采用吊模的方法参见表4-5。

常用的扩展基础剖面及吊模形式   表 4-5

序号	名称	剖面形式	支模形式
1	墙下条基	 (a) 墙下无暗梁条形基础 (b) 墙下有暗梁条形基础	 （a）土质较好，利用土壁支基础模板； （b）土质差时支基础模板 1—原土夯实；2—模板；3—脊楞；4—斜撑； 5—吊模板；6—下台阶模板
2	柱下条基		

序号	名称	剖面形式	支模形式
3	柱下独立基础	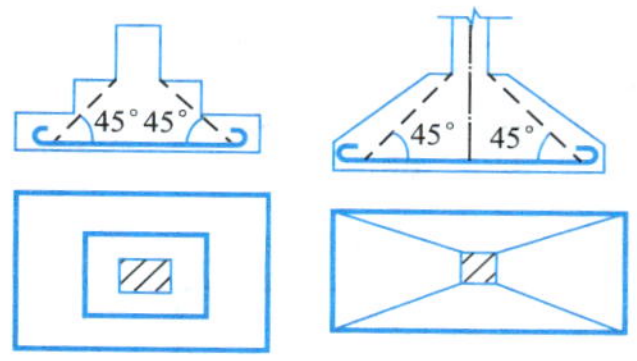 　(a) 台阶形　　(b) 锥形	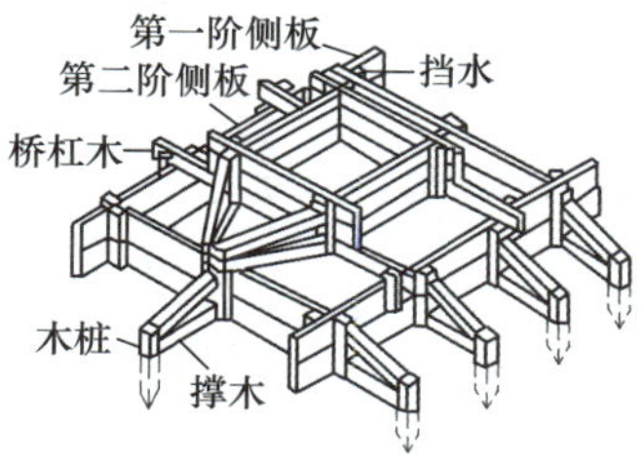
4	杯形基础	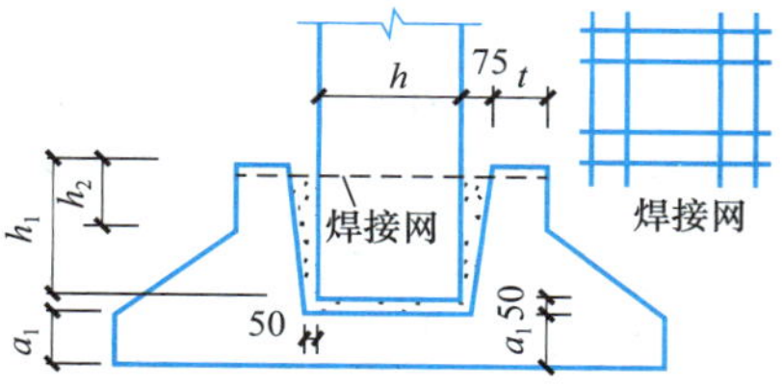	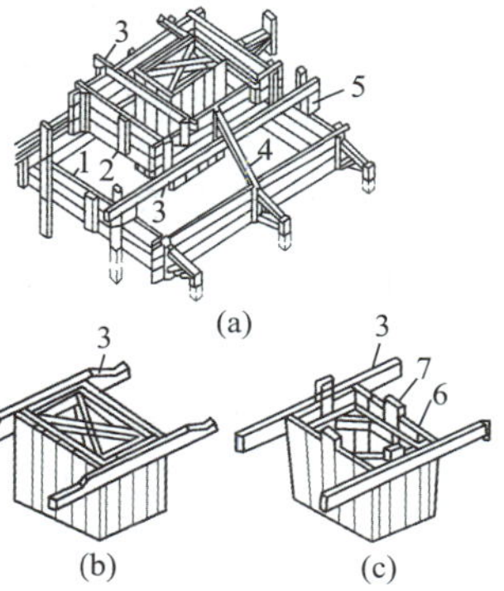 　(a)
5	高杯基础及双杯基础	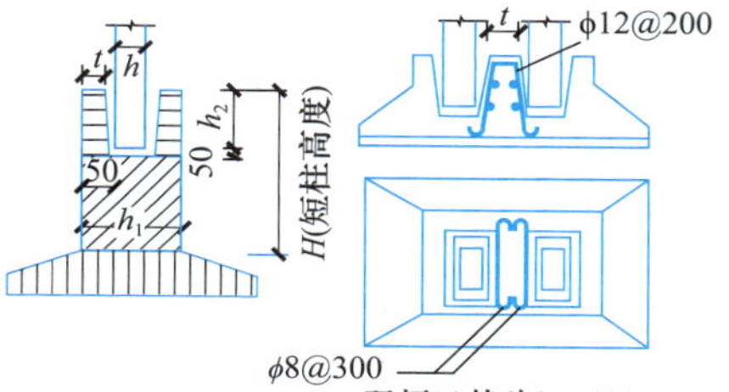 　双杯口基础($t \leqslant 400\text{m}$)	(b)　　(c)　（a）杯形基础模板；（b）整体式杯芯模板；（c）装配式杯芯模板　1—侧板；2—立档；3—吊帮方木；4—斜撑；5—托木；6—杯芯侧板；7—夹芯板

4.3.3　模板支架

目前，建筑工程的模板支架，主要以承插式钢管脚手架和扣件式钢管脚手架为主，而承插式钢管脚手架受力比扣件式钢管脚手架更合理。

1. 承插型盘扣式钢管支撑架

1) 承插型盘扣式钢管支撑架构造❶

（1）支撑架的高宽比宜控制在 3 以内，高宽比大于 3 的支撑架应与既有结构进行刚性连接或采取增加抗倾覆措施。

（2）对标准步距为 1.5m 的支撑架，必须根据支撑架搭设高度、支撑架型号及立杆轴向力设计值进行竖向斜杆布置，竖向斜杆布置形式选用符合表 4-6 的要求，详见图 4-25。

（3）当支撑架搭设高度大于 16m 时，顶层步距内必须每跨布置竖向斜杆。

（4）支撑架可调托撑伸出顶层水平杆或双槽托梁中心线的悬臂长度不超过 650mm（图 4-26），且丝杆外露长度不超过 400mm，可调托撑插入立杆或双槽托梁长度不得小于 150mm。

---

❶ 《建筑施工承插型盘扣式钢管脚手架安全技术标准》JGJ/T 231—2021 第 6.1 条规定。

支撑架竖向斜杆布置形式

表 4-6

支撑架类型	立杆轴力设计值 N（kN）	搭设高度 H（m）			
		$H{\leqslant}8$	$8{<}H{\leqslant}16$	$16{<}H{\leqslant}24$	$H{>}24$
标准型（B型）	$N{\leqslant}25$	间隔3跨	间隔3跨	间隔2跨	间隔1跨
	$25{<}N{\leqslant}40$	间隔2跨	间隔1跨	间隔1跨	间隔1跨
	$N{>}40$	间隔1跨	间隔1跨	间隔1跨	每跨
重型（Z型）	$N{\leqslant}40$	间隔3跨	间隔3跨	间隔2跨	间隔1跨
	$40{<}N{\leqslant}65$	间隔2跨	间隔1跨	间隔1跨	间隔1跨
	$N{>}65$	间隔1跨	间隔1跨	间隔1跨	每跨

注：1. 立杆轴力设计值和脚手架搭设高度为同一独立架体内的最大值；
　　2. 每跨表示竖向斜杆沿纵横向每跨搭设；间隔1跨表示竖向斜杆沿纵横向每间隔1跨搭设；间隔2跨表示竖向斜杆沿纵横向每间隔2跨搭设；间隔3跨表示竖向斜杆沿纵横向每间隔3跨搭设。

（5）支撑架可调底座丝杆插入立杆长度不得小于 150mm，丝杆外露长度不大于 300mm，作为扫地杆的最底层水平杆中心线高度离可调底座的底板高度不大于 550mm。

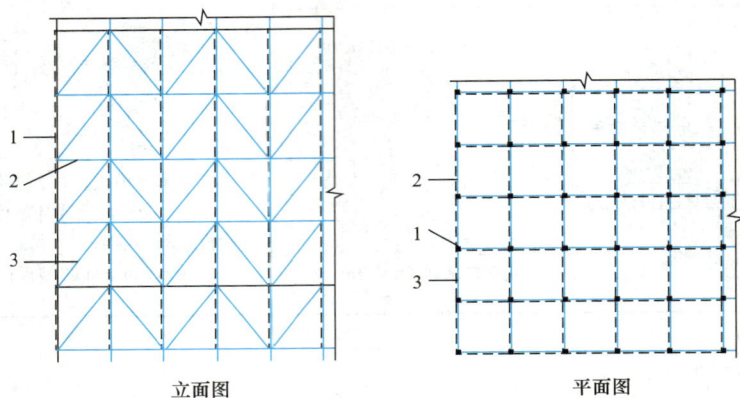

立面图　　　　　平面图

Ⅰ 每跨形式支撑架斜杆设置图

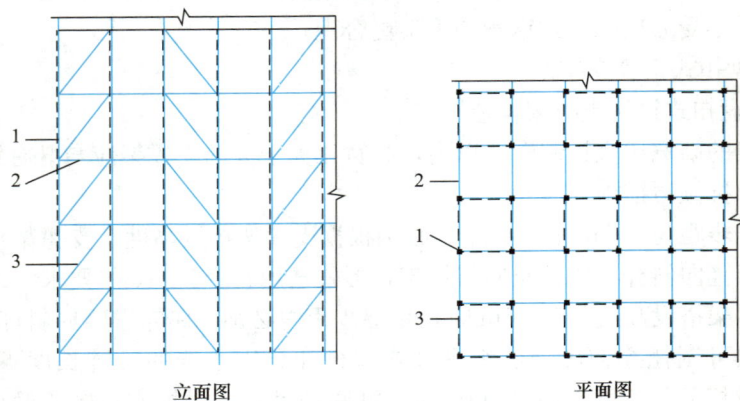

立面图　　　　　平面图

Ⅱ 间隔1跨形式支撑架斜杆设置图

图 4-25　支撑架斜杆设置图（一）

1—立杆；2—水平杆；3—竖向斜杆

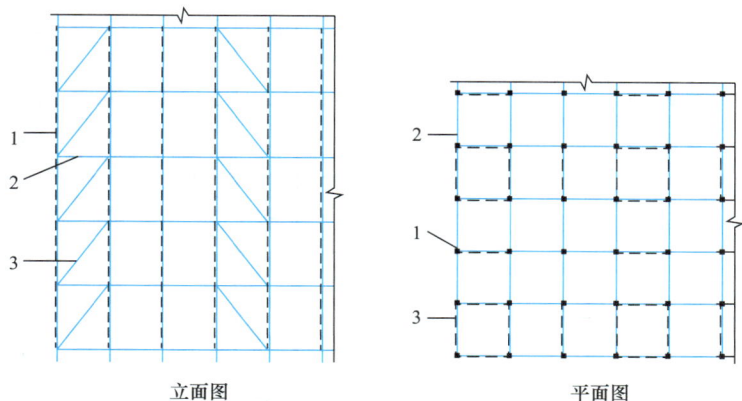

立面图　　　　　　　　　　平面图

Ⅲ间隔2跨形式支撑架斜杆设置图

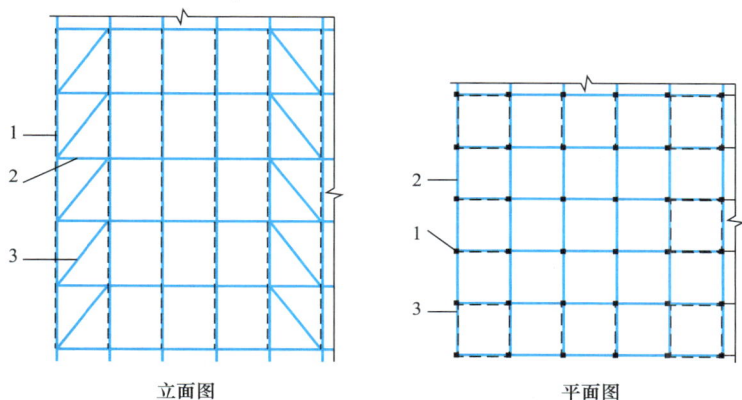

立面图　　　　　　　　　　平面图

Ⅳ间隔3跨形式支撑架斜杆设置图

图 4-25　支撑架斜杆设置图（二）

1—立杆；2—水平杆；3—竖向斜杆

（6）当支撑架搭设高度超过 8m、有既有建筑结构时，沿高度每间隔 4～6 个步距与周围已建成的结构进行可靠拉结。

（7）支撑架应沿高度每间隔 4～6 个标准步距设置水平剪刀撑，并符合现行行业标准《建筑施工扣件式钢管脚手架安全技术规范》JGJ 130—2011 中钢管水平剪刀撑的相关规定。

（8）当以独立塔架形式搭设支撑架时，沿高度间隔 2～4 个步距与相邻的独立塔架水平拉结。

（9）当支撑架架体内设置与单支水平杆同宽的人行通道时，可间隔抽除第一层水平杆和斜杆形成施工人员进出通道，与通道正交的两侧立杆间应设置竖向斜杆；当支撑架架体内设置与单支水平杆不同宽人行通道时，应在通道上部架设支撑横梁（图 4-27），横梁的型号及间距应依据荷载确定。通道相邻跨支撑横梁的立杆间距应根据计算设置，通道周围的支撑架应连成整体。洞口顶部应铺设封闭的防护板，相邻跨应设置安全网。通行机动车的洞口，应设置安全警示和防撞设施。

2）支撑架安装与拆除

（1）立杆搭设位置必须按专项施工方案放线确定。

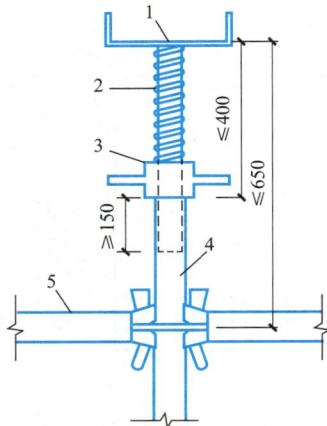

图 4-26　可调托撑

1—可调托撑；2—螺杆；

3—调节螺母；4—立杆；5—水平杆

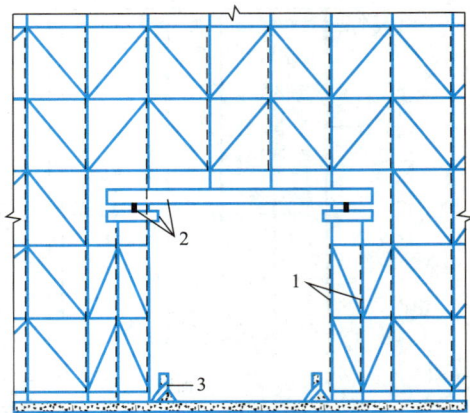

图 4-27　支撑架人行通道设置图

1—立杆；2—支撑横梁；3—防撞设施

（2）安装搭设盘扣式支撑架时，应先安装立杆，再安装水平杆，最后安装斜杆，形成了基本的架体单元后，再以此扩展搭设成整体的支架体系。

（3）支撑架安装工艺流程，见图 4-28。

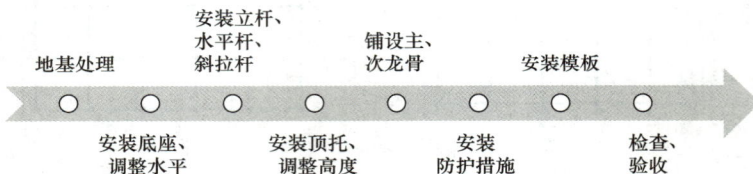

图 4-28　支撑架安装工艺流程

（4）支撑架安装、拆除注意事项如下：

① 在多层楼板上连续设置支撑架时，上下层支撑立杆宜在同一轴线上；

② 可调底座和可调托撑安装完成后，立杆外表面要与可调螺母吻合，立杆外径与螺母台阶内径差不应大于 2mm；

③ 水平杆及斜杆插销安装完成后，要采用锤击方法抽查插销，连续下沉量不应大于 3mm；

④ 脚手架搭设完成后，立杆的垂直偏差不得大于支撑架总高度的 1/500，且不得大于 50mm；

⑤ 拆除作业应按先装后拆、后装先拆的原则进行，要从顶层开始、逐层向下进行，不得上下同时作业，不得抛掷；

⑥ 当分段或分立面拆除时，需要确定分界处的技术处理方案，分段后架体必须稳定。

2. 扣件式钢管脚手架支架❶

1）扣件式钢管脚手架支架一般要求

（1）钢管和扣件搭设的支架采用中心传力方式；

（2）单根立杆的轴力标准值不大于 12kN，高大模板支架单根立杆的轴力标准值不大

---

❶ 《混凝土结构工程施工规范》GB 50666—2011 第 4.3.15、4.4.7、4.4.8 条。

于 10kN；

（3）立杆顶部承受水平杆扣件传递的竖向荷载时，立杆按不小于 50mm 的偏心距进行承载力验算，高大模板支架的立杆按不小于 100mm 的偏心距进行承载力验算；

（4）支承模板的顶部水平杆可按受弯构件进行承载力验算；

（5）扣件抗滑移承载力验算，可按现行行业标准《建筑施工扣件式钢管脚手架安全技术规范》JGJ 130—2011 的有关规定执行；

2）扣件式钢管脚手架构造

（1）立杆纵距、立杆横距不大于 1.5m，支架步距不大于 2.0m；立杆纵向和横向要设置扫地杆，纵向扫地杆距立杆底部不大于 200mm，横向扫地杆设置在纵向扫地杆的下方，立杆底部设置底座或垫板；

（2）立杆接长除顶层步距可采用搭接外，其余各层步距接头采用对接扣件连接，两个相邻立杆的接头不在同一步距内；

（3）立杆步距的上下两端设置双向水平杆，水平杆与立杆的交错点采用扣件连接，双向水平杆与立杆的连接扣件之间的间距不大于 150mm；

（4）支架周边连续设置竖向剪刀撑；支架长度或宽度大于 6m 时，中部需要设置纵向或横向的竖向剪刀撑，剪刀撑的间距和单幅剪刀撑的宽度均不大于 8m，剪刀撑与水平杆的夹角宜为 45°～60°；支架高度大于 3 倍步距时，支架顶部设置一道水平剪刀撑，剪刀撑延伸至周边；

（5）立杆、水平杆、剪刀撑的搭接长度，不应小于 0.8m，且不少于 2 个扣件连接，扣件盖板边缘至杆端不应小于 100mm；

（6）扣件螺栓的拧紧力矩不小于 40N·m，且不大于 65N·m；

（7）支架立杆搭设的垂直偏差不大于 1/200；

（8）支撑梁、板的支架立柱安装构造必须符合《建筑施工模板安全技术规范》JGJ 162—2008 规定。❶

3）扣件式钢管作高大模板支架构造

（1）宜在支架立杆顶部插入可调托座，可调托座螺杆外径不应小于 36mm，螺杆插入钢管长度不应小于 150mm，螺杆伸出钢管的长度不应大于 300mm，可调托座伸出顶层水平杆的悬臂长度不应小于 500mm；

---

❶ 《建筑施工模板安全技术规范》JGJ 162—2008 规定：

6.1.9 支撑梁、板的支架立柱构造与安装应符合下列规定：

1. 梁和板的立柱，其纵横向间距应相等或成倍数。

2. 钢管立柱底部应设垫木和底座，顶部应设可调托，U 形托与楞梁两侧间如有间隙，必须楔紧，其螺杆伸出钢管顶部不得大于 200mm，螺杆外径与立柱钢管内径的间隙不得大于 3mm，安装时应保证上下同心。

3. 在立柱底距地面 200mm 高处，沿纵横水平方向应按设下横上的程序设扫地杆。可调支托底部的立柱顶端应沿纵横向设置一道水平拉杆。扫地杆与顶部水平拉杆之间的间距，在满足模板设计所确定的水平拉杆步距要求条件下，进行平均分配确定步距后，在每一步距处纵横向应各设一道水平拉杆。当层高在 8～20m 时，在最顶步距两水平拉杆中间应加设一道水平拉杆；当层高大于 20m 时，在最顶两步距水平拉杆中间应分别增加一道水平拉杆。所有水平拉杆的端部均应与四周建筑物顶紧顶牢。无处可顶时，应在水平拉杆端部和中部沿竖向设置连续式剪刀撑。

4. 木立柱的扫地杆、水平拉杆、剪刀撑应采用 40mm×50mm 木条或 25mm×80mm 的木板条与木立柱钉牢。钢管立柱的扫地杆、水平拉杆、剪刀撑应采用 ∮48mm×3.5mm 钢管，用扣件与钢管立柱扣牢。钢管扫地杆、水平拉杆应采用对接，剪刀撑应采用搭接，搭接长度不得小于 500mm，并应采用两个旋转扣件分别在离杆端不小于 100mm 处进行固定。

（2）立杆的纵距、横距不应大于 1.2m，支架步距不应大于 1.8m；

（3）立杆顶层步距内采用搭接时，搭接长度不应小于 1m，且不应少于 3 个扣件连接；

（4）宜设置中部纵向或横向的竖向剪刀撑，剪刀撑的间距不宜大于 5m，沿支架高度方向搭设的剪刀撑的间距不宜大于 6m；

（5）立杆的搭设垂直偏差不宜大于 1/200，且不宜大于 100mm；

（6）应根据周边结构的情况，采取有效的连接措施加强支架整体稳固性。

4.3.4　模板系统设计

模板及支架的形式和构造应根据工程结构形式、荷载大小、地基土类别、施工设备和材料供应等条件确定。

扫描二维码 4-5 观看模板体系设计概述相关教学视频。

二维码 4-5
模板体系
设计概述

1. 模板系统设计内容

（1）模板及支架的选型及构造设计；

（2）模板及支架上的荷载及其效应计算；

（3）模板及支架的承载力、刚度和稳定性验算；

（4）模板及支架的抗倾覆验算；

（5）绘制模板及支架施工图。

2. 模板及支架的设计规定

（1）模板及支架的结构设计宜采用以分项系数表达的极限状态设计方法；

（2）模板及支架的结构分析中所采用的计算假定和分析模型，要有理论或试验依据，或经工程验证；

（3）模板及支架需要根据施工过程中各种受力状况进行结构分析，并确定其最不利的作用效应组合；

（4）承载力计算需要采用荷载基本组合；变形验算可仅采用永久荷载标准值。

3. 模板系统荷载设计

1）荷载标准值❶

（1）模板及支架自重标准值 G_{1k}：应根据模板施工图确定。有梁楼板及无梁楼板的模板及支架的自重标准值 G_{1k} 可按表 4-7 采用。

模板及支架的自重标准值 G_{1k}（kN /m²）　　　　表 4-7

项目名称	木模板	定型组合钢模板	铝合金模板
无梁楼板的模板及小楞	0.30	0.50	0.25
有梁楼板模板（包含梁的模板）	0.50	0.75	0.3
楼板模板及支架（楼层高度为 4m 以下）	0.75	1.10	0.65

（2）新浇筑混凝土自重标准值 G_{2k}：宜根据混凝土实际重力密度 γ_c 确定，普通混凝土 γ_c 可取 24kN/m³。

（3）钢筋自重标准值 G_{3k}：应根据施工图确定。对一般梁板结构，楼板的钢筋自重可

❶　详见《混凝土结构工程施工规范》GB 50666—2011 附录 A。

取 $1.1\text{kN}/\text{m}^3$，梁的钢筋自重可取 $1.5\text{kN}/\text{m}^3$。

（4）新浇筑混凝土对模板的最大侧压力标准值 G_{4k}：采用插入式振动器且浇筑速度不大于 10m/h、混凝土坍落度不大于 180mm 时，可按下列公式分别计算，并应取其中的较小值。当浇筑速度大于 10m/h 或混凝土坍落度大于 180mm 时，侧压力标准值 G_{4k} 可按公式（4-2）计算。

$$F = 0.28\gamma_c t_0 \beta V^{\frac{1}{2}} \tag{4-1}$$

$$F = \gamma_c H \tag{4-2}$$

式中　F——新浇筑混凝土作用于模板的最大侧压力标准值（kN/m^2）；

γ_c——混凝土的重力密度（kN/m^3）；

t_0——新浇筑混凝土的初凝时间（h），可按实测确定；当缺乏试验资料时，可采用 $t_0 = 200/(T+15)$ 计算，T 为混凝土的温度（℃）；

β——混凝土坍落度影响修正系数；当坍落度大于 50mm 且不大于 90mm 时，β 取 0.85；坍落度大于 90mm 且不大于 130mm 时，β 取 0.9；坍落度大于 130mm 且不大于 180mm 时，β 取 1.0；

V——浇筑速度，取混凝土浇筑高度（厚度）与浇筑时间的比值（m/h）；

H——混凝土侧压力计算位置处至新浇筑混凝土顶面的总高度（m）。

混凝土侧压力的计算分布图形如图 4-29 所示，图中 h 为有效压头高度：$h = F/\gamma_c$（m）。

（5）施工人员及施工设备产生的荷载标准值 Q_{1k}，可按实际情况计算，一般取不小于 $2.5\text{kN}/\text{m}^2$，有水平泵管设置取不小于 $4.0\ \text{kN}/\text{m}^2$。❶

（6）混凝土下料产生的水平荷载标准值 Q_{2k}，可按表 4-8 采用，其作用范围可取为新浇筑混凝土侧压力的有效压头高度 h 之内。

（7）泵送混凝土或不均匀堆载等因素产生的附加水平荷载标准值 Q_{3k}，取计算工况下竖向永久荷载标准值的 2%，并应作用在模板支架上端水平方向。

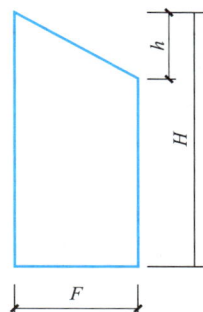

图 4-29　混凝土侧压力分布图
h—有效压头高度；
H—模板内混凝土总高度；
F—最大侧压力

混凝土下料产生的水平荷载标准值 Q_{2k}（kN/m^2）　　　表 4-8

下料方式	水平荷载
溜槽、串筒、导管或泵管下料	2
起重机配备斗容器下料或小车直接倾倒	4

（8）风荷载标准值，计算如下：

$$w_k = \mu_z \mu_s w_0 \tag{4-3}$$

式中　w_k——风荷载标准值（kN/m^2）；

μ_z——风压高度变化系数，按《建筑施工承插型盘扣式钢管脚手架安全技术标准》

---

❶　详见《施工脚手架通用规范》GB 55023—2022 第 4.2.4 条第 3 款。

JGJ/T 231—2021 附录 A 确定；

μ_s——脚手架风荷载体型系数，按表 4-9 采用；

w_0——基本风压值（kN/m²），按现行国家标准《建筑结构荷载规范》GB 50009—2012 的规定采用，取重现期 $n=10$ 对应的风压值，不小于 0.3kN/m²。

脚手架风荷载体型系数   表 4-9

背靠建筑物状况		全封闭墙	敞开、框架和开洞墙
脚手架状况	全封闭、半封闭	1.0φ	1.3φ
	敞开	μ_{stw}	

注：1. μ_{stw} 值可将支撑架及脚手架视为桁架，按现行国家标准《建筑结构荷载规范》GB 50009—2012 的规定计算。
　　2. φ 为挡风系数，$\phi = 1.2A_n/A_w$，其中 A_n 为挡风面积，A_w 为迎风面积。
　　3. 全封闭：沿支撑结构外侧全高全长用密目网封闭。
　　4. 半封闭：沿支撑结构外侧全高全长用密目网封闭 30%～70%。
　　5. 敞开：沿支撑结构外侧全高全长无密目网封闭。

2）荷载基本组合的效应设计值

（1）模板的荷载基本组合的效应设计值❶，可按下式计算：

$$S = 1.35\alpha \sum_{i \geqslant 1} S_{G_{ik}} + 1.4\psi_{cj} \sum_{j \geqslant 1} S_{Q_{jk}} \tag{4-4}$$

（2）承插型盘扣式钢管支撑架荷载基本组合效应设计值❷，可按下列公式计算：

$$S = \gamma_G \sum_{i \geqslant 1} S_{G_{ik}} + \gamma_Q \sum_{j \geqslant 1} S_{Q_{jk}} \tag{4-5}$$

式中　$S_{G_{ik}}$——第 i 个永久荷载标准值产生的效应值；

　　　$S_{Q_{jk}}$——第 j 个可变荷载标准值产生的效应值；

　　　α——模板及支架的类型系数：对侧面模板，取 0.9；对底面模板及支架，取 1.0；

　　　ψ_{cj}——第 j 个可变荷载的组合值系数，宜取 $\psi_{cj} \geqslant 0.9$；

　　　γ_G——永久作用的分项系数，见表 4-10；

　　　γ_Q——第 j 个可变作用的分项系数，见表 4-10。

脚手架荷载分项系数   表 4-10

验算项目		荷载分项系数	
		永久荷载分项系数 γ_G	可变荷载分项系数 γ_Q
强度、稳定性		1.3	1.5
地基承载力		1.0	1.0
挠度		1.0	1.0
倾覆	有利	0.9	0
	不利	1.3	1.5

3）荷载组合

模板及支架应根据施工过程中各种受力工况进行分析，根据正常搭设和使用过程中可

❶ 详见《混凝土结构工程施工规范》GB 50666—2011 第 4.3.6 条规定。
❷ 《建筑施工承插型盘扣式钢管脚手架安全技术标准》JGJ/T 231—2021 第 4.3.1 条规定。

能出现的荷载情况，按承载能力极限状态和正常使用极限状态分别进行荷载组合，并应取各自最不利的荷载组合进行设计。

对承载能力极限状态，应按荷载效应基本组合进行荷载组合；对正常使用极限状态，应按荷载效应的标准组合进行荷载组合。参与模板及支架承载力计算的各项荷载如表 4-11 所示。

参与模板及支架承载力计算的各项荷载 表 4-11

计算内容		参与荷载项
模板	底面模板的承载力	$G_1+G_2+G_3+Q_1$
	侧面模板的承载力	G_4+Q_2
承插型盘扣式钢管支撑架	立杆稳定	$G_1+G_2+G_3+Q_1+Q_4$
	支架抗倾覆稳定	$G_1+G_2+G_3+Q_1+Q_3$ $G_1+G_2+G_3+Q_1+Q_4$
	支架承载力与变形	$G_1+G_2+G_3+Q_1$

注：1. 表中的"+"仅表示各项荷载参与组合，而不表示代数相加。

　　2. 当脚手架稳定按立杆稳定性验算形式进行计算时，需分别按考虑风荷载影响以及不考虑风荷载影响两种情况进行计算；支撑架抗倾覆整体稳定性验算考虑的荷载有永久荷载以及脚手架水平荷载。

4. 支架的承载力计算

模板及支架结构构件应按短暂设计状况进行承载力计算：

$$\gamma_0 S \leqslant \frac{R}{\gamma_R} \tag{4-6}$$

式中　γ_0——脚手架结构重要性系数；安全等级为 Ⅰ 级时，取 1.1；安全等级为 Ⅱ 级时，取 1.0；

　　　S——脚手架按荷载基本组合计算的效应设计值；

　　　R——模板脚手架抗力的设计值；脚手架可调底座和可调托撑的承载力设计值按表 4-12 采用；

　　　γ_R——承载力设计值调整系数，根据脚手架重复使用情况取值，不小于 1.0。

承插型盘扣式脚手架可调底座和可调托撑的承载力设计值 表 4-12

支撑架型号	构件	承载力设计值 R（kN）
标准型（B型）	可调底座	100
	可调托撑	100
重型（Z型）	可调底座	140
	可调托撑	140

5. 模板及支架的变形验算

$$a_{fG} \leqslant a_{f,lim} \tag{4-7}$$

式中　a_{fG}——按永久荷载标准值计算的构件变形值；

　　　$a_{f,lim}$——构件变形限值，见表 4-13。

6. 立杆的稳定性

1）立杆轴向力设计值计算

不组合风荷载时：　　　　$$N = \gamma_G \sum N_{Gk} + \gamma_Q \sum N_{Qk} \tag{4-8}$$

模板及支架的变形限值　　　　　　表 4-13

模板及支架类型	模板及支架的变形限值
结构表面外露的模板	模板构件计算跨度的 1/400
结构表面隐蔽的模板	模板构件计算跨度的 1/250
支架的轴向压缩变形	计算高度或计算跨度的 1/1000
承插型盘扣式钢管受弯构件	不得超过 1/150，也不得超过 10mm

组合风荷载时：

$$N=\gamma_G\sum N_{Gk}+0.9\times\gamma_Q\sum N_{Qk} \tag{4-9}$$

式中　γ_G——永久荷载分项系数；

γ_Q——可变荷载分项系数；

N——立杆轴向力设计值（kN）；

$\sum N_{Gk}$——永久荷载标准值产生的立杆轴向力总和（kN）；

$\sum N_{Qk}$——可变荷载标准值产生的立杆轴向力总和（kN）。

2）确定立杆计算长度

$$l_0=\text{Max}\{\beta_H\eta h;\beta_H\gamma h'+2ka\} \tag{4-10}$$

式中　l_0——支架立杆计算长度（m）；

a——可调托撑支撑点至顶层水平杆中心线的距离（m），满堂作业架取 0；

h——架体步距（m），取最大值；

h'——架体顶层步距（m）；

η——立杆计算长度修正系数，$h=0.5$m 或 1.0m 时，取值 1.5；$h=1.5$m 时，取值 1.05；

γ——架体顶层步距修正系数，$h'=1.0$m 或 1.5m 时，取值 0.9；$h'=0.5$m 时，取值 1.5；

β_H——支撑架搭设高度调整系数，按表 4-14 采用；

k——支撑架悬臂端计算长度折减系数，取值 0.6。

支撑架搭设高度调整系数　　　　　　表 4-14

搭设高度 H（m）	$H\leqslant8$	$8<H\leqslant16$	$16<H\leqslant24$	$H>24$
β_H	1.0	1.05	1.10	1.20

3）立杆稳定性计算

不组合风荷载时：

$$\frac{N}{\varphi A}\leqslant f \tag{4-11}$$

组合风荷载时：

$$\frac{N}{\varphi A}+\frac{M_w}{W}\leqslant f \tag{4-12}$$

式中　M_w——立杆段由风荷载设计值产生的弯矩（kN·m）；

f——钢材的抗拉、抗压和抗弯强度设计值（N/mm²）；

φ——轴心受压构件稳定系数，根据立杆长细比 $\lambda=\dfrac{l_0}{i}$ 取值；

W——立杆的截面模量（mm³）；

A——立杆的横截面面积（mm^2）。

7. 支撑架整体抗倾覆稳定性

模板支架的高宽比不宜大于 3，当高宽比大于 3 时，需要加强整体稳固性措施，并进行支架的抗倾覆验算。验算时按混凝土浇筑前和混凝土浇筑时两种工况进行整体抗倾覆计算，整体抗倾覆稳定性按下式计算：

$$M_R \geqslant \gamma_0 M_T \tag{4-13}$$

式中 M_R——设计荷载下脚手架抗倾覆力矩（kN·m）；计算抗倾覆力矩时，作用在架体的竖向荷载包括架体自重以及钢筋混凝土自重；

  M_T——设计荷载下脚手架倾覆力矩（kN·m）；计算倾覆力矩时，作用在架顶的水平力指考虑施工中的混凝土浇筑时泵管振动等因素产生的水平荷载，并且以线荷载的形式作用在架体顶部水平方向上，其荷载标准值可取计算工况下的竖向永久荷载标准值的 2%；

  γ_0——脚手架结构重要性系数，取值同式（4-6）。

8. 模板支撑架长细比

承插型盘扣式钢管的几何长细比不得超过表 4-15 规定的容许值。

承插型盘扣式钢管支撑架杆件容许几何长细比   表 4-15

构件类别	容许长细比
支撑架立杆	150
其他受压杆件	230
受拉杆件	350

9. 其他规定

（1）多层楼板连续支模时，应分析多层楼板间荷载传递对支架和楼板结构的影响。

（2）支架立柱或竖向模板支承在土层上时，应按现行国家标准《建筑与市政地基基础通用规范》GB 55003—2021 的有关规定对土层进行验算；支架立柱或竖向模板支承在混凝土结构构件上时，应按现行国家标准《混凝土结构通用规范》GB 55008—2021 的有关规定对混凝土结构构件进行验算。

（3）承插型盘扣式钢管支撑架，采用支架立柱杆端插入可调托座的中心传力方式，根据《建筑施工承插型盘扣式钢管脚手架安全技术标准》JGJ/T 231—2021 的规定进行支架的验算❶。

（4）采用双槽托梁搁置在承插型盘扣式脚手架连接盘（图 4-30）上时，需要验算盘扣节点抗剪承载力，计算公式如下：

$$F_R \leqslant Q_b \tag{4-14}$$

式中 F_R——作用在连接盘上的竖向力设计值（kN）；

  Q_b——连接盘抗剪承载力设计值，取 40kN。

扫描二维码 4-6 观看模板支架设计计算教学视频。

二维码 4-6
模板支架设计计算

---

❶ 详见《建筑施工承插型盘扣式钢管脚手架安全技术标准》JGJ/T 231—2021 第 5.3 章支撑架计算相关内容。

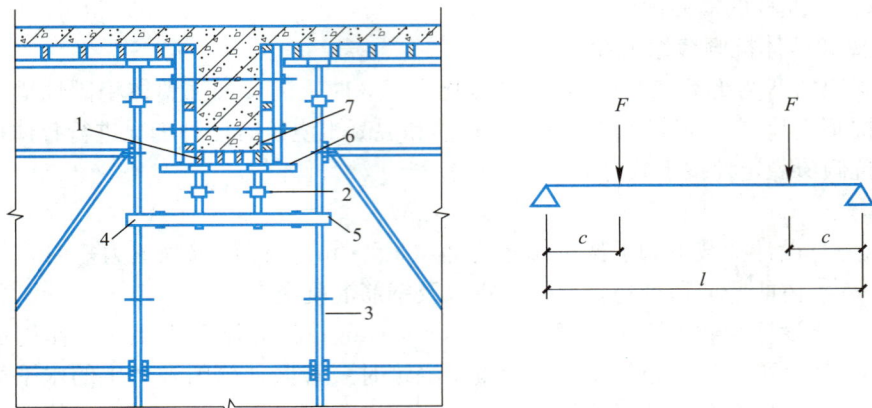

图 4-30   双槽托梁承载力计算示意图

1—模板外楞；2—可调托撑；3—立杆；4—连接盘；5—双槽托梁；6—支撑龙骨；7—模板

4.3.5   模板系统的安装与拆除

可扫描二维码 4-7 观看模板安装与拆除施工教学视频。

1. 模板系统的安装

1）模板安装应按设计与施工说明书顺序拼装。木杆、钢管、门架等支架立柱不得混用。

2）竖向模板和支架立柱支承部分安装在基土上时，应加设垫板，垫板应有足够的强度和支承面积，且应中心承载。基土应坚实，并应有排水措施，对特别重要的结构工程要采用防止支架柱下沉的措施。

3）现浇钢筋混凝土梁、板，当跨度大于 4m 时，模板应起拱；当设计无具体要求时，起拱高度宜为全跨长度的 $1/1000 \sim 3/1000$。

4）现浇多层或高层房屋和构筑物，安装上层模板及其支架应符合下列规定：

（1）下层楼板应具有承受上层施工荷载的承载能力，否则应加设支撑支架；

（2）上层支架立柱应对准下层支架立柱，并应在立柱底铺设垫板；

（3）当采用悬臂吊模板、桁架支模方法时，其支撑结构的承载能力和刚度必须符合设计构造要求。

2. 早拆模板体系

早拆模板体系由模板、托梁、早拆支撑头、可调支柱、支撑系统等组成，图 4-31 为早拆模板体系示意图。早拆模板体系就是"拆模不拆柱"，即拆模时，早拆支撑头立杆支承楼板不拆除。早拆支撑头立杆间距小于 2m 时，混凝土强度达到 50％楼板模板就可拆除。

3. 模板系统的拆除

（1）拆模的顺序和方法应按模板的设计规定进行。当设计无规定时，可采取先支的后拆、后支的先拆、先拆非承重模板、后拆承重模板，并应从上而下进行拆除。对于后张预应力混凝土结构构件，侧模宜在预应力筋张拉前拆除；底模及支架不应在结构构件建立预应力前拆除。

（2）多个楼层间连续支模的底层支架拆除时间，应根据连续支模的楼层间荷载分配和

二维码 4-7
模板安装与拆除

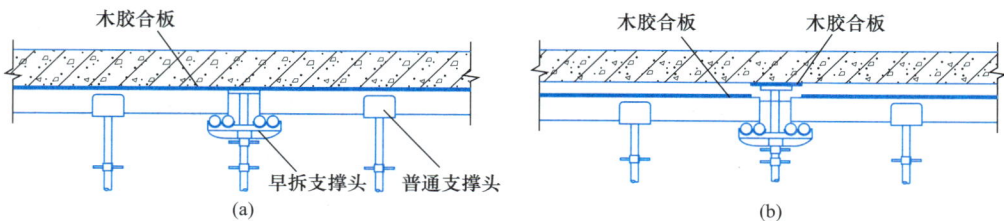

图 4-31 早拆模板体系示意图
(a) 支模; (b) 拆模

混凝土强度的增长情况确定, 当上层及以上楼板正在浇筑混凝土时, 下层楼板立柱的拆除, 应根据下层楼板结构混凝土强度的实际情况, 经过计算确定, 强度不足时, 应加设临时支撑。

(3) 底模及其支架拆除时的混凝土强度应符合设计要求; 当设计无具体要求时, 混凝土强度必须符合表 4-16 的规定。

底模拆除时的混凝土强度要求   表 4-16

构件类型	构件跨度（m）	达到设计的混凝土立方体抗压强度标准值的百分率（%）
板	≤2	≥50
	>2, ≤8	≥75
	>8	≥100
梁、拱、壳	≤8	≥75
	>8	≥100
悬臂构件	—	≥100

4.4 垂直运输设备

在土木工程施工过程中, 需要运送大量的建筑材料、施工工具、构配件到各施工操作面上, 因此, 合理选择垂直运输设备是施工的主要经济技术工作。

目前, 常用的垂直运输设备有塔式起重机、施工升降机、混凝土泵等。

扫描二维码 4-8 观看垂直运输设备相关教学视频。

二维码 4-8
垂直运输设备

4.4.1 塔式起重机

塔式起重机的塔身直立, 起重臂作 360°回转, 在完成垂直运输的同时完成水平运输。

1. 塔式起重机分类

塔式起重机按组装方式、回转部位、臂架类型、移动等各类不同特征进行类型描述[1], 见图 4-32。

1) 塔式起重机附着方式

附着特征分类与《塔式起重机》GB/T 5031—2019 中的分类不同, 是根据塔式起重

---

[1] 详见《起重机 术语 第 3 部分: 塔式起重机》GB/T 6974.3—2008 及《塔式起重机》GB/T 5031—2019 第 4.1 章分类。

机与建造主体附着方式进行的分类，附着方式一般有：塔身通过附着装置附着在外墙、塔身通过内爬装置内置在建造主体的井道、塔身通过内爬装置侧挂在建造主体上，附着支座通过预埋件安装固定在建筑物的框架梁、框架柱、剪力墙、钢结构柱等承载力相对较高的建筑结构上；附着装置一般由附着框、连系构件、附着支座等组成❶。附着的塔式起重机类型可以是图 4-32 中组装式塔式起重机的任意一种。

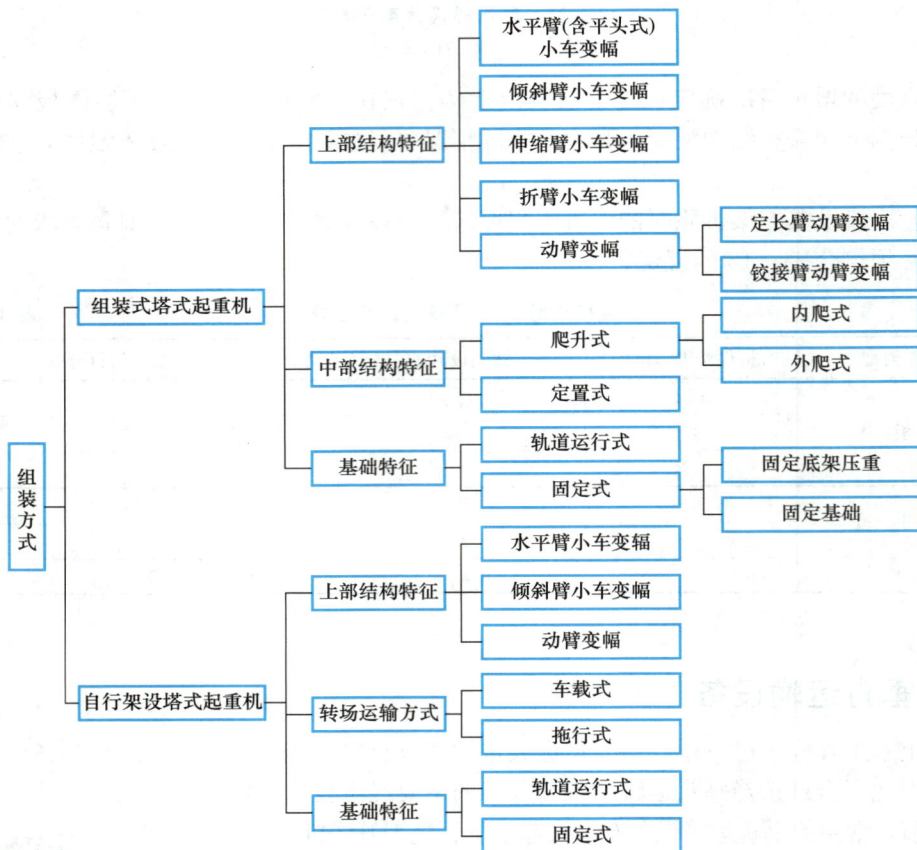

图 4-32　塔式起重机分类

注：定置式塔式起重机指的是一次组装到位，不带爬升的组装式固定式塔式起重机

（1）支架附着塔式起重机

附着式塔式起重机是固定在配套独立基础上的塔式起重机，每隔 20m 左右采用附着支架装置，将塔身固定在建筑物上，以保持稳定。塔身可借助顶升系统向上自升，自升系统包括顶升套架、长行程液压千斤顶、承座、顶升横梁及定位销等。图 4-33 为 QTZ160 型附着式塔式起重机。

---

❶ 《塔式起重机附着安全技术规程》T/ASC 09—2020 规定：

4.1.1 刚性附着装置一般由附着框、附着杆、附着支座、预埋件等组成，常见的刚性附着装置有三杆式、单侧四杆式与双侧四杆式等型式。除特别设计外，附着杆宜呈水平布置。

4.2.1 柔性附着一般由附着框、柔性缆绳、张紧器、附着支座、预埋件等组成，缆绳一般水平布置，分布在塔身周围，缆绳一般有井字形、星形、十字形布置方式。

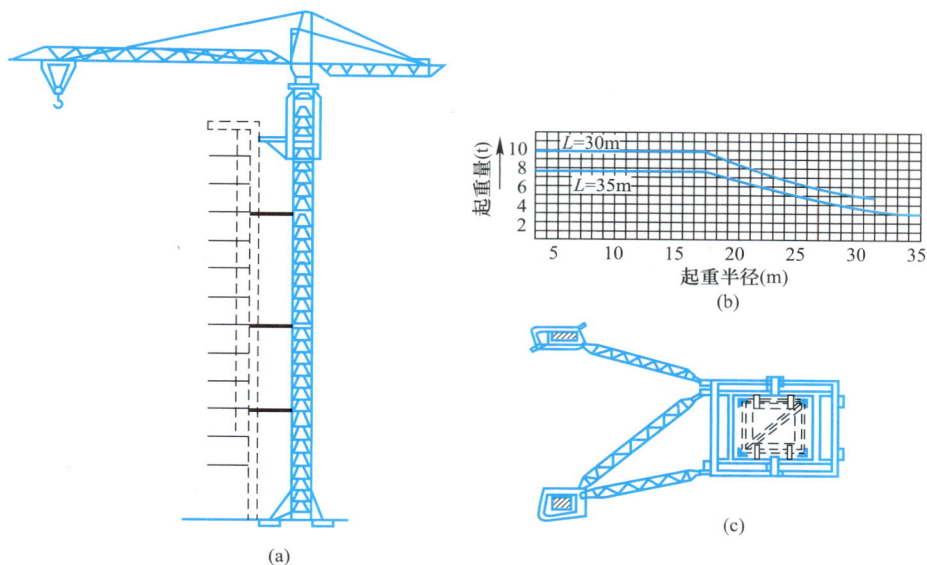

图 4-33　QTZ160 型附着式塔式起重机

（a）全貌图；（b）性能曲线；（c）锚固装置图

（2）井道附着塔式起重机

内爬内置式是安装在建筑物内部电梯井或特设开间的结构上，借助爬升机构随建筑物的升高而向上爬升的起重机械。一般每隔 1~2 层楼爬升一次。其特点是塔身短，不需轨道和附着装置，不占施工场地；但全部荷载均由建筑物承受，拆卸时需在屋面架设辅助起重设备，缺点是司机视线受阻，操作不便。内爬式内置塔式起重机由底座、套架、塔身、塔顶、起重臂和平衡臂等组成。井道附着塔式起重机如图 4-34 所示。

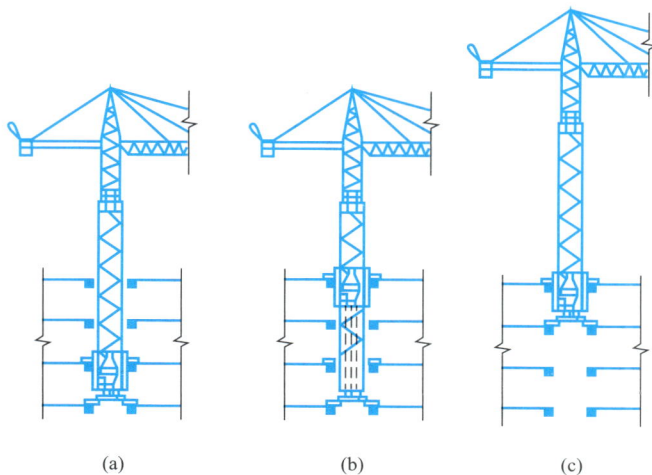

图 4-34　井道附着塔式起重机示意图

（a）升塔；（b）提升固定套架；（c）固定套架收回下部支腿

（3）侧挂塔式起重机

内爬外挂是用一套组合挂架支撑体系将塔式起重机附着于核心筒外壁，并随着楼层的升高而不断爬升，改变了将塔式起重机布置于核心筒内或外附于钢结构外框的传统附着方式，见图 4-35。

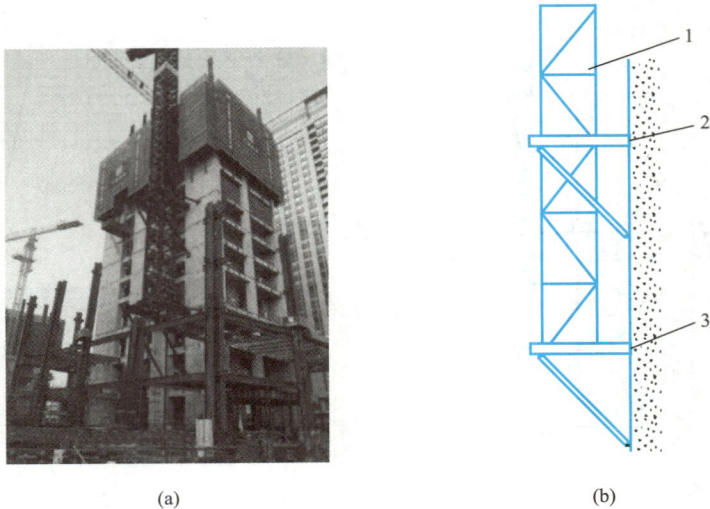

(a)　　　　　　　　　　　　　　　　(b)

图 4-35　侧挂塔式起重机

（a）侧挂塔式起重机照片；（b）侧挂简图

1—塔身；2—上支承梁；3—下支承梁

　　组合挂架支撑体系与普通内爬体系和外附着体系相比，可以实现塔式起重机布置最佳位置的选择，提高了塔式起重机性能有效使用率，减少了塔身对楼层穿插施工工序的影响，加快了高层建筑整体施工速度。

　　2）上部不同特征塔式起重机

　　（1）水平臂小车变幅塔式起重机

　　小车变幅式塔式起重机起重臂固定，变幅是通过起重臂上的运行小车来实现的，起重小车可以开到靠近塔身的地方，变幅迅速，但不能调整仰角。

　　（2）动臂变幅式塔式起重机

　　动臂变幅式塔式起重机的吊钩滑轮组的定滑轮固定在吊臂头部，起重机变幅由改变起重臂的仰角来实现，见图 4-36。

　　（3）折臂小车变幅式塔式起重机

　　折臂小车变幅式塔式起重机的基本特点是小车变幅式，同时吸收了动臂变幅式的某些优点。它的吊臂由前后两段组成（前段吊臂永远保持水平状态，后段可以俯仰摆动），也配有起重小车，构造上与小车变幅式的吊臂、小车相同。

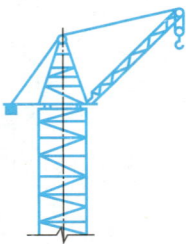

图 4-36　动臂变幅式塔式起重机示意图

　　（4）塔头塔式起重机

　　塔头塔式起重机吊臂与平衡臂具有截面小、受力合理等特点。与平头塔式起重机相比，采用拉杆形式，减轻臂架受力，其臂架的截面尺寸小。

　　（5）平头塔式起重机

　　平头塔式起重机是最近几年发展起来的一种新型塔式起重机（图 4-37），没有传统塔式起重机那种塔头、平衡臂、吊臂及拉杆之间的铰接连接方式，其特点是在原自升式塔式起重机的结构上取消了塔帽及其前后拉杆部分，增强了大臂和平衡臂的结构强度，大臂和平衡臂直接相连。

3）多起重机回转平台

超高层建筑塔式起重机布置，常规采用外挂、内爬等形式附着于建筑主体结构，塔式起重机位置固定，吊装范围有限，爬升工艺复杂。为满足吊装需要，施工单位往往会投入数部大型塔式起重机，且附着、爬升耗时费力，投入大、工效低，成为制约超高层建筑施工的关键技术难题。但不解决好垂直运输问题，直接影响施工工期。

多起重机集成运行平台由多台不同型号配置组合的起重机、起重机基座平台、回转系统以及支承顶升系统组成。针对成都绿地中心项目，图 4-38 在平台顶部呈十字形布置 ZSL1250＋M600D＋ZSL380 三台动臂式塔式起重机，实现塔式起重机吊装范围的 360° 全覆盖，并可根据吊装需求选择大小级配的塔式起重机进行合理配置，充分发挥每台塔式起重机的工作性能。

图 4-37 平头塔式起重机

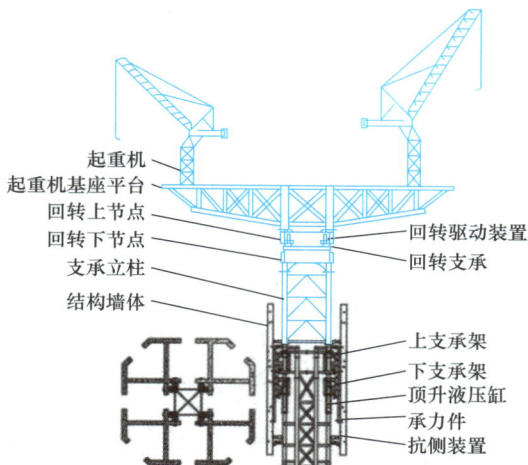

图 4-38 多起重机回转平台

2. 塔式起重机参数

我国塔式起重机型号组成为：QT＋（形式、特性代号）＋主参数代号，其中形式、特性代号标识：下回转式 X、上回转自升式 Z、下回转自升式 S、固定式 G、内爬式 P。例如 QTG60 为 60t·m 的固定式塔式起重机。QTZ5513 的技术参数详见表 4-17。

塔式起重机的主要技术参数有最大起重量、端部吊重（起重力矩）、最大/最小幅度、最大起升高度、结构型式、变幅方式、塔身截面尺寸等。进行高层建筑施工选用塔式起重机时，需要根据施工对象确定所要求的主要技术参数进行综合分析。

QTZ5513 的技术参数 表 4-17

额定起重力矩	800kN·m	
机构载荷率	起升机构	JC40％
	回转机构	JC25％
	小车行走机构	JC25％

续表

最大起重量		6.0t	
起升高度	独立式（m）	45	
	附着式（m）	150	
幅度	最大幅度（m）	55	
	最小幅度（m）	2.5	
起升高度	倍率	2	4
	起升速度（m/min）	9/40/80	4.5/20/40
	电机功率（kW）	24/24/5.4	
	最小起重量（t）	1.3	
	最大起重量（t）	6.0	
牵引机构	牵引速度（m/min）	19/38	
	电机功率（kW）	2.2/3.3	
回转机构	回转速度（r/min）	0～0.60	
	电机功率（kW）	3.7×2	
顶升机构	顶升速度（m/min）	0.5	
	电机功率（kW）	5.5	
	工作压力（MPa）	20	
平衡配重	55m臂（t）	2.6×5+1.6＝14.6	
	50m臂（t）	2.6×5＝13	
工作温度		−20℃～+40℃	
总装机容量		40.2kW	
整机自重		34.226t（不含配重）	

1）幅度

幅度又称回转半径或工作半径，即塔式起重机回转中心至吊钩中心的水平距离。幅度又包括最大幅度与最小幅度两个参数。高层建筑施工选择塔式起重机时，首先应考察该塔式起重机的最大幅度是否能满足施工需要。

2）额定起重量

额定起重量是指塔式起重机在各种工况下，安全作业所容许的起吊重物的最大重量。起重量包括所吊重物、吊具和盛物装置（如料斗、砖笼等）的重量，但不包括吊钩的重量。不同幅度处的额定起重量是不同的。

3）最大起重量

塔式起重机在正常工作条件下，允许吊起的最大重量。图4-39中QTZ5513是上回转自升式塔式起重机，最大吊重4倍率时是6t（≤16m臂长），2倍率时是3t（≤28m臂长）。

4）起重力矩

初步确定起重量和幅度参数后，还必须根据塔式起重机技术说明书中给出的资料，核查是否超过额定起重力矩。所谓起重力矩（单位是"kN·m"）指的是塔式起重机的幅度与相应于此幅度下的起重量的乘积，能比较全面和确切地反映塔式起重机的工作能力。

5）起升高度

起升高度是指自塔式起重机基础顶面至吊钩中心的垂直距离，其大小与塔身高度及臂架构造形式有关。一般应根据构筑物的总高度、预制构件或部件的最大高度、脚手架构造

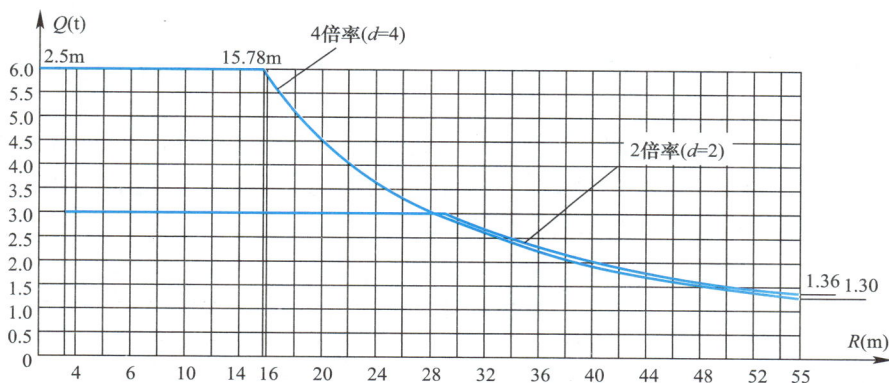

图 4-39 QTZ5513 起重机特性曲线

尺寸及施工方法等综合确定起升高度。

6）最大起重力矩

最大起重力矩是最大额定起重力与其在设计确定的各种组合臂长中所能达到的最大工作幅度的乘积，计量单位是"kN·m"。查 QTZ5513 性能表，最大起重力矩为 800kN·m

7）工作速度

塔式起重机的工作速度包括起升速度、回转速度、变幅速度等。

（1）起升速度：起吊各稳定运行速度挡位对应的最大额定起重量，吊钩上升过程中稳定运动状态下的上升速度，单位是"m/min"。

（2）回转速度：塔式起重机在最大额定起重力矩载荷状态、风速小于 3m/s、吊钩位于最大高度时的稳定回转速度，单位是"r/min"。

（3）小车变幅速度：起吊最大幅度时的额定起重量，风速小于 3m/s，小车稳定运行的速度，单位是"m/min"。

8）塔式起重机重量

塔式起重机重量包括塔式起重机的自重、平衡重和压重的重量。

9）尾部回转半径

塔式起重机回转中心线至平衡臂端部的最大距离。为保证塔式起重机拆卸时能正常降塔，确定塔式起重机基础位置时，需要注意这一参数。

3. 塔式起重机的设置规划

1）塔式起重机的位置布置

在编制施工组织设计、绘制施工总平面图时，塔式起重机安设位置需要满足下列要求：

（1）塔式起重机的幅度与起重量均能很好地适应主体结构（包括基础阶段）施工需要，并留有充足的安全余量；塔式起重机的尾部与周围建筑物及其外围施工设施之间的安全距离不小于 0.6m。工程竣工后，仍留有充足的空间，便于拆卸塔式起重机并将部件运出现场。

（2）施工现场要有环形交通道，便于安装辅机和运输塔式起重机部件的卡车和平板拖车进出施工现场。

（3）在同一施工地点有两台以上塔式起重机并可能互相干涉时，需要制定群塔作业方案；两台塔式起重机之间的最小架设距离必须保证处于低位塔式起重机的起重臂端部与另一台塔式起重机的塔身之间至少有 2m 的距离；处于高位塔式起重机的最低位置的部件（吊钩升至最高点或平衡重的最低部位）与低位塔式起重机中处于最高位置部件之间的垂直距离不应小于 2m。

（4）应靠近工地电源变电站；有架空输电线的场合，塔式起重机的任何部位与输电线的安全距离，应符合表 4-18 的规定。如因条件限制不能保证表中的安全距离时，应与有关部门协商，并采取安全防护措施后方可架设。

塔式起重机与输电线的安全距离 表 4-18

安全距离	电压（kV）				
	<1	1～15	20～40	60～110	220
沿垂直方向	1.5	3.0	4.0	5.0	6.0
沿水平方向	1.0	1.5	2.0	4.0	6.0

（5）塔式起重机在无线电台、电视台或其他电磁波发射天线附近施工时，需要采取绝缘措施❶。

2）塔式起重机附墙装置

为了保证安全，一般塔式起重机的高度超过 30～40m 就需要附墙装置，需要根据建（构）筑物结构、塔式起重机附着间距限制确定附着型式、附着位置。在设置第一道附墙装置后，塔身每隔 14～20m 须加设一道附墙装置。刚性附着装置一般由附着框、附着杆、附着支座、预埋件等组成，常见的刚性附着装置有三杆式（图 4-40）、单侧四杆式与双侧四杆式等型式。

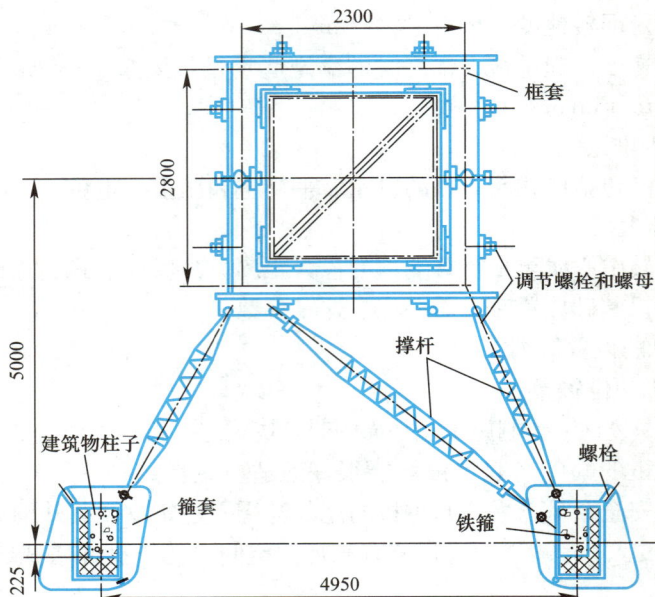

图 4-40 塔式起重机三根拉杆附着杆节点

❶《建筑机械使用安全技术规程》JGJ 33—2012 规定：

4.4.21 条文说明：塔式起重机与大地之间是一个"C"形导体，当大量电磁波通过时，吊钩与大地之间存在着很高的电位差。如果作业人员站在道轨或地面上，接触吊钩时正好使"C"形导体形成一个"O"形导体，人体就会被电击或烧伤。

　　附着装置设计需要考虑各工况最不利载荷组合，依据《塔式起重机附着安全技术规程》T/ASC 09—2020 计算附着支反力，并取最大反力值作为附着装置及附着支座的计算载荷❶。同时需要考虑建（构）筑物的允许附着锚固点以及锚固点的承载力和刚度等因素。附着设计工作宜与建（构）筑物的施工组织设计和塔式起重机的使用选型同步进行。

　　安装附着框架和附着杆件时，应用经纬仪测量塔身垂直度，并应利用附着杆件进行调整，在最高锚固点以下垂直度偏差不得大于 2‰；安装附着框架和附着支座时，各道附着装置所在平面与水平面的夹角不得超过 10°。塔身顶升到规定附着间距时，应及时增设附着装置。塔身高出附着装置的自由端高度，一般应符合使用说明书的规定。

　　4. 安装验收

　　（1）安装单位应对安装质量进行自检。安装自检的内容和要求按《建筑施工塔式起重机安装、使用、拆卸安全技术规程》JGJ 196—2010 中附录 A 执行。

　　（2）安装单位自检合格后，要委托有相应资质的检验机构进行检验。检验机构应出具检验报告。

　　（3）经自检、检验合格后，使用单位需要组织产权单位、安装单位和监理单位等进行验收。实行施工总承包的，由施工总承包单位组织验收。使用验收的内容和要求按《建筑施工塔式起重机安装、使用、拆卸安全技术规程》JGJ 196—2010 中附录 B 执行。

　　（4）严禁使用未经验收或验收不合格的塔式起重机。

4.4.2　施工升降机

　　升降机分为人货两用升降机和货用升降机，目前施工现场安装的施工升降机多指的是人货两用升降机。施工现场安装的龙门架及井架物料提升机属于货用升降机。

　　1. 人货两用升降机

　　人货两用升降机有完全封围的吊笼，可运送货物和人员。常用的人货两用升降机按其吊笼的驱动形式可分为：

　　（1）齿轮齿条式人货两用升降机，主要部件为吊笼、带有底笼的平面主框架结构、立柱导轨架、驱动装置、电控系统、提升系统、安全装置等。

　　（2）卷筒（卷扬机）驱动的钢丝绳式人货两用升降机。

　　（3）曳引轮（曳引机）驱动的钢丝绳式人货两用升降机（即曳引式人货两用升降机）。

　　其中（1）（2）符合《吊笼有垂直导向的人货两用施工升降机》GB/T 26557—2021 标准要求，（3）符合《施工升降机 曳引式施工升降机》JB/T 13031—2017 标准要求。

　　目前，建筑施工大部分采用的是齿轮齿条式施工升降机，主要采用齿轮齿条作为载荷悬挂系统的人货两用施工升降机；曳引式施工升降机，其吊笼/运载装置和对重由经过曳引轮的曳引绳悬挂，由曳引绳和曳引轮绳槽之间的摩擦力来驱动的人货两用施工升降机。

　　高层建筑施工升降机的机型选择，应根据建筑体型、建筑面积、运输总量、工期要求

---

❶ 《塔式起重机设计规范》GB/T 13752—2017 规定：

4.6.3 塔身附着于建筑物或构筑物的塔式起重机，应按弹性支座的多跨连续梁来计算其支反力，该力即为附着装置的载荷。塔身上部最高附着点（塔身悬臂支承端）的支承反力最大，应取该反力值作为附着装置及建筑物支承装置的计算载荷。

4.6.4 计算内爬式塔式起重机支承反力时，应根据具体支承方案确定简化力学模型。

以及施工升降机的造价与供货条件等确定。

2. 施工升降机的使用

1) 确定施工升降机位置

（1）有利于人员和物料的集散；

（2）各种运输距离最短；

（3）方便附墙装置安装和设置；

（4）接近电源，有良好的夜间照明，便于司机观察；

（5）在施工升降机基础周边水平距离 5m 以内，不得开挖井沟，不得堆放易燃易爆物品及其他杂物。

2) 施工升降机基础及附墙装置的构造做法

施工升降机基础顶面标高有三种：高于地面、与地面齐平、低于地面，以与地面齐平做法方便施工人员出入。施工升降机的基础为带有预埋地脚螺栓的现浇钢筋混凝土。一般采用配筋为Φ8@250mm 的 C30 钢筋混凝土筏板基础，地基土的地耐力必须满足施工升降机要求的地基承载力。

施工升降机的附墙架形式、附着高度、垂直间距、附着点水平距离、附墙架与水平面之间的夹角、导轨架自由端高度和导轨架与主体结构间水平距离等均应符合使用说明书的要求。当附墙架不能满足施工现场要求时，应对附墙架另行设计。

3) 层站平台

在施工升降机与主体结构之间应设置层站平台（图 4-41），层站平台及架体应与外脚手架分开，独立设置，满足稳定性要求。

4) 安全通道

当建筑物超过 2 层时，施工升降机地面通道上方应搭设防护棚；当建筑物高度超过 24m 时，应设置双层防护棚（图 4-42）。

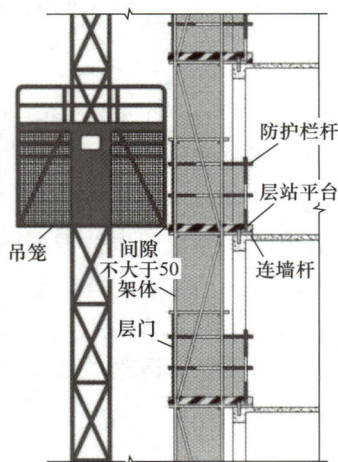

图 4-41　层站平台

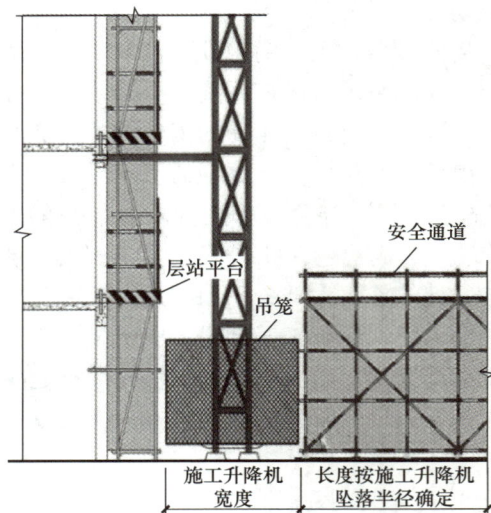

图 4-42　安全通道示意图

5) 加强施工升降机的管理

施工升降机全部运转时，输送物料的时间只占运送时间的 30%～40%，在高峰期，特别在上下班时刻，人流集中，施工升降机运量达到高峰，如何解决好施工升降机人、货矛盾，是一个关键问题。

3. 使用检查及功能性试验❶

（1）人货两用升降机应至少每 6 个月由专业人员进行一次全面检查，人货两用升降机的超速安全装置应每 12 个月重新标定一次。

（2）施工升降机每天第一次使用前，司机应将吊笼升离地面 1～2m，停车试验制动器的可靠性。

（3）施工升降机每 3 个月进行一次 1.25 倍额定载重量的超载试验，检查升降机制造商规定的在升降机安装和拆卸过程中允许吊笼/运载装置运载的最大载荷的可靠性。

（4）施工升降机应至少每 3 个月进行一次无载荷坠落试验，人货两用升降机每 6 个月还应额外进行一次带额定载荷的坠落试验，检查超速安全装置的功能是否正常。

4.4.3 混凝土输送泵

混凝土输送泵能同时完成混凝土的水平运输和垂直运输，近几年来，在高层建筑施工中泵送预拌混凝土的技术日新月异，泵送高度已达 621m。

1. 混凝土输送泵的分类

混凝土输送泵按驱动方式分为活塞式泵和挤压式泵，目前用得较多的是活塞式泵。按混凝土泵所使用的动力可分为机械式活塞泵和液压式活塞泵，目前用得较多的是液压式活塞泵；液压式活塞泵按推动活塞的介质又分为油压式和水压式两种，现在用得较多的是油压式；按混凝土泵的机动性分为固定式泵和移动式泵。

2. 活塞式混凝土输送泵的工作原理

活塞式混凝土输送泵主要由料斗、液压缸、活塞、混凝土缸、分配阀、Y 形管、冲洗设备、液压系统和动力系统等部分组成，见图 4-43。

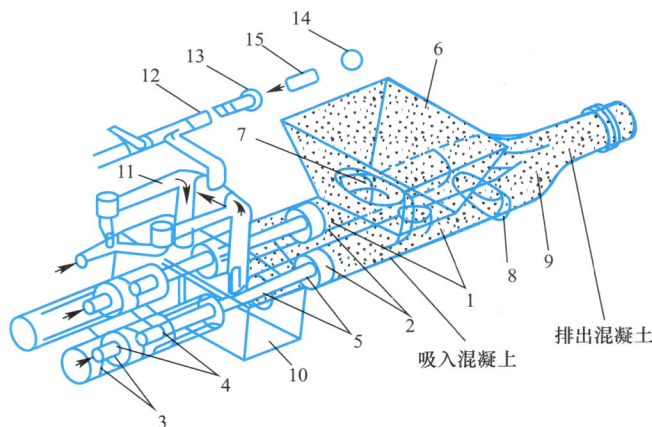

图 4-43　液压活塞式混凝土泵工作原理

1—混凝土缸；2—混凝土活塞；3—液压缸；4—液压活塞；5—活塞杆；6—受料斗；7—吸入端水平片阀；
8—排除端竖直片阀；9—Y 形输送管；10—水箱；11—水洗装置换向阀；12—水洗用高压软管；
13—水洗用法兰；14—海绵球；15—清洗活塞

---

❶ 《施工升降机安全使用规程》GB/T 34023—2017 规定。

活塞式混凝土输送泵工作时，混凝土进入料斗内，料斗内的混凝土在自重和吸力作用下进入混凝土缸。混凝土在压力作用下沿管道完成水平和垂直运输，直接输送到浇筑地点。

3. 混凝土输送管路布置

混凝土输送管路系统设计，要根据工程和施工场地特点、混凝土浇筑方案等合理选择配管方法和泵送工艺进行管路系统的设计，同时需要保证安全施工、装拆维修方便。

1）混凝土泵（泵车）位置的选择

在泵送混凝土施工过程中，混凝土泵或（泵车）的停放位置直接影响混凝土运输能力。混凝土泵车的布置应考虑以下要点：

（1）混凝土泵或泵车停放的场地要平整、坚实，以保证混凝土搅拌输送车的供料、调车，最好能有供 3 台搅拌运输车同时停放和卸料的场地条件。

（2）混凝土泵或泵车停放位置力求距离浇筑地点最近，并且供水、供电方便；在混凝土泵的作业范围内，不得有障碍物、高压电线，同时要有防范高空坠物的措施。

（3）浇筑的混凝土构件应在布料杆的工作范围内，尽量少移动泵车。多台混凝土泵（泵车）同时浇筑时，选定的位置要与浇筑区域最接近，要求尽量一次浇筑完毕，避免留置施工缝。

（4）采用接力泵泵送混凝土时，接力泵位置的设置应使上、下泵的输送能力匹配；且应验算接力泵荷载对结构的影响，必要时应采取加固措施。

2）混凝土泵的实际平均输出量

混凝土泵的实际平均输出量可根据混凝土泵的最大输出量、配管情况和作业效率，按下式计算：

$$Q_1 = \eta \alpha_1 Q_{\max} \tag{4-15}$$

式中　　Q_1——每台混凝土泵的实际平均输出量（m^3/h）；

　　　　$Q_{\max}$——每台混凝土泵的最大输出量（m^3/h）；

　　　　α_1——配管条件系数，可取 0.8～0.9；

　　　　η——作业效率；根据混凝土搅拌运输车向混凝土泵供料的间断时间、拆装混凝土输送管和布料停歇等情况，可取 0.5～0.7。

3）混凝土泵数量的选择

混凝土泵的台数，可根据混凝土浇筑量、单机的实际平均输出量和施工作业时间，按下式计算：

$$N_2 = Q/(Q_1 \times T_0) \tag{4-16}$$

式中　　N_2——混凝土泵台数，其结果取整，小数进位；

　　　　Q——混凝土浇筑体积量（m^3）；

　　　　Q_1——每台混凝土泵的实际平均输出量（m^3/h）；

　　　　T_0——混凝土泵送施工作业时间（h）。

重要工程的混凝土泵送施工，混凝土泵所需台数，除根据计算确定外，宜有一定的备用台数。

4）配备混凝土运输车的数量计算

$$N_1 = \frac{Q_1}{60 V_1 \eta_V}\left(\frac{60 L_1}{S_0} + T_1\right) \tag{4-17}$$

式中　N_1——混凝土搅拌运输车台数，进位整数；

Q_1——每台混凝土泵的实际平均输出量（m^3/h）；

V_1——每台混凝土搅拌运输车容量（m^3）；

η_V——搅拌运输车容量折减系数，可取 $0.90\sim0.95$；

S_0——混凝土搅拌运输车平均行车速度（km/h）；

L_1——混凝土搅拌运输车往返距离（km）；

T_1——每台混凝土搅拌运输车总计停歇时间（min）。

5）配管设计❶

混凝土输送管应根据工程特点、施工场地条件、混凝土浇筑方案等进行合理选型和布置。输送管布置宜平直，宜减少管道弯头用量。混凝土输送管路见图4-44。

（1）同一管路采用相同管径的输送管，除终端出口处外，不得采用软管。

（2）垂直向上配管时，地面水平管折算长度不宜小于垂直管长度的 1/5，且不小于 15m；垂直泵送高度超过 100m 时，混凝土泵机出料口处应设置截止阀。

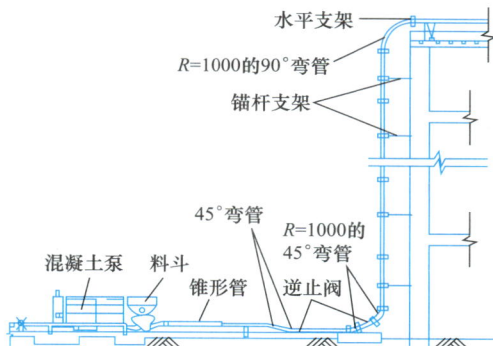

图 4-44　混凝土输送管路

（3）倾斜或垂直向下泵送施工时，高差大于 20m 时，应在倾斜或垂直管下端设置弯管或水平管，弯管和水平管折算长度不宜小于 1.5 倍高差。

（4）混凝土水平输送的管路应采用支架固定，垂直输送的管路支架必须与结构牢固连接，支架不得支承在脚手架上。具体要求有：

① 水平管的固定支撑宜具有一定离地高度；

② 每根垂直管应有两个或两个以上固定点；

③ 现场条件受限，可另搭设专用支承架；

④ 垂直管下端的弯管不得作为支承点使用，需要设置钢支撑承受垂直管重量；

⑤ 严格按要求安装接口密封圈，管道接头处不得漏浆。

（5）配管水平换算长度计算。在选择混凝土泵和计算泵送能力时，通常是将混凝土输送管的各种工作状态（包括直管、弯管、锥形管、软管、管接头和截止阀）换算成水平长

---

❶ 《混凝土泵送施工技术规程》JGJ/T 10—2011 规定：

5.2.3 垂直向上配管时，地面水平管折算长度不宜小于垂直管长度的 1/5，且不宜小于 15m；垂直泵送高度超过 100m 时，混凝土泵机出料口处应设置截止阀。

5.2.4 倾斜或垂直向下泵送施工时，且高差大于 20m 时，应在倾斜或垂直管下端设置弯管或水平管，弯管和水平管折算长度不宜小于 1.5 倍高差。

5.2.5 混凝土输送管的固定应可靠稳定。用于水平输送的管路应采用支架固定；用于垂直输送的管路支架应与结构牢固连接。支架不得支承在脚手架上，并应符合下列规定：

1. 水平管的固定支撑宜具有一定离地高度；2. 每根垂直管应有两个或两个以上固定点；3. 如现场条件受限，可另搭设专用支架；4. 垂直管下端的弯管不应作为支承点使用，宜设钢支撑承受垂直管重量；5. 应严格按要求安装接口密封圈，管道接头卡箍处不得漏浆。

5.2.6 手动布料设备不得支承在脚手架上，也不得直接支承在钢筋上，宜设置钢支撑将其架空。

度。换算长度可按表 4-19 换算。混凝土输送管道的配管整体水平换算长度，应不超过计算所得的最大水平泵送距离。

混凝土输送管的水平换算长度				表 4-19
管类别或布置状态	换算单位	管规格		水平换算长度（m）
向上垂直管	每米	管径（mm）	100	3
			125	4
			150	5
倾斜向下管（倾角 α）	每米	管径（mm）	100	$\cos\alpha+3\sin\alpha$
			125	$\cos\alpha+4\sin\alpha$
			150	$\cos\alpha+5\sin\alpha$
垂直向下及倾斜向下管	每米	—		1
锥形管	每根	锥径变化（mm）	175→150	4
			150→125	8
			125→100	16
弯管（张角 β≤90°）	每只	弯曲半径（mm）	500	$12\beta/90$
			1000	$9\beta/90$
胶管	每根	长 3m～5m		20

4. 混凝土输送管路安全技术措施

（1）用于泵送混凝土的模板及其支撑件的设计，需要考虑混凝土泵送浇筑施工所产生的附加作用力，并按实际工况对模板及其支撑件进行强度、刚度、稳定性验算。浇筑过程中需要对模板和支架进行观察和维护，发现异常情况及时进行处理。

（2）对安装于垂直管下端钢支撑、布料设备及接力泵的结构部位需要进行承载力验算，必要时采取加固措施。布料设备尚需要验算其使用状态的抗倾覆稳定性。

（3）在有人员通过之处的高压管段、距混凝土泵出口较近的弯管，需要设置安全防护设施。

（4）当输送管发生堵塞而需拆卸管夹时，应先对堵塞部位混凝土进行卸压，混凝土彻底卸压后方可进行拆卸。为防止混凝土突然喷射伤人，拆卸人员不得直接面对输送管管夹进行拆卸。

（5）排除堵塞后重新泵送或清洗混凝土泵时，末端输送管的出口必须固定，并要朝向安全方向。

（6）必须定期检查输送管道和布料管道的磨损情况，弯头部位必须重点检查，对磨损较大、不符合使用要求的管道要及时更换，以防爆管。

（7）在布料设备的作业范围内，不得有高压线或影响作业的障碍物。布料设备与塔式起重机和升降机械设备不得在同一范围内作业。

（8）需要控制布料设备出料口位置，避免超出施工区域，必要时采取安全防护设施，防止出料口混凝土坠落。

（9）在风雨或暴热天气输送混凝土，容器上应加遮盖，以防进水或水分蒸发。布料设备在出现雷雨、风力大于 6 级等恶劣天气时，不得作业。夏季最高气温超过 40℃时，宜用湿布、湿草袋等遮盖混凝土输送管的隔热措施，避免阳光照射。严寒季节施工，宜用保温材料包裹混凝土输送管，防止管内混凝土受冻，并保证混凝土的入模温度。

4.5　工程案例

南京世贸 G11 商办超高层项目位于建邺区 CBD 核心区域，西临运营中的地铁 2 号线，南面为幸福河，北临集庆门大街，东靠云锦路，是一座集商业、办公、超五星级酒店为一体的城市商业综合体；项目总建筑面积 47 万 m²，地下 4 层；主塔楼地上 65 层，建筑高度 300m，为核心筒框架结构，裙房地上 9 层，建筑高度 49.4m，为钢筋混凝土框架结构。扫描二维码 4-9 观看南京世贸 G11 商办项目。

二维码 4-9
南京世贸 G11
商办项目

作业

常州工学院二期艺术展示中心工程，5 层框架结构，地上建筑面积 7686.754m²，建筑总高度 22.5m，工程于 2021 年 12 月开工建造，已竣工交付。

一层会议室层高 4.5m，①-②柱距 8.4m，Ⓐ-Ⓑ轴柱距 5.4m，梁柱几何尺寸信息见表 4-20，详见图 4-45。

一层会议室梁柱几何尺寸信息　　　　　　　　　　表 4-20

序号	柱截面（mm×mm）	位置
KZ1a	600×600	①-Ⓐ
KZ1	600×600	①-Ⓑ
KZ3	600×800	②-Ⓑ
KL-1（6）	300×850	①
KL-2a（1）	300×800	②
KL-A1（5A）	300×850	Ⓐ
KL-B1（1A）	300×800	Ⓑ
L-2a（6）	250×600	
L-2b（6）	250×600	

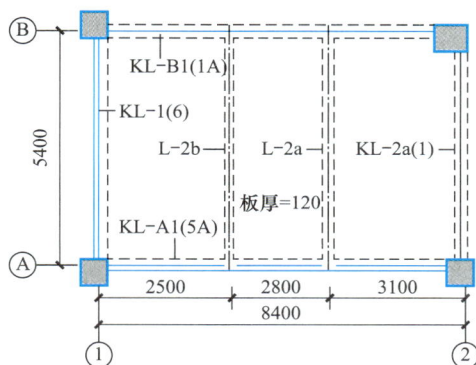

图 4-45　艺术展示中心局部楼板示意图

【任务】设计该会议室净长 7.9m，净宽 5.1m，板厚 120mm 楼板模板施工方案。扫描二维码 4-10 参考模板计算案例。

本章小结

（1）脚手架主要包括承插型盘扣式钢管脚手架、扣件式钢管脚手架、悬挑式脚手架、附着升降式脚手架、碗扣式钢管脚手架、门式脚手架、吊式脚手架、挂式脚手架等。

二维码 4-10
模板计算案例

（2）模板及支架的形式和构造应根据工程结构形式、荷载大小、地基土类别、施工设备和材料供应等条件确定。模板的主要功能就是满足混凝土成型的要求，所以模板必须保证形状、尺寸准确，接缝严密、不漏浆。模板支架系统推广使用承插盘扣式脚手架，这种模板支架节点受力工况优于扣件式脚手架，解决了扣件式钢管脚手架节点受力不合理的弊端。

（3）在土木工程施工过程中，合理选择垂直运输设备是施工必须解决的问题。本章主要介绍了塔式起重机、施工升降机、混凝土泵。实践表明，在建筑施工中，垂直运输设备的选型、空间规划、平面布置、吊运计划管理直接关系到施工进度控制和成本控制工作。

第 5 章　钢筋混凝土工程

【知识目标】
(1) 钢筋的种类、加工、下料、安装及验收；
(2) 混凝土的配料、制备、运输、浇筑及质量评定；
(3) 预应力混凝土、大体积混凝土、水下混凝土及钢管、型钢混凝土的施工方法。

【能力目标】
(1) 能够独立完成钢筋翻样下料计算工作；
(2) 能够编制钢筋混凝土施工方案；
(3) 能够进行混凝土质量评定工作。

【素质教育】扫描二维码 5-1 观看白鹤滩水电站建设。

金沙江白鹤滩水电站首批机组投产，全体建设者和各方面发扬精益求精、勇攀高峰、无私奉献的精神，团结协作、攻坚克难，为国家重大工程建设作出了贡献。这充分说明，社会主义是干出来的，新时代是奋斗出来的。

二维码 5-1
白鹤滩水电站建设

《建筑与市政工程施工质量控制通用规范》GB 55032—2022 附录 A 建筑工程分部工程、分项工程划分规定：混凝土结构是主体结构分部的一个子分部，混凝土结构子分部包括模板、钢筋、混凝土、预应力、现浇结构、装配式结构六个分项工程，本章介绍钢筋、混凝土、预应力、现浇结构四个分项工程。

钢管混凝土结构、型钢混凝土结构也是主体结构分部的子分部，也合并到这一章中介绍。

5.1　钢筋工程

5.1.1　钢筋种类

1. 钢筋牌号

我国钢筋标准中规定的牌号与国际通用规则是一致的，热轧钢筋由表示轧制工艺和外形的英文首字母与钢筋屈服强度的最小值表示。目前主要

二维码 5-2
钢筋种类

的钢筋牌号见表 5-1❶。扫描二维码 5-2 观看钢筋种类教学视频。

钢 筋 牌 号　　　　　　　　　　　　　　表 5-1

类别	牌号	牌号构成	牌号字母英文含义
热轧光圆钢筋	HPB300	HPB＋屈服强度特征值构成	HPB——热轧光圆钢筋的英文（Hot rolled Plain Bars）缩写
普通热轧带肋钢筋	HRB400	HRB＋屈服强度特征值构成	HRB——热轧带肋钢筋的英文（Hot rolled Ribbed Bars）缩写； E——"地震"的英文（Earthquake）首位字母
普通热轧带肋钢筋	HRB500	HRB＋屈服强度特征值构成	HRB——热轧带肋钢筋的英文（Hot rolled Ribbed Bars）缩写； E——"地震"的英文（Earthquake）首位字母
普通热轧带肋钢筋	HRB600	HRB＋屈服强度特征值构成	HRB——热轧带肋钢筋的英文（Hot rolled Ribbed Bars）缩写； E——"地震"的英文（Earthquake）首位字母
普通热轧带肋钢筋	HRB400E	HRB＋屈服强度特征值＋E 构成	HRB——热轧带肋钢筋的英文（Hot rolled Ribbed Bars）缩写； E——"地震"的英文（Earthquake）首位字母
普通热轧带肋钢筋	HRB500E	HRB＋屈服强度特征值＋E 构成	HRB——热轧带肋钢筋的英文（Hot rolled Ribbed Bars）缩写； E——"地震"的英文（Earthquake）首位字母
细晶粒热轧带肋钢筋	HRBF400	HRBF＋屈服强度特征值构成	HRBF——在热轧带肋钢筋的英文缩写后加"细"的英文（Fine）首位字母； E——"地震"的英文（Earthquake）首位字母
细晶粒热轧带肋钢筋	HRBF500	HRBF＋屈服强度特征值构成	HRBF——在热轧带肋钢筋的英文缩写后加"细"的英文（Fine）首位字母； E——"地震"的英文（Earthquake）首位字母
细晶粒热轧带肋钢筋	HRBF400E	HRBF＋屈服强度特征值＋E 构成	HRBF——在热轧带肋钢筋的英文缩写后加"细"的英文（Fine）首位字母； E——"地震"的英文（Earthquake）首位字母
细晶粒热轧带肋钢筋	HRBF500E	HRBF＋屈服强度特征值＋E 构成	HRBF——在热轧带肋钢筋的英文缩写后加"细"的英文（Fine）首位字母； E——"地震"的英文（Earthquake）首位字母

图 5-1　HRB400E 钢筋实物标识图例

钢筋牌号以阿拉伯数字或阿拉伯数字加英文字母表示，HRB400、HRB500、HRB600 分别以 4、5、6 表示，HRBF400、HRBF500 分别以 C4、C5 表示，HRB400E、HRB500E 分别以 4E、5E 表示，HRBF400E、HRBF500E 分别以 C4E、C5E 表示。厂名以汉语拼音字头表示。公称直径毫米数以阿拉伯数字表示，见图 5-1（4E 标识 HRB400E、SG 标识沙钢、25 标识直径为 25）。

钢筋产品按性能确定钢筋的牌号和强度级别，相关参数见表 5-2。

普通钢筋的种类及相关参数　　　　　　　　表 5-2

牌号	下屈服强度 R_{eL}（MPa）	抗拉强度 R_m（MPa）	断后伸长率 A（%）	最大力总延伸率 A_{gt}（%）
	不小于			
HPB300	300	420	25	10.0
HRB400 HRBF400	400	540	16	7.5
HRB400E HRBF400E	400	540	—	9.0

---

❶　《钢筋混凝土用钢 第 1 部分：热轧光圆钢筋》GB/T 1499.1—2024 规定：
4.1 钢筋按屈服强度特征值为 300 级。
4.2 钢筋牌号的构成及其含义见表 1。
《钢筋混凝土用钢 第 2 部分：热轧带肋钢筋》GB/T 1499.2—2024 规定：
4.1 钢筋按屈服强度特征值分为 400、500、600 级。
4.2 钢筋牌号的构成及其含义见表 1。

续表

牌号	下屈服强度 R_{eL}(MPa)	抗拉强度 R_m(MPa)	断后伸长率 A(%)	最大力总延伸率 A_{gt}(%)
	不小于			
HRB500 HRBF500	500	630	15	7.5
HRB500E HRBF500E			—	9.0
HRB600	600	730	14	7.5

抗震结构用钢筋（牌号中带 E）力学性能要求：❶

（1）抗拉强度实测值与屈服强度实测值的比值不应小于 1.25；

（2）屈服强度实测值与屈服强度标准值的比值不应大于 1.30；

（3）最大力总延伸率不应小于 9%。

2. 钢筋的检验

1) 检验批

钢筋按批进行检查和验收，每批由同一牌号、同一炉罐号、同一规格的钢筋组成，每批重量不大于 60t。超过 60t 的部分，每增加 40t（或不足 40t 的余数），增加一个拉伸试验试样和一个弯曲试验试样。

允许同一牌号、同一冶炼方法、同一浇注方法的不同炉罐号组成混合批，各炉罐号含碳量之差不大于 0.02%，含锰量之差不大于 0.15%。混合批的重量不大于 60t。

由于工程量、运输条件和各种钢筋的用量等的差异，很难对各种钢筋的进场检查数量作出统一规定。实际检查时，若有关标准中只有对产品出厂检验数量的规定，则在进场检验时，检查数量可按下列情况确定：

（1）当一次进场的数量大于该产品的出厂检验批量时，应划分为若干个出厂检验批量，然后按出厂检验的抽样方案执行；

（2）当一次进场的数量不大于该产品的出厂检验批量时，应作为一个检验批量，然后按出厂检验的抽样方案执行；

（3）获得认证的产品或来源稳定且连续三批均一次检验合格的产品，进场验收时检验批的容量可扩大一倍；同一工程项目且同期施工的多个单位工程使用同一厂家生产的同批

---

❶　现行《混凝土结构设计标准》GB/T 50010—2010 规定：

第 3.2.3 条文说明：对按一、二、三级抗震等级设计的各类框架构件（包括斜撑构件），要求纵向受力钢筋检验所得的抗拉强度实测值（即实测最大强度值）与受拉屈服强度的比值（强屈比）不小于 1.25，目的是当结构某部位出现较大塑性变形或塑性铰后，钢筋在大变形条件下具有必要的强度潜力，保证构件的基本抗震承载力；要求钢筋受拉屈服强度实测值与钢筋的受拉强度标准值的比值（屈强比）不应大于 1.3，主要是为了保证"强柱弱梁"、"强剪弱弯"设计要求的效果不致因钢筋屈服强度离散性过大而受到干扰；钢筋最大力下的总延伸率不应小于 9%，主要为了保证在抗震大变形条件下，钢筋具有足够的塑性变形能力。

钢筋可统一划分检验批进行验收。❶

2）钢筋的检验

钢筋的包装、标志、质量证明书应符合有关规定，钢筋进场应检查产品合格证、出厂检验报告和进场复验报告。进场复验报告是进场抽样检验的结果，并作为判断材料能否在工程中应用的依据，复验报告内容包括钢筋标牌、重量偏差检验和外观检查，并按照有关规定取样，进行机械性能试验，❷并按照品种、批号及直径分批验收。

（1）钢筋在运输和存放时，不得损坏包装和标志，并应按牌号、规格、炉批分别挂牌堆放，并标明数量。室外堆放时，应采用避免钢筋锈蚀的措施。

（2）钢筋是以重量偏差交货，钢筋可按理论重量交货，也可按实际重量交货。按理论重量交货时，理论重量为钢筋长度乘以表5-3中钢筋的每米理论重量。

钢筋的公称直径、公称截面面积及理论重量　　　　　　　　　表 5-3

公称直径（mm）	6	8	10	12	14	16	20	22	25	28	32	36	40	50
公称横截面面面积（mm^2）	28.27	50.27	78.54	113.1	153.9	201.1	254.5	314.2	380.1	490.9	615.8	804.2	1018	1257	1964
理论重量（kg/m）	0.222	0.395	0.617	0.888	1.21	1.58	2（2.11）	2.47	2.98	3.85（4.10）	4.83	6.31（6.65）	7.99	9.87（10.34）	15.42（16.28）

注：表中理论重量密度为 $7.85g/cm^3$ 计算，括号内为预应力螺纹钢筋的数值。

（3）外观检查要求热轧钢筋表面不得有裂缝、结疤和折叠，表面凸块不得超过横肋的最大高度，外形尺寸应符合规定；钢绞线表面不得有折断、横裂和相互交叉的钢丝，并无润滑剂、油渍和锈坑。钢筋应平直、无损伤，表面不得有裂纹、油污、颗粒状或片状老锈。

（4）机械性能试验时，热轧钢筋、钢绞线应从每批外观尺寸检查合格的钢筋中任选两根，每根取两个试件分别进行拉伸试验（包括屈服点、抗拉强度和伸长率的测定）和冷弯试验。如有一项试验结果不符合规定，则应从同一批钢筋中另取双倍数量的试件重做各项试验，如果仍有一个试件不合格，则该批钢筋为不合格品。

（5）当发现钢筋脆断、焊接性能不良或力学性能显著不正常等现象时，应停止使用该批钢筋，并对该批钢筋进行化学成分检验或其他专项检验。

---

❶ 《混凝土结构工程施工质量验收规范》GB 50204—2015 规定：

3.0.7 获得认证的产品或来源稳定且连续三批均一次检验合格的产品，进场验收时检验批的容量可按本规范的有关规定扩大一倍，且该检验批容量仅可扩大一倍。扩大检验批后的检验中，出现不合格情况时，应按扩大前的检验批容量重新验收，且该产品不得再次扩大检验批容量。

3.0.8 混凝土结构工程采用的材料、构配件、器具及半成品应按进场批次进行检验。属于同一工程项目且同期施工的多个单位工程，对同一厂家生产的同批材料、构配件、器具及半成品，可统一划分检验批进行验收。

❷ 《混凝土结构工程施工质量验收规范》GB 50204—2015 规定：

5.2.1 条文说明：本条的检验方法中，质量证明文件包括产品合格证、出厂检验报告，有时产品合格证、出厂检验报告可以合并；进场抽样检验的结果是钢筋材料能否在工程中应用的判断依据。热轧钢筋每批抽取5个试件，先进行重量偏差检验，再取其中2个试件进行拉伸试验检验屈服强度、抗拉强度、伸长率，另取其中2个试件进行弯曲性能检验。对于钢筋伸长率，牌号带"E"的钢筋必须检验最大力总延伸率。

5.1.2 钢筋的加工

钢筋加工过程包括除锈、调直、切断、镦头、弯曲、连接（焊接、机械连接和绑扎）等。扫描二维码 5-3 观看钢筋加工教学视频。

二维码 5-3
钢筋加工

1. 钢筋除锈

钢筋在加工前，其表面应洁净，油渍、漆污和用锤敲击时能剥落的浮皮、铁锈等应清除干净。钢筋的除锈，一般可通过以下三个途径：

（1）钢筋调直过程中除锈；

（2）机械方法除锈，如采用电动除锈机除锈，对钢筋的局部除锈较为方便；

（3）手工除锈（用钢丝刷、砂盘）。

在除锈过程中发现钢筋表面的氧化铁皮鳞落现象严重并已损伤钢筋截面，或在除锈后钢筋表面有严重的麻坑、斑点伤蚀截面时，应降级使用或剔除不用。

2. 钢筋调直❶

在调直细钢筋时，要根据钢筋的直径选用调直模和传送压辊，并要正确掌握调直模的偏移量和压辊的压紧程度。调直筒两端的调直模一定要在一条轴心线上，这是钢筋能否调直的一个关键。

3. 钢筋切断

切断钢筋的方法分机械切断和人工切断两种。钢筋切断机切断钢筋时，要先将机械固定，并仔细检查刀片有无裂纹，刀片是否紧固，安全防护罩是否齐全牢固；进料要在活动刀片后退时进料，不要在刀片前进时进料；进料时手与刀口的距离不应小于150mm。切断短钢筋时要使用套管或夹具，禁止剪切超过机器剪切能力规定的钢筋和烧红的钢筋；钢筋切断时应将同规格钢筋根据不同长度长短搭配，统筹下料，减少损耗。

机械连接、对焊、电渣压力焊、气压焊等接头，要求钢筋接头断面平整，所以宜采用无齿锯切断，不用钢筋切断机切断（钢筋切断机切断的断面呈马蹄状，影响连接质量）。

4. 钢筋弯曲

钢筋弯曲成型是钢筋加工中的一道主要工序，要求弯曲加工的钢筋形状正确，便于绑扎安装。钢筋弯曲有机械弯曲和手工弯曲两种。

在进行弯曲操作前，首先应熟悉弯曲钢筋的规格、形状和各部分的尺寸，以便确定弯曲方法、准备弯曲工具。粗钢筋、形状复杂的钢筋加工时，必须先划线，按不同的弯曲角度扣除其弯曲量度差试弯一根，检查是否符合设计要求，并核对钢筋划线、扳距是否合适，经调整合适后，方可成批加工。

钢筋弯曲机包括减速机、大齿轮、小齿轮、弯曲盘面。为了弯曲各种直径的钢筋，在工作盘上有几个孔，不同直径钢筋弯曲相应地更换不同直径的销轴。

---

❶《混凝土结构工程施工规范》GB 50666—2011 规定：

5.3.3 钢筋宜采用机械设备进行调直，也可采用冷拉方法调直。当采用机械设备调直时，调直设备不应具有延伸功能。当采用冷拉方法调直时，HPB300 光圆钢筋的冷拉率不宜大于 4%；HRB335、HRB400、HRB500、HRBF335、HRBF400、HRBF500 及 RRB400 带肋钢筋的冷拉率不宜大于 1%。钢筋调直过程中不应损伤带肋钢筋的横肋。调直后的钢筋应平直，不应有局部弯折。

5．钢筋的连接

目前钢筋的连接方法有焊接连接、机械连接和绑扎连接三类。钢筋接头宜设置在受力较小处，同一纵向受力钢筋不宜设置两个或两个以上接头，接头末端至钢筋弯起点的距离，不应小于钢筋直径的 10 倍。

1）焊接连接

（1）焊接连接种类

焊接连接是利用焊接技术将钢筋连接起来的传统钢筋连接方法，要求对焊工进行专门培训，持证上岗；施工受气候、电流稳定性的影响，接头质量不如机械连接可靠。钢筋焊接常用方法有电弧焊、闪光对焊、电阻点焊、埋弧压力焊、气压焊和电渣压力焊等。扫描二维码 5-4 观看钢筋焊接教学视频。

二维码 5-4
钢筋焊接

① 电弧焊❶

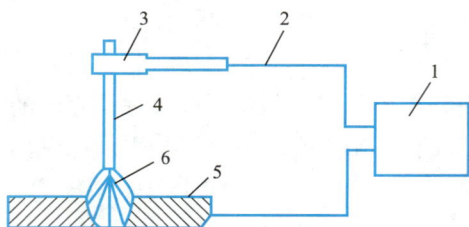

图 5-2　电弧焊示意图

1—电源；2—导线；3—焊钳；4—焊条；
5—被焊钢筋；6—焊条的熔敷金属

电弧焊是以焊条作为一极，钢筋为另一极，利用焊接电流通过产生的电弧热进行焊接的一种熔焊方法，如图 5-2 所示。

电弧焊所使用的弧焊机有直流与交流之分。电弧焊所用焊条，其直径为 1.6～5.8mm，长度为 215～400mm，焊条的选用和钢筋牌号、电弧焊接头型式有关，电弧焊所采用的焊条应符合现行国家标准《非合金钢及细晶粒钢焊条》GB/T 5117—2012 或《热强钢焊条》GB/T 5118—2012 的规定，其型号应根据设计确定，焊条型号表示方法见图 5-3❷。

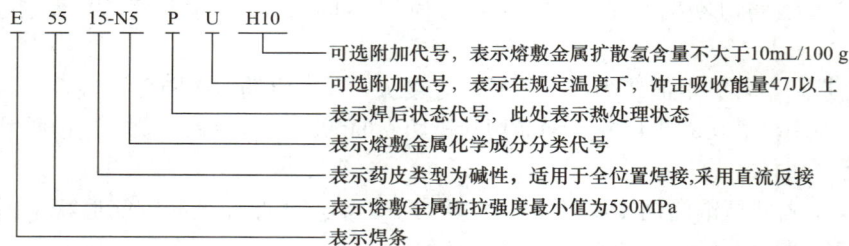

```
E   55   15-N5   P   U   H10
```

- 可选附加代号，表示熔敷金属扩散氢含量不大于10mL/100 g
- 可选附加代号，表示在规定温度下，冲击吸收能量47J以上
- 表示焊后状态代号，此处表示热处理状态
- 表示熔敷金属化学成分分类代号
- 表示药皮类型为碱性，适用于全位置焊接，采用直流反接
- 表示熔敷金属抗拉强度最小值为550MPa
- 表示焊条

图 5-3　焊条型号表示方法

---

❶ 《钢筋焊接及验收规程》JGJ 18—2012 规定：

4.1.11 当环境温度低于−20℃时，不宜进行各种焊接。

4.1.12 雨天、雪天进行施焊时，应采取有效遮蔽措施。焊后未冷却接头不得碰到雨和冰雪，并应采取有效的防滑、防触电措施，确保人身安全。

4.1.13 当焊接区风速超过 8m/s 在现场进行闪光对焊或焊条电弧焊时，当风速超过 5m/s 进行气压焊时，当风速超过 2m/s 进行二氧化碳气体保护电弧焊时，均应采取挡风措施。

❷ 《非合金钢及细晶粒钢焊条》GB/T 5117—2012 规定：

3.1 焊条型号根据熔敷金属的力学性能、药皮类型、焊接位置、电流类型、熔敷金属化学成分和焊后状态等进行划分。

3.2 焊条型号编制由五部分组成 a) 第一部分用字母"E"表示焊条；b) 第二部分为字母"E"后面的紧邻两位数字，表示熔敷金属的最小抗拉强度代号；c) 第三部分为字母"E"后面的第三和第四两位数字，表示药皮类型、焊接位置和电流类型；d) 第四部分为熔敷金属的化学成分分类代号；e) 第五部分为熔敷金属的化学成分代号之后的焊后状态代号。

电弧焊的接头形式有搭接接头、帮条接头、坡口（剖口）接头、窄间隙焊和熔槽帮条焊五种形式。电弧焊连接的形式、适用范围见表 5-4。

电弧焊连接的形式与适用范围　　　　　　　　　　表 5-4

电弧焊法	接头示意图	适用范围	
		钢筋牌号	钢筋直径（mm）
搭接	(a) 双面焊缝　(b) 单面焊缝	HPB300	10～22
		HRB400 HRBF400	10～40
		HRB500 HRBF500	10～32
帮条	(a) 双面焊缝　(b) 单面焊缝	HPB300	10～22
		HRB400 HRBF400	10～40
		HRB500 HRBF500	10～32
坡口	(a) 坡口平焊　(b) 坡口立焊	HPB300	18～22
		HRB400 HRBF400	18～40
		HRB500 HRBF500	18～32
窄间隙焊		HPB300	16～22
		HRB400 HRBF400	16～40
		HRB500 HRBF500	18～32
熔槽帮条焊	A—A	HPB300	20～22
		HRB400 HRBF400	20～40
		HRB500 HRBF500	20～32
角焊塞焊	(a) 角焊　(b) 穿孔塞焊	当钢筋直径为 6～25mm 时，可采用角焊；当钢筋直径为 20～28mm 时，宜采用穿孔塞焊。角焊缝焊脚 K 不小于 $0.5d$（HPB300 级钢筋）～$0.6d$（HRB400 级及以上钢筋）	

② 电渣压力焊

电渣压力焊是将两钢筋安放成竖向对接形式，利用焊接电流通过两钢筋端面间隙，在焊剂中形成电弧过程和电渣过程，产生电弧热和电阻热熔化钢筋，再加压完成的一种压焊

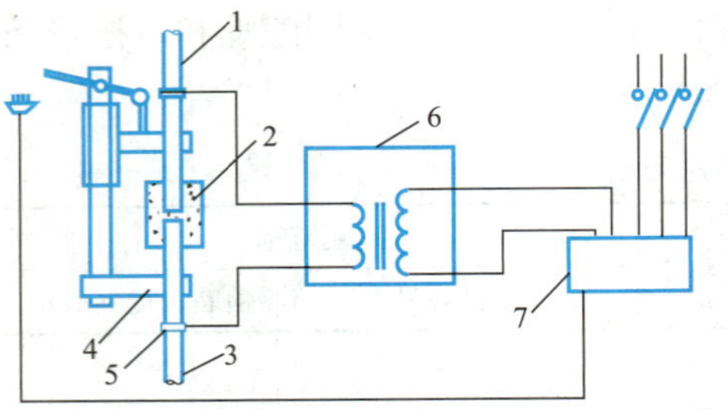

图 5-4　电动凸轮式钢筋自动电渣压力焊示意图
1—上钢筋；2—焊药盒；3—下钢筋；4—焊接夹具；
5—焊钳；6—焊接电源；7—控制箱

方法，电渣压力焊焊接工艺包括引弧、造渣、电渣和顶锻四个过程，见图 5-4。主要用于柱、墙等现浇混凝土结构中直径不大于 22mm 的竖向或斜向（倾斜度不大于 10°）受力钢筋的连接，不得在竖向焊接后用于梁、板等构件中作水平钢筋使用，不宜用于 RRB400 级钢筋的连接。

③ 闪光对焊。闪光对焊是利用电阻热使钢筋接头接触点金属熔化，产生强烈飞溅，形成闪光，迅速顶锻完成的一种压焊方法。闪光对焊可分为连续闪光焊、预热闪光焊、闪光→预热→闪光焊三种工艺，在非固定的专业预制厂（场）或钢筋加工厂（场）内，对直径不小于 22mm 的钢筋进行连接作业时，不得使用钢筋闪光对焊工艺。

④ 电阻点焊。就是将两钢筋安放成交叉叠接形式，压紧于两电极之间，利用电阻热熔化母材金属，加压形成焊点的一种压焊方法。

⑤ 钢筋气压焊。采用氧、乙炔火焰（或其他火焰），对两钢筋对接处加热，使其达到热塑性状态后，加压完成的一种压焊方法。❶

⑥ 钢筋二氧化碳气体保护电弧焊。以焊丝作为一极，钢筋为另一极，并以 CO_2 气体作为电弧介质，保护金属熔滴、焊接熔池和焊接区高温金属的一种熔焊方法。

⑦ 箍筋闪光对焊。将待焊箍筋两端以对接形式安放在对焊机上，利用电阻热使接触点金属熔化，产生强烈闪光和飞溅，迅速施加顶锻力，焊接形成封闭环式箍筋的一种压焊方法。

⑧ 预埋件钢筋埋弧压力焊。将钢筋与钢板安放成 T 形接头形式，利用焊接电流通过，在焊剂层下产生电弧，形成熔池，加压完成的一种压焊方法。

⑨ 预埋件钢筋埋弧螺柱焊。用电弧螺柱焊焊枪夹持钢筋，使钢筋垂直对准钢板，采用螺柱焊电源设备产生强电流、短时间的焊接电弧，在熔剂层保护下使钢筋焊接端面与钢板产生熔池后，适时将钢筋插入熔池，形成 T 形接头的焊接方法。

（2）不同直径的钢筋焊接连接

两根同牌号、不同直径的钢筋可进行闪光对焊、电渣压力焊或气压焊，闪光对焊时其径差不得超过 4mm，电渣压力焊或气压焊时，其径差不得超过 7mm。焊接工艺参数可在大、小直径钢筋焊接工艺参数之间偏大选用，两根钢筋的轴线应在同一直线上，轴线偏移的允许值按较小直径钢筋计算，对接头强度的要求，应按较小直径钢筋计算。

---

❶ 《钢筋焊接及验收规程》JGJ 18—2012 规定：

5.7.2 钢筋气压焊接头外观质量检查结果，应符合下列要求：

① 接头处的轴线偏移 e 不得大于钢筋直径的 1/10，且不得大于 1mm；当不同直径钢筋焊接时，应按较小钢筋直径计算；当大于上述规定值，但在钢筋直径的 3/10 以下时，可加热矫正；当大于 3/10 时，应切除重焊；

② 接头处表面不得有肉眼可见的裂纹；

③ 接头处的弯折角度不得大于 2°；当大于规定值时，应重新加热矫正；

④ 固态气压焊接头镦粗直径不得小于钢筋直径的 1.4 倍，熔态气压焊接头镦粗直径不得小于钢筋直径的 1.2 倍，当小于上述规定值时，应重新加热镦粗；

⑤ 镦粗长度不得小于钢筋直径的 1.0 倍，且凸起部分平缓圆滑；当小于上述规定值时，应重新加热镦长。

（3）钢筋焊接头的质量检验❶

在现浇混凝土结构中，应以 300 个同牌号钢筋、同型式接头作为一批，当同一台班内焊接的接头数量较少，可在一周之内累计计算，累计仍不足 300 个接头时，应按一批计算；在房屋结构中，应在不超过连续二楼层中 300 个同牌号钢筋、同型式接头作为一批。

封闭环式箍筋闪光对焊接头，以 600 个同牌号、同直径的接头作为一批，只做拉伸试验。

力学性能检验时，在柱、墙的竖向钢筋连接中，应从每批接头中随机切取 3 个接头做拉伸试验；在梁、板的水平钢筋连接中，另切取 3 个接头做弯曲试验，异径接头、电弧焊、电渣压力焊只进行拉伸试验。

质量检验与验收应包括外观质量检查和力学性能检验，并划分为主控项目和一般项目两类。焊接接头力学性能检验为主控项目，焊接接头的外观质量检查为一般项目。纵向受力钢筋焊接接头的外观质量检查应从每一检验批中随机抽取 10％的焊接接头，力学性能检验应在接头外观检查合格后随机抽取 3 个试件进行试验。外观检查和力学性能试验质量检验评定见表 5-5。钢筋机械连接见二维码 5-5。

二维码 5-5
钢筋机械连接

焊接接头质量检验评定 表 5-5

	外观检查	力学性能试验
电弧焊	① 焊缝表面应平整，不得有凹陷或焊瘤； ② 焊接接头区域不得有肉眼可见的裂纹； ③ 焊缝余高应为 2～4mm； ④ 咬边深度、气孔、夹渣等缺陷允许值及接头尺寸的允许偏差，应符合规范的规定	1. 拉伸试验结果评定如下： （1）当 3 个试件均断于钢筋母材，呈延性断裂，其抗拉强度不小于该牌号钢筋抗拉强度标准值； （2）当 2 个试件断于钢筋母材，呈延性断裂，其抗拉强度不小于该牌号钢筋抗拉强度标准值，另一个试件断于焊缝，呈脆性断裂，其抗拉强度不小于该牌号钢筋抗拉强度标准值的 1.0 倍时，应评定该批接头拉伸试验合格。 不符合上述条件时，应进行复验。复验时，应再切取 6 个试件进行试验。试验结果，若有 4 个或 4 个以上试件断于母材，呈延性断裂，其抗拉强度均不小于该牌号钢筋抗拉强度标准值，另两个或两个以下试件断于焊缝，呈脆性断裂，其抗拉强度均不小于该牌号钢筋抗拉强度标准值的 1.0 倍，应评定该检验批接头拉伸试验复验合格。 2. 弯曲试验结果评定如下： （1）钢筋闪光对焊接头、气压焊接头进行弯曲试验时，当弯曲至 90°，有 2 个或 3 个试件外侧（含焊缝和热影响区）未发生宽度达到 0.5mm 的裂纹，应评定该批接头弯曲试验合格。 （2）当有 2 个试件发生宽度达到 0.5mm 的裂纹，应进行复验。复验时，应再加取 6 个试件，当不超过 2 个试件发生宽度达到 0.5mm 的裂纹，应评定该批接头复验为合格。 （3）当有 3 个试件发生宽度达到 0.5mm 的裂纹，则判定该批接头为不合格
闪光对焊	① 闪光对焊接头表面不得有肉眼可见的裂纹； ② 与电极接触处的钢筋表面不得有烧伤； ③ 接头处的弯折角度不得大于 2°； ④ 接头处的钢筋轴线偏移量不得大于 0.1 倍钢筋直径，也不得大于 1mm	
电渣压力焊	① 四周焊包凸出钢筋表面的高度，直径 25 的钢筋不得小于 4mm，直径 28mm 及以上的钢筋不得小于 6mm； ② 钢筋与电极接触处，应无烧伤缺陷； ③ 接头处的弯折角不得大于 2°； ④ 接头处的轴线偏移不得大于 1mm	

---

❶ 《混凝土结构工程施工质量验收规范》GB 50204—2015 规定：

5.4.2 钢筋采用机械连接或焊接连接时，钢筋机械连接接头、焊接接头的力学性能、弯曲性能应符合国家现有关标准的规定。接头试件应从工程实体中截取。检查数量：按现行行业标准《钢筋机械连接技术规程》JGJ 107—2016 和《钢筋焊接及验收规程》JGJ 18—2012 的规定确定。检验方法：检查质量证明文件和抽样检验报告。

《混凝土结构通用规范》GB 55008—2021 规定：

5.3.1 钢筋机械连接或焊接连接接头试件应从完成的实体中截取，并应按规定进行性能检验。

2）机械连接

《钢筋机械连接技术规程》JGJ 107—2016 列举了套筒挤压连接、锥螺纹套筒连接、直螺纹套筒连接三种（图5-5）。扫描二维码5-5观看钢筋机械连接教学视频。

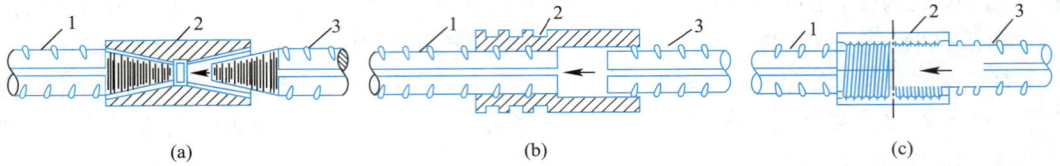

图5-5　钢筋机械连接

（a）锥螺纹钢筋连接；（b）钢筋挤压套筒连接；（c）钢筋直螺纹连接

1—已连接的钢筋；2—套筒；3—未连接的钢筋

（1）机械连接钢筋接头的性能等级

钢筋机械连接接头根据极限抗拉强度、残余变形、最大力下总伸长率以及高应力和大变形条件下反复拉压性能，分为Ⅰ级、Ⅱ级、Ⅲ级三个等级。其极限抗拉强度要求见表5-6。

接头极限抗拉强度　　　　　　表 5-6

接头等级	Ⅰ级		Ⅱ级	Ⅲ级
极限抗拉强度	$f_{mst}^0 \geqslant f_{stk}$ 或 $f_{mst}^0 \geqslant 1.10 f_{stk}$	钢筋拉断 连接件破坏	$f_{mst}^0 \geqslant f_{stk}$	$f_{mst}^0 \geqslant 1.25 f_{yk}$

注：① f_{mst}^0——接头试件实测极限抗拉强度；

f_{stk}——钢筋极限抗拉强度标准值；

f_{yk}——钢筋屈服强度标准值；

② 钢筋拉断指断于钢筋母材、套筒外钢筋丝头和钢筋镦粗过渡段；

③ 连接件破坏指断于套筒、套筒纵向开裂或钢筋从套筒中拔出以及其他连接组件破坏。

（2）机械连接钢筋接头等级的选择

结构设计说明中列出了设计选用的钢筋接头等级和应用部位，接头等级的选定符合下列规定：

① 混凝土结构中要求充分发挥钢筋强度或对延性要求高的部位优先选用Ⅱ级或Ⅰ级接头；当在同一连接区段内钢筋接头面积百分率为100%时，选用Ⅰ级接头；混凝土结构中钢筋应力较高但对延性要求不高的部位可选用Ⅲ级接头。

② 位于同一连接区段内的钢筋机械连接接头的面积百分率限值：

（a）受拉钢筋应力较小部位或纵向受压钢筋，接头面积百分率可不受限制。

（b）接头宜设置在结构构件受拉钢筋应力较小部位，高应力部位设置接头时，同一连接区段内Ⅲ级接头的接头面积百分率不大于25%，Ⅱ级接头的接头面积百分率不大于50%。Ⅰ级接头的接头面积百分率可不受限制。

（c）接头宜避开有抗震设防要求的框架的梁端、柱端箍筋加密区；当无法避开时，应采用Ⅱ级接头或Ⅰ级接头，且接头面积百分率不应大于50%。

（d）对直接承受重复荷载的结构构件，接头应选用包含有疲劳性能的型式检验报告的认证产品。接头面积百分率不大于 50%●。

（3）钢筋机械连接的质量检验

接头安装前检查连接件产品合格证及套筒生产批号标识，产品合格证应包括适用钢筋直径和接头性能等级、套筒类型、生产单位、生产日期以及可追溯产品原材料力学性能和加工质量的生产批号。

① 型式检验与工艺检验

工程中应用接头时，应对接头技术提供单位提交的接头相关技术资料进行审查与验收。接头工艺检验针对不同钢筋生产厂的钢筋进行，施工过程中更换钢筋生产厂或接头技术提供单位时，应补充进行工艺检验。

② 机械连接检验批的确定

同钢筋生产厂、同强度等级、同规格、同类型和同型式接头应以 500 个为一个验收批进行检验与验收，不足 500 个也作为一个验收批。

③ 机械连接外观检查

安装接头时可用管钳扳手拧紧，钢筋丝头在套筒中央位置相互顶紧，标准型、正反丝型、异径型接头安装后的单侧外露螺纹不宜超过 $2p$。●

接头安装后应用扭力扳手校核拧紧扭矩，拧紧扭矩值符合规程《钢筋机械连接技术规程》JGJ 107—2016 规定。直螺纹接头安装每一验收批，抽取其中 10% 的接头进行拧紧扭矩校核，拧紧扭矩值不合格数超过被校核接头数的 5% 时，应重新拧紧全部接头，直到合格为止。

校核用扭力扳手和安装用扭力扳手应区分使用，校核用扭力扳手每年校核一次，准确度级别应选用 10 级。

④ 机械连接力学性能试验

对接头的每一验收批，均应在工程结构中随机抽 3 个试件做极限抗拉强度试验，按设计要求的接头性能等级进行评定。当 3 个试件检验结果均符合现行行业标准《钢筋机械连接技术规程》JGJ 107—2016 中的强度要求时，该验收批为合格。

● 《混凝土结构工程施工质量验收规范》GB 50204—2015 规定：

5.4.6 当纵向受力钢筋采用机械连接接头或焊接接头时，同一连接区段内纵向受力钢筋的接头面积百分率应符合设计要求；当设计无具体要求时，应符合下列规定：

1. 受拉接头，不宜大于 50%；受压接头，可不受限制；

2. 直接承受动力荷载的结构构件中，不宜采用焊接；当采用机械连接时，不应超过 50%。

检查数量：在同一检验批内，对梁、柱和独立基础，应抽查构件数量的 10%，且不应少于 3 件；对墙和板，应按有代表性的自然间抽查 10%，且不应少于 3 间；对大空间结构，墙可按相邻轴线间高度 5m 左右划分检查面，板可按纵横轴线划分检查面，抽查 10%，且均不应少于 3 面。

注：1. 接头连接区段是指长度为 $35d$ 且不小于 500mm 的区段，d 为相互连接两根钢筋的直径较小值。

2. 同一连接区段内纵向受力钢筋接头面积百分率为接头中点位于该连接区段内的纵向受力钢筋截面面积与全部纵向受力钢筋截面面积的比值。

❷ 《钢筋机械连接技术规程》JGJ 107—2016 规定：

6.2.1 直螺纹钢筋丝头加工应符合下列规定：

1. 钢筋端部应采用带锯、砂轮锯或带圆弧形刀片的专用钢筋切断机切平；

2. 镦粗头不应有与钢筋轴线相垂直的横向裂纹；

3. 钢筋丝头长度应满足产品设计要求，极限偏差应为 $0\sim2.0p$（p 为螺距）；

4. 钢筋丝头宜满足 $6f$ 级精度要求，应采用专用直螺纹量规检验，通规应能顺利旋入并达到要求的拧入长度，止规旋入不得超过 $3p$。各规格的自检数量不应少于 10%，检验合格率不应小于 95%。

如有一个试件的抗拉强度不符合要求，应再取 6 个试件进行复检。复检中如仍有 1 个试件的极限抗拉强度不符合要求，则该验收批试件评为不合格。

现场截取抽样试件后，原接头位置的钢筋可采用同等规格的钢筋进行可靠连接。

3）绑扎搭接接头

（1）同一连接区段内，钢筋的接头面积百分率限值

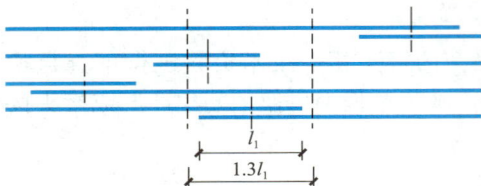

图 5-6   同一连接区段内纵向
受拉钢筋绑扎搭接接头

同一构件中相邻纵向受力钢筋的绑扎搭接接头宜互相错开。钢筋绑扎搭接接头连接区段的长度为 1.3 倍搭接长度，凡搭接接头中点位于该连接区段长度内的搭接接头均属于同一连接区段。图 5-6 为 50% 钢筋搭接接头率。

当设计无具体要求时，纵向受拉钢筋的绑扎搭接接头面积百分率限值为：

① 梁、板、墙构件，不宜超过 25%；

② 基础筏板，不宜超过 50%；

③ 柱类构件，不宜超过 50%；

④ 当工程中确有必要增大接头面积百分率时，梁构件，不应大于 50%；对板、墙、柱及预制构件的拼接处，可根据实际情况放宽；

⑤ 并筋绑扎搭接连接时，应按每根单筋错开搭接的方式连接，分别按单筋计算。接头面积百分率应按同一连接区段内所有的单根钢筋计算。

（2）纵向钢筋绑扎搭接接头的搭接长度要求

① 纵向受拉钢筋绑扎搭接接头的搭接长度，按式（5-1）计算。

$$l_1 = \zeta_1 l_a \tag{5-1}$$

式中 l_1——纵向受拉钢筋的搭接长度（≥300mm），纵向受拉钢筋的抗震搭接长度为 l_{lE}；

ζ_1——纵向受拉钢筋搭接长度修正系数，按表 5-7 取值；当纵向搭接钢筋接头面积百分率为表的中间值时，修正系数可按内插取值；

l_a——钢筋锚固长度，计算抗震搭接长度 l_{lE} 时，取抗震锚固长度 l_{aE}。❶

---

❶   现行《混凝土结构设计标准》GB/T 50010—2010 规定：

11.1.7 混凝土结构构件的纵向受力钢筋的锚固和连接除应符合本规范第 8.3 节和第 8.4 节的有关规定外，尚应符合下列要求：

1. 纵向受拉钢筋的抗震锚固长度 l_{aE} 应按下式计算：

$$l_{aE} = \zeta_{aE} l_a \tag{11.1.7-1}$$

式中 ζ_{aE}——纵向受拉钢筋抗震锚固长度修正系数，对一、二级抗震等级取 1.15，对三级抗震等级取 1.05，对四级抗震等级取 1.00；

l_a——纵向受拉钢筋的锚固长度，按本规范第 8.3.1 条确定。

2. 当采用搭接连接时，纵向受拉钢筋的抗震搭接长度 l_{lE} 应按下列公式计算：

$$l_{lE} = \zeta_1 l_{aE} \tag{11.1.7-2}$$

式中 ζ_1——纵向受拉钢筋搭接长度修正系数，按本规范第 8.4.4 条确定。

3. 纵向受力钢筋的连接可采用绑扎搭接、机械连接或焊接。

4. 纵向受力钢筋连接的位置宜避开梁端、柱端箍筋加密区；如必须在此连接时，应采用机械连接或焊接。

5. 混凝土构件位于同一连接区段内的纵向受力钢筋接头面积百分率不宜超过 50%。

纵向受拉钢筋搭接长度修正系数 表 5-7

纵向搭接钢筋接头面积百分率（%）	≤25	50	100
ζ_l	1.2	1.4	1.6

② 构件中的纵向受压钢筋当采用搭接连接时，其受压搭接长度不应小于纵向受拉钢筋搭接长度的 70%，且不应小于 200mm。

③ 梁上部架立筋与非贯通钢筋的搭接长度一般取 150mm。❶ 图 5-7 为抗震设防框架梁纵向受力钢筋的搭接构造。

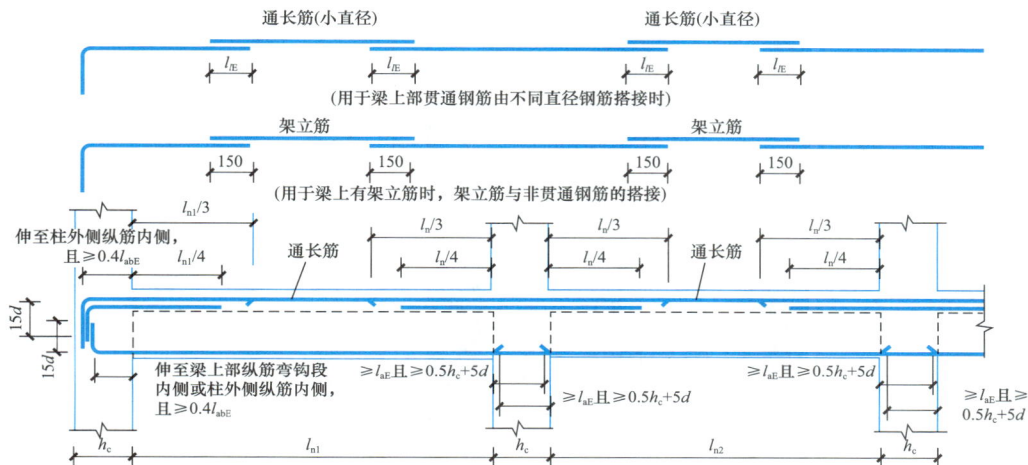

图 5-7 纵向钢筋构造

注：l_n 为左右跨中的大跨

（3）搭接接头连接区段箍筋构造要求

① 箍筋直径不应小于搭接钢筋较大直径的 25%；

② 在梁、柱类构件受拉搭接区段的箍筋间距不应大于搭接钢筋较小直径的 5 倍，且不应大于 100mm；

③ 在梁、柱类构件受压搭接区段的箍筋间距不应大于搭接钢筋较小直径的 10 倍，且不应大于 200mm；

④ 对板、墙等平面构件间距不应大于搭接钢筋较小直径的 10 倍，且均不应大于 100mm；

⑤ 当柱中纵向受力钢筋直径大于 25mm 时，应在搭接接头两个端面外 100mm 范围内各设置两个箍筋，其间距宜为 50mm。

（4）绑扎搭接接头的其他规定

① 绑扎搭接接头中钢筋的横向净距不应小于钢筋直径，且不应小于 25mm；

② 轴心受拉及小偏心受拉杆件的纵向受力钢筋不得采用绑扎搭接；其他构件中的钢筋采用绑扎搭接时，受拉钢筋直径不宜大于 25mm，受压钢筋直径不宜大于 28mm；

---

❶ 《混凝土结构通用规范》GB 55008—2021 规定：

4.4.5 混凝土结构中普通钢筋、预应力筋应采取可靠的锚固措施。普通钢筋锚固长度取值应符合下列规定：

1. 受拉钢筋锚固长度应根据钢筋的直径、钢筋及混凝土抗拉强度、钢筋的外形、钢筋锚固端的形式、结构或结构构件的抗震等级进行计算；

2. 受拉钢筋锚固长度不应小于 200mm；

3. 对受压钢筋，当充分利用其抗压强度并需锚固时，其锚固长度不应小于受拉钢筋锚固长度的 70%。

③ 柱类构件的纵向受力钢筋搭接范围要避开柱端的箍筋加密区，如必须在此连接时，应采用机械连接或焊接；

④ 需进行疲劳验算的构件，其纵向受拉钢筋不得采用绑扎搭接接头。

4）钢筋连接位置的有关规定❶

（1）柱纵向钢筋应贯穿中间层的中间节点或端节点，接头应设在节点区以外，每层柱第一个钢筋接头位置距楼地面高度不宜小于500mm、柱高的1/6及柱截面长边（或直径）的较大值，见图5-8框架柱钢筋接头连接构造。

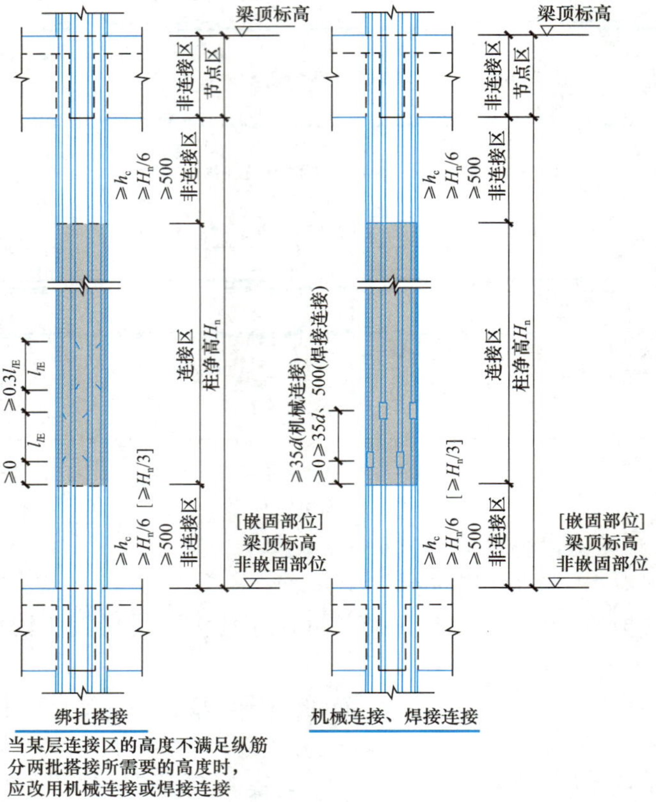

图5-8　框架柱钢筋接头连接构造

❶　现行《混凝土结构设计标准》GB/T 50010—2010规定：

8.4.7 纵向受力钢筋的机械连接接头宜相互错开。钢筋机械连接区段的长度为$35d$，d为连接钢筋的较小直径。凡接头中点位于该连接区段长度内的机械连接接头均属于同一连接区段。

位于同一连接区段内的纵向受拉钢筋的接头面积百分率不宜大于50%；但对板、墙、柱及预制构件的拼接处，可根据实际情况放宽。纵向受压钢筋的接头百分率可不受限制。

机械连接套筒的横向净间距不宜小于25mm；套筒处箍筋的间距仍应满足相应的构造要求。直接承受动力荷载结构构件中的机械连接接头，除应满足设计要求的抗疲劳性能外，位于同一连接区段内的纵向受力钢筋接头面积百分率不应大于50%。

8.4.9 需进行疲劳验算的构件，其纵向受拉钢筋不得采用绑扎搭接接头，也不宜采用焊接接头，除端部锚固外不得在钢筋上焊有附件。当直接承受起重机荷载的钢筋混凝土起重机梁、屋面梁及屋架下弦的纵向受拉钢筋采用焊接接头时，应符合下列规定：

1. 应采用闪光接触对焊，并去掉接头的毛刺及卷边；

2. 同一连接区段内纵向受拉钢筋焊接接头面积百分率不应大于25%，焊接接头连接区段的长度应取为$45d$，d为纵向受力钢筋的较大直径；

3. 疲劳验算时，焊接接头应符合本规范第4.2.6条疲劳应力幅限值的规定。

（2）连续梁、板的上部钢筋接头位置设置在跨中 1/3 跨度范围内，下部钢筋接头位置设置在支座 1/4 范围内，见图 5-9。

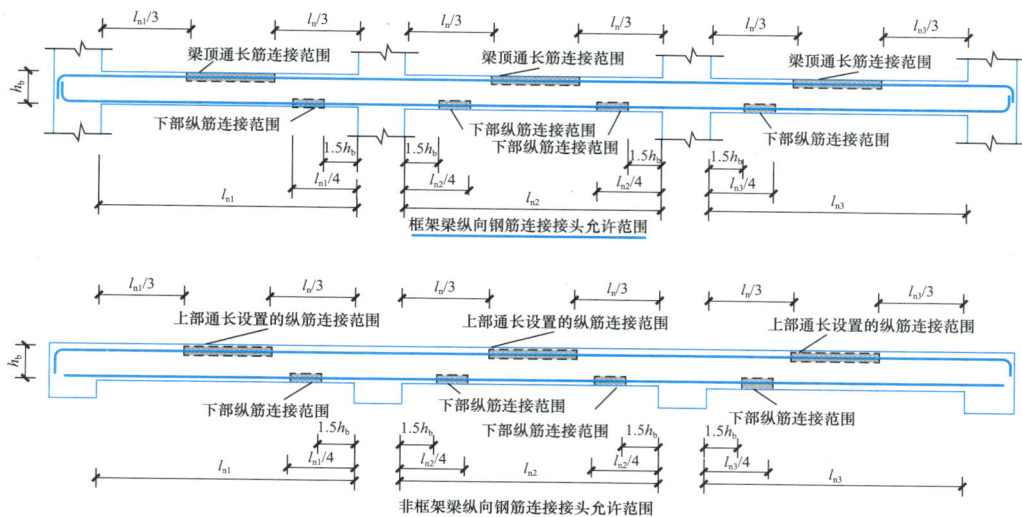

图 5-9　梁纵向钢筋连接接头位置

l_n 为左右跨中的大跨

（3）剪力墙钢筋接头位置，对于一、二级抗震等级剪力墙非底部加强部位或三、四级抗震等级剪力墙竖向分布钢筋可在同一部位搭接，见图 5-10。

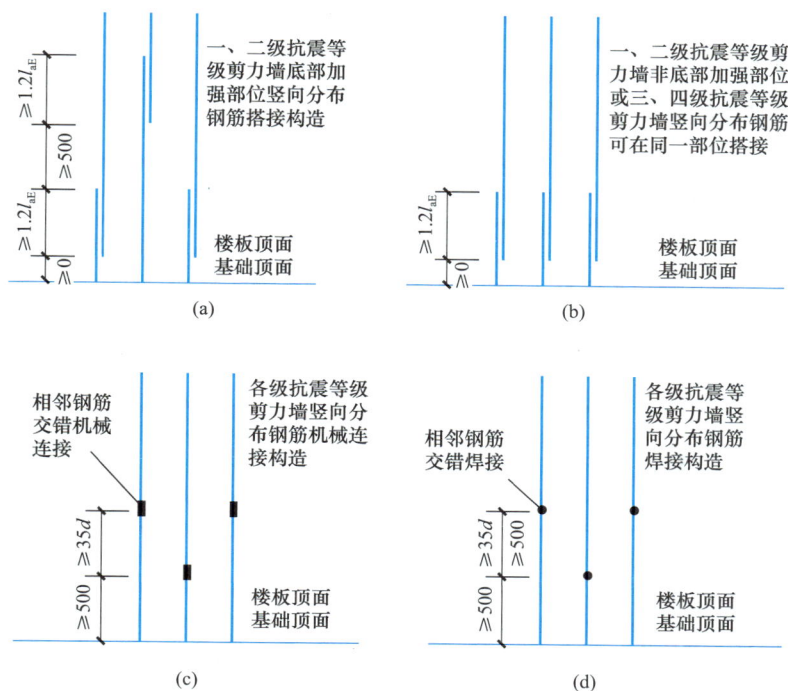

图 5-10　剪力墙纵向钢筋连接接头位置

5.1.3　钢筋构造

扫描二维码5-6观看钢筋构造教学视频。

二维码5-6
钢筋构造

1. 受力钢筋锚固长度

锚固长度是指受力钢筋依靠其表面与混凝土的粘结作用或端部构造的挤压作用而达到设计承受应力所需的长度。

1）普通钢筋基本锚固长度

$$l_{ab} = \alpha \frac{f_y}{f_t} d \tag{5-2}$$

式中　f_y——普通钢筋的抗拉强度设计值，预应力筋时，替换为预应力筋的抗拉强度设计值为 f_{py}；

f_t——混凝土轴心抗拉强度设计值，当混凝土强度等级高于C60时，按C60取值；

d——锚固钢筋的直径；

α——锚固钢筋外形系数按下表5-8取用：

锚固钢筋外形系数　　　　　　　　　　表5-8

钢筋类型	光面钢筋	带肋钢筋	螺旋肋钢丝	三股钢绞线	七股钢绞线
α	0.16	0.14	0.13	0.16	0.17

注：光面钢筋其末端应做180°弯钩，弯后平直段长度不应小于3d，但作受压钢筋时可不做弯钩。

2）受拉钢筋的锚固长度

$$l_a = \zeta_a l_{ab} \tag{5-3}$$

式中　l_a——受拉钢筋的锚固长度，不应小于200mm；

ζ_a——锚固长度修正系数。[1]

3）纵向受拉钢筋的抗震锚固长度

$$l_{aE} = \zeta_{aE} l_a \tag{5-4}$$

式中　ζ_{aE}——纵向受拉钢筋抗震锚固长度修正系数，对一、二级抗震等级取1.15，对三级抗震等级取1.05，对四级抗震等级取1.00；

l_a——纵向受拉钢筋的锚固长度。

混凝土结构中的纵向受压钢筋，当计算中充分利用其抗压强度时，锚固长度不小于相应受拉锚固长度的70%。

---

[1]　现行《混凝土结构设计标准》GB/T 50010—2010规定：

8.3.2 纵向受拉普通钢筋的锚固长度修正系数 ζ_a 应按下列规定取用：

1. 当带肋钢筋的公称直径大于25mm时取1.10；

2. 环氧树脂涂层带肋钢筋取1.25；

3. 施工过程中易受扰动的钢筋取1.10；

4. 当纵向受力钢筋的实际配筋面积大于其设计计算面积时，修正系数取设计计算面积与实际配筋面积的比值，但对有抗震设防要求及直接承受动力荷载的结构构件，不应考虑此项修正；

5. 锚固钢筋的保护层厚度为3d时修正系数可取0.80，保护层厚度不小于5d时修正系数可取0.70，中间按内插取值，此处d为锚固钢筋的直径。

2. 钢筋构造

1）钢筋末端锚固

（1）当纵向受拉钢筋末端采用弯钩或机械锚固措施时，包括弯钩或锚固端头在内的锚固长度（投影长度）可取为基本锚固长度 l_{ab} 的 60%[1]，弯钩和机械锚固的形式见图 5-11。

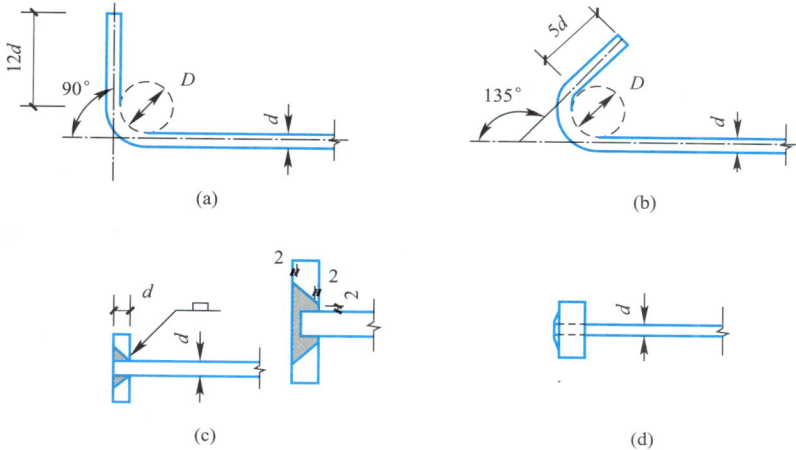

图 5-11　纵向钢筋弯钩与机械锚固的形式

（a）末端带 90°弯钩；（b）末端带 135°弯钩；（c）末端与锚板穿孔塞焊；（d）末端带螺栓锚头

注：1. 400MPa 级带肋钢筋末端采用弯钩锚固措施时，$D = 4d$；

2. 500MPa 级带肋钢筋末端采用弯钩锚固措施时：$d \leqslant 25\text{mm}$，$D \geqslant 6d$；$d > 25\text{mm}$，$D \geqslant 7d$。

（2）受压钢筋不采用末端锚固措施。

2）强柱弱梁、强剪弱弯、强节点强锚固

在进行抗震设计时，根据结构抗震计算内力分析的结果，有意识地增大关键部位的设计内力，实现强柱弱梁、强剪弱弯、强节点强锚固等延性设计要求，使竖向构件的屈服迟于水平构件的屈服、剪切破坏迟于弯曲破坏，以提高结构的抗震能力。

（1）强柱弱梁、强剪弱弯

在施工中，通过梁柱端箍筋加密、节点处柱箍筋贯穿节点、梁端设置的第一个箍筋距框架节点边缘不应大于 50mm。

① 节点处梁端箍筋加密（图 5-12a、b）

梁端箍筋的加密区长度、箍筋最大间距和最小直径的规定见表 5-9 的要求。非加密区的箍筋间距不宜大于加密区箍筋间距的 2 倍。

② 框架柱箍筋加密区长度规定（图 5-12c）

框架柱的箍筋加密区长度，应取柱截面长边尺寸（或圆形截面直径）、柱净高的 1/6 和 500mm 中的最大值；一、二级抗震等级的角柱应沿柱全高加密箍筋。框支柱和剪跨比不大于 2 的框架柱应在柱全高范围内加密箍筋，且箍筋间距应符合一级抗震等级的要求；

---

[1]　详见现行《混凝土结构设计标准》GB/T 50010—2010 第 8.3.3 条。

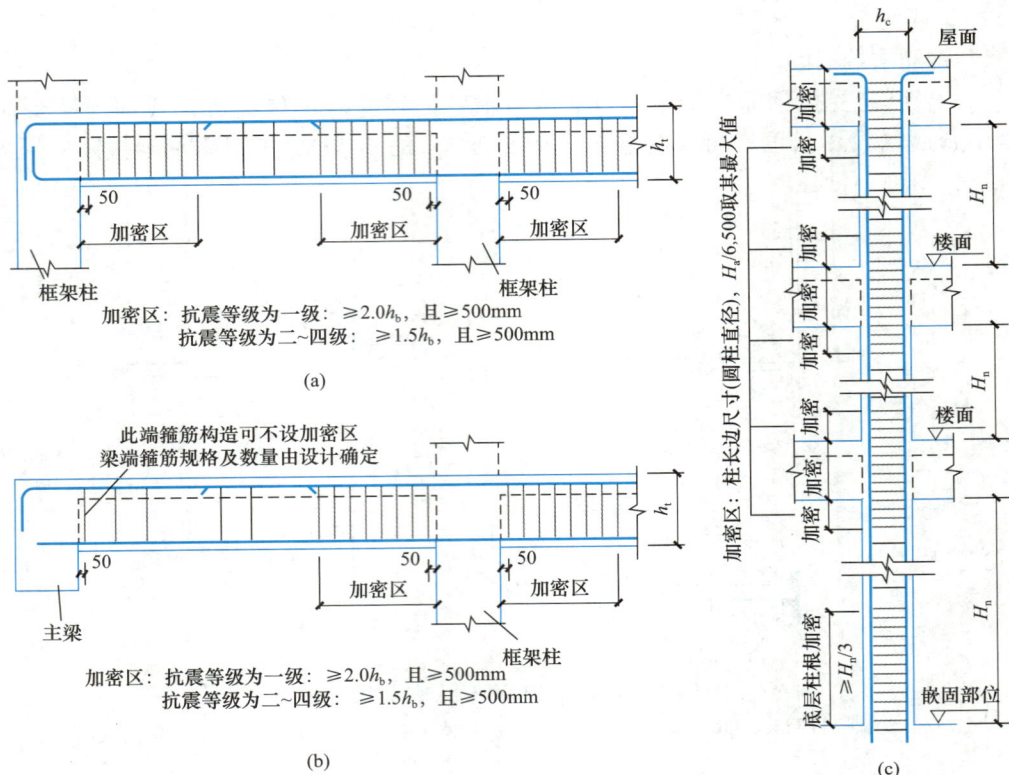

图 5-12　节点处梁柱节点箍筋加密

（a）梁箍筋加密；（b）次梁箍筋加密；（c）柱箍筋加密

梁端箍筋加密区的长度、箍筋最大间距和最小直径　　　　　　　表 5-9

抗震等级	加密区长度（mm）	箍筋最大间距（mm）	最小直径（mm）	箍筋最大肢距（mm）
一级	2 倍梁高和 500 中的较大值	纵向钢筋直径的 6 倍，梁高的 1/4 和 100 中的最小值	10	200mm 和 20 倍箍筋直径的最小值
二级		纵向钢筋直径的 8 倍，梁高的 1/4 和 100 中的最小值	8	250mm 和 20 倍箍筋直径的最小值
三级	1.5 倍梁高和 500 中的较大值	纵向钢筋直径的 8 倍，梁高的 1/4 和 150 中的最小值	8	250mm 和 20 倍箍筋直径的最小值
四级		纵向钢筋直径的 8 倍，梁高的 1/4 和 150 中的最小值	6	300

注：一级、二级抗震等级框架梁，当箍筋直径大于 12mm、肢数不少于 4 肢且肢距不大于 150mm 时，箍筋加密区最大间距应允许放宽到不大于 150mm。❶

　　底层柱根箍筋加密区长度应取不小于该层柱净高的 1/3；当有刚性地面时，除柱端箍筋加密区外尚应在刚性地面上、下各 500mm 的高度范围内加密箍筋。

---

❶ 《混凝土结构通用规范》GB 55008—2021 第 4.4.8 条第 4 款。

③ 加密区的箍筋最大间距和箍筋最小直径

加密区的箍筋最大间距和箍筋最小直径详见表5-10。

柱端箍筋加密区构造　　　　　表 5-10

抗震等级	箍筋最大间距（mm）	最小直径（mm）
一级	柱纵向钢筋直径的6倍和100中的较小值	10
二级	柱纵向钢筋直径的8倍和100中的较小值	8
三级、四级	柱纵向钢筋直径的8倍和150（柱根100）中的较小值	8

注：柱根指柱底部嵌固部位的加密区范围。

④ 箍筋肢距要求

当梁、柱短边尺寸大于400mm，单排纵向受压钢筋多于3根，短边尺寸不大于400mm但各边纵向钢筋多于4根时，应设置复合箍筋（图5-13）。沿复合箍周边，箍筋局部重叠不宜多于两层。以复合箍筋最外围的封闭箍筋为基准，柱内的 x 向箍筋紧贴其设置在下（或在上），柱内 y 向箍筋紧贴其设置在上（或在下）。

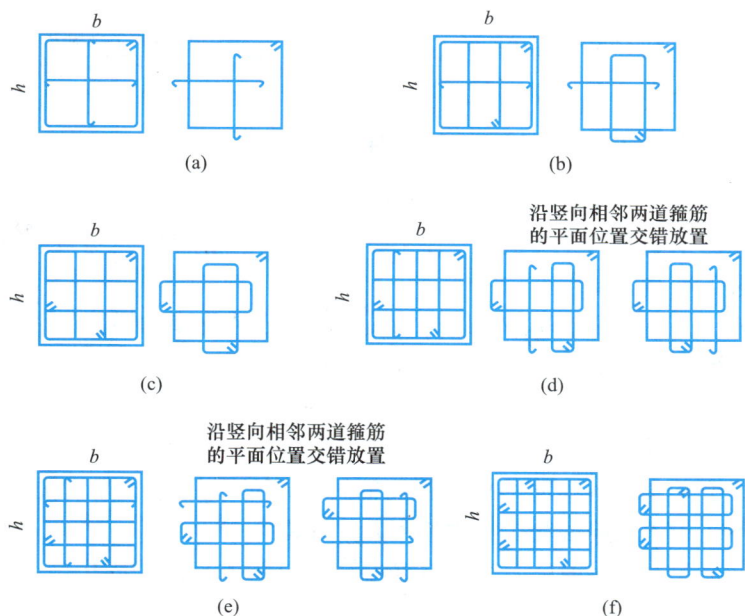

图 5-13　矩形箍筋复合方式

(a) 3×3；(b) 4×3；(c) 4×4；(d) 5×4；(e) 5×5；(f) 6×6

柱箍筋加密区的箍筋肢距，一级不宜大于200mm，二、三级不宜大于250mm，四级不宜大于300mm。每隔一根纵向钢筋宜在两个方向有箍筋或拉筋约束，当采用拉筋且箍筋与纵向钢筋有绑扎时，拉筋宜紧靠纵向钢筋并钩住箍筋。

（2）强节点强锚固

① 梁上部纵向钢筋伸入边节点的锚固

（a）当采用直线锚固形式时，锚固长度不应小于 l_a，且应伸过柱中心线，伸过的长度不宜小于 $5d$，d 为梁上部纵向钢筋的直径，见图5-14（a）。

（b）当柱截面尺寸不满足直线锚固要求时，梁上部纵向钢筋也可采用机械锚头或90°弯锚的锚固方式，见图5-14（b）。

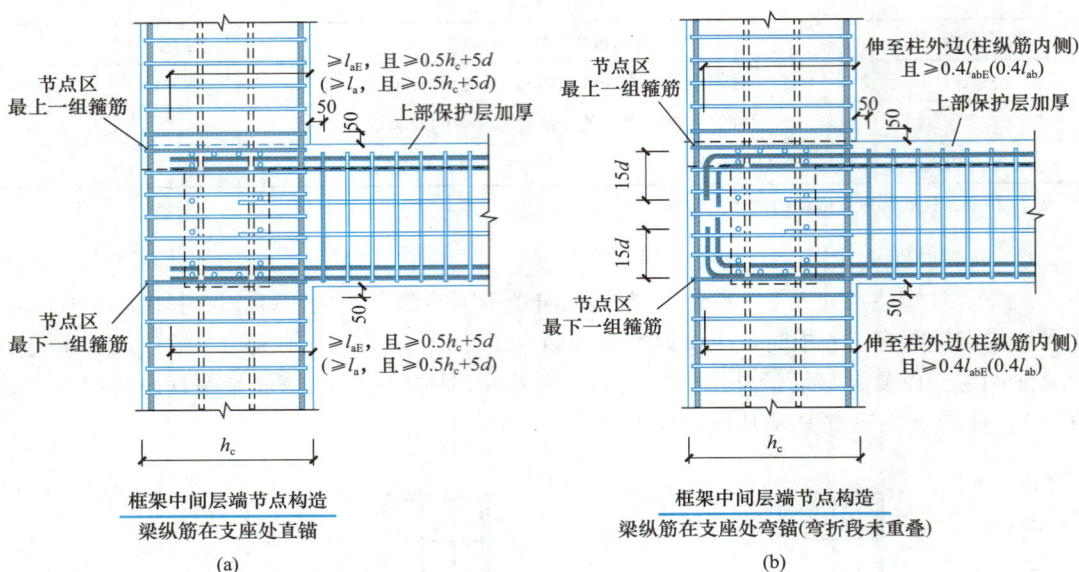

图 5-14　梁钢筋伸入边节点的锚固

② 框架中间层中间节点或连续梁中间支座构造

梁的上部纵向钢筋应贯穿节点或支座，梁的下部纵向钢筋宜贯穿节点或支座。当必须锚固时，应符合下列锚固要求：

（a）当计算中不利用该钢筋的强度时，其伸入节点或支座的锚固长度对带肋钢筋不小于$12d$，对光面钢筋不小于$15d$，d 为钢筋的最大直径；

（b）当计算中充分利用钢筋的抗压强度时，钢筋应按受压钢筋锚固在中间节点或中间支座内，其直线锚固长度不应小于$0.7l_a$；

（c）当计算中充分利用钢筋的抗拉强度时，钢筋可采用直线方式锚固在节点或支座内，锚固长度不应小于钢筋的受拉锚固长度l_a，见图5-15（a）；

（d）当柱截面尺寸不足时，宜采用钢筋端部加锚头的机械锚固措施，也可采用90°弯折锚固的方式，见图5-15（b）；

（e）钢筋也可在节点或支座外梁中弯矩较小处设置搭接接头，搭接长度的起始点至节点或支座边缘的距离不小于$1.5h_0$。

③ 柱纵向钢筋在顶层中节点构造

（a）柱纵向钢筋应伸至柱顶，且自梁底算起的锚固长度不应小于l_a；

（b）当截面尺寸不满足直线锚固要求时，可采用90°弯折锚固措施。此时，包括弯弧在内的钢筋垂直投影锚固长度不应小于$0.5l_{ab}$，在弯折平面内包含弯弧段的水平投影长度不宜小于$12d$，见图5-16（a）；

（c）当截面尺寸不足时，也可采用带锚头的机械锚固措施。此时，包含锚头在内的竖向锚固长度不应小于$0.5l_{ab}$；

（d）当柱顶有现浇楼板且板厚不小于100mm时，柱纵向钢筋也可向外弯折，弯折后的水平投影长度不宜小于12d，见图5-16（b）。

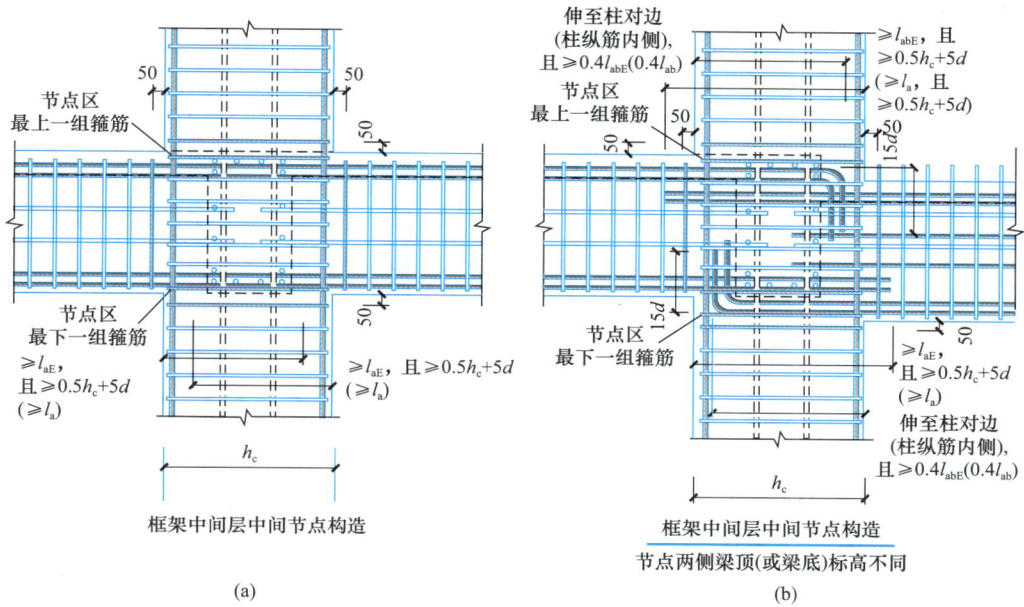

(a)

(b)

图5-15 梁钢筋伸入中间节点的锚固

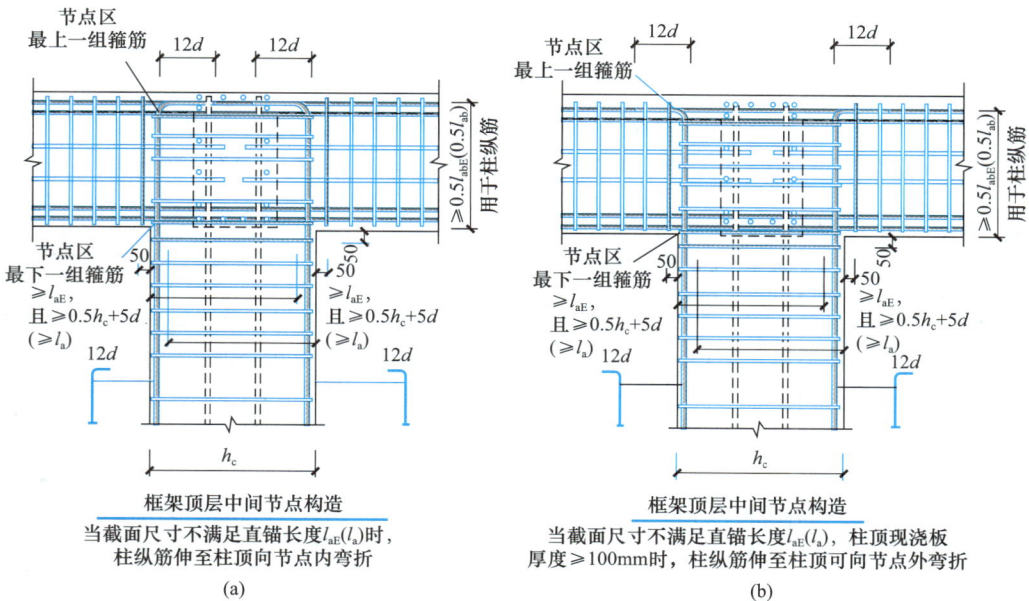

(a)

当截面尺寸不满足直锚长度l_{aE}(l_a)时，柱纵筋伸至柱顶向节点内弯折

(b)

当截面尺寸不满足直锚长度l_{aE}(l_a)，柱顶现浇板厚度≥100mm时，柱纵筋伸至柱顶可向节点外弯折

图5-16 柱纵向钢筋在顶层中节点的锚固

④ 顶层端节点柱外侧纵向钢筋构造❶

可弯入梁内作梁上部纵向钢筋，见图 5-17（a）；也可将梁上部纵向钢筋与柱外侧纵向钢筋在节点及附近部位搭接，见图 5-17（b）。

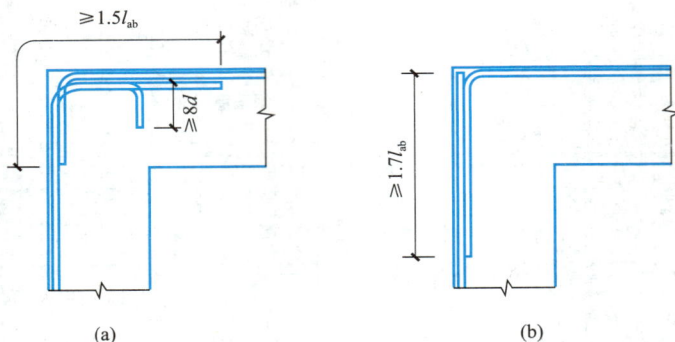

图 5-17　顶层端节点柱外侧纵向钢筋端节点构造

（a）搭接接头沿顶层端节点外侧及梁端顶部布置；（b）搭接接头沿节点外侧直线布置

⑤ 框架中间层中间节点或连续梁中间支座

梁的上部纵向钢筋应贯穿节点或支座，梁的下部纵向钢筋宜贯穿节点或支座。当必须锚固时，应符合图 5-18 要求。

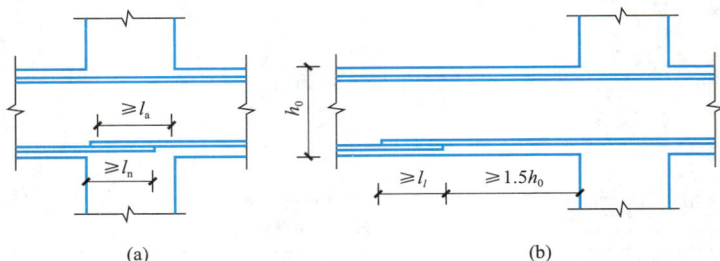

图 5-18　框架梁下部纵向钢筋伸入端节点的构造

（a）下部纵向钢筋在节点中直线锚固；（b）下部纵向钢筋在节点或支座范围外的搭接

---

❶ 现行《混凝土结构设计标准》GB/T 50010—2010 规定：

9.3.7 顶层端节点柱外侧纵向钢筋可弯入梁内作梁上部纵向钢筋；也可将梁上部纵向钢筋与柱外侧纵向钢筋在节点及附近部位搭接，搭接可采用下列方式：

1. 搭接接头可沿顶层端节点外侧及梁端顶部布置，搭接长度不应小于 $1.5l_{ab}$。其中，伸入梁内的柱外侧钢筋截面面积不宜小于其全部面积的 65%；梁宽范围以外的柱外侧钢筋宜沿节点顶部伸至柱内边锚固。当柱外侧纵向钢筋位于柱顶第一层时，钢筋伸至柱内边后宜向下弯折不小于 $8d$ 后截断，d 为柱纵向钢筋的直径；当柱外侧纵向钢筋位于柱顶第二层时，可不向下弯折。当现浇板厚度不小于 100mm 时，梁宽范围以外的柱外侧纵向钢筋也可伸入现浇板内，其长度与伸入梁内的柱纵向钢筋相同。

2. 当柱外侧纵向钢筋配筋率大于 1.2% 时，伸入梁内的柱纵向钢筋应满足本条第 1 款规定且宜分两批截断，截断点之间的距离不宜小于 $20d$，d 为柱外侧纵向钢筋的直径。梁上部纵向钢筋应伸至节点外侧并向下弯至梁下边缘高度位置截断。

3. 纵向钢筋搭接接头也可沿节点柱顶外侧直线布置，此时，搭接长度自柱顶算起不应小于 $1.7l_{ab}$。当梁上部纵向钢筋的配筋率大于 1.2% 时，弯入柱外侧的梁上部纵向钢筋应满足本条第 1 款规定的搭接长度，且宜分两批截断，其截断点之间的距离不宜小于 $20d$，d 为梁上部纵向钢筋的直径。

4. 当梁的截面高度较大，梁、柱纵向钢筋相对较小，从梁底算起的直线搭接长度未延伸至柱顶即已满足 $1.5l_{ab}$ 的要求时，应将搭接长度延伸至柱顶并满足搭接长度 $1.7l_{ab}$ 的要求；或者从梁底算起的弯折搭接长度未延伸至柱内侧边缘即已满足 $1.5l_{ab}$ 的要求时，其弯折后包括弯弧在内的水平段的长度不应小于 $15d$，d 为柱纵向钢筋的直径。

3. 框架梁钢筋构造

1) 上部纵筋构造（图 5-19）

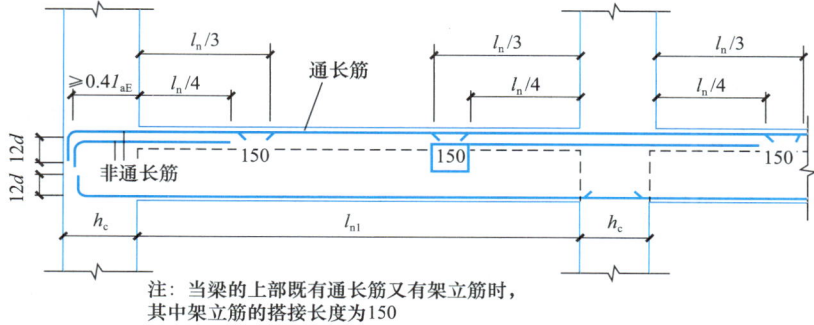

注：当梁的上部既有通长筋又有架立筋时，
其中架立筋的搭接长度为150

图 5-19　上部纵筋构造

（1）框架梁上部通长筋；

（2）框架梁上部非通长边支座筋；

（3）框架梁上部非通长中间支座筋。

2）下部纵筋构造（图 5-20）

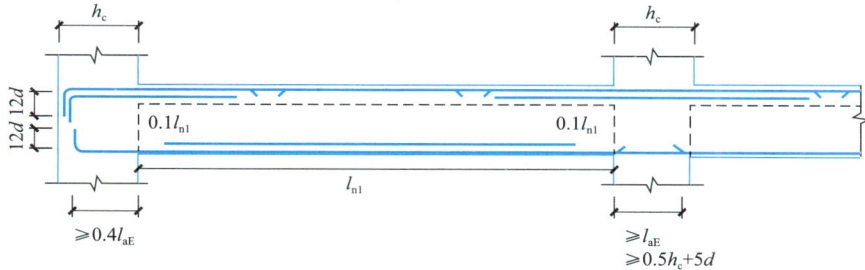

图 5-20　下部纵筋构造

（1）框架梁下伸入支座钢筋；

（2）框架梁下不伸入支座钢筋。

3）架立筋、腰筋、拉钩钢筋（图 5-21）

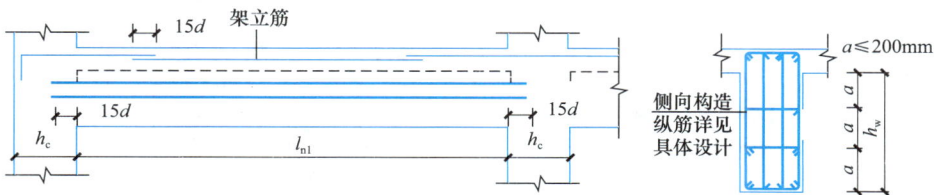

图 5-21　架立筋、腰筋、拉钩构造

（1）梁侧面纵向构造筋和拉筋，梁侧面受扭纵向钢筋其搭接长度为 l_1 或 l_{lE}，锚固长度为 l_a。

（2）当梁宽不小于 350mm 时，拉筋直径为 6mm；当梁宽大于 350mm 时，拉筋直径为 8mm；拉筋间距为非加密区箍筋间距的 2 倍。当设有多排拉筋时，上下两排拉筋竖向错开设置。

4）框架梁箍筋及附加钢筋（图 5-22）

箍筋加密区范围见图 5-12，附加箍筋及吊筋见图 5-22。

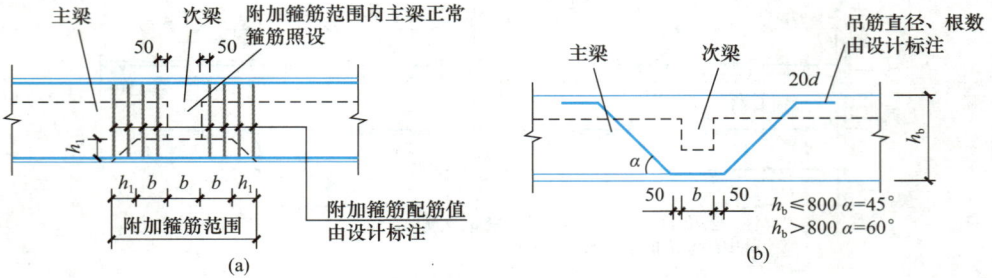

图 5-22　附加钢筋构造

（a）附加箍筋范围；（b）附加吊筋构造

4. 并筋及钢筋净距

不能满足钢筋净间距要求时，在配筋密集区域可采用并筋（钢筋束）的配置形式。

1）并筋等效直径

按截面积相等原则计算，相同直径的二并筋等效直径可取为 1.41 倍单根钢筋直径；三并筋等效直径可取为 1.73 倍单根钢筋直径，二并筋可按纵向或横向的方式布置；三并筋宜按品字形布置，并均按并筋的重心作为等效钢筋的重心。

直径 28mm 及以下的钢筋并筋数量不应超过 3 根；直径 32mm 的钢筋并筋数量宜为 2 根；直径 36mm 及以上的钢筋不应采用并筋。

2）钢筋净距

梁上部钢筋水平方向的净间距不应小于 30mm 和 $1.5d$；梁下部钢筋水平方向的净间距不应小于 25mm 和 d。当下部钢筋多于 2 层时，2 层以上钢筋水平方向的中距应比下面 2 层的中距增大一倍，各层钢筋之间的净间距不应小于 25mm 和 d，d 为钢筋的最大直径；柱中纵向钢筋的净间距不应小于 50mm，且不宜大于 300mm，见图 5-23。

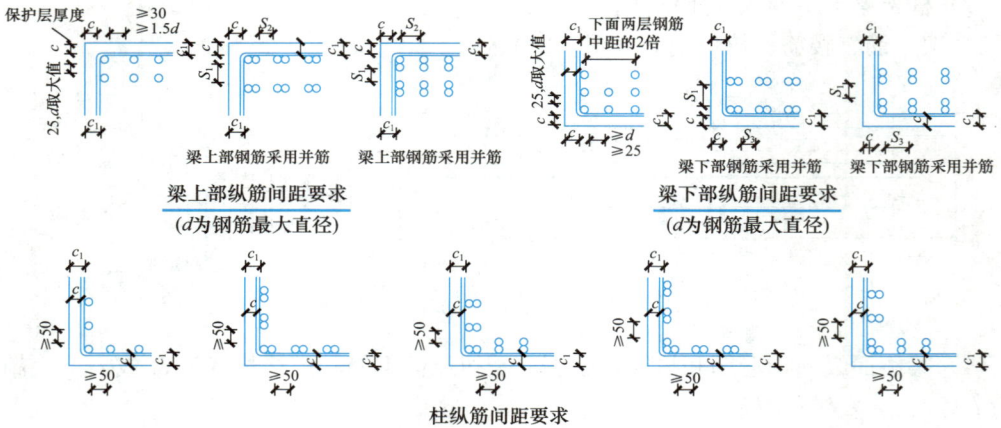

图 5-23　并筋钢筋净距

5.1.4　钢筋识图

1. 平面整体表示的施工图

扫描二维码 5-7 观看平法识图教学视频。

二维码 5-7
平法识图

1）一般规定

（1）按平法设计绘制的施工图，一般是由各类结构构件的平法施工图和标准构造详图两部分构成。对于复杂的房屋建筑，尚需要增加模板、开洞和预埋件图。只有在特殊情况下，才增加配筋剖面图。

（2）在平法施工图上表示各构件尺寸和配筋的方式，分为平面注写方式、列表注写方式和截面注写方式三种。

（3）在平法施工图上，应注明各结构层楼地面标高、结构层高及相应的结构层号等。

（4）为了确保施工人员准确无误识读平法标注的施工图，在具体工程的结构设计总说明中必须注明所选用平法标准图的图集号。

2）梁平法施工图

（1）梁平法标注方式有集中标注与原位标注两类（图 5-24）。集中标注表达梁的通用数值，原位标注表达梁的特殊数值。当集中标注中的某项数值不适用梁的某部位时，则将该项数值原位标注，原位标注取值优先。

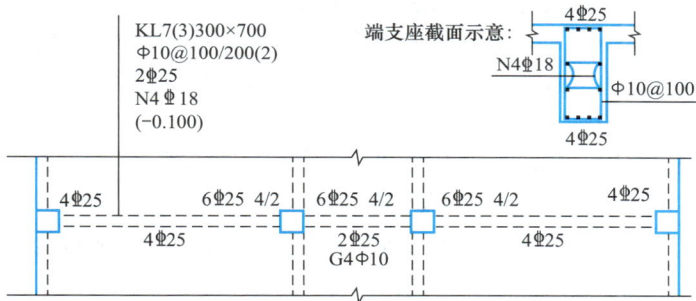

图 5-24　梁平面注写示例❶

（2）梁集中标注的内容有五项必注值及一项选注值（集中标注可以从梁的任一跨引出），规定如下：

① 梁编号为必注值，由梁类型代号、序号、跨数及有无悬挑代号组成。例 KL2（2A）表示第 2 榀框架梁，两跨，一端有悬挑（A 为一端悬挑，B 为两端悬挑）。

② 梁截面尺寸为必注值，用 $b \times h$ 表示；当为加腋梁时，用 $b \times h$、$Yc_1 \times c_2$ 表示竖向加腋，用 $b \times h$、$PYc_1 \times c_2$ 表示水平向加腋，其中 c_1 为腋长，c_2 为腋高；当有悬挑且根部和端部的高度不同时，用斜线分隔根部与端部的高度值，即为 $b \times h_1/h_2$。

③ 梁箍筋，包括钢筋种类、直径、加密区与非加密区间距及肢数，该项为必注值。箍筋加密区与非加密区的不同间距及肢数需用斜线"/"分隔，箍筋肢数应写在括号内。

---

❶ 《混凝土结构施工图平面整体表示方法制图规则和构造详图》（现浇混凝土框架、剪力墙、梁、板）22G101-1。

例：Φ8@100（4）/200（2）表示箍筋为 HPB300 级钢筋，直径 8mm，加密区间距 100mm，四肢箍，非加密区间距为 200mm，两肢箍。

④ 梁上部通长筋或梁架立筋根数为必注值，所注根数应根据结构受力要求及箍筋肢数等构造要求而定。当同排钢筋中既有通长筋又有架立筋时，应用加号"+"将通长筋和架立筋相连。注写时须将角部纵筋写在加号前面，架立筋写在加号后面的括号内。

例：2Φ22+（4Φ12）表示 2Φ22 为通长筋，4Φ12 为架立筋。

当梁的上部纵筋和下部纵筋均为通长筋且多数跨配筋相同时，此项可加注下部钢筋的配筋值，用分号"；"隔开。

例：3Φ22；3Φ20，表示梁的上部配置 3Φ22 的通长筋，梁的下部配置 3Φ20 的通长筋。

⑤ 梁侧面纵向构造钢筋或受扭钢筋。当 $h_w \geqslant 450$mm 时，需要在梁的两个侧面沿高度配置纵向构造钢筋，用"G"表示，间距 $a \leqslant 200$；例：G4Φ12，表示在梁的侧面共配置 4 根构造钢筋，每侧面 2 根。侧面纵向构造钢筋。

当梁侧面需配置抗扭纵筋时，用"N"表示。例：N4Φ20，表示在梁的侧面共配置 4 根抗扭纵筋，每侧面 2 根。

⑥ 梁顶面标高高差、该项为选注值。梁顶面标高的高差，系指相对于结构层楼面标高的高差值。有高差时，须将其写入括号内，无高差时不注。

（3）梁原位标注的内容如下：

① 梁支座上部纵筋含通长筋在内的所有纵筋，当上部纵筋多于一排时，用斜线"/"将各排纵筋自上而下分开；当同排纵筋有两种直径时，用加号"+"将两种直径的纵筋相连；当梁中间支座两边的上部纵筋不同时，须在支座两边分别标注，相同时，只标注一侧。

② 梁下部纵筋多于一排时，用斜线"/"隔开；当同排纵筋有两种直径时，用加号"+"相连；当梁下部纵筋不全部伸入支座时，将梁支座下部纵筋减少数量写在括号内，例 6Φ25 2（-2）/4，表示上排为 2Φ25，且不伸入支座，下排为 4Φ25，全部伸入支座。

③ 附加箍筋或吊筋，将其直接画在平面图中的主梁上，用线引注总配筋值。

④ 当在梁上集中标注的内容不适用于某跨或悬挑部分时，将其不同数值原位标注在该跨或该悬挑部位，施工时按原位标注数值取用。

3）柱平法标注

（1）柱平法施工图是在柱平面布置图上采用列表注写方法或截面注写方式表达。

（2）列表注写方式，是在柱平面布置图上，在同一编号的柱中选择一个（有时需要选择几个）截面标注几何参数，见表 5-11；在柱表中注写柱编号、柱段起止标高、几何尺寸（含柱截面对轴线的定位情况）与配筋的具体数值，并配以各种柱截面形状及其箍筋类型图。

注写柱纵筋，分角筋、截面 b 边中部筋和 h 边中部筋（对于采用对称配筋的矩形截面柱，可仅注写一侧中部筋）。各边根数相同时，将纵筋注写在全部纵筋一栏中。

注写箍筋类型号及箍筋肢数、箍筋级别、直径和间距等，用斜线"/"区分柱端箍筋加密区与柱身非加密区长度范围内箍筋的不同间距。

柱　　表　　　　　　　　　　表 5-11

柱号	标高	$b \times h$（圆柱直径 D）	b_1	b_2	h_1	h_2	全部纵筋	角筋	b 边一侧中部筋	h 边一侧中部筋	箍筋类型号	箍筋	备注
KZ1	−0.030～19.470	750×700	375	375	150	550	24 Φ25				1(5×4)	Φ10@100/200	
	19.470～37.470	650×600	325	325	150	450		4Φ22	5Φ22	4Φ20	1(4×4)	Φ10@100/200	—
	37.470～59.070	550×500	275	275	150	350		4Φ22	5Φ22	4Φ20	1(4×4)	Φ8@100/200	
XZ1	−0.030～8.670						8Φ25				按标准构造详图	Φ10@100	③×Ⓑ轴 KZ1 中设置

（3）截面注写方式，是在柱平面布置图的柱截面上，分别在同一编号的柱中选择一个截面，直接注写截面尺寸和配筋。当纵筋采用两种直径时，需再注写截面各边中部筋的具体数值（对于采用对称配筋的矩形截面柱，可仅在一侧注写中部筋），见图 5-25。

4）剪力墙平法标注

剪力墙平法施工图是在剪力墙平面布置图上采用列表注写方式（表 5-12）或截面注写方式表达。两种注写方式与柱平法施工图标注类似。

5）楼板平法标注

楼板注写主要包括板块集中标注和板支座原位标注。集中标注板块编号、板厚、上部贯通纵筋、下部纵筋以及当板面标高不同时的标高高差；原位标注板支座上部非贯通纵筋和悬挑板上部受力钢筋。

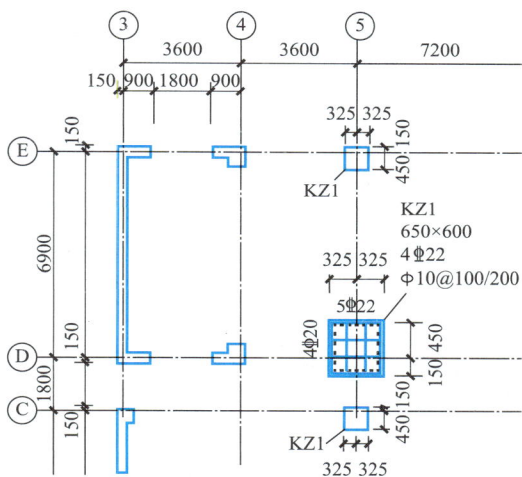

图 5-25　柱平法施工图（局部）

剪力墙身表　　　　　　　　　　表 5-12

编号	标高	墙厚	水平分布筋	垂直分布筋	拉筋（矩形）
Q1	−0.030～30.270	300	Φ12@200	Φ12@200	Φ6@600@600
	30.270～59.070	250	Φ10@200	Φ10@200	Φ6@600@600

图 5-26 所示为楼面板，板厚 150mm，板下部纵筋配置双向Φ10@110 钢筋；支座负筋①为Φ10@150，长度为 1800；支座负筋②为Φ14@140，长度为 1500。

5.1.5 钢筋下料

钢筋加工前应根据结构图纸进行下料放样，包括各种钢筋的下料长度、总根数及钢筋总重量，然后编制钢筋配料单，作为钢筋备料、加工的依据。扫描二维码 5-8 观看钢筋下料教学视频。

施工结构图中注明的钢筋尺寸是钢筋的外轮廓尺寸（即从钢筋的外皮

二维码 5-8
钢筋下料

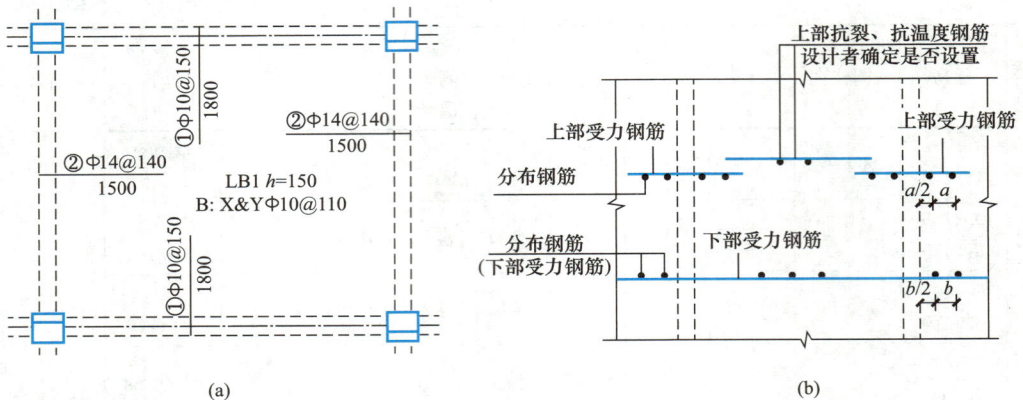

(a)　　　　　　　　　　　　　　　　　(b)

图 5-26　板平法施工图（局部）

（a）板平法标注；（b）板配筋示意

注：分布钢筋一般在结构说明中标明

到外皮量得的尺寸），称为钢筋的外包尺寸。在钢筋制作时是按轴线尺寸下料的，绑扎后是按外包尺寸验收的。[❶]

1. 钢筋中部弯曲处的量度差值

钢筋中部弯曲处的量度差值与钢筋弯弧内直径及弯曲角度有关，如图 5-27 所示。

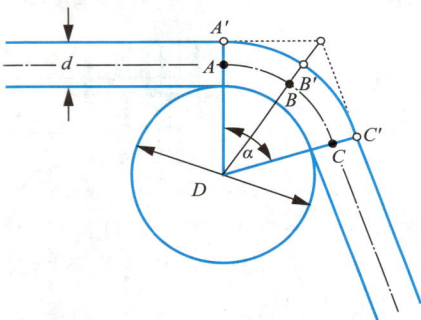

图 5-27　钢筋弯曲处量度差值计算简图

弯折处的外包尺寸为：

$$A'B' + B'C' = 2A'B' \approx 2\left(\frac{D}{2} + d\right)\tan\frac{\alpha}{2}$$

弯折处的轴线尺寸为：

$$ABC = \left(\frac{D}{2} + \frac{d}{2}\right) \cdot \frac{\alpha\pi}{180} = (D+d)\frac{\alpha\pi}{360}$$

外包尺寸与轴线尺寸弯折处量度差值为：

$$\Delta = 2\left(\frac{D}{2} + d\right)\tan\frac{\alpha}{2} - (D+d)\frac{\alpha\pi}{360} \quad (5-5)$$

由上式，弯心直径 $D=4d$，当弯曲 45°时 HRB400 级带肋钢筋量度差值为：

$$\Delta = 2\left(\frac{D}{2} + d\right)\tan\frac{\alpha}{2} - (D+d)\frac{\alpha \cdot \pi}{360} = \left(6 \times \tan\frac{45}{2} - 5 \times \frac{45 \times 3.14}{360}\right)d$$

$$= \left(6 \times 0.414 - 5 \times 3.14 \times \frac{1}{8}\right)d = 0.52d$$

取 $0.5d$。

同理，当弯折 30°时，量度差取 $0.3d$；当弯折 60°时，量度差取 $1d$；当弯折 90°时，

[❶]　钢筋在制备前是按直线下料，如果下料长度按外包尺寸总和进行计算，则加工后钢筋的尺寸必然大于设计要求的外包尺寸，这是因为钢筋在弯曲时，钢筋的外侧伸长，内侧缩短，轴线长度不变，钢筋的外包尺寸和轴线长度之间存在一个差值，称为"量度差值"，按外包尺寸总和下料是不准确的，只有钢筋的直线段部分，其外包尺寸等于轴线长度。因此，钢筋下料时，其下料长度应为各段外包尺寸之和减去弯曲处的量度差值，即按轴线长度下料，再加上末端弯钩的增长值。

量度差取 $2d$ ；当弯折 135°时，量度差取 $3d$ 。

2. 钢筋末端弯钩下料长度的增长值

1) 钢筋弯折的弯弧内直径

(1) 光圆钢筋末端需加工成 180°弯钩，其弯曲加工时的弯弧内直径 D 不应小于钢筋直径的 2.5 倍；末端弯钩的平直部分长度不应小于钢筋直径的 3 倍，受压光圆钢筋末端可不作弯钩，如图 5-28 (a) 所示。

(2) 400MPa 级带肋钢筋弯曲加工时的弯弧内直径不应小于钢筋直径的 4 倍。弯钩的平直部分长度应符合设计要求，如图 5-28 (b)、(c) 所示。

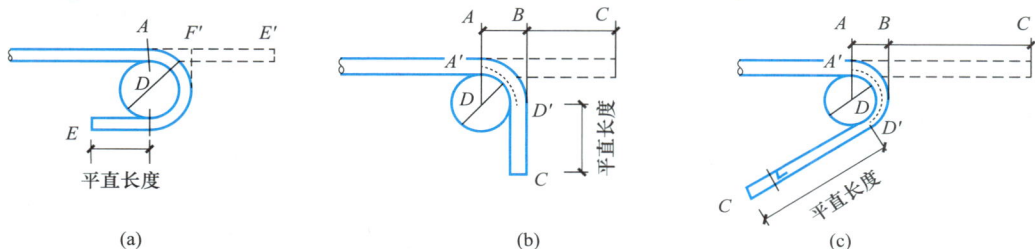

图 5-28　钢筋弯曲示意图
(a) 180°；(b) 90°（c) 135°

(3) 500MPa 级带肋钢筋，直径为 28mm 以下的带肋钢筋弯曲加工时的弯弧内直径不应小于钢筋直径的 6 倍，直径为 28mm 及以上的钢筋不应小于其直径的 7 倍。

(4) 框架结构的顶层端节点，对梁上部纵向钢筋、柱外侧纵向钢筋在节点角部弯折处，当钢筋直径为 28mm 以下时，弯曲加工时的弯弧内直径不宜小于钢筋直径的 12 倍，钢筋直径为 28mm 及以上时，弯弧内直径不宜小于钢筋直径的 16 倍。

(5) 箍筋弯折处的弯弧内直径不应小于纵向受力钢筋直径。

2) 钢筋末端弯钩增长值

(1) 受拉 HPB300 级光圆钢筋末端需要做 180°弯钩，平直部分长度 $3d$ 、弯曲直径 $D=2.5d$ 时，钢筋下料时应增加 $6.25d$ 。

(2) 当 HRB400 级带肋钢筋末端采用 90°弯锚时，平直端长度为 $12d$ ，弯曲直径 $D=4d$ 时，钢筋下料时应增加的长度（增长值）为：

$$\begin{aligned} BC &= AC - AB = (A'D' + 弯钩末端平直段长度) - AB \\ &= A'D' + 12d - 3d \\ &= [2\pi \times (4d+d)/2]/4 + 12d - 3d = 12.93d \ (取\ 13d) \end{aligned} \tag{5-6}$$

(3) 一般结构，箍筋末端弯钩弯折角度不应小于 90°，弯折后平直部分长度不应小于箍筋直径的 5 倍；对有抗震设防，箍筋弯钩的弯折角度不应小于 135°，弯折后平直部分长度不应小于箍筋直径的 10 倍和 75mm 的较大值，箍筋及拉筋弯钩的构造要求见图 5-29。

抗震设防结构的箍筋、拉钩末端 135°弯钩（图 5-28 (c)）增长值为：

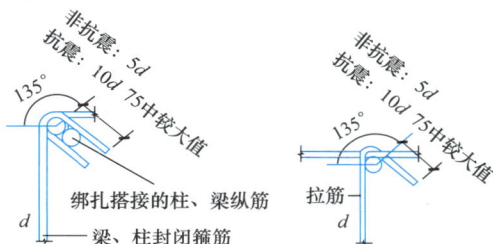

图 5-29　箍筋与拉筋构造

$$BC = (A'D' + 弯钩末端平直段长度) - AB$$

$$= \frac{3\pi}{8}(D+d) + \max(10d, 75\text{mm}) - \left(\frac{D}{2} + d\right)$$

$$= 0.68D + 0.18d + \max(10d, 75\text{mm}) \tag{5-7}$$

式中　D——弯钩的弯曲直径，应大于受力钢筋直径，且不小于箍筋、拉钩直径的 2.5 倍；

　　　d——箍筋、拉钩直径。

根据式（5-7）计算，大于φ6 的钢筋取 11.9d。

3. 钢筋下料案例

根据水平投影尺寸进行钢筋下料长度计算时，应根据投影尺寸、锚固长度、混凝土保护层厚度、中部弯曲处的量度差值和弯钩增加长度等综合考虑。下面结合框架梁下料例题，介绍钢筋下料的计算。扫描二维码 5-9 观看钢筋下料例题教学视频。

二维码 5-9
钢筋下料例题

【例题 5-1】已知某五层框架办公楼，抗震等级为二级，层高 3.6m，柱 500×500，梁柱混凝土均为 C40，标准层 KL7 为其中的两跨连续梁。柱配筋为：主筋 16 根 HRB400 级Φ28 钢筋，箍筋 HPB300 级φ10@100/150，梁柱混凝土保护层厚度均为 25mm（环境类别二 a）；梁配筋见图 5-30。已知 HRB400 级钢筋为定尺 12m 长钢筋，HPB300 级为盘条。试计算 KL7 上部通长钢筋的下料长度及 KL7 箍筋的下料总长度，并绘制通长钢筋配料图（钢筋接长全部采用机械连接）。

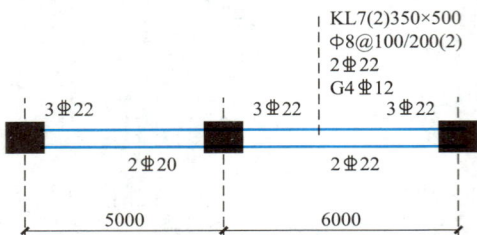

图 5-30　梁配筋图

分析：

1. 根据 22G101 平面整体标注的规定，例题图的信息

1）该框架梁截面为 350×500，两跨。

2）框架梁上部配筋：

（1）梁上部贯通筋为 2 根Φ22 的 HRB400 钢筋；

（2）左支座处上配筋为 3 根Φ22 的 HRB400 钢筋，其中有 2 根角筋为通长钢筋；

（3）中间支座左右配筋为 3 根Φ22 的 HRB400 钢筋，其中有 2 根角筋为通长钢筋；

（4）右支座处上配筋为 3 根Φ22 的 HRB400 钢筋，其中有 2 根角筋为通长钢筋。

3）框架梁下部配筋：第一跨为 2 根Φ20 的 HRB400 钢筋、第二跨为 2 根Φ22 的 HRB400 钢筋。

4）箍筋：柱箍筋为 HPB300 级φ10 钢筋，加密区间距为 100mm，非加密区间距为 150mm；梁箍筋为 HPB300 级φ8 钢筋双支箍，加密区间距为 100mm，非加密区间距为 200mm。

5）框架梁腰筋：梁两个侧面配置 4 根 HRB400 级Φ12 腰筋。

2. 计算锚固长度，判断锚固形式

1）Φ20、Φ22 通长钢筋锚固形式分析

（1）直锚长度

查 22G101-1 第 2-3 页受拉钢筋抗震锚固长度 l_{aE} 表，得受拉钢筋抗震锚固长度 $l_{aE}=$

$33d$，则⊕20、⊕22通长钢筋直锚长度 l_{aE}＝33×20（22）＝660（726）mm。显然，直锚长度大于柱截面500mm，需要弯锚。

（2）弯锚长度计算

① 框架梁 KL7 上通长⊕22 钢筋弯锚长度计算

框架梁 KL7 上通长⊕22 钢筋弯锚长度＝500－（25＋10＋28＋50)❶＋13×22＝387＋286＝673mm；

平直长度 387 大于 $0.4l_{aE}$＝0.4×726＝290mm❷，可采用弯锚。

② 框架梁 KL7 下部钢筋锚固长度计算

左跨下部通长⊕20 钢筋弯锚长度＝［500－（25＋10＋28＋50）－（22＋50)❸］＋13×20＝315＋260＝575mm；

同理，右跨下部通长⊕22 钢筋弯锚长度 601mm。

3.框架梁各类钢筋下料长度计算

1）框架梁 KL7 上通长筋下料长度计算

上通长筋下料长度＝5000＋6000－250×2＋673×2＝11 846mm，不需要设置接头。

2）框架梁上非通长筋下料长度计算

（1）边支座

上部左边支座负筋施工下料长度＝（5000－250×2)/3＋673＝2173mm；

---

❶　梁钢筋弯、断点距柱外边的距离＝保护层＋柱箍筋直径＋柱最大外侧钢筋直径＋钢筋最小净距（柱主筋直径、50 取大值）。

❷　现行《混凝土结构设计标准》GB/T 50010—2010 规定：

9.3.4 梁纵向钢筋在框架中间层端节点的锚固应符合下列要求：

1. 梁上部纵向钢筋伸入节点的锚固：

1）当采用直线锚固形式时，锚固长度不应小于 l_a，且应伸过柱中心线，伸过的长度不宜小于 $5d$，d 为梁上部纵向钢筋的直径。

2）当柱截面尺寸不满足直线锚固要求时，梁上部纵向钢筋可采用本规范第 8.3.3 条钢筋端部加机械锚头的锚固方式。梁上部纵向钢筋宜伸至柱外侧纵向钢筋内边，包括机械锚头在内的水平投影锚固长度不应小于 $0.4l_{ab}$（图 9.3.4a）。

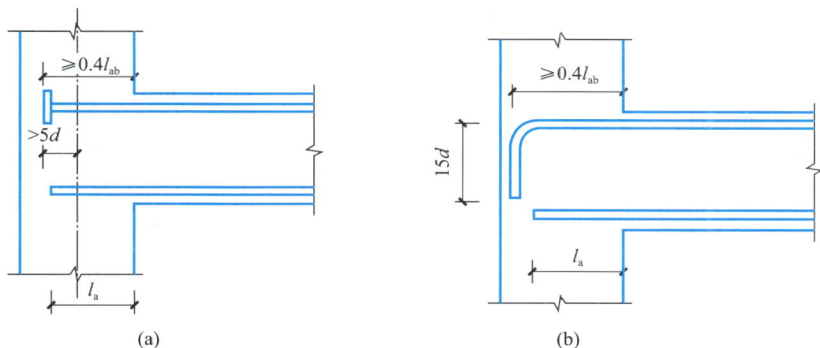

图 9.3.4　梁上部纵向钢筋在中间层端节点内的锚固
（a）钢筋端部加锚头锚固；（b）钢筋末端 90°弯折锚固

3）梁上部纵向钢筋也可采用 90°弯折锚固的方式，此时梁上部纵向钢筋应伸至柱外侧纵向钢筋内边并向节点内弯折，其包含弯弧在内的水平投影长度不应小于 $0.4l_{ab}$，弯折钢筋在弯折平面内包含弯弧段的投影长度不应小于 $15d$（图 9.3.4b）。

❸　下部弯锚钢筋设置在上部弯锚钢筋的内侧，所以要多减去一个上部弯锚钢筋直径和50净距。

上部右边支座负筋施工放样长度＝(6000－250×2)/3＋673＝2506mm。

（2）中间支座

上部中间支座负筋（第一排）下料长度

＝max[1/3左、右净跨长]＋h_c＝max[(5000－250×2)/3；(6000－250×2)/3]＋500＝2333mm。

3）框架梁下伸入支座钢筋下料长度计算

左跨下部钢筋下料长度＝左净跨长＋2×弯锚长度❶＝(5000－250×2)＋2×575＝5650mm；

右跨下部钢筋预算长度＝右净跨长＋2×弯锚长度＝(6000－250×2)＋2×601＝6702mm。

4）框架梁下不伸入支座钢筋下料长度计算

框架梁下不伸入支座钢筋下料长度＝0.8×净跨，该例题框架梁下配筋没有不伸入支座钢筋。

5）架立筋、腰筋、拉钩钢筋下料长度计算

（1）架立筋下料长度＝净长＋2×15d，该例题没有架立钢筋；

（2）抗扭腰筋下料长度＝净跨＋2×锚固长度，该例题没有抗扭腰筋；

（3）左跨构造腰筋下料长度＝净跨＋2×15d＝[(5000－250×2)＋2×15×12]＝4860mm；

右跨构造腰筋下料长度＝净跨＋2×15d＝[(6000－250×2)＋2×15×12]＝5860mm；

---

❶　现行《混凝土结构设计标准》GB/T 50010—2010 规定：

9.3.5 框架中间层中间节点或连续梁中间支座，梁的上部纵向钢筋应贯穿节点或支座。梁的下部纵向钢筋宜贯穿节点或支座。当必须锚固时，应符合下列锚固要求：

1. 当计算中不利用该钢筋的强度时，其伸入节点或支座的锚固长度对带肋钢筋不小于 12d，对光面钢筋不小于 15d，d 为钢筋的最大直径；

2. 当计算中充分利用钢筋的抗压强度时，钢筋应按受压钢筋锚固在中间节点或中间支座内，其直线锚固长度不应小于 0.7l_a；

3. 当计算中充分利用钢筋的抗拉强度时，钢筋可采用直线方式锚固在节点或支座内，锚固长度不应小于钢筋的受拉锚固长度 l_a（图 9.3.5a）；

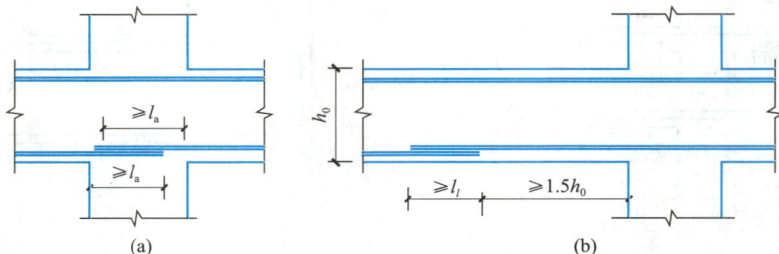

图 9.3.5　梁下部纵向钢筋在中间节点或中间支座范围的锚固与搭接
（a）下部纵向钢筋在节点中直线锚固；（b）下部纵向钢筋在节点或支座范围外的搭接

4. 当柱截面尺寸不足时，宜按本规范第 9.3.4 条第 1 款的规定采用钢筋端部加锚头的机械锚固措施，也可采用 90°弯折锚固的方式；

5. 钢筋可在节点或支座外梁中弯矩较小处设置搭接接头，搭接长度的起始点至节点或支座边缘的距离不应小于 1.5h_0（图 9.3.5b）。

（4）Φ6 构造腰筋拉钩钢筋下料长度

=梁宽-保护层×2+拉钩钢筋直径×2+$[\max(75,10d)+1.9d]×2$

=$350-2×25+6×2+[\max(75,10×6)+1.9×6]×2$

=485mm；

Φ6 构造腰筋拉钩数一般按非加密区箍筋间距的 2 倍计算：

拉钩数=$\left(\dfrac{5000-500-2×50}{400}+1\right)×2+\left(\dfrac{6000-500-2×50}{400}+1\right)×2=53$ 根；

构造腰筋拉钩钢筋下料总长度：485×53=25 705mm。

6）箍筋下料长度

Φ8 箍筋下料长度=（构件截面周长-$8C_{保护层}$-$4d_{箍筋直径}$）+弯钩增加长度-中部量度差值

=$[(500+350)×2-8×25-4×8]+[\max(10×8,75)+1.9×8]×2-3×2×8=1610$mm

抗震等级为二~四级的加密区长度：$\geq 1.5h_b$，且≥ 500mm，该案例抗震等级为二级，故加密区为 1.5×500=750mm。

箍筋总数为：

第一跨箍筋数=$\left(\dfrac{750-50}{100}+1\right)×2+\left(\dfrac{5000-500-2×750}{200}-1\right)=30$ 根；

第二跨箍筋数=$\left(\dfrac{750-50}{100}+1\right)×2+\left(\dfrac{6000-500-2×750}{200}-1\right)=35$ 根；

Φ8 箍筋下料总长度为：1610×（30+35）=104 650mm。

5.1.6　钢筋的安装

1. 钢筋网片、骨架制作前的准备工作

（1）熟悉施工图纸，确定钢筋安装顺序。在熟悉施工图纸的基础上，仔细研究各类构件钢筋安装的顺序，特别是在比较复杂的钢筋安装工程中，应先研究逐根钢筋穿插就位的顺序，并与模板工协调支模顺序，降低绑扎难度。

（2）核对钢筋配料单及料牌。根据料单和料牌，核对钢筋半成品的牌号、形状、直径和规格数量是否正确，有无错配、漏配。

（3）保护层的设置。保护层指结构构件中钢筋外边缘至构件表面范围用于保护钢筋的混凝土，其最小厚度见表 5-13。保护层的垫设方法有钢筋撑脚、塑料垫块和塑料环圈，通常每隔 1m 放置一个，呈梅花形交错布置。

混凝土保护层的最小厚度 c（mm）　　　　表 5-13

环境类别	板、墙、壳	梁、柱、杆	备注说明
一	15	20	① 混凝土强度等级不大于 C25 时，表中保护层厚度数值应增加 5mm； ② 钢筋混凝土基础宜设置混凝土垫层，基础中钢筋的混凝土保护层厚度应从垫层顶面算起，且不应小于 40mm
二 a	20	25	
二 b	25	35	
三 a	30	40	
三 b	40	50	

（4）划钢筋位置线。板的钢筋，在模板上划钢筋位置线；柱的箍筋，在两根对角线主

筋上划点；梁的箍筋，在架立筋上划点；基础的钢筋，在双向各取一根钢筋上划点或在固定架上划线。钢筋接头应根据下料单确定接头位置、数量，并在模板上划线。

2. 钢筋绑扎

1）基础钢筋绑扎

（1）扩展基础

扩展基础底板受力钢筋的最小直径不宜小于10mm，间距不宜大于200mm，也不宜小于100mm；墙下钢筋混凝土条形基础纵向分布钢筋的直径不宜小于8mm，间距不大于300mm。

当柱下钢筋混凝土独立基础的边长和墙下钢筋混凝土条形基础的宽度不小于2.5m时，底板受力钢筋的长度可取边长或宽度的0.9倍，并宜交错布置（图5-31a）。

钢筋混凝土条形基础底板在T形及十字形交接处，底板横向受力钢筋仅沿一个主要受力方向通长布置，另一方向的横向受力钢筋可布置到主要受力方向底板宽度1/4处（图5-31b），在拐角处底板横向受力钢筋应沿两个方向布置（图5-31c）。

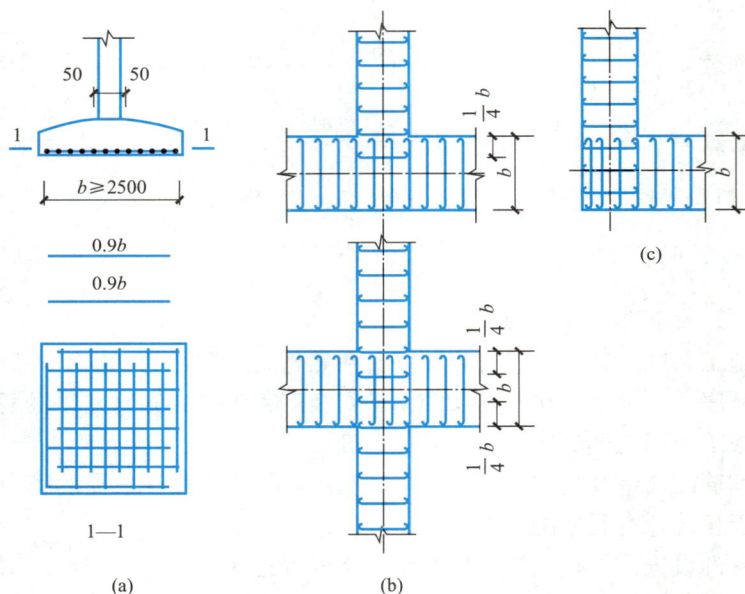

图5-31　扩展基础底板受力钢筋布置

（2）筏形基础

筏板基础顶部跨中钢筋应全部连通，筏形基础应采用双向钢筋网片分别配置在板的顶面和底面，钢筋间距不应小于150mm，也不宜大于300mm，受力钢筋直径不宜小于Φ12mm。筏基的底部支座钢筋应有1/3贯通全跨（图5-32），梁板式筏基墙柱的纵向钢筋要贯通基础梁，并从梁上皮起满足锚固长度的要求；平板式筏基柱下板带和跨中板带的底部钢筋应有1/3～1/2贯通全跨，顶部钢筋应按计算配筋全部连通。当筏板基础厚度大于2000mm时，宜在板厚中间设置直径不小于12mm、间距不大于300mm的双向钢筋网。

筏形基础的地下室钢筋混凝土墙体内应设置双面钢筋，钢筋不宜采用光面圆钢筋，水

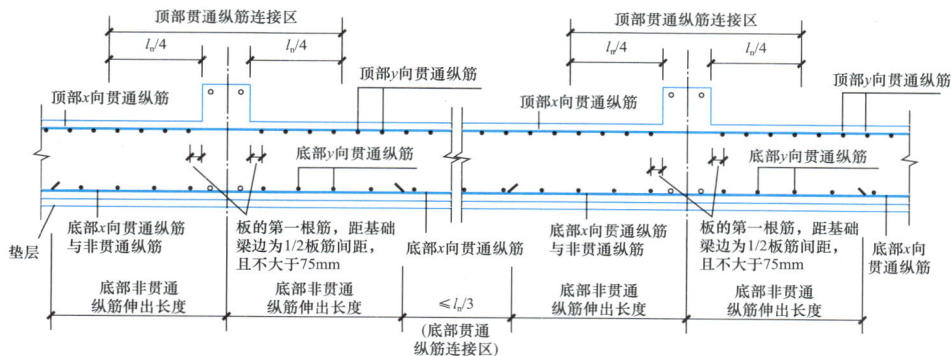

图 5-32　梁板式筏形基础钢筋构造

平钢筋的直径不应小于 12mm，竖向钢筋的直径不应小于 10mm，间距不应大于 200mm。筏板与地下室外墙的接缝、地下室外墙沿高度处的水平接缝应严格按施工缝要求施工，并设通长止水带。

① 绑底板下层网片钢筋

依据防水保护层上弹好的钢筋位置线，先铺下层网片的钢筋，钢筋接头尽量采用机械连接，要求接头在同一截面相互错开 50%，同一根钢筋在 35d 或 500mm 的长度内不得有两个接头；后铺下层钢筋，钢筋接头同长向钢筋；绑扎局部加强筋。

基础平板同一层面的交叉钢筋，何向钢筋在上，何向钢筋在下，应按具体设计说明。当设计未作说明时，应按板跨长度将短跨方向的钢筋置于板厚外侧，另一方向的钢筋置于板厚内侧。

② 绑扎地梁钢筋

在筏板下层水平主钢筋上，绑扎地梁钢筋，地梁箍筋与主筋要垂直，箍筋的弯钩叠合处沿梁水平筋交错布置绑扎在受压区。地梁也可在基坑外预先绑扎好后，根据已划好的梁位置线用塔式起重机直接吊装到位，但必须注意地梁钢筋笼骨变形问题。

③ 绑扎筏板上层网片钢筋

铺设铁马凳，马凳短间距 1.2～1.5m；先在马凳上绑架立筋，在架立筋上划好钢筋位置线，按图纸要求，顺序放置上层钢筋的下铁，钢筋接头尽量采用机械连接，要求接头在同一截面相互错开 50%，同一根钢筋尽量减少接头；根据在上层下铁上划好的钢筋位置线，顺序放置上层钢筋，钢筋接头同上层钢筋下铁。

④ 根据柱、墙体位置线绑扎柱、墙体插筋，将插筋绑扎就位，并和底板钢筋点焊固定，一般要求插筋出底板面的长度不小于 45d，柱绑扎两道箍筋，墙体绑扎一道水平筋。

⑤ 垫保护层，保护层垫块间距 600mm，梅花形布置。

⑥ 绑扎钢筋不能直接抵到外砖模上，并注意保护防水。钢筋绑扎前，保护墙内侧防水必须甩浆做保护层，要防止防水卷材在钢筋施工时被破坏。

（3）箱形基础

箱形基础的底板和顶板构造同筏形基础，箱形基础的墙体内应设置双层双向钢筋，每层钢筋的竖向和水平钢筋的直径不应小于 10mm，间距不应大于 200mm。箱形基础的顶板和底板纵横方向支座钢筋尚应有 1/3～1/2 贯通配置，跨中钢筋应按实际计算的配筋全

部贯通。钢筋宜采用机械连接；采用搭接时，搭接长度应按受拉钢筋考虑。❶

当天然地基承载力或沉降变形不能满足设计要求时，可采用桩加箱形或筏形基础，桩的纵向钢筋锚入箱基或筏基底板内的长度不宜小于钢筋直径的 35 倍，对于抗拔桩基不应小于钢筋直径的 45 倍。

2）主体结构钢筋网片骨架的制作与安装

主体结构绑扎安装钢筋时，要根据不同构件的特点和现场条件，确定绑扎顺序，一般钢筋绑扎的要求：

（1）墙、柱、梁钢筋骨架中各垂直面钢筋网交叉点应全部扎牢，交叉点应采用铁丝绑扣；板上部钢筋网的交叉点应全部扎牢，底部钢筋网除边缘部分外可间隔交错扎牢。

（2）框架节点处梁纵向受力钢筋宜置于柱纵向钢筋内侧；次梁钢筋宜放在主梁钢筋上面；剪力墙中水平分布钢筋宜放在外部，并在墙边弯折锚固。

（3）梁、柱的箍筋弯钩及焊接封闭箍筋的对焊点应沿纵向受力钢筋方向错开设置。

（4）采用复合箍筋时，箍筋外围应封闭。梁类构件复合箍筋内部宜选用封闭箍筋，单数肢也可采用拉筋；柱类构件复合箍筋内部可部分采用拉筋。当拉筋设置在复合箍筋内部不对称的一边时，沿纵向受力钢筋方向的相邻复合箍筋应交错布置。

（5）填充墙构造柱纵向钢筋宜与框架梁钢筋共同绑扎，但不同时浇筑。

（6）钢筋安装应采用定位件固定钢筋的位置，混凝土框架梁、柱保护层内不宜采用金属定位件。

3. 钢筋绑扎质量检查验收

施工单位完成一个验收批并自检合格后，填报钢筋验收申请报现场监理工程师，监理工程师在检查报送资料合格的基础上，依据《混凝土结构工程施工质量验收规范》GB 50204—2015 进行隐蔽验收，并填写隐蔽验收记录。钢筋检查的内容主要有：

（1）钢筋的级别、直径、根数、间距、位置和预埋件的规格、位置、数量是否与设计图相符，要特别注意悬挑结构如阳台、挑梁、雨篷等的上部钢筋位置是否正确，浇筑混凝土时是否会被踩下。

（2）钢筋接头位置、数量、搭接长度是否符合规定。

（3）钢筋绑扎是否牢固，钢筋表面是否清洁，有无污物、铁锈等。

（4）混凝土保护层是否符合要求等。

4. 成品保护

（1）加工成型的钢筋或骨架运至现场后，应分别按栋号、结构部位、钢筋编号和规格等整齐堆放，保持钢筋表面清洁，防止被油渍、泥土污染或压弯变形。

（2）绑扎完的梁、顶板钢筋，要设钢筋马蹬，上铺脚手板作人行通道，要防止板的负弯矩筋被踩下。浇筑混凝土时派专人（钢筋工）负责修理、看护保证钢筋的位置准确。

（3）浇筑混凝土时，混凝土泵管不允许直接铺放在绑好的钢筋上，以免将结构钢筋振动移位。

（4）浇筑水平构件混凝土时，需要用塑料布将竖向构件的钢筋向上包裹 40cm，防止被污染。

---

❶ 详见《高层建筑混凝土结构技术规程》JGJ 3—2010 第 12.3.21、12.3.22 条。

（5）安装电线管、暖卫管线或其他设施时，不得任意切断和移动钢筋。钢筋如需切断，必须经过设计同意，并采取相应的补强措施。

（6）钢筋绑扎成型后，认真执行三检制度，对钢筋的规格、数量、锚固长度、预留洞口的加固筋、构造加强筋等逐一检查核对。

5.2 混凝土工程

混凝土工程是以胶凝材料、水、细骨料、粗骨料、外加剂和矿物掺合料等多组分材料按适当重量比例混合拌制、浇筑成型、振捣密实、养护硬化而成。

5.2.1 混凝土的配料

1. 混凝土材料

1）水泥

水泥应符合现行国家标准《通用硅酸盐水泥》GB 175—2023 和《中热硅酸盐水泥、低热硅酸盐水泥》GB/T 200—2017 的有关规定。水泥进场时，应按不同厂家、不同品种和强度等级、出厂日期分批存储，防止混掺使用，并应采取防潮、结块措施；强度、安定性是水泥的重要性能指标，进场时应作复验，其质量应符合现行国家标准的要求❶。扫描二维码 5-10 观看混凝土材料教学视频。

二维码 5-10 混凝土材料

2）细骨料

根据《混凝土结构工程施工规范》GB 50666—2011，细骨料的应用应符合下列规定：

（1）细骨料宜选用Ⅱ区中砂。当选用Ⅰ区砂时，应提高砂率，并应保持足够的胶凝材料用量，同时应满足混凝土的工作性要求；当采用Ⅲ区砂时，宜适当降低砂率。

（2）混凝土细骨料中氯离子含量，对钢筋混凝土，按干砂的质量百分率计算不得大于 0.06%；对预应力混凝土，按干砂的质量百分率计算不得大于 0.02%。

（3）含泥量，泥块含量指标应符合规范中的有关规定。

（4）海砂应符合现行行业标准《海砂混凝土应用技术规范》JGJ 206—2010 的有关规定。

3）粗骨料

根据《混凝土结构工程施工规范》GB 50666—2011，粗骨料在应用方面应符合下列规定：

（1）粗骨料最大粒径不应超过构件截面最小尺寸的 1/4，且不应超过钢筋最小净间距的 3/4；对实心混凝土板，粗骨料的最大粒径不宜超过板厚的 1/3，且不应超过 40mm。

（2）粗骨料宜采用连续粒级，也可用单粒级组合成满足要求的连续粒级。

（3）含泥量，泥块含量指标应符合规范中的有关规定。

---

❶ 《混凝土结构工程施工质量验收规范》GB 50204—2015 规定：

7.2.1 水泥进场时，应对其品种、代号、强度等级、包装或散装编号、出厂日期等进行检查，并应对水泥的强度、安定性和凝结时间进行检验，检验结果应符合现行国家标准《通用硅酸盐水泥》GB 175—2024 等的相关规定。当对水泥质量有怀疑或水泥出厂超过三个月时，或快硬硅酸盐水泥超过一个月时，应进行复验并按复验结果使用。检查数量：按同一厂家、同一品种、同一强度等级、同一批号且连续进场的水泥，袋装不超过 200t 为一批，散装不超过 500t 为一批，每批抽样数量不应少于一次。检验方法：检查质量证明文件和抽样检验报告。

4）矿物掺合料

用于混凝土中的矿物掺合料可包括粉煤灰、粒化高炉矿渣粉、硅灰、沸石粉、钢渣粉、磷渣粉；可采用两种或两种以上的矿物掺合料按一定比例混合使用。

矿物掺合料的应用要符合下列规定：

（1）矿物掺合料宜与高效减水剂同时使用；

（2）高强混凝土或有抗渗、抗冻、抗腐蚀、耐磨等其他特殊要求的混凝土，不宜采用低于Ⅱ级的粉煤灰；

（3）高强混凝土和有耐腐蚀要求的混凝土，当需要采用硅灰时，不宜采用二氧化硅含量小于90％的硅灰。

5）水

混凝土用水应符合国家现行行业标准《混凝土用水标准》JGJ 63—2006 的规定，混凝土用水的应用应符合下列规定：

（1）未经处理的海水严禁用于钢筋混凝土和预应力混凝土；

（2）当骨料具有碱活性时，混凝土用水不得采用混凝土企业生产设备洗涮水。

6）外加剂

外加剂的种类繁多，按其作用不同可分为减水剂（塑化剂）、引气剂（加气剂）、速凝剂、缓凝剂、防水剂、抗冻剂、保水剂、膨胀剂和阻锈剂等。其中：

（1）预应力混凝土结构中，严禁使用含氯化物的外加剂；

（2）混凝土中氯化物的总含量应符合现行国家标准《混凝土质量控制标准》GB 50164—2011 的规定；

（3）泵送混凝土应掺用泵送剂或减水剂，并宜掺用矿物掺合料；

（4）对于大体积混凝土结构，为防止产生收缩裂缝，还可掺入适量的膨胀剂。

2. 原材料的进场检验

混凝土原材料进场时，供方应按规定批次向需方提供质量证明文件。质量证明文件应包括型式检验报告、出厂检验报告与合格证等，外加剂产品还应提供使用说明书。散装水泥应按每500t 为一个检验批；袋装水泥应按每 200t 为一个检验批；粉煤灰或粒化高炉矿渣粉等矿物掺合料应按每 200t 为一个检验批；硅灰应按每 30t 为一个检验批；砂、石骨料应按每 400m³ 或 600t 为一个检验批；外加剂应按每 50t 为一个检验批；水应按同一水源不少于一个检验批。

3. 混凝土配合比

混凝土应按国家现行标准《普通混凝土配合比设计规程》JGJ 55—2011 的有关规定，根据混凝土强度等级、耐久性和工作性等要求进行配合比设计❶。合理的混凝土配合比应

---

❶ 《混凝土结构工程施工规范》GB 50666—2011 规定：

7.3.8 混凝土配合比的试配、调整和确定，应按下列步骤进行：

1. 采用工程实际使用的原材料和计算配合比进行试配。每盘混凝土试配量不应小于 20L；

2. 进行试拌，并调整砂率和外加剂掺量等使拌合物满足工作性要求，提出试拌配合比；

3. 在试拌配合比的基础上，调整胶凝材料用量，提出不少于 3 个配合比进行试配。根据试件的试压强度和耐久性试验结果，选定设计配合比；

4. 应对选定的设计配合比进行生产适应性调整，确定施工配合比；

5. 对采用搅拌运输车运输的混凝土，当运输时间较长时，试配时应控制混凝土坍落度经时损失值。

7.3.9 施工配合比应经技术负责人批准。在使用过程中，应根据反馈的混凝土动态质量信息对混凝土配合比及时进行调整。

能满足两个基本要求：既要保证混凝土的设计强度，又要满足施工所需要的和易性。其主要表现在：

1）开盘鉴定

对首次使用的混凝土配合比应进行开盘鉴定。开盘鉴定应符合下列规定：

（1）混凝土的原材料与配合比设计所采用原材料的一致性；

（2）出机混凝土工作性与配合比设计要求的一致性；

（3）混凝土强度；

（4）混凝土凝结时间；

（5）工程有要求时，尚应包括混凝土耐久性能等。

2）工作性能

混凝土拌合物性能应满足设计和施工要求。混凝土的工作性，应根据结构形式、运输方式和距离、泵送高度、浇筑和振捣方式以及工程所处环境条件等确定。

混凝土拌合物的稠度可采用坍落度、维勃稠度或扩展度表示。坍落度检验适用于坍落度不小于10mm的混凝土拌合物，维勃稠度检验适用于维勃稠度5~30s的混凝土拌合物，扩展度适用于泵送高强混凝土和自密实混凝土。

混凝土拌合物应在满足施工要求的前提下，尽可能采用较小的坍落度；泵送混凝土拌合物坍落度设计值不宜大于180mm。泵送高强混凝土的扩展度不宜小于500mm；自密实混凝土的扩展度不宜小于600mm。

4. 施工配料

1）配合比重新设计

根据《混凝土结构工程施工规范》GB 50666—2011规定，需要重新进行配合比设计的情形有：

（1）当混凝土性能指标有变化或其他特殊要求时；

（2）当原材料品质发生显著改变时；

（3）同一配合比的混凝土生产间断三个月以上时。

2）施工配合比调整

在混凝土配合比设计中，砂、石骨料的含水率与施工实际含水率不尽相同，而且施工过程中，砂、石骨料的含水率经常随气象条件发生变化，所以，在拌制时应及时测定粗细骨料的含水率，并将设计配合比换算为施工配合比。❶

5.2.2 混凝土的制备与运输

1. 混凝土的制备

混凝土的制备就是水泥、粗细骨料、水、外加剂等原材料混合在一起，通过搅拌机进行均匀拌合的过程，混凝土制备要点见图5-33。扫描二维码5-11观看混凝土制备与运输

---

❶《普通混凝土配合比设计规程》JGJ 55—2011规定：

3.0.2 混凝土配合比设计应采用工程实际使用的原材料；配合比设计所采用的细骨料含水率应小于0.5%，粗骨料含水率应小于0.2%。

《混凝土结构工程施工规范》GB 50666—2011规定：

第7.4.1条 当粗、细骨料的实际含水量发生变化时，应及时调整粗、细骨料和拌合用水的用量。

教学视频。

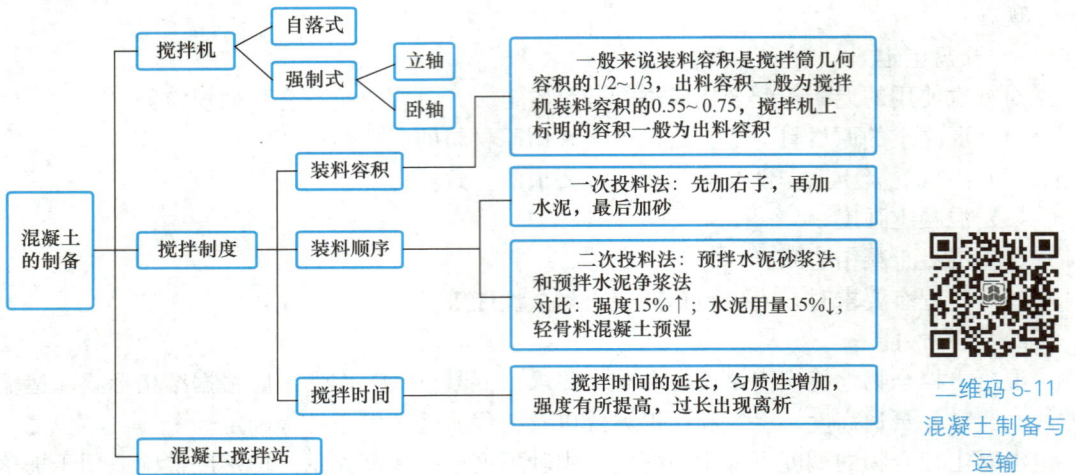

图 5-33　混凝土制备要点

二维码 5-11
混凝土制备与
运输

目前，混凝土搅拌站是我国制备混凝土的主要场所，根据混凝土生产能力、工艺安排、服务对象的不同，搅拌站可分为大型预拌混凝土搅拌站和施工现场临时搅拌站两类。

1）大型混凝土搅拌站

大型混凝土搅拌站有单阶式和双阶式两种。

单阶式混凝土搅拌站是由皮带螺旋输送机等运输设备一次将原材料提升到需要高度后，靠自重下落，依次经过储料、称量、集料、搅拌等程序，完成整个搅拌生产流程。单阶式搅拌站具有工作效率高、自动化程度高、占地面积小等优点，但一次投资大。

双阶式混凝土搅拌站是将原材料一次提升后，依靠材料的自重完成储料、称量、集料等工艺，再经第二次提升进入搅拌机进行搅拌。双阶式搅拌站的建筑物总高度较小，运输设备较简单，和单阶式相比投资相对要少，但材料需经两次提升进入拌筒，其生产效率和自动化程度较低，占地面积较大。

2）施工现场临时搅拌站

简易的现场混凝土搅拌站设备简单，安拆方便，平面布置时水泥库布置在地表水流向的上游、搅拌机的一侧，注意防潮；砂、石布置较为灵活，只是需尽量靠近搅拌机的上料平台，由于石子用量较多，宜先布置且离磅秤和料斗较近。各种原材料的堆放位置都要便于运输，可直接卸货，不需倒运。

2. 混凝土运输

1）混凝土运输工具

混凝土运输大体可分为地面运输、垂直运输和楼面运输三种。

（1）地面运输

地面运输工具有双轮手推车、机动翻斗车、混凝土搅拌运输车和自卸汽车。双轮手推车和机动翻斗车多用于路程较短的现场场内运输。当混凝土需要量较大、远距离运输时，则多采用混凝土搅拌运输车。

（2）楼面运输

楼面运输可用手推车、皮带运输机，塔式起重机、混凝土布料杆。楼面运输应保证模板和钢筋不发生变形和位移，防止混凝土离析等。

混凝土布料杆是完成输送、布料、摊铺混凝土浇筑入模的一种设备。混凝土布料杆大致可分为汽车式布料杆（亦称混凝土泵车布料杆）和独立式布料杆两大类。

① 汽车式布料杆

混凝土泵车布料杆，是在混凝土泵车上附装的既可伸缩也可曲折的混凝土布料装置。泵车的臂架形式主要有连接式、伸缩式和折叠式 3 种。图 5-34（a）是一种三叠式布料杆。

② 独立式布料杆

独立式布料杆根据它的支承结构形式大致上有 4 种形式：移置式布料杆、管柱式机动布料杆、装在塔式起重机上的布料杆。图 5-34（b）是一种移置式布料杆。

(a)   (b)

图 5-34 混凝土布料杆
（a）汽车泵布料杆；（b）独立式布料杆

（3）垂直运输

垂直运输可用井架、卷扬机、人货两用电梯、塔式起重机、混凝土泵等，详见第 4 章。

2）混凝土运输的要求

（1）混凝土运输过程中，要能保持良好的均匀性，应控制混凝土不离析、不分层，并应控制混凝土拌合物性能满足施工要求。

采用混凝土搅拌输送车运送混凝土前，必须将搅拌筒内积水清净，卸料前采用快挡旋转搅拌罐不少于 20s，因运距过远、交通或现场等问题造成坍落度损失较大而卸料困难时，可采用在混凝土拌合物中掺入适量减水剂并快挡旋转搅拌罐的措施，在运输和浇筑成型过程中严禁加水。混凝土搅拌运输车在运输途中，搅拌筒保持正常转速，不得停转。

在长距离运输时，也可将配制好的混凝土干料装入筒内，在运输途中加水搅拌，以减少因长途运输而引起的混凝土坍落度损失。

（2）当采用搅拌罐车运送混凝土拌合物时，必须规划重车开行路线，考察沿线路桥载重路况。搅拌罐车运送冬期施工混凝土时，应有保温措施。

混凝土搅拌运输车的现场行驶道路，应符合下列规定：

① 宜设置循环行车道，并满足重车行驶要求；

② 车辆出入口处，设置交通安全指挥人员；

③ 夜间施工时，现场交通出入口和运输道路上有良好照明，危险区域设安全标志。

（3）每台混凝土泵所需配备的混凝土搅拌运输车数量应保证混凝土连续泵送，可按式（5-8）计算：

$$N_1 = \frac{Q_1}{60V_1\eta_v}\left(\frac{60L_1}{S_0} + T_1\right) \tag{5-8}$$

式中　N_1——混凝土搅拌运输车台数，按计算结果取整数，小数点以后的部分进位（台）；

　　　　Q_1——每台混凝土泵的实际平均输出量（m^3/h）；

　　　　V_1——每台混凝土搅拌运输车容量（m^3）；

　　　　η_v——搅拌运输车容量折减系数，可取 $0.90\sim0.95$；

　　　　S_0——混凝土搅拌运输车平均行车速度（km/h）；

　　　　L_1——混凝土搅拌运输车往返距离（km）；

　　　　T_1——每台混凝土搅拌运输车总计停歇时间（min）。

（4）混凝土自搅拌机中卸出后，应及时运至浇筑地点，混凝土拌合物从搅拌机卸出至施工现场接收的时间间隔不宜大于 90min。

5.2.3　混凝土成型

扫描二维码 5-12 观看混凝土成型教学视频。

二维码 5-12
混凝土成型

1. 混凝土浇筑

1）浇筑前施工准备

（1）根据工程对象、结构特点，结合具体条件，制定混凝土浇筑的施工方案；

（2）检查和控制模板、钢筋、保护层和预埋件等的尺寸、规格、数量和位置，检查模板支撑的稳定性以及模板接缝的严密情况。清除模板内的垃圾、木片、刨花、锯屑、泥土和钢筋上的油污等杂物。模板和隐蔽验收符合要求后，方可进行浇筑；

（3）检查安全设施、劳动配备是否妥当，能否满足浇筑流水强度的要求；

（4）检查混凝土送料单，核对混凝土配合比，确认混凝土强度等级，检查混凝土运输时间，测定混凝土坍落度或扩展度和含气量，如出现不正常情况，及时采取应对措施；

（5）在混凝土浇筑期间，要保证水、电、照明不中断。随时掌握天气的变化情况，特别在雷雨台风季节和寒流突然袭击之际，应准备好应急抽水设备和防雨、防暑、防寒等物资。

2）施工缝的留设

为保证混凝土的整体性，混凝土浇筑工作应连续进行，混凝土运输、浇筑及间歇的全部时间不应超过混凝土的初凝时间。当不能一次连续浇筑时或由于技术上或施工组织上原因必须间歇时，其间歇时间超过表 5-14 的规定时，可留设施工缝。

时 间 限 值（min）　　　　　　　　　　　　　　　　　表 5-14

条件	气温	
	≤25℃	>25℃
不掺外加剂	180	150
掺外加剂	240	210

施工缝是指在混凝土浇筑过程中，因设计要求或施工需要分段浇筑而在先、后浇筑的混凝土之间所形成的新旧混凝土接茬。施工缝的留设位置应在混凝土浇筑之前确定。一般宜留设在结构受剪力较小且便于施工的位置。受力复杂的结构构件或有防水抗渗要求的结构构件，施工缝留设位置应经设计单位认可。

（1）水平施工缝的留设位置规定，如图 5-35 所示。柱、墙水平施工缝可留设在基础、楼层结构顶面，柱施工缝与结构上表面的距离宜为 0～100mm，墙施工缝与结构上表面的距离宜为 0～300mm；也可留设在楼层结构底面，施工缝与结构下表面的距离宜为 0～50mm；当板下有梁托时，可留设在梁托下 0～20mm。

（2）垂直施工缝留设位置规定，如图 5-36 所示。

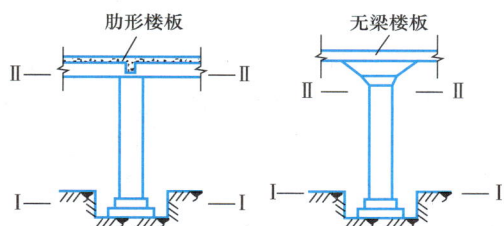

图 5-35　浇筑柱的施工缝位置图
注：I-I、II-II 表示施工缝位置

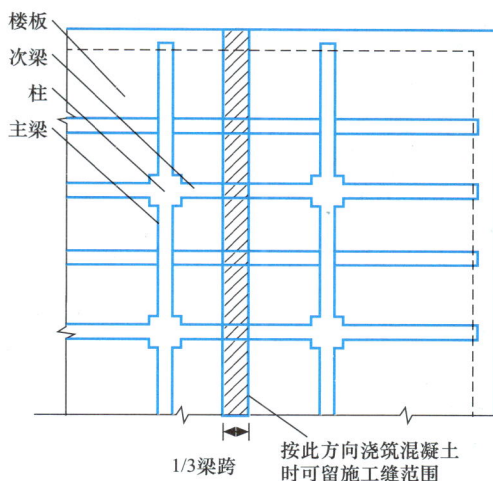

图 5-36　浇筑有主次梁楼板施工缝位置图

① 有主次梁的楼板施工缝应留设在次梁跨度中间的 1/3 范围内；
② 单向板施工缝应留设在平行于板短边的任何位置；
③ 墙的垂直施工缝宜设置在门洞口过梁跨中 1/3 范围内，也可留设在纵横交接处；
④ 楼梯梯段施工缝宜设置在梯段板跨度端部的 1/3 范围内；
⑤ 双向楼板、大体积混凝土结构、拱、薄壳、蓄水池、多层刚架等特殊结构部位留设施工缝应征得设计单位同意。

（3）施工缝处理。在施工缝处继续浇筑前，为解决新旧混凝土的结合问题，对已硬化的施工缝表面进行处理。施工缝处的混凝土要细致捣实，使新旧混凝土紧密结合。
① 结合面应采用粗糙面；结合面应清除浮浆、疏松石子、软弱混凝土层，并清理干净；
② 结合面处应采用洒水方法进行充分湿润，并不得有积水；
③ 施工缝处已浇筑混凝土的强度不应小于 1.2MPa；
④ 柱、墙水平施工缝水泥砂浆接浆层厚度不应大于 30mm，接浆层水泥砂浆应与混凝土同成分。

（4）水平与竖向结构混凝土强度不一致的浇筑方法：
① 柱、墙混凝土设计强度等级比梁、板混凝土设计强度等级高一个等级时，柱、墙

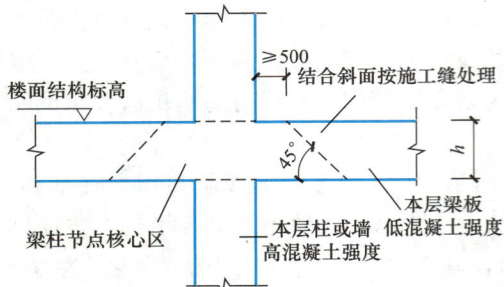

图 5-37　水平与竖向结构不同等级的浇筑方法

位置梁、板高度范围内的混凝土经设计单位同意，可采用与梁、板混凝土设计强度等级相同的混凝土进行浇筑；

② 柱、墙混凝土设计强度等级比梁、板混凝土设计强度等级高两个等级及以上时，在交界区域采取分隔措施。分隔位置在低强度等级的构件中，且距高强度等级构件边缘不应小于 $h/2$，且不小于 $500mm$（图 5-37）；

③ 先浇筑高强度等级混凝土，后浇筑低强度等级混凝土。

3）混凝土的浇筑❶

混凝土的浇筑主要采用泵送混凝土技术，该技术是一项综合技术，包含混凝土制备技术、泵送参数计算、泵送机械选定与调试、泵管布设和过程控制等内容。

（1）混凝土可泵性分析

在混凝土泵送方案设计阶段，要根据施工技术要求、原材料特性、混凝土配合比、混凝土拌制工艺、混凝土运输和输送方案等技术条件分析混凝土的可泵性。

① 原材料

水泥宜选用硅酸盐水泥、普通硅酸盐水泥、矿渣硅酸盐水泥和粉煤灰硅酸盐水泥，C2S 含量高的水泥，对于提高混凝土的流动性和减少坍落度损失有显著的效果；粗骨料选用连续级配，其针片状颗粒含量不宜大于 10%，同时控制最大粒径与泵送管径之比，见表 5-15；细骨料选用中砂；采用性能优良的矿物掺合料，如矿粉、硅粉和一级粉煤灰等，改良混凝土工作性能；优先选用减水率高、保塑时间长的聚羧酸型泵送剂，泵送剂应与水泥和掺合料有良好的相容性。

粗骨料的最大公称粒径与输送管径之比　　　　表 5-15

粗骨料品种	泵送高度（m）	粗骨料最大公称粒径与输送管径之比
碎石	<50	$\leqslant 1 : 3.0$
	$50 \sim 100$	$\leqslant 1 : 4.0$
	>100	$\leqslant 1 : 5.0$
卵石	<50	$\leqslant 1 : 2.5$
	$50 \sim 100$	$\leqslant 1 : 3.0$
	>100	$\leqslant 1 : 4.0$

② 配合比设计

泵送混凝土配合比设计应根据混凝土原材料、混凝土运输距离、混凝土泵与混凝土输送管径、泵送距离、气温等具体施工条件试配，泵送混凝土配合比应符合下列规定：

（a）泵送混凝土的胶凝材料用量不宜小于 $300kg/m^3$；

（b）泵送混凝土的砂率宜为 $35\% \sim 45\%$；

为使混凝土泵送时的阻力最小，泵送混凝土应具有良好的流动性。保持泵送混凝土具有合适的坍落度是泵送混凝土配合比设计的重要内容，入泵坍落度不宜小于 $10cm$，对不

---

❶ 详见《混凝土结构工程施工规范》GB 50666—2011 第 8.3 条。

同泵送高度，入泵时混凝土的坍落度，可按表 5-16 选用。泵送混凝土试配时应考虑坍落度经时损失，损失值可以通过调整外加剂进行控制。通常坍落度经时损失控制在 30mm/h 以内比较好。

混凝土入泵坍落度与泵送高度关系表　　表 5-16

最大泵送高度（m）	50	100	200	400	400 以上
入泵坍落度（mm）	100~140	150~180	190~220	230~260	—
入泵扩展度（mm）	—	—	—	450~590	600~740

（2）泵送设备的选定

泵送设备参照《混凝土泵送施工技术规程》JGJ/T 10—2011 中规定的技术条件来选择，首先要进行泵送参数的验算，包括混凝土输送泵的型号和泵送能力、水平管压力损失、垂直管压力损失、特殊管的压力损失和泵送效率等，详见第 4 章。

采用泵送输送管浇筑混凝土前，应对混凝土泵和输送管内壁进行润滑处理❶。泵送过程中，要实时检查泵车的压力变化、泵管有无漏水、漏浆情况，连接件的状况等，发现问题及时处理。

（3）泵送施工顺序

① 先浇筑竖向结构构件，后浇筑水平结构构件；

② 区域结构平面有高差时，宜先浇筑低区部分再浇筑高区部分；

③ 由远而近浇筑，混凝土浇筑的布料点宜接近浇筑位置，并应采取减少混凝土下料冲击的措施；

④ 采用多根输送管同时浇筑时，其浇筑速度宜保持一致；

⑤ 浇筑水平结构混凝土，不应在同一处连续布料，应水平移动分散布料。

（4）泵送注意事项

① 泵送混凝土时，如输送管内吸入了空气，应立即反泵吸出，排出空气后再泵送；

② 混凝土泵送即将结束前，应正确计算尚需用的混凝土数量，并及时告知混凝土供应厂家；

③ 泵送过程中，泵送终止时多余的混凝土，应按预先确定的处理方法和场所，及时进行妥善处理；

④ 泵送完毕时，应将混凝土泵和输送管清洗干净，清洗污水必须经过沉淀处理。

2. 混凝土捣实成型❷

混凝土入模时含有大量的空洞与气泡，必须采用适当的方法在其初凝前捣实成型。捣实成型方法主要有振捣法、离心法、真空吸水法等。

1）振捣法

混凝土振捣应能使模板内各个部位混凝土密实、均匀，不应漏振、欠振、过振，混凝

---

❶ 《混凝土泵送施工技术规程》JGJ/T 10—2011 规定：

5.3.6 经泵送清水检查，确认混凝土泵和输送管中无异物后，应采用下列浆液中的一种润滑混凝土泵和输送管内壁：

① 水泥净浆；

② 1∶2 水泥砂浆；

③ 与混凝土内除粗骨料外的其他成分相同配合比的水泥砂浆。润滑用浆料泵出后应妥善回收，不得作为结构混凝土使用。

❷ 详见《混凝土结构工程施工规范》GB 50666—2011 第 8.4 条。

土振捣应采用插入式振动棒、平板振动器或附着振动器，必要时可采用人工辅助振捣。

混凝土的振动机械主要是利用偏心锤的高速旋转，使振动设备因离心力而产生振动，如图 5-38 所示。

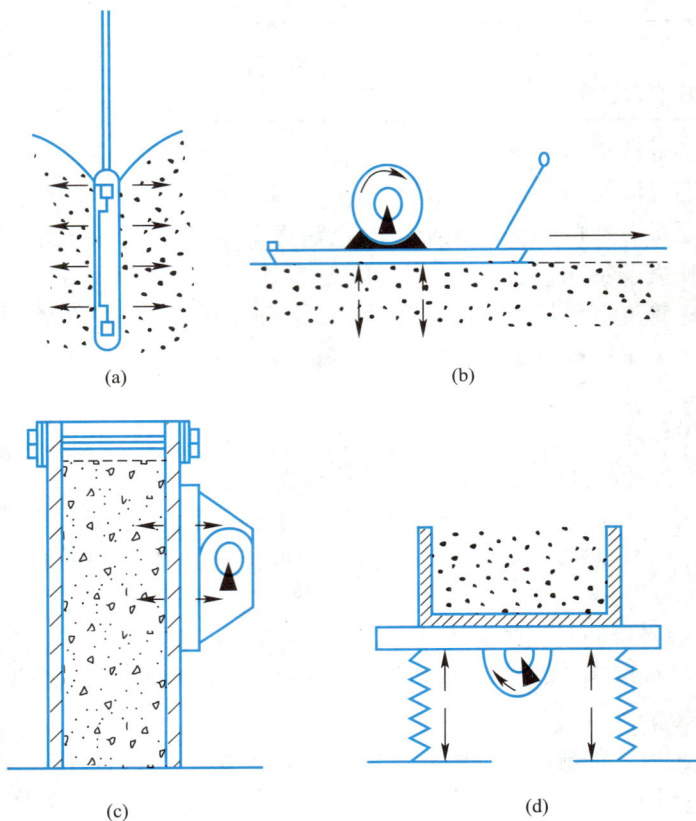

图 5-38 振捣设备
（a）插入式振动棒；（b）表面振动器；（c）附着振动器；（d）振动台

（1）插入式振动棒

插入式振动器是由电动机、软轴和振动棒三部分组成，如图 5-38（a）所示。工作时依靠振动棒插入混凝土产生振动力而捣实混凝土。插入式振动器是施工现场用得最多的一种，适用于振捣梁、柱、墙等尺寸较小而深度较大构件。

插入式振动器的振捣方法有垂直振捣和斜向振捣两种，振动器插点要均匀排列，两个插点的间距不宜大于振动器作用半径的 1.5 倍（振动器的作用半径一般为 300～400mm），可采用"行列式"或"交错式"的次序移动，防止漏振。

振动棒与模板的距离，不应大于其作用半径的 0.5 倍，并应避免碰撞钢筋、模板、芯管、吊环、预埋件等。混凝土振捣时间要掌握好，振动时间过短，不能使混凝土充分捣实，过长，则可能产生分层离析，以混凝土不下沉、气泡不上升、表面泛浆为准。

（2）表面振动器

表面振动器又称平板振动器，由于平板振动器是放在混凝土表面进行振捣，其作用深度较小（150～250mm），因此仅适用于表面积大而平整、厚度小的结构，如楼板、路面等，见图 5-38（b）。

（3）附着振动器

附着式振动器是直接安装在模板外侧，适用于钢筋较密、厚度较小、模板有足够刚度以及不宜使用插入式振动器的结构和构件中，见图 5-38（c）。

（4）振动台

振动台是一个支承在弹性支座上的工作平台，是预制构件常用的振动机械。利用振动台生产构件，当混凝土厚度小于 200mm 时，可将混凝土一次装满振捣；如厚度大于200mm 则可分层浇筑，每层厚度不大于 200mm，亦可随浇随振，见图 5-38（d）。

2）离心法

离心法成型，就是将装有混凝土的钢制模板放在离心机上，当模板旋转时，由于摩擦力和离心力的作用，使混凝土分布于模板的外侧内壁，并将混凝土中的部分水分排出，使混凝土密实，适用于管柱、管桩、电杆及上下水管等构件的生产。

采用离心法成型，石子最大粒径不应超过构件壁厚的 $1/4\sim1/3$，并不得大于 $15\sim20$mm；砂率应为 $40\%\sim50\%$；水泥用量不应低于 350kg/m^3，且不宜使用火山灰水泥；坍落度控制在 $30\sim70$mm 以内。

3）混凝土真空吸水

在混凝土浇筑施工中，有时为了使混凝土易于成型，常采用加大水灰比，提高混凝土流动性的方式，但随之降低了混凝土的密实性和强度，真空吸水就是利用真空吸水设备，将已浇筑完毕的混凝土中的游离水吸出，以达到降低水灰比的目的。经过真空吸水的混凝土，密实度大，抗压强度可提高 $25\%\sim40\%$，减少混凝土收缩。混凝土真空吸水设备主要由真空泵机组、真空吸盘、连接软管等组成，如图 5-39 所示。

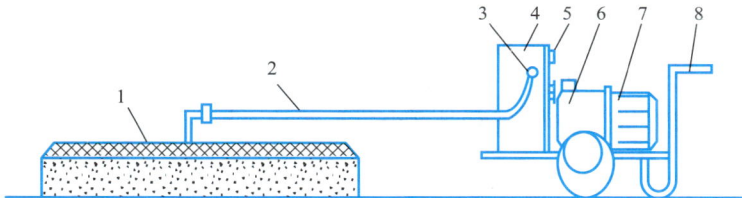

图 5-39　真空吸水设备工作示意图

1—真空吸盘；2—软管；3—吸水进门；4—集水箱；5—真空；6—真空泵；7—电动机；8—手推小车

采用混凝土真空吸水技术，一般初始水灰比以不超过 0.6 为宜，最大不超过 0.7，坍落度可取 $50\sim90$mm，由于真空吸水后混凝土体积会相应缩小，因此振平后的混凝土表面应比设计略高 $2\sim4$mm。

在放置真空吸盘前应先铺设过滤网，过滤网必须平整紧贴在混凝土上，真空吸盘放置时应注意其周边的密封是否严密，防止漏气，并保证两次抽吸区域有 30mm 的搭接。

开机吸水的延续时间取决于真空度、混凝土厚度、水泥品种和用量、混凝土浇筑前的坍落度和温度等因素。真空度越高，抽吸量越大，混凝土越密实。

3. 混凝土的养护

混凝土浇筑后应及时进行保湿养护，养护的目的是为混凝土硬化创造必需的湿度、温度条件，防止水分过早蒸发或冻结，出现收缩裂缝、剥皮、起砂、冻胀等现象，保证水泥水化作用能正常进行，确保混凝土质量。混凝土养护方法主要有自然养护、加热养护和蓄热养护。其中蓄热养护多用于冬期施工，而加热养护除用于冬期施工外，常用于预制构件养护。

自然养护是指在自然气温条件下（高于＋5℃），对混凝土采取覆盖、浇水润湿、挡风、保温等养护措施。对于一般塑性混凝土应在浇筑后 10～12h 内（炎夏时缩短至 2～3h），对高强混凝土应在浇筑后 1～2h 内，即进行覆盖浇水养护，以保持混凝土具有足够润湿状态。

混凝土的自然养护时间的规定❶：

（1）采用硅酸盐水泥、普通硅酸盐水泥或矿渣硅酸盐水泥配制的混凝土，不应少于 7d；采用其他品种水泥时，养护时间应根据水泥性能确定；

（2）采用缓凝型外加剂、大掺量矿物掺合料配制的混凝土，不应少于 14d；

（3）抗渗混凝土、强度等级 C60 及以上的混凝土，不应少于 14d；

（4）后浇带混凝土的养护时间不应少于 14d；

（5）地下室底层和上部结构首层柱、墙混凝土带模养护时间，不宜少于 3d；带模养护结束后可采用洒水养护方式继续养护，必要时也可采用覆盖养护或喷涂养护剂养护方式继续养护；

（6）基础大体积混凝土裸露表面应采用覆盖养护方式；当混凝土构件内 40～100mm 位置的温度与环境温度的差值小于 25℃时，可结束覆盖养护；覆盖养护结束但尚未到达养护时间要求时，可采用洒水养护方式直至养护结束。

5.2.4　混凝土的质量检查

为了保证混凝土的质量，必须对混凝土生产的各个环节进行检查，检查内容包括：水泥品种及等级、砂石的质量及含泥量、混凝土配合比、搅拌时间、坍落度、混凝土的振捣等环节。检查混凝土质量应做抗压强度试验，当有特殊要求时，还需做混凝土的抗冻性、抗渗性等试验。混凝土质量控制标准符合《混凝土质量控制标准》GB 50164—2011 相关规定。原材料进场时，应按规定批次验收型式检验报告、出厂检验报告或合格证等质量证明文件，外加剂产品还应具有使用说明书。扫描二维码 5-13 观看混凝土质量教学视频。

二维码 5-13
混凝土质量

1. 混凝土取样

1）混凝土取样

混凝土强度试样应在混凝土的浇筑地点随机取样，预拌混凝土的出厂检验应在搅拌地点取样，交货检验应在交货地点取样。试件的取样频率和数量应符合下列规定：

（1）每拌制 100 盘且不超过 100m³ 同配合比的混凝土，取样次数不少于一次；

（2）每工作班拌制的同配合比的混凝土不足 100 盘和 100m³ 时其取样次数不少于一次；

（3）当一次连续浇筑的同一配合比混凝土超过 1000m³ 时，每 200m³ 取样不少于一次；

（4）对房屋建筑，每一楼层同一配合比的混凝土，取样不应少于一次，每次取样应至少留置一组标准养护试件，同条件养护试件的留置组数应根据实际需要确定。

2）混凝土抗压强度取值

（1）试块制作

混凝土抗压强度通过试块做抗压强度试验判定，每组 3 个试件应由同一盘或同一车的

❶　详见《现浇混凝土养护技术规范》JC/T 60018—2023 第 5.2.3 条规定。

混凝土中就地取样制作成边长 15cm 的立方体。

当试块用于评定结构或构件的强度时，试块必须进行标准养护，即在温度为 20±3℃ 和相对湿度为 90％以上的潮湿环境中养护 28d。当试块作为施工的辅助手段，用于检查结构或构件的强度以确定拆模、出池、吊装、张拉及临时负荷时，应将试块置于测定构件同等条件下养护。

（2）混凝土抗压强度取值

取 3 个试块强度的算术平均值；当 3 个试块强度中的最大值或最小值与中间值之差超过中间值的 15％时，取中间值；当 3 个试块强度中的最大值和最小值与中间值之差均超过 15％时，该组试块不应作为强度评定的依据。

2. 混凝土强度评定

混凝土强度应分批进行验收。同一验收批的混凝土应由强度等级相同、龄期相同以及生产工艺和配合比基本相同且不超过三个月的若干组混凝土试块组成，并按单位工程的验收项目划分验收批，每个验收项目应按混凝土强度检验评定标准确定。同一验收批的混凝土强度，应以同批内全部标准试件的强度代表值来评定。

根据《混凝土强度检验评定标准》GB/T 50107—2010 规定，样本容量不少于 10 组时，其强度应同时满足下列要求：

$$m_{f_{cu}} \geqslant f_{cu,k} + \lambda_1 \cdot S_{f_{cu}} \qquad (5\text{-}9)$$

$$f_{cu,min} \geqslant \lambda_2 \cdot f_{cu,k} \qquad (5\text{-}10)$$

$$S_{f_{cu}} = \sqrt{\frac{\sum_{i=1}^{n} f_{cu,i}^2 - n m_{f_{cu}}^2}{n-1}} \qquad (5\text{-}11)$$

式中　$S_{f_{cu}}$——同一检验批混凝土立方体抗压强度的标准差（N/mm²）；当 $S_{f_{cu}}$ 的计算值小于 2.5N/mm² 时，取 2.5N/mm²；

　　λ_1、λ_2——合格判定系数，按表 5-17 取用；

　　n——本检验期内的样本容量。

混凝土强度的合格判定系数　　　　　　　　　　　　　　表 5-17

试件组数	10～14	15～19	≥20
λ_1	1.15	1.05	0.95
λ_2	0.90	0.85	

3. 混凝土质量问题

1）混凝土质量检查的内容

（1）施工过程检查

① 施工中的检查。对混凝土拌制和浇筑过程中所用材料的质量及用量、搅拌及浇筑地点的坍落度的检查，每工作班内至少检查 2 次；对执行混凝土搅拌制度及现场振捣质量也应随时检查。

② 施工后的检查。对已完成混凝土进行外观质量及强度检查，有抗冻、抗渗要求的混凝土进行抗冻、抗渗性能检查。

（2）混凝土外观质量检查

混凝土结构拆模后，应从外观上检查其表面有无麻面、蜂窝、孔洞、露筋、缺棱掉角、缝隙夹层、烂根等缺陷，外形尺寸是否超过规范允许偏差。

（3）混凝土的强度检验

混凝土的强度检验主要是抗压强度检验，它既是评定混凝土是否达到设计强度的依据，又是混凝土工程验收的控制性指标，同时可为结构构件的后续施工提供依据（拆模、出厂、吊装、张拉、放张）。

2）质量问题的处理

（1）烂根

① 浇筑竖向结构混凝土结构前，底部应先浇入 50～100mm 厚与混凝土成分相同的水泥砂浆，以避免出现烂根现象。

② 浇筑柱、墙模板内的混凝土时，浇筑倾落高度应符合下列规定：粗骨料粒径大于25mm 时，倾落高度不大于 3m；粗骨料粒径不大于 25mm 时，倾落高度不大于 6m。当不能满足上述规定时，应加设串筒、溜管、溜槽等装置。

（2）裂缝

① 混凝土拌合物入模温度不应低于 5℃，且不应高于 35℃，现场环境温度高于 35℃时宜对金属模板进行洒水降温，以消除温度裂缝。

② 为消除温度裂缝也可采用混凝土分层浇筑的方法，混凝土浇筑过程应分层进行，分层浇筑应符合表 5-18 规定的分层振捣厚度要求，上层混凝土应在下层混凝土初凝之前浇筑完毕。当底层混凝土初凝后浇筑上一层混凝土时，应按施工缝的要求进行处理。

混凝土分层振捣的最大厚度　　表 5-18

振捣方法	混凝土分层振捣最大厚度
振动棒	振动棒作用部分长度的 1.25 倍
平板振动器	200mm
附着振动器	根据设置方式，通过试验确定

（3）混凝土浇筑后，在混凝土初凝前和终凝前宜分别对混凝土裸露表面进行抹面处理，并覆盖塑料薄膜，以消除干缩裂缝。

5.2.5　混凝土冬期施工

当室外日平均气温连续 5d 稳定低于 5℃即进入冬期施工；当室外日平均气温连续 5d高于 5℃时解除冬期施工。

1. 受冻临界强度❶

受冻临界强度与水泥的品种、施工方法、混凝土强度等级、混凝土品种有关。

（1）采用蓄热法、暖棚法、加热法等施工的普通混凝土，采用硅酸盐水泥、普通硅酸盐水泥配制时，受冻临界强度不小于混凝土设计强度等级值的 30%；矿渣、粉煤灰、火山灰质、复合硅酸盐水泥配制的混凝土为 40%。

---

❶ 《建筑工程冬期施工规程》JGJ/T 104—2011 规定：

2.0.2 受冻临界强度 critical strength in frost resistance：冬期浇筑的混凝土在受冻以前必须达到的最低强度。

（2）当室外最低气温不低于−15℃时，采用综合蓄热法、负温养护法施工的混凝土，受冻临界强度不得小于 4.0MPa；当室外最低气温不低于−30℃时，采用负温养护法施工的混凝土受冻临界强度不得小于 5.0MPa。

（3）强度等级不低于 C50 的混凝土，受冻临界强度不宜小于混凝土设计强度等级值的 30%。

（4）有抗渗要求的混凝土，受冻临界强度不宜小于混凝土设计强度等级值的 50%。

（5）有抗冻耐久性要求的混凝土，受冻临界强度不宜小于混凝土设计强度等级值的 70%。

2. 混凝土冬期养护方法

混凝土冬期养护方法有蓄热法、综合蓄热法、蒸汽加热法、电热法、暖棚法以及掺外加剂法等。本书只介绍前两种。

（1）蓄热法：混凝土浇筑后，利用原材料加热及水泥水化热的热量，通过适当保温延缓混凝土冷却，使混凝土冷却到 0℃ 以前达到临界强度的施工方法。

当室外最低温度不低于−15℃时，地面以下的工程，或表面系数 M❶ 不大于 $5m^{-1}$ 的结构，宜采用蓄热法养护。对结构易受冻的部位，应加强保温措施。

（2）综合蓄热法：掺早强剂或早强型外加剂的混凝土浇筑后，利用原材料加热及水泥水化热的热量，通过适当保温，延缓混凝土冷却，使混凝土温度降到 0℃ 或设计规定温度前达到预期要求强度的施工方法。

室外最低温度不低于−15℃时，对于表面系数为 $5\sim15m^{-1}$ 的结构，宜采用综合蓄热法养护，围护层散热系数宜控制在 $50\sim200kJ/(m^3 \cdot h \cdot K)$ 之间。

混凝土浇筑后应采用塑料布等防水材料对裸露表面覆盖并保温。对边、棱角部位的保温层厚度应增大到表面部位的 $2\sim3$ 倍，混凝土在养护期间应防风、防失水。

3. 冬期施工的工艺要求

1）混凝土材料选择及要求

配制冬期施工的混凝土，应优先选用硅酸盐水泥或普通硅酸盐水泥。混凝土最小水泥用量不宜低于 $280kg/m^3$，水胶比不应大于 0.55。采用蒸汽养护，宜选用矿渣硅酸盐水泥。

冬期浇筑的混凝土，宜使用无氯盐类防冻剂。对抗冻性要求高的混凝土，宜使用引气剂或引气减水剂。限制在钢筋混凝土结构中掺用氯盐❷。

---

❶ 混凝土结构表面系数是用来判别大体积混凝土的依据，用 M 表示，单位为 $1/m$，$M=F/V$，F 为构件的冷却面面积（外露可散热的表面面积），V 为构件的体积。

❷ 《建筑工程冬期施工规程》JGJ/T 104—2011 规定：

6.1.7 在下列情况下，不得在钢筋混凝土结构中掺用氯盐：

1. 排出大量蒸汽的车间、浴池、游泳馆、洗衣房和经常处于空气相对湿度大于 80% 的房间以及有顶盖的钢筋混凝土蓄水池等在高湿度空气环境中使用的结构；

2. 处于水位升降部位的结构；

3. 露天结构或经常受雨、水淋的结构；

4. 有镀锌钢材或铝铁相接触部位的结构，和有外露钢筋、预埋件而无防护措施的结构；

5. 与含有酸、碱或硫酸盐等侵蚀介质相接触的结构；

6. 使用过程中经常处于环境温度为 60℃ 以上的结构；

7. 使用冷拉钢筋或冷拔低碳钢丝的结构；

8. 薄壁结构，中级和重级工作制起重机梁、屋架、落锤或锻锤基础结构；

9. 电解车间和直接靠近直流电源的结构；

10. 直接靠近高压电源（发电站、变电所）的结构；

11. 预应力混凝土结构。

2）混凝土材料的加热

冬期拌制混凝土时应优先采用加热水的方法，当水加热仍不能满足要求时，再对细骨料进行加热。水及细骨料的加热温度应根据热工计算确定，一般情况，水泥强度等级小于42.5MPa，拌合水及细骨料的加热最高温度分别不大于80℃、60℃，水泥强度等级不小于42.5MPa时，加热最高温度下浮20℃。

3）混凝土的搅拌

搅拌前，应用热水或蒸汽冲洗搅拌机，搅拌时间应较常温延长50%。投料顺序为先投入骨料和已加热的水，然后再投入水泥。水泥不应与80℃以上的水直接接触，避免水泥假凝。混凝土拌合物的出机温度不宜低于10℃，入模温度不得低于5℃。对搅拌好的混凝土应经常检查其温度及和易性，若有较大差异，应检查材料加热温度和骨料含水率是否有误，并及时加以调整。在运输过程中要防止混凝土热量的散失和冻结。

4）混凝土的浇筑

混凝土在浇筑前，应清除模板和钢筋上的冰雪和污垢，并不得在强冻胀性地基上浇筑混凝土；当在弱冻胀性地基上浇筑混凝土时，基土不得受冻；当在非冻胀性地基土上浇筑混凝土时，混凝土在受冻前，其抗压强度不得低于临界强度。

当分层浇筑大体积结构时，已浇筑层的混凝土温度，在被上一层混凝土覆盖前，不得低于按热工计算的温度，且不得低于2℃。

对加热养护的现浇混凝土结构，混凝土的浇筑程序和施工缝的位置，应能防止在加热养护时产生较大的温度应力；当加热温度在40℃以上时，应征得设计人员的同意。

5.3   预应力混凝土工程

预应力混凝土结构指的是配置受力的预应力筋，通过张拉或其他方法建立预加应力的混凝土结构。近年来，随着预应力混凝土设计理论和施工工艺与设备的不断完善和发展，预应力混凝土已由单个预应力混凝土构件发展到整体预应力混凝土结构。

预应力混凝土结构的混凝土强度等级不宜低于C40，且不应低于C30。预应力混凝土结构中预应力筋有预应力钢丝、钢绞线和预应力螺纹钢筋，也可采用纤维增强复合材料预应力筋。预应力钢丝、钢绞线和预应力螺纹钢筋的强度标准值（N/mm^2）见表5-19。

预应力筋强度标准值（N/mm^2）   表5-19

种类		符号	公称直径 d（mm）	屈服强度标准值 f_{pyk}	极限强度标准值 f_{ptk}
中强度预应力钢丝	光面	ϕ^{PM}	5、7、9	620	800
				780	970
	螺旋肋	ϕ^{HM}		980	1270
预应力螺纹钢筋	螺纹	ϕ^{T}	18、25、32、40、50	785	980
				930	1080
				1080	1230
消除应力钢丝	光面	ϕ^{P}	5	—	1570
				—	1860
			7	—	1570
	螺旋肋	ϕ^{H}	9	—	1470
				—	1570

续表

种类		符号	公称直径 d（mm）	屈服强度标准值 f_{pyk}	极限强度标准值 f_{ptk}
钢绞线	1×3 （三股）	Φ^S	8.6、10.8、12.9	—	1570
				—	1860
				—	1960
	1×7 （七股）		9.5、12.7、 15.2、17.8	—	1720
				—	1860
				—	1960
			21.6	—	1860

　　预应力混凝土根据其预应力施加工艺的不同，可分为先张法和后张法两种。先张法是指预应力钢筋的张拉在混凝土浇筑之前进行的一种施工工艺；后张法是指预应力钢筋的张拉在混凝土浇筑之后进行的一种施工工艺。在后张法中，按预应力与构件混凝土是否粘结又分为有粘结和无粘结。

5.3.1　预应力筋用锚具、夹具、连接器及张拉设备

　　锚具指的是用于保持预应力筋的拉力并将其传递到结构上所用的永久性锚固装置；夹具指的是建立或保持预应力筋预应力的临时性锚固装置，也称为工具锚；连接器指的是用于连接预应力筋的装置。

　　1. 锚固体系类型

　　锚具、夹具和连接器组成的锚固体系包括夹片式、支承式、握裹式和组合式4种基本类型。锚具、夹具和连接器的标记见表5-20。

锚具、夹具和连接器的代号❶　　　　　　　　　　表5-20

分类代号		锚具	夹具	连接器
夹片式	圆形	YJM	YJJ	YJL
	扁形	BJM	BJJ	BJL
支承式	镦头	DTM	DTJ	DTL
	螺母	LMM	LMJ	LML
握裹式	挤压	JYM	—	JYL
	压花	YHM	—	—
组合式	冷铸❷	LZM	—	—
	热铸	RZM	—	—

　　锚具、夹具和连接器的标记由产品代号、预应力筋类型、预应力筋直径和预应力筋根数4部分组成（生产企业的体系代号只在需要时加注），见图5-40。

---

❶ 《预应力筋用锚具、夹具和连接器》GB/T 14370—2015 第4章。
❷ 《公路悬索桥吊索》JT/T 449—2021 规定：
3.1.6 冷铸锚 cold-cast anchorage 采用环氧铁砂材料在250℃以下进行浇灌形成的锚固结构。
3.1.7 热铸锚 hot-cast anchorage 采用锌铜合金材料在460℃左右进行浇灌形成的锚固结构。

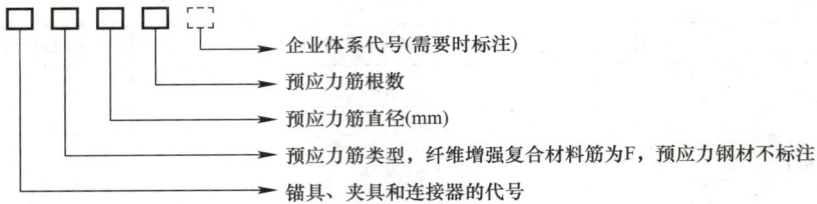

图 5-40　锚具、夹片和连接器的标记

例如：YJM15-6 为锚固 6 根直径为 15.2mm 钢绞线的圆形夹片式群锚锚具，见图 5-41（a）；JYM15-7 为锚固 7 根直径为 15.2mm 钢绞线的挤压式锚具，见图 5-41（b）。

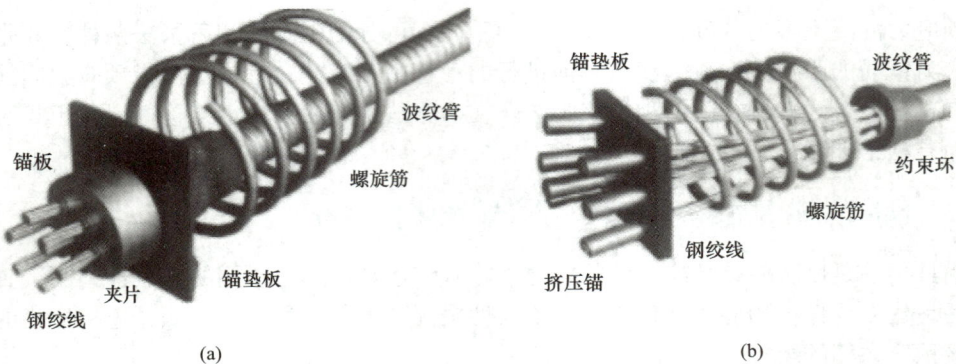

图 5-41　锚具安装示意图
（a）张拉端；（b）固定端

2. 锚具和连接器的选用

预应力锚具是用于保持预应力筋的拉力并将其传递到结构上所用的永久性锚固装置，应根据工程环境、结构特点、预应力筋品种和张拉施工方法，合理选择适用的锚具和连接器。常用预应力筋的锚具和连接器选用见表 5-21。

锚具和连接器选用❶　　　　　　　　　　　　表 5-21

预应力筋品种	张拉端	固定端	
		安装在结构外部	安装在结构内部
钢绞线	夹片锚具、压接锚具	夹片锚具、挤压锚具、压接锚具	压花锚具、挤压锚具
单根钢丝	夹片锚具、镦头锚具	夹片锚具、镦头锚具	镦头锚具
钢丝束	镦头锚具、冷（热）铸锚	冷（热）铸锚	镦头锚具
预应力螺纹钢筋	螺母锚具	螺母锚具	螺母锚具

3. 锚固区构造❷

1）先张预应力混凝土构件端部加强措施

（1）单根配置的预应力筋，其端部宜设置长度不小于 150mm 且不小于 4 圈的螺旋筋；当有可靠经验时，也可利用支座垫板上的插筋代替螺旋筋，插筋数量不应小于 4 根，

❶ 《预应力筋用锚具、夹具和连接器应用技术规程》JGJ 85—2010 第 4 章。
❷ 《预应力混凝土结构设计规范》JGJ 369—2016。

其长度不宜小于 120mm。

（2）分散布置的多根预应力筋，在构件端部 $10d$，且不小于 100mm 范围内应设置 3～5 片与预应力筋垂直的钢筋网。

（3）采用预应力钢丝配筋的薄板，在板端 100mm 范围内适当加密横向钢筋网。

（4）槽形板类构件，应在构件端部 100mm 范围内沿构件板面设置附加横向钢筋，其数量不应少于 2 根。

2）后张预应力混凝土构件的端部锚固区，端部加强措施

在预应力筋锚具及张拉设备支承处，应设置预埋承压钢垫板，承压钢垫板应满足混凝土局部承压面积的要求，垫板厚度可取 14～30mm，刚性扩散角应取 45°，钢板后面配置间接钢筋：

（1）当配置方格网式或螺旋式间接钢筋核心面积 A_{cor} 不小于混凝土局部受压面积 A_1 时，间接钢筋应配置在图 5-42 所规定的高度 h 范围内。

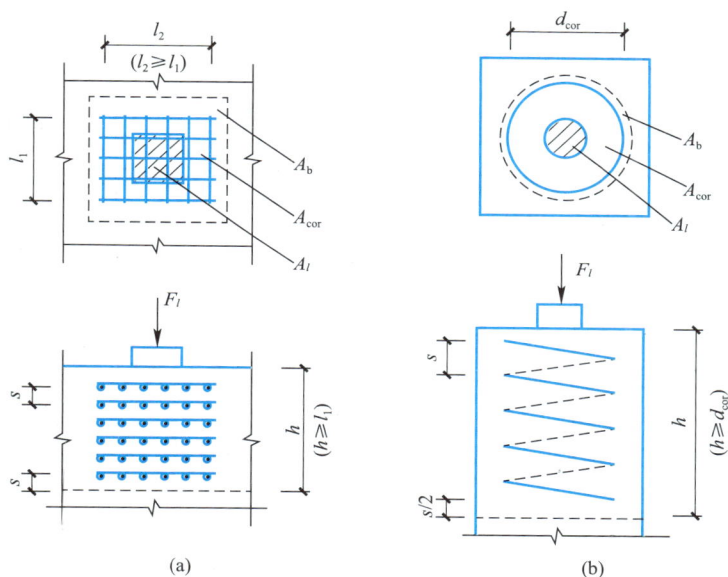

图 5-42 局部受压区的间接钢筋构造
（a）方格网式配筋；（b）螺旋式配筋

① 方格网式钢筋，不应少于 4 片，首片网片筋至锚垫板的距离不宜大于 25mm，网片筋之间的距离 s 宜为 30～80mm；

② 螺旋式钢筋，不应少于 4 圈，螺旋筋的圈内径要大于锚垫板对角线长度或直径，且螺旋筋的圈内径所围面积与锚垫板端面轮廓所围面积之比不应小于 1.25，螺旋筋应与锚具对中，螺旋筋的首圈钢筋距锚垫板的距离不宜大于 25mm。

（2）当构件端部预应力筋需集中布置时，应在构件端部设置附加防端面裂缝构造钢筋，见图 5-43。

（3）当采用铸造锚垫板时，应根据产品的技术参数要求选用配套的锚垫板和螺旋筋，并确定锚垫板间距、到构件边缘距离、局压加强钢筋及张拉时混凝土强度等级。

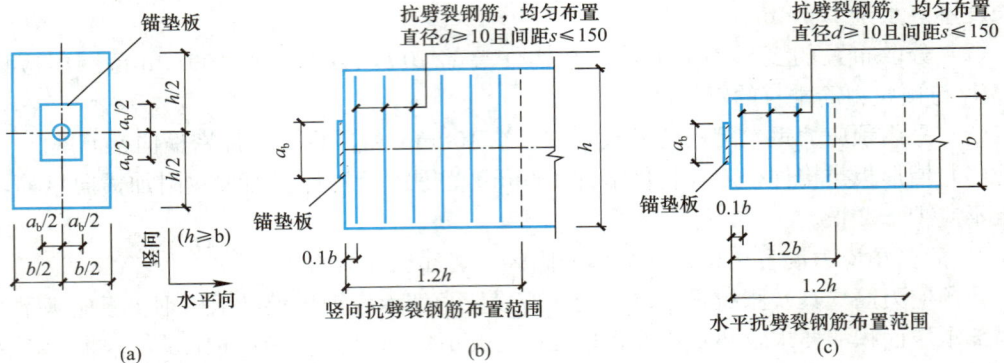

图 5-43　中置锚具锚固区抗劈裂钢筋构造
(a) 端视图；(b) 竖向抗劈裂钢筋；(c) 水平向抗劈裂钢筋

4. 锚具质量检验

锚具产品进场验收时，要按合同核对锚具的型号、规格、数量及适用的预应力筋品种、规格和强度等级等。

1）文件核对

（1）锚具产品质量保证书，其内容应包括产品的外形尺寸、硬度，适用的预应力筋品种、规格等技术参数，生产日期、生产批次等；产品质量保证书应具有可追溯性；

（2）锚固区传力性能检验报告。

2）进场检验

（1）外观检查

从每批产品中抽取 2%且不应少于 10 套样品，其外形尺寸应符合产品质量保证书所示的尺寸范围，且表面不得有裂纹及锈蚀；当有下列情况之一时，应对本批产品的外观逐套检查，合格者方可进入后续检验：

① 当有 1 个零件不符合产品质量保证书所示的外形尺寸，应另取双倍数量的零件重做检查，仍有 1 件不合格；

② 当有 1 个零件表面有裂纹或夹片、锚孔锥面有锈蚀。对配套使用的锚垫板和螺旋筋允许表面有轻度锈蚀。

（2）硬度检验

对有硬度要求的锚具零件，应从每批产品中抽取 3%且不应少于 5 套样品（多孔夹片式锚具的夹片，每套应抽取 6 片）进行检验，硬度值应符合产品质量保证书的规定；当有 1 个零件不符合时，应另取双倍数量的零件重做检验，在重做检验中如仍有 1 个零件不符合，应对该批产品逐个检验，符合者方可进入后续检验。

3）静载锚固性能试验

在外观检查和硬度检验均合格的锚具中抽取样品，与相应规格和强度等级的预应力筋组装成 3 个预应力筋-锚具组装件，按《预应力筋用锚具、夹具和连接器应用技术规程》JGJ 85—2010 附录 B 的规定进行静载锚固性能试验。

5. 张拉设备

在二类以上市政工程项目预制场内限制使用人工手动操作张拉油泵、从压力表读取张拉力、伸长量靠尺量测的张拉设备。传统的拉杆式千斤顶（镦头锚具、螺母锚具）、穿心式千斤顶（夹片锚具、螺母锚具）、锥锚式千斤顶（锥塞锚具）等张拉设备需要升级换代为数控预应力张拉设备（图5-44），张拉设备应由专人使用和保管，并定期维护与标定。预应力筋张拉机具设备及仪表，应定期维护和校验。❶

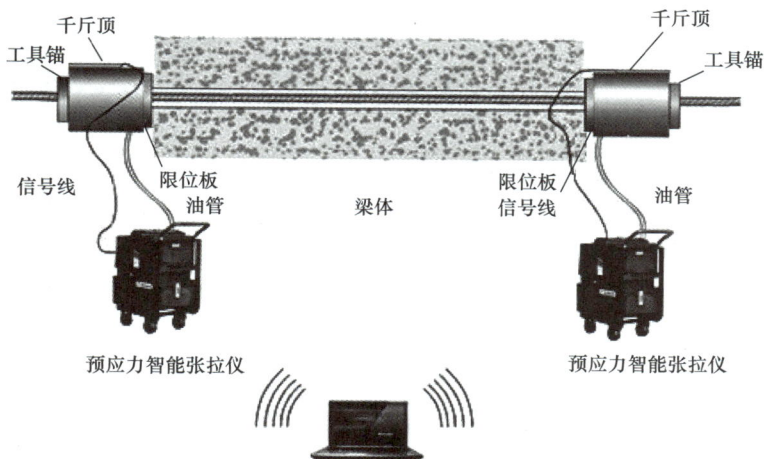

图 5-44　数控预应力张拉设备

5.3.2　先张法施工

在台座上张拉预应力筋后浇筑混凝土，并通过放张预应力筋由粘结传递而建立预应力的混凝土结构为先张法预应力混凝土结构，先张法预应力混凝土结构采用先张法施工工艺，图5-45为先张法的工艺流程。扫描二维码5-14观看先张法教学视频。

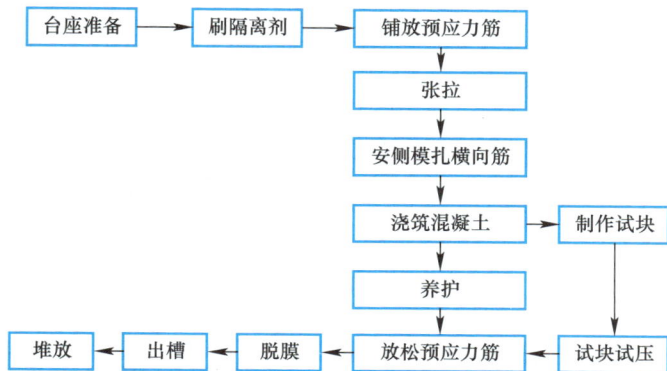

图 5-45　预应力先张法的工艺流程

二维码 5-14
先张法

❶　住房和城乡建设部关于发布《房屋建筑和市政基础设施工程危及生产安全施工工艺、设备和材料淘汰目录（第一批）》的公告。

《混凝土结构工程施工规范》GB 50666—2011规定：

6.4.2 预应力筋张拉设备及压力表应定期维护和标定。张拉设备和压力表应配套标定和使用，标定期限不应超过半年。当使用过程中出现反常现象或张拉设备检修后，应重新标定。

注：1. 压力表的量程应大于张拉工作压力读值，压力表的精确度等级不应低于1.6级；

2. 标定张拉设备用的试验机或测力计的测力示值不确定度，不应大于1.0%；

3. 张拉设备标定时，千斤顶活塞的运行方向应与实际张拉工作状态一致。

1. 台座

在先张法构件生产中，台座是主要的承力构件，一般有墩式台座、槽式台座和钢模台座三种。

1）墩式台座

墩式台座由承力台墩、台面与横梁三部分组成，其长度宜为 50～150m。台座的承载力应根据构件张拉力的大小，可按台座每米宽的承载力为 200～500kN 设计台座。

2）槽式台座

槽式台座由钢筋混凝土压杆、上下横梁及台面组成。台座的长度一般不超过 50m，承载力可大于 1000kN 以上，适用于张拉吨位较大的大型构件，如起重机梁、屋架等。为了便于浇筑混凝土和蒸汽养护，槽式台座一般低于地面。

3）钢模台座

钢模台座主要在流水线生产中应用。它是将制作构件的模板作为预应力钢筋的锚固支座的一种台座。

2. 预应力筋的张拉

1）张拉控制应力 σ_{con}

预应力筋张拉应根据设计规定的张拉控制应力进行。钢筋张拉控制应力不能过高，否则会使钢筋应力接近破坏应力，易发生脆性破坏。预应力钢筋的张拉控制应力值 σ_{con} 应符合表 5-22 的规定。

预应力钢筋的张拉控制应力❶　　　　　　　　　　　　　　　　表 5-22

预应力钢筋种类	消除应力钢丝、钢绞线	中强度预应力钢丝	预应力螺纹钢筋
张拉控制应力值 σ_{con}	$\leqslant 0.75 f_{ptk}$	$\leqslant 0.70 f_{ptk}$	$\leqslant 0.85 f_{pyk}$

注：1. f_{ptk}——预应力筋极限强度标准值；f_{pyk}——预应力筋屈服强度标准值。
　　2. 消除应力钢丝、钢绞线、中强度预应力钢丝的张拉控制应力值不应小于 $0.4 f_{ptk}$；预应力螺纹钢筋的张拉应力控制值不宜小于 $0.5 f_{pyk}$。

当符合下列情况之一时，上述张拉控制应力限值可提高 $0.05 f_{ptk}$ 或 $0.05 f_{pyk}$：

（1）要求提高构件在施工阶段的抗裂性能而在使用阶段受压区内设置的预应力钢筋；

（2）要求部分抵消由于应力松弛、摩擦、钢筋分批张拉以及预应力钢筋与张拉台座之间的温差等因素产生的预应力损失。

2）预应力张拉

（1）张拉程序

预应力钢筋的张拉程序主要根据构件类型、张拉锚固体系，松弛损失等因素确定，有两种张拉程序：

① 设计时松弛损失按一次张拉程序取值：0→σ_{con} 锚固；

② 设计时松弛损失按超张拉程序取值：0→(1.03～1.05) σ_{con} 锚固❷。

以上张拉操作程序，均可分级加载。预应力筋张拉时，从零拉力加载至初拉力后，量测伸长值初读数，再以均匀速率分级加载至张拉控制力。塑料波纹管内的预应力筋，张拉

---

❶ 《预应力混凝土结构设计规范》JGJ 369—2016 第 4.1.9 条的规定。
❷ 《混凝土结构工程施工规范》GB 50666—2011 在 6.4.4 条中，对于超张拉，调整后的控制应力的限值直接提高了 5%。

力达到张拉控制力后宜持荷 2～5min。

（2）张拉注意事项

① 张拉时，张拉机具与预应力筋应在一条直线上，在台面上每隔一定距离要放置防止预应力筋因自重下垂的垫块，同时防止预应力筋接触隔离剂而污染；

② 在拧紧螺母时，应注意压力表读数始终保持所需的张拉力；

③ 多根预应力筋同时张拉时，必须事先调整初应力，使相互间的应力一致；

④ 预应力筋张拉锚固后的实际预应力值与设计规定的检验值的相对允许偏差为±5%；

⑤ 张拉过程中预应力筋发生断裂或滑脱时，在浇筑混凝土前必须予以更换；❶

⑥ 预应力筋张拉时，应以均匀速率加载至张拉控制力。塑料波纹管内的预应力筋，张拉力达到张拉控制力后宜持荷 2～5min；

⑦ 台座两端应有防护设施，每隔 4～5m 放一个防护架，两端严禁站人，也不准许进入台座。

3）预应力值校核

预应力钢丝内力的检测，一般在张拉锚固后 1h 进行。此时，锚固损失已完成，钢筋松弛损失也部分产生。检测时预应力检测值可按表 5-23 取用。

钢丝预应力值检测时的设计规定值　　表 5-23

张拉方法	检测值
长线张拉	$0.94\sigma_{con}$
短线张拉	$(0.91～0.93)\sigma_{con}$

采用应力控制方法张拉时，应校核预应力筋的伸长值，与设计计算的相对允许偏差为±6%之内，否则应查明原因并采取措施后再张拉。

预应力钢丝张拉时，伸长值不作校核。

3. 先张法预应力筋放张

预应力筋放张时，混凝土强度不应低于设计的混凝土立方体抗压强度标准值的 75%❷，放张前，必须拆除侧模，使放张时构件能自由压缩，否则将损坏模板或使构件开裂。

1）放张顺序

（1）应分阶段、对称、相互交错放张；

（2）轴心受压构件，所有预应力筋宜同时放张；

（3）受弯或偏心受压的构件，先放张预压应力较小区域的预应力筋，再放张预压应力较大区域的预应力筋；

---

❶《混凝土结构通用规范》GB 55008—2021 规定：

5.3.4 预应力筋张拉后应可靠锚固，且不应有断丝或滑丝。

❷《混凝土结构工程施工规范》GB 50666—2011 规定：

6.4.3 施加预应力时，混凝土强度应符合设计要求，且同条件养护的混凝土立方体抗压强度，应符合下列规定：

1. 不应低于设计混凝土强度等级值的 75%；

2. 采用消除应力钢丝或钢绞线作为预应力筋的先张法构件，尚不应低于 30MPa；

3. 不应低于锚具供应商提供的产品技术手册要求的混凝土最低强度要求；

4. 后张法预应力梁和板，现浇结构混凝土的龄期分别不宜小于 7d 和 5d。

注：为防止混凝土早期裂缝而施加预应力时，可不受本条的限制，但应满足局部受压承载力的要求。

（4）放张后，预应力筋宜从张拉端开始逐次切向另一端。

2）整体放张

先张法预应力筋宜采取缓慢放张工艺整体放张，图5-46为先张法三种整体同时放张的装置。

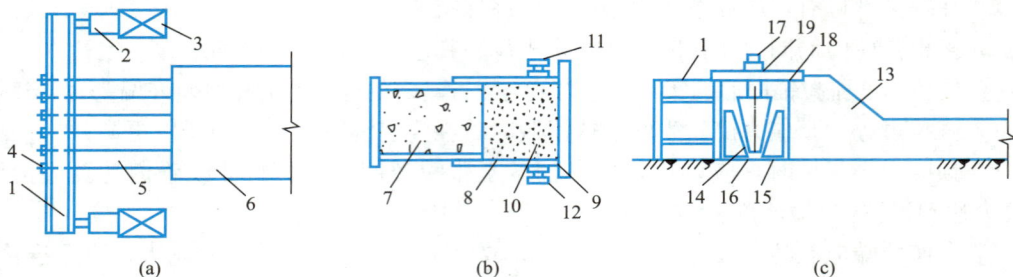

图5-46　预应力筋同时放张装置

（a）千斤顶放张；（b）砂箱放张；（c）楔块放张

1—横梁；2—千斤顶；3—承力架；4—夹具；5—钢丝；6—构件；7—活塞；
8—套箱；9—套箱底板；10—砂；11—进砂口（M25螺丝）；12—出砂口（M16螺栓）；
13—台座；14、15—钢固定楔块；16—钢滑动楔块；17—螺杆；18—承力板；19—螺母

5.3.3　后张法施工

在混凝土达到规定强度后，通过张拉预应力筋并在结构上锚固而建立预应力的混凝土结构为后张法预应力混凝土结构。后张法预应力混凝土结构采用后张法施工工艺，该工艺不需要台座设备。后张法分为有粘结后张法施工与无粘结预应力施工。

1. 有粘结后张法

通过灌浆或与混凝土直接接触使预应力筋与混凝土之间相互粘结而建立预应力的混凝土结构为有粘结预应力混凝土结构。有粘结后张法预应力的主要施工工艺流程如图5-47所示。扫描二维码5-15观看后张法教学视频。

二维码5-15
后张法

1）埋管制孔

（1）预应力筋孔道

① 孔道直径

预留孔道的内径应比预应力束外径及需穿过孔道的连接器外径大10～20mm，且孔道的截面积宜为穿入预应力束截面积的（3.0～4.0）倍。

② 孔道布置

（a）预制构件：水平净距不小于max｛孔道直径、1.25倍粗骨料粒径、50mm｝，一排孔道难以布下全部预应力筋时可布置多排孔道；孔道至构件边缘的净间距不宜小于30mm，不宜小于孔道直径的50%。

（b）现浇混凝土梁：竖向净距不小于孔道外径；水平净距不小于max｛1.5倍孔道外径、1.25倍粗骨料粒径、80mm｝。

（c）孔道外壁至构件边缘的净间距：梁底不宜小于50mm，梁侧不宜小于40mm；裂缝控制等级为三级的梁，梁底、梁侧分别不宜小于60mm和50mm。

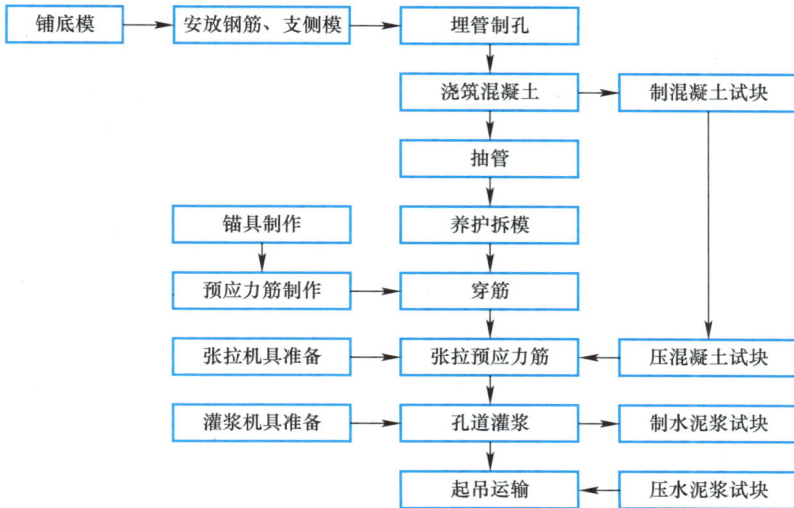

图 5-47　有粘结预应力后张法施工工艺流程

（d）曲率半径：孔道外径为 50～70mm 时曲线预应力束的曲率半径不宜小于 4m，孔道外径为 75～95mm 时不宜小于 5m。曲线预应力筋的端头，应有与之相切的直线段，直线段长度不应小于 300mm。

（e）起拱：凡施工时需要预先起拱的构件，预应力筋或孔道宜随构件同时起拱。

③ 灌浆孔的间距

在单跨梁的梁端设置灌浆孔，也可在跨中设置，多跨连续梁宜在中支座处增设灌浆孔。灌浆孔间距对抽拔管不宜大于 12m，对波纹管不宜大于 30m。曲线孔道高差大于 0.5m 时，应在孔道的每个峰顶处设置泌水管，泌水管伸出梁面不宜小于 0.5m。泌水管可兼作灌浆管使用。

（2）孔道成型方法❶

预应力筋的孔道可采用钢管抽芯、胶管抽芯和预埋管（图 5-48）等方法成型，孔道的尺寸与位置应正确，孔道应平顺，接头不漏浆，端部预埋钢板应垂直于孔道中心线等。

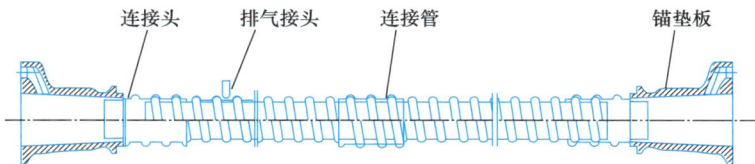

图 5-48　预埋波纹管示意图

2）预应力筋制作

预应力筋的制作，主要根据所用预应力钢材品种、锚（夹）具形式及生产工艺等确定。预应力筋的下料长度应由计算确定。计算时应考虑结构的孔道长度、锚夹具厚度、千斤顶长度、焊接接头或镦头的预留量、冷拉伸长率、弹性回缩值、张拉伸长值等。

（1）单根预应力粗钢筋下料长度

① 当预应力筋两端采用螺丝端杆锚具（图 5-49a），其成品全长 L：

---

❶　详见《混凝土结构工程施工规范》GB 50666—2011 第 6.3.6～6.3.9 条。

$$L = l_1 + 2l_2 \tag{5-12}$$

式中　l_1——构件孔道长度；

　　　l_2——螺丝端杆伸出构件外的长度；张拉端，$L_2 = 2H + h + 5$（mm）；锚固端，$L_2 = H + h + 10$（mm）；其中 H 为螺母高度；h 为垫板厚度。

预应力筋钢筋部分的下料长度：

$$L = \frac{l_4}{(1+\delta)(1-\delta_1)} + nd = \frac{l_1 + 2l_2 - 2l_5}{(1+\delta)(1-\delta_1)} + nd \tag{5-13}$$

式中　l_4——预应力筋钢筋部分的成品长度；

　　　l_5——螺丝端杆长度，螺丝端杆的长度一般为 320mm。

　　　δ——钢筋冷拉拉长率（由试验确定）；

　　　δ_1——钢筋冷拉弹性回缩率（由试验确定）；

　　　n——接头的数量（包括钢筋与螺丝端杆的连接接头）；

　　　d——预应力筋钢筋直径。

② 当预应力筋一端用螺丝端杆，另一端用帮条（或镦头）锚具时，如图 5-49（b）所示，其成品全长 L：

$$L = l_1 + l_2 + l_3$$

预应力筋钢筋部分的下料长度：

$$L = \frac{l_4 + l_3}{(1+\delta)(1-\delta_1)} + nd = \frac{l_1 + l_2 + l_3 - l_5}{(1+\delta)(1-\delta_1)} + nd \tag{5-14}$$

式中　l_3——镦头或帮条锚具长度（包括垫板厚度 h）。

为保证质量，冷拉宜采用控制应力的方法。若在一批钢筋中冷拉率分散性较大时，应尽可能把冷拉率相近的钢筋连接在一起，以保证钢筋冷拉应力的均匀性。

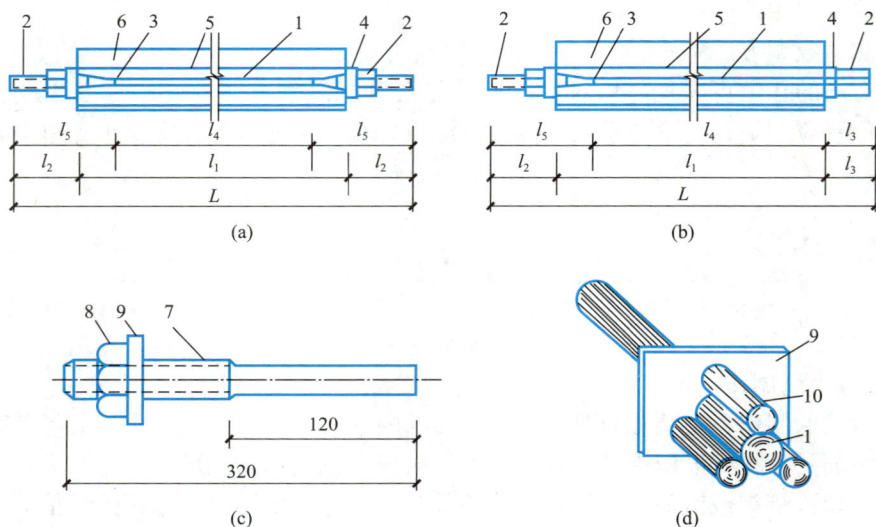

图 5-49　预应力筋下料长度计算示意图

（a）两端螺丝端杆锚具；（b）一端螺丝端杆锚具；（c）螺丝端杆锚具；（d）帮条锚具

1—预应力钢筋；2—锚具；3—对焊接头；4—垫板；5—孔道；6—混凝土构件；

7—螺丝端杆；8—螺母；9—垫板；10—帮条

（2）钢绞线下料长度

预应力钢绞线下料长度与锚具、张拉方法有关。当钢绞线束采用夹片锚具（图 5-50）、穿心式千斤顶张拉时，钢绞线的下料长度计算见图 5-51。

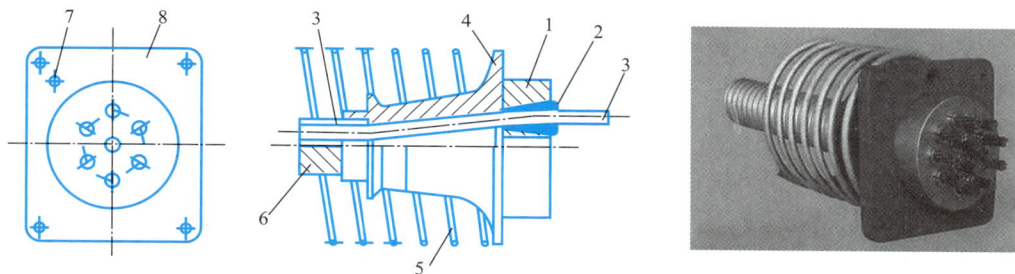

图 5-50　QM 型夹片锚具

1—锚板；2—夹片；3—钢绞线；4—喇叭形铸铁垫板；5—螺旋筋；
6—预留孔道用的螺旋管；7—灌浆孔；8—锚垫板

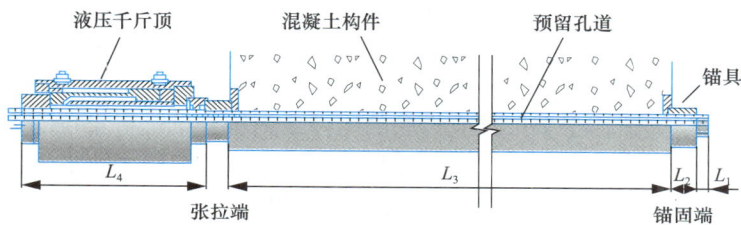

图 5-51　钢绞线的下料长度计算简图

① 一端钢绞线下料计算公式

$$L = 2(L_1 + L_2) + L_3 + L_4 \tag{5-15}$$

式中　L_1——固定端钢绞线露出锚具的长度，一般取 100～200mm；

　　　L_2——工作锚厚度；

　　　L_3——应力筋孔道长度；

　　　L_4——张拉端千斤顶的工作长度。

② 两端张拉钢绞线下料计算公式

$$L = 2(L_1 + L_2 + L_4) + L_3 \tag{5-16}$$

注：当无法确保张拉操作空间时，可采取引出张拉的方式进行张拉作业，但需注意在钢绞线下料时增加引出长度和配套张拉用支撑筒长度。

（3）下料

预应力筋应采用砂轮锯或切断机切断，不得采用电弧切割❶；当钢丝束两端采用镦头锚具时，同一束中各根钢丝的长度差不应大于钢丝长度的 1/5000，且不应大于 5mm；当成组张拉长度不大于 10m 的钢丝时，同组钢丝的长度差不得大于 2mm，一般采用钢管限位法或牵引索在拉紧状态下下料。

---

❶ 《混凝土结构工程施工规范》GB 50666—2011 规定：

6.3.1 预应力筋的下料长度应经计算确定，并应采用砂轮锯或切断机等机械方法切断。预应力筋制作或安装时，不应用作接地线，并应避免焊渣或接地电火花的损伤。

钢绞线制作工序是：开盘、下料和编束。钢绞线在出厂前经过低温回火处理，因此在进场后无须预拉，钢绞线下料前应在切割口两侧各 50mm 处用 20 号铁丝绑扎牢固，以免切割后松散。

3）后张法的施工工艺

（1）预应力筋张拉方式

预应力筋张拉时，混凝土强度应符合设计要求。当设计无具体要求时，不应低于设计的混凝土立方体抗压强度标准值的 75%。根据预应力混凝土结构特点、预应力筋形状与长度，以及施工方法的不同，预应力筋张拉方式有以下几种：❶

① 一端张拉方式

一端张拉方式是张拉设备放置在预应力筋一端的张拉方式。适用于长度小于 30m 的直线预应力筋与锚固损失影响长度 $L_f \geqslant L/2$（L 为预应力筋长度）的曲线预应力筋。

② 两端张拉方式

两端张拉方式是张拉设备放置在预应力筋两端的张拉方式，适用于长度大于 30m 的直线预应力筋与锚固损失影响长度 $L_f < L/2$ 的曲线预应力筋。当张拉设备不足或由于张拉顺序安排关系，也可先在一端张拉完成后，再移至另一端张拉，补足张拉力后锚固。

③ 分批张拉方式

分批张拉方式是其适用于多束预应力筋的构件或结构分批进行张拉的方式。由于后批预应力筋张拉所产生的混凝土弹性压缩对先批张拉的预应力筋造成预应力的损失，所以先批张拉的预应力筋张拉力应加上该弹性压缩损失值或将弹性压缩损失平均值统一增加到每根预应力筋的张拉力内。

④ 分段张拉方式

分段张拉方式是在多跨连续梁板分段施工时，通长的预应力筋需要采用逐段进行张拉的方式。对大跨度多跨连续梁，在第一段混凝土浇筑与预应力筋张拉锚固后，第二段预应力筋利用锚头连接器接长，以形成通长的预应力筋。

⑤ 分阶段张拉方式

分阶段张拉方式是在后张预应力梁等结构中，为了平衡各阶段的荷载，采取分阶段逐步施加预应力的方式。所加荷载不仅是外载（如楼层重量），也包括由内部体积变化（如弹性压缩、收缩与徐变）产生的荷载。梁在跨中下部与上部应力应控制在容许范围内。这种张拉方式具有应力、挠度与反拱容易控制、材料省等优点。

⑥ 补偿张拉方式

补偿张拉方式是在早期预应力损失基本完成后，再进行张拉的方式。采用这种补偿张拉，可克服弹性压缩损失，减少钢材应力松弛损失，混凝土收缩徐变损失等，以达到预期的预应力效果。此法在水利工程与岩土锚杆中应用较多。

---

❶《混凝土结构工程施工规范》GB 50666—2011 规定：

6.4.7 后张预应力筋应根据设计和专项施工方案的要求采用一端或两端张拉。采用两端张拉时，宜两端同时张拉，也可一端先张拉锚固，另一端补张拉。当设计无具体要求时，应符合下列规定：

1. 有粘结预应力筋长度不大于20m时，可一端张拉，大于20m时，宜两端张拉；预应力筋为直线形时，一端张拉的长度可延长至35m；

2. 无粘结预应力筋长度不大于40m时，可一端张拉，大于40m时，宜两端张拉。

（2）预应力筋张拉顺序

① 对称张拉

后张法预应力筋的张拉方法，不得在混凝土中产生超应力、扭转与侧弯、结构变位等；因此，对称张拉是主要张拉方式，同时，还应考虑到尽量减少张拉设备的移动次数。

图 5-52 预应力混凝土屋架下弦钢丝束的长度不大于 30m，采用一端张拉方式。图 5-52（a）用两台千斤顶分别设置在构件两端对称张拉，一次完成。

② 分批张拉

对配有多根预应力筋的构件，应分批、分阶段对称张拉，保证混凝土不产生过大的偏心力，构件不扭转和侧弯，结构不变位。图 5-52（b）用两台千斤顶先张拉对角线上的两束，然后再张拉另两束。

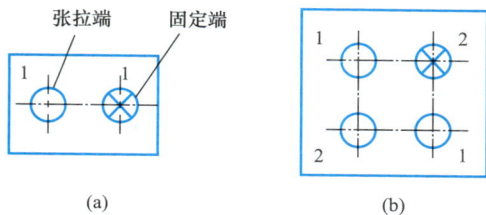

图 5-52　屋架下弦杆预应力筋张拉顺序
（a）两束；（b）四束
1、2—预应力筋分批张拉

分批张拉，要考虑后批预应力筋张拉时产生的混凝土弹性压缩，会对先批张拉的预应力筋的张拉应力产生影响，引起的预应力损失，需要增加到先批张拉的预应力筋的张拉力中。

③ 先上后下逐层张拉

后张法预应力构件一般在施工现场平卧重叠制作，重叠层数一般为 3～4 层。其张拉顺序宜先上后下逐层进行。施工中可采取逐层加大超张拉的办法来弥补该预应力损失，但底层超张拉值不宜比顶层张拉力大 5%，并且要保证底层构件的最大控制应力。

（3）张拉伸长值校核

预应力筋张拉时，通过伸长值的校核，可以综合反映张拉力是否足够，孔道摩阻损失是否偏大，以及预应力筋是否有异常现象等。预应力筋张拉伸长值的量测，应在建立初应力之后进行。

① 实际伸长值 $\Delta L_{实}$

$$\Delta L_{实} = \Delta L_1 + \Delta L_2 - A - B - C \tag{5-17}$$

式中　ΔL_1——从初应力至最大张拉力之间的实测伸长值；

　　　ΔL_2——初应力前的推算伸长值；

　　　A——张拉过程中锚具楔紧引起的预应力筋内缩值；

　　　B——千斤顶体内预应力筋的张拉伸长值；

　　　C——施加应力时，后张法混凝土构件的弹性压缩值（其值微小时可略去不计）。

② 计算伸长值 $\Delta L_{计}$

$$\Delta L_{计} = \frac{F_p L}{A_p E_s} \tag{5-18}$$

式中　F_p——预应力筋的平均张拉力（kN），直线筋取张拉端的拉力；两端张拉的曲线筋取张拉端的拉力与跨中扣除孔道摩阻力损失后的平均值；

　　　L——预应力筋的长度（mm）；

　　　A_p——预应力筋的截面面积（mm^2）；

　　　E_s——预应力筋的弹性模量（kN/mm^2）。

如实际伸长值超出计算伸长值±6%，应暂停张拉，在采取措施予以调整后，方可继续张拉。此外，在锚固时检查张拉端预应力筋的内缩值，如实测的内缩量大于规定值，则应改善操作工艺，更换锚具或采取超张拉办法弥补。

（4）张拉注意事项❶

① 张拉时应认真做到孔道、锚环与千斤顶同轴对中，防止孔道摩擦损失。

② 采用锥锚式千斤顶张拉钢丝束时，先使千斤顶张拉缸进油，至压力表略有起动时暂停，检查每根钢丝的松紧并进行调整，然后再打紧楔块。

③ 工具锚的夹片，应注意保持清洁和良好的润滑状态。新的工具锚夹片第一次使用前，应在夹片背面涂上润滑剂，以后每使用 5 次，应将工具锚上的挡板连同夹片一同卸下，涂上一层润滑剂，以防止夹片在退楔时卡住。润滑剂可采用石墨、二硫化钼、石蜡等。

④ 每根构件张拉完毕后，应检查端部和其他部位是否有裂缝，并填写张拉记录表。

（5）孔道灌浆

预应力筋张拉后处于高应力状态，对腐蚀非常敏感，所以应尽早进行孔道灌浆。灌浆是对预应力筋的永久性保护措施，故要求水泥浆饱满、密实、完全裹住预应力筋。灌浆质量的检验应着重于现场观察检查，必要时采用无损检查或凿孔检查。

① 灌浆材料

配制灌浆用水泥浆应采用强度等级不低于 42.5 的普通硅酸盐水泥；灌浆用水泥浆的水灰比不应大于 0.45，当需要增加孔道灌浆的密实性时，水泥浆中可掺入对预应力筋无腐蚀作用的外加剂（如掺入占水泥重量 0.05‰ 的铝粉，可使水泥浆获得 2%～3% 膨胀率，提高孔道灌浆饱满度同时也能满足强度要求），灌浆用水泥浆的抗压强度不应小于 $30N/mm^2$。❷

② 灌浆施工

A. 先灌注下层孔道，后灌注上层孔道；直线孔道灌浆，应从构件的一端到另一端；在曲线孔道中灌浆，应从孔道最低处开始向两端进行；用连接器连接的多跨连续预应力筋的孔道灌浆，应张拉完一跨随即灌注一跨，不得在各跨全部张拉完毕后，一次连续灌浆。

---

❶ 《混凝土结构工程施工质量验收规范》GB 50204—2015 规定：

6.5.5 条文说明预应力筋外露长度的规定，主要是考虑到锚具正常工作及氧-乙炔焰切割时可能的热影响，切割位置不宜距离锚具太近。同时不应影响构件安装。

6.5.4 条文说明为确保暴露于结构外的锚具和外露预应力筋能够正常工作，应防止锚具和外露预应力筋锈蚀，为此，应遵照设计要求执行，并在施工方案中作出具体规定，并且需满足本条的规定。锚具和预应力筋的混凝土保护层厚度应分两步进行检查：在封锚前应检查封锚模板的安装质量，混凝土浇筑后应复查封锚混凝土的外形尺寸，确保锚具和预应力筋的混凝土保护层厚度满足本条的要求。

❷ 《混凝土结构工程施工规范》GB 50666—2011 规定：

6.5.5 灌浆用水泥浆应符合下列规定：

1. 采用普通灌浆工艺时，稠度宜控制在 12～20s，采用真空灌浆工艺时，稠度宜控制在 18～25s；

2. 水灰比不应大于 0.45；

3. 3h 自由泌水率宜为 0，且不应大于 1%，泌水应在 24h 内全部被水泥浆吸收；

4. 24h 自由膨胀率，采用普通灌浆工艺时不应大于 6%；采用真空灌浆工艺不应大于 3%；

5. 水泥浆中氯离子含量不应超过水泥重量的 0.06%；

6. 28d 标准养护的边长为 70.7mm 的立方体水泥浆试块抗压强度不应低于 30MPa；

7. 稠度、泌水率及自由膨胀率的试验方法应符合现行国家标准《预应力孔道灌浆剂》GB/T 25182—2010 的规定。

B. 灌浆应连续进行，直至排气管排除的浆体稠度与注浆孔处相同且没有出现气泡后，再顺浆体流动方向依次封闭排气孔；全部出浆口封闭后，宜继续加压 0.5～0.7MPa，并应稳压 1～2min 后封闭灌浆口。

C. 当泌水较大时，宜进行二次灌浆和对泌水孔进行重力补浆；二次灌浆时间要掌握恰当，一般在水泥浆泌水基本完成、尚未初凝时进行（夏季约 30～45min，冬季约 1～2h）。

D. 因故中途停止灌浆时，应用压力水将未灌注完孔道内的水泥浆冲洗干净。

E. 预应力混凝土的孔道灌浆，应在常温下进行。低温灌浆时，按冬期专项施工方案执行。

（6）封锚

预应力筋切割时应采用砂轮锯，严禁采用电弧进行切割，同时不得损伤锚具。后张法预应力筋锚固后外露长度不宜小于预应力筋直径的 1.5 倍，且不宜小于 30mm。

锚具的封闭保护应符合设计要求，锚具采用封端混凝土保护，以防腐蚀。外露锚具和预应力筋的混凝土保护层厚度不应小于：一类环境时 20mm，二 a、二 b 类环境时 50mm，三 a、三 b 类环境时 80mm。若预应力筋需长期外露时，应采取刷水泥浆等防锈蚀的措施。

2. 无粘结预应力

无粘结预应力混凝土结构指的是配置与混凝土之间可保持相对滑动的无粘结预应力筋的后张法预应力混凝土结构。无粘结预应力混凝土结构不用预留孔道和穿筋，预应力筋张拉完毕后，也不用进行孔道灌浆。

1）无粘结预应力筋[1]

无粘结预应力筋是采用专用防腐润滑涂层和塑料护套包裹的单根预应力钢绞线或单根预应力纤维增强复合材料筋，布置在混凝土构件截面之内时，其与被施加预应力的混凝土之间可保持相对滑动。它由预应力钢材、涂料层和护套层组成。

（1）无粘结预应力筋。无粘结预应力筋一般由钢丝、钢绞线等钢材制作成束使用。

（2）无粘结预应力筋的涂层。涂层应具有良好的化学稳定性，对周围材料无侵蚀作用；不透水，不吸湿，抗腐蚀性能强；润滑性能好，摩擦阻力小；在规定温度范围内高温（70℃）不流淌，低温（−20℃）不变脆，并有一定韧性。

（3）护套材料。护套材料应具有足够的韧性，抗磨及抗冲击性，对周围材料应无侵蚀

---

[1] 《无粘结预应力混凝土结构技术规程》JGJ 92—2016 规定：

6.1.1 单根无粘结预应力筋的制作应采用挤塑成型工艺，并应由专业化工厂生产，涂料层的涂敷和护套的制作应一次连续完成，防腐涂层应完全填充预应力筋与护套之间的环形空间。

6.1.2 挤塑成型后的无粘结预应力筋应按工程所需的长度和锚固形式进行下料和组装；并应采取防止防腐涂层从预应力筋的端头溢出的措施。

《混凝土结构工程施工质量验收规范》GB 50204—2015 规定：

6.2.2 条文说明 无粘结预应力钢绞线的进场检验包括钢绞线力学性能检验和涂包质量检验两部分，现行国家标准《预应力混凝土用钢绞线》GB/T 5224—2023 规定了无粘结预应力筋用钢绞线的力学性能要求，现行行业标准《无粘结预应力钢绞线》JG/T 161—2016 规定了无粘结预应力筋的涂包质量要求。无粘结预应力筋在进场后，应按本规范第 6.2.1 条的规定检验其力学性能，由于其涂包质量对保证预应力筋防腐及准确地建立预应力也非常重要，还应按现行行业标准《无粘结预应力钢绞线》JG/T 161—2016 的规定检验其油脂含量与涂包层厚度。无粘结预应力筋的涂包质量比较稳定，进场后经观察检查其涂包外观质量较好，且有厂家提供的涂包质量检验报告时，为简化验收，可不进行油脂用量和护套厚度的抽样检验。

作用，在规定的温度范围内，低温应不脆化，高温化学稳定性好。宜采用高密度聚乙烯，有可靠实践经验时，也可采用聚丙烯，但不得采用聚氯乙烯。

图 5-53　板内预应力配筋示意

注：图中 11-1U Φ^{s}15@500（2）（60，40，40）表示预应力筋采用每束 1 根 Φ^{s}15 系列的无粘结预应力钢绞线，共 11 束，间距 500mm，此组预应力筋线形共 2 跨布置，（60，40，40）为其每跨布置的通用线形❶。

无粘结预应力筋进场时应逐盘检查，产品外观应油脂饱满均匀，不漏涂；护套圆整光滑，松紧恰当。

2）无粘结预应力混凝土施工

（1）无粘结预应力筋的铺放

无粘结预应力筋应按设计图纸（图 5-53）的规定进行铺放，无粘结预应力筋的铺放，通常是在底部钢筋铺设后进行。无粘结筋相互穿插，施工操作较为困难的，必须事先确定无粘结筋的铺设方案。

预应力筋的铺放要点：

① 无粘结筋应按设计的预应力筋线形铺设，曲线高度通过计算确定，施工时应该用支撑钢筋控制预应力筋位置，构件中的其他预埋预设设施必须避让预应力筋线形位置；

② 铺放双向配置的无粘结预应力筋时，宜避免两个方向的无粘结预应力筋相互穿插铺放，对各交叉点标高较低的无粘结预应力筋应先进行铺放，标高较高的次之；

③ 当采取集束配置多根无粘结预应力筋时，各根预应力筋应保持平行走向，防止相互扭绞，同束中各根无粘结预应力筋必须具有相同的矢高；

④ 无粘结预应力曲线筋或折线筋末端的切线应与承压板相垂直，曲线段的起始点至张拉锚固点应有不小于 300mm 的直线段。

（2）无粘结预应力筋张拉

无粘结预应力筋张拉与普通预应力钢丝束张拉相似，梁中的无粘结筋宜对称张拉；张拉程序一般采用 0→103%σ$_{con}$ 锚固❷。板中的无粘结筋一般采用前卡式千斤顶单根依次张拉，并用单孔夹片锚具锚固。

当无粘结预应力筋长度超过 30m 时，宜采取两端张拉；当筋长超过 60m 时，宜采取分段张拉和锚固。如遇到摩擦损失较大，则宜采用二次张拉。

在梁板顶面或墙壁侧面的斜槽内张拉无粘结预应力筋时，宜采用变角张拉装置。变角张拉装置是由顶压器、变角块、千斤顶等组成，见图 5-54。其关键部位是变角块，每一变角块的变角量为 5°，安装变角块时要注意块与块之间的槽口搭接，一定要保证变角轴线向结构外侧弯曲。

❶ 《后张预应力混凝土结构施工图表示方法及构造详图》06SG429 第一部分施工图表示方法中第 1.2 条预应力配筋及符号、第 1.3 条预应力筋线形。

❷ 《无粘结预应力混凝土结构技术规程》JGJ 92—2016 规定：

6.3.4 当采用超张拉方法减少无粘结预应力筋的损失时，无粘结预应力筋的张拉程序宜为从应力为零开始张拉至 1.03 倍预应力筋的张拉控制应力并锚固。

6.3.5 当采用应力控制方法张拉时，无粘结预应力筋的应力增长速度不宜大于 500MPa/min，并应校核无粘结预应力筋的伸长值。当实际伸长值与计算伸长值相对偏差超过 ±6% 时，应暂停张拉，查明原因并采取措施调整后，方可继续张拉。

（3）无粘结预应力筋的封锚

无粘结预应力钢绞线张拉完毕后，一般采用锚具凹进混凝土表面方式锚固[1]，锚具端头涂防腐润滑油脂后，罩上封端塑料盖帽，并用微膨胀细石混凝土或无收缩砂浆将锚头封闭，严防水汽进入锈蚀预应力筋。根据环境类别不同采用不同构造：

① 处于一类环境的锚固系统，对圆套筒式锚具，封闭时采用塑料保护套对锚具进行防腐蚀保护（图 5-55）；埋入式固定端也可采用挤压锚具。

② 处于二 a、二 b 类环境的锚固系统，采用垫板连体式锚具，封闭时采用塑料密封套、塑料盖对锚具进行防腐蚀保护（图 5-56）。

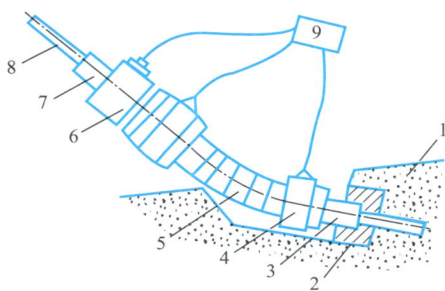

图 5-54　变角张拉装置

1—凹口；2—锚垫板；3—锚具；4—液压顶压器；
5—变角块；6—千斤顶；7—工具锚；
8—预应力筋；9—油泵

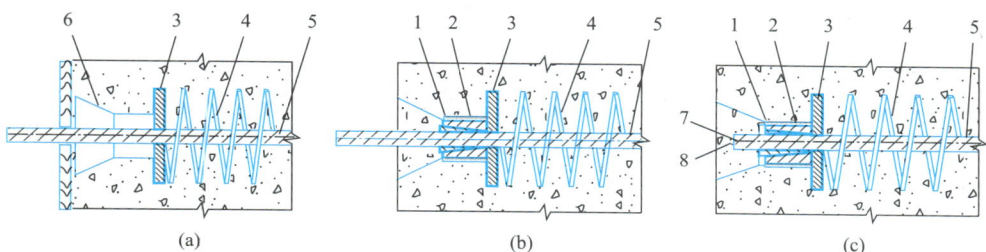

图 5-55　圆套筒式锚具系统构造示意

（a）组装状态；（b）拆模后张拉状态；（c）封闭状态

1—夹片；2—锚环；3—承压板；4—间接钢筋；5—无粘结预应力钢绞线；
6—穴模；7—塑料帽；8—微膨胀细石混凝土或无收缩砂浆

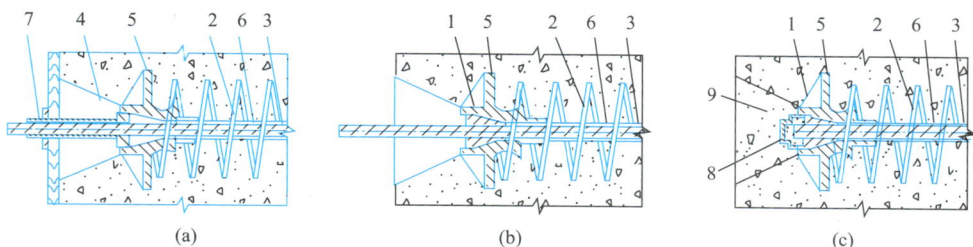

图 5-56　垫板连体式锚具系统构造示意

（a）组装状态；（b）拆模后张拉状态；（c）封闭状态

1—夹片；2—间接钢筋；3—无粘结预应力钢绞线；4—穴模；5—连体锚板；6—塑料密封套；
7—密封连接件及螺母；8—密封盖；9—微膨胀细石混凝土或无收缩砂浆

---

[1] 《无粘结预应力混凝土结构技术规程》JGJ 92—2016 规定：

3.2.8 当锚具采用凹进混凝土表面布置时，宜先切除外露无粘结预应力筋多余长度，锚具封闭宜符合下列规定：

1. 在夹片及无粘结预应力筋端头外露部分应涂专用防腐油脂或环氧树脂，并采用塑料帽或密封盖进行封闭；

2. 凹槽宜采用后浇细石混凝土或无收缩砂浆进行封闭，设计有规定时，应满足设计要求；

3. 采用无收缩砂浆或混凝土封闭保护时，其锚具或预应力筋端部的保护层厚度：一类环境时不应小于 20mm，二 a、二 b 类环境时不应小于 50mm，三 a、三 b 类环境时不应小于 80mm；

4. 混凝土或砂浆不能包裹的部位，应对无粘结预应力筋的锚具全部涂以与无粘结预应力筋防腐涂层相同的防腐材料，并应用具有可靠防腐和防火性能的保护罩将锚具全部封闭。

③ 处于三 a、三 b 类环境的锚固系统，采用全封闭垫板连体式锚具，封闭时应采用耐压密封盖、密封圈、热塑耐压密封长套管对锚具进行防腐蚀保护。

5.4　大体积混凝土

5.4.1　大体积混凝土施工

大体积混凝土是指混凝土结构物实体最小尺寸不小于 1m 的大体量混凝土，或预计会因混凝土中胶凝材料水化引起的温度变化和收缩而导致有害裂缝产生的混凝土。扫描二维码 5-16 观看大体积混凝土教学视频。

二维码 5-16
大体积混凝土

1. 大体积混凝土配合比

混凝土配合比设计、混凝土强度评定及工程验收可采用混凝土 60d 或 90d 的强度作为设计的依据；大体积混凝土配合比设计除应满足强度等级、耐久性、抗渗性、体积稳定性等设计要求外，尚应满足大体积混凝土施工工艺要求，并应合理使用材料、降低混凝土绝热温升值。根据混凝土绝热温升、温控施工方案的要求，提出混凝土制备时的粗细骨料和拌合用水及入模温度控制的技术措施。

大体积混凝土配合比设计中，水胶比不宜大于 0.45，砂率宜为 38%～45%，拌合物泌水量宜小于 10L/m³，拌合水用量不宜大于 170kg/m³，入模坍落度不宜大于 180mm。粉煤灰掺量不宜超过胶凝材料用量的 50%，矿渣粉的掺量不宜超过胶凝材料用量的 40%，粉煤灰和矿渣粉掺合料的总量不宜大于混凝土中胶凝材料用量的 50%。

胶凝材料中掺入粉煤灰的主要目的是为了降低大体积混凝土的水化热总量以及放热速度，但是随着粉煤灰掺量的增加，混凝土的抗拉强度也会降低，不过与其损失的抗拉强度相比，在一定粉煤灰掺量范围内，降低水化热总量和放热速度仍是矛盾的主要方面。

2. 大体积混凝土施工

大体积混凝土施工必须编制施工组织设计[1]或施工技术方案，大体积混凝土施工一般采用整体分层或推移式连续浇筑施工（全面分层、分段分层、斜面分层）；对超长（大于现行国家标准《混凝土结构设计标准》GB/T 50010—2010 中伸缩缝的要求）混凝土结构

---

[1]　《大体积混凝土施工标准》GB 50496—2018 规定：

5.1.1 大体积混凝土施工组织设计，应包括下列主要内容：

1. 大体积混凝土浇筑体温度应力和收缩应力计算结果；
2. 施工阶段主要抗裂构造措施和温控指标的确定；
3. 原材料优选、配合比设计、制备与运输计划；
4. 主要施工设备和现场总平面布置；
5. 温控监测设备和测试布置图；
6. 浇筑顺序和施工进度计划；
7. 保温和保湿养护方法；
8. 应急预案和应急保障措施；
9. 特殊部位和特殊气候条件下的施工措施。

无缝施工方法可根据工程具体情况选用后浇带法、膨胀加强带法、跳仓法、跳仓递推法或其组合❶。这些方法在一定程度上减轻外部约束程度、降低水化热积聚产生的温度应力。

　　1）整体分层

　　在整个结构内整体分层浇筑混凝土，要做到第一层全部浇筑完毕，在初凝前浇筑第二层，如此逐层进行，直至浇筑完成。采用此方案，结构平面尺寸不宜过大，施工时从短边开始，沿长边进行。必要时亦可从中间向两端或从两端向中间同时进行。

　　2）推移式连续浇筑

　　（1）分段分层

　　混凝土从底层开始浇筑，进行一定距离后退回浇筑第二层，如此依次向上浇筑以上各层。该浇筑方案适用于厚度不太大而面积或长度较大的结构。

　　（2）斜面分层

　　斜面坡度为 1∶3，斜面分层从低处开始，沿长边方向自一端向另一端方向浇筑，一般采用斜面式薄层浇捣，利用自然流淌形成斜坡，如此依次向前浇筑，浇筑时应采取防止混凝土将钢筋推离设计位置的措施。该浇筑方案适用于结构的长度超过厚度 3 倍的情况。

　　3）跳仓法

　　在大体积混凝土施工过程中，采用"抗放结合，先放后抗"的思想，将超长的混凝土块体分为若干小块体间隔施工，经过短期的应力释放，再将若干小块体连成整体，跳仓的最大分块单向尺寸不宜大于 40m，跳仓间隔施工的时间不宜小于 7d，跳仓接缝处应按施工缝的要求设置和处理；❷跳仓法适用于混凝土基础底板、地下室顶板。

　　（1）分仓规划

　　跳仓分块单边最大尺寸不宜大于 40m×40m 区格，见图 5-57"跳仓法"施工顺序示例。图中基础筏板沿长度和宽度方向各分为不大于 40m 的区格，具体施工顺序是：先浇筑 1-1～1-6，相隔不小于 7d 后再浇筑 2-1～2-6。"跳仓法"充分利用了混凝土在凝固前释放水化热引起的温度应力，按照"分块规划、隔块施工、分层浇筑、整体成型"

---

❶　《超长混凝土结构无缝施工标准》JGJ/T 492—2023 规定：

6.1.1 超长混凝土结构无缝施工方法可根据工程具体情况选用后浇带法、膨胀加强带法、跳仓法、跳仓递推法或其组合。

❷　《超长混凝土结构无缝施工标准》JGJ/T 492—2023 规定：

6.2.1 采用跳仓法施工时，相邻仓混凝土浇筑时间间隔不应少于 7d，仓最大尺寸不宜大于 40m，如果分仓超过 40m 应通过温度收缩应力计算后合理确定尺寸。具体可按本标准附录 A、附录 B 执行。

6.2.2 分仓尺寸和位置、施工顺序和流向应结合工程平面布置、柱网尺寸、土方开挖施工流向确定，并绘制分仓和施工流向、施工顺序平面图。

6.2.3 采用跳仓法施工时，应综合考虑模板、钢筋等前道工序的施工组织。墙体分仓缝位置可与底板或楼板相同，也可适当减小分仓缝间距。

6.2.4 超长混凝土结构跳仓法施工应符合下列规定：

1 分仓缝位置宜设置在柱网尺寸中部 1/3 范围内；

2 各分仓块混凝土浇筑工程量宜相等或接近；

3 应缩短工期、减少周转材料使用；

4 当梁、板内有预应力筋时，应采取措施满足预应力筋敷设和张拉的要求；

5 分仓缝新老混凝土接合面应按施工缝进行处理。

6.2.5 地下室外侧墙体跳仓缝宜与底板、楼板及顶板分仓位置一致。混凝土墙体施工缝应采取止水措施。

的思路施工。

（2）分仓缝留置

① 分仓缝位置采用钢丝网或快易收口网留设分仓缝，顶部采用木方固定；

② 梁板分仓缝位置顶部、底部设置Φ12@200抗裂构造钢筋，分仓缝两侧各500mm，如图5-58所示；

图5-57　"跳仓法"施工顺序示例

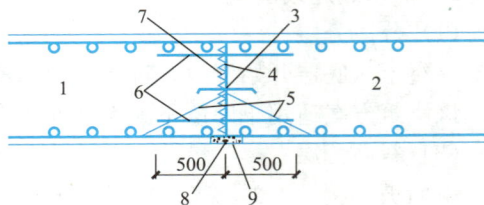

图5-58　底板跳仓施工缝

1—先浇筑部分；2—后浇筑部分；3—300×3 止水钢板；
4—立柱钢筋（Φ12@200）；5—斜撑钢筋Φ12@500；
6—温度加强筋Φ12@150；7—钢丝网；
8—水泥钉，纵向Φ8钢筋一根；
9—底板混凝土条 50×100（钢筋绑扎前浇筑）

③ 分仓缝位置应避开水池、设备基础、电梯间、楼梯间等部位；

④ 顶板侧墙部位需增设钢板止水带，连接部位应双面满焊。

（3）混凝土浇筑

① 分仓缝按施工缝处理

后浇筑区域分仓缝应进行剔凿，清除表面的浮浆、松动的石子及软弱的混凝土层；在混凝土浇筑前，采用清水冲洗表面的污物，充分湿润分仓缝处混凝土并排除积水。

② 混凝土浇筑二次振捣

在混凝土浇筑后即将凝固前再次振捣，减少内部气孔、微裂缝，提高密实度、抗裂性。

③ 混凝土应采用二次抹压工艺

在混凝土初凝前和终凝前分别对混凝土裸露表面进行抹面处理。抹压处理可有效避免混凝土表面出现因水分散失过快而产生干缩裂缝，控制混凝土表面非结构性细小裂缝。

④ 动态保湿保温养护

按温控要求进行动态保湿保温养护，加强早期养护，及时检查养护覆盖层（塑料薄膜、养护剂涂层）的完整情况，保湿养护持续时间不应少于14d。

4）后浇带

后浇带是为适应环境温度变化、混凝土收缩、结构不均匀沉降等因素影响，在梁、板（包括基础底板）、墙等结构中预留的具有一定宽度且经过一定时间后再浇筑的混凝土带。当地下地上均为现浇结构时，后浇带一般贯通地下及地上结构，遇梁断梁，遇墙断墙（钢筋不断），一般后浇带应避开主梁留设在构件的内力较小位置，具体位置需经过设计单位

认可。[❶]

（1）后浇带间距

后浇带间距首先应考虑能有效地削减温度收缩应力，其次考虑与施工缝结合，在正常施工条件下，后浇带的间距约为30～40m。

（2）后浇带支模

后浇带的垂直支架系统宜与其他部位分开设置。后浇带拆模时，混凝土强度应达到设计强度的100%，但对改变结构受力的后浇带，如梁的截断处，不得撤除竖向支撑系统。

施工中必须注意后浇带处支撑安全问题，近几年由于后浇带处支撑问题，出现了大量的工程质量事故，这是由于撤除底模的支撑架后，后浇带处许多结构构件处于悬臂状态，直接影响结构安全，所以后浇带处的支撑系统不能任意拆卸。

（3）后浇带的宽度及构造[❷]

后浇带一般宽度为800～1000mm左右，在后浇带处钢筋贯通。后浇带两侧应采用钢筋支架和钢丝网隔断，也可用快易收口网进行支挡，后浇带内要保持清洁，防止钢筋锈蚀或被压弯、踩弯。后浇带接缝可做成平接式、企口式、台阶式（图5-59）。当地下室有防水要求时，地下室后浇带不宜采用平接式留成直槎，在后浇带处应做好后浇带与整体基础连接处的防水处理，常用超前防水方案（图5-60）。

（4）后浇带留置时间

① 沉降后浇带：根据沉降实测值和计算值确定的后期沉降差满足设计要求，且两侧差异沉降趋于稳定后，可进行浇筑。

---

❶ 《建筑地基基础工程施工规范》GB 51004—2015规定：

5.4.7 筏形与箱形基础后浇带和施工缝的施工应符合下列规定：

1. 地下室柱、墙、反梁的水平施工缝应留设在基础顶面；

2. 基础垂直施工缝应留设在平行于平板式基础短边的任何位置且不应留设在柱角范围，梁板式基础垂直施工缝应留设在次梁跨度中间的1/3范围内；

3. 后浇带和施工缝处的钢筋应贯通，侧模应固定牢靠；

4. 箱形基础的后浇带两侧应限制施工荷载，梁、板应有临时支撑措施；

5. 后浇带和施工缝处浇筑混凝土前，应清除浮浆、疏松石子和软弱混凝土层，浇水湿润；

6. 后浇带混凝土强度等级宜比两侧混凝土提高一级，施工缝处后浇混凝土应待先浇混凝土强度达到1.2MPa后方可进行。

❷ 《高层建筑混凝土结构技术规程》JGJ 3—2010规定：

12.2.3 高层建筑地下室不宜设置变形缝。当地下室长度超过伸缩缝最大间距时，可考虑利用混凝土后期强度，降低水泥用量；也可每隔30～40m设置贯通顶板、底部及墙板的施工后浇带。后浇带可设置在柱距三等分的中间范围内以及剪力墙附近，其方向宜与梁正交，沿竖向应在结构同跨内；底板及外墙的后浇带宜增设附加防水层；后浇带封闭时间宜滞后45d以上，其混凝土强度等级宜提高一级，并宜采用无收缩混凝土，低温入模。

《高层建筑筏形与箱形基础技术规范》JGJ 6—2011规定：

7.4.2 当筏形与箱形基础的长度超过40m时，应设置永久性的沉降缝和温度收缩缝。当不设置永久性的沉降缝和温度收缩缝时，应采取设置沉降后浇带、温度后浇带、诱导缝或用微膨胀混凝土、纤维混凝土浇筑基础等措施。

7.4.3 后浇带的宽度不宜小于800mm，在后浇带处，钢筋应贯通。后浇带两侧应采用钢筋支架和钢丝网隔断。保持带内的清洁，防止钢筋锈蚀或被压弯、踩弯。并应保证后浇带两侧混凝土的浇筑质量。

7.4.5 沉降后浇带混凝土浇筑之前。其两侧宜设置临时支护，并应限制施工荷载，防止混凝土浇筑及拆除模板过程中支撑松动、移位。

7.4.6 沉降后浇带应在其两侧的差异沉降趋于稳定后再浇筑混凝土。

7.4.7 温度后浇带从设置到浇筑混凝土的时间不宜少于两个月。

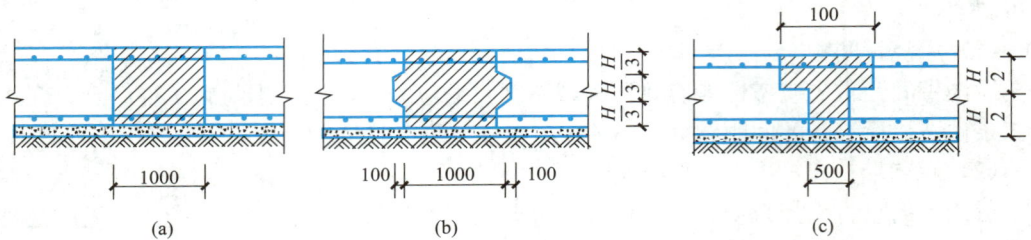

图 5-59　后浇带接缝形式

(a) 平接式；(b) 企口式；(c) 台阶式

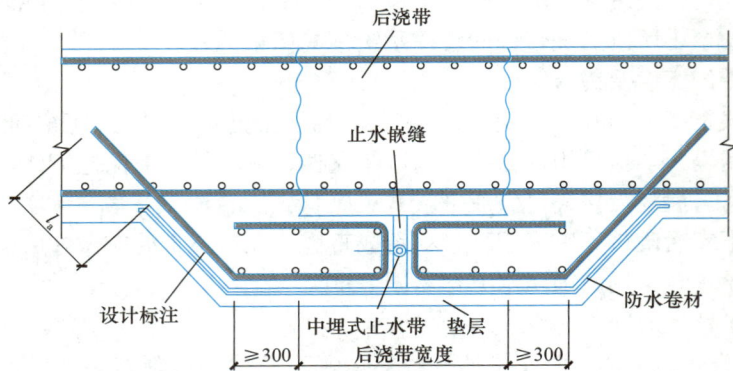

图 5-60　后浇带处超前防水构造

② 伸缩后浇带：混凝土收缩需要相当长时间才能完成，一般 45d 大约完成 60%，《高层建筑混凝土结构技术规程》JGJ 3—2010 规定两侧混凝土浇筑 45d 以后封闭。

5.4.2　大体积混凝土的裂缝防治措施

大体积混凝土结构由于其结构截面大，水泥用量多，水泥水化所释放的水化热会产生较大的温度变化，由此形成的温度收缩应力是导致钢筋混凝土产生裂缝的主要原因。所以防治裂缝需要从控制混凝土的水化温升、延缓降温速率、减小混凝土收缩、提高混凝土的极限拉伸强度、改善约束条件等方面全面考虑。

1. 合理选择原材料，降低水泥水化热

(1) 水泥：选用水化热低和凝结时间长的水泥。如低热矿渣硅酸盐水泥、中热硅酸盐水泥、矿渣硅酸盐水泥、粉煤灰硅酸盐水泥、火山灰质硅酸盐水泥等；当采用硅酸盐水泥或普通硅酸盐水泥时，应采取相应措施延缓水化热的释放；选用水化热低的通用硅酸盐水泥，大体积混凝土施工所用水泥 3d 的水化热不宜大于 250kJ/kg，7d 的水化热不宜大于 280kJ/kg，当选用 52.5 强度等级水泥时，其 7d 水化热宜小于 300kJ/kg。水泥在搅拌站的入机温度不应大于 60℃。

(2) 骨料：细骨料采用中砂，其细度模数大于 2.3，含泥量不大于 3%；选用粒径 5～31.5mm 连续级配非碱活性粗骨料，含泥量不大于 1%；大体积混凝土在保证混凝土强度及坍落度要求的前提下，应提高掺合料及骨料的含量，当采用非泵送施工时，粗骨料的粒径可适当增大，以降低每立方米混凝土的水泥用量。例如：在厚大无筋或少筋的大体积混凝土中，掺加总量不超过 20% 的大石块，减少混凝土的用量，以达到节省水泥和降低水化热的目的。

（3）外加剂：大体积混凝土应掺用缓凝剂、减水剂和减少水泥水化热的掺合料，在拌合混凝土时，还可掺入适量的微膨胀剂或膨胀水泥，使混凝土得到补偿收缩，减少混凝土的温度应力。外加剂的品种、掺量根据工程所用胶凝材料经试验确定，并有对混凝土后期收缩性能的影响报告；耐久性要求较高或寒冷地区的大体积混凝土，采用引气剂或引气减水剂。

2. 加强温度监测与控制

通过施工阶段大体积混凝土浇筑体的温度应力及收缩应力的分析，确定施工阶段浇筑体的升温峰值、里表温差、降温速率的控制指标❶，制定对应的温控技术措施。例如施工中实行信息化控制，随时控制混凝土内的温度变化，及时调整保温及养护措施，使混凝土的温度梯度不至过大。

1）温度监测与控制

（1）测温点布置

浇筑体内测温点一般布置在混凝土浇筑体表面以内 50mm、混凝土浇筑体底面以上 50mm 处，沿混凝土浇筑体厚度方向间距不大于 500mm，如图 5-61 所示。❷

（2）测温频率

浇筑体里表温差、降温速率、环境温度的测试，浇筑后每昼夜不少于 4 次；入模温度每台班不少于 2 次。

（3）温控措施

① 控制混凝土出机温度，调控混凝土入模温度；

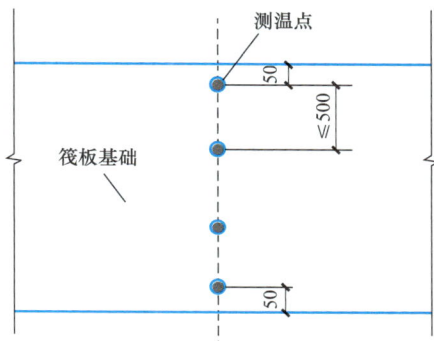

图 5-61　测温点布置

② 升温阶段通过散热方式，降低温升峰值，当升温速率减缓时，应及时增加保温措施，避免表面温度快速下降；

③ 在降温阶段，根据温度监测结果调整保温层厚度，避免表面温度快速下降（大于 2℃/d）；

---

❶ 《大体积混凝土施工标准》GB 50496—2018 规定：

3.0.4 大体积混凝土施工温控指标应符合下列规定：

1. 混凝土浇筑体在入模温度基础上的温升值不宜大于 50℃；

2. 混凝土浇筑体里表温差（不含混凝土收缩当量温度）不宜大于 25℃；

3. 混凝土浇筑体降温速率不宜大于 2.0℃/d；

4. 拆除保温覆盖时混凝土浇筑体表面与大气温差不应大于 20℃。

❷ 《大体积混凝土施工标准》GB 50496—2018 规定：

6.0.2 大体积混凝土浇筑体内监测点布置，应反映混凝土浇筑体内最高温升、里表温差、降温速率及环境温度，可采用下列布置方式：

1. 测试区可选混凝土浇筑体平面对称轴线的半条轴线，测试区内监测点应按平面分层布置；

2. 测试区内，临测点的位置与数量可根据混凝土浇筑体内温度场的分布情况及温控的规定确定；

3. 在每条测试轴线上，监测点位不宜少于 4 处，应根据结构的平面尺寸布置；

4. 沿混凝土浇筑体厚度方向，应至少布置表层、底层和中心温度侧点，测点间距不宜大于 500mm；

5. 保温养护效果及环境温度监测点数量应根据具体需要确定；

6. 混凝土浇筑体表层温度，宜为混凝土浇筑体表面以内 50mm 处的温度；

7. 混凝土浇筑体底层温度，宜为混凝土浇筑体底面以上 50mm 处的温度。

④ 当降温速率过慢时（不大于1℃/d），可通过局部散热方式控制温度。

2）降低混凝土内外温度差措施

（1）合理安排施工顺序，控制混凝土浇筑速度。根据布料杆工作半径确定布料点数量，各布料点浇筑速度应保持均衡；

（2）炎热天气，采用骨料预冷、低温水或冰水搅拌混凝土，在混凝土输送管道上采取避阳隔热措施，降低混凝土拌合物的入模温度；

（3）改善和加强模板模内的通风，加速模内热量的散发；

（4）在混凝土内部预埋冷却水管（图5-62），通入循环冷却水，强制降低混凝土内温度。❶

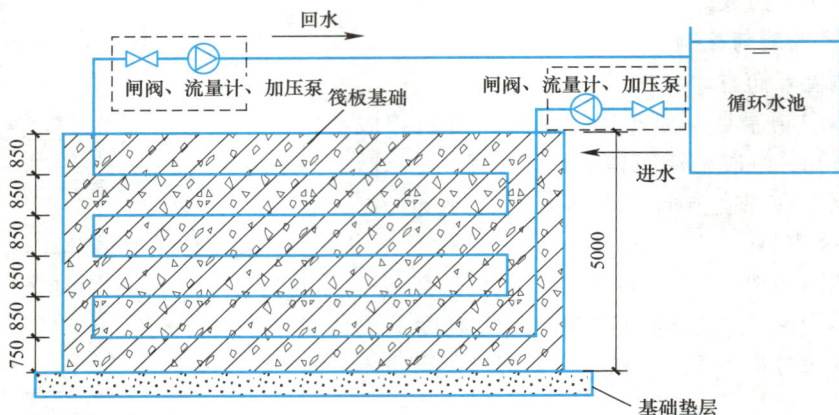

图 5-62　大体积混凝土内循环冷却水管

3）其他措施

（1）减少大体积混凝土在硬化过程中的变形约束

① 大体积混凝土置于岩石类地基上时，在基础与垫层之间设置滑动层。例如采用一毡二油或一毡一油；

② 合理设置水平或垂直施工缝。贯通裂缝一般出现在超长大体积混凝土中，多因水化热引起的温度应力无法释放引起，所以需要控制浇筑长度、改善约束条件；

③ 配置承受温度应力和收缩应力的构造钢筋，尤其在大截面、截面突变和转折处，增加构造配筋，提高混凝土抵抗拉应力的能力。

（2）改进施工工艺，消除表面裂缝

表面裂缝是由于混凝土表面和内部的散热条件不同、外低内高的温差梯度，使混凝土内部产生压应力，表面产生拉应力，表面的拉应力超过混凝土抗拉强度即出现裂缝。

混凝土的表面收缩裂缝一般通过二次振捣多次搓平的方法，必要时可在混凝土表层设置钢丝网，减少表面收缩裂缝。具体方法是振捣完后先用长刮杠刮平，待表面收浆后，用

---

❶《大体积混凝土温度测控技术规范》GB/T 51028—2015 规定：

6.1.2 当出现下列情况之一时，宜采用水冷却方式控制大体积混凝土温度：

1. 经计算或实测混凝土试样的中心温度大于80℃；

2. 混凝土的厚度大于2500mm、强度等级大于C50，且混凝土入模温度大于30℃；

3. 当其他需要控制混凝土的中心温度时。

木抹再搓平表面，并覆盖塑料薄膜；在终凝前掀开塑料薄膜再进行搓平，第三遍搓压要掌握好时间。搓平完成后即用塑料布覆盖养护。

（3）加强混凝土保湿、保温养护工作

在混凝土浇筑完毕初凝前，应专人负责养护工作，按温控技术方案进行温、湿养护，及时对混凝土浇筑体的里表温差和降温速率进行现场监测，当实测结果不满足温控指标的要求时，及时调整温、湿养护措施。当混凝土的表面温度与环境最大温差小于20℃时，可撤除保温覆盖层。

5.4.3 筏形基础施工

筏形基础（图5-63）多为大体积混凝土。当筏形基础下的天然地基承载力或沉降值不能满足设计要求或需要考虑地下水的浮托力时，常采用桩筏基础。

1. 构造要求

有地下室的筏形基础采用防水混凝土，抗渗等级按现行规范选用，不应小于P6，必要时设置架空排水层。

2. 高层建筑筏形基础与裙房基础之间的构造要求

（1）当高层建筑与相连的裙房之间设置沉降缝时，高层建筑的基础埋深应大于裙房基础的埋深至少2m，当不满足要求时必须采取有效措施，例如沉降缝地面以下处应用粗砂填实，见图5-64（a）。

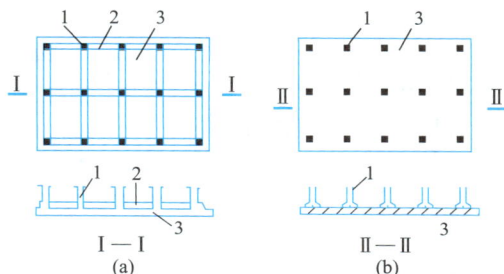

图5-63 筏板基础
（a）梁式筏板；（b）板式筏板
1—柱；2—梁；3—底板

（2）基础长度超过40m时，宜设置后浇带，当主楼与裙房为整体基础，宜在裙房一侧设置后浇带，后浇带的位置宜设在距主楼边柱的第二跨内。后浇带混凝土必须在实测沉降值与计算后期沉降差满足要求后，方可进行浇筑，见图5-64（b）；后浇带留置时间应根据沉降分析确定。

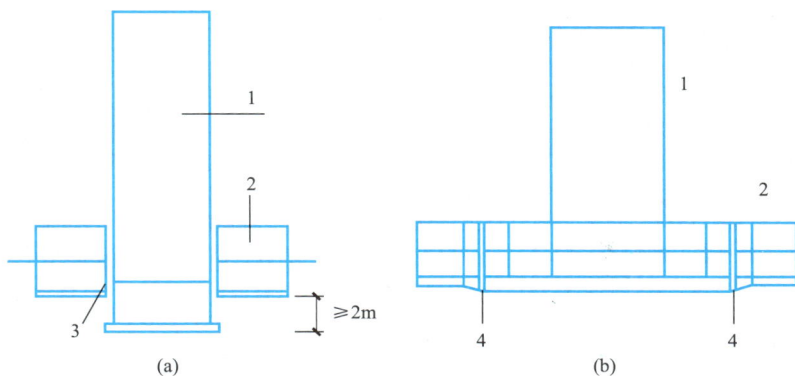

图5-64 高层建筑与裙房之间沉降缝、后浇带设置示意
1—高层；2—裙房及地下室；3—室外地坪以下用粗砂填实；4—后浇带

（3）当高层建筑与相连的裙房之间不允许设置沉降缝和后浇带时，高层建筑及与其紧

邻一跨裙房的筏板应采用相同厚度，裙房筏板的厚度宜从第二跨裙房开始逐渐变化，应同时满足主、裙楼基础整体性和基础板的变形要求。

3. 筏形基础施工流程

基坑降水（若有）→基坑开挖→验槽→垫层施工→筏基边 240mm 砖胎模施工→后浇带设置→地下防水施工→筏基底部钢筋绑扎（优选直螺纹机械连接）→梁板式筏基的梁底部钢筋绑扎→底部钢筋保护层垫设、架立筏板上层钢筋马凳→筏基上部钢筋绑扎→梁板式筏基的梁上部钢筋绑扎→柱、墙插筋定位→外墙及筏板模板支设→止水带安装→筏基混凝土浇筑❶。

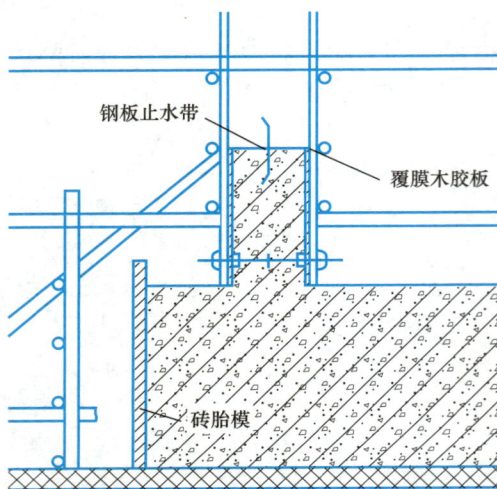

图 5-65　箱形基础底板与墙体的
施工缝示意图

4. 筏基底板与墙体施工缝处施工

由于筏基底板与墙体一般分开施工，且一般具有防水要求，考虑防水、应力集中、施工缝留设的要求，一般在施工筏基时，要施工一定高度的墙体，墙体施工缝留在高出底板顶部不小于 300mm 处，此处的止水带安装是关键。

采用吊模施工墙体内侧模板时，在内侧模板底部用钢筋马凳支撑，内侧模板和外侧模板用带止水片穿墙螺栓加以连接，外侧模板用斜撑与基坑侧壁撑牢。如底板中有基础梁，则梁侧模全部采用吊模施工，梁与梁之间用钢管加以锁定，见图 5-65。

底板外墙侧模采用 240mm 厚砖胎模，高度同底板厚度，当可以兼作外墙部分模板时，砖胎模高度以底板厚度加 450mm 为宜，内侧及顶面采用 1：2.5 水泥砂浆抹面；考虑混凝土浇筑时侧压力较大，砖胎模外侧面必须支撑加固，支撑间距不大于 1.5m。

---

❶ 《建筑地基基础工程施工规范》GB 51004—2015 规定：

5.4.4 筏形与箱形基础混凝土浇筑应符合下列规定：

1. 混凝土运输和输送设备作业区域应有足够的承载力；

2. 混凝土浇筑方向宜平行于次梁长度方向，对于平板式筏形基础宜平行于基础长边方向；

3. 根据结构形状尺寸、混凝土供应能力、混凝土浇筑设备、场内外条件等划分泵送混凝土浇筑区域及浇筑顺序，采用硬管输送混凝土时，宜由远而近浇筑，多根输送管同时浇筑时，其浇筑速度宜保持一致；

4. 混凝土应连续浇筑，且应均匀、密实；

5. 混凝土浇筑的布料点直接近浇筑位置，应采取减缓混凝土下料冲击的措施，混凝土自高处倾落的自由高度应根据混凝土的粗骨料粒径确定，粗骨料粒径大于 25mm 时不应大于 3m，粗骨料粒径不大于 25mm 时不应大于 6m；

6. 基础混凝土应采取减少表面收缩裂缝的二次抹面技术措施。

5.4.6 筏形与箱形基础大体积混凝土浇筑应符合下列规定：

1. 混凝土宜采用低水化热水泥，合理选择外掺料、外加剂，优化混凝土配合比；

2. 混凝土浇筑应选择合适的布料方案，宜由远而近浇筑，各布料点浇筑速度应均衡；

3. 混凝土宜采用斜面分层浇筑方法，混凝土应连续浇筑，分层厚度不应大于 500mm，层间间隔时间不应大于混凝土的初凝时间；

4. 混凝土裸露表面应采用覆盖养护方式，当混凝土表面以内 40～80mm 位置的温度与环境温度的差值小于 25℃时，可结束覆盖养护，覆盖养护结束但尚未达到养护时间要求时，可采用洒水养护方式直至养护结束。

5. 筏形基础主要工序施工注意问题

1）绑扎底板下部钢筋网片

（1）根据在防水保护层弹好的钢筋位置线，先铺下部钢筋网片的长向钢筋，后铺下部钢筋网片的上排短向钢筋。钢筋接头应尽量采用机械连接，接头数量在同一区段内（钢筋直径的 35 倍或 500mm 范围内）不得超过同排钢筋根数的 50％。

（2）绑扎加强筋：根据设计图依次绑扎局部加强筋。

2）绑扎地梁钢筋

（1）在下层水平主钢筋上，划出箍筋间距。箍筋与主筋要垂直，箍筋的接头即弯钩叠合处沿梁水平钢筋交错布置绑扎在受压区。

（2）地梁也可在槽上预先绑扎好后，根据已划好的梁位置线用塔式起重机直接吊装到位，与底板钢筋绑扎牢固，但必须注意地梁钢筋笼骨不得出现变形。

3）绑扎底板上部钢筋网片

（1）铺设钢筋间隔件（也称为马凳）。马凳应有足够的承载力，以确保稳定。当上、下层钢筋网片竖向间距过大时，应铺设钢筋支撑架，并与上、下层钢筋网片形成完整的结构体系，支撑架的形式及支撑架间距等应根据上层钢筋的荷载计算确定。

（2）绑扎上部钢筋网片。先在马凳上绑扎架立筋，在架立筋上划好钢筋位置线，按设计图要求，放置上部钢筋网片的下排钢筋。在下排钢筋上划好上排钢筋位置线，按顺序放置上排钢筋。钢筋接头优先采用机械连接。

4）基础混凝土浇筑

（1）基础混凝土宜采用一次连续浇筑，也可留设施工缝分块浇筑，施工缝宜留设在结构受力较小且便于施工的位置。采用分块浇筑的基础混凝土，应根据现场场地条件、基坑开挖流程、基坑施工监测数据等合理确定浇筑的先后顺序。

（2）混凝土浇筑方向宜平行于次梁长度方向，对于平板式筏形基础宜平行于基础长边方向。

（3）混凝土应振捣均匀、密实。

（4）混凝土运输和输送设备作业区域应有足够的地基承载力。

5.5　水下混凝土施工

桩基础、沉井与沉箱的封底常需要进行水下混凝土浇筑，地下连续墙及钻孔灌注桩一般是在护壁泥浆中浇筑混凝土。常用导管法浇筑水下混凝土，水下浇筑的混凝土量较大，将导管法与混凝土泵结合使用可以取得较好的效果。扫描二维码 5-17 观看水下混凝土浇筑教学视频。

二维码 5-17
水下混凝土浇筑

5.5.1　导管法

导管法是将导管装置在水下混凝土浇筑部位，导管直径宜为 200～250mm，壁厚不宜小于 3mm，导管的分节长度应根据工艺要求确定，底管长度不宜小于 4m，标准节宜为 2.5～3.0m，可设置短导管，导管接头用法兰盘加止水胶垫与螺栓连接而成。

导管顶部有承料漏斗，漏斗上方装有振动设备以防混凝土在导管中阻塞；导管下口处以隔水球塞密封，球塞可用橡胶、泡沫塑料等制成。提升机具用来控制导管的提升与下降，常用的提升机具有卷扬机、电动葫芦、起重机等。

导管法浇筑水下混凝土（图5-66），导管的有效作用半径可取3～4m，所浇混凝土覆盖面积不宜大于30m²，当面积过大时，可用多根导管同时浇筑，导管的数量应由计算确定，各导管的浇筑面积要互相覆盖，边沿或拐角处，加设导管。混凝土浇筑应从最深处开始，每根导管的混凝土应连续浇筑，相邻导管间混凝土均匀上升速度宜相近，最终浇筑成的混凝土面应略高于设计高程。❶

5.5.2　首批灌注混凝土所需数量

开始浇筑时，导管底部要接近浇筑部位的底部，浇筑前，在导管和承料斗内储备一定量的混凝土拌合物后，在自重作用下混凝土迅速推出球塞冲向基底，冲出的混凝土向四周扩散并埋没导管口，将管口包住，形成混凝土堆，管外混凝土面不断被管内的混凝土挤压上升，而后，边浇筑边提管。

《公路桥涵施工技术规范》JTG/T 3650—2020 推荐的首批灌注混凝土所需数量：

$$V \geqslant \frac{h_1 \pi d^2}{4} + \pi D^2 \frac{(H_1 + H_2)}{4} \tag{5-19}$$

$$h_1 = H_w \gamma_w / \gamma_c \tag{5-20}$$

式中　V——灌注首批混凝土所需数量（m³），见图5-67；

　　　D——桩孔直径（m）；

　　　H_1——桩孔底至导管底端间距，不小于0.3～0.4m；

　　　H_2——导管初次埋入混凝土的深度，不小于1m；（泥浆护壁成孔灌注桩混凝土初灌量应满足导管埋入混凝土深度不小于0.8m的要求）❷。

　　　d——导管内径（m）；

　　　h_1——桩孔内混凝土达到埋置深度H_2时，导管内混凝土柱平衡导管外压力所需的高度（m）；

　　　H_w——桩孔内水或泥浆的深度（m）；

　　　γ_w——桩孔内水或泥浆的重度（kN/m³）；

----

❶ 《建筑地基基础工程施工规范》GB 51004—2015规定：

5.6.17条文说明：（泥浆护壁成孔灌注桩）导管管径应与桩径匹配，桩径小而管径大容易造成顶管，钢筋笼上拱。桩径大而管径小，将增加混凝土浇筑时间。对于小于800mm的桩，导管内径宜为200mm；800～1500mm的桩，导管内径宜为250mm，大于1500mm的桩，导管内径宜为300mm。

5.6.20（泥浆护壁成孔灌注桩）水下混凝土灌注应符合下列规定：

1. 导管底部至孔底距离宜为300～500mm；

2. 导管安装完毕后，应进行二次清孔，二次清孔宜选用正循环或反循环清孔，清孔结束后孔底0.5m内的泥浆指标及沉渣厚度应符合本规范表5.6.2-2及表5.6.13的规定，符合要求后应立即浇筑混凝土；

3. 混凝土灌注过程中导管应始终埋入混凝土内，宜为2～6m，导管应勤提勤拆；

4. 应连续灌注水下混凝土，并应经常检测混凝土面上升情况，灌注时间应确保混凝土不初凝；

5. 混凝土灌注应控制最后一次灌注量，超灌高度应高于设计桩顶标高1.0m以上，充盈系数不应小于1.0。

5.13.20（沉井与沉箱）当采用水下封底时，导管的平面布置应在各浇筑范围的中心，当浇筑面积较大时，应采用多根导管同时浇筑，各根导管的有效扩散半径，应确保混凝土能互相搭接并能达到井底所有范围。

❷ 《建筑地基基础工程施工规范》GB 51004—2015 第5.6.18条。

γ_c——混凝土拌合物的重度（kN/m^3），普通混凝土取 $2.4kN/m^3$。

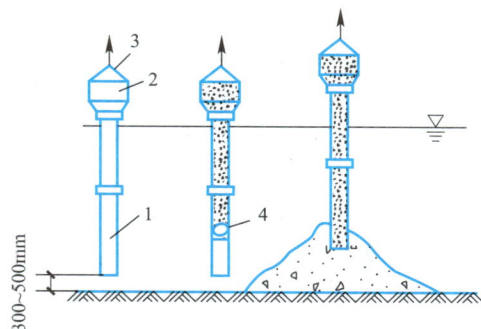

图 5-66 导管法浇筑水下混凝土示意图
1—导管；2—承料漏斗；3—提升机具；4—球塞

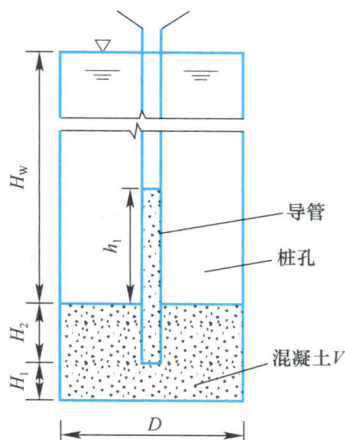

图 5-67 计算参数示意简图

5.5.3 导管法浇筑灌注桩水下混凝土

1. 导管法浇筑普通混凝土

水下灌注的混凝土实际桩身强度会比混凝土标准试块强度等级低，在设计图纸未注明水下混凝土强度等级时，试配时应提高等级❶，在无试验依据的情况下，水下混凝土配制的标准试块强度等级应提高，提高强度等级可参照表 5-24。

水下混凝土强度等级对照表 表 5-24

项目	标准试块强度等级					
混凝土设计强度等级	C25	C30	C35	C40	C45	C50
水下混凝土配置强度等级	C30	C35	C40	C50	C55	C60

浇筑灌注桩水下混凝土的步骤：

（1）拼装和试压。导管进行水密承压和接头抗拉试压，试压的压力宜为孔底静水压力的 1.5 倍。试压合格后由起重机将浇筑混凝土所用的导管放入孔内。

（2）二次清孔。钻孔灌注桩灌注前，由于从提钻到导管沉放完毕这个过程很长，对于钻孔灌注桩来说，必然会使第一次清孔后的沉渣增加，如果不采取措施，沉渣过多，容易引起灌注事故，直接影响桩基的承载力，危及结构安全。因此，在灌注前利用导管进行二次清孔作业。

（3）初灌。孔底沉渣符合要求后，在漏斗内放入隔水球（栓），开始灌注混凝土，初

---

❶ 《建筑地基基础工程施工规范》GB 51004—2015 规定：

5.6.16（条文说明）（泥浆护壁成孔灌注桩）由于水下灌注的混凝土实际桩身强度会比混凝土标准试块强度等级低，在设计图纸未注明水下混凝土强度等级时，试配时应提高等级，在无试验依据的情况下，水下混凝土配制的标准试块强度等级应提高，提高强度等级可参照表 5-24。

灌时导管的首次埋深应不小于 0.8m；混凝土初灌量是水下混凝土施工的关键，通过积聚一定量的混凝土将导管内泥浆逼出，实现水下封底，保持导管底口始终埋在已浇的混凝土内，并保证封底后导管外泥浆不会进入混凝土内。

（4）浇筑。灌注混凝土应采取防止钢筋骨架上浮的措施，浇筑过程中，要始终保持导管埋入混凝土中，埋入深度满足规范要求❶；在施工时，随着管外混凝土面的上升，导管也逐渐提高，但提管速率不能过快，必须保证导管下端始终埋入混凝土内。导管埋入混凝土深度对水下混凝土质量影响较大，导管埋入较深出现因顶升阻力加大而导致局部夹泥或因混凝土泛出阻力较大影响上部混凝土流动性；埋入过浅导致导管拔出混凝土面或新灌入混凝土与上部夹泥混凝土混合事故。

（5）终灌。灌注的桩顶标高应比设计桩顶高出 0.5～1m。以保证在凿除含有泥浆的混凝土后，混凝土顶标高和质量能符合设计要求，凿除应在混凝土强度达到 2～2.5N/mm² 后进行。

2. 导管法浇筑水下不分散混凝土

水利工程中，水下混凝土一般采用水下不分散混凝土，一般通过掺加絮凝剂改善其在水中施工时的分散性和流动性、在运输和浇筑中的泌水和离析问题。

水下不分散混凝土导管法施工与普通混凝土导管法施工要求基本一样。导管法浇筑水下不分散混凝土时，要求水流速度小于 3m/s。由于水下不分散混凝土的自流平性和抗分散性，很少出现水下流动带来的混凝土质量下降。

5.6　钢管、型钢混凝土

型钢混凝土（Steel Reinforced Concrete，简称 SRC）结构是以型钢为骨架并在型钢周围配置钢筋和浇筑混凝土的埋入式组合结构体系。由于型钢混凝土的内部型钢与外包混凝土形成整体，共同受力，其受力性能优于这两种结构的简单叠加。

5.6.1　钢管混凝土

钢管混凝土即将普通混凝土填入薄壁圆形钢管内而形成的组合结构，如图 5-68 所示。钢管混凝土既可借助内填混凝土增强钢管壁的稳定性，又可借助钢管对核心混凝土的约束作用，使核心混凝土处于三向受压状态，从而使核心混凝土具有更高的抗压强度和抗变形能力。钢管混凝土结构按照截面形式的不同可以分为矩形钢管混凝土结构、圆钢管混凝土结构和多边形钢管混凝土结构等，其中，矩形钢管混凝土结构和圆钢管混凝土结构应用较广。

钢管混凝土最适合大跨、高层、重载和抗震抗爆结构的受压杆件。钢管可用直缝焊接的

❶ 《建筑地基基础工程施工规范》GB 51004—2015 规定：

5.6.20 条第 3 款（泥浆护壁成孔灌注桩）混凝土灌注过程中导管应始终埋入混凝土内，宜为 2～6m，导管应勤拔；

6.6.12 条第 5 款（地下连续墙）槽内混凝土面上升速度不宜小于 3m/h，同时不宜大于 5m/h，导管埋入混凝土深度应为 2～4m，相邻两导管内混凝土高差应小于 0.5m。

《给水排水构筑物工程施工及验收规范》GB 50141—2008 规定：

7.3.18 条第 6 款（沉井水下封底）每根导管的混凝土应连续浇筑，且导管埋入混凝土的深度不宜小于 1.0m；各导管间混凝土浇筑面的平均上升速度不应小于 0.25m/h；相邻导管间混凝土上升速度宜相近，最终浇筑成的混凝土面应略高于设计高程。

钢管、螺旋形缝焊接钢管和无缝钢管。钢管直径不得小于 100mm，壁厚不宜小于 4mm。钢管混凝土结构的混凝土强度等级不宜低于 C30。

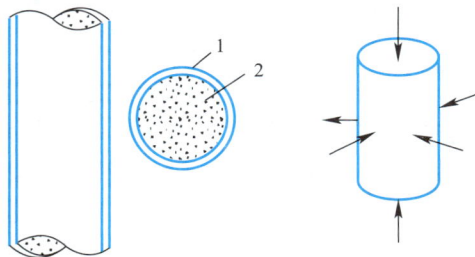

图 5-68　钢管混凝土
1—钢管；2—混凝土

1. 钢管制作

钢管可用卷制焊接钢管，焊接时长直焊缝与螺旋焊缝均可。钢管焊缝宜优先采用全熔透自动焊。焊缝质量应满足现行国家标准《钢结构工程施工质量验收标准》GB 50205—2020 中一级焊缝的质量要求。水平向（与钢管垂直）焊缝应满足二级焊缝的质量要求。

2. 钢管柱拼接组装

根据运输条件，柱段长度一般在 12m 以内。钢管对接严格保持焊后肢管平直，特别注意焊接变形对肢管的影响，一般宜用分段反向焊接顺序，分段施焊应尽量保持对称。肢管对接间隙应适当放大 0.5～2.0mm，以抵消收缩变形。

焊接前，小直径钢管采用点焊定位；大直径钢管可另用附加钢筋焊于钢管外壁作临时固定，也可在管内接缝处设置附加衬管，宽度为 20mm，厚度为 3mm，且与管内壁保持 0.5mm 的膨胀间隙，以确保焊缝的质量。❶

格构柱的肢管与腹杆连接尺寸和角度必须准确。肢管与腹杆的焊接次序应考虑焊接变形的影响，所有钢管构件必须在所有焊缝检查后方能按设计要求进行防腐处理。

3. 管内混凝土浇筑

管内混凝土浇筑可采用常规人工浇捣法、泵送顶升浇灌法、高位抛落无振捣法以及泵送顶升法。

（1）常规人工浇捣法：混凝土自钢管上口浇筑，用振捣器振捣。当管径不小于 400mm 时，宜采用插入式振捣器振捣，插点应均匀，每点振捣时间约 15～30s；当管径小于 400mm 时可采用外部振捣器（附着式振捣器）于钢管外部振捣。混凝土一次浇灌高度不宜大于 1.5m。振捣器的位置应随管内混凝土面的升高加以调整，每次宜升高 1～1.5m。

（2）高位抛落无振捣法：利用混凝土下落时产生的动能达到振实混凝土的目的。它适用于管径不小于 300mm，高度不小于 4m 的情况。对于抛落高度不足 4m 的区段，应辅以插入式振动器振实。

（3）泵送顶升法：在钢管下部适当位置安装一个带闸门的进料支管，直接与泵车的输送管相连，由泵车将混凝土连续不断地自下而上灌入钢管，无须振捣。钢管直径宜大于进料管的两倍。

混凝土浇筑宜连续进行，需留施工缝时，应将管口封闭，以免水、油和杂物落入。当浇筑至钢管顶端时，可使混凝土稍为溢出，再将留有排气孔的层间横隔板或封顶板紧压在管端，随即进行点焊。待混凝土达到 50% 设计强度时，再将层间横隔板或封顶板按设计要求进行补焊。管内混凝土的浇筑质量，可用敲击钢管的方法进行初步检查，如有异常，可用超

---

❶ 《钢管混凝土结构技术规程》CECS 28：2012 规定：

　8.2.12 钢管拼接加长接缝处应设置附加内衬管。当钢管壁厚 $t≤16mm$ 时，衬管壁厚不小于钢管壁厚；当钢管壁厚 $t>16mm$ 时，衬管壁厚不小于 16mm。内衬管宽度不宜小于 200mm，外径宜比上层钢管内径小 4mm。内衬管与钢管间的角焊缝高不应小于 0.7 倍衬管壁厚，并应满足三级焊缝的质量要求。

声脉冲技术检测。对不密实的部位，可用钻孔压浆法进行补强，然后将钻孔补焊封牢。

4. 钢管混凝土结构浇筑要点

钢管混凝土宜采用自密实混凝土浇筑，采用粗骨料粒径不大于 25mm 的高流态混凝土或粗骨料粒径不大于 20mm 的自密实混凝土时，混凝土最大倾落高度不宜大于 9m，倾落高度大于 9m 时，应采用串筒、溜槽、溜管等辅助装置进行浇筑；在混凝土浇筑前，在钢管适当位置应留有足够的排气孔，排气孔孔径不应小于 20mm，浇筑混凝土应加强排气孔观察，并应在确认浆体流出和浇筑密实后再封堵排气孔。

5.6.2 型钢混凝土

由混凝土包裹型钢做成的结构称为型钢混凝土结构。型钢混凝土中的型钢，除采用轧制型钢外，还广泛采用焊接型钢，配合使用钢筋和钢箍。型钢混凝土可做成多种构件，能组成各种结构。

1. 型钢混凝土节点设计

型钢混凝土柱内埋置的型钢，宜采用实腹式焊接型钢（图 5-69a、b、c）；对于型钢混凝土巨型柱，宜采用多个焊接型钢通过钢板连接成整体的实腹式焊接型钢（图 5-69d）。

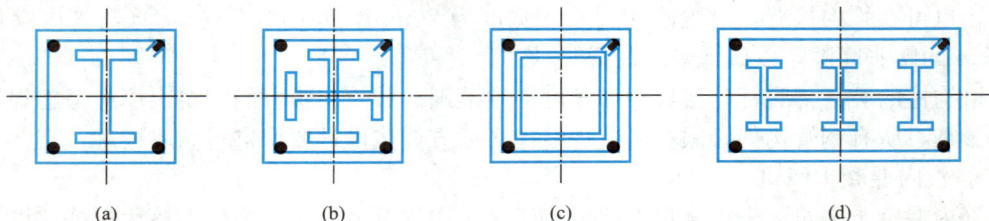

图 5-69 型钢混凝土柱中的型钢截面配筋形式

（a）工字形实腹式焊接型钢；（b）十字形实腹式焊接型钢；
（c）箱形实腹式焊接型钢；（d）钢板连接成整体实腹式焊接型钢

梁柱节点设计和施工是型钢混凝土结构的关键环节。图 5-70 为 H 型钢截面常用的几种梁柱节点形式。

2. 型钢混凝土结构施工

1）型钢柱和梁钢筋施工

由于柱的纵向钢筋不能穿过梁的翼缘，因此柱的纵向钢筋只能设在柱截面的四角或无梁的位置。为使梁柱接头处的钢筋贯通且互不干扰，加工柱的型钢骨架时，在柱型钢腹板上要预留穿钢筋的孔洞，而且要相互错开。预留孔洞的孔径，既要便于穿钢筋，又不要过多削弱型钢腹板，一般预留孔洞的孔径较钢筋直径大 4～6mm 为宜。

（1）混凝土梁中钢筋与型钢柱的连接方式

① 钢筋采取 1∶6 的斜率绕过钢骨柱，钢筋连续布置，见图 5-71（a）；

② 钢筋与钢骨柱翼板上的连接板焊接连接，见图 5-71（b）；

③ 钢筋与钢骨柱翼板上焊接的套筒，现场机械连接，见图 5-71（c）。

（2）柱的箍筋与型钢梁腹板的连接方式

在梁柱节点部位，柱的箍筋从型钢梁腹板上已留好的孔中穿过（图 5-72），然后将分段箍筋用电弧焊焊接。不宜将箍筋焊在梁的腹板上，因为节点处受力较复杂。

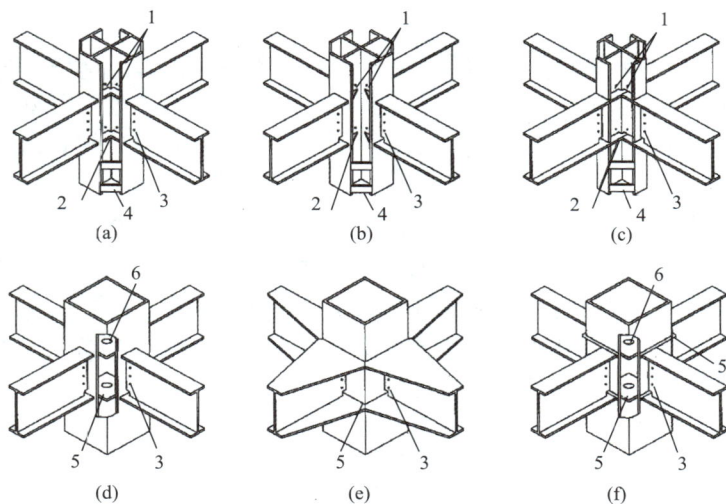

图 5-70　H 型钢梁柱节点

（a）水平加劲肋形式；（b）水平三角加劲肋形式；（c）梁翼缘贯通形式；

（d）内隔板形式；（e）外隔板形式；（f）贯通隔板形式

1—梁主筋贯通孔；2—加劲肋；3—柱箍筋贯通孔；4—缀板；5—隔板；6—混凝土浇筑口

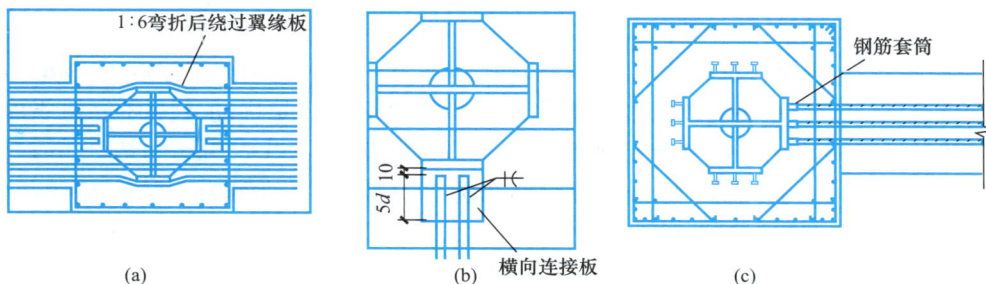

图 5-71　混凝土梁中钢筋与钢骨柱的翼板连接

（a）钢筋 1：6 弯折绕过；（b）钢筋与连接板焊接连接；（c）钢筋套筒机械连接

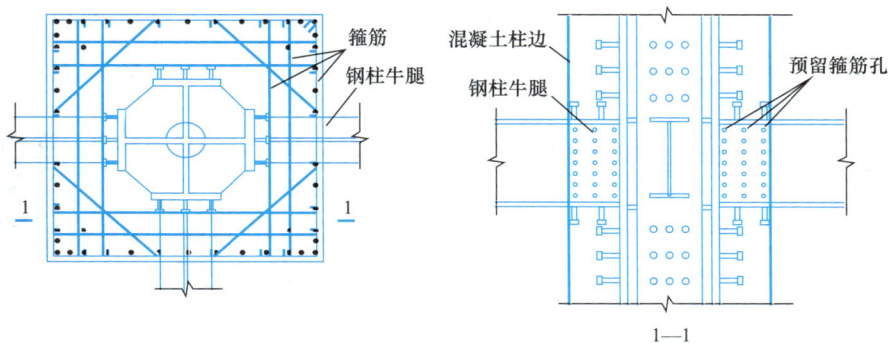

图 5-72　柱箍筋与型钢梁的连接

2）模板安装与混凝土浇筑

型钢在混凝土浇筑之前已形成钢结构，具有较大的承载能力，能承受构件自重和施工荷载，可将模板悬挂在型钢上，模板不需设支撑。在高层建筑中型钢混凝土不必等待混凝土达到一定强度就可以继续施工上层，可缩短工期。由于无临时立柱，为进行设备安装提供了可能。

施工时有关型钢骨架的安装，应遵守钢结构有关的规范和规程，型钢混凝土结构的混凝土浇筑，应遵守混凝土施工的规范和规程。在型钢梁、柱接头处，由于浇筑混凝土时有部分空气不易排出，或因梁的型钢翼缘过宽妨碍浇筑柱混凝土，为此要在一些部位预留排气孔和混凝土浇筑孔。在梁柱接头处和梁型钢翼缘下部等混凝土不易充分填满处，要仔细进行浇筑和捣实，浇筑时要保证其密实度。

5.7 工程案例

运达中央广场坐拥长沙东大门，二期总建筑面积约 14 万 m^2，由 3 层地下室 6 层裙楼 51 层塔楼组成，总高 235m。扫描二维码 5-18 观看运达中央广场项目。

二维码 5-18
运达中央
广场项目

作业

1. 如图 5-73 所示，框架梁 KL1 所在环境类别为一类，梁保护层厚度为 25mm，柱保护层厚度为 30mm，混凝土强度等级为 C30，梁的钢筋不受扰动且无环氧树脂涂层，钢筋类别为 HRB400，框架结构抗震等级三级。柱截面尺寸为 700mm×700mm，柱纵筋类别为 HRB400，直径为 25mm；柱箍筋类别为 HPB300，直径为 8mm。轴线与柱中线重合。

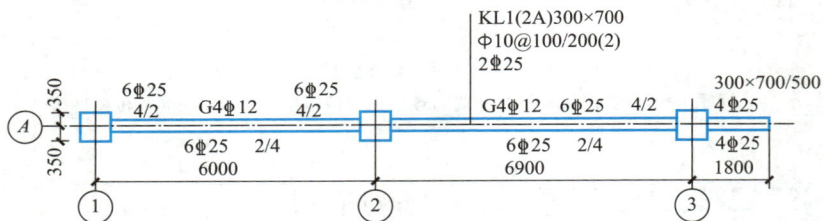

图 5-73 框架梁 KL1 配筋图

【任务】计算多跨楼层框架梁 KL1 的钢筋量。扫描二维码 5-19 观看梁钢筋下料。

2. 背景资料：某特大桥主桥为连续钢构桥（图 5-74），桥跨布置为 (75+6×120+75) m，桥址区地层从上往下依次为洪积土、第四系河流相的黏土、亚黏土及亚砂土、砂卵石土、软岩。主桥均采用钻孔灌注桩基础，每墩位 8 根桩，对称布置。其中 1 号、9 号墩桩径均为 φ1.5m，其余各墩桩径为 φ1.8m，所有桩长均为 72m。

二维码 5-19
梁钢筋下料

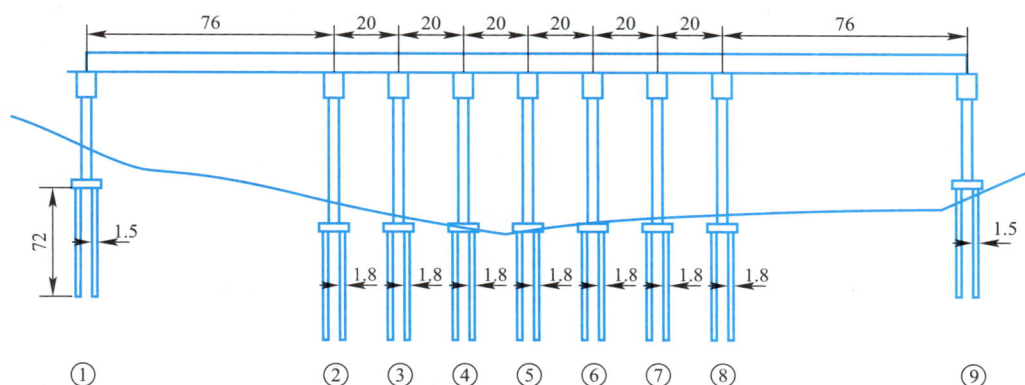

图 5-74　特大桥主桥图

施工中发生如下事件：

事件 1：该桥位处主河槽宽度 270m，4 号～6 号桥墩位于主河槽内，主桥下部结构施工在枯水季节完成，最大水深 4.5m。考虑到季节水位与工期安排，主墩搭设栈桥和钻孔平台施工，栈桥为贝雷桥，分别位于河东岸和河西岸，自岸边无水区分别架设至主河槽各墩施工平台，栈桥设计宽度 6m，跨径均为 12m，钢管桩基础，纵梁采用贝雷桁架、横梁采用工字钢，桥面采用 8mm 厚钢板，栈桥设计承载能力为 60t，施工单位配备有运输汽车。装载机，切割机等设备用于栈桥施工。

事件 2：主桥共计 16 根 φ1.5m 与 56 根 φ1.8m 钻孔灌注桩，均采用同一型号回旋钻机 24h 不间断施工，钻机钻进速度均为 1.0m/h。钢护筒测量定位与打设下沉到位另由专门施工小组负责，钻孔完成后，每根桩的清孔、下放钢筋笼、安放灌注混凝土导管、水下混凝土灌注、钻机移位及钻孔准备共需 2 天时间（48h），为满足施工要求，施工单位调集 6 台回旋钻机，为保证工期和钻孔施工安全，考虑两个钻孔方案，方案一：每个墩位安排 2 台钻机同时施工；方案二：每个墩位只安排 1 台钻机施工。

事件 3：钻孔施工的钻孔及泥浆循环系统示意图如图 5-75 所示，其中 D 为钻头、E 为钻杆、F 为钻机回转装置，G 为输送管，泥浆循环如图中箭头所示方向。

事件 4：3 号墩的 1 号桩基钻孔及清孔完成后，用测深锤测得孔底至钢护筒顶距离为 74m。水下混凝土灌注采用直径为 280mm 的钢导管，安放导管时，使导管底口距离孔底 30cm，此时导管总长为 76m，由 1.5m、2m、3m 三种型号的节段连接而成。根据《公路桥涵施工技术规范》JTG/T 3650—2020 要求，必须保证首批混凝土导管埋置深度为 1.0m，如图 5-76 所示，其中 H_1 为桩孔

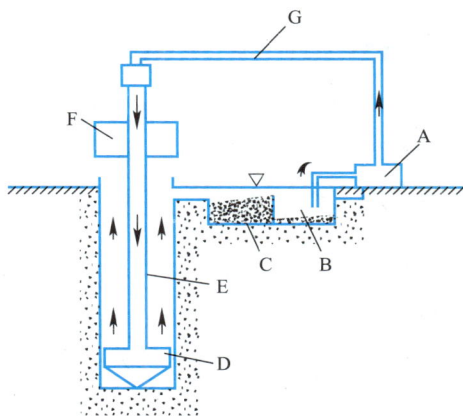

图 5-75　钻孔泥浆循环系统示意图

底至导管底段距离，H_2 为首批混凝土导管埋置深度，H_3 为水头（泥浆）顶面至孔内混凝土顶面距离，h_1 为导管内混凝土高出孔内泥浆面的距离。

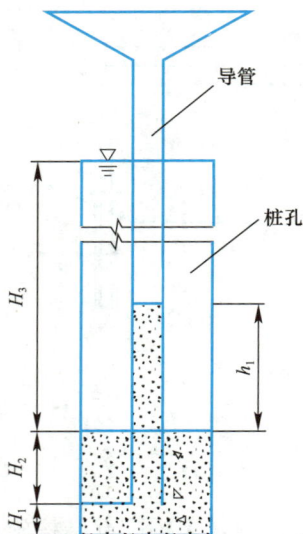

图 5-76　混凝土浇筑示意图

事件 5：3 号墩的 1 号桩持续灌注 3h 后，用测深锤测得混凝土顶面至钢护筒顶面距离为 47.4m，此时已拆除 3m 导管 4 节、2m 导管 5 节。

事件 6：某桩基施工过程中，施工单位采取了如下做法：

（1）钻孔过程中，采用空心钢制钻杆。

（2）水下混凝土灌注前，对导管进行压气试压试验。

（3）泵送混凝土中掺入泵送剂或减水剂、缓凝剂。

（4）灌注混凝土过程中注意测量混凝土顶面高程，灌注至桩顶设计标高时即停止施工。

（5）用于桩身混凝土强度评定的混凝土试件置于桩位处现场，与工程桩同条件养护。

【任务】

1. 事件 1 中，补充栈桥施工必须配置的主要施工机械设备。结合地质水文情况，本栈桥施工适合采用哪两种架设方法？

2. 针对事件 2，不考虑各桩基施工工序搭接，分别计算两种方案主桥桩基础施工的总工期，应选择哪一种方案施工？

3. 写出图 5-75 中设备或设施 A、B、C 的名称与该回旋钻机的类型。

4. 事件 4 中，计算 h_1（单位：m）与首批混凝土量（单位：m^3）（计算结果保留两位小数，π 取 3.14）。

5. 计算并说明事件 5 中导管埋置深度是否符合《公路桥涵施工技术规范》JTG/T 3650—2020 规定？

6. 事件 6 中，逐条判断施工单位的做法是否正确？并改正错误。

扫描二维码 5-20 观看大体积混凝土。

二维码 5-20
大体积混凝土

本章小结

（1）根据钢筋屈服强度特征值，钢筋的种类分为 300MPa、400MPa、500MPa、600MPa 等级。钢筋加工过程包括除锈、调直、切断、镦头、弯曲、连接（焊接、机械连接和绑扎）等。钢筋加工前应根据结构图纸进行下料放样，作为钢筋备料、加工的依据。

（2）混凝土是以胶凝材料、水、细骨料、粗骨料、外加剂和矿物掺合料等多组分材料按适当重量比例混合而成。混凝土在制备以及运输的过程中要注意混凝土的和易性和强度；在浇筑时加以振捣，使其具有良好的密实性；浇筑后应及时进行保湿养护，养护的目的是为混凝土硬化创造必需的湿度、温度条件，保证水泥水化作用能正常进行，确保混凝土质量。

（3）预应力混凝土与普通混凝土相比，具有抗裂性好的优点，为建造大跨度结构创造了条件。按施加预应力的时间分为先张法、后张法。在后张法中，按预应力与构件混凝土是否粘结又分为有粘结和无粘结。

　　（4）大体积混凝土宜采用后期强度作为配合比、强度评定的依据。大体积混凝土的结构配筋除应满足结构强度和构造要求外，还应结合大体积混凝土的施工方法配置温度应力构造钢筋。

　　（5）水下灌注混凝土常用的有导管法、压浆法和袋装法，以导管法应用最广。

　　（6）钢管混凝土即将普通混凝土填入薄壁圆形钢管内而形成的组合结构。钢管混凝土最适合大跨、高层、重载和抗震抗爆结构的受压杆件。

　　（7）型钢混凝土结构具有良好的抗震性能。型钢混凝土结构较钢结构在耐久性、耐火性等方面均胜一筹。

第 6 章　装配式结构工程

【知识目标】

(1) 常用的起重机械类型、性能及使用特点；

(2) 装配式结构构件的制作与运输；

(3) 装配式结构构件的吊装工艺、构件平面布置、连接构造。

【能力目标】

(1) 会选择起重机类型、起重机最小臂长的计算；

(2) 能编制装配式结构的安装施工方案。

【素质教育】扫描二维码6-1观看匠人心声。

用匠心让城市变得更美好。

——国家速滑馆总设计师郑方

二维码 6-1
匠人心声

　　装配式结构是工厂化制作构件、施工现场组装的建造方式。装配式结构建造方式降低了对环境的负面影响，有利于组织绿色施工。据测算，与现浇结构施工相比，装配式施工每平方米能耗可以减少约 20%，水耗可以减少 63%，木模板消耗量减少 87%，产生的施工垃圾量减少 91%。❶

　　装配式结构安装的高空作业安全问题突出，协同配合施工的专业工种多，构件在吊装过程中内力变化大。所以装配式结构施工前，必须编制专项施工方案，对涉及的构件生产、构件运输、构件吊装、构件吊装内力验算、构件就位固定、成品验收等各个工序均需制定相关安全质量技术措施。

6.1　吊装起重机械

　　常用的吊装施工起重设备有：桅杆式起重机、自行式起重机、塔式起重机等。起重机械的选择合理与否直接影响到装配式结构的施工进度和生产安全。扫描二维码 6-2 观看吊装机械教学视频。

二维码 6-2
吊装机械

---

❶　我国建筑节能潜力最大的六大领域及其展望——仇保兴副部长在第六届国际绿色建筑与建筑节能大会暨新技术与产品博览会上的演讲。

6.1.1 桅杆式起重机

桅杆式起重机制作简单，装拆方便，起重量较大（可达 100t 以上），受地形限制小；缺点是服务半径小，移动困难，需要拉设较多的缆风绳。适用于安装工程量集中，构件重量大，以及现场狭窄的工况。

桅杆式起重机按其构造不同，分为独脚拔杆、人字拔杆、悬臂拔杆和牵缆式拔杆。

1. 独脚拔杆

独脚拔杆由拔杆、起重滑轮组、卷扬机、缆风绳和锚碇等组成，见图 6-1。使用时，拔杆保持不大于 10°的倾角，以便吊装的构件不碰撞拔杆。缆风绳数量一般为 6～12 根，与地面夹角为 30°～45°（角度过大则对拔杆产生较大的压力），拔杆起重能力按实际情况验算。木独脚拔杆常用圆木制作，圆木梢直径 20～32cm，起重高度 15m 以内，起重量 10t 以下；钢管独脚拔杆，一般起重高度在 30m 以内，起重量可达 30t；金属格构式独脚拔杆起重高度达 70～80m，起重量可达 100t 以上。

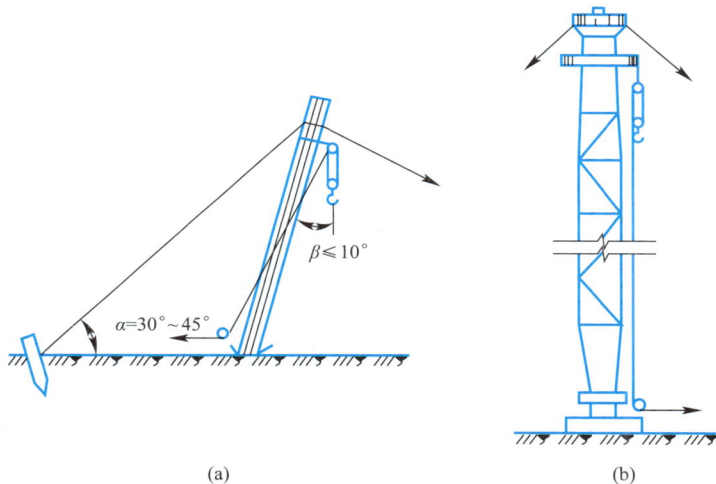

图 6-1 独脚拔杆

（a）木拔杆；（b）金属格构式拔杆

2. 人字拔杆

人字拔杆由两根圆木或钢管或格构式构件，在顶部相交成 20°～30°夹角，用钢丝绳绑扎或钢制铰接件连接成人字形，下悬吊起重滑轮组，底部设有拉杆或拉绳，以平衡拔杆自身的水平推力。拔杆下端两脚距离约为高度的 1/3～1/2。人字拔杆的优点是侧向稳定性好，缆风绳较少，缺点是构件起吊后活动范围小。

3. 悬臂拔杆

在独脚拔杆的中部或 2/3 高度处装上一根起重臂，即成悬臂拔杆，见图 6-2。其特点是有较大的起重高度和相应的起重半径。悬臂起重杆左右摆动角度大（120°～270°），使用方便，但因起重量较小，故多用于轻型构件的吊装。

4. 牵缆式拔杆起重机

在独脚拔杆的下端装上一根可以回转和起伏的起重臂，见图 6-3。整个机身可作 360°

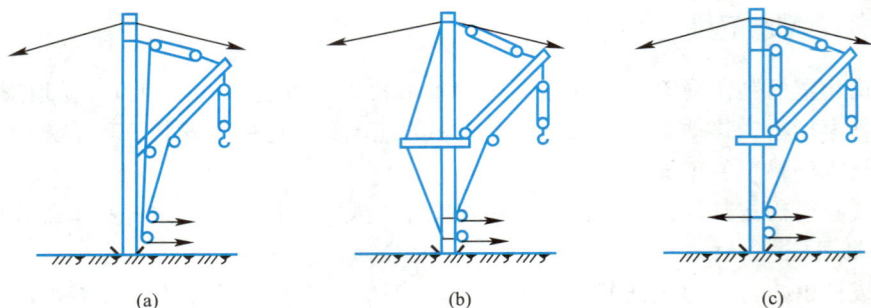

图 6-2 悬臂拔杆

（a）一般形式；（b）带加劲杆；（c）起重臂杆可沿拔杆升降

回转，具有较大的起重半径和起重量，并有较好的灵活性。该起重机的起重量一般为 15～60t，起重高度可达 80m，多用于构件多、重量大且集中的结构安装工程。其缺点是缆风绳用量较多。

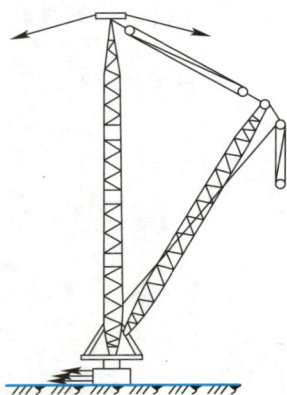

图 6-3 牵缆式拔杆起重机

6.1.2 自行式起重机

常用的自行式起重机有履带式起重机、汽车式起重机和轮胎式起重机三种。

1. 履带式起重机

1）履带式起重机的构造及特点

履带式起重机由行走机构、回转机构、机身及起重臂等组成。行走机构为两条链式履带，回转机构为装在底盘上的转盘，机身可回转 360°。起重臂下端铰接于机身上，随机身回转，顶端设有两套滑轮组（起重及变幅滑轮组），钢丝绳通过起重臂顶端滑轮组连接到机身内的卷扬机上，起重臂可接长。

履带式起重机操作灵活，使用方便，有较大的起重能力。但履带式起重机行走速度慢，对路面破坏性大，在进行长距离转移时，应用平板拖车运输。

2）履带式起重机稳定验算

履带式起重机在正常条件下工作，机身可以保持稳定。当起重机进行超载吊装或接长臂杆时，为了保证起重机在吊装过程中不发生倾覆事故，应对起重机进行整机稳定验算。

整机稳定验算应以起重机处于最不利工作状态（车身与行驶方向垂直，图 6-4 所示）进行验算，此时应以履带中心 A 为倾覆点，分别按以下条件进行验算。

（1）考虑吊装荷载及所有附加荷载时，

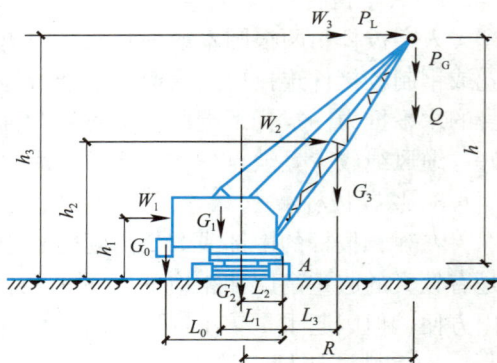

图 6-4 履带式起重机稳定性验算

应满足下式要求

$$k_1 = \frac{稳定力矩 M_1}{倾覆力矩 M} \geqslant 1.15 \tag{6-1}$$

（2）当仅考虑吊装荷载、不考虑附加荷载时，起重机的稳定性应满足下式要求

$$k_2 = \frac{稳定力矩 M_1}{倾覆力矩 M} = \frac{G_1 \cdot L_1 + G_2 \cdot L_2 + G_0 \cdot L_0 - G_3 \cdot L_3}{Q(R - L_2)} \geqslant 1.4 \tag{6-2}$$

式中　　　G_1——起重机机身可转动部分的重力（kN）；

G_2——起重机机身不可转动部分的重力（kN）；

G_3——起重臂重力（起重臂接长时，为接长后重力）（kN）；

G_0——平衡配重重力（kN）；

L_1、L_2、L_3——重力作用中心线至倾覆中心的距离（m）；

Q——吊装荷载（构件重力、吊装索具重力）（kN）。

3）履带式起重机的技术性能

履带式起重机主要技术性能参数包括：起重量 Q、起重半径 R、起重高度 H。起重量不包括吊钩、滑轮组的重量，起重半径 R 指起重机回转中心至吊钩的水平投影距离，起重高度 H 是指起重吊钩中心至停机面的垂直距离。履带式起重机的技术要求详见《履带起重机》GB/T 14560—2022。

2. 汽车式起重机

汽车式起重机常用于构件运输、装卸和结构吊装，其特点是转移迅速，对路面损伤小；但吊装时需使用支腿，不能负载行驶，也不适于在松软或泥泞的场地上工作。起重时，利用支腿增加机身的稳定，并保护轮胎。目前汽车起重机起重能力能达到 1200t。

3. 轮胎式起重机

轮胎式起重机是把起重机构安装在重型轮胎和轮轴组成的特制底盘上的一种全回转式起重机，其上部构造与履带式起重机基本相同，为了保证安装作业时机身的稳定性，起重机设有四个可伸缩的支腿，吊重时需放下支腿，并将机身调平，以保证起重机的稳定。

6.1.3　索具设备

结构吊装作业除了起重机外，还要使用许多辅助工具及设备，如卷扬机、钢丝绳、滑轮组、横吊梁等。

1. 卷扬机

在建筑施工中常用的卷扬机有快速和慢速两种。快速卷扬机又有单筒和双筒之分，其牵引力为 4.0～50kN；慢速卷扬机多为单筒式，其牵引力为 30～200kN。

1）卷扬机的主要技术参数

（1）额定牵引拉力，目前标准系列从 1～32t 有 8 种额定牵引拉力规格。

（2）工作速度，即卷筒卷入钢丝绳的速度。

（3）容绳量，即卷扬机的卷筒能够卷入的钢丝绳长度。

2）电动卷扬机的牵引力和钢丝绳速度的关系

（1）卷筒上钢丝绳的牵引力

$$F = 1.02 \times \frac{P_H}{v}\eta \tag{6-3}$$

式中　　　　　F——牵引力（kN）；

P_H——电动机功率（kW）；

v——钢丝绳速度（m/s）；

η——总效率，$\eta = \eta_0 \times \eta_1 \times \eta_2 \times \cdots\cdots\eta_n$；

η_0——卷筒效率；当卷筒装在滑动轴承上时，取 0.94；当装在滚动轴承上时，取 0.96；

η_1、η_2、$\cdots\cdots\eta_n$——传动机构效率，按表 6-1 选用。

传动机构效率　　　　　　　　　　　　　表 6-1

传动机构			效率
卷筒	滑动轴承		0.94～0.96
	滚动轴承		0.96～0.98
一对圆柱齿轮传动	开式传动	滑动轴承	0.93～0.95
		滚动轴承	0.95～0.96
	闭式传动 稀油润滑	滑动轴承	0.95～0.96
		滚动轴承	0.96～0.98

（2）钢丝绳速度

$$v = \pi \frac{D\omega_H n_Z}{60 n_B} \tag{6-4}$$

式中　v——钢丝绳速度（m/s）；

D——卷扬机卷筒直径（m）；

ω_H——电动机转速（r/s）；

n_Z——所有主动轮齿数的乘积；

n_B——所有被动轮齿数的乘积。

3）卷扬机的固定

卷扬机在使用时必须用地锚予以固定，固定卷扬机的方法分为螺栓锚固法、水平锚固法、立桩锚固法和压重锚固法四种，见图 6-5。

4）卷扬机的使用要点

（1）手摇卷扬机只可用于小型构件吊装、拖拉吊件或拉紧缆风绳，其钢丝绳牵引速度应为 0.5～3m/min，并严禁超过其额定牵引力。

（2）大型构件的吊装必须采用电动卷扬机，钢丝绳的牵引速度应为 7～13m/min，并严禁超过其额定牵引力。

（3）卷扬机使用前，应对各部分详细检查，确保转动装置和制动器完好，变速齿轮沿轴转动，啮合正确，无杂声和润滑良好，如有问题，要及时修理解决，否则严禁使用。

（4）卷扬机应当安装在吊装区外，水平距离应大于构件的安装高度，并搭设防护棚，

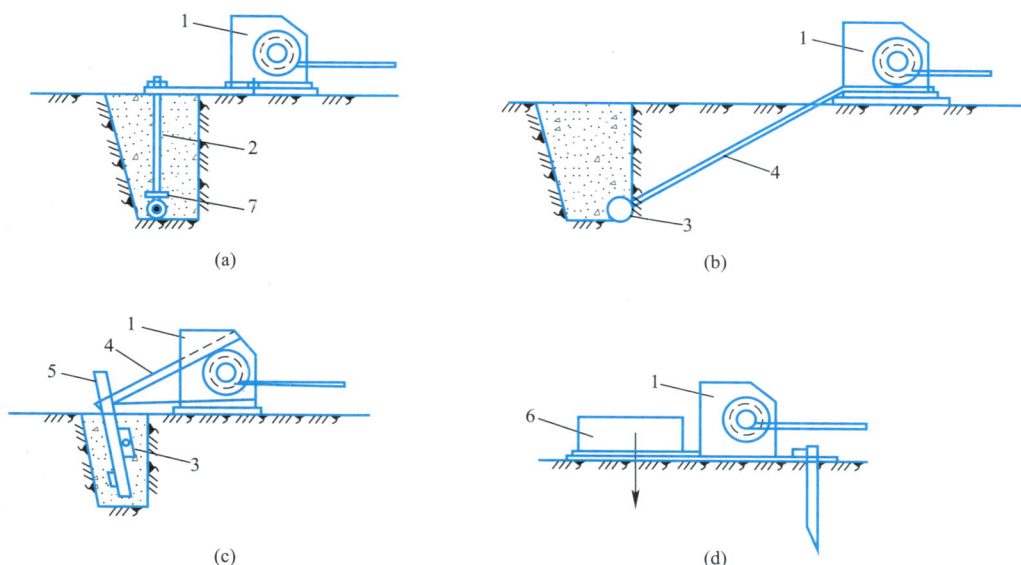

图 6-5　卷扬机地锚类型

（a）螺栓锚固法；（b）水平锚固法；（c）立桩锚固法；（d）压重锚固法

1—卷扬机；2—地脚螺栓；3—横木；4—拉索；5—木桩；6—压重；7—压板

保证操作人员能清楚地看见指挥人员的信号。当构件被吊到安装位置时，操作人员的视线仰角应小于 30°。

（5）钢丝绳绕入卷筒的方向应与卷筒轴线垂直，钢丝绳的最大偏离角 α 不得超过 6°，见图 6-6。导向滑轮严禁使用开口拉板式滑轮，导向滑轮到卷筒的距离：对带槽卷筒应大于卷筒宽度的 15 倍，对无槽卷筒应大于 20 倍。当钢丝绳处在卷筒中间位置时，应与卷筒的轴心线垂直。

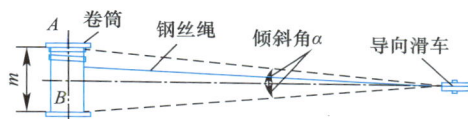

图 6-6　导向滑轮与卷筒轴线的关系

（6）钢丝绳在卷筒上应逐圈靠紧，排列整齐，严禁互相错叠、离缝和挤压。钢丝绳缠满后，卷筒凸缘应高出 2 倍及以上钢丝绳直径，钢丝绳全部放出时，钢丝绳在卷筒上保留的安全圈不应少于 5 圈。

（7）卷扬机的电气线路应经常检查，电机应运转良好，电磁抱闸和接地应安全有效，不得有漏电现象。

2. 滑轮组

滑轮组是由一定数量的定滑轮和动滑轮以及绕过它们的绳索组成，滑轮组中共同负担构件重量的绳索根数，称为工作线数。滑轮组钢丝绳跑头拉力 S，可按下式计算：

$$S = KQ \tag{6-5}$$

式中　S——跑头拉力（kN）；

　　　Q——计算荷载（kN），等于吊重乘以动力系数 1.5；

　　　K——滑轮组省力系数；当钢丝绳从定滑轮绕出时，$K = f^n(f-1)/(f^n-1)$；当钢丝绳从动滑轮绕出时，$K = f^{n-1}(f-1)/(f^n-1)$；

f——单个滑轮的阻力系数；对青铜轴套轴承 $f=1.04$；对滚珠轴承 $f=1.02$；对无轴套轴承 $f=1.06$；

n——工作线数。

3. 吊索吊具

吊索是起重机械吊卸、移动物品时，系结在物品上承受载荷的挠性部件。结构吊装施工中常用钢丝绳吊索吊具，钢丝绳是先由若干根钢丝捻成股，再由若干股围绕绳芯捻成绳，其规格有 6×19 和 6×37 等。前者钢丝粗、较硬、不易弯曲，多用作缆风绳；后者钢丝细、较柔软。起重用索宜用 6×37 型钢丝绳制作成环式或 8 股头式（图6-7），其长度和直径应根据吊物的几何尺寸、重量和所用的吊装工具、吊装方法予以确定。使用时可采用单根、双根、四根或多根悬吊形式。

吊索的绳环或两端的绳套要采用编结接头，编结接头的长度不应小于钢丝绳直径的 20 倍，并不小于 300mm；吊索必须由整根钢丝绳制成，中间不得有接头，环形吊索允许有一处接头。8 股头吊索两端的绳套可根据工作需要装上桃形环、卡环或吊钩等吊索附件，吊索吊具与所吊构件间的水平夹角不宜小于 60°，且不应小于 45°。

钢丝绳的容许拉力应满足下式要求：

$$S \leqslant \alpha \cdot R/K \qquad (6-6)$$

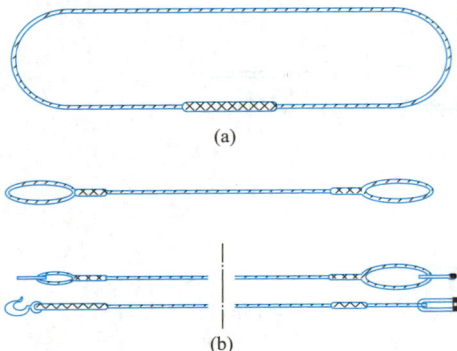

图6-7 钢丝绳吊索
(a) 环状吊索；(b) 8 股头吊索

式中 S——钢丝绳容许拉力（N）；

α——钢丝绳破断拉力换算系数（或受力不均匀系数）；当钢丝绳为 6×19 时，α 取 0.85；当钢丝绳为 6×37 时，α 取 0.82；当钢丝绳为 6×61 时，α 取 0.80；

R——钢丝绳的破断拉力总和；

K——钢丝绳安全系数[1]；当利用吊索上的吊钩、卡环钩挂重物上的起重吊环时，吊索的安全系数不应小于 6；当用吊索直接捆绑重物且吊索与重物棱角间采取了妥善的保护措施时，吊索的安全系数应取 6~8；当吊重、大或精密的重物时，除应采取妥善保护措施外，吊索的安全系数应取 10。

4. 起重横梁

起重横梁吊具一般由线形和平面两种形式。

(1) 线形吊具：线形吊具亦称铁扁担，通过起重横梁起吊构件可降低起吊高度，并能减少吊索的水平分力对构件的压力，通常用于吊装梁、墙、柱等。横吊梁与构件之间采用吊索连接时，吊索与构件的角度宜为 90°。横吊梁有滑轮横吊梁、钢板横吊梁、型钢横吊梁，图6-8 为常用的三种横吊梁。

(2) 平面式吊具：对于平面面积较大、厚度较薄的构件（如叠合板、楼梯等），通常采用平面式吊具（图6-9）。平面式吊具与构件之间采用吊索连接时，吊索与构件的水平夹角应大于 60°。

---

[1] 《建筑施工起重吊装工程安全技术规范》JGJ 276—2012 第4.3.1条。

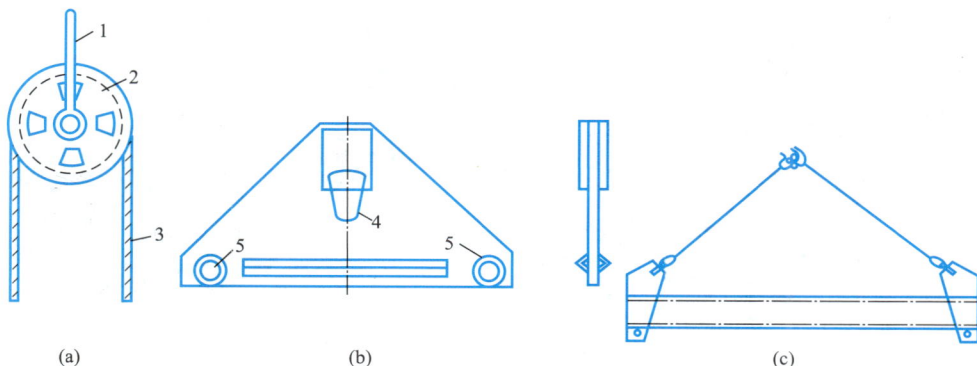

图 6-8 横吊梁

（a）滑轮横吊梁；（b）钢板横吊梁；（c）钢管横吊梁

1—吊环；2—滑轮；3—吊索；4—挂钩孔；5—挂卡环孔

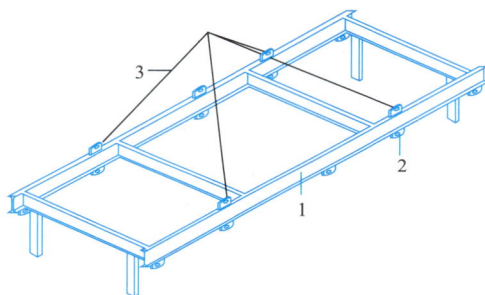

图 6-9 平面式吊具

1—型钢平面架体；2—吊耳；3—吊索

6.2 民用装配式结构安装工程

6.2.1 预制混凝土构件制作与运输堆放

1. 预制混凝土构件制作

目前在装配式钢筋混凝土结构构件中，钢筋混凝土柱、墙、楼梯、阳台采用工厂化生产，预留节点钢筋及型钢连接件；梁、板等水平构件采用工厂化预制生产叠合梁、板，预留上层钢筋，在现场浇筑叠合混凝土。

2. 构件运输与堆放

1）构件运输

（1）预制构件混凝土强度达到设计强度，经检查合格后，方可运输。

（2）运输预制构件时，车启动应慢，车速均匀，转弯错车时要减速，防止倾覆。

（3）预制构件运输宜选用低平板车，车上应设有专用架，且有可靠的固定构件措施，见图 6-10。

（4）装卸构件时，应保证车体平稳。外墙板宜采用竖直立放式运输，预制叠合楼板、预制阳台板、预制楼梯、预制梁可采用平放运输；堆放叠合板时，垫木应和叠合板的桁架

图 6-10　外墙 PC 板、叠合 PC 楼板运输

钢筋垂直布置。

（5）运输构件时，应采取防止构件移动、倾倒、变形，对构件边角部或锁链接触的混凝土，宜设置保护衬垫，防止构件损坏。

2）构件堆放

（1）预制构件进场验收

预制构件进场后，现场应有专人接收预制构件，首先检查构件合格证、隐蔽工程验收记录、附构件出厂混凝土同条件抗压强度报告等。

（2）预制构件进场检查构件标识是否准确、齐全

① 型号标识：类别、连接方式、混凝土强度等级、尺寸；

② 安装标识：构件安装位置、连接位置；

③ 外观质量。

查验构件符合要求后，收取所需的保证资料，办理货物交接手续，并签字后方可采用吊运机械卸货，存放到指定堆场或直接吊运安装。目前许多预制构件生产单位采用了物联网技术，在预制构件上通过二维码标识预制构件的基本信息。

（3）现场堆场平面布置

现场施工技术人员应该针对项目 PC 构件特点，合理进行现场堆场布置，场地堆场要布置循环车道，转弯半径宜为 9～15m，需要根据最长构件核算。高层建筑的 PC 构件的水平、垂直运输一般通过每栋楼布置的塔式起重机完成，所以预制构件运送到施工现场后，应按规格、品种、部位、吊装顺序分别卸车，堆放到提前硬化的 PC 构件场，该堆场应设置在塔式起重机起重半径内，堆垛之间宜设置通道，留有运输车足够转弯的回车场。

（4）构件堆放❶

在施工现场的构件堆放场地周围要有隔离防护措施，严禁专业吊装工人以外的其他人员

---

❶　《装配式混凝土结构技术规程》JGJ 1—2014 规定：

11.5.3 预制构件堆放应符合下列规定：

1. 堆放场地应平整、坚实，并应有排水措施；

2. 预埋吊件应朝上，标识宜朝向堆垛间的通道；

3. 构件支垫应坚实，垫块在构件下的位置宜与脱模、吊装时的起吊位置一致；

4. 重叠堆放构件时，每层构件间的垫块应上下对齐，堆垛层数应根据构件、垫块的承载力确定，并应根据需要采取防止堆垛倾覆的措施；

5. 堆放预应力构件时，应根据构件起拱值的大小和堆放时间采取相应措施。

进入该区域，现场构件堆放见图 6-11。各类构件堆放的基本要求：

① 楼梯的堆垛层数不宜超过 4 层，并应根据需要采取防止堆垛倾覆的措施；

② 墙板类构件宜立放，立放又可分为插放与靠放，插放时场地必须清理干净，插放架必须牢固；靠放时应有牢固的靠放架，必须对称靠放，每侧不大于 2 层，靠放架倾斜角度宜大于 80°，板的上部应用木垫块隔开；带外装饰的预制外墙板应外饰面朝外，对连接止水条、高低口、墙体转角等薄弱部位应加强保护；

图 6-11　现场构件堆放

③ 梁、柱一般采用平放，平放支垫的位置应选择在静置自重荷载产生的正负弯矩相等的位置；

④ 预制叠合楼板可采用叠放方式，层与层之间应垫平、垫实，各层支垫必须在一条垂直线上，最下面一层支垫应通长设置，叠放层数不应多于 6 层，并且保护好叠合板的桁架钢筋；

⑤ 当预制构件中有外露钢筋、预埋铁件时，注意防锈蚀保护；有预留孔洞时，要用海绵将其密封，以免进入异物堵塞预留洞。

6.2.2　装配式钢筋混凝土结构安装工艺

1. 安装准备

1）准备工作

（1）装配式钢筋混凝土结构正式施工前宜选择有代表性的单元或部件进行预制构件试生产和试安装，根据试验结果及时调整完善施工方案，确定施工工艺流程。

（2）构件吊装前，应检查构件装配连接构造详图，包括构件的装配位置、节点连接详细构造及临时支撑设计计算校核等。

（3）装配施工前应按要求检查核对已施工完成的现浇结构质量，根据设计图纸在预制构件和已施工的现浇结构上进行测量放线并做好安装定位标志。

（4）预制构件、安装用材料及配件应按标准规定进行进场检验，未经检验或不合格的产品不得使用。

（5）吊装设备应满足预制构件吊装重量和作业半径的要求，进场组装调试时其安全性必须符合施工要求。

（6）合理规划构件运输通道和存放场地，设置必要的现场临时存放架，并制订成品保护措施。

2）专项施工方案

装配式钢筋混凝土结构吊装施工前应编制专项施工方案，施工方案应包括下列内容：

（1）整体的进度计划，包括：总体施工进度，预制构件生产进度表，预制构件安装进度表；

（2）预制构件运输方案，包括：车辆型号，运输路线，现场装卸及堆放；

（3）施工场地布置方案，包括：场内通道规划，吊装设备选择及布置，吊装方案，构件堆放位置等；

（4）各专项施工方案，包括：构件安装施工方案，节点连接方案，防水施工方案，现浇混凝土施工方案及全过程的成品保护修补措施等；

（5）安全管理方案，包括：构件安装时的安全措施、专项施工的安全管理等；

（6）质量管理方案，包括：构件制造的质量管理，安装阶段的质量管理，各专项施工的质量管理重点科目；

（7）环境保护措施。

2. 塔式起重机选用

（1）装配式施工用塔式起重机选择的基本要求

装配式建筑的塔式起重机选择主要需要满足构件的吊装问题，充分考虑塔式起重机在高度、平面、周围高层建筑物之间的关系，满足安全吊装的要求。塔式起重机的选择一般应该考虑以下因素：

① 保证最重构件的吊起；

② 保证最远构件的吊起；

③ 覆盖构件的堆场；

④ 兼顾 PC 构件卸车和堆放。

对于多层装配式结构，一般选用汽车式起重机或塔式起重机完成吊装工作；高层装配式建筑一般采用自升式塔式起重机或者附着塔式起重机完成吊装工作。无论选用哪种垂直运输机械，都需要覆盖主要施工区域，塔式起重机额定吊装力矩满足装配式建筑 PC 构件吊装要求，见式（6-7）。

$$M \geqslant Q \times R \qquad (6\text{-}7)$$

式中　M——塔式起重机额定吊装力矩（kN·m 或 t·m）；

　　　Q——吊装装配式建筑 PC 构件的计算荷载（kN 或 t），$Q = K(Q_1 + Q_2)$；

　　　Q_1——PC 构件的自重（kN 或 t）；

　　　Q_2——吊装 PC 构件的索具自重（kN 或 t）；

　　　K——吊装安全系数❶，在工程实践中，许多施工单位在 PC 构件吊装时取 1.25；

　　　R——塔式起重机回转半径（m）。

（2）塔式起重机选择

某国际广场装配式建筑群由 10 栋建筑组成，界限内为 7 栋，其中 1 号、5 号、8 号栋为建筑高度 79m 的钢结构框架结构，为商业建筑；其他楼栋为建筑高度 25.8m 的装配式混凝土框架结构。我们结合这个装配式建筑群案例，简述塔式起重机的选择。

① 塔式起重机部署

本项目为同时施工的多栋钢筋混凝土装配式结构商住群，构件垂直吊装运输量大，拟采用多台塔式起重机作为垂直运输机械。

---

❶　《装配式混凝土结构技术规程》JGJ 1—2014 规定：

6.2.2 预制构件在翻转、运输、吊运、安装等短暂设计状况下的施工验算，应将构件自重标准值乘以动力系数后作为等效静力荷载标准值。构件运输、吊运时，动力系数宜取 1.5；构件翻转及安装过程中就位、临时固定时，动力系数可取 1.2。

塔式起重机布置平面见图 6-12，项目现场有多台塔式起重机，在工作面上有相互重叠，需要考虑多塔防碰撞措施。

A. 塔式起重机现场定位时考虑临近塔式起重机的起重臂的臂尖与本塔式起重机标准节距离在 2m 以上；塔式起重机工作范围内无高压线；

B. 为避免塔式起重机臂与臂、臂与钢丝绳相碰，在安装时应采取以下规则：

a. 起重臂高低错开，高度差为 2m 以上。

b. 安装回转限位，使塔式起重机在安全区域内运转。

c. 起重臂、塔尖、平衡臂安装障碍警示灯，避免夜间操作失误。

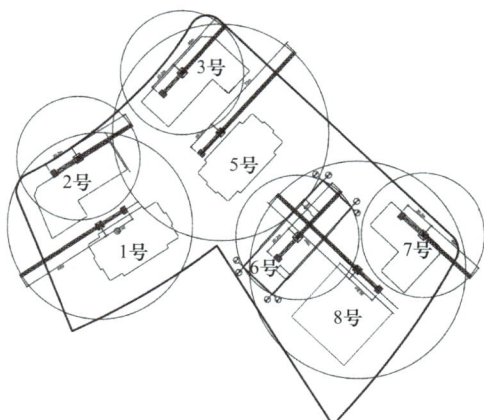

图 6-12　某国际广场装配式结构
建筑群群塔服务示意图

C. 群塔作业运行原则

a. 同步升降原则：相邻塔式起重机应尽可能在规定时间内统一升降，以满足群塔立体施工协调方案的要求。

b. 低塔让高塔原则：一般高塔均安装在主要位置，工作繁忙，低塔运转时，应观察高塔运行情况后再运行。

c. 后塔让先塔原则：塔式起重机在重叠覆盖区运行时，后进入该区域的塔式起重机要避让先进入该区域的塔式起重机。

d. 动塔让静塔原则：塔式起重机在进入重叠覆盖区运行时，运行塔式起重机应避让该区停止塔式起重机。行走式塔式起重机应避让固定式塔式起重机。

e. 轻车让重车原则：在两塔同时运行时，无载荷塔式起重机应避让有载荷塔式起重机。

② 附着塔式起重机的选择

本工程 1 号、5 号、8 号楼选用型号为 QTZ125（XGT6018-8S），2 号、3 号、6 号、7 号楼选用型号为 QTZ100（TC6013-8）塔式起重机。考虑分析塔式起重机需要覆盖楼面面积，以预制构件所处位置（堆场、楼面）和重量综合考虑，距离塔式起重机中心位置最远和最重的构件能满足要求，则其他构件也能满足吊装要求。下面以 6 号楼为例，介绍塔式起重机的选择过程。

A. 6 号楼吊装构件

参数统计见表 6-2。

吊装构件统计表　　　　　　　　　　　　　　　　　　表 6-2

序号	构件类型	几何特征（mm）	安装标高（m）	安装半径（m）	吊装重量（t）	吊索重量（t）
1	Z_1	600×600×2800	每楼层结构标高处	28	2.42	0.5
2	YBT	2620×1200×110	楼梯间	12	2.0	0.5
3	L_3	250×650×3600	柱顶	27.5	1.41	0.5

a. 四角柱为：600mm×600mm×2800mm，距塔式起重机塔身中心 28m；

　　b. 预制楼梯：YBT 4900 2800 1200 3.5 JG/T 562—2018；

　　c. 四角柱相邻的梁为：250mm×650mm×3600mm，距塔式起重机 27.5m；

　　d. 其他构件略。

B. 塔式起重机的选择

塔式起重机与吊装构件平面位置的空间关系，以 6 号楼最远端最重构件 Z_1 的吊装参数为例，见图 6-13。简述塔式起重机型号的选择。

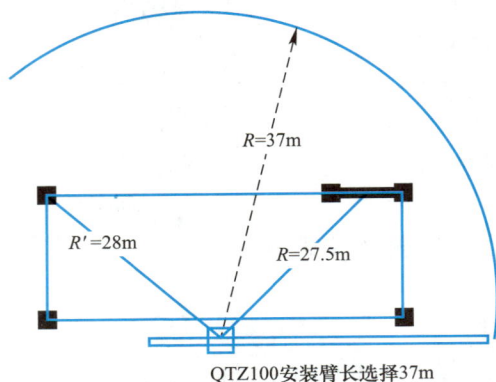

图 6-13　塔式起重机与吊装构件平面位置关系

Z_1 吊装计算荷载：$Q = K \times (Q_1 + Q_2) = 1.25 \times (2.42 + 0.5) = 3.65t$。

查 QTZ100（TC6013-8）塔式起重机使用说明书，回转半径为 28m 时，该型号 37 长塔式起重机的起重能力为 4t（2 倍率），大于构件 Z_1 的吊装计算荷载，该型号塔式起重机满足 PC 构件的吊装需求。

国际广场装配式建筑群塔式起重机选择与布置情况见表 6-3。每幢楼根据塔式起重机服务半径布置 PC 构件堆场，并规划构件运输道路。

国际广场装配式建筑群塔式起重机选择与布置　　　　　　　表 6-3

楼号	塔式起重机型号	生产厂家	臂长（m）	末端吊重	倍率	塔式起重机位置
1 号楼	QTZ125（XGT6018-8S）	徐州建机	60	1.8t	2	1 号楼北侧
5 号楼	QTZ125（XGT6018-8S）	徐州建机	60	1.8t	2	5 号楼北侧
8 号楼	QTZ125（XGT6018-8S）	徐州建机	60	1.8t	2	8 号楼东侧
2 号楼	QTZ100（TC6013-8）	江苏建友	37	3.04t	2	2 号楼北侧
3 号楼	QTZ100（TC6013-8）	江苏建友	37	3.04t	2	3 号楼内电梯井爬升
6 号楼	QTZ100（TC6013-8）	江苏建友	37	3.04t	2	6 号楼内电梯井爬升
7 号楼	QTZ100（TC6013-8）	江苏建友	37	3.04t	2	7 号楼东侧

塔式起重机专项方案编制还需要编制塔式起重机运行安全管理体系与职责、塔式起重机的使用技术措施、塔式起重机的使用安全措施等，本书略。

3. 安装工艺

扫描二维码 6-3 观看民用装配式结构安装工程教学视频。

1）构件连接

装配式混凝土结构中，节点及接缝处的纵向钢筋连接宜根据接头受

二维码 6-3
民用装配式
结构安装工程

力、施工工艺等要求选用套筒灌浆连接、机械连接、浆锚搭接连接、焊接连接、绑扎搭接连接等连接方式。直径大于20mm的钢筋不宜采用浆锚搭接连接，直接承受动力荷载的构件纵向钢筋不应采用浆锚搭接连接。

当采用机械连接时，应符合《钢筋机械连接技术规程》JGJ 107—2016的规定；当采用焊接连接时，应符合《钢筋焊接及验收规程》JGJ 18—2012的规定。连接柱、梁、剪力墙边缘构件纵向钢筋的挤压套筒接头应满足I级接头的要求，连接剪力墙竖向分布钢筋、楼板分布钢筋的挤压套筒接头应满足I级接头抗拉强度的要求。

当采用套筒灌浆连接时，应符合《钢筋套筒灌浆连接应用技术规程》JGJ 355—2015（2023年版）的规定。钢筋套筒灌浆连接是指在预制混凝土构件内预埋的金属套筒中插入钢筋并灌注水泥基灌浆料而实现的钢筋连接方式，是目前预制柱、预制墙的主要连接方式。❶

（1）预制柱连接节点

装配整体式框架结构中，当房屋高度不大于12m或层数不超过3层时，可采用套筒灌浆、浆锚搭接、焊接等连接方式；当房屋高度大于12m或层数超过3层时，宜采用套筒灌浆连接。

① 套筒灌浆连接。装配整体式框架结构中，框架柱的纵筋连接宜采用套筒灌浆连接，见图6-14（a）；

② 挤压套筒连接。上、下层相邻预制柱纵向受力钢筋采用挤压套筒连接，见图6-14（b）；

③ 插入式型钢组装连接。装配式框架节点处利用预制梁柱中预埋的型钢，通过型钢榫卯插入方式连接，然后用螺栓固定，这是一种钢-混凝土组合连接形式。

---

❶ 《钢筋套筒灌浆连接应用技术规程》JGJ 355—2015（2023年版）规定：

4.0.5 采用套筒灌浆连接的混凝土构件设计应符合下列规定：

1. 接头连接钢筋的强度等级不应高于灌浆套筒规定的连接钢筋强度等级；

2. 全灌浆套筒两端及半灌浆套筒灌浆端连接钢筋的直径不应大于灌浆套筒直径规格，且不宜小于灌浆套筒直径规格一级以上，不应小于灌浆套筒直径规格二级以上；半灌浆套筒机械连接端连接钢筋的直径应与灌浆套筒直径规格一致；

3. 构件配筋方案应根据灌浆套筒外径、长度、净距及安装施工要求确定；

4. 连接钢筋插入灌浆套筒的长度应符合灌浆套筒参数要求，构件连接钢筋外露长度应根据其插入灌浆套筒的长度、构件底部接缝宽度、构件连接节点构造做法与施工允许偏差等要求确定；

5. 竖向构件配筋设计应与灌浆孔、出浆孔位置协调；

6. 底部设置键槽的预制柱，应在键槽处设置排气孔，且排气孔位置应高于最高位出浆孔，高度差不宜小于100mm。

《装配式混凝土结构技术规程》JGJ 1—2014规定：

12.3.2 采用钢筋套筒灌浆连接、钢筋浆锚搭接连接的预制构件就位前，应检查下列内容：

1. 套筒、预留孔的规格、位置、数量和深度；

2. 被连接钢筋的规格、数量、位置和长度。

当套筒、预留孔内有杂物时，应清理干净；当连接钢筋倾斜时，应进行校直。连接钢筋偏离套筒或孔洞中心线不宜超过5mm。

12.3.4 钢筋套筒灌浆连接接头、钢筋浆锚搭接连接接头应按检验批划分要求及时灌浆，灌浆作业应符合国家现行有关标准及施工方案的要求，并应符合下列规定：

1. 灌浆施工时，环境温度不应低于5℃；当连接部位养护温度低于10℃时，应采取加热保温措施；

2. 灌浆操作全过程应有专职检验人员负责旁站监督并及时形成施工质量检查记录；

3. 应按产品使用说明书的要求计量灌浆料和水的用量，并搅拌均匀；每次拌制的灌浆料拌合物应进行流动度的检测，且其流动度应满足本规程的规定；

4. 灌浆作业应采用压浆法从下口灌注，当浆料从上口流出后应及时封堵，必要时可设分仓进行灌浆；

5. 灌浆料拌合物应在制备后30min内用完。

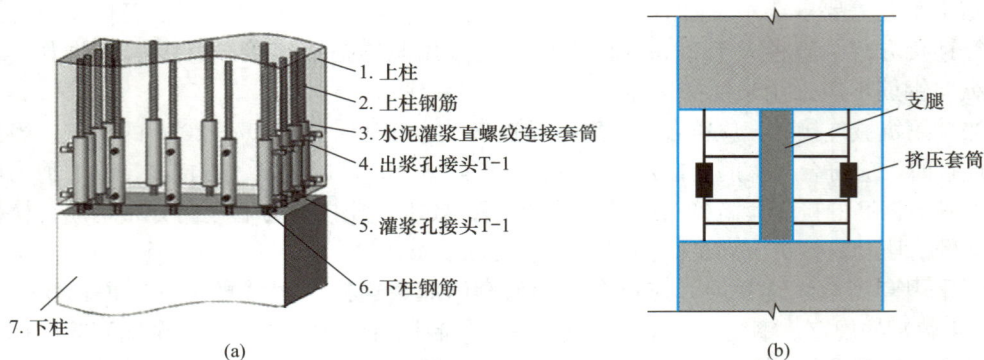

图 6-14　套筒灌浆连接构造

（a）套筒灌浆连接；（b）挤压套筒连接

（2）预制墙连接节点

装配整体式剪力墙结构中，预制剪力墙竖向钢筋的连接可根据不同部位，分别采用套筒灌浆连接、浆锚搭接连接，水平分布筋的连接可采用焊接、搭接等。

采用套筒连接灌浆时，预制剪力墙底部接缝宜设置在楼面标高处，接缝高度宜为 20mm，宜采用灌浆料填实。灌浆时，预制剪力墙构件下表面与楼面之间的缝隙周围可采用封边砂浆进行封堵和分仓，以保证水平接缝中灌浆料填充饱满。

① 套筒灌浆连接

A. 当竖向分布钢筋采用"梅花形"部分连接时（图 6-15），连接钢筋的直径不应小于 12mm，同侧间距不应大于 600mm；

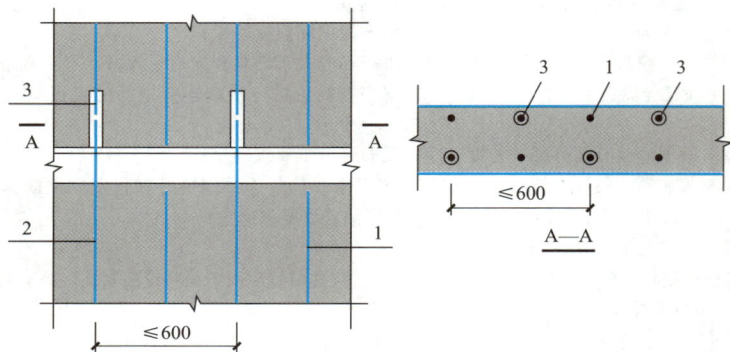

图 6-15　竖向分布钢筋"梅花形"套筒灌浆连接构造示意

1—未连接的竖向分布钢筋；2—连接的竖向分布钢筋；3—灌浆套筒

B. 当竖向分布钢筋采用单排连接时（图 6-16），连接钢筋受拉承载力不应小于上下层被连接钢筋受拉承载力较大值的 1.1 倍，间距不宜大于 300mm。

② 浆锚搭接连接

A. 当竖向钢筋非单排连接时，下层预制剪力墙连接钢筋伸入预留灌浆孔道内的长度不应小于 $1.2l_{aE}$（图 6-17）；

B. 当竖向分布钢筋采用"梅花形"、单排连接时，同套筒灌浆连接。

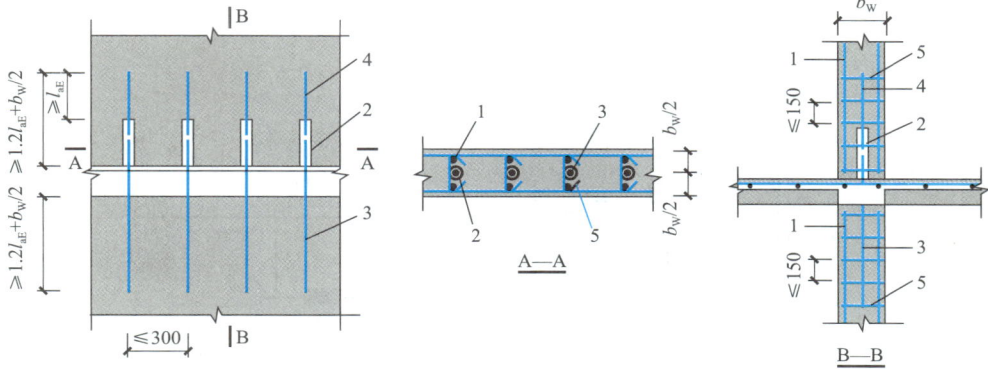

图 6-16　竖向分布钢筋单排套筒灌浆连接构造示意
1—预制剪力墙竖向钢筋；2—灌浆套筒；3—下层剪力墙连接钢筋；
4—上层剪力墙连接钢筋；5—钢筋拉钩

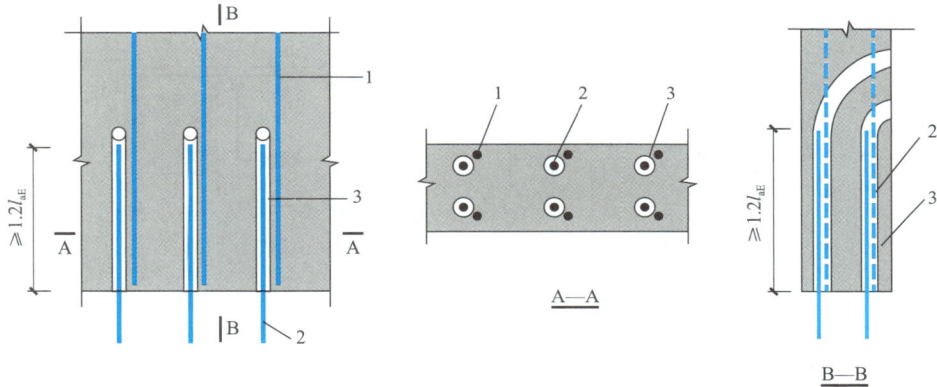

图 6-17　竖向钢筋浆锚搭接连接构造示意
1—上层预制剪力墙竖向钢筋；2—下层剪力墙竖向钢筋；3—预留灌浆孔道

（3）梁柱节点的连接

采用预制柱及叠合梁的装配整体式框架节点，梁纵向受力钢筋应伸入后浇节点区内锚固或连接，梁柱节点的锚筋插入连接的要点：

① 框架中间、顶层中间节点，节点两侧的梁下部纵向受力钢筋在核心区后浇段内连接，可直锚（图 6-18a、c），也可采用机械连接或焊接的方式连接（图 6-18b、d）；梁的上部纵向受力钢筋应贯穿后浇节点区。

② 框架中间、顶层中间节点，梁下部纵向受力钢筋采用挤压套筒连接时，可在核心区外侧后浇段内连接，连接接头距柱边不小于 $0.5h_b$（h_b 为叠合梁截面高度）且不小于 300mm，叠合梁后浇叠合层顶部的水平钢筋应贯穿后浇核心区，详见图 6-19。

③ 框架中间层端节点，当柱截面尺寸不满足梁纵向受力钢筋的直线锚固要求时，宜采用锚固板锚固（图 6-20a），也可采用 90°弯折锚固。

④ 框架顶层端节点，柱宜伸出屋面并将柱纵向受力钢筋锚固在伸出段内（图 6-20b），伸出段长度不宜小于 500mm，伸出段内箍筋间距不应大于 5d（d 为柱纵向受力钢筋直

径），且不应大于100mm；柱纵向钢筋宜采用锚固板锚固，锚固长度不应小于40d；梁纵向受力钢筋应锚固在后浇节点区内，且宜采用锚固板的锚固方式。

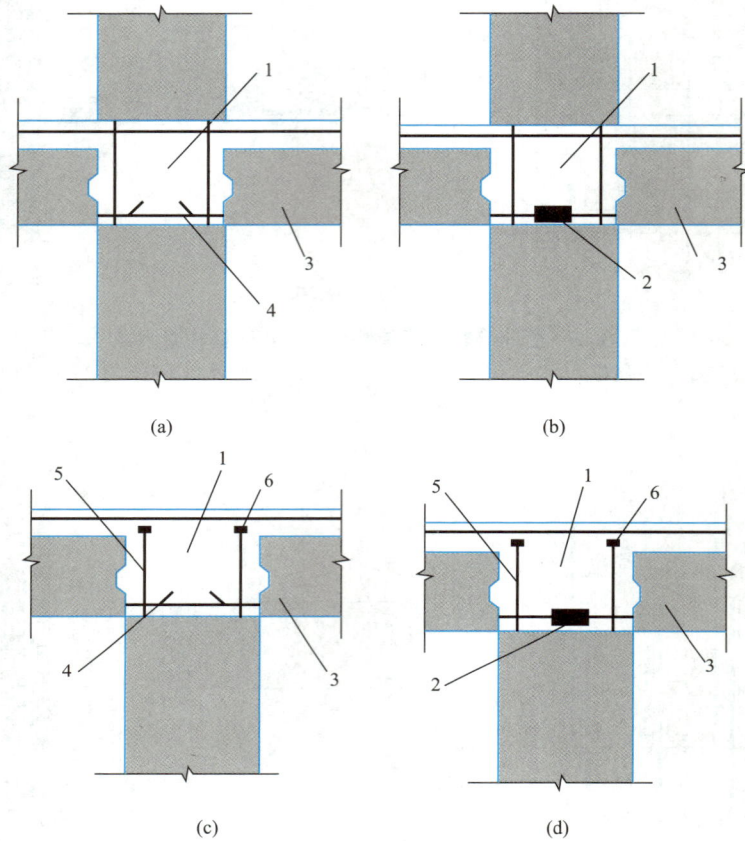

图6-18 预制柱及叠合梁框架中间节点构造

（a）中间层中间节点梁下纵筋锚固；（b）中间层中间节点梁下纵筋机械连接；

（c）顶层中间节点梁下纵筋锚固；（d）顶层中间节点梁下纵筋机械连接

1—后浇区；2—梁下部纵向受力钢筋机械连接；3—预制梁；4—梁下部纵向受力钢筋锚固；5—柱纵筋；6—锚固板

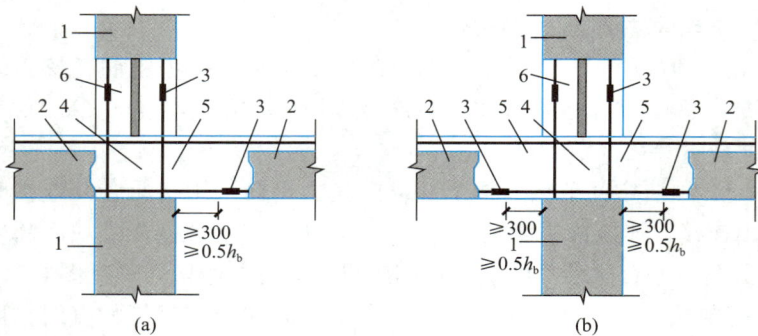

图6-19 框架节点叠合梁底部水平钢筋挤压套筒连接示意（一）

（a）中间层梁下钢筋在柱一侧连接；（b）中间层梁下钢筋在柱两侧连接

1—预制柱；2—叠合梁预制部分；3—挤压套筒；4—柱后浇区；5—梁端后浇段；6—柱底后浇段；7—锚固板

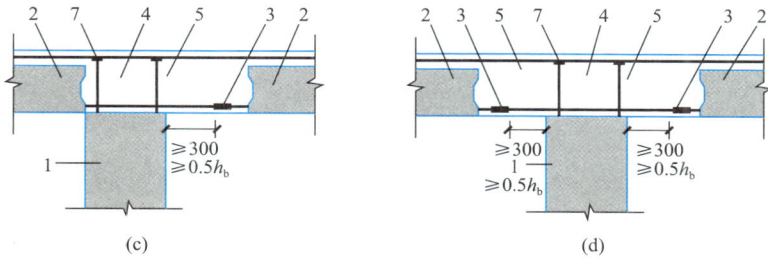

图 6-19　框架节点叠合梁底部水平钢筋挤压套筒连接示意（二）

（c）顶层梁下钢筋在柱一侧连接；（d）顶层梁下钢筋在柱两侧连接

1—预制柱；2—叠合梁预制部分；3—挤压套筒；4—柱后浇区；5—梁端后浇段；6—柱底后浇段；7—锚固板

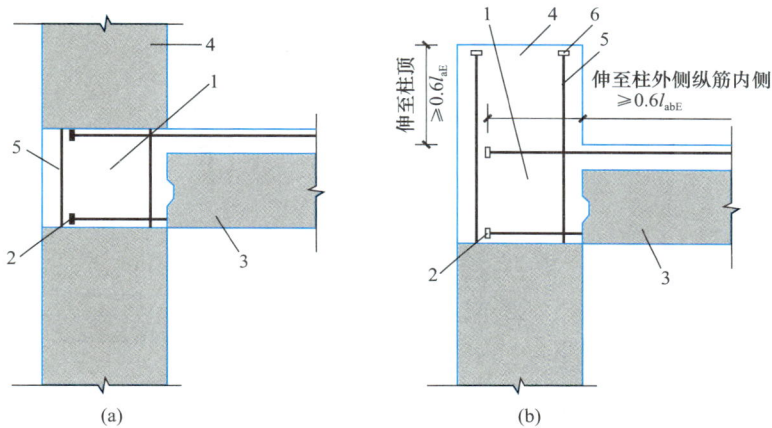

图 6-20　预制柱及叠合梁框架端节点构造示意

（a）叠合梁柱中间层端节点；（b）叠合梁柱顶层端节点

1—后浇区；2—梁下部纵向钢筋锚板锚固；3—预制梁；4—上柱段；5—柱纵向钢筋；6—柱筋锚板锚固

（4）叠合梁的连接

装配整体式框架结构中，当采用叠合梁时，梁的水平钢筋连接可根据实际情况选用机械连接、焊接连接或者套筒灌浆连接。框架梁的后浇混凝土叠合层厚度不宜小于 150mm（图 6-21a），次梁的后浇混凝土叠合层厚度不宜小于 120mm；当采用凹口截面预制梁时（图 6-21b），凹口深度不宜小于 50mm，凹口边厚度不宜小于 60mm。

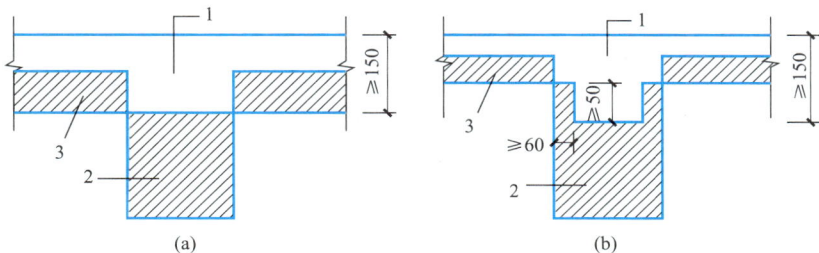

图 6-21　叠合框架梁截面示意

（a）矩形截面预制梁；（b）凹口截面预制梁

1—后浇混凝土叠合层；2—预制梁；3—预制板

采用叠合梁时，楼板一般采用叠合板，梁、板的后浇层一起浇筑。当板的总厚度不小于梁的后浇层厚度要求时，可采用矩形截面预制梁。当板的总厚度小于梁的后浇层厚度要求时，为增加梁的后浇层厚度，可采用凹口形截面预制梁。某些情况下，为施工方便，预制梁也可采用其他截面形式，如传统的花篮梁的形式等。

① 叠合梁箍筋❶。抗震等级为一、二级的叠合框架梁的梁端箍筋加密区宜采用整体封闭箍筋（图 6-22a）；采用组合封闭箍筋的形式（图 6-22b）时，开口箍筋上方应做成 135°弯钩，现场需要采用箍筋帽封闭开口箍，箍筋帽末端应做成 135°弯钩。弯钩平直段长度不应小于箍筋直径的 10 倍（非抗震 5 倍）。

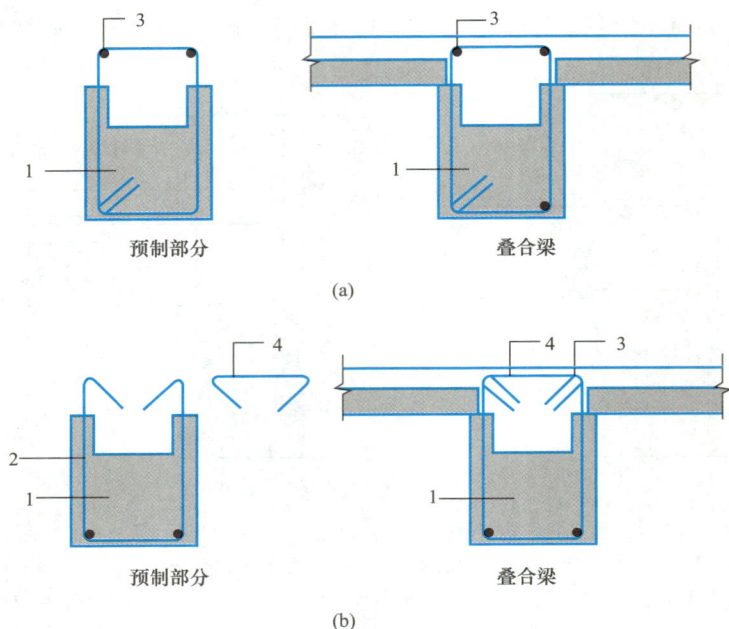

(a)

(b)

图 6-22　叠合梁箍筋构造示意

(a) 采用整体封闭箍筋的叠合梁；(b) 采用组合封闭箍筋的叠合梁
1—预制梁；2—开口箍筋；3—上部纵向钢筋；4—箍筋帽

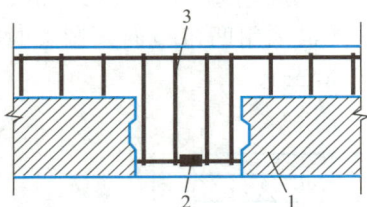

图 6-23　叠合梁连接节点示意

1—预制梁；2—钢筋连接接头；
3—后浇段

② 叠合梁对接处应设置后浇段，后浇段的长度应满足梁下部纵向钢筋连接作业的空间需求；梁下部纵向钢筋在后浇段内宜采用机械连接、套筒灌浆连接或焊接连接（图 6-23）；后浇段内的箍筋必须加密，箍筋间距不应大于 $5d$（d 为纵向钢筋直径），且不得大于 100mm。

③ 主梁与次梁连接。在端部节点处，次梁下部纵向钢筋伸入主梁后浇段内的长度不应小于 $12d$。次梁上部

---

❶ 《装配式混凝土结构技术规程》JGJ 1—2014 规定：

7.3.2（条文说明）采用叠合梁时，在施工条件允许的情况下，箍筋宜采用闭口箍筋。当采用闭口箍筋不便安装上部纵筋时，可采用组合封闭箍筋，即开口箍筋加箍筋帽的形式。本条中规定箍筋帽两端均采用 135°弯钩。由于对封闭组合箍的研究尚不够完善，因此在抗震等级为一、二级的叠合框架梁梁端加密区中不建议采用。

纵向钢筋应在主梁后浇段内锚固。当采用弯折锚固（图 6-24a）或锚固板时，锚固直段长度不应小于 $0.6l_{ab}$；当钢筋应力不大于钢筋强度设计值的 50% 时，锚固直段长度不应小于 $0.35l_{ab}$；弯折锚固的弯折后直段长度不应小于 $12d$（d 为纵向钢筋直径）。

在中间节点处，两侧次梁的下部纵向钢筋伸入主梁后浇段内长度不应小于 $12d$（d 为纵向钢筋直径）；次梁上部纵向钢筋应在现浇层内贯通（图 6-24b）。

（5）预制梯楼的连接

① 预制楼梯宜一端设置固定铰，另一端设置滑动铰，其转动及滑动变形能力应满足结构层间位移的要求，预制楼梯设置滑动铰的端部应采取防止滑落的构造措施，见图 6-25。

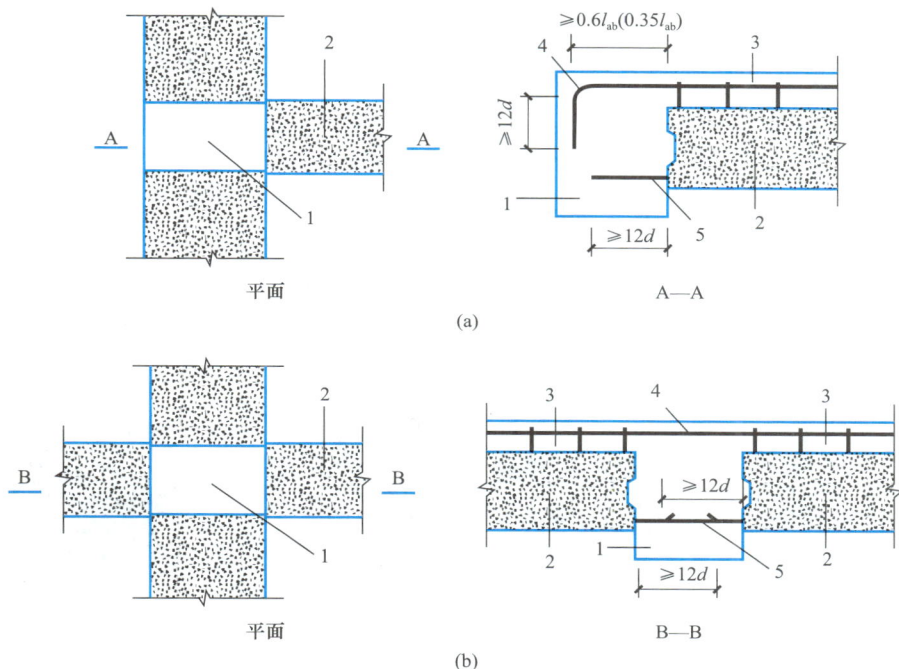

图 6-24 主次梁连接节点构造示意

（a）端部节点；（b）中间节点

1—主梁后浇段；2—次梁；3—后浇混凝土叠合层；4—次梁上部纵向钢筋；5—次梁下部纵向钢筋

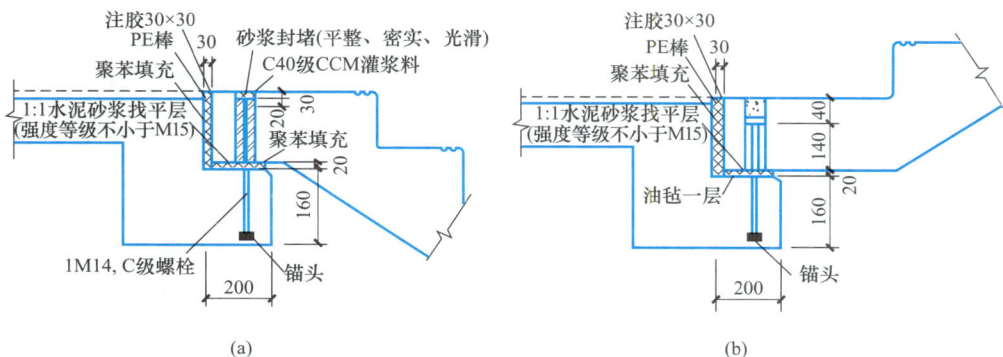

图 6-25 预制梯楼的连接

（a）预制楼梯固定铰端；（b）预制楼梯滑动铰端

② 预制楼梯端部在支承构件上的最小搁置长度应符合表 6-4 的规定。

预制楼梯端部在支承构件上的最小搁置长度　　　　　　　　　表 6-4

抗震设防烈度	6 度	7 度	8 度
最小搁置长度（mm）	75	75	100

2）装配式钢筋混凝土结构施工步骤（图 6-26）

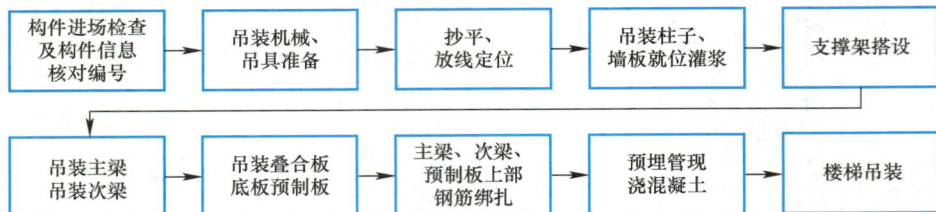

图 6-26　装配式钢筋混凝土结构施工步骤

3）装配式钢筋混凝土结构构件吊装工艺

（1）预制柱安装

施工流程：测量放线→复核构件的信息→预制柱起吊→柱底找平座浆、锚筋对位→安装临时斜撑、校核柱轴线及垂直度→灌浆前浇水湿润、套筒灌浆、橡胶塞封堵，见图 6-27。

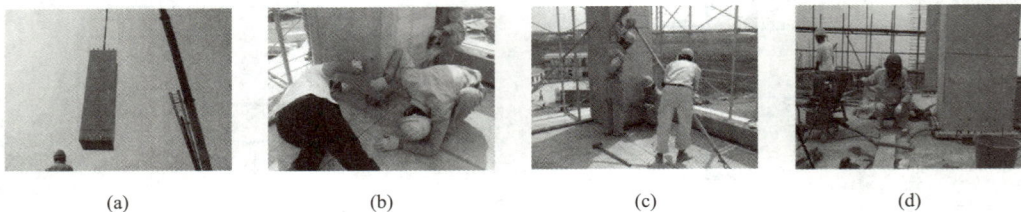

图 6-27　柱吊装施工流程
（a）预制柱吊装；（b）锚筋对位；（c）安装斜撑及柱位置调整；（d）灌浆

① 测量放线。在柱上测量并在柱的四个面画出轴线和标高控制线，按定位轴线控制构件的平面位置。

② 复核构件的信息。在起吊前再次检查墙板的型号、安装标识、埋件数量、位置、吊点处混凝土，并查看吊钩与钢丝绳连接是否可靠，确保构件具备起吊的条件。

③ 预制柱起吊。吊装顺序一般沿纵轴方向向前推进，从一端开始，当一横轴上的柱子吊装完成后，再进行下一横轴上的柱子吊装；吊装过程中有专人负责指挥塔式起重机司机，挂钩位置为设计图中给出的吊点位置。构件应垂直起吊，在挂钩完成后开始缓慢起吊，待吊绳绷紧后暂停上升，及时检查自动卡环的可靠情况，防止自行脱扣。吊至 1m 高左右时静停 30s，观察柱是否垂直，如有倾斜需放下重调整挂钩重新起吊。落钩至安装部位 0.5m 处缓慢就位。

④ 柱底找平坐浆、锚筋对位。采用预制柱及叠合梁的装配整体式框架中，柱底接缝座浆宜设置在楼面标高处，连接面应干净、平整，不得有异物或积水，放置符合标高要求

的垫块；锚筋预留孔与锚筋校正对位，伸出的连接钢筋位置和长度均应符合设计要求，钢筋表面不得有异物。

⑤ 安装临时斜撑、校核柱轴线及垂直度。预制柱安装就位后，在两个方向采用可调斜撑作为临时固定，待斜撑安装完成后，校核预制柱的水平轴线位置，并采用测量仪器校核垂直度，通过微调螺栓和斜撑调整柱水平位置和垂直度。

⑥ 灌浆前浇水湿润、套筒灌浆、橡胶塞封堵同预制墙。

（2）预制墙体安装

① 抄平放线、墙下标高找平控制块

A. 先放出墙体外边四周控制轴线，并保证外墙大角在转角处成 90°，再放出每片墙体的位置控制线及抄平每片墙体的标高控制块，每片墙体下的标高控制不少于 2 点。

B. 在起吊前再次检查墙板的型号、埋件数量、位置、吊点及吊点处混凝土、吊钩与钢丝绳连接是否可靠，确保构件具备起吊的条件。

② 外墙起吊、锚筋对位、安装墙板

A. 为保证墙体吊装过程保持正确姿态，采用一端钢丝绳，另一端钢丝绳加手扳葫芦，吊起后发现墙板重心偏移时，调节手扳葫芦来调节构件的重心，吊索与水平线夹角不宜小于 60°，不应小于 45°；为防止单点起吊引起构件变形，也可采用横吊梁起吊就位；保证构件能水平起吊，避免碰撞构件边角，构件起吊平稳后再匀速移动吊臂，靠近建筑物后由人工对中就位。

B. 吊装过程中要有专人负责指挥塔式起重机司机，挂钩位置为设计图中给出的吊点位置，在挂钩完成后开始缓慢起吊，吊至 1m 高左右时静停 30s，观察墙板空中姿态（如有倾斜需放下调整挂钩重新起吊），是否有变形、开裂的情况，落钩至安装部位 0.5m 处缓慢就位。

C. 墙体构件吊装由 1 人指挥塔式起重机，2 人对墙体构件对位、扶正，使墙体吊装到正确位置。操作人员要站在楼层内，正确佩戴自锁保险带（保险带应与楼面内预埋钢筋环扣牢）。

③ 校核墙体轴线及垂直度

A. 墙体就位后，复核标高、轴线，安装固定斜撑。斜撑与水平线夹角在 55°～65° 之间，每块墙板设置不少于 2 个支撑，如图 6-28 所示。

B. 预制外墙板之间、外墙板与楼面做成高低口，接缝处密封胶的背衬材料宜选用聚乙烯塑料棒或发泡氯丁橡胶，直径应不小于缝宽的 1.5 倍。

C. 在外墙板安装完毕、楼层混凝土浇捣后，再将橡胶条粘贴在外墙板上口，待上面一层外墙板吊装时坐落其上，利用外墙板自重将其压实，起到防水效果。主体结构完成后，在橡胶条外侧进行密封胶施工。

④ 灌浆前浇水湿润、套筒灌浆、橡胶塞封堵

A. 构件安装后，应使用坐浆料或其他可靠密封措施，对构件下方水平缝灌浆密封处理。

B. 灌浆时，应用压力灌浆设备通过接头下方的灌浆孔灌入浆料，直至浆料依次从其他接头的灌浆孔和排浆孔流出后，及时用密封胶塞封堵牢固。

C. 灌浆完成后，构件根据灌浆料使用说明书要求，在未达到规定的抗压强度不得受

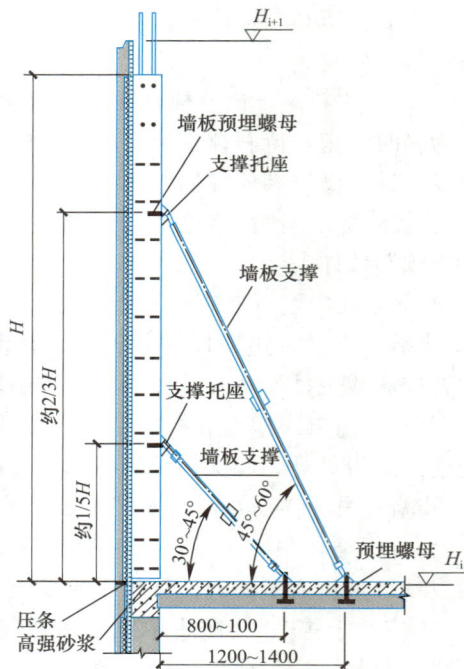

图 6-28 墙板斜撑

到冲击或震动；温度较低时，构件防止扰动时间适当延长；环境温度在 5℃ 以下不宜进行灌浆作业；低温环境灌浆后，应对构件灌浆部位进行加热、保温，防止接头内灌浆料浆料结冰。

⑤ 现浇带混凝土节点施工，图 6-29 为纵横墙衔接处现浇带。

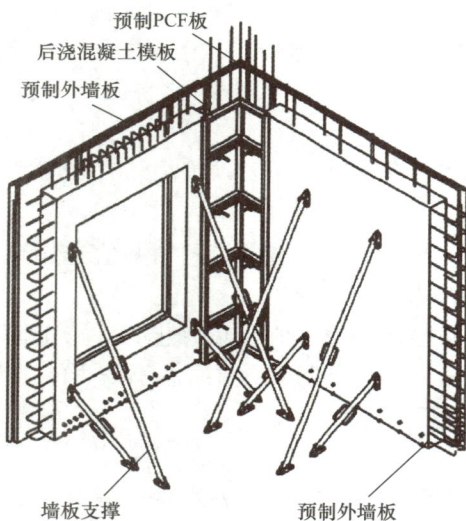

图 6-29 纵横墙衔接处现浇带

（3）预制梁吊装

① 预制梁进场检查及编号。构件进场后根据构件标号和吊装计划的吊装序号在构件上标出序号，并在图纸上标出序号位置，这样可直观表示出构件位置，便于吊装工指挥操作，减少误吊几率。

② 复核梁构件的尺寸和质量。测量柱顶标高与梁底标高误差，柱上弹出梁边控制线，吊装前修正柱顶标高，确保与梁底标高一致，复核柱钢筋位置避免与梁筋冲突，便于梁就位。梁吊装前应将所有梁底标高进行统计，有交叉部分梁吊装方案根据先低后高安排吊装。

③ 支撑架搭设。对将放置预制梁位置处设置专用架安装支撑，支撑架采用满堂脚手架，脚手架的型号、尺寸根据楼层具体情况进行选择。支撑架顶部应用型钢梁支撑，调整控制支撑点位置标高，确保有效的支撑。

④ 预制梁吊装、安装就位。根据构件形式选择吊具，按照设计的吊点位置，进行挂

钩和锁绳。注意吊绳与梁的夹角不得小于45°角。梁吊至距地面0.3m时，复核梁面水平，并调整调节手板葫芦，便于梁就位。梁吊至柱上方0.5m后，根据柱上已放出的梁边和梁端控制线，缓慢就位。梁就位后调节支撑立杆，确保所有立杆全部均匀受力。

⑤ 叠合层施工。根据图纸配筋，绑扎安放梁上部叠合层受力钢筋，叠合层混凝土连接处应一次连续浇筑密实，浇筑后用塑料布进行覆盖养护。

（4）预制楼梯安装

① 放线定位、构件进场检查。根据控制线确定楼梯预制构件水平、垂直高度安装位置，并且将楼梯踏步最上、最下步安装位置用墨线弹在楼梯间剪力墙上，楼梯构件踏步最上、最下步安装位置按建筑标高控制；楼梯构件编号核定准确后方可吊装楼梯构件；

② 起吊、调平、吊运、对位、给定。楼梯构件吊装时先进行试吊，缓慢起吊离地0.5m高度确认无误后方可吊装起吊，在离安装位置高度0.5m处缓慢降钩。楼梯构件吊装由3人在楼梯构件上、下两边及内侧面对位、扶正，使楼梯构件按照图纸位置进入牛腿内后初步安装完成。根据剪力墙控制线对楼梯构件位置进行复核，使用可调节支撑对标高进行微调，保证楼梯构件安装位置准确，按设计要求填充预制楼梯预留孔。见图6-30；

图6-30　预制楼梯安装

③ 成品保护。待上跑楼梯安装完成后再浇筑楼梯梁及休息平台板混凝土。检查预制楼梯上、下部钢筋锚固在楼梯梁钢筋内，满足锚固长度后进行混凝土浇筑。混凝土浇筑后用塑料布进行覆盖养护。

（5）叠合楼板安装

① 预制底板吊装完后应对板底接缝高差进行校核，当叠合板板底接缝高差不满足设计要求时，应将构件重新起吊，通过可调托座进行调节；

② 预制底板的接缝宽度应满足设计要求；

③ 临时支撑应在后浇混凝土强度达到设计要求后方可拆除，见图6-31，装配式混凝土结构模板应满足承载力要求，并保证后浇混凝土部分形状、尺寸和位置准确，模板与预制构件接缝处可采取粘贴密封条防止漏浆措施。

4）吊装质量、安全防护措施

（1）质量控制

① 按设计要求检查连接钢筋。其位置偏移量不得大于±10mm。并将所有预埋件及连接钢筋等调整扶直，清除表面浮浆；

② 从建筑物中间一条轴线向两侧调整放线误差，轴线放线偏差不得超过2mm；

③ 预制混凝土构件安装时的混凝土强度，不低于同条件养护的混凝土设计强度等级值的75%；

④ 现浇混凝土部分的钢筋锚固及钢筋连接设专人检查合格后方可浇筑，对后浇部分混凝土，在浇筑过程中振捣密实并加强养护；

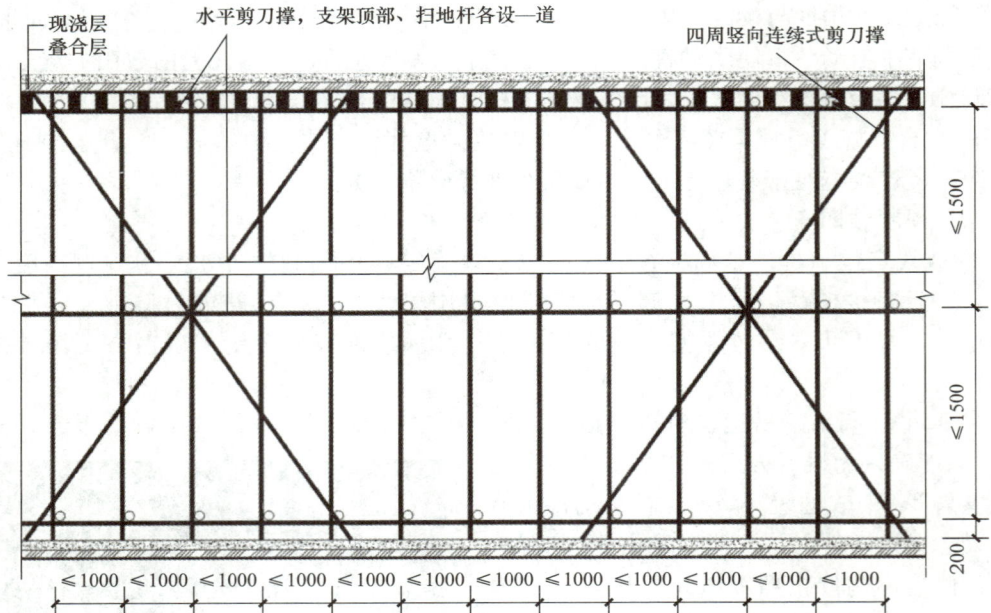

图 6-31   叠合板支撑

⑤ 装配式钢筋混凝土结构尺寸允许偏差需满足《装配式混凝土结构技术规程》JGJ 1—2014 中相关规定。

（2）预制构件预埋的吊装设施的检查

① 检查设置预埋件、吊环、吊装孔及各种内埋式预留吊具是否符合设计要求，且应进行承载能力的复核验算，吊装前采取相应的构造措施，避免吊点处混凝土局部破坏。

② 吊环锚入混凝土的长度不应小于 $30d$，并应焊接或绑扎在钢筋骨架上，d 为吊环直径。在构件的自重标准值作用下，每个吊环按 2 个截面计算的吊环应力不应大于 65N/mm^2；当在一个构件上设有 4 个吊环时，设计时应仅取 3 个吊环进行计算。

（3）预制构件吊装与运输

① 预制构件的混凝土强度应符合设计要求。当设计无具体要求时，出厂运输、装配时预制构件的混凝土强度不宜小于混凝土设计强度的 75%。

② 应根据预制构件形状、尺寸及重量要求选择适宜的吊具，严格执行《起重机 钢丝绳 保养、维护、检验和报废》GB/T 5972—2023 规范要求；在吊装过程中，吊索与构件水平夹角不宜小于 60°，不应小于 45°；并保证起重机主钩位置、吊具及构件重心在竖直方向重合。

③ 装配式钢筋混凝土结构的施工全过程宜对预制构件及其上的建筑附件、预埋件、预埋吊件等采取施工保护措施，避免出现破损或污染现象。

（4）吊装安全技术措施

① 塔式起重机的安装作业必须在白天进行，如需加快进度，可在具备良好照明条件的夜间做一些拼装工作，不得在大风、浓雾和雨雪天气进行。

② 吊装工作区应有明显标志，并设专人警戒，与吊装无关人员严禁入内。起重机工作时，起重臂杆旋转半径范围内，严禁站人或通过。高空作业施工人员应站在操作平台或

轻便梯子上工作。吊装层应设临时安全防护栏杆或采取其他安全措施。登高用梯子、临时操作台应绑扎牢靠；梯子与地面夹角以 60°～70° 为宜，操作台跳板应铺平绑扎，严禁出现挑头板。

③ 起吊构件时，速度不应太快，不得在高空停留过久，严禁猛升猛降，以防构件脱落。构件吊装就位，应经初校和临时固定或连接可靠后始可卸钩。构件固定后，应检查连接牢固和稳定情况，当连接确定安全可靠，才可拆除临时固定工具，解开吊装索具进行下步吊装。

④ 构件吊装应按规定的吊装工艺和程序进行，未经计算和采取可靠的技术措施，不得随意改变或颠倒工艺程序安装结构构件。

6.3　单层工业厂房结构安装

单层工业厂房结构一般由大型预制钢筋混凝土柱（或大型钢组合柱）、预制起重机梁和连系梁、预制屋面梁（或屋架）、预制天窗架和屋面板组成。扫描二维码 6-4 观看单层工业厂房结构安装教学视频。

在编制单层工业厂房结构安装方案时，首先应根据厂房的平面尺寸、跨度大小、结构特点、构件的类型、重量、安装的位置标高、设备基础施工方案（封闭式或敞开式施工）、现有起重机械的性能，以及施工现场条件等选择起重机械，满足起重量、起重高度和起重半径的要求。根据所选起重机械的性能，确定构件吊装工艺、结构安装方法、起重机开行路线和停机位置，并布置构件的预制位置和就位位置。

6.3.1　起重机的选择

起重机的选择包括起重机类型、型号、臂长及起重机数量的确定，它关系到构件的吊装方法，起重机的开行路线和停机点、构件的平面布置等问题。

1. 起重机选择

起重机的类型一般多采用履带式起重机、轮胎式起重机或汽车式起重机。

确定起重机的类型以后，要根据构件的尺寸、重量及安装高度来确定起重机型号。所选定的起重机的起重量 Q、起重高度 H、起重半径 R 三个工作参数要满足构件吊装的要求。一台起重机一般有几种不同长度的起重臂，在厂房结构吊装过程中，如各构件的起重量、起重高度相差较大时，可选用同一型号的起重机，以不同的臂长进行吊装；

1）起重量

起重机的起重量必须不小于所安装构件的重量与索具重量之和，即：

$$Q \geqslant Q_1 + Q_2 \tag{6-8}$$

式中　Q——起重机的起重量（kN）；

　　Q_1——构件的重量（kN）；

　　Q_2——索具的重量（包括临时加固件重量）（kN）。

2）起重高度

起重机的起重高度必须满足所吊装的构件的安装高度要求，见图 6-32，即：

$$H \geqslant h_1 + h_2 + h_3 + h_4 \tag{6-9}$$

式中　H——起重机的起重高度（从停机面算起至吊钩中心）（m）；

h_1——安装支座表面高度（从停机面算起至安装支座表面的高度）（m）；

h_2——安装间隙，视具体情况而定，但不小于 0.2m；

h_3——绑扎点至构件起吊后底面的距离（m）；

h_4——索具高度（从绑扎点到吊钩中心距离）（m）。

3）起重半径

根据实际采用的起重机臂长 L 及相应的 α 值，计算起重半径 R。

$$R = F + L\cos\alpha \tag{6-10}$$

按计算出的 R 值及已选定的起重臂长度 L 查起重机工作性能表或曲线，复核起重量 Q 及起重高度 H，如满足要求，即可根据 R 值确定起重机吊装屋面板时的停机位置。

起重半径的确定，可以按 3 种情况考虑：

（1）当起重机可以不受限制地开到构件吊装位置附近去吊构件时，对起重半径没有什么要求，可根据计算的起重量 Q 及起重高度 H，查阅起重机工作性能表或曲线图来选择起重机型号及起重臂长度，并可查得在一定起重量 Q 及起重

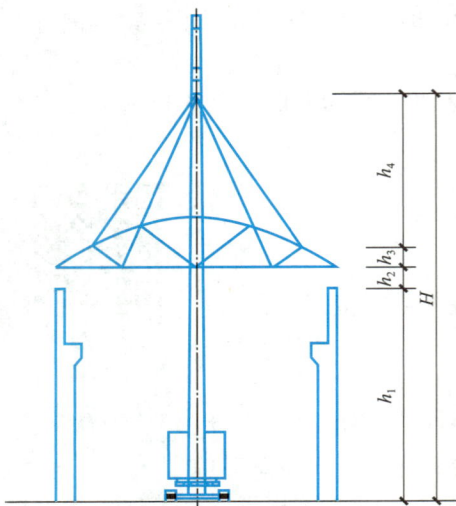

图 6-32　起重吊装高度示意图

高度 H 下的起重半径 R，作为确定起重机开行路线及停机点的依据。

（2）当起重机停机位置受到限制而不能直接开到构件吊装位置附近去吊装构件时，需根据实际情况确定起吊时的最小起重半径 R，根据起重量 Q、起重高度 H 及起重半径 R 三个参数，查阅起重机工作性能表或曲线来选择起重机的型号及起重臂长，所选择的起重机必须同时满足计算的起重量 Q、起重高度 H 及起重半径 R 的要求。

（3）当起重机的起重臂需跨过已安装好的构件去吊装构件时（如跨过屋架去吊装屋面板），为了不使起重臂与已安装好的构件相碰，需求出起重机起吊该构件的最小臂长 L 及相应的起重半径 R，并据此选择起重机的型号及臂长。

4）起重机的最小臂长选择

确定起重机的最小臂长，可用数解法，也可用图解法。

数解法：由图 6-33（a）所示的几何关系，起重臂长 L 可表示为其仰角 α 的函数。

$$L \geqslant l_1 + l_2 = \frac{h}{\sin\alpha} + \frac{f+g}{\cos\alpha} \tag{6-11}$$

式中　h——起重臂下铰点至吊装构件支座顶面的高度（m），$h = h_1 - E$；

h_1——安装支座表面高度（从停机面算起）（m）；

E——初步选定的起重机的臂下铰点至停机面的距离（m）；

f——起重钩需跨过已安装好的构件的水平距离（m）；

g——起重臂与已安装好构件间的水平安全距离（至少取 1m）（m）。

确定最小起重臂长度，就是求式（6-11）中 L 的最小值，令 $\mathrm{d}L/\mathrm{d}\alpha = 0$，即：

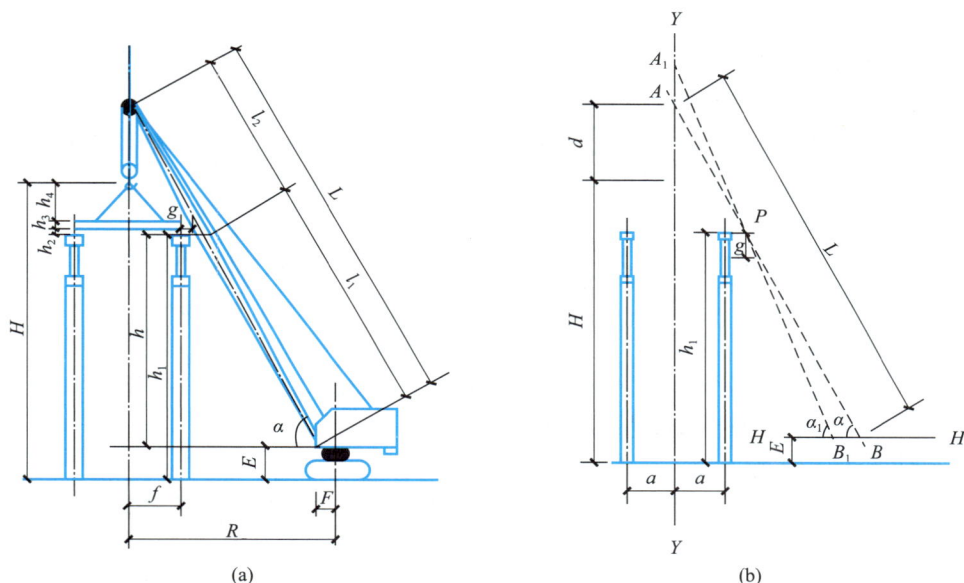

图 6-33　吊装屋面板时，起重机最小臂长计算简图
（a）数解法；（b）图解法

$$\frac{\mathrm{d}L}{\mathrm{d}\alpha}=\frac{-h\cos\alpha}{\sin^2\alpha}+\frac{(f+g)\sin\alpha}{\cos^2\alpha}=0$$

解上式得：
$$\alpha=\arctan\sqrt[3]{\frac{h}{f+g}}\qquad(6\text{-}12)$$

且应满足：
$$a\geqslant a_{\min}=\arctan\frac{H-h_1+d}{f+g}\qquad(6\text{-}13)$$

式中　H——起重高度（m）；

　　　d——吊钩中心至定滑轮中心的最小距离，视起重机型号而定，一般取 2.5～3.5m；

　　　$\alpha_{\min}$——满足起重高度要求的起重臂最小仰角。

α 取两式中较大值。将 α 值代入式（6-11），即得最小起重臂长。

根据数解法或图解法所求得的最小起重臂长度为理论值 $L_{\min}$，查起重机的性能表或性能曲线，从规定的几种臂长中选择一种臂长 $L>L_{\min}$ 即为吊装屋面板时所选的起重臂长度。

6.3.2　构件吊装

1. 构件的吊装工艺

单层工业厂房预制构件的吊装工艺过程包括绑扎、起吊、对位、临时固定、校正、最后固定等。上部构件吊装需要搭设操作台，以供安装操作人员使用。

1）柱的吊装

柱的绑扎方法、绑扎位置和绑扎点数，应根据柱的形状、长度、截面、配筋、起吊方法和起重机性能等因素确定。由于柱起吊时吊离地面的瞬间弯矩最大，其最合理的绑扎点位置，应按柱子产生的正负弯矩绝对值相等的原则来确定。一般中小型柱（自重 13t 以下）大多数绑扎一点；重型柱或配筋少而细长的柱（如抗风柱），为防止起吊过程中柱的断裂，常需绑扎两点甚至三点。对于有牛腿的柱，其绑扎点应选在牛腿以下 200mm 处；工字形断面和双肢柱，应选在矩形截面处，否则应在绑扎位置用方木加固翼缘，防止翼缘在起吊时损坏。根据柱起吊后柱身是否垂直，分为斜吊法和直吊法。当柱较重较长、需采用两点起吊时，也可采用两点斜吊和直吊绑扎。

（1）柱的吊升

根据柱在吊升过程中的特点，柱的吊升可分为旋转法和滑行法两种。对于重型柱还可采用双机抬吊的方法。

（2）柱的校正

柱的校正包括平面位置、垂直度和标高的校正。标高的校正已在柱基杯底找平时完成，故吊装时只需校正柱的平面位置和垂直度。

（3）柱的最后固定

柱经过校正后立即进行最后固定。其方法是在柱脚与杯口的空隙内浇筑比柱子混凝土强度等级高一级的细石混凝土。混凝土应分两次浇筑，首次浇至吊装就位时临时固定的楔块下端，待混凝土强度达到设计强度等级的 25% 后，拔掉楔块二次浇至杯口顶面。待第二次浇筑混凝土强度达到 70% 后，方能在柱上安装其他构件。

2）起重机梁的吊装

起重机梁一般用两点绑扎，水平起吊。就位时要使起重机梁上所弹安装准线对准牛腿顶面弹出的轴线（十字线）。起重机梁的校正、固定要在屋盖吊装完毕后进行，起重机梁校正的内容包括平面位置、垂直度和标高的校正。

3）屋架的吊装

屋架起吊的绑扎点应选择在屋架上弦节点处，且左右对称，并高于屋架重心。吊索与水平线的夹角不宜小于 45°，否则应采用横吊梁。屋架吊点的数目和位置与屋架的形式及跨度有关，屋架跨度过大且构件刚度较差时，应对腹杆及下弦进行加固。

4）天窗架及屋面板的吊装

天窗架常采用单独吊装，也可与屋架拼装成整体一起吊装，以减少高空作业。天窗架单独吊装时，需待两侧屋面板安装后进行，并应用工具式夹具进行临时加固。

屋面板的吊装应由两边檐口左右对称逐块吊向屋脊，避免屋架承受半跨荷载。屋面板对位后，应立即焊接固定，并应保证有三个焊接点。

2. 单层工业厂房结构吊装方案

结构吊装方案要根据厂房结构形式，构件的尺寸、重量、安装高度，工程量和工期的要求确定起重机型号、吊装方法、起重机开行路线和构件平面布置等内容。

1）单层工业厂房结构吊装方法

吊装方法要考虑整个厂房结构全部预制构件的总体安装顺序。单层工业厂房的结构安装方法有分件安装法和综合安装法两种。

（1）分件安装法。起重机在车间内每开行一次仅安装一种或两种构件。通常分三次开行安装完所有构件。

分件吊装法的优点是：每次吊装一种构件，构件可以分批进场，构件供应单一，构件平面布置简单，现场不拥挤，吊装时不需要经常更换索具，工人操作熟练，吊装效率高。

分件吊装法是单层厂房结构安装的常用方法。

其缺点是：不能为后续工作及早提供工作面，起重机的开行路线长。

（2）综合安装法。综合安装法是指起重机在车间内的一次开行中，分节间安装完所有构件。

综合吊装法的优点是：起重机开行路线短，停机次数少，可以为后续工作创造工作面。

其缺点是：因一次停机要吊装多种构件，索具更换频繁，影响吊装效率，起重机性能不能充分发挥，平面布置复杂。

2）构件的平面布置

（1）构件的平面布置原则

① 构件的平面布置分预制阶段构件的平面布置和安装阶段构件的平面布置，布置时两种情况要综合加以考虑，做到相互协调，有利于吊装；

② 按"重近轻远"的原则，首先考虑重型构件的布置；

③ 现场预制的构件布置位置要便于支模、扎筋及混凝土的浇筑，若为预应力构件，要考虑有足够的抽管、穿筋和张拉的操作空间等；

④ 构件布置方式满足吊装工艺要求，尽可能布置在起重机的起重半径内，尽量减少起重机在吊装时的行车、回转及起降吊臂次数；

⑤ 构件的布置考虑起重机的开行与回转，保证路线畅通，起重机回转时不与构件相碰；

⑥ 构件尽可能布置在本跨内，如确有困难也可布置在跨外，便于吊装的地方；

⑦ 构件均布置在坚实的土地上，以免沉降造成构件变形。

（2）预制阶段的构件平面布置

① 柱子的布置。柱子的布置一般可视厂房场地条件决定起重机沿柱列跨内或跨外开行，而柱子也随之排放在跨内或跨外。起重机开行路线距柱列轴线的距离取决于起重机的起重半径和起重机回转的安全要求。柱子的布置方式有斜向布置和纵向布置两种。

② 屋架的布置。屋架一般在跨内平卧叠浇预制，每叠3～4榀。布置方式有三种：斜向布置、正反斜向布置、正反纵向布置。三种布置形式中，应优先考虑采用斜向布置，因为它便于屋架的扶直和就位。只有当场地受限制时，才用后两种布置形式。在屋架预制布置时，还应考虑屋架扶直就位要求及扶直的先后顺序，应将先扶直的放在上层。另外也要考虑屋架两端的朝向、预埋件的位置等，要符合吊装时对朝向的要求。

③ 起重机梁的布置。起重机梁可靠近柱基顺纵轴方向或略为倾斜布置，也可以插在柱的空挡中预制。如有运输条件，最好在预制构件厂制作。

（3）吊装阶段的平面布置

由于柱子在预制阶段已按吊装阶段的堆放要求进行了布置，所以柱子在两个阶段的布置是一致的。一般先吊柱子，以便空出场地堆放其他构件。所以吊装阶段构件的布置，主要是指屋架扶直就位以及起重机梁、连系梁、屋面板等场外预制构件的运输堆放。

（4）起重机梁、连系梁和屋面板的运输堆放

单层工业厂房的起重机梁、连系梁和屋面板等，一般在预制厂集中生产，然后运至工地安装。构件运至现场后，应按施工组织设计规定位置，按编号及吊装顺序进行堆放。

起重机梁、连系梁的就位位置，一般在其吊装位置的柱列附近堆放，条件允许时也可随运输随吊装。

屋面板则由起重机吊装时的起重半径确定。当在跨内布置时，应后退 3～4 个节间翻身立放于柱边；在跨外布置时，应后退 1～2 个节间翻身立放于柱边。

6.4　钢结构安装

钢结构主要指由钢板、热轧型钢、薄壁型钢、钢管等钢型材连接而成的结构。由于钢结构具有强度高、结构轻、施工周期短等特点，被广泛应用于工业厂房、超高层建筑、大跨结构、桥梁工程、钢构筑物等，图 6-34 为钢结构应用方向分类。近年来，随着国家大力推广装配结构，具有良好装配性能的钢结构迎来了发展机遇。扫描二维码 6-5 观看钢结构的应用及展望教学视频。

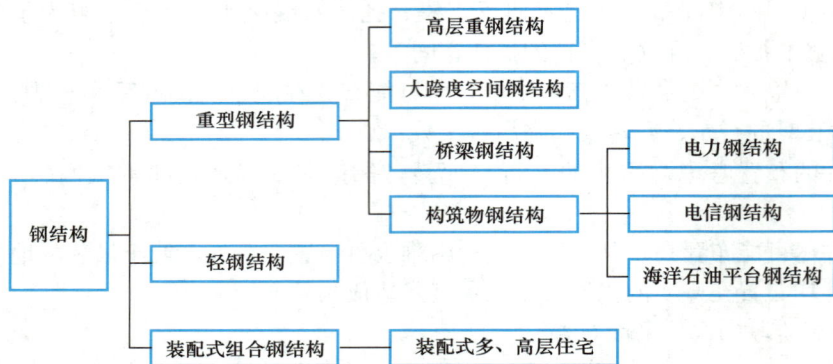

二维码 6-5
钢结构的应用
及展望

图 6-34　钢结构应用分类

6.4.1　钢结构加工

1. 钢结构加工图

钢结构施工图的识读重点和难点是构件之间连接构造，在识读钢结构施工图时一定要将各种图结合起来看，一般钢结构加工图包括钢结构设计总说明、构件布置图、构件详图、构件序号和材料表。扫描二维码 6-6 观看钢结构加工教学视频。

二维码 6-6
钢结构加工

2. 放样、号料与切割下料

1）放样

放样是根据钢结构施工详图或构件加工图，在放样台上以 1∶1 的比例把产品或零部件实样化，作为号料、切割和制孔的依据。放样是钢结构制作工艺中的第一道工序，只有放样尺寸精确，才能减小后续各道加工工序的累积误差。

（1）放样

根据施工图用 0.5～1mm 的薄钢板或放样用纸，按照实样尺寸制出零件的样板，用样板进行号料。放样时，要先画出构件的中心线，然后再画出零件尺寸。

（2）样板标注

样板制出后，必须在上面注明图号、零件名称、件数、位置、材料牌号、坡口部位、弯折线及弯折方向、孔径和滚圆半径、加工符号等内容。同时，应妥善保管样板，防止折叠和锈蚀，以便进行校核。

（3）加工余量

为了保证产品质量，防止由于下料不当造成废品，样板应注意适当预留加工余量。焊接构件要考虑预留切割余量、加工余量或焊接收缩量，一般加工余量为：

① 自动气割切断的加工余量为 3mm；

② 手工气割切断的加工余量为 4mm；

③ 气割后需铣端面或刨边者，其加工余量为 4～5mm；

④ 剪切后无需铣端面或刨边的加工余量为零。

对焊接结构零件的样板，除放出上述加工余量外，还须考虑焊接零件的收缩量。一般沿焊缝长度纵向收缩率为 0.03%～0.2%。沿焊缝宽度横向收缩，每条焊缝为 0.03～0.75mm；加强肋的焊缝引起的构件纵向收缩，每肋每条焊缝为 0.25mm。加工余量和焊接收缩量，应以组合工艺中的拼装方法、焊接方法及钢材种类、焊接环境等决定。

2）号料

号料是采用经检查合格的样板在钢板或型钢上划出零件的形状、切割加工线、孔位、标出零件编号，号料应统筹安排、长短搭配，先大后小或套材号料，以节约原材料和提高利用率。

在下料工作完成后，在零件的加工线、拼缝线及孔的中心位置上，打冲印并用标记笔在材料的图形上注明加工内容。下料常用的下料符号见表 6-5。

常用下料符号　　　　　　　　　　表 6-5

序号	名称	符号
1	板缝线	〜
2	中心线	〜
3	R 曲线	⊩—— R曲 ——⊨
4	切断线	////
5	余料切线（被划斜线面为余料）	\\\\\\
6	弯曲线	〜〜
7	结构线	/////
8	刨边符号	﹀

3）切割下料

（1）切割下料方法

钢材切割可采用机械切割、气割、等离子切割等方法，选用的切割方法应满足工艺文件的要求。

① 机械剪切的零件厚度不宜大于 12.0mm，剪切面应平整。碳素结构钢在环境温度低于—20℃、低合金结构钢在环境温度低于—15℃时，不得进行剪切、冲孔。

② 气割就是用氧-乙炔（或其他可燃气体，如丙烷、天然气等）火焰产生的热能对金属的切割。气割前钢材切割区域表面应清理干净，切割时，应根据设备类型、钢材厚度、切割气体等因素选择适宜的工艺参数。

③ 等离子切割配合不同的工作气体可以切割各种难以切割的金属，在切割普通碳素钢薄板时，速度可达气割的 5～6 倍。

图 6-35　数控气割下料

（2）切割下料质量控制

目前，在大型钢结构加工厂，均通过数控机床完成放样、号料、下料工作，并能优化工艺过程、提高原材料利用率，图 6-35 为数控气割下料的照片。切割下料注意事项：

① 钢板在下料前应检查钢板的牌号、厚度和表面质量，如钢材的表面出现蚀点，深度超过国标允许的负偏差时，不得使用。小面积的点蚀在不减薄设计厚度的情况下，可以采用焊补打磨直至合格；

② 切割后零件的外观质量及气割后零件的允许偏差必须满足《钢结构工程施工规范》GB 50755—2012 的相关规定。

3. 矫正、制孔、坡口加工

1）矫正

钢材矫正的内容有钢板的平直度、型钢的挠曲度以及翼缘对腹板的不垂直度等。矫正可采用机械矫正、加热矫正、加热与机械联合矫正等方法。钢材矫正后的允许偏差，应符合表 6-6 的规定。

2）制孔

制孔可采用冲孔、钻孔、铣孔、铰孔、镗孔、锪孔等方法，对直径较大或长形孔也可采用气割制孔。

钢材矫正后的允许偏差　　　　　　　　　　　　　　　　表 6-6

项目		允许偏差	图例
钢板的局部平面度	$t \leqslant 14$	1.5	
	$t > 14$	1.0	1000
型钢弯曲矢高		$l/1000$ 且不应大于 5.0	—

续表

项目	允许偏差	图例
角钢肢的垂直度	$b/100$ 双肢栓接角钢的角度不得大于 90°	
槽钢翼缘对腹板的垂直度	$b/80$	
工字钢、H 型钢翼缘对腹板的垂直度	$b/100$ 且不大于 2.0	

3）坡口加工

焊缝坡口尺寸应按工艺要求作精心加工。气割加工时，最少边缘深度加工余量为 2.0mm，见图 6-36；机械加工表面不应有损伤和裂缝，在进行砂轮加工时，磨削的痕迹应当顺着边缘。无论是什么方法切割和用何种钢材制成的，都要刨边和铣边。

4. 钢结构组装

1）预拼装

工程实践中，为了检验其制作的整体性

图 6-36　气割加工焊接坡口

及准确性，往往由设计规定或合同要求在出厂前进行预拼装。预拼装中所有构件应按施工图控制尺寸，各杆件重心线应交汇于节点中心，并完全处于自由状态，不允许有外力强制固定。单构件支撑点不论柱、梁、支撑，应不小于两个支撑点。

预拼装构件控制基准，中心线应标示明确，并与平台基线和地面基线相对一致。控制基准应和设计要求基准一致，如需变换预拼装基准位置，应得到工艺设计认同。预拼装注

意事项：

（1）尽可能选用主要受力框架、节点连接结构复杂，构件允许偏差接近极限且有代表性的组合构件；

（2）拼装应按工艺方法的拼装顺序进行，当有隐蔽焊缝时，必须先施焊，经检验合格后方可覆盖。当复杂部位不易施焊时，亦应按工艺顺序分别拼装和施焊，严禁不按次序拼装和强力组对；

（3）为减少大件拼装焊接的变形，一般应先进行小件组焊，经矫正后，再整体大部件拼装；

（4）拼装前，连接表面及焊缝每边 30～50mm 范围内的铁锈、毛刺、油污及潮气等必须清除干净，并露出金属光泽；

（5）拼装后的构件应立即用油漆在明显部位编号、写明图号、构件号和件数，以便查找；

（6）所有需进行预拼装的相同单构件，宜能互换，而不影响整体几何尺寸。

2）组装

构件组装宜在组装平台、组装支承架或专用设备上进行，组装平台及组装支承架应有足够的强度和刚度，并应便于构件的装卸、定位。在组装平台或组装支承架上宜画出构件的中心线、端面位置线、轮廓线和标高线等基准线。构件组装可采用地样法、仿形复制装配法、胎模装配法和专用设备装配法等方法；组装时可采用立装、卧装等方式。

钢板拼接在装配平台上进行，将钢板零件摆列在平台板上，将对接缝对齐，用定位焊固定，在对接焊缝两端设引弧板，重要构件的钢板需用自动埋弧焊接。焊后进行变形矫正，并需做无损伤检测。

桁架拼装多采用仿形装配法，即先在平台上放实样，据此装配出第一个单面桁架，并施行定位焊，之后再用它做胎模，在它上面复制出多个单面桁架，然后组装两个单面桁架，装完对称的单面桁架，即完成一个桁架的拼装，依此法逐个装配其他桁架。设计有起拱要求的桁架，应放出起拱线；无起拱要求的，也应起拱 10mm 左右，防止下挠。

3）钢结构连接

钢结构构件连接方法，通常有焊接连接，铆钉连接和螺栓连接。

（1）焊接连接

焊接连接一般不需要拼接材料，钢结构的焊接方法最常用的有电弧焊、电阻焊和气焊，电弧焊是工程中应用最普遍的焊接方式。电弧焊分为手工电弧焊和自动或半自动电弧焊。

① 焊接材料

焊接材料的选择应与母材的机械性能相匹配。对低碳钢一般按焊缝金属与母材等强度的原则选择焊接材料；对低合金高强度结构钢一般要求焊缝金属与母材等强或略高于母材，但不应高出 50MPa，同时焊缝金属必须具有优良的塑性、韧性和抗裂性；当不同强度等级的钢材焊接时，宜采用与低强度钢材相适应的焊接材料。

② 焊缝形式

焊缝形式按施焊的空间位置可分为平、横、立、仰焊缝四种，见图 6-37。平焊的熔滴靠自重过渡，操作简单，质量稳定。横焊时，由于重力熔化金属容易下淌，而使焊缝上侧产生咬边，下侧产生焊瘤或未焊透等缺陷。立焊焊缝成型更为困难，易产生咬边、焊瘤、夹渣、表面不平等缺陷。仰焊时，必须保持最短的弧长，因此易出现未焊透、凹陷等质量问题。

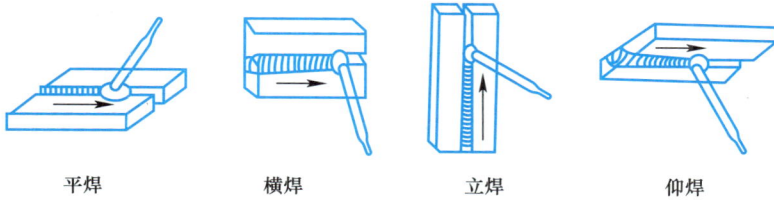

平焊　　　　横焊　　　　立焊　　　　仰焊

图 6-37　施焊的空间位置

　　焊缝按制图标准规定，采用"焊缝代号"标注。焊缝代号是由带箭头的引出线、图形符号、焊缝尺寸和辅助符号等几个部分组成，箭头应指向焊缝处，如图 6-38 所示。

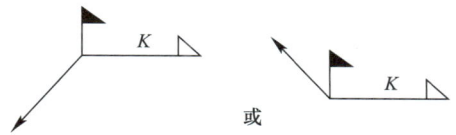

图 6-38　现场焊缝的标注方法

　　图形符号表示焊缝断面的基本形式，如 V 形、I 形、贴角焊、塞焊等。辅助符号表示焊缝的辅助要求，如三面焊缝、周围焊缝，现场安装焊缝等。常用焊缝形式与标注方式见表 6-7。

　　③ 焊接流程

　　A. 构件的定位焊是正式焊缝的一部分，因此定位焊缝不允许存在裂纹等不能够最终熔入正式焊缝的缺陷。定位焊缝必须避免在产品的棱角和端部等在强度和工艺上容易出问题的部位进行；T 形接头定位焊，应在两侧对称进行；坡口内尽可能避免进行定位焊。

焊缝形式与标注　　　　　　　　　　　　　　　　表 6-7

焊接名称		焊缝示意图	符号	标注方法
对接接头	I 型焊缝		‖	
	V 型焊缝		V	(a)　(b)
	双面 V 型焊缝		X	

焊接名称		焊缝示意图	符号	标注方法
搭接接头	贴角焊缝		◿	
	三面围焊		⊏	
	四面围焊		○	
T型接头	贴角焊缝		◿	

B. 为保证焊接质量，在对接焊的引弧端和熄弧端，必须安装与母材相同材料的引出板，引出板的坡口形式和板厚原则上宜与构件相同。引出板的长度，手工电弧焊及气体保护焊为 25～50mm；半自动焊为 40～60mm；埋弧自动焊为 50～100mm。

C. 钢结构的焊接应尽可能用胎夹具，以有效的控制焊接变形和使主要焊接工作处于平焊位置进行。

D. 钢结构的焊接，应视钢种、板厚、接头的拘束度、焊接缝金属中的含氢量、钢材的强度、焊接方法等因素来确定合适的预热温度和方法。碳素结构钢厚度大于 50mm，低合金高强度结构钢厚度大于 36mm，其焊接前预热温度宜控制在 100～150℃；预热区在焊道两侧，其宽度各为焊件厚度的 2 倍以上，且不应小于 100mm。

E. 引弧时由于电弧对母材的加热不足，应在操作上注意防止产生熔合不良、弧坑裂缝、气孔和夹渣等缺陷的发生，另外，不得在非焊接区域的母材上引弧（防止电弧击痕）。当电弧因故中断或焊缝终端收弧时，应防止发生弧坑裂纹，采用 CO_2 半自动气体保护焊时，更应避免发生弧坑裂纹，一旦出现裂纹，必须彻底清除后方可继续焊接。

④ 焊缝的质量检查方法

焊缝质量的外观检查，应按设计文件规定的标准在焊缝冷却后进行。由低合金高强度结构钢焊接而成的大型梁柱构件以及厚板焊接件，应在完成焊接工作 24h 后，对焊缝及热影响区是否存在裂缝进行复查。

A. 焊缝表面应均匀、平滑，无折皱、间断和未满焊，并与基本金属平缓连接，严禁有裂纹、夹渣、焊瘤、烧穿、弧坑、气孔和熔合性飞溅等缺陷。

B. 所有焊缝均进行外观检查，当发现有裂纹疑点时，可用磁粉探伤或着色渗透探伤进行复查，钢结构的焊缝质量检验分三级，各级检验项目、检查数量和检查方法见表 6-8。

焊缝质量检验分级表　　　　　　　　表 6-8

等级	检查项目	检查数量	检查方法
一级	外观检查	全部	检查外观缺陷及几何尺寸，有疑点时用磁粉探伤复验
	超声波检查	全部	
	X射线检查	抽查焊缝长度2%，至少应有一张底片	缺陷超标时应加倍透照，如仍不合格时应100%透照
二级	外观检查	全部	检查外观缺陷及几何尺寸
	超声波检查	抽查焊缝长度50%	有疑点时，用X射线透照复验，如发现有超标缺陷，应用超声波全部检验
三级	外观检查	全部	检查外观缺陷及几何尺寸

⑤ 连接节点制作

连接钢板节点制作时，钢板相互间先根据设计图纸用电焊点上，然后以角尺及样板为标准，用锤轻击逐渐校正，使钢板间的夹角符合设计要求，检查合格后再进行全面焊接。为了防止焊接变形，在点焊定位后，可用夹紧器夹紧，再全面施焊，见图6-39。节点板的焊接顺序，见图6-40。

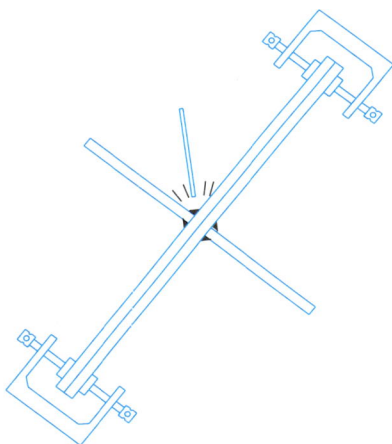

图 6-39　用夹紧器辅助焊接板

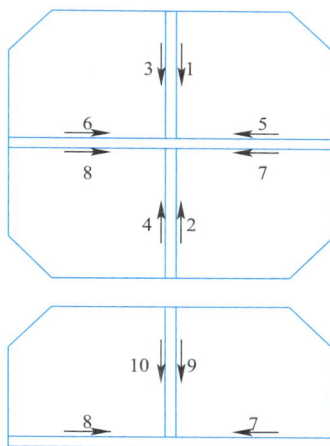

图 6-40　钢板节点焊接顺序
（图中1～10表示焊接顺序）

（2）螺栓连接

螺栓连接有普通螺栓和高强螺栓之分。普通螺栓的优点是装卸便利，不需特殊设备。高强螺栓摩擦型连接安装时以较大的扭矩拧紧螺帽，使螺杆产生很大的预拉力，被连接部件的接触面间产生很大的摩擦力，这种连接包含了普通螺栓和铆钉的双重优点，是代替铆钉连接的首选方式。

① 普通螺栓连接

常用的普通螺栓有六角螺栓，双头螺栓和地脚螺栓等。六角螺栓按其头部支承面大小及安装位置尺寸分为大六角头与六角头两种，按制造质量和产品等级分为 A、B 级和 C 级。普通螺栓连接注意事项：

A. 永久螺栓的螺栓头和螺母的下面应放置平垫圈，垫置在螺母下面的垫圈不应多于2个，垫置在螺栓头部下面的垫圈不应多于1个，螺栓头和螺母应与结构构件的表面及垫圈密贴；

B. 螺栓紧固后外露丝扣不应少于2扣，紧固质量检验可采用锤敲检验；

C. 锚固螺栓的螺母、动荷载或重要部位的连接螺栓，应根据施工图中的设计规定，采用有防松装置的螺母或弹簧垫圈。

② 高强度螺栓连接❶

高强度螺栓的连接形式可分为摩擦连接、承压连接和张拉连接三种，如图6-41所示。

高强度螺栓有大六角高强度螺栓和扭剪型高强度螺栓两类。大六角高强度螺栓也称为扭矩型高强度螺栓，一个连接副由一个螺栓杆、两个垫圈和一个螺母组成。扭剪型高强度螺栓与大六角高强度螺栓的不同之处在于它的丝扣端头设置了一个梅花头，螺母拧到规定的扭矩时，梅花头掉下，螺栓达到预计的轴拉力，如图6-42所示。

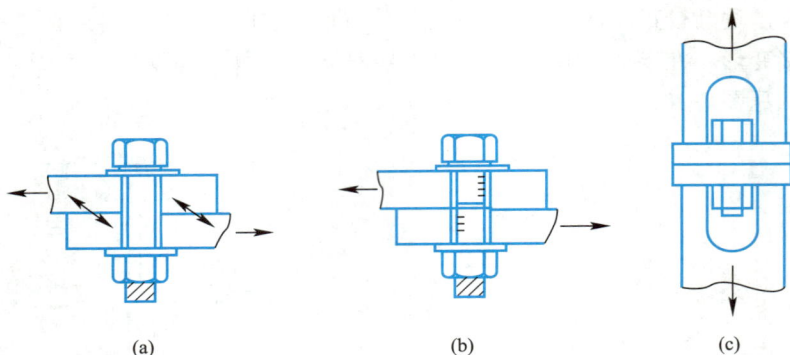

图 6-41　高强度螺栓的连接形式
（a）摩擦连接；（b）承压连接；（c）张拉连接

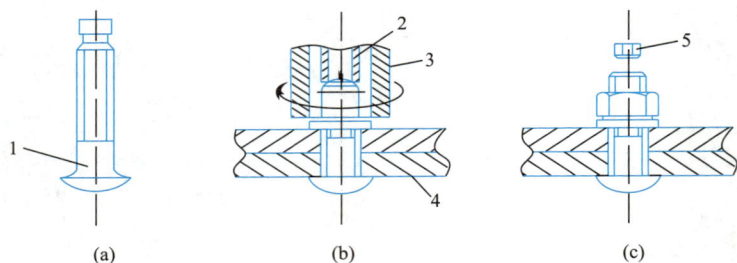

图 6-42　高强螺栓紧固过程
（a）高强度螺栓紧固前；（b）高强度螺栓紧固中；（c）高强度螺栓紧固后
1—高强度螺栓；2—小套筒；3—大套筒；4—母材；5—掉下的梅花头

---

❶ 《钢结构通用规范》GB 55006—2021规定：

7.1.2 高强度大六角头螺栓连接副和扭剪型高强度螺栓连接副出厂时应分别随箱带有扭矩系数和紧固轴力（预拉力）的检验报告，并应附有出厂质量保证书。高强度螺栓连接副应按批配套进场并在同批内配套使用。

7.1.3 高强度螺栓连接处的钢板表面处理方法与除锈等级应符合设计文件要求。摩擦型高强度螺栓连接摩擦处理后应分别进行抗滑移系数试验和复验，其结果应达到设计文件中关于抗滑移系数的指标要求。

高强度螺栓连接注意事项：

A. 高强度螺栓长度应以螺栓连接副终拧后外露 2～3 扣丝为标准计算。

B. 高强度螺栓现场安装时应能自由穿入螺栓孔，不得强行穿入。螺栓不能自由穿入时，可采用铰刀或锉刀修整螺栓孔，不得采用气割扩孔，扩孔数量应征得设计单位同意，修整后或扩孔后的孔径不应超过螺栓直径的 1.2 倍。

C. 高强度螺栓的紧固，应分两次（即初拧和终拧）拧固，对大型节点还应分初拧、复拧和终拧。扭剪型高强度螺栓初拧一般用 60%～70% 轴力控制，以拧掉梅花卡头为终拧。不能使用电动扳手的部位，则用测力扳手紧固，初拧扭矩值不得小于终拧扭矩值的 30%。高强度螺栓连接副初拧、复拧和终拧原则上应以接头刚度较大的部位向约束较小的方向、螺栓群中央向四周的顺序进行。

D. 高强度大六角头螺栓连接副终拧完成 1h 后，在 24h 之前应进行终拧扭矩检查。扭剪型高强度螺栓连接副终拧后，应以目测尾部梅花头拧掉为合格。

5. 喷涂

（1）钢材与大气环境发生电化学反应而引起材料的腐蚀破坏，很大程度上取决于涂装前的基材表面除锈质量；钢构件的除锈应在对制作质量检验合格后，方可进行。

① 面上涂有车间底漆的钢材，因焊接，火焰校正、暴晒和擦伤等原因，造成重新锈蚀的表面，或附有白锌盐的表面，必须除干净后方可涂漆。

② 当钢材表面温度低于露点以下 3℃时，干喷磨料除锈应停止进行，不得涂漆。

（2）钢材表面的锈蚀度分 A、B、C、D 四个等级，D 级不得使用；钢材表面的清洁度应符合规定。

（3）钢结构构件喷砂、除锈达到设计规范等级后，需经水性环氧高锌组漆及防火涂料处理后方可出厂。焊接后，焊缝不宜立即涂漆。

6.4.2　钢结构单层厂房吊装

钢结构单层厂房结构件包括起重机梁、桁架、天窗架、檩条、托架、各种支撑等，构件形式、尺寸、重量及安装标高都不同，因此所采用的起重设备、吊装方法等也需随之变化。扫描二维码 6-7 观看钢结构单层厂房吊装教学视频。

二维码 6-7
钢结构单层
厂房吊装

1. 单层厂房钢结构吊装准备工作

（1）基础准备❶

基础准备包括轴线测量，基础支承面的准备，支承面和支座表面标高与水平度检验，地脚螺栓位置和伸出支承面长度的量测等。基础支承面的准备有两种做法：一种是基础一次浇筑到设计标高，即基础表面先浇筑到设计标高以下 20～30mm 处，然后用细石混凝土仔细铺筑支座表面，如图 6-43 所示；另一种是先浇筑至距设计标高

---

❶ 《钢结构工程施工规范》GB 50755—2012 规定：

11.3.1　钢结构安装前应对建筑物的定位轴线、基础轴线和标高、地脚螺栓位置等进行检查，并应办理交接验收。当基础工程分批进行交接时，每次交接验收不应少于一个安装单元的柱基基础，并应符合下列规定：

1. 基础混凝土强度应达到设计要求；2. 基础周围回填夯实应完毕；3. 基础的轴线标志和标高基准点应准确、齐全。

11.3.2　基础顶面直接作为柱的支承面、基础顶面预埋钢板（或支座）作为柱的支承面时，其支承面、地脚螺栓（锚栓）位置的允许偏差应符合表 11.3.2 的规定。

50～60mm 处，柱子吊装时，在基础面上放钢垫板（不得多于 3 块）以调整标高，待柱子吊装就位后，再在钢柱脚下浇筑细石混凝土，如图 6-44 所示。后一种方法虽然多了一道工序，但钢柱容易校正，故重型钢柱宜采用此法。

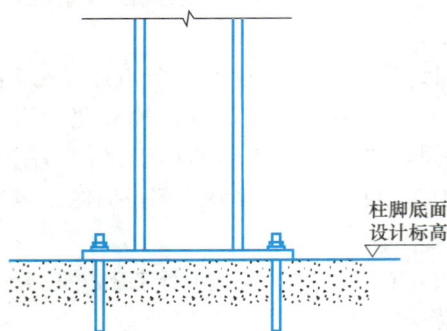

图 6-43　钢柱基础的一次浇筑法

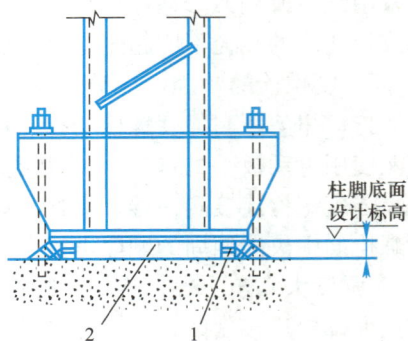

图 6-44　钢柱基础的二次浇筑法

1—调整柱子用的钢垫板；2—柱子安装后浇筑的细石混凝土

（2）构件的检查及弹线

钢构件外形和几何尺寸正确，可以保证钢结构顺利安装，所以必须在结构吊装前仔细检查钢构件的外形和几何尺寸，对超出规定偏差的构件在吊装前完成纠偏。

为了校正钢构件的平面位置、标高、垂直度，需在钢柱底部和上部标出两个方向的轴线和标高准线。对于吊点亦应标出，便于吊装时按设计吊点位置进行吊装。

（3）验算桁架的吊装稳定性

吊装桁架时，如果桁架上、下弦角钢的最小规格能满足表 6-9 的规定，则不论绑扎点在桁架上哪一点，桁架在吊装时都能保证稳定性。如果弦杆角钢的规格不符合表 6-9 的规定，则必须通过计算选择适当的吊点（绑扎点）位置。

保证桁架吊装稳定性的弦杆最小规格　　　　　　　　　　　　　　表 6-9

弦杆断面	桁架跨度/m						
	12	15	18	21	24	27	30
上弦杆	90×60×8	100×75×8	100×75×8	120×80×8	120×80×8	$\dfrac{150 \times 100 \times 12}{120 \times 80 \times 12}$	$\dfrac{200 \times 120 \times 12}{180 \times 90 \times 12}$
下弦杆	65×6	75×8	90×8	90×8	120×8	120×80×10	150×100×10

注：分数形式表示弦杆为不同的断面。

2. 单层厂房钢结构吊装

1）钢柱吊装与校正

单层工业厂房占地面积较大，通常用自行桅杆式起重机或塔式起重机吊装钢柱。钢柱的吊装方法与装配式钢筋混凝土柱相似，可采用旋转吊装法及滑行吊装法。对重型钢柱可采用双机抬吊的方法进行吊装。

钢柱就位后经过初校，钢柱的垂直度用经纬仪检验，如有偏差，用螺旋千斤顶或油压千斤顶进行校正。待垂直度偏差控制在规范允许的范围以内，则可进行临时固定，起重机

在固定后可以脱钩。❶

2）起重机梁吊装与校正

在钢柱吊装完成经调整固定于基础之后，即可吊装起重机梁。

钢起重机梁均为简支梁，梁端留有 10mm 左右的空隙，梁的搁置处与牛腿面之间设钢垫板，用螺栓连接，梁与制动架之间用高强螺栓连接。标高的校正可在屋盖吊装前进行，其他项目的校正宜在屋盖吊装完成后进行（因为屋盖的吊装可能引起钢柱在跨间有微小的变动）。

起重机梁的校正：

（1）起重机梁轴线的检验。以跨距为准，采用通线法对各起重机梁逐根进行检验（图 6-45）。亦可用经纬仪在柱侧面弹一条与起重机梁轴线平行的校正基线，作为起重机梁轴线校正的依据。

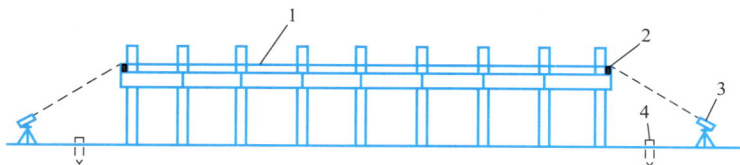

图 6-45　通线法校正起重机梁轴线

1—通线；2—横杆；3—经纬仪；4—轴线桩

（2）起重机梁跨距的检验。用钢卷尺量测，跨度大时，应用弹簧秤拉测（拉力一般为 100～200N），防止下垂，必要时应对下垂度 $\triangle$ 进行校正计算。

（3）起重机梁标高校正。标高的校正可用千斤顶或起重机，轴线和跨距的校正可用撬棍、钢楔、花篮螺丝、千斤顶等。

3）钢桁架的吊装与校正

由于桁架的跨度、重量和安装高度不同，吊装机械和吊装方法亦随之而异。钢桁架的侧面刚度较差，应采取临时加固措施，如图 6-46 所示。桁架多悬空吊装，为使桁架在起吊后不发生摇摆、与其他构件碰撞，起吊前应用麻绳系牢、随吊随放松。

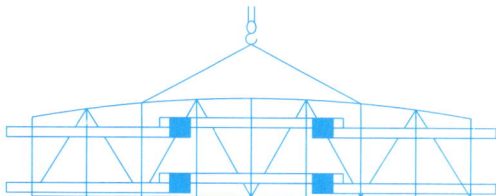

图 6-46　屋架的临时加固

桁架要检验校正其垂直度和弦杆的正直度。桁架的垂直度可用挂线垂球检验，弦杆的正直度则可用拉紧的测绳进行检验。钢桁架最后用电焊或高强螺栓固定。

---

❶ 《钢结构工程施工规范》GB 50755—2012 规定：

11.4.1 钢柱安装应符合下列规定：

1. 柱脚安装时，锚栓宜使用导入器或护套；

2. 首节钢柱安装后应及时进行垂直度、标高和轴线位置校正，钢柱的垂直度可采用经纬仪或线锤测量。校正合格后钢柱应可靠固定，并应进行柱底二次灌浆，灌浆前应清除柱底板与基础面间杂物；

3. 首节以上的钢柱定位轴线应从地面控制轴线直接引上，不得从下层柱的轴线引上；钢柱校正垂直度时，应确定钢梁接头焊接的收缩量，并应预留焊缝收缩变形值；

4. 倾斜钢柱可采用三维坐标测量法进行测校，也可采用柱顶投影点结合标高进行测校，校正合格后宜采用刚性支撑固定。

6.4.3　多层、高层钢结构安装

扫描二维码 6-8 观看多层、高层钢结构安装教学视频。

1. 安装前的准备工作

1）结构安装施工流水段的划分及安装顺序

多、高层钢结构的安装，必须按照建筑物的平面形状、结构形式、安装机械的数量和位置等，合理划分安装施工流水区段。❶

（1）平面流水段的划分应考虑钢结构在安装过程中的对称性和整体稳定性。其安装顺序，一般应由中央向四周扩展，以利焊接误差的减少和消除。

（2）立面流水以一节钢柱（各节所含层数不一）为单元。每个单元以主梁或钢支撑、带状桁架安装成节间框架，其次是次梁、楼板及大量结构构件的安装。

（3）高层钢结构安装前，应根据安装流水区段和构件安装顺序，编制构件安装顺序表，注明每一构件的节点型号、连接件的规格数量、高强螺栓规格数量、栓焊数量及焊接量、焊接型式等。

图 6-47　柱脚板底标高精确调整图

2）柱子地脚螺栓的设置

柱子地脚螺栓采用地脚螺栓一次或两次埋设方法。为了精确控制钢结构上部结构的标高，在首节钢柱吊装之前，要根据钢柱预检（其内容为实际长度、牛腿间距离、钢柱底板平整度等）结果，采用在底板下的地脚螺栓上加垫板螺母调整（图 6-47）的方法。待第一节钢柱吊装、校正和锚固螺栓固定后，再进行底层钢柱的柱底灌浆，灌浆用混凝土应采用自流自密实混凝土，浇筑后用湿草包、麻袋等遮盖养护。

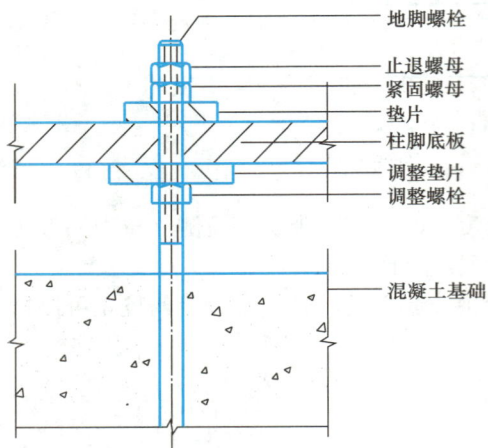

地脚螺栓应采用套板或套箍支架独立、精确定位，当地脚螺栓与钢筋相互干扰时，应遵循先施工地脚螺栓，后穿插钢筋的原则，并做好成品保护。

地脚螺栓施工完毕直至混凝土浇筑终凝前，应加强测量监控，混凝土终凝后应实测地脚螺栓最终定位偏差值，偏差超过允许值影响钢柱就位时，可通过适当扩大柱底板螺栓孔的方法处理。

2. 钢柱、梁吊装

1）构件分解吊装的划分

构件分解应综合考虑加工、运输条件和现场起重设备能力，本着方便实施、减少现场

---

❶ 《钢结构工程施工规范》GB 50755—2012 规定：

11.6.1 多层及高层钢结构安装宜划分多个流水作业段进行安装，流水段宜以每节框架为单位。流水段划分应符合下列规定：

1. 流水段内的最重构件应在起重设备的起重能力范围内；2. 起重设备的爬升高度应满足下节流水段内构件的起吊高度；3. 每节流水段内的柱长度应根据工厂加工、运输堆放、现场吊装等因素确定，长度宜取 2～3 个楼层高度，分节位置宜在梁顶标高以上 1.0～1.3m 处；4. 流水段的划分应与混凝土结构施工相适应。

作业量的原则进行。

（1）钢柱一般宜按（2～3）层一节，分解位置应在楼层梁顶标高以上 1.2～1.3m；

（2）钢梁、支撑等构件一般不宜分解；

（3）各分解单元应能保证吊运过程中的强度和刚度，必要时采取加固措施；特殊、复杂构件应会同设计共同确定分解方案。

构件分解的重量、构件尺寸必须考虑工厂制作、现场起重能力、运输条件限制，应综合考虑构件分解后安装单元的刚度满足吊装运输要求。这些问题都应在详图设计阶段综合考虑确定。为提高综合施工效率，构件分解应尽量减少。

2）柱的安装

钢结构多层、高层建筑的柱子多为宽翼缘工字形截面，高度较大的高层钢结构建筑的柱子多为箱形截面，为减少连接和充分利用起重机的吊装能力，柱子多为 3～4 层一节，节与节之间用坡口焊连接。在第一节钢柱吊装前，应检查基础上预埋的地脚螺栓，并在螺栓头处加保护套，以免钢柱就位时碰坏地脚螺栓的丝牙。

钢柱的吊点设在吊耳处（柱子制作时在吊点部位焊有吊耳，吊装完毕后再割去）。钢柱的吊装可用双机抬吊或单机吊装（图 6-48）。单机吊装时，需在柱子根部垫以垫木，以回转法起吊，严禁柱根拖地；双机抬吊时，将柱吊离地面后在空中调整姿态。

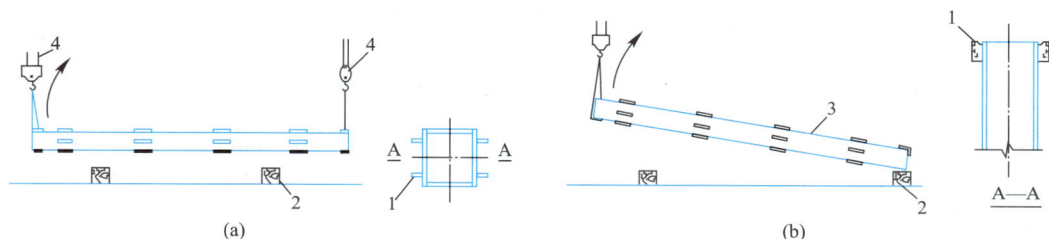

图 6-48 钢柱吊装

1—吊耳；2—垫木；3—钢柱；4—吊钩

钢柱就位后，先对钢柱的垂直度、轴线、标高进行初校，临时固定后拆除吊索。钢柱上下接触面间的间隙，一般不得大于 1.5mm。如间隙在 1.5～6.0mm 之间，可用低碳钢垫片垫实间隙；如间隙超过 6mm，则应查清原因后进行处理。

3）梁的安装

钢梁在吊装前，应检查柱子牛腿处标高和柱子间距。主梁吊装前，应在梁上装好扶手杆和扶手绳，待主梁吊装到位时，将扶手绳与钢柱系住，以保证施工安全。

钢梁采用两点吊，一般在钢梁上翼缘处开孔作为吊点。吊点位置取决于钢梁的跨度。有时可将梁、柱在地面组装成排架后进行整体吊装，以减少高空作业。当一节钢框架吊装完毕，即需对已吊装的柱、梁进行误差检查和校正。

3. 框架钢柱、梁连接

1）坡口焊连接

钢柱之间、主梁与钢柱之间一般采用坡口焊（图 6-49），一般梁的上、下翼缘用坡口焊连接，而腹板用高强螺栓连接；次梁与主梁的连接基本上是在腹板处用高强螺栓连接，少量再在上、下翼缘处用坡口电焊连接。

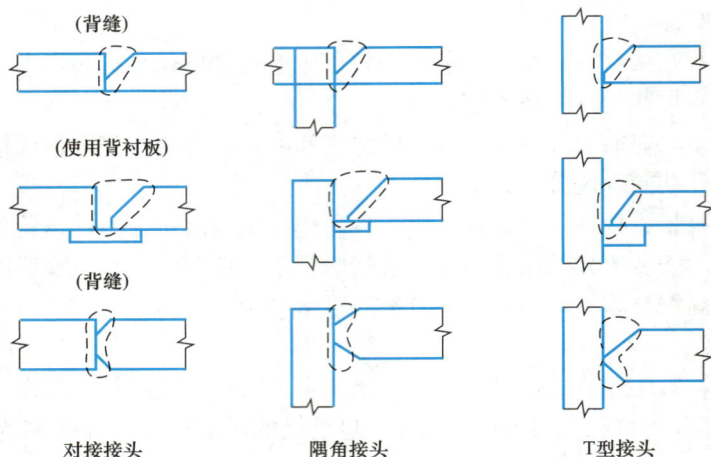

(背缝)

(使用背衬板)

(背缝)

对接接头　　　　　　隔角接头　　　　　　T型接头

图 6-49　坡口焊类型

坡口电焊连接应先做好准备（包括焊条烘焙、坡口检查、电弧引入、引出板和钢垫板，并点焊固定，清除焊接坡口、周边的防锈漆和杂物，焊接口预热）。柱与柱的对接焊接，采用两人同时对称焊接，柱与梁的焊接亦应在柱的两侧对称同时焊接，以减少焊接变形和残余应力。焊后当气温低于 0℃时，用石棉布保温使焊缝缓慢冷却。

2）高强螺栓连接

两个连接构件高强螺栓紧固顺序是以接头刚度较大的部位向约束较小的方向、螺栓群中央向四周的顺序进行。钢框架结构一般顺序为：

（1）先主要构件，后次要构件。每一连接处的施工顺序是：摩擦面处理→检查安装连接板（对孔、扩孔）→临时螺栓连接→高强螺栓紧固→初拧→终拧。

（2）梁构件的紧固顺序是：从中间开始，对称向两边（或四周）进行，见图 6-50。

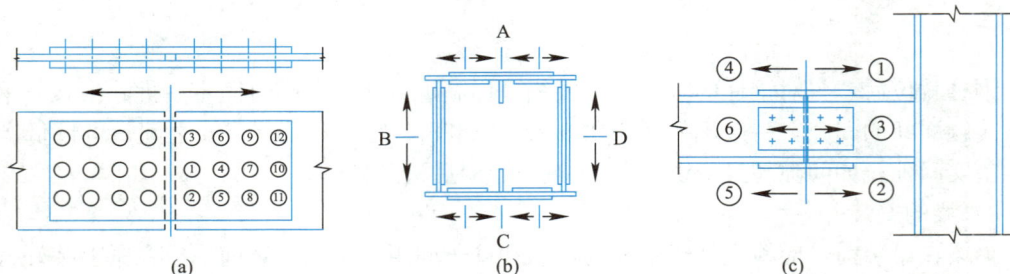

(a)　　　　　　　(b)　　　　　　　(c)

图 6-50　高强度螺栓施拧顺序

（a）从中心向两端；（b）箱形节点；（c）工字梁节点

（3）同一节柱上各梁柱节点的紧固顺序是：柱子上部的梁柱节点→柱子下部的梁柱节点→柱子中部的梁柱节点。

4. 钢结构安装安全施工措施

（1）在钢结构吊装时，挂设安全竖网和平网，以防人员、物料和工具坠落。安全平网设置在梁面以上 2m 处，当楼层高度小于 4.5m 时，安全平网可隔层设置，安全平网要求在建筑平面范围内满铺；安全竖网铺设在建筑物外围，防止人和物飞出造成安全事故，竖网铺设的高度一般为两节柱的高度。

（2）为便于进行柱梁节点紧固高强螺栓和焊接，需在柱梁节点下方安装挂脚手架。

（3）钢结构施工时所需用的设备需随结构安装面逐渐升高，为此需在刚安装的钢梁上设置存放设备的平台。设置平台的钢梁必须将紧固螺栓全部紧固拧紧。

（4）在柱、梁安装后而未设置浇筑楼板用的压型钢板时，为便于柱子螺栓等施工的方便，需在钢梁上铺设适当数量的走道板。

（5）施工用的电动机械和设备均须接地，绝对不允许使用破损的电线和电缆，严防设备漏电；施工用电器设备和机械的电线，须集中在一起，并随楼层的施工而逐节升高；每层楼面须分别设置配电箱，供每层楼面施工用电需要。

（6）高空施工，当风速达到 15m/s 时，所有工作均须停止。

（7）施工时尚应注意防火并安排必要的灭火设备和消防人员。

6.5 大跨空间结构吊装

6.5.1 大跨空间结构的分类和特点

大跨结构是指竖向承重结构为柱和墙体，屋盖有钢桁架、网架、悬索结构、薄壳、膜等的大跨结构。这类建筑中间没有柱子，而是通过空间结构把荷载传到房屋四周的墙、柱上去，适用于体育馆、航空港、火车站等公共建筑。

现代大跨度钢结构的结构形式较多，主要朝各类结构的组合形式发展。其中，奥运会羽毛球馆采用的是弦支穹顶作为屋盖、广州国际会展中心以张弦桁架作为屋盖、国家速滑馆采用的是双向正交马鞍形索网屋盖。水立方是泡沫多面体钢架结构，鸟巢是复杂的桁架钢结构。扫描二维码6-9观看大跨度结构施工教学视频。

二维码6-9
大跨度结构
施工

6.5.2 大跨空间结构施工特点

1. 大跨度钢结构施工受力状态

大跨度钢结构施工的受力状态是一个动态过程，在已经完成安装的钢结构上，安装产生的结构内力与位移则会对后期安装的钢结构内力与位移产生一定影响，为此，在大跨度钢结构施工中应对每一个阶段的内力与位移状况进行跟踪与计算，从而获得准确的结构内力与结构位移累计效应。在大跨度钢结构每一阶段施工过程，均会产生一定的边界约束条件变化（构件增删、温度变化与预应力变化等），在计算过程中要充分考虑这些因素。

2. 大跨空间结构的施工原则

1）合理分割，即把空间结构根据实际情况合理地分割成各种单元体，然后拼成整体。一般有下列几种方案，即：

（1）直接由单根杆件、单个节点总拼成空间结构；

（2）由小拼单元总拼成空间结构；

（3）由小拼单元→中拼单元→总拼成空间结构。

2）尽可能多地争取在工厂或预制场地焊接，尽量减少高空作业量，这样可以充分利用起重设备将空间结构单元翻身而能较多地进行平焊。

3）节点尽量不单独在高空就位，而是和杆件连接在一起拼装，在高空仅安装杆件。

3. 小拼单元划分与拼装

（1）小拼单元的划分

小拼单元一般可划分为平面桁架型或锥体型两种。划分时应作方案比较。图 6-51 所示为斜放四角锥网架两种划分方案的实例。桁架系网架的小拼单元，应该划分成平面桁架型小拼单元。

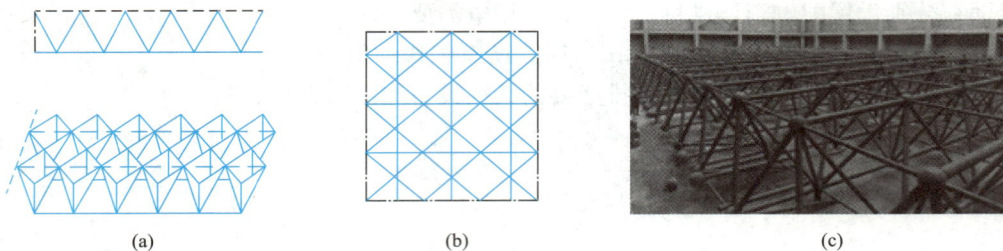

图 6-51　小拼单元划分方案

（a）桁架型小拼单元；（b）锥体型小拼单元；（c）斜放四角锥网架照片

（2）小拼单元的焊接

小拼单元应在专门的拼装模架上焊接，以确保几何尺寸的准确性。小拼模架有平台型（图 6-52a～b）和转动型（图 6-52c）两种。平台型模架仅作定位焊用，全面施焊应将单元体吊运至现场进行；而转动型模架是单元体全在此模架上进行焊接，由于模架可转动，易于保证焊接质量。

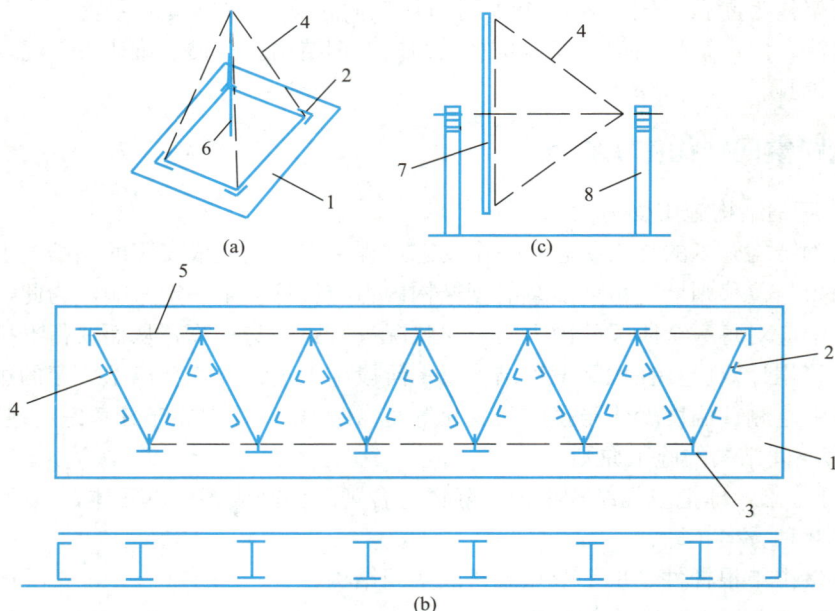

图 6-52　小拼单元拼装模架

（a）、（b）平台型模架；（c）转动型模架

1—拼装平台；2—定位角钢；3—搁置节点槽口；4—网架；5—临时加固杆；6—标杆；7—转动模架；8—支架

（3）总拼顺序

为保证网架在总拼过程中具有较少的焊接应力，合理的总拼顺序应该是从中间向两边或从中间向四周发展（图 6-53），它具有以下优点：

① 可减少一半的累积偏差；

② 保持一个自由收缩边，大大减少焊接收缩应力；

③ 向外扩展拼装顺序，便于网架局部尺寸的调整。

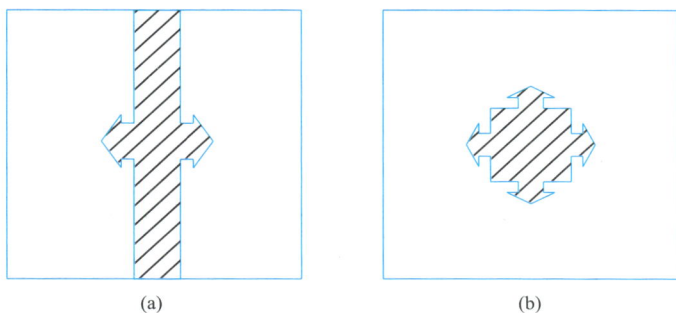

图 6-53　总拼顺序示意图

(a) 由中间向两边发展；(b) 由中间向四周发展

（4）拼装注意事项

① 总拼时严禁形成封闭圈，因为在封闭圈中焊接会产生很大的焊接收缩应力。

② 网架焊接时一般先焊下弦，使下弦收缩而略上拱，然后焊接腹杆及上弦。如先焊上弦，则易造成不易消除的人为挠度。

6.5.3　空间网格构架安装方法

在大跨度钢结构及空间结构领域，新的安装施工技术也日趋成熟，大跨度桁架及网架的滑移施工技术、钢结构屋盖整体提升及顶升施工技术、大面积空间钢结构屋盖拆撑施工技术、复杂钢构件的制作加工技术在一大批工程项目中得到应用，获得了巨大的技术进步和经济效益。例如新白云机场主航站楼钢结构桁架的整体曲线滑移施工、新白云机场大型维修机库钢屋盖的整体提升施工、国家大剧院和鸟巢钢屋盖的施工、贵州世界第一大 500m 口径球面射电望远镜钢结构安装、大兴国际机场钢结构施工体量、国家速滑中心的双向正交马鞍形索网屋面，这些工程均代表了钢结构施工技术的最新水平。常见安装方法有高空散装法、分条或分块安装法、整体提升法、整体顶升法、高空滑移法等。

1. 高空散装法

高空散装法是先在设计位置处搭设拼装支架，然后用起重机把网架构件分件（或分块）吊至空中的设计位置，在支架上进行拼装。其优点是可以采用简易的运输设备，不需大型起重设备，其缺点是拼装支架用量大，高空作业多。高空散装法适用于非焊接连接（螺栓球节点或高强螺栓连接）的网格构架。

拼装支架是支承网架、控制标高的施工操作平台。支架的数量和布置方式，取决于安装单元的尺寸和刚度。有全支架法（即架设满堂脚子架）和悬挑法两种。全支架法可以是一根杆件、一个节点的安装，也可以是一个小拼单元在设计标高进行拼装❶。

1）高空散装法工艺

工厂小单元制作→支架搭设→拼装→拆支架。图6-54所示是首都体育馆的拼装方法，预先用角钢焊成三种小拼单元（图6-54a），然后在支架上悬挑拼装。高空拼装采用高强螺栓连接。

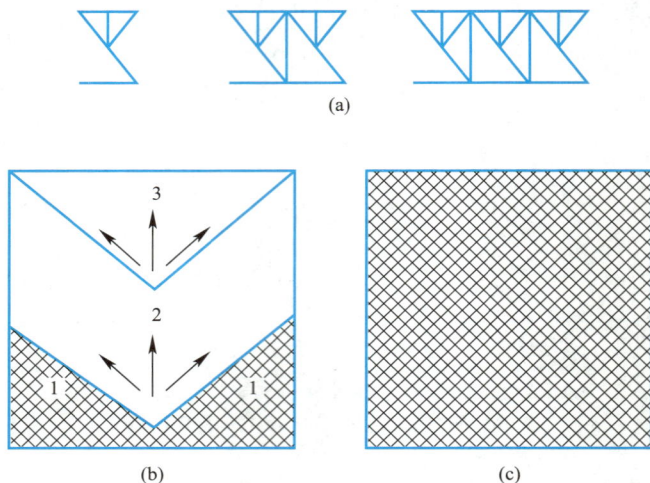

图 6-54　首都体育馆网架屋盖高空散装法施工

（a）三种小拼单元；（b）总拼顺序（其中1～3为拼装顺序编号）；
（c）拼装支架平面布置（虚线为支架范围，黑线为起重机轨道）

（1）支架设置

支架既是网架拼装成型的承力架，又是施工操作平台支架。所以，支架搭设位置必须对准网架下弦节点。支架一般用承插脚手架搭设，它应具有整体稳定性和在荷载作用下有足够的刚度的特点。拼装支架必须牢固，设计时应对单肢稳定、整体稳定进行验算，并估算沉降量。其中单肢稳定验算可按一般钢结构设计方法进行，应给予足够的重视。大型网架施工，必要时可进行试压，以取得所需的资料。拼装支架不宜用竹或木制，因为这些材料容易变形并且易燃，采用焊接作业时禁用。

（2）支架整体沉降量控制

支架的整体沉降量包括钢管接头的空隙压缩、钢管的弹性压缩、地基的沉陷等。如果地基情况不良，要采取夯实加固等措施，并且要用木垫板以分散支柱传来的集中荷载。高空拼装法对支架的沉降要求较高（不得超过5mm），因此，为了调整沉降值和卸荷方便，可在网架下弦节点与支架之间设置调整标高用的千斤顶。

（3）拼装操作

总的拼装顺序是从建筑物一端开始向另一端以两个三角形同时推进，待两个三角形相

---

❶　《空间网格结构技术规程》JGJ 7—2010规定：

6.3.1采用小拼单元或杆件直接在高空拼装时，其顺序应能保证拼装精度，减少累积误差。悬挑法施工时，应先拼成可承受自重的几何不变结构体系，然后逐步扩拼。为减少扩拼时结构的竖向位移，可设置少量支撑。空间网格结构在拼装过程中应对控制点空间坐标随时跟踪测量，并及时调整至设计要求值，不应使拼装偏差逐步积累。

交后，则按人字形逐榀向前推进，最后在另一端的正中合拢，见图 6-54（b）。拼装方法
有分块拼装和分件拼装两种。

①　分块拼装。每榀块体的安装顺序，在开始两个三角形部分是从屋脊部分开始分别
向两边拼装，两三角形相交后，则由交点开始同时向两边拼装，见图 6-55。吊装分块
（分件）用 2 台履带式或塔式起重机进行。分块拼装后，在支架上分别用方木和千斤顶顶
住网架中央竖杆下方进行标高调整，其他分块则随拼装随拧紧高强螺栓，与已拼好的分块
连接即可。

②　分件拼装。当采取分件拼装，一般采取分条进行，顺序为：支架抄平、放线→放
置下弦节点垫板→按格依次组装下弦、腹杆、上弦支座（由中间向两端、一端向另一端扩
展）→连接水平系杆→撤出下弦节点垫板→总拼精度校验→油漆。

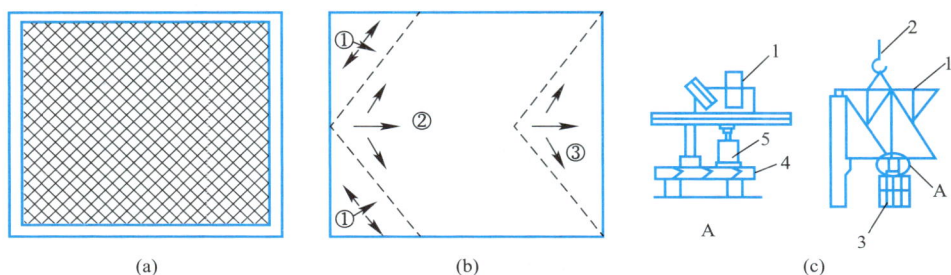

图 6-55　高空散装法安装网架
(a) 网架平面；(b) 网架安装顺序；(c) 网架块体临时固定方法
①、②、③——安装顺序
1—第一榀网架块体；2—吊点；3—支架；4—枕木；5—液压千斤顶

（4）支架的拆除

网格构架拼装成整体并检查合格后，即拆除支架。拆除时应从中央逐圈向外分批进
行，每圈下降速度必须一致，应避免个别支点集中受力，防止因拆除原因引起网架受力突
变而破坏。大型网格构架每次拆除的高度要根据自重挠度值分成若干批进行。❶

2.　分条分块安装法

分条分块安装法是高空散装的组合扩大。为适应起重机械的起重能力和减少高空拼装
工作量，将屋盖划分为若干个单元，在地面拼装成条状或块状扩大组合单元体后，用起重
机械或设在双肢柱顶的起重设备，垂直吊升或提升到设计位置上，拼装成整体网架结构的
安装方法。

适于分割后刚度和受力状况改变较小的各种中、小型网格构架，如双向正交正放网格
结构。对于场地狭小或跨越其他结构、起重机无法进入网架安装区域时尤为适宜。

（1）条状单元组合体的划分

条状单元组合体的划分，是沿着屋盖长方向切割。切割组装后的网架条状单元体往往

❶　《空间网格结构技术规程》JGJ 7—2010 规定：
6.3.6 在拆除支架过程中应防止个别支承点集中受力，宜根据各支承点的结构自重挠度值，采用分区、分阶段按
比例下降或用每步不大于 10mm 的等步下降法拆除支承点。

是单向受力的两端支承结构，在自重作用下能形成一个稳定体系。网格结构分割后的条状单元体刚度，要经过验算，必要时应采取相应的临时加固措施。

条状单元的划分通常有以下几种形式：

① 网格结构单元相互靠紧，把下弦双角钢分在两个单元上，见图6-56（a），此法可用于正放四角锥网格结构；

② 网格结构单元相互靠紧，单元间上弦用剖分式安装节点连接，见图6-56（b）。此法可用于斜放四角锥网格结构；

③ 单元之间空一节间，该节间在网架单元吊装后再在高空拼装，见图6-56（c），可用于两向正交正放或斜放四角锥等网格结构。

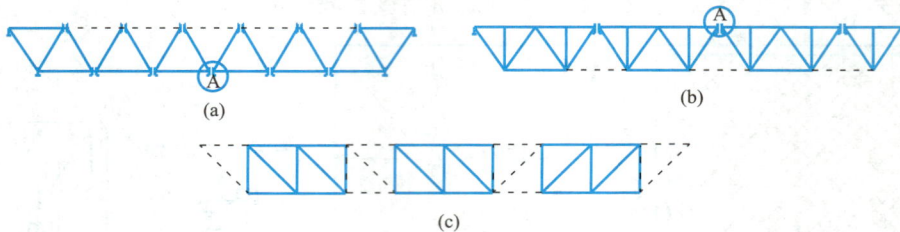

图 6-56　网架条（块）状单元划分方法

（a）网架下弦双角钢分在两单元；（b）网架上弦用剖分式安装；
（c）网架单元在高空中拼装（注：Ⓐ表示剖分式安装节点）

分条（分块）单元，自身应是几何不变体系，同时还应有足够的刚度，否则应加固。对于正放网格结构而言，在分割成条（块）状单元后，自身在自重作用下能形成几何不变体系，同时也有一定的刚度，一般不需要加固。但对于斜放类网格结构，在分割成条（块）状单元后，由于上弦为菱形结构可变体系，因而必须加固后才能吊装，见图6-57。

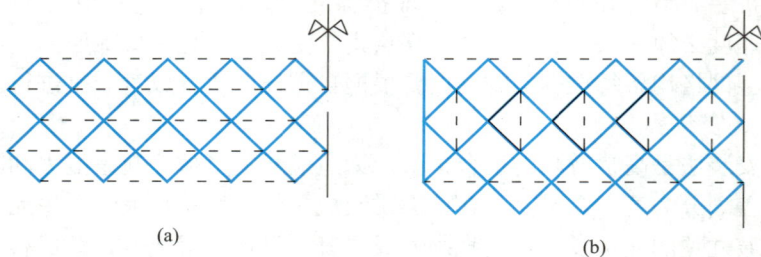

图 6-57　斜放四角锥网架上弦加固（虚线表示临时加固杆件）示意图
（a）网架上弦临时加固件采用平行式；（b）网架上弦临时加固件采用间隔式

（2）块状单元组合体的划分

块状单元组合体的分块，一般是在网格结构平面的两个方向均有切割，其大小视起重机的起重能力而定。切割后的块状单元体大多是两邻边或一边有支承，一角点或两角点要增设临时顶撑予以支承。也有将边网格切除的块状单元体，边网格留在垂直吊升后再拼装成整体网架，如图6-58所示。

（3）拼装操作

吊装有单机跨内吊装和双机跨外抬吊两种方法，在跨中下部设可调立柱、钢顶撑，以调节网格结构跨中挠度。拼装时可将半圆球节点焊接、安设下弦杆件，待全部作业完成后，拧紧支座螺栓，拆除网架下立柱，即告完成，见图 6-59。

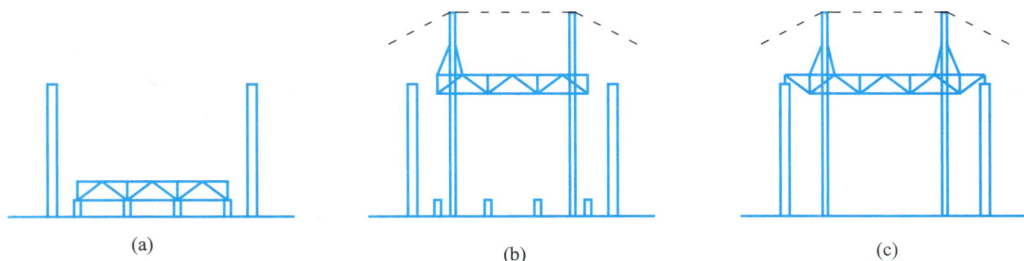

图 6-58　网架吊升后拼装边节间

（a）网架在室内砖支墩上拼装；（b）用独脚拔杆起吊网架；（c）网架吊升后将边节各杆件及支座拼装上

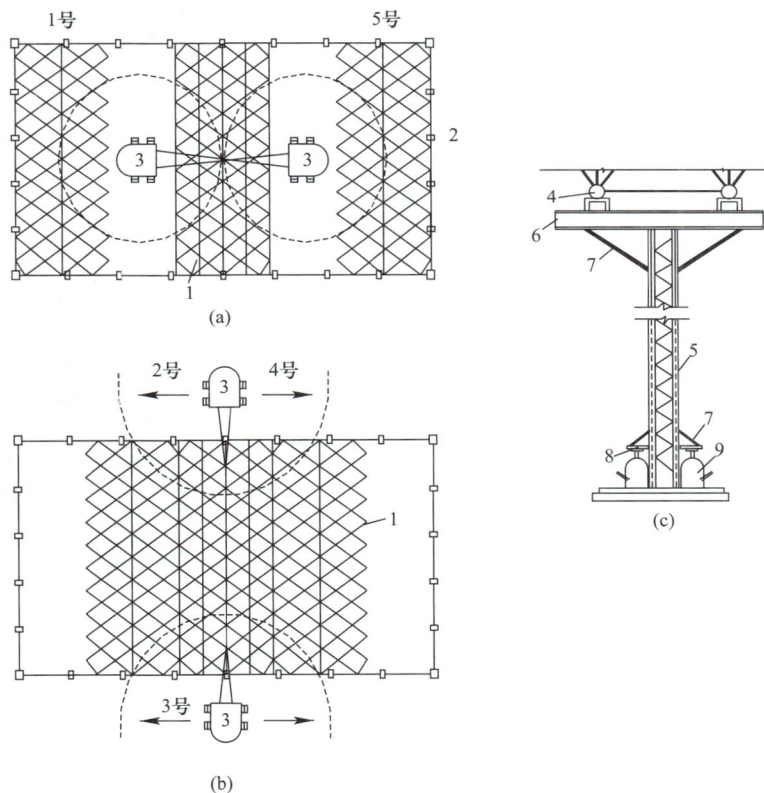

图 6-59　分条分块法安装网架

（a）吊装 1 号、5 号段网架作业；（b）吊装 2 号、4 号、3 号段作业；（c）网架跨中挠度调节

1—网架；2—柱子；3—履带式起重机；4—下弦钢球；5—钢支柱；6—横梁；

7—斜撑；8—升降顶点；9—液压千斤顶

（4）网格结构安装质量控制

① 网格结构挠度控制。网架条状单元在吊装就位过程中的受力状态属平面结构体系，而网架结构是按空间结构设计的，因而条状单元在总拼前的挠度要比网架形成整体后该处

的挠度大，故在总拼前必须在合龙处用支撑顶起，调整挠度与整体网架挠度吻合。块状单元在地面制作后，应模拟高空支承条件，拆除全部地面支墩后观察施工挠度，必要时也应调整其挠度。

② 网格结构尺寸控制。条（块）状单元尺寸必须准确，以保证高空总拼时节点吻合或减少积累误差，一般可采取预拼装措施。同时应该注意保证条（块）状单元制作精度和起拱，以免造成总拼困难。

3. 整体提升法

整体提升法就是先将网架在地面上拼装成整体，然后用起重设备将其整体提升到设计位置上加以固定。这种施工方法不需要高大的拼装支架，高空作业少，易保证焊接质量，但需要起重量大的起重设备，技术较复杂。❶

整体提升法对球节点的钢管网架（尤其是三向网架等构件较多的网架）较适宜。根据所用设备的不同，整体安装法又分为多机抬吊法、拔杆提升法、千斤顶提升法与千斤顶顶升法等。图 6-60 为港珠澳大桥珠海口岸旅检大楼 A 区双向大跨度的双层网架结构钢屋盖提升过程示意图。

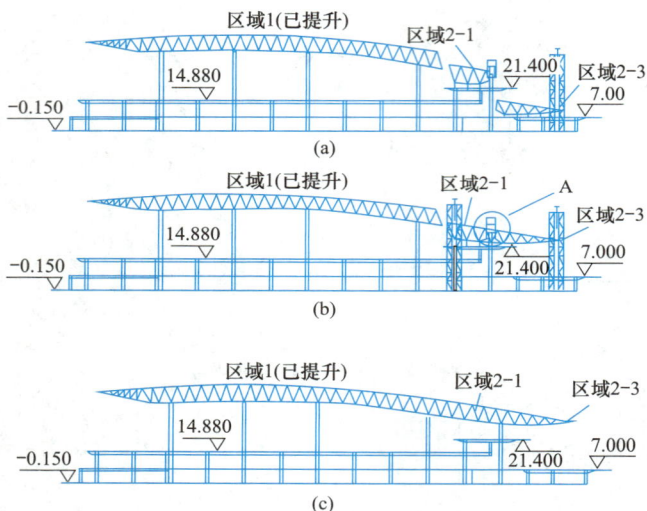

图 6-60　港珠澳大桥珠海口岸旅检大楼钢屋盖提升过程示意

4. 整体顶升法

整体顶升法是利用柱作为滑道，将千斤顶安装在结构各支点的下面，逐步地把结构顶升到设计位置的施工方法。整体顶升法与整体提升法类似，区别在于提升设备的位置不同，前者位于结构支点的下面，后者则位于上面，两者的作用原理相反，顶升法顶升过程中如无导向措施，则极易发生偏转。两者共同的特点则为安装过程中网架只能垂直地上

---

❶ 《空间网格结构技术规程》JGJ 7—2010 规定：

6.6.1 空间网格结构整体吊装可采用单根或多根拔杆起吊，也可采用一台或多台起重机吊装就位。

6.6.2 在空间网格结构整体吊装时，应保证各吊点起升及下降的同步性。提升高差允许值（即相邻两拔杆间或相邻两吊点组的合力点间的相对高差）可取吊点间距离的1/400，且不宜大于100mm，或通过验算确定。

6.6.6 当采用多根拔杆吊装时，拔杆安装必须垂直，缆风绳的初始拉力值宜取吊装时缆风绳中拉力的60%。

升，不能或不允许平移或转动。

5. 高空滑移法

高空滑移法是将网架条状单元组合体在建筑物上空进行水平滑移、对位、总拼的一种施工方法，[1] 适用于网架支承结构为周边承重墙或柱上有现浇钢筋混凝土圈梁等情况。可在地面或支架上进行扩大拼装条状单元，并将网架条状单元提升到预定高度后，利用安装在支架或圈梁上的专用滑行轨道，水平滑移对位拼装成整体网架。

依据滑移过程、方式等的不同，滑移法可按下面五种形式进行分类。

（1）按滑行方式分为单条滑移法和逐条累积滑移法；

（2）按滑移过程中摩擦方式可分为滚动式滑移法及滑动式滑移法；

（3）按滑移过程中移动对象可分为胎架滑移、结构主体（桁架）滑移、桁架胎架整体滑移法；

（4）按滑移轨道布置方式可分为直线滑移和曲线滑移；

（5）按滑移牵引力作用方式分为牵引法滑移和顶推法滑移。

在实际施工中，各种滑移方式是可以组合利用的，图 6-61 所示为中天的料场整体顶推法滑移示意图。

6.5.4 索结构施工

索结构可分为索桁架、索网、索穹顶、张弦梁、悬吊索和斜拉索等，索结构一般通过张拉或下压建立预应力。其主要施工技术包括拉索制作、拉索安装、拉索张拉与锚固、拉索防护及维护等。

1. 钢索与锚具

1）钢索的材料

由于索只能承受拉力，因此所选取的材料通常根据结构跨度、荷载、施工方法和使用条件等因素，分别采用由高强钢丝组成的钢绞线、平行钢丝束或钢丝绳，其中钢绞线和平行钢丝束最为常用。但也可采用圆钢筋或带状薄钢板。此外，还可以采用非金属材料如碳纤维制成的束。

拉索采用高强度材料制作，作为主要受力构件，其索体性能应符合《建筑工程用索》JG/T 330—2011、《桥梁缆索用热镀锌或锌铝合金钢丝》GB/T 17101—2019、《预应力混

---

[1] 《空间网格结构技术规程》JGJ 7—2010 规定：

6.5.1 滑移可采用单条滑移法、逐条积累滑移法与滑架法。

6.5.3 滑轨可固定于梁顶面或专用支架上，也可置于地面，轨面标高宜高于或等于空间网格结构支座设计标高。滑轨及专用支架应能抵抗滑移时的水平力及竖向力，专用支架的搭设应符合本规程第 6.3.2 条的规定。滑轨接头处应垫实，两端应做圆倒角，滑轨两侧应无障碍，滑轨表面应光滑平整，并应涂润滑油。大跨度空间网格结构的滑轨采用钢轨时，安装应符合现行国家标准《起重机 车轮及大车和小车轨道公差 第 1 部分：总则》GB/T 10183.1—2018 的规定。

6.5.4 对大跨度空间网格结构，宜在跨中增设中间滑轨。中间滑轨宜用滚动摩擦方式滑移，两边滑轨宜用滑动摩擦方式滑移。当滑移单元由于增设中间滑轨引起杆件内力变号时，应采取措施防止杆件失稳。

6.5.6 空间网格结构滑移时可用卷扬机或手拉葫芦牵引。根据牵引力大小及支座之间的杆件承载力，左右每边可采用一点或多点牵引。牵引速度不宜大于 0.5m/min，不同步值不应大于 50mm。

6.5.7 空间网格结构在滑移施工前，应根据滑移方案对杆件内力、位移及支座反力进行验算。当采用多点牵引时，还应验算牵引不同步对结构内力的影响。

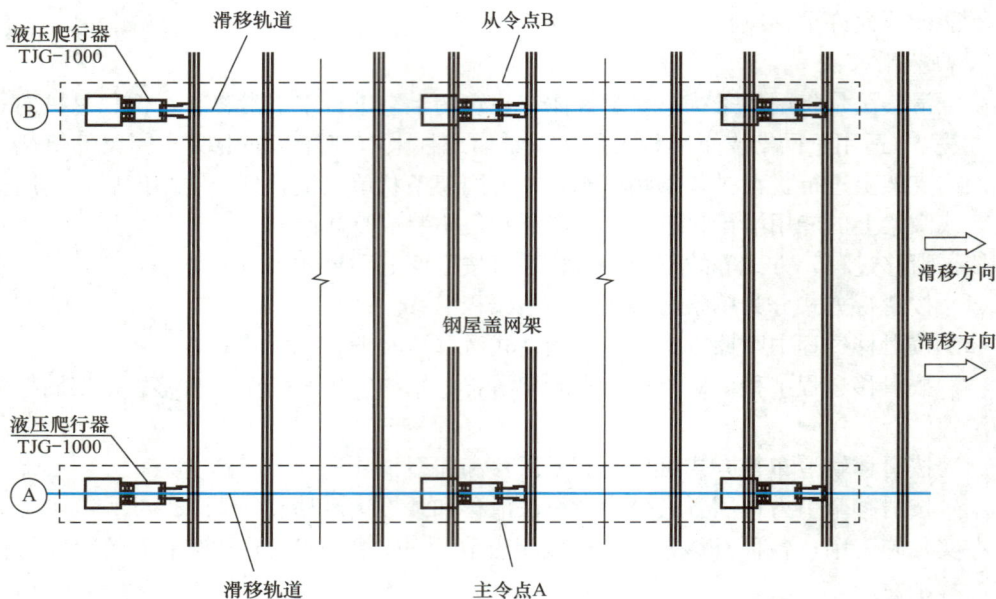

图 6-61   中天的料场整体顶推法滑移

凝土用钢绞线》GB/T 5224—2023、《重要用途钢丝绳》GB/T 8918—2006 等相关标准。拉索采用的锚固装置应满足《预应力筋用锚具、夹具和连接器》GB/T 14370—2015 及相关钢材料标准。拉索的静载破断荷载一般不小于索体标准破断荷载的 95%，破断延伸率不小于 2%，拉索的使用应力一般在 0.4~0.5 倍标准强度。当有疲劳要求时，拉索应按规定进行疲劳试验。

2）钢索的制作（图 6-62）

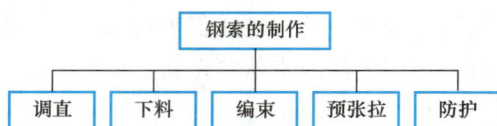

图 6-62   钢索的制作

（1）钢索下料

钢索在下料前应抽样复验，内容包括外观、外形尺寸、抗拉强度等，并出具相应的检验报告。下料前先要以钢索初始状态的曲线形状为基准进行计算，下料长度应把理论长度加长至支承边缘，再加上张拉工作长度和施工误差等。另外在下料时还应实际放样，以校核下料长度是否准确。在每束钢索上应标明索号和长度，以供穿索时对号入座。

为了使得组成钢索的各根钢丝或各股钢绞线在工作状态下受力均匀，下料时一般采用"应力"下料法，即将开盘、调直后的钢丝或钢绞线在一定拉应力状态下号料，不仅可以使钢丝或钢绞线拉直还可以消除一些非弹性因素对长度的影响。

钢丝或钢绞线及热处理钢筋的切断应采用切割机或摩擦圆锯片，切忌采用电弧切割或气切割。

（2）编束

编束时，不论钢丝束或钢绞线束均宜采用栅孔梳理，以使每根钢丝或多股钢绞线保持相互平行，防止互相交错、缠结；成束后，每隔 1m 左右要用铁丝缠绕拉紧。

（3）钢索的预张拉

钢索的预张拉是为了消除索的非弹性变形，保证在使用时的弹性工作。预张拉在工厂内进行，一般选取钢丝极限强度的 50%～55% 为预张力，持荷时间为 0.5～2.0h。

3）钢索的锚具

钢索的锚具有钢丝束镦头锚具、钢丝束冷铸锚具与热铸锚具、钢绞线夹片锚具、钢绞线挤压锚具、钢绞线压接锚具等。目前工程中运用最多的是成品索，而成品索的张拉基本上每个工程都需要专门设计张拉工装，而且在满足使用要求的情况下越简单越好。

工装设计需要综合考虑索头形式和尺寸、锚固节点形式和构造尺寸、配套张拉机具以及操作空间等因素，根据工装设计原理不同，索头的形式分为：销接连接和螺母旋紧锚固连接。销接连接是最常用的连接方式，适用于单叉耳式及双叉耳式索头；螺母旋紧锚固连接适用于螺杆式索头或钢棒，如冷铸锚等。图 6-63 为带索头的成品索及索头连接件。

图 6-63　带索头的成品索及索头连接件

2. 索结构施工要点

1）钢索的加工运输储存

（1）钢索按照施工图纸规定在专业预应力钢索厂进行下料。按施工图上结构尺寸和数量，每根钢索的每个张拉端预留张拉长度；

（2）钢索及配件运输及吊装、运输过程中不得碰撞挤压；

（3）钢索及配件在铺放使用前，应妥善保存，放在干燥平整的地方，下边要有垫木，上面采取防雨措施，以避免材料锈蚀；切忌砸压和接触电气焊作业损伤钢索。

2）钢索的安装

（1）预埋索孔钢管

对于混凝土支承结构（柱、圈梁或框架），在其钢筋绑扎完成后，先进行索孔钢管定位放线，然后用钢筋井字架将钢管焊接在支承结构钢筋上，并标注编号。模板安装后，再对钢管的位置进行检查和校核，确保准确无误。钢管端部应用麻丝堵严，以防止浇筑混凝土时流进水泥浆。

对于钢构件，一般在制作时先将索孔钢管定位固定，待钢构件吊装时再测量对正，以保证索孔钢管角度及位置准确；也可在钢构件上焊接耳板，待钢构件吊装定位后，将钢索的端头耳板用销子与焊接耳板连接。

（2）挂索

当支承结构上预留索孔安装完成，并对其位置逐一检查和校核后，即可挂索。在高空架设钢索是悬索结构施工中难度较大的工序。挂索顺序应根据施工方案的规定程序进行，并按照钢索上的标记线将锚具安装到位，然后初步调整钢索内力及控制点的标高位置。

对于索网结构，先挂主索（承重索），后挂副索（稳定索），在所有主副索都安装完毕后，按节点设计标高对索网进行调整，使索网曲面初步成型，此即为初始状态。索网初步成型后开始安装夹具，所有夹具的螺母均不得拧紧，待索网张拉完毕经验收合格后再拧紧。

（3）钢索与中心环的连接

对于设置中心环的悬索结构体系，钢索与中心环的连接可采用两种方法：钢索在中心环处断开并与中心环连接、钢索在中心环处直接通过。

3）钢索张拉

施加预应力是悬索屋盖结构施工的关键工序。通过施加预应力，可使各索内力和控制点标高或索网节点标高都达到设计要求。对于混凝土支承结构，只有在混凝土强度达到设计要求后才能进行此项工作。

（1）张拉设备

张拉设备采用相应的千斤顶和配套油泵。根据设计和预应力工艺要求的实际张拉力对千斤顶、油泵进行标定。实际使用时，由此标定曲线上找到控制张拉力值相对应的值，并将其打在相应的泵顶标牌上，以方便操作和查验。

由于张拉设备组件较多，因此在进行安装时必须小心安放，使张拉设备形心与钢索重合，以保证预应力钢索在进行张拉时不产生偏心。

（2）张拉

① 张拉方法。在悬索结构中，对钢索施加预应力的方式有张拉、下压、顶升等多种手段。由于各个工程的场地条件、索的质量不同，需要根据工程的具体情况制定合理的张拉方案。

A. 采用液压千斤顶、手动葫芦（捯链）等张拉钢索是最常用的一种方式，而钢绞线群锚拉索的张拉方法与普通预应力混凝土中钢绞线的张拉类似。

B. 采用整体下压或整体顶升方式张拉，是一种新颖的施工方法，具有简易、经济、可靠等优点。

C. 对于比较复杂的结构，有可能需要整体同步张拉，这不仅需要自动同步张拉设备，工装设计也更为复杂。图 6-64 为索结构施工过程图片。

② 张拉双控。根据设计要求的预应力钢索张拉控制应力取值。钢索张拉采用控制钢索的拉力、伸长值及钢结构变形值。预应力钢索张拉完成后，应立即测量校对。如发现异常，应暂停张拉，待查明原因，并采取措施后，再继续张拉。

③ 张拉顺序。钢索的张拉顺序应根据结构受力特点、施工要求、操作安全等因素确定，以对称张拉为基本原则。钢索的张拉方法：

A. 对直线束，可采取一端张拉；

B. 对折线束，应采取两端张拉；

C. 张拉力宜分级加载；

图 6-64　索结构施工

D. 采用多台千斤顶同时工作时，应同步加载。

（3）封锚

张拉结束后切断两端多余钢索，但应使其露出锚具不少于 50mm。为保证在边缘构件内的孔道与钢索形成有效粘接，改善锚具受力状况，要进行索孔灌浆和端头封裹。这两项工作一定要引起足够的重视，因为灌浆和封裹的质量直接影响到钢索的防腐，影响到钢索的安全与寿命。

4）测量与监控

为保证钢结构的安装精度以及结构在施工期间的安全，并使钢索张拉的预应力状态与设计要求相符，必须对钢结构的安装精度、张拉过程中钢索的拉力及钢结构变形进行监测。

（1）钢索张拉测量记录

在对钢索进行张拉时，钢结构部分会随之变形。张拉前可把预应力钢索自由部分长度作为原始长度，当张拉完成后，再次测量原自由部分长度，两者之差即为实际伸长值。除了张拉长度记录，还应该对压力传感器测得压力和全站仪测得结构变形记录下来。

（2）张拉质量控制方法和要求

① 张拉力按标定的数值进行，用伸长值和压力传感器数值进行校核；

② 检查张拉设备及与张拉设备相接的钢索，以保证张拉安全、有效；

③ 张拉严格按照操作规程进行，控制给油速度；

④ 张拉设备形心应与预应力钢索在同一轴线上；

⑤ 实测伸长值与计算伸长值相差超过允许误差时，应停止张拉。

6.6　工程案例

案例一：时代年华北地块项目位于长沙市望城区，北靠彩霞路，东临金坪路，西面为雷锋大道，南面为时代年华南地块项目。本项目共计 10 栋住宅，一栋幼儿园，两栋副楼商业，总建筑面积 184 437.80m²。其中 23 号、24 号住宅位于项目北面，地下两层地上 34 层，建筑面积 30 340.14m²。采用装配整体式剪力墙结构装配式施工，与铝合金模板附

二维码 6-10
时代年华北地块
23 号、24 号项目

着式升降脚手架，ALC 轻质隔墙相结合。扫描二维码 6-10 观看时代年华北地块 23 号、24 号项目介绍视频。

　　案例二：威海国际经贸交流中心，位于威海滨海新城核心区，北靠环海路，南至松涧路，西接道遥大道，东临道遥湖。通山达海山海相容，集展览、会议、办公、文化交流、商业服务、旅游休闲等功能于一体。项目分两大区域，会展综合区和会议人居区。总建筑面积约 31.7 万 m²，总造价约 24.26 亿元。扫描二维码 6-11 观看威海国际经贸交流中心项目介绍视频。

二维码 6-11
威海国际经贸
交流中心项目

作业

　　位于上海市嘉定新城 F04-2 地块项目，四至为：东至德立路、西至裕民南路、南至希望路、北至伊宁路；项目分为住宅、商业、办公，总占地面积 58 949.4m²，地上 PC 楼栋总建筑面积为 18 983.8m²。住宅区单栋 PC 立面覆盖率 50%以上，PC 预制率 15%以上。A 组团为 11 栋高层住宅楼；B 组团为商业区，由 5 栋多层建筑组成；C 组团为办公区，由 1 栋多层，2 栋高层组成。

　　其中 A-1 号楼为地上 18 层，标准层层高 2.90m，结构总高度为 53.88m，楼长 55m，楼宽 13m。1~2 层底部加强区现浇，3~18 层标准层采用预制构件装配式钢筋混凝土结构，顶层屋面采用现浇。PC 构件包括：外墙板、预制梁、叠合楼板及楼梯等。PC 构件概况如下：

　　(1) 每层预制外墙 17 块，其中包括预制凸窗和 PC 预制板，3~18 层预制外墙共约 260 块。单块构件起重重量从 2.38t 至 5.98t 不等，竖向通过套筒注浆连接，水平通过现浇暗柱与现浇结构连接。（楼四大角预制外墙板的最大自重为 5.98t）

　　(2) 每层预制梁 4 根，3~18 层预制梁共约 60 根。单根构件起重重量为 1.55t 和 1.7t 两种，通过预留锚固钢筋与现浇结构连接。

　　(3) 每层单向预制叠合楼板 9 块，3~18 层预制叠合楼板共 150 块。单块构件起重重量为 1.64t 至 2.41t 不等，构件外围通过附加钢筋与现浇结构相连。

　　(4) 每层预制叠合楼梯板 4 个，3~18 层预制叠合楼梯板共约 30 个。施工前，先搭设楼梯梁（平台板）支撑排架，按施工标高控制高度，先梯梁后楼梯（板）的顺序进行。楼梯与梯梁搁置前，应先在楼梯 L 形支座内铺砂浆，采用软坐灰方式。预制楼梯与现浇梁或板之间采用预埋件焊接连接方式时，应先施工现浇梁或板，再搁置预制楼梯进行焊接连接。

二维码 6-12
预制装配式剪力
墙结构模拟施工

　　【任务】根据上述背景材料，试编制 A-1 号楼主体结构吊装施工方案。扫描二维码 6-12 观看预制装配式剪力墙结构模拟施工视频。

本章小结

　　(1) 建筑结构吊装的起重机械有桅杆式起重机、自行式起重机等几大类。前者按其构造不同，可分为独脚拔杆、人字拔杆、悬臂拔杆和牵缆式拔杆起重机等；后者常用类型有履带式起重机、汽车式起重机和轮胎式起重机三种。使用过程中要进行稳定验算以及索具荷载承受能力验算，确保安全。

（2）民用装配式结构的构件在进行安装时，应提前做好专项施工方案。施工方案应包括下列内容：整体的进度计划、预制构件运输方案、施工场地布置方案（场内通道规划，吊装机械选择及布置，吊装方案，构件堆放位置等）、各专项施工方案（构件安装施工方案，节点连接方案，防水施工方案，现浇混凝土施工方案及全过程的成品保护修补措施等）、安全管理方案、质量管理方案、环境保护措施等。

（3）民用装配式结构的安装工艺流程：构件进场检查及构件信息核对编号→吊装机械、吊具准备→抄平、放线定位→吊装柱子、墙板就位灌浆→支撑架搭设→吊装主梁→吊装次梁→吊装叠合板底板预制板→主梁、次梁、预制板上部钢筋绑扎→预埋管线→浇混凝土→楼梯吊装。

（4）单层工业厂房结构一般由大型预制钢筋混凝土柱、屋架、天窗架、起重机梁、屋面板组成。在拟定单层工业厂房结构安装方案时，首先应根据厂房的平面尺寸、跨度大小、结构特点、构件的类型、重量、安装的位置标高、设备基础施工方案（封闭式或敞开式施工）、现有起重机械的性能以及施工现场的具体条件等来合理选择起重机械，使其能满足起重量、起重高度和起重半径的要求。根据所选起重机械的性能，确定构件吊装工艺、结构安装方法、起重机开行路线和停机位置，据此进行构件现场预制的平面布置和就位布置。

（5）钢结构单层厂房结构件包括起重机梁、桁架、天窗架、檩条、托架、各种支撑等，构件形式、尺寸、重量及安装标高都不同，因此所采用的起重设备、吊装方法等也需随之变化。

（6）多、高层钢结构的安装，必须按照建筑物的平面形状、结构型式、安装机械的数量和位置等，合理划分安装施工流水区段。

（7）大跨空间钢结构是一种空间杆系结构，由很多个杆件从两个方向或几个方向有规律地组成的空间结构，受力杆件通过节点有机地结合起来。网架结构的安装方法，因根据受力和构造特点，结合当地的施工技术条件等因素，因地制宜，综合确定。

（8）索结构可分为索桁架、索网、索穹顶、张弦梁、悬吊索和斜拉索等，索结构一般通过张拉或下压建立预应力。其主要施工技术包括拉索制作技术、拉索节点及锚固技术、拉索安装及张拉技术、拉索防护及维护技术等。

第7章　防水工程

【知识目标】
1. 工程防水等级划分；
2. 屋面工程、地下工程、外墙、室内防水施工工艺。
【能力目标】
1. 根据工程防水设计，合理选择防水材料；
2. 能编制各类防水工程专项施工方案。
【素质教育】扫描二维码7-1观看专注是工匠精神的关键教学视频。
专注是工匠精神的关键，标准是工匠精神的基石，精准是工匠精神的宗旨，创新是工匠精神的灵魂，完美是工匠精神的境界，人本是工匠精神的核心。

——2016年9月9日《品质——安得广厦千万间》

二维码7-1
专注是工匠
精神的关键

　　工程防水一般需要采取多种措施综合实施，并结合其他功能和需要形成系统。在适应使用环境的前提下，综合考虑排水和防水的要求，做到因地制宜、以防为主、防排结合。

7.1　防水工程概述

7.1.1　防水等级

　　根据工程防水类别和工程防水使用环境类别将防水等级划分为三级，见表7-1。

工程防水等级的划分　　　　　　　　　　　　　　　　　表7-1

工程防水使用环境类别	工程防水类别		
	甲类	乙类	丙类
Ⅰ类	一级	一级	二级
Ⅱ类	一级	二级	三级
Ⅲ类	二级	三级	三级

　　1. 工程防水类别

　　工程防水类别依据工程类型与工程防水功能重要程度划分工程防水类别，分为甲、乙、丙三类。建筑工程针对工业与民用建筑的地下、屋面、外墙、室内等进行工程防水类别划分，市政工程针对地下、道桥、蓄水类等进行工程防水类别划分。

工程防水类别的划分详见《建筑与市政工程防水通用规范》GB 55030—2022 第2.0.3 条规定。

2. 工程防水使用环境类别

工程防水使用环境类别详见《建筑与市政工程防水通用规范》GB 55030—2022 第2.0.4 条规定。在环境类别中，市政工程地下工程的工程防水使用环境类别划分仅适用于明挖法地下工程。工程防水使用环境类别不仅仅考虑抗浮设防水位标高与地下结构板底标高高差，还需要考虑下列因素：

（1）对于矿山法、盾构法、沉管法、顶管法、箱涵顶进法等暗挖法地下工程，其防水等级取决于工程类别（防水功能重要性、使用要求）、工程地质条件（围岩、地下水环境及内外水压等）和施工条件等。

（2）城市轨道交通工程具有线路长、途经地层地质条件差异大和水位变化大的特点，可根据工程防水类别、工程地质条件和施工条件等确定防水等级，地铁区间隧道的防水等级不应低于二级。

（3）城市综合管廊具有线路长、地质条件变化显著、干线管廊与支线管廊接口多、工程防水设计工作年限长等特点，因此其防水等级不应低于二级，且要符合现行强制性工程建设规范《特殊设施工程项目规范》GB 55028—2022 对干、支线管廊防水的规定。

7.1.2　各类工程的防水设计工作年限最低要求

（1）地下工程防水设计工作年限不应低于工程结构设计工作年限；
（2）屋面工程防水设计工作年限不应低于 20 年；
（3）室内工程防水设计工作年限不应低于 25 年；
（4）桥梁工程桥面防水设计工作年限不应低于桥面铺装设计工作年限；
（5）非侵蚀性介质蓄水类工程内壁防水层设计工作年限不应低于 10 年。

7.1.3　防水材料的选用要求

1. 防水材料

1）防水混凝土

防水混凝土的施工配合比通过试验确定，其强度等级不应低于 C25，试配混凝土的抗渗等级要比设计要求提高 0.2MPa。防水混凝土应采取减少开裂的技术措施。防水混凝土除应满足抗压、抗渗和抗裂要求外，尚要满足工程所处环境和工作条件的耐久性要求。

2）防水卷材和防水涂料

（1）防水材料耐水性。在不低于 23℃×14d 的试验条件下，不出现裂纹、分层、起泡和破碎等现象。当用于地下工程时，浸水试验条件不低于 23℃×7d，防水卷材吸水率不大于 4%；防水涂料与基层的粘结强度浸水后保持率不应小于 80%，非固化橡胶沥青防水涂料应为内聚破坏。

（2）沥青类材料的热老化。在不低于 70℃×14d 的试验条件下，材料的低温柔性或低温弯折性温度升高不超过热老化前标准值 2℃；高分子类材料的热老化测试按不低于 80℃×14d 的条件进行。

（3）外露使用防水材料的人工气候加速老化试验。试验后材料不出现开裂、分层、起泡、粘结和孔洞等现象。

（4）防水卷材接缝剥离强度符合表 7-2 的要求。

防水卷材接缝剥离强度　　　　　　　　　表 7-2

防水卷材类型	搭接工艺	接缝剥离强度（N/mm）		
		无处理	热老化	浸水
聚合物改性沥青类防水卷材	热熔	≥1.5	≥1.2	≥1.2
	自粘、胶粘	≥1.0	≥0.8	≥0.8
合成高分子类防水卷材及塑料防水板	焊接	≥3.0 或卷材破坏		
	自粘、胶粘	≥1.0	≥0.8	≥0.8
	胶带	≥0.6	≥0.5	≥0.5

注：热老化试验条件不应低于 70℃×7d，浸水试验条件不应低于 23℃×7d。

（5）防水卷材搭接缝在 0.2MPa/30min 条件下，不透水。

（6）用于混凝土桥面防水工程的防水材料与混凝土基层在 23℃时的粘结强度不应小于 0.25MPa。

（7）钢桥面防水粘结层的材料性能应能保障在交通荷载、温度作用等疲劳荷载作用下的正常使用和耐久性要求。

（8）耐根穿刺防水材料应通过耐根穿刺试验。

（9）长期处于腐蚀性环境中的防水卷材或防水涂料，应通过腐蚀性介质耐久性试验。

3）水泥基防水材料

（1）外涂型水泥基渗透结晶型防水材料的性能符合《水泥基渗透结晶型防水材料》GB 18445—2012 的规定，防水层的厚度不小于 1.0mm，用量不小于 1.5kg/m²。

（2）地下工程使用时，聚合物水泥防水砂浆防水层的厚度不小于 6.0mm，掺外加剂、防水剂的砂浆防水层的厚度不小于 18.0mm。

（3）聚合物水泥防水砂浆、聚合物水泥防水浆料的抗渗压力不小于 1.0MPa、粘结强度不小于 1.0MPa（防水浆料 0.8MPa）、25 次冻融无开裂（剥落）、吸水率不大于 4%。

4）密封材料

（1）非结构粘结用建筑密封胶质量损失率，硅酮不大于 8%，改性硅酮不大于 5%，聚氨酯不大于 7%，聚硫不大于 5%。

（2）橡胶止水带、橡胶密封垫和遇水膨胀橡胶制品的性能应符合现行国家标准《高分子防水材料 第 2 部分：止水带》GB/T 18173.2—2014、《高分子防水材料 第 3 部分：遇水膨胀橡胶》GB/T 18173.3—2014 和《高分子防水材料 第 4 部分：盾构法隧道管片用橡胶密封垫》GB/T 18173.4—2010 的规定。

2. 防水层最小厚度

防水层最小厚度详见表 7-3。

3. 防水材料的选用

（1）防水材料的耐久性应与工程防水设计工作年限相适应；

（2）防水材料性能应与工程使用环境条件相适应；

（3）每道防水层厚度应满足防水设防的最小厚度要求；

防水层最小厚度 表 7-3

防水卷材类型			卷材防水层最小厚度（mm）
聚合物改性沥青类防水卷材	热熔法施工聚合物改性防水卷材		3.0
	热沥青粘结和胶粘法施工聚合物改性防水卷材		3.0
	预铺反粘防水卷材（聚酯胎类）		4.0
	自粘聚合物改性防水卷材（含湿铺）	聚酯胎类	3.0
		无胎类及高分子膜基	1.5
合成高分子类防水卷材	均质型、带纤维背衬型、织物内增强型		1.2
	双面复合型		主体片材芯材 0.5
	预铺反粘防水卷材	塑料类	1.2
		橡胶类	1.5
	塑料防水板		1.2
涂料防水	反应型高分子类防水涂料、聚合物乳液类防水涂料和水性聚合物沥青类防水涂料		1.5
	热熔施工橡胶沥青类防水涂料		2.0
	热熔施工橡胶沥青类防水涂料与防水卷材配套使用作为一道防水层，而不仅仅是胶粘剂		1.5

（4）防水材料影响环境的物质和有害物质限量应满足要求；

（5）外露使用防水材料的燃烧性能等级不应低于 B2 级。

7.2 屋面工程

屋面工程一般包含结构层、找平层、保温层、防水层、保护层或使用面层。保温屋面系统分为两大类：一类为传统屋面（正置式屋面，图 7-1a），即防水层铺在保温层上面的做法；另一类为倒置式屋面（图 7-1b），是把保温层放在防水层的上面，这种做法可以降低防水层的温度应力，避免防水层早期老化破坏，从而提高其使用年限，倒置式屋面采用保温材料必须为"憎水性"材料。

7.2.1 屋面保温隔热

屋面是外围护结构中受太阳照射最强，也是受室内外温度作用最大的部位。在冬季严酷的风雪侵蚀、夏季强烈的太阳辐射下，屋面的保温隔热性直接影响顶层房间的室内冷热环境，直接影响建筑的能耗。

屋面保温隔热材料应选用导热系数小，蓄热系数相对大的保温隔热材料。保温隔热材料不宜选用吸水率高的材料（如水泥膨胀珍珠岩、蛭石类等），以防止屋顶湿作业时，保温隔热层大量吸水，降低热工性能。《屋面工程技术规范》GB 50345—2012 推荐的板状保温材料保温屋面、纤维材料保温屋面和整体现浇保温材料见表 7-4❶。

---

❶ 《屋面工程技术规范》GB 50345—2012 第 4.4.1 条。

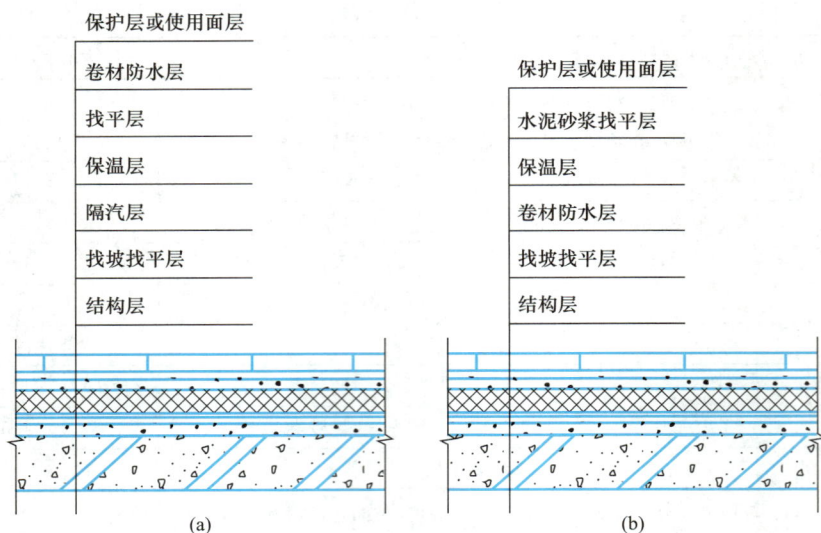

图7-1　保温屋面

（a）正置式屋面；（b）倒置式屋面

屋面保温层及保温材料　　　　　　　　　　　　　　　　　　　　表7-4

保温层	保温材料
板状材料保温层	聚苯乙烯泡沫塑料，硬质聚氨酯泡沫塑料，膨胀珍珠岩制品，泡沫玻璃制品，加气混凝土砌块，泡沫混凝土砌块
纤维材料保温层	玻璃棉制品，岩棉、矿渣棉制品
整体材料保温层	喷涂硬泡聚氨酯，现浇泡沫混凝土

不同气候分区，屋面传热系数有不同的规定，表7-5列举了规范规定的不同气候分区屋面平均传热系数 K_m 最大限值❶。

不同气候地区屋面热工性能限值　　　　　　　　　　　　　　　　表7-5

气候分区		传热系数 K_m ［W/(m² · K)］	
		≤3层（严寒或寒冷地区） 热惰性指标 $D \leqslant 2.5$	≥4层（严寒或寒冷地区） 热惰性指标 $D > 2.5$
严寒或寒冷地区	严寒（1A）	0.15	0.15
	严寒（1B）	0.2	0.2
	严寒（1C）	0.2	0.2
	寒冷（2A）	0.25	0.25
	寒冷（2B）	0.3	0.3
夏热冬冷地区		0.8	1.0

❶　该表是《严寒和寒冷地区居住建筑节能设计标准》JGJ 26—2018条文4.2.1、《夏热冬冷地区居住建筑节能设计标准》JGJ 134—2010条文4.0.4、《夏热冬暖地区居住建筑节能设计标准》JGJ 75—2012条文4.0.7、《温和地区居住建筑节能设计标准》JGJ 475—2019条文4.2.1的汇总。

续表

气候分区		传热系数 K_m〔W/(m²·K)〕	
		≤3层（严寒或寒冷地区）热惰性指标 D≤2.5	≥4层（严寒或寒冷地区）热惰性指标 D＞2.5
夏热冬暖地区		0.4	0.9
温和地区	温和 A	0.8	1.0
	温和 B	1.0	

注：热惰性指标 D 值，是表征围护结构对周期性温度波在其内部衰减快慢程度的一个无量纲指标，D 值愈大，周期性温度波在其内部的衰减愈快，围护结构的热稳定性愈好。

1. 板状保温材料保温屋面施工

板状保温材料一般包括挤塑型聚苯板（XPS 板）、聚氨酯板（PU 板）、高密度（≥20kg/m³）聚苯板（EPS 板）等材料。

1）施工准备

（1）施工现场条件应符合保温作业要求。屋面上各种预埋件、支座、伸出屋面管道、落水口等设施已安装就位，屋面找平层已检查验收合格；基层的含水率符合要求；

（2）制定的施工方案必须包括屋面保温选用材料、层次结构、质量标准、细部做法、工序交叉作业、施工配合等内容；

（3）材料进场应具有生产厂家提供的产品合格证、检测报告。材料外表或包装物应有明显标志，标明材料生产厂家、材料名称、生产日期、执行标准、产品有效期等；

（4）板（块）状保温材料的导热系数、密度、抗压强度或压缩强度、燃烧性能进场时应进行复验，复验应通过见证取样送检。❶

2）板状保温材料施工

（1）干铺板状保温层直接铺设在平整、干燥的结构层或隔气层上，并应铺平垫稳，分层铺设时，上、下两层板块接缝应相互错开，板间缝隙应采用同类材料嵌填密实。

（2）粘贴板状保温层应贴严、铺平，分层铺设的接缝要错开。胶粘剂应考虑与保温材料的相容性，板缝间或缺棱掉角处应用碎屑加胶结材料拌匀填补密实。

3）细部处理

（1）屋面保温层在檐口、天沟处，宜用密封膏或保温砂浆封边或按设计要求施工；

（2）块状保温层在屋面周边靠女儿墙根部设置 30mm 的温度伸缩缝，并应贯通到结构基层，见图 7-2；

（3）大面积保温材料设间距为 6m，缝宽 20mm 的变形缝，变形缝嵌填密封材料。

---

❶ 《建筑节能工程施工质量验收标准》GB 50411—2019 规定：

7.2.2 屋面节能工程使用的材料进场时，应对其下列性能进行复验，复验应为见证取样检验：

1. 保温隔热材料的导热系数或热阻、密度、压缩强度或抗压强度、吸水率、燃烧性能（不燃材料除外）；

2. 反射隔热材料的太阳光反射比、半球发射率。

检验方法：核查质量证明文件，随机抽样检验，核查复验报告，其中：导热系数或热阻、密度、燃烧性能必须在同一个报告中。

检查数量：同厂家、同品种产品，扣除天窗、采光顶后的屋面面积在 1000m² 以内时应复验 1 次；面积每增加 1000m² 应增加复验 1 次。同工程项目、同施工单位且同期施工的多个单位工程，可合并计算抽检面积。当符合本标准第 3.2.3 条的规定时，检验批容量可以扩大一倍。

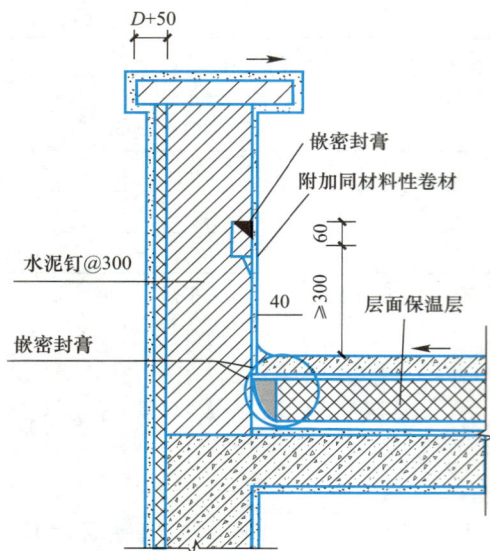

图 7-2   女儿墙根部处理

水泥钉@300

嵌密封膏

嵌密封膏
附加同材料性卷材

层面保温层

2. 其他隔热屋面简介

1）整体现浇喷硬泡聚氨酯屋面

硬泡聚氨酯保温层的基层必须干燥，如有潮气，则泡孔大而不匀，强度降低。基层表面温度过低时，可先薄薄地涂一层甲组涂料，然后进行喷涂施工，否则易发生收缩，喷涂时要连续均匀。有雾、雨雪天和五级以上的天气，均不应进行硬泡聚氨酯现场施工。

2）架空通风屋面

架空隔热屋面是在平屋面上用砖墩支承钢筋混凝土薄板等材料形成隔热层，架空通道一方面避免太阳直接照射屋面，减少热量向室内传导；另一方面利用风的对流将热气从板下带出，有利于屋面热量的散发。起到白天隔热、晚上散热的作用。架空隔热是一种自然通风降温的措施，它适用于无空调要求而炎热多风地区屋面。

3）种植屋面

种植屋面有很好的热惰性，不会随大气气温的骤然升高或骤然下降而大幅波动。绿色植物可吸收周围的热量，其中大部分用于蒸发作用和光合作用，一般比空旷屋面低 15℃左右。另外屋面绿化可使城市中的灰尘降低 40％左右，可吸收有害气体，使空气新鲜清洁，改善人居环境（图 7-3）。

种植基质层
过滤层+排水层
找平层
找坡层

耐穿刺层+保护层
防水层
保温层
结构层

图 7-3   种植屋面

4）蓄水屋面

蓄水屋面是在屋面防水层上蓄一定高度的水来起到隔热作用的屋面。蓄水屋面在太阳辐射和室外气温的综合作用下，水能吸收大量的热而由液体蒸发为气体，从而将热量散发到空气中。此外，水面还能够反射阳光，减少阳光辐射对屋面的热作用。一般水深 50mm 即可满足理论要求，但实际使用中以 150～200mm 为适宜深度。

7.2.2   屋面防水

屋面防水工程是防止雨、融雪对屋面的浸透，保证建筑物的寿命并使其各种功能正常使用的分项工程。

1. 建筑屋面工程的防水做法

不同防水等级建筑屋面工程的防水做法见表 7-6。

建筑屋面工程的防水做法   表 7-6

屋面类型	防水等级	防水做法	防水层	
			防水卷材	防水涂料
平屋面	一级	不应少于 3 道	卷材防水层不应少于 1 道	
	二级	不应少于 2 道	卷材防水层不应少于 1 道	
	三级	不应少于 1 道	任选	
瓦屋面	一级	不应少于 2 道	卷材防水层不应少于 1 道	
	二级	不应少于 2 道	不应少于 1 道; 任选	
	三级	不应少于 1 道	—	
金属屋面	一级	不应少于 2 道	不应少于 1 道; 厚度不应小于 1.5mm	
	二级	不应少于 2 道	不应少于 1 道	
	三级	不应少于 1 道	—	

注：1. 全焊接金属板屋面应视为一级防水等级的防水做法；

    2. 当Ⅲ型喷涂硬泡聚氨酯泡沫用于屋面保温且兼作一道防水层时，应依据屋面工程防水设计工作年限、防水等级、构造及材料性能等综合判定其防水可行性；

    3. 种植屋面和地下建（构）筑物种植顶板工程防水等级应为一级，并应至少设置一道具有耐根穿刺性能的防水层，其上应设置保护层。

2. 屋面排水坡度

屋面排水坡度是指屋面系统中，屋面板、橡子等结构层与檐口所在水平面之间的夹角，或屋脊与檐口间的垂直高差与水平间距的比值百分数，是屋面系统设计的基本参数之一。屋面排水坡度需要根据屋顶结构形式、屋面基层类别、防水构造形式、材料性能及使用环境等条件确定屋面排水坡度。屋面排水坡度要求见表 7-7。

3. 屋面工程防水基本要求

屋面上的檐沟、天沟、女儿墙、山墙、水落口、变形缝、出屋面管道根部、出入口、反梁过水孔、设施基座、屋脊、天窗等部位容易出现渗漏水，所以对常见细部节点防水的设计提出基本要求。

屋面排水坡度   表 7-7

屋面类型		屋面排水坡度
平屋面		$\geqslant 2\%$
瓦屋面	块瓦	$\geqslant 30\%$
	波形瓦	$\geqslant 20\%$
	沥青瓦	$\geqslant 20\%$
	金属瓦	$\geqslant 20\%$
金属屋面	压型金属板、金属夹芯板	$\geqslant 5\%$
	单层防水卷材金属屋面	$\geqslant 2\%$
种植屋面		$\geqslant 2\%$
玻璃采光顶		$\geqslant 5\%$

注：当屋面采用结构找坡时，其坡度不小于 3%；混凝土屋面檐沟、天沟的纵向坡度不小于 1%。

（1）屋面需要根据当地的年降雨量、屋面排水坡度、汇水面积等因素，设计雨水汇集、排出系统，包括天沟或檐沟宽度、深度、坡度，以及溢流口的位置、间距、数量、水位和荷载等。

（2）屋面变形缝泛水处的防水层必须设附加层，变形缝两侧的防水层上翻至结构顶部做好收头处理，降低渗漏水风险。高低跨变形缝在立墙泛水处，要采用有足够变形能力的材料和构造做密封处理。

（3）天沟、檐沟、天窗、雨水管管根等部位需要设置附加层，多道防水层相邻设置时只增设一道附加层。

（4）屋面天沟和封闭阳台外露顶板等处的工程防水等级要与建筑屋面防水等级一致。

（5）当防水卷材采用水泥基材料搭接时，受温差等环境影响，容易造成防水层搭接缝变形、开裂、错位，所以防水层长边大于45m时，要进行分区构造处理。

（6）瓦屋面、金属屋面和种植屋面等，必须根据工程所在地的基本风压、地震设防烈度和屋面坡度等条件，采取抗风揭和抗滑落的加强固定措施。

（7）防水层上放置或安装设备时，为避免安装和使用过程中造成防水层损坏，需要设置附加层。

（8）非外露防水材料暴露使用时必须设置保护层。

7.2.3　平屋面

建筑工程屋面基本都属于甲类工程防水类别，除了Ⅲ类使用环境（年降水量$P<$400mm的地区）为二级设防外，均为一级防水设防。对于平屋面防水，必须设置一道卷材防水层。

1. 卷材防水屋面

1）卷材防水材料

（1）防水卷材种类

① 聚合物改性沥青类防水卷材指以无纺布、高分子膜基为增强材料，以聚合物改性沥青为涂盖材料，工厂生产的防水卷材。可采用热熔法、热沥青粘结、胶粘法、自粘施工；

② 合成高分子类防水卷材指采用塑料、橡胶或两者共混为主要材料，加入助剂和填料等，采用压延或挤出工艺生产的防水卷材。

（2）防水材料进场验收

① 根据设计要求对材料的质量证明文件进行检查，并应经监理工程师或建设单位代表确认，纳入工程技术档案；

② 对材料的品种、规格、包装、外观和尺寸等进行进场验收，并经监理工程师或建设单位代表确认，形成相应验收记录；

③ 防水、保温材料进场检验项目、材料标准及主要性能指标应符合《屋面工程质量验收规范》GB 50207—2012附录A和附录B的规定。材料进场检验应执行送检制度，并应出具进场检验报告；

④ 进场检验报告的全部项目指标均达到技术标准规定应为合格；不合格材料不得在工程中使用。接缝在无处理、热老化、浸水处理后的接缝剥离强度要求详见《建筑与市政工程防水通用规范》GB 55030—2022第3.3.4条。

（3）贮运保管

防水卷材、胶粘剂和胶粘带的贮运、保管应注意不同品种、规格的材料应分别堆放；卷材应贮存在阴凉通风处，应避免雨淋、日晒和受潮，严禁接近火源；卷材应避免与化学介质及有机溶剂等有害物质接触。

2）卷材防水屋面构造

卷材防水屋面分保温卷材屋面和不保温卷材屋面，保温卷材屋面包括保温隔热施工技术与防水施工技术，两大施工技术直接关系到屋面的使用功能和节能环保，所以屋面工程是绿色建筑的关键分部。卷材防水屋面构造如图 7-4 所示。

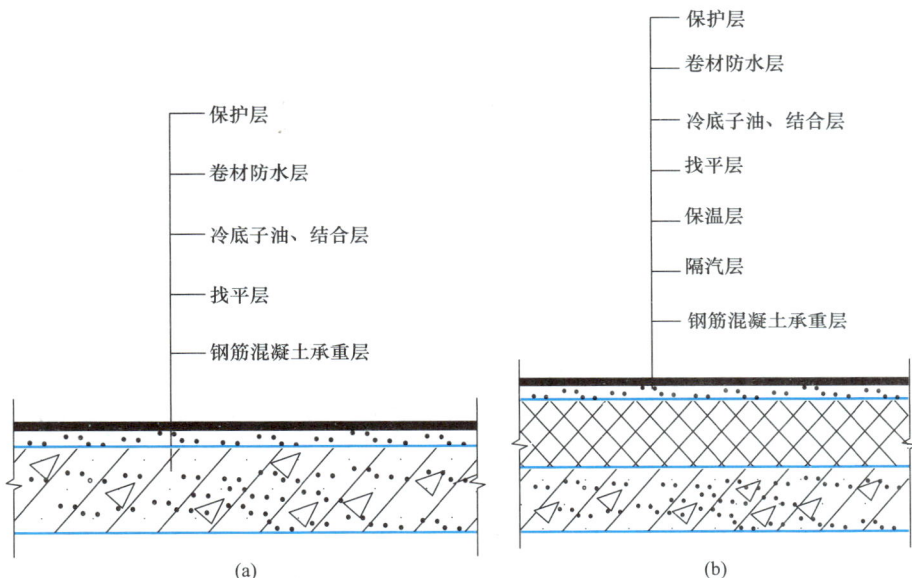

图 7-4　卷材屋面构造层次示意图
（a）不保温卷材屋面；（b）保温卷材屋面

保温卷材屋面构造包括：隔汽层（隔离层）→保温与隔热找坡层→找平层→卷材防水层→保护层。

（1）隔汽层。对于常年处在高湿状态下的保温屋面设置该层。隔汽层应设置在结构层上、保温层下；隔汽层应选用气密性、水密性好的材料；隔汽层应沿周边墙面向上连续铺设，高出保温层上表面不得小于 150mm；隔汽层不得有破损现象。

（2）保温与隔热层。其分为板状材料、纤维材料、整体材料三种类型。保温与隔热工程隐蔽工程验收内容有：

① 保温层的基层及保温层与防水层的界面处理；

② 保温层的厚度及敷设方式；

③ 保温层的隔汽和排汽构造做法；

④ 屋面热桥部位的保温处理措施；

⑤ 保温层的机械固定措施；

⑥ 种植、架空、蓄水隔热层的构造做法；

⑦ 种植隔热层的防滑措施；

⑧ 种植隔热层的排水措施。

（3）找平层（找坡层）。其一般采用水泥砂浆或细石混凝土，大面积找平层留设分格缝，缝宽宜为 5～20mm，纵横缝的间距不宜大于 6m。找坡层宜采用发泡轻骨料混凝土，平屋面的排水坡度：

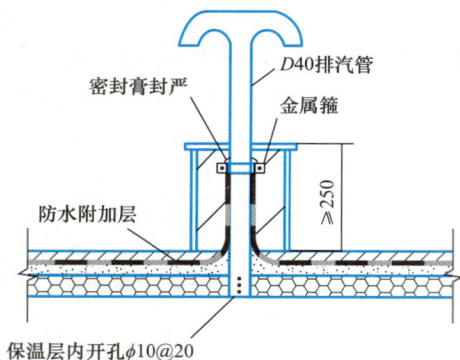

图 7-5　屋面排汽管细部示意

① 平屋面排水坡度不小于 2%；

② 当屋面采用结构找坡时，其坡度不应小于 3%；

③ 混凝土屋面檐沟、天沟的纵向坡度不应小于 1%。

如屋面保温层和找平层干燥有困难时，宜采用排汽屋面，见图 7-5 屋面排汽管细部示意。此时找平层设置的分格缝可兼做排汽道，适当加宽分格缝的宽度，一般为 40mm，以利于排出潮汽。保温层通过排汽道上设置的排汽孔与大气相连通，排汽孔必须做好防水处理。

找平层在突出屋面结构（女儿墙、山墙、天窗壁、变形缝、烟囱等）的交接处和基层的转角处应做成圆弧形（聚合物改性沥青类防水卷材：圆弧半径 50mm；合成高分子防水卷材：圆弧半径 20mm）。并用附加卷材、防水涂料、密封材料作附加增强处理，然后才能铺贴防水层。内部排水的水落口周围，找平层应做成略低的凹坑，直径 500mm 范围内坡度不应小于 5%。

（4）卷材防水层。防水层隐蔽工程验收内容有：

① 防水和密封部位的基层质量；

② 防水卷材的铺贴顺序和方向、铺贴方法、卷材的搭接宽度等；

③ 坡度较大时，防止卷材防水层的下滑措施；

④ 卷材接缝的粘结质量；

⑤ 卷材与涂料复合防水的粘结质量；

⑥ 接缝密封的施工方法、嵌填深度及背衬材料。

（5）隔离层。蓄水隔热层与防水层间应设隔离层，每个蓄水区应一次浇筑完毕，不得留施工缝，更不得有渗漏现象。

（6）保护层。卷材铺设完毕，经检查合格后，应立即进行保护层的施工，保护防水层免受损伤。刚性保护层与女儿墙、山墙之间应预留宽度为 30mm 的缝隙，并用密封材料嵌填严密。细石混凝土整浇保护层施工前，也应在防水层上铺设一层隔离层，混凝土应振捣密实，表面应抹平压光，分格缝纵横间距不应大于 4m。分格缝的宽度宜为 10～20mm。一个分格内的混凝土应尽可能连续浇筑、不留施工缝、混凝土应密实、表面抹平压光。

3）卷材防水层施工

卷材防水层施工的一般工艺流程如下：

（1）基层表面清理、修补

卷材防水层基层应坚实、干净、平整，应无孔隙、起砂和裂缝。基层的干燥程度要根据所选防水卷材的特性确定。

（2）喷、涂基层处理剂

常用的基层处理剂有冷底子油及与各种聚合物改性沥青卷材和合成高分子卷材配套的底胶，主要包括：冷底子油、氯丁胶 BX-12 胶粘剂、稀释剂、氯丁胶沥青乳液等。基层处理剂可选用喷涂或刷涂施工工艺，喷、刷应均匀一致，干燥后应及时进行卷材施工。基层处理剂要与卷材相容，喷、涂基层处理剂前，要先对屋面细部进行涂刷。

（3）节点附加增强处理❶

檐沟、天沟与屋面交接处、屋面平面与立面交接处，以及水落口、伸出屋面管道根部等部位，应设置卷材或涂膜附加层；屋面找平层分格缝等部位，宜设置卷材空铺附加层，其空铺宽度不宜小于 100mm。

（4）铺贴方向和顺序

防水层施工时，要先做好节点、附加层和屋面排水比较集中部位（如屋面与水落口连接处、檐口、天沟、檐沟、屋面转角处、板端缝等）的处理，再进行防水卷材的铺贴，一般按先高后低、先远后近的顺序进行。

① 当屋面坡度不超过 3％时，改性沥青防水卷材平行屋脊铺贴（图 7-6）；当屋面坡度在 3％～15％时，可平行或垂直于屋脊铺贴；当屋面坡度超过 15％时，改性沥青防水卷材垂直檐沟或天沟铺贴（图 7-7）；

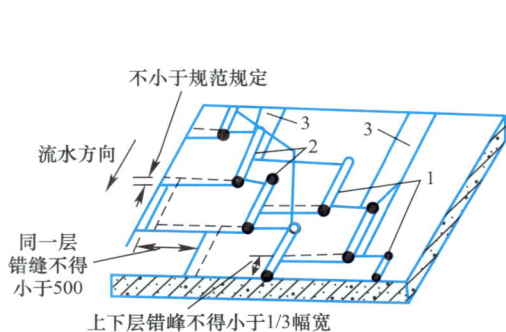

图 7-6   卷材平行于屋脊
1—第一层卷材；2—第二层卷材；3—第三层卷材

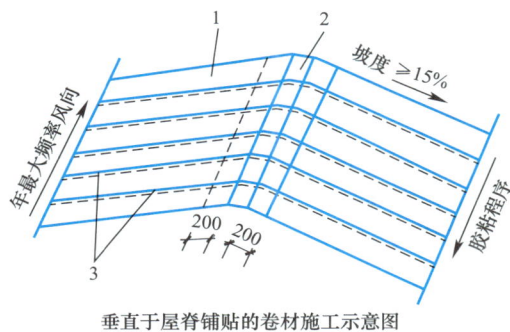

图 7-7   卷材垂直于屋脊
1—卷材；2—屋脊；3—顺风搭接

② 上下层卷材不应相互垂直铺贴；

③ 当平行屋脊铺贴时，应由屋面最低处开始向上铺贴；

④ 檐沟、天沟卷材施工时，宜顺檐沟、天沟方向铺贴，搭接缝应顺流水方向；

⑤ 垂直于屋脊的搭接缝应顺着本地区的主导风向进行搭接，位于上风口位置的卷材在接口位置压住位于下风口位置的卷材。

---

❶ 《屋面工程技术规范》GB 50345—2012 规定：

4.1.2 屋面防水层设计应采取下列技术措施：

1. 卷材防水层易拉裂部位，宜选用空铺、点粘、条粘或机械固定等施工方法；

2. 结构易发生较大变形、易渗漏和损坏的部位，应设置卷材或涂膜附加层；

3. 在坡度较大和垂直面上粘贴防水卷材时，宜采用机械固定和对固定点进行密封的方法；

4. 卷材或涂膜防水层上应设置保护层；

5. 在刚性保护层与卷材、涂膜防水层之间应设置隔离层。

（5）卷材搭接缝要求

防水卷材的长边和短边接缝采用搭接方式，卷材最小搭接宽度要满足表 7-8 的要求；当对接搭接时，每条搭接缝的宽度也要满足该要求。坡度超过 25％的拱型屋面，要尽量避免短边搭接，必须短边搭接时，在搭接处要采取防止卷材下滑的措施。

卷材最小搭接宽度　　　　　表 7-8

卷材类别		最小搭接宽度（mm）
合成高分子防水卷材	胶粘剂、粘结料	100
	胶粘带、自粘胶	80
	单缝焊	60，有效焊接宽度不小于 25
	双缝焊	80，有效焊接宽度 10×2＋空腔宽
	塑料防水板双缝焊	100，有效焊接宽度 10×2＋空腔宽
聚合物改性沥青防水卷材	热熔、热沥青	100
	自粘搭接（含湿铺）	80

卷材防水搭接施工要求：

① 卷材铺贴应平整顺直，不应有起鼓、张口、翘边等现象；

② 同层相邻两幅卷材短边搭接错缝距离不应小于 500mm。卷材双层铺贴时，上下两层和相邻两幅卷材的接缝应错开至少 1/3 幅宽，且不应互相垂直铺贴；

③ 同层卷材搭接不应超过 3 层；

④ 卷材收头应固定密封。

（6）质量控制点

施工时应根据不同的设计要求、材料和工程的具体情况，选用合适的施工工艺和方法。卷材防水施工常见的施工方法有六种，分别是冷粘法、自粘法、热粘法、热熔法、焊接法和机械固定法。表 7-9 为不同防水施工方法质量控制点。

不同防水施工方法质量控制点　　　　　表 7-9

施工方法	质量控制点
冷粘法	（1）胶粘剂涂刷应均匀，不应露底、堆积； （2）卷材下面的空气必须排尽，并辊压粘结牢固； （3）织物内增强型合成高分子卷材织物外露部位接缝口要用材性相容密封材料封严
自粘法	（1）铺贴卷材时，要将自粘胶底面的隔离纸全部撕净； （2）卷材下面的空气要排尽，并辊压粘贴牢固； （3）接缝口要用密封材料封严，宽度不应小于 10mm； （4）低温施工时，接缝部位采用热风加热，并要随即粘贴牢固
热粘法	（1）改性沥青粘结料或非固化橡胶沥青防水涂料的加热温度不高于 160℃，厚度不小于 1.0mm； （2）卷材跟随粘结料或防水涂料化滚铺，并展平压实； （3）斜面或立面铺贴时，采用具有抗流坠功能的粘结料或防水涂料； （4）防水卷材搭接部位不得采用非固化橡胶沥青防水涂料粘贴
热熔法	（1）卷材加热要均匀，不得过熔、漏熔； （2）卷材表面热熔后立即滚铺，卷材下面的空气要排尽，并要辊压粘贴牢固； （3）卷材接缝部位要溢出热熔的改性沥青胶，溢出的改性沥青胶宽度宜为 8mm，且均匀顺直。当接缝处有矿物粘料时，要经处理露出改性沥青胶料后进行搭接； （4）厚度小于 3mm 的聚合物改性沥青防水卷材，严禁采用热熔法施工

续表

施工方法	质量控制点
焊接法	（1）卷材焊接缝的结合面干净、干燥，不得有水滴、油污及附着物； （2）焊接时先焊长边搭接缝，后焊短边搭接缝； （3）控制加热温度和时间，焊接缝不得有漏焊、跳焊、焊焦或焊接不牢现象； （4）焊接时不得损害非焊接部位的卷材
机械固定法	（1）固定件的间距不大于 600mm； （2）当采用点式固定时，卷材搭接或铺贴要覆盖住固定件；固定垫片内侧边缘距离卷材搭接线不小于 50mm，外侧边缘距离卷材边缘不小于 10mm；无穿孔焊接垫片的直径不小于 75mm； （3）当采用线性固定时，压条及固定部位采用防水卷材覆盖，覆盖条的搭接宽度不小于 150mm； （4）螺钉穿出金属屋面板的有效长度不小于 20mm； （5）T 形搭接部位下层卷材边缘要进行减薄，并用直径不小于 150mm 的同质盖片覆盖；直角部位剪成圆弧形； （6）当采用织物内增强型防水卷材时，织物外露部位采用密封胶进行密封；卷材收头采用金属压条钉压固定和密封处理

注：1. 穿孔机械固定技术。采用专用固定件，如金属垫片、螺钉、金属压条等，将聚氯乙烯（PVC）或热塑性聚烯烃（TPO）防水卷材以及其他屋面层次的材料机械固定在屋面基层或结构层上。机械固定包括点式固定方式（图 7-8）和线性固定方式（图 7-9）。多在大跨度坡屋面及翻新屋面中使用。

2. 无穿孔机械固定技术。采用将增强型机械固定条带（RMA）用压条或垫片机械固定在轻钢结构屋面或混凝土结构屋面基面上，然后将宽幅三元乙丙橡胶防水卷材（EPDM）粘贴到增强型机械固定条带（RMA）上，相邻的卷材用自粘接缝搭接带粘结而形成连续的防水层。构造如图 7-10 所示。适用于轻钢屋面、混凝土屋面工程防水。

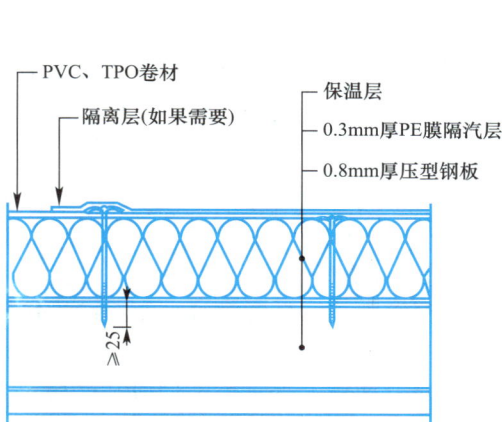

图 7-8　点式固定示意图

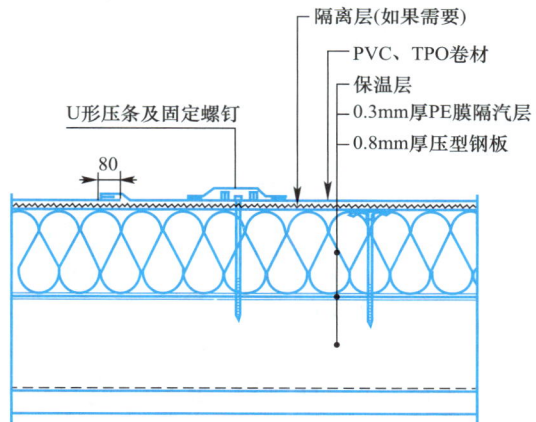

图 7-9　线性固定示意图

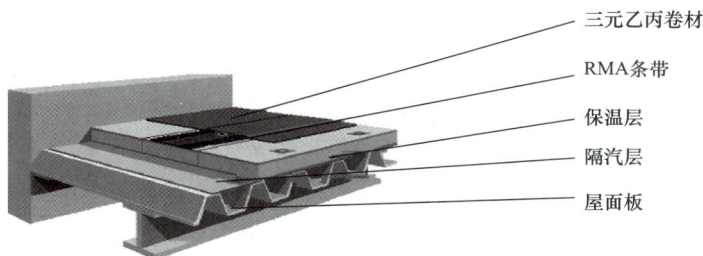

图 7-10　无穿孔增强型机械固定系统构造

（7）卷材防水屋面验收主控项目

① 防水卷材及其配套材料的质量，应符合设计要求；

② 卷材防水层不得有渗漏和积水现象；❶

③ 卷材防水层在檐口、檐沟、天沟、水落口、泛水、变形缝和伸出屋面管道的防水构造，应符合设计要求；

④ 卷材的接缝剥离强度和接缝不透水性指标应符合设计要求；

⑤ 防水卷材和防水涂料复合后的粘结剥离强度应符合设计要求。

2. 防水涂料防水屋面

在屋面基层上涂刷防水涂料，其固化后可形成具有一定厚度和弹性的整体防水涂膜。在平屋面的防水层中，防水涂料只能在卷材防水的基础上，作为一道设防防水层，不能单独作为平屋面的防水层。防水涂料特别适合于表面形状复杂的防水施工。

1）防水涂料和胎体增强材料的选用❷

涂膜防水层由防水涂料和胎体增强材料组成。

（1）涂膜防水涂料

防水涂料可分为合成高分子防水涂料、聚合物水泥防水涂料和聚合物改性沥青防水涂料；采用双组分或多组分防水涂料时应按配合比计量，配料时，可加入适量的缓凝剂或促凝剂调节固化时间，但不得混合已固化的涂膜防水涂料。

根据当地历年最高气温、最低气温、屋面坡度和使用条件等因素，选择与成膜时间、耐高温、耐紫外线、低温柔性、拉伸性能相适应的涂膜防水涂料。

（2）涂膜防水胎体增强材料

主要有玻璃纤维纺织物、合成纤维纺织物、合成纤维非纺织物等种类，其作用是增加涂膜防水层的强度，当基层发生龟裂时，可防止涂膜破裂或蠕变破裂；同时还可以防止涂膜流坠。

2）防水涂料防水层施工

防水涂料防水层施工的工艺流程如下：

（1）基层处理

防水涂料防水层的基层应坚实、平整、干净，应无孔隙、起砂和裂缝。基层的干燥程度应根据所选用的防水涂料特性确定；当采用溶剂型、热熔型和反应固化型防水涂料时，基层应干燥。基层处理剂主要有合成树脂、合成橡胶以及橡胶沥青（溶剂型或乳液型）等材料，施工要求同卷材基层处理剂。

（2）涂布防水涂料及铺贴胎体增强材料

防水涂料应多遍均匀涂布，并应等前一遍涂布的涂料干燥成膜后，再涂布下一遍涂

---

❶ 《屋面工程质量验收规范》GB 50207—2012 规定：

9.0.8 检查屋面有无渗漏、积水和排水系统是否通畅，应在雨后或持续淋水 2h 后进行，并应填写淋水试验记录。具备蓄水条件的檐沟、天沟应进行蓄水试验，蓄水时间不得少于 24h，并应填写蓄水试验记录。

❷ 《屋面工程技术规范》GB 50345—2012 规定：

5.5.7 进场的防水涂料和胎体增强材料应检验下列项目：

1. 高聚物改性沥青防水涂料的固体含量、耐热性、低温柔性、不透水性、断裂伸长率或抗裂性；

2. 合成高分子防水涂料和聚合物水泥防水涂料的固体含量、低温柔性、不透水性、拉伸强度、断裂伸长率；

3. 胎体增强材料的拉力、延伸率。

料，且前后两遍涂料的涂布方向应相互垂直，涂膜总厚度应符合设计要求。涂膜间夹铺胎体增强材料时，宜边涂布边铺胎体，胎体应铺贴平整，最上面的涂膜厚度不应小于 1.0mm。涂膜施工应先做好细部处理，再进行大面积涂布。

① 防水涂料施工方法。水乳型及溶剂型防水涂料选用滚涂或喷涂施工；反应固化型防水涂料选用刮涂或喷涂施工；热熔型防水涂料选用刮涂施工；聚合物水泥防水涂料选用刮涂法施工；所有防水涂料用于细部构造时，选用刷涂或喷涂施工。

涂膜防水层的施工环境温度要求：水乳型及反应型涂料宜为 5～35℃；溶剂型涂料宜为 -5～35℃；热熔型涂料不宜低于 -10℃；聚合物水泥涂料宜为 5～35℃。

② 涂料防水层最小厚度。反应型高分子类防水涂料、聚合物乳液类防水涂料和水性聚合物沥青类防水涂料等涂料防水层最小厚度不应小于 1.5mm，热熔施工橡胶沥青类防水涂料防水层最小厚度不应小于 2.0mm。

当热熔施工橡胶沥青类防水涂料与防水卷材配套使用作为一道防水层时，其厚度不应小于 1.5mm。

③ 胎体增强材料搭接。胎体增强材料宜采用聚酯无纺布或化纤无纺布，长边搭接宽度不小于 50mm，短边搭接宽度不小于 70mm；上下层胎体增强材料的长边搭接缝应错开，且不得小于幅宽的 1/3；上下层胎体增强材料不得相互垂直铺设。

3. 屋面防水细部构造

1）檐口防水构造

卷材防水屋面檐口 800mm 范围内的卷材应满粘，卷材收头应采用金属压条钉压，并应用密封材料封严，檐口下端应做鹰嘴和滴水槽如图 7-11 所示；涂膜防水屋面檐口的涂膜收头，应用防水涂料多遍涂刷，檐口下端应做鹰嘴和滴水槽如图 7-12 所示。

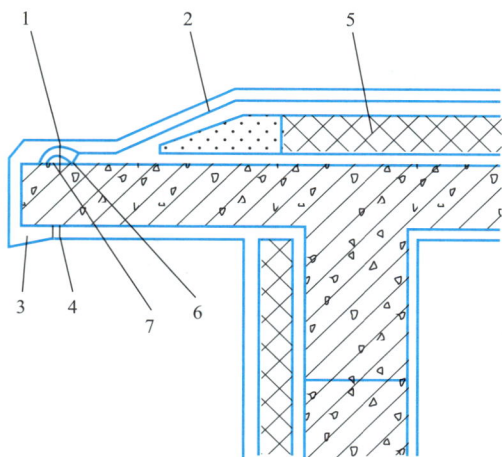

图 7-11　卷材防水屋面檐口
1—密封材料；2—卷材防水层；3—鹰嘴；
4—滴水槽；5—保温层；6—金属压条；7—水泥钉

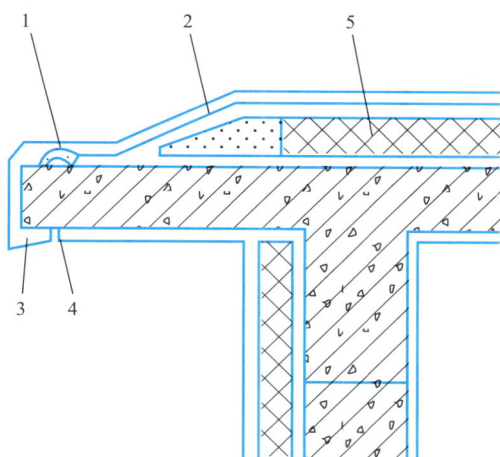

图 7-12　涂膜防水屋面檐口
1—涂料多遍涂刷；2—涂膜防水层；
3—鹰嘴；4—滴水槽；5—保温层

2）檐沟和天沟防水构造

卷材或涂膜防水屋面檐沟和天沟的防水构造如图 7-13 所示，檐沟和天沟的防水层下应增设附加层，附加层伸入屋面的宽度不应小于 250mm；檐沟防水层和附加层应由沟底翻上至外侧顶部，卷材收头应用金属压条钉压，并应用密封材料封严，涂膜收头应用防水涂料多遍涂刷；檐沟外侧下端应做鹰嘴或滴水槽；檐沟外侧高于屋面结构板时，应设置溢水口。

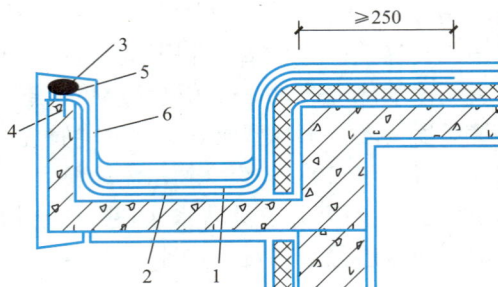

图 7-13　卷材、涂膜防水屋面檐沟

1—防水层；2—附加层；3—密封材料；4—水泥钉；5—金属压条；6—保护层

3）女儿墙防水构造

女儿墙的防水构造如图 7-14 所示，女儿墙压顶可采用混凝土或金属制品，压顶向内排水坡度不应小于 5%，压顶内侧下端应做滴水处理，女儿墙泛水处的防水层下应增设附加层，附加层在平面和立面的宽度均不应小于 250mm。

（1）低女儿墙泛水处的防水层可直接铺贴或涂刷至压顶下，卷材收头应用金属压条钉压固定，并应用密封材料封严；涂膜收头应用防水涂料多遍涂刷。

（2）高女儿墙泛水处的防水层泛水高度不应小于 250mm，防水层收头如图 7-15 所示；泛水上部的墙体应做防水处理。

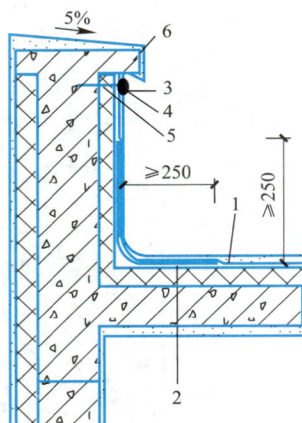

图 7-14　低女儿墙

1—防水层；2—附加层；3—密封材料；
4—金属压条；5—水泥钉；6—压顶

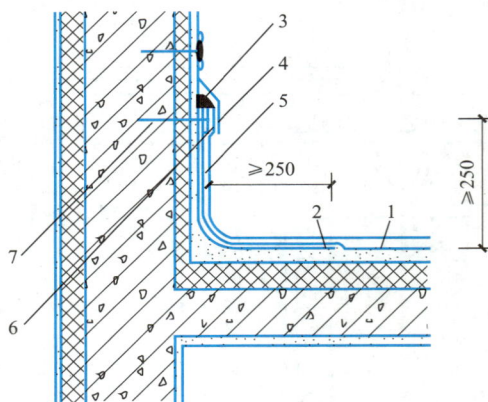

图 7-15　高女儿墙

1—防水层；2—附加层；3—密封材料；
4—金属盖板；5—保护层；6—金属压条；7—水泥钉

4）变形缝防水构造

等高变形缝防水构造如图 7-16 所示，高低跨变形缝防水构造如图 7-17 所示。变形缝泛水处的防水层下应增设附加层，附加层在平面和立面的宽度不应小于 250mm；防水层应铺贴或涂刷至泛水墙的顶部。变形缝内应预填不燃保温材料，上部应采用防水卷材封盖，并放置衬垫材料，再在其上干铺一层卷材。等高变形缝顶部宜加扣混凝土或金属盖板。高低跨变形缝在立墙泛水处，应采用有足够变形能力的材料和构造做密封处理。

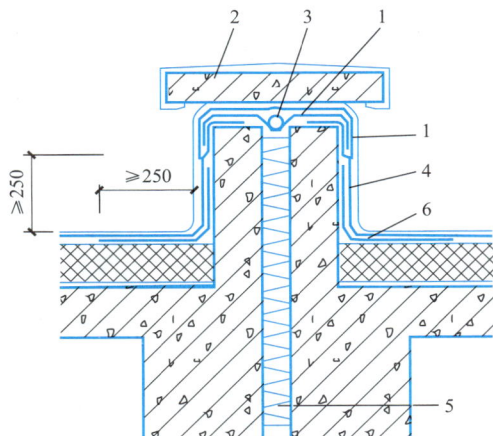

图 7-16　等高变形缝

1—卷材封盖；2—混凝土盖板；3—衬垫材料；
4—附加层；5—不燃保温材料；6—防水层

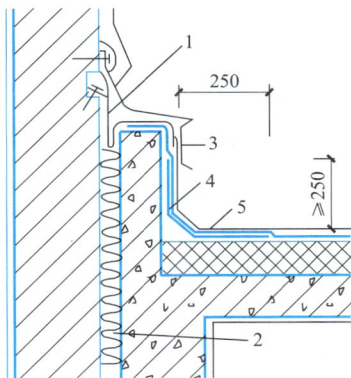

图 7-17　高低跨变形缝

1—卷材封盖；2—不燃保温材料；3—金属盖板；
4—附加层；5—防水层

5）伸出屋面管道防水构造

伸出屋面管道的周围找平层，距管道外径 100mm 范围内，以 30％找坡做成高 30mm 的圆锥台，在管四周留 20mm×20mm 凹槽嵌填密封材料；防水层收头处应用金属箍箍紧，并用密封材料填严，如图 7-18 所示。

6）水落口防水构造

（1）水落口宜采用金属或塑料制品，严寒地区严禁采用塑料水落口。

（2）水落口埋设标高，应考虑水落口设置时增加附加层和柔性密封层的厚度及排水坡度的构造。

图 7-18　伸出屋面管道

（3）水落口周围直径 500mm 范围内坡度不应小于 5％，并应用厚度不小于 2mm 防水涂料涂封。水落口与基层接触处，应留宽 20mm、深 20mm 凹槽，嵌填密封材料如图 7-19 所示。

7）屋面垂直出入口防水构造

出入口防水层收头，应压在混凝土压顶圈梁下，见图 7-20；水平出入口防水层收头，应压在混凝土踏步下，防水层的泛水应有保护墙，见图 7-21。

扫描二维码 7-2 观看屋面防水教学视频。

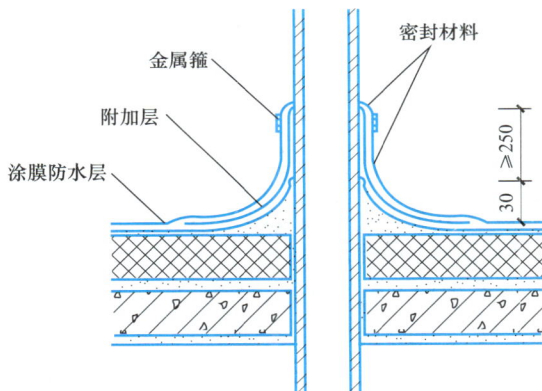

二维码 7-2
屋面防水

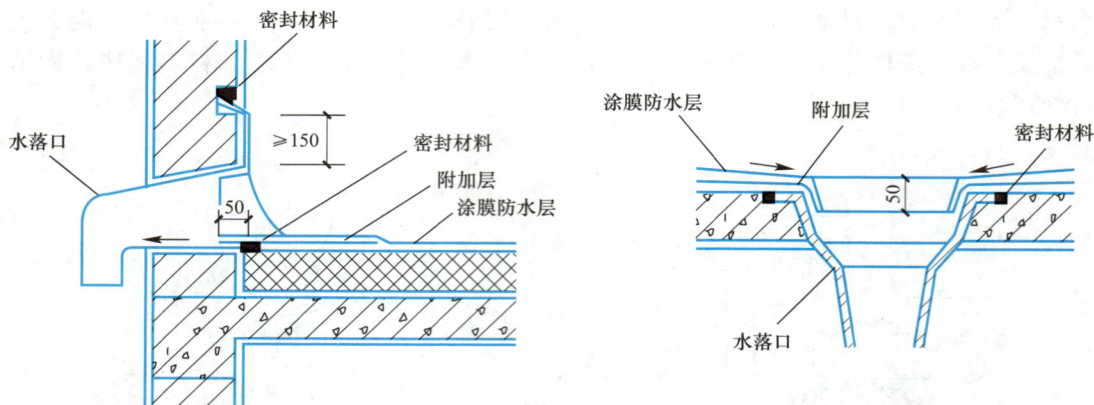

图 7-19　屋面水落口

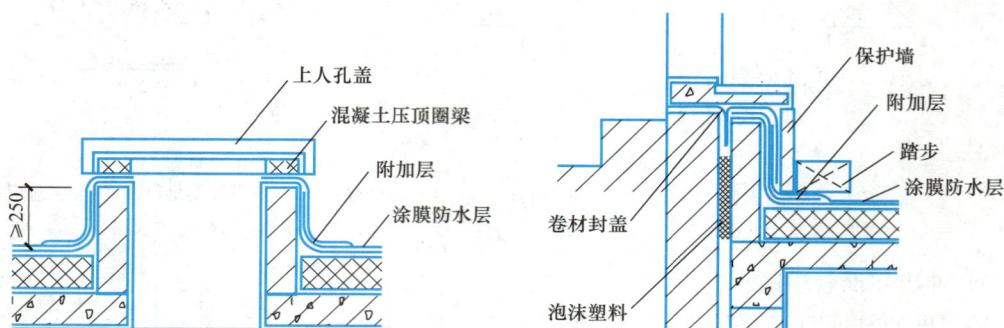

图 7-20　屋面垂直出入口

图 7-21　屋面水平出入口

7.2.4　瓦屋面

坡型屋顶在建筑中应用很多，一般会铺贴瓦屋面进行外观装饰。但是由于坡屋面楼板为现浇结构，在浇筑过程由于坡度影响振捣不密实易开裂变形，存在较大的渗漏水隐患，同时在盖瓦铺设过程如果施工不到位、排水不畅等原因也会引发渗漏水，所以坡屋面必须做防水。

1. 屋面瓦类型

（1）块瓦：烧结瓦的规格和主要性能执行《烧结瓦》GB/T 21149—2019 的有关规定；混凝土瓦规格和主要性能执行《混凝土瓦》JC/T 746—2023 的有关规定。

（2）波形瓦：规格和主要性能执行《波形沥青瓦》T/CWA 201—2020 的有关规定；树脂波形瓦目前没有相关的国家标准或行业标准。

（3）沥青瓦：规格和主要性能应符合现行国家标准《玻纤胎沥青瓦》GB/T 20474—2015 的有关规定。

（4）金属瓦：基板包括：热镀锌钢板、镀铝锌钢板、铝合金板、不锈钢板等，其规格和主要性能执行《建筑用压型钢板》GB/T 12755—2008、《铝及铝合金压型板》GB/T 6891—2018、《连续热镀锌和锌合金镀层钢板及钢带》GB/T 2518—2019、对应金属的有关规定。彩石金属瓦规格和主要性能执行《彩石金属瓦》JC/T 2470—2018 标准。

2. 瓦屋面防水

瓦屋面除了在Ⅲ类使用环境（年降水量 $P<400mm$ 的地区）涂料防水可作为一道防

水外，其余均需要设置一道卷材防水层❶。瓦屋面中除了可以选用防水卷材和防水涂料之外，对于坡度大于 25％的瓦屋面，可将防水垫层视为一道防水层，不具备防水功能的装饰瓦和不搭接瓦不能作为一道防水层。

1）瓦屋面构造

瓦屋面根据建筑物高度、风力、环境等因素，确定瓦屋面结构构造，表 7-10 为四类瓦屋面的构造。

2）防水垫层材料

（1）沥青类防水垫层（自粘聚合物沥青防水垫层、聚合物改性沥青防水垫层、波形沥青通风防水垫层等）；对于屋面防水等级为一级的瓦屋面，通常选用自粘防水垫层，由于自粘防水垫层对钉子有握裹力。若固定钉穿透非自粘防水垫层，钉孔部位应采取密封措施。

瓦屋面构造   表 7-10

瓦类型	瓦屋面构造	关键工序
块瓦屋面	 1—瓦材；2—挂瓦条；3—顺水条；4—防水垫层； 5—持钉层；6—保温隔热层；7—屋面板	1. 挂瓦条固定在顺水条（30×30）上，顺水条钉牢在持钉层上； 2. 40mm 厚配筋细石混凝土找平层中敷设的 Φ4 钢筋网应与钢筋混凝土屋面板的预埋Φ10 @900×900 钢筋头连牢，并应特别注意与屋脊和檐口处预埋的Φ10 钢筋头的连接； 3. 钢挂瓦条与钢顺水条采用焊接连接
沥青瓦屋面	 1—瓦材；2—持钉层；3—防水垫层； 4—保温隔热层；5—屋面板	1. 铺设沥青瓦应采用固定钉固定，在屋面周边及泛水部位还应采用沥青基胶粘材料粘结。外露的固定钉钉帽应采用沥青基胶粘材料涂盖； 2. 固定沥青瓦的屋面持钉层可以是钢筋混凝土基层、细石混凝土找平层，也可以是木望板； 3. 木望板上铺设单张沥青瓦片，每张瓦片不应少于 4 个固定钉；细石混凝土基层，上铺设沥青瓦片，每张瓦片不应少于 6 个固定钉

❶ 《建筑与市政工程防水通用规范》GB 55030—2022 规定：

4.4.1 条第 2 款条文说明：瓦屋面是指以搭接、固定的瓦作为外露使用防水层的坡屋面，其排水坡度一般大于 20％（11°）。瓦片搭接固定形成的瓦层既是防水层也是排水层。考虑到以排为主的特点，为提高防水功能的可靠性，故规定在防水等级为一级、二级的瓦屋面工程中应设置 1 道及以上卷材或涂料防水层。其中，防水等级为一级的瓦屋面瓦层下部的防水层中还应包含至少 1 道防水卷材，主要是考虑到防水卷材厚度均匀，施工方便，有利于保证防水工程质量。瓦屋面中除了可以选用防水卷材和防水涂料之外，也常用防水垫层。对于坡度大于 25％（14°）的瓦屋面（陡坡屋面），可将防水垫层视为 1 道防水层。当前，防水垫层材料主要依据的现行行业标准主要有《坡屋面用防水材料 聚合物改性沥青防水垫层》JC/T 1067—2008、《坡屋面用防水材料 自粘聚合物沥青防水垫层》JC/T 1068—2008、《隔热防水垫层》JC/T 2290—2014、《透汽防水垫层》JC/T 2291—2014 等。当用于瓦屋面时，防水垫层材料的耐久性应与工程防水设计工作年限相适应。

续表

瓦类型	瓦屋面构造	关键工序
波形瓦屋面	 1—波形瓦；2—防水垫层；3—持钉层； 4—保温隔热层；5—屋面板	1. 在钢筋混凝土屋面板中预埋Φ10钢筋头双向间距900mm，伸出屋面保温隔热层或防水垫层30mm； 2. 沥青波形瓦的构造做法主要为直接固定，不用顺水条、挂瓦条。在保温层上做配筋细石混凝土层，细石混凝土层中的配筋应与屋面板的预埋钢筋头固定
金属瓦屋面	 彩石铝锌金属瓦 30mm×40mm挂瓦条 30mm×40mm顺水条 30mm厚水泥砂浆找平层(内铺抗裂钢丝网) 聚合物砂浆100mm挤塑聚苯板 混凝土坡屋顶	1. 每片主金属瓦钉固定时，至少5个专用钉子用专用枪固定；圆脊瓦钉固定时，单侧钉子不少于3个；方脊瓦钉固定时，单侧钉子不少于5个钉子； 2. 采用金属方管作为挂瓦条时，则需要采用高强镀锌自攻螺丝固定，钉完之后，钉眼处需要用修复套装修复处理

（2）高分子类防水垫层（铝箔复合隔热防水垫层、塑料防水垫层、透汽防水垫层和聚乙烯丙纶防水垫层等）。

（3）防水卷材和防水涂料。

3）瓦面层施工工艺

坡屋面瓦面层施工工艺大体上可分为两种：湿铺瓦和干挂铺瓦，优先选用干挂铺瓦方式。干挂铺瓦可避免水泥砂浆卧瓦安装方式产生的冷桥、瓦片污染、冬季砂浆收缩拉裂瓦片、粘结不牢脱落、没有通风隔热节能措施等缺陷。

（1）湿铺施工流程

试排瓦→弹线→挂线→座浆固瓦（绑扎挂瓦钢筋网、用铜丝把瓦绑扎在挂瓦钢筋网、座浆铺瓦）→屋面细部。

（2）干挂施工流程

放线→安装顺水条→安装挂瓦条→安装屋面瓦→安装配件瓦→屋面细部。

3. 瓦屋面细部做法

1）屋脊部位做法（图7-22）

（1）屋脊部位应增设防水垫层附加层，宽度不应小于500mm；

（2）防水垫层应顺流水方向铺设和搭接。

2）檐口部位做法（图 7-23）

（1）檐口部位应增设防水垫层附加层。严寒地区或大风区域，应采用自粘聚合物沥青防水垫层加强，下翻宽度不应小于 100mm，屋面铺设宽度不应小于 900mm；

（2）檐口部位防水垫层的附加层应延展铺设到混凝土檐沟内。

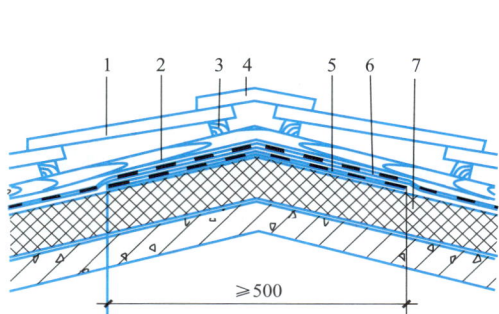

图 7-22　屋脊部位构造
1—瓦；2—顺水条；3—挂瓦条；4—脊瓦；
5—防水垫层附加层；6—防水垫层；7—保温隔热层

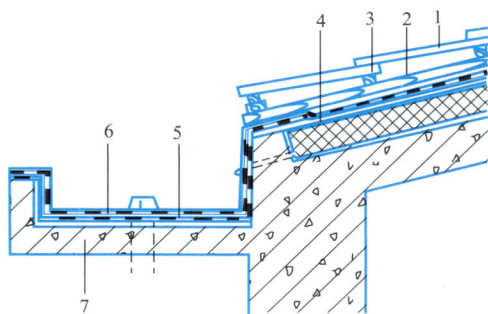

图 7-23　钢筋混凝土檐沟
1—瓦；2—顺水条；3—挂瓦条；4—保护层（持钉层）；
5—防水垫层附加层；6—防水垫层；7—钢筋混凝土檐沟

3）天沟部位做法（图 7-24）

（1）天沟部位应沿天沟中心线增设防水垫层附加层，宽度不应小于 1000mm；

（2）铺设防水垫层和瓦材应顺流水方向进行。

4）立墙部位做法（图 7-25）

（1）阴角部位应增设防水垫层附加层；

（2）防水垫层应满粘铺设，沿立墙向上延伸不少于 250mm；

（3）金属泛水板或耐候型泛水带覆盖在防水垫层上，泛水带与瓦之间应采用胶粘剂满粘；泛水带与瓦搭接应大于 150mm，并应粘结在下一排瓦的顶部；

（4）非外露型泛水的立面防水垫层宜采用钢丝网聚合物水泥砂浆层保护，并用密封材料封边。

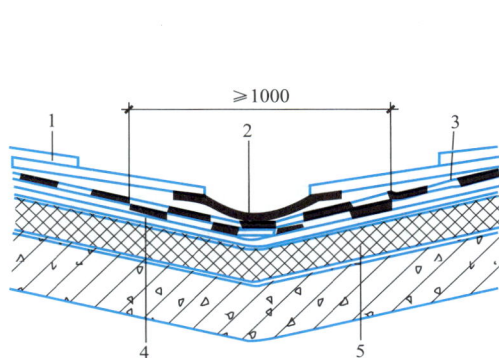

图 7-24　天沟
1—瓦；2—成品天沟；3—防水垫层；
4—防水垫层附加层；5—保温隔热层

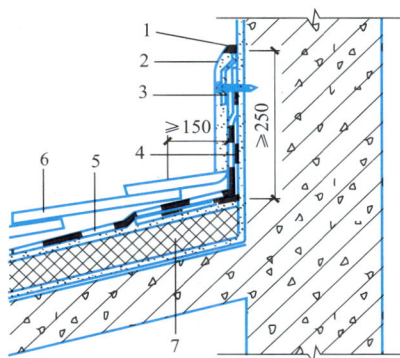

图 7-25　立墙
1—密封材料；2—保护层；3—金属压条；
4—防水垫层附加层；5—防水垫层；6—瓦；7—保温隔热层

7.3　地下防水工程

地下防水工程是指工业与民用建筑的地下工程、防护工程、隧道及地下铁道等建（构）筑物，进行了防水设计、防水施工和维护管理等各项技术作业的工程。扫描二维码7-3观看地下防水工程教学视频。

地下工程埋置在土中，皆不同程度地受到地下水或土体中水分的作用。一方面地下水对地下建（构）筑物有着渗透作用，而且地下建（构）筑物埋置越深，渗透水压就越大；另一方面地下水中的化学成分复杂，有时会对地下建（构）筑物造成一定的腐蚀和破坏作用。因此地下建（构）筑物应选择合理有效的防水措施，以确保地下建（构）筑物的安全耐久和正常使用。

二维码7-3
地下防水工程

7.3.1　地下工程防水设防

1. 明挖法施工地下工程主体结构防水做法

1）混凝土的抗渗等级

明挖法地下工程防水混凝土的最低抗渗等级应符合表7-11的规定。

明挖法地下工程防水混凝土的最低抗渗等级　　　　　　　　　　表7-11

防水等级	市政工程现浇混凝土结构	建筑工程现浇混凝土结构	装配式衬砌
一级	P8	P8	P10
二级	P6	P8	P10
三级	P6	P6	P8

2）主体结构防水设防

防水混凝土是地下工程防水的基础，在各个防水等级中均把防水混凝土作为应选措施。当防水等级要求较高时，除了设置防水混凝土，还应设置外设防水层。

外设防水层一般设置于主体结构的迎水面，即底板、侧墙、顶板的外侧，目的是从迎水面隔绝主体结构与地下水的联系，并通过封闭混凝土结构的接缝、贯穿性裂缝等可能的渗漏水通道，获得预期的防水功能。"刚柔相济"是地下工程防水设防的基本原则，表7-12为主体结构防水做法。

主体结构防水设防　　　　　　　　　　表7-12

防水等级	防水做法	防水混凝土	外设防水层		
			防水卷材	防水涂料	水泥基防水材料
一级	不应少于3道	为1道，应选 市政现浇混凝土不低于P8 建筑现浇混凝土不低于P8 装配式衬砌不低于P10	不少于2道； 防水卷材或防水涂料不应少于1道		
二级	不应少于2道	为1道，应选 市政现浇混凝土不低于P6 建筑现浇混凝土不低于P8 装配式衬砌不低于P10	不少于1道；任选		

续表

防水等级	防水做法	防水混凝土	外设防水层		
			防水卷材	防水涂料	水泥基防水材料
三级	不应少于1道	为1道，应选 市政现浇混凝土不低于P6 建筑现浇混凝土不低于P6 装配式衬砌不低于P8	—		

注：1. 水泥基防水材料指防水砂浆、外涂型水泥基渗透结晶型防水材料，直接作用于结构混凝土表面，适应变形能力不足；
2. "防水涂料＋防水涂料"的防水做法必须采取厚度和用量双重质量控制措施，目前工程中仅限于聚氨酯、聚脲等反应型高分子类防水涂料；
3. 叠合式结构的侧墙等工程部位，外设防水层一般采用在支护结构表面涂刷外涂型水泥基渗透结晶型防水材料；❶
4. 天然钠基膨润土防水毯归属本表中的"防水卷材"。

3）明挖法地下工程结构接缝

施工缝、变形缝、后浇带和诱导缝等混凝土结构接缝是渗漏的高发部位。为保证接缝防水功能，明挖法地下工程结构接缝需要采取表7-13的防水设防措施。

明挖法地下工程接缝防水设防　　　　　　　表 7-13

施工缝					变形缝						后浇带					诱导缝		
混凝土界面处理剂或外涂型水泥基渗透结晶型防水材料	预埋注浆管	遇水膨胀止水条或止水胶	中埋式止水带	外贴式止水带	中埋式中孔胶带	外贴式中孔型止水带	可卸式止水带	密封嵌缝材料	外贴防水卷材或外涂防水涂料	补偿收缩混凝土	预埋注浆管	中埋式止水带	遇水膨胀止水条或止水胶	外贴式止水带	中埋式孔型橡胶止水带	密封嵌缝材料	外贴式止水带	外贴防水卷材或外涂防水涂料
不应少于2种			应选		不应少于2种			应选			不应少于1种			应选		不应少于1种		

注：1. 外贴式止水带不用于顶板部位，可采用防水卷材或涂料附加层替代并与侧墙上外贴式止水带连接；
2. 表中"外贴防水卷材或外涂防水涂料"指接缝处的附加层，其能与缝两侧结构粘贴密实，并在外设防水层失效状态仍能起到一定的防水作用；
3. 中埋式止水带包含中埋式橡胶止水带、中埋式钢边橡胶止水带、自粘丁基橡胶钢板止水带、镀锌钢板止水带等。

4）明挖法施工地下工程防水其他要求

（1）盖挖逆作法工程。铰接形式的顶板与支护结构冠梁之间无钢筋连接，防水层可以由顶板顺延铺设通过支护结构顶部至侧墙甩槎；刚接形式的顶板与支护结构冠梁之间有钢筋连接，此部位柔性防水层无法连续，同时，为避免对结构受力造成影响，刚接部位区域通常仅采用外涂型水泥基渗透结晶型防水材料进行过渡。

（2）明挖法地下工程肥槽回填质量对防水工程质量有较大影响。当回填层的渗透系数大于周边相邻土层时，基坑底部易形成积水，而底板与侧墙交接处是防水的薄弱环节，采

---

❶　支护结构与主体结构侧墙之间的形式有分离式、复合式和叠合式三种。从整体防水效果考虑，分离式和复合式结构侧墙，具备外设防水层施工条件，应设置与底板、顶板连续的外设防水层。叠合式主体结构侧墙与支护结构之间不具备连续设置柔性防水层的条件，一般采用在支护结构表面涂刷外涂型水泥基渗透结晶型防水材料。支护结构采用地下连续墙时，连续墙幅间接头仍是防水的薄弱之处，需要单独做防水处理达到接缝无渗漏的要求。

用渗透系数小的回填层有利于地下工程防水。因此规定：基底至结构底板以上500mm范围（或至地下工程外围护墙水平施工缝以上500mm的范围）及结构顶板以上不小于500mm范围的回填层压实系数不应小于0.94。

（3）附建式全地下或半地下工程的防水设防范围应高出室外地坪，其超出的高度不应小于300mm。防止降水、积水从防水收头部位下渗而造成渗漏。

（4）民用建筑地下室种植顶板，需要将覆土中积水排至周边土体或建筑排水系统；与地上建筑相邻的部位必须设置泛水，且高出覆土或场地不应小于500mm。

2. 暗挖法施工地下工程防水设防

1）矿山法施工地下工程复合式衬砌的防水做法

外设防水层与二衬混凝土结构共同构成矿山法施工地下工程的复合式衬砌防水。在初期支护和二次衬砌之间设置外设防水层，其作用在于隔水和导水，并为混凝土二衬结构施工质量提供保障，复合式衬砌防水做法见表7-14。

矿山法地下工程复合式衬砌的防水设防　　表 7-14

防水等级	防水做法	防水混凝土	外设防水层		
			塑料防水板	预铺反粘高分子防水卷材	喷涂施工的防水涂料
一级	不应少于2道	为1道，应选市政现浇混凝土不低于P8建筑现浇混凝土不低于P8装配式衬砌不低于P10	塑料防水板或预铺反粘高分子防水卷材不应少于1道，且厚度不应小于1.5mm		
二级	不应少于2道	为1道，应选市政现浇混凝土不低于P6建筑现浇混凝土不低于P8装配式衬砌不低于P10	不少于1道；塑料防水板厚度不应小于1.2mm		
三级	不应少于1道	为1道，应选市政现浇混凝土不低于P6建筑现浇混凝土不低于P6装配式衬砌不低于P8	—		

注：1. 外设防水层与二衬混凝土结构共同构成矿山法地下工程防水。受施工工艺限制，矿山法地下工程外设防水层通常只有1道，不同防水等级区别在于防水层材料的品种和厚度。
　　2. 针对硬质岩层地段结构采用排水型复合式衬砌时，在隧道除仰拱（底板）以外的部位会设置防水层，同时在塑料防水板防水层与初期支护之间设置排水系统。

2）矿山法地下工程二次衬砌接缝防水设防措施

二次衬砌施工缝和变形缝部位是渗漏水高发部位，为加强接缝防水措施，需要在接缝部位结构断面内和结构表面两方面采取防水措施，表7-15为矿山法地下工程二次衬砌接缝防水设防措施。其中，中埋式中孔型橡胶止水带是变形缝密封防水优先选用的措施。

矿山法地下工程二次衬砌接缝防水设防　　表 7-15

施工缝					变形缝		
混凝土界面处理剂或外涂型水泥基渗透结晶型防水材料	外贴式止水带	预埋注浆管	遇水膨胀止水条或止水胶	中埋式止水带	中埋式中孔型橡胶止水带	外贴式中孔型止水带	密封嵌缝材料
不应少于2种					应选		

3）暗挖法施工地下工程其他要求

（1）矿山法隧道二次衬砌拱顶部位混凝土施工时因重力作用，使得防水层与混凝土之间普遍存在空隙，无法粘结密实，致使拱顶部位渗漏滴水，为防止此处积水而导致的渗漏，应在防水层与二次衬砌之间设置注浆管并填充密实。

（2）盾构法施工隧道工程防水。盾构法隧道主要通过管片本体以及管片间嵌入的弹性橡胶密封垫压缩回弹密封达到防水的要求。其中管片抗渗等级、密封垫的合理设置以及变形适应性决定其抗渗、防水效果。

① 混凝土管片抗压强度等级不低于C50，且抗渗等级不低于P10；

② 管片至少设置1道密封垫沟槽，管片接缝密封垫要能被完全压入管片沟槽内。密封垫沟槽截面积与密封垫截面积的比例不小于1.00，且不大于1.15；

③ 管片接缝密封垫要能保障在计算的接缝最大张开量、设计允许的最大错位量及埋深水头不小于2倍水压的情况下不渗漏；

④ 管片螺栓孔的橡胶密封圈外形要与沟槽相匹配。

（3）顶管和箱涵顶进法隧道工程的防水，均是通过预制管节及管节间嵌入的密封圈或密封材料来达到防水要求。接口部位的构造设计、密封垫的合理设置以及变形适应性对隧道防水效果均有影响。

① 管节接头应设置橡胶密封垫；

② 管节接头应满足结构最大允许变形下密封防水的要求；

③ 接头部位钢承口应采取防腐措施。

7.3.2 地下工程主体结构自防水与外防水

1. 主体结构自防水

以混凝土自身的密实性而具有一定防水能力的混凝土或钢筋混凝土结构形式称之为混凝土结构自防水。它兼具承重、围护功能，且可满足一定的耐冻融和耐侵蚀要求。

1）地下工程结构自防水基本要求

（1）地下工程迎水面主体结构必须采用防水混凝土，防水混凝土结构厚度不小于250mm；

（2）受中等及以上腐蚀性介质作用的地下工程防水混凝土强度等级不得低于C35，抗渗等级不低于P8；

（3）寒冷地区抗冻设防段防水混凝土抗渗等级不低于P10；

（4）迎水面主体结构必须采用耐侵蚀性防水混凝土，外设防水层需要满足耐腐蚀要求。

2）防水混凝土配合比

防水混凝土可通过调整配合比，或掺加外加剂、掺合料、膨胀剂等措施配制而成，其抗渗等级不得小于P6，试配混凝土的抗渗等级应比设计要求提高0.2MPa，并根据地下工程所处的环境和工作条件，满足抗压、抗冻和抗侵蚀性等耐久性要求。防水混凝土配合比：

（1）胶凝材料用量需要根据混凝土的抗渗等级和强度等级选用，其总用量不小于320kg/m^3；当强度要求较高或地下水有腐蚀性时，胶凝材料用量可通过试验调整；

（2）在满足混凝土抗渗等级、强度等级和耐久性条件下，水泥用量不小于260kg/m^3；

（3）砂率宜为35%～40%，泵送时可增至45%；

（4）灰砂比宜为1∶1.5～1∶2.5；

（5）水胶比不得大于 0.50，有侵蚀性介质时水胶比不宜大于 0.45；

（6）预拌防水混凝土入泵坍落度宜控制在 120～160mm，坍落度每小时损失值不应大于 20mm，坍落度总损失值不应大于 40mm；

（7）掺加引气剂或引气型减水剂时，混凝土含气量应控制在 3%～5%；

（8）预拌混凝土的初凝时间宜为 6～8h。

防水混凝土拌合物在运输后如出现离析，必须进行二次搅拌。当坍落度损失后不能满足施工要求时，应加入原水胶比的水泥浆或掺加同品种的减水剂进行搅拌，严禁直接加水。

3）防水混凝土施工要点

防水混凝土施工前应做好降排水工作，不得在有积水的环境中浇筑混凝土。防水混凝土必须连续浇筑，少留施工缝。

（1）施工缝留设

当留设施工缝时，施工缝防水构造形式宜按图 7-26 选用。当采用两种以上构造措施时可进行有效组合，且应符合下列规定。

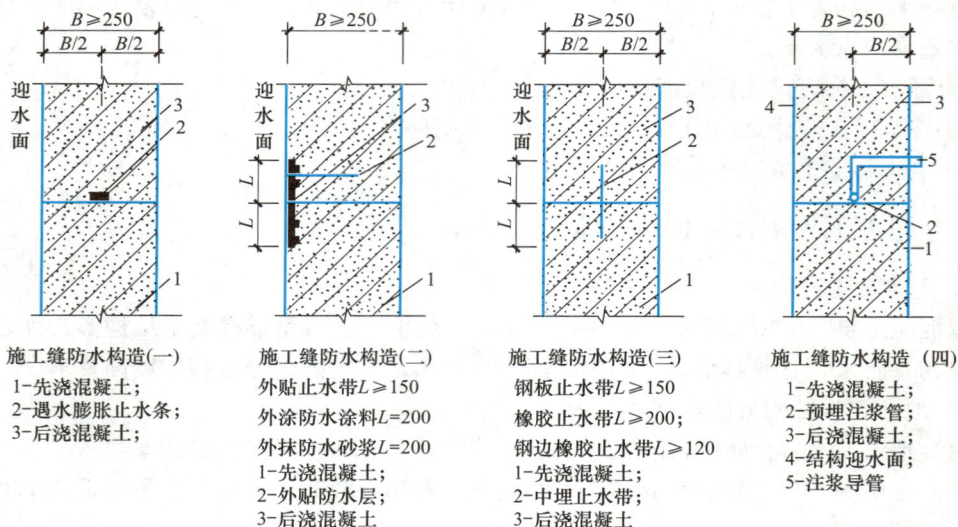

图 7-26　施工缝构造形式

① 施工缝留设位置

A. 墙体水平施工缝不应留在剪力最大处或底板与侧墙的交接处，应留在高出底板表面不小于 300mm 的墙体上。

B. 拱（板）墙结合的水平施工缝，宜留在拱（板）墙接缝线以下 150～300mm 处。墙体顶部留孔洞时，施工缝距孔洞边缘不应小于 300mm。

C. 垂直施工缝应避开地下水和裂隙水较多的地段，并宜与变形缝相结合。

② 施工缝处理

A. 水平施工缝浇筑混凝土前，应将其表面浮浆和杂物清除，然后铺设净浆或涂刷混凝土界面处理剂、水泥基渗透结晶型防水涂料等材料，再铺 30～50mm 厚的 1∶1 水泥砂浆，并应及时浇筑混凝土；

B. 垂直施工缝浇筑混凝土前，应将其表面清理干净，再涂刷混凝土界面处理剂或水泥基渗透结晶型防水涂料，并应及时浇筑混凝土；

C. 遇水膨胀止水条（胶）应与接缝表面密贴；

D. 选用的遇水膨胀止水条（胶）应具有缓胀性能，7d 的净膨胀率不宜大于最终膨胀率的 60%，最终膨胀率宜大于 220%；

E. 采用中埋式止水带或预埋式注浆管时，应定位准确、固定牢靠。

（2）固定模板用螺栓的防水构造

防水混凝土结构内部设置的各种钢筋或绑扎铁丝，不得接触模板。用于固定模板的螺栓必须穿过混凝土结构时，可采用工具式螺栓或螺栓加堵头，螺栓上加焊方形止水环。拆模后将留下的凹槽用密封材料封堵密实，并用聚合物水泥砂浆抹平，如图 7-27 所示。

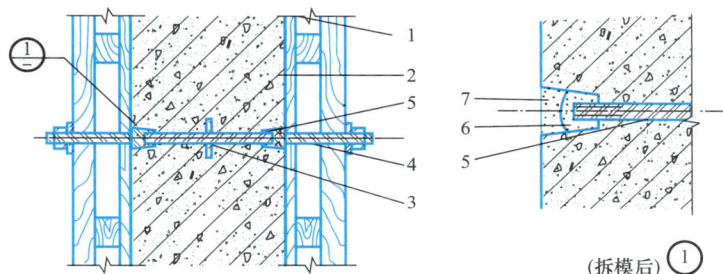

图 7-27 固定模板用螺栓的防水构造

1—模板；2—结构混凝土；3—止水环；4—工具式螺栓；5—固定模板用螺栓；
6—密封材料；7—聚合物水泥砂浆

4）防水混凝土养护

防水混凝土终凝后应立即进行养护，养护时间不得少于 14d。冬期进行防水混凝土施工时应注意混凝土入模温度不应低于 5℃，冬期混凝土养护应采用综合蓄热法、蓄热法、暖棚法、掺化学外加剂等方法，不得采用电热法或蒸气直接加热法；同时应采取保湿措施。

2. 地下结构卷材防水

卷材防水层要铺设在混凝土结构的迎水面，用于建筑物地下室时，必须铺设在结构底板垫层至墙体防水设防高度的结构基面上；用于单建式的地下工程时，要从结构底板垫层铺设至顶板基面，并应在外围形成封闭的防水层。

1）地下卷材防水施工方法

地下卷材防水根据施工顺序有两种铺设方法：外防外贴法和外防内贴法。

（1）外防外贴法

先铺贴基础垫层底层卷材，四周留出卷材接头，然后浇筑构筑物底板和墙身混凝土，待侧模拆除后，再往外围护墙上铺设防水层，最后砌保护墙，如图 7-28 所示。

（2）外防内贴法

先在主体结构四周砌好保护墙，然后在保护墙墙面与基础垫层铺贴防水层，再浇筑主体结构的混凝土，如图 7-29 所示。

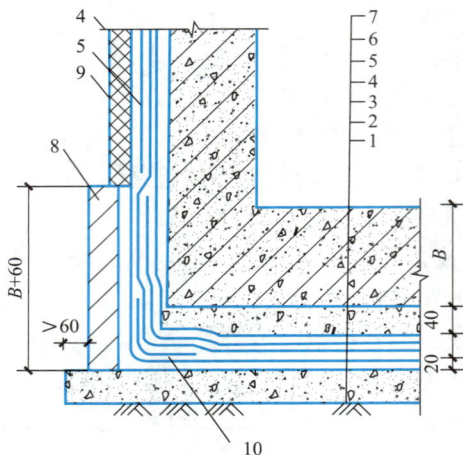

图 7-28　卷材防水层外防外贴法

1—素土夯实；2—混凝土垫层；3—20 厚 1：2.5 补偿收缩水泥砂浆找平层；4—卷材防水层；5—油毡保护层；

6—40 厚 C20 细石混凝土保护层；7—钢筋混凝土结构层；8—永久性保护墙抹 20 厚 1：3 水泥砂浆找平层；

9—5～6mm 厚聚乙烯泡沫塑料片材或 40mm 厚聚苯乙烯泡沫塑料保护层；10—附加防水层

B—底板厚度

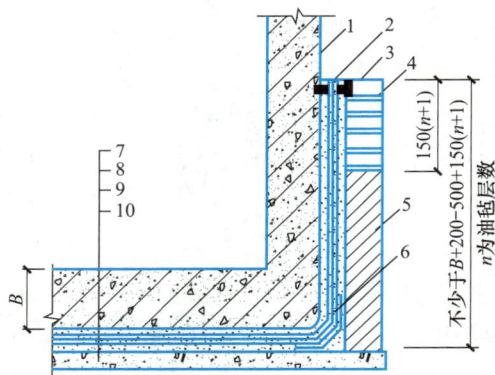

图 7-29　临时性保护墙铺设卷材示意图

1—围护结构；2—永久性木条；3—临时性木条；4—临时保护墙；5—永久性保护墙；6—卷材加强层；

7—保护层；8—卷材防水层；9—找平层；10—混凝土垫层

2）铺贴卷材要点

（1）外防外贴法。基础底板、地下结构围护墙完成后，先将基础底板防水甩出的接槎部位的各层卷材揭开，并将其表面清理干净，往工程结构围护墙上铺贴卷材，如卷材有局部损伤，要及时进行修补。

（2）外防内贴法。基础底板、保护墙施工完成后，先在永久保护墙内表面抹厚度为 20mm 的 1：3 水泥砂浆找平层，然后将基础底板防水甩出的接槎卷材揭开，往保护墙上铺贴卷材。

（3）卷材接槎宜在立面搭接，聚合物改性沥青类卷材搭接长度为 150mm，合成高分子类卷材搭接长度为 100mm；当使用两层卷材时，卷材要错槎接缝，上层卷材要盖过下层卷材。详见图 7-30 卷材防水层甩槎、接槎构造。

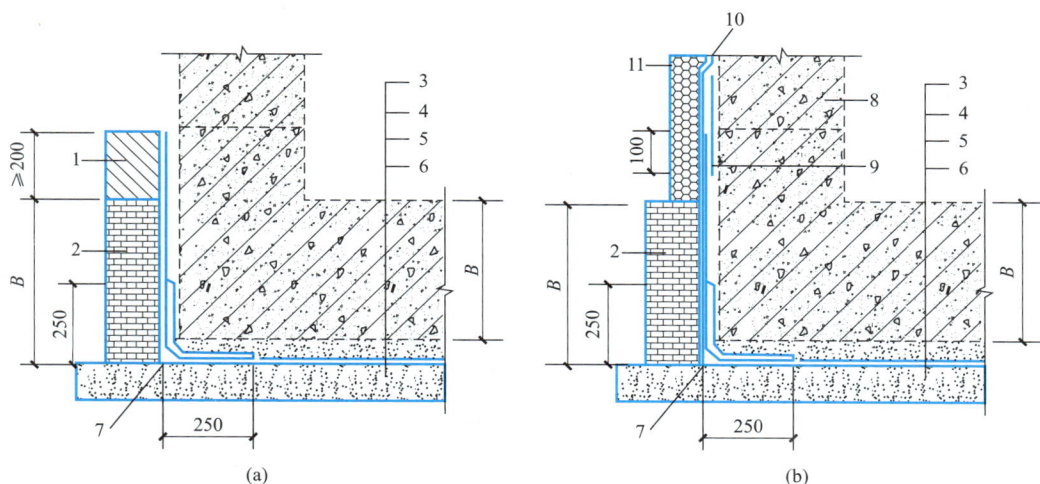

图 7-30　卷材防水层甩槎、接槎构造

（a）甩槎；（b）接槎

1—临时保护墙；2—永久保护墙；3—细石混凝土保护层；4—卷材防水层；5—水泥砂浆找平层；
6—混凝土垫层；7—卷材加强层；8—结构墙体；9—卷材加强层；10—卷材防水层；11—卷材保护层

3. 涂料防水层

常用的涂料防水层有无机防水涂料和有机防水涂料两种防水层做法。无机防水涂料可选用聚合物改性水泥基防水涂料、水泥基渗透结晶型防水涂料。有机防水涂料可选用合成树脂类、合成橡胶类及橡胶沥青类等防水涂料。

无机防水涂料宜用于结构主体的背水面，有机防水涂料宜用于地下工程主体结构的迎水面，用于背水面的有机防水涂料具有较高的抗渗性，且与基层有较好的粘结性。

防水涂料采用外防外涂或外防内涂，如图 7-31、图 7-32 所示。

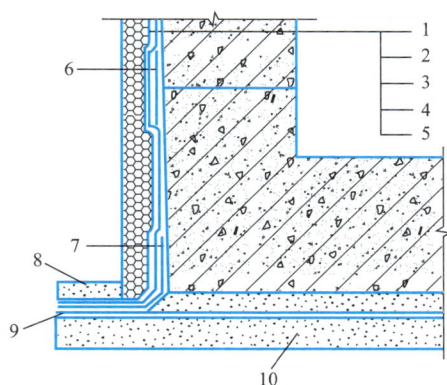

图 7-31　防水涂料外防外涂构造

1—保护墙；2—砂浆保护层；3—涂料防水层；4—砂浆
找平层；5—结构墙体；6—涂料防水层加强层；7—涂料
防水层加强层；8—涂料防水搭接部位保护层；
9—涂料防水层搭接部位；10—混凝土垫层

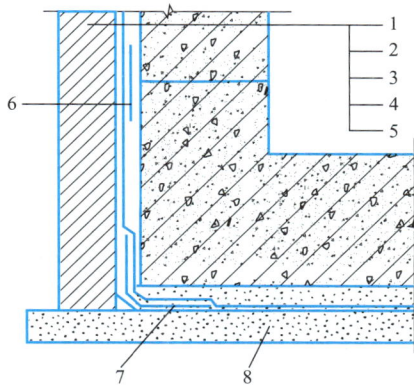

图 7-32　防水涂料外防内涂构造

1—保护墙；2—涂料保护层；3—涂料防水层；
4—找平层；5—结构墙体；6—涂料防水层加强层；
7—涂料防水层加强层；8—混凝土垫层

4. 水泥砂浆防水层防水

防水砂浆包括聚合物水泥防水砂浆、掺外加剂或掺合料的防水砂浆，宜采用多层抹压法施工。可用于地下工程主体结构的迎水面，不应用于受持续振动或温度高于80℃的地下工程防水。

水泥砂浆防水层应在基础垫层、初期支护、围护结构及内衬结构验收合格后施工。基层表面应平整、坚实、清洁，并应充分湿润、无明水。基层表面的孔洞、缝隙，必须采用与防水层相同的防水砂浆堵塞并抹平。施工前应将预埋件、穿墙管预留凹槽内嵌填密封材料后，再施工水泥砂浆防水层。

聚合物水泥防水砂浆的用水量包括乳液中的含水量，拌合后要在规定时间内用完，施工中不得任意加水。

水泥砂浆防水层必须分层铺抹或喷射，铺抹时应压实、抹平，最后一层表面要提浆压光。水泥砂浆防水层各层要紧密粘合，每层要连续施工；需要留设施工缝时，采用阶梯形槎，但离阴阳角处的距离不得小于200mm。

水泥砂浆防水层冬期施工时，气温不应低于5℃，夏季不宜在30℃以上或烈日照射下施工。水泥砂浆终凝后，要及时进行养护，保持砂浆表面湿润，养护时间不得少于14d。聚合物水泥防水砂浆未达到硬化状态时，不得浇水养护或直接受雨水冲刷。

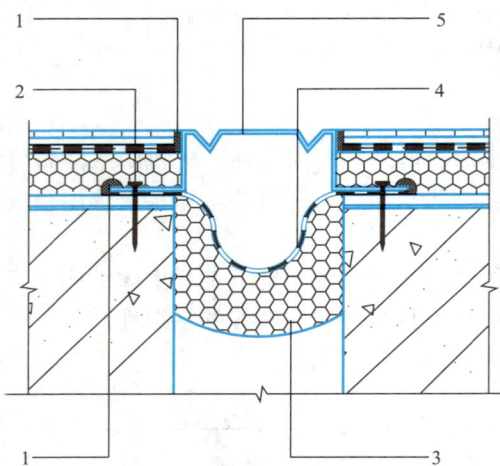

图 7-33　变形缝防水防护构造

1—密封材料；2—锚栓；3—保温衬垫材料；
4—合成高分子防水卷材（两端粘结）；5—不锈钢板

7.3.3　地下工程细部防水构造

1. 变形缝处防水

变形缝的防水措施可根据工程开挖方法、防水等级选用。外贴式防水卷材变形缝应增设合成高分子防水卷材附加层，卷材两端应满粘于墙体，并应用密封材料密封，满粘的宽度应不小于150mm，如图7-33所示。变形缝处中埋式止水带与外贴防水层复合使用处理方式如图7-34所示。

中埋式止水带施工要求：

（1）止水带埋设位置必须准确，其中间空心圆环应与变形缝的中心线重合；

（2）止水带必须固定，顶、底板内止水带要形成盆状安设；

（3）中埋式止水带先施工一侧混凝土时，其端模要支撑牢固，并严防漏浆；

（4）止水带的接缝要设在边墙较高位置上，不得设在结构转角处，接头宜采用热压焊接；

（5）中埋式止水带在转弯处要做成圆弧形，（钢边）橡胶止水带的转角半径不小于200mm，转角半径随止水带的宽度增大而相应加大。

2. 后浇带

后浇带用于不允许留设变形缝的工程部位，在缝两侧混凝土龄期达到42d后再施工；后浇带要采用补偿收缩混凝土浇筑，抗渗和抗压强度等级不得低于两侧混凝土。后浇带需设置超前止水带时，后浇带部位的混凝土应加厚，并增设外贴式或中埋式止水带，如图7-35所示。

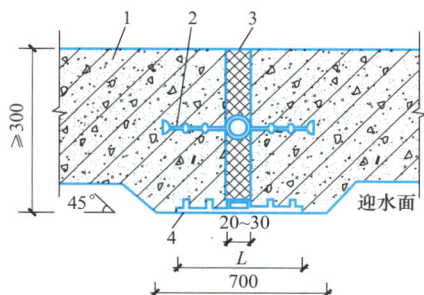

图7-34 中埋式止水带与外贴防水层复合使用

外贴式止水带 L≥300；外贴式防水卷材≥400；
外涂防水涂层≥400
1—混凝土结构；2—中埋式止水带；
3—填缝材料；4—外贴止水带

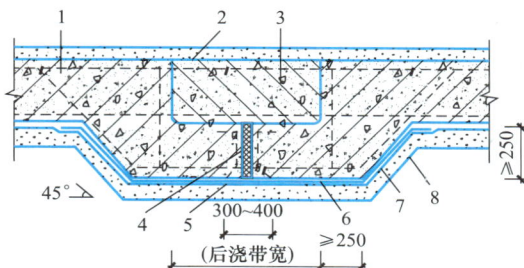

图7-35 后浇带超前止水带构造

1—混凝土结构；2—钢筋网片；3—后浇带；
4—填缝材料；5—外贴式止水带；6—细石混凝土
保护层；7—卷材防水层；8—垫层防水层

3. 穿墙管道的防水构造

在管道穿过防水混凝土结构处预埋套管，套管上加焊止水环，套管与止水环必须一次浇筑于混凝土结构内，且与套管相接的混凝土必须浇捣密实，止水环应与套管满焊严密。安装穿墙管道时，一端以封口钢板将套管及穿墙管焊牢，再从另一端将套管与穿墙管之间的缝隙以防水材料（防水油膏、沥青玛蹄脂等）填满后，用封口钢板封堵严密，如图7-36所示。

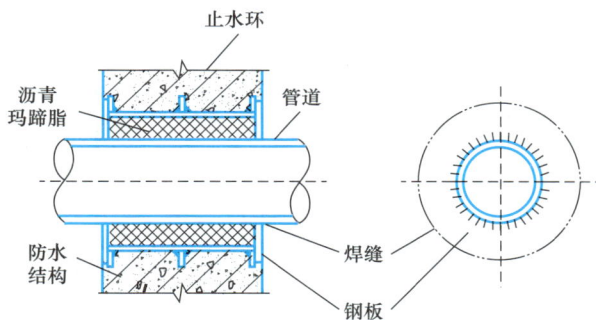

图7-36 套管加焊止水环

7.4 外墙防水工程

建筑外墙防水应根据工程所在地区的工程防水使用环境类别进行整体防水设计。建筑外墙门窗洞口、雨篷、阳台、女儿墙、室外挑板、变形缝、穿墙套管和预埋件等节点应采取防水构造措施，并应根据工程防水等级设置墙面防水层。扫描二维码7-4观看外墙防水工程教学视频。

二维码7-4
外墙防水工程

7.4.1 外墙整体防水

外墙整体防水包括外墙防水构造、防水材料选择、细部节点密封防水构造。使用环境为Ⅰ类且强风频发地区的建筑外墙门窗洞口、雨篷、阳台、穿墙管道、变形缝等处的节点构造应采取加强措施。

1. 墙面防水构造

1）墙面防水设防

（1）当外墙为框架填充或砌体时，外墙砌体粘结与墙面抹灰质量至关重要，砌体结构墙体不具备防水功能，故应采取加强的防水措施。防水等级为一级的框架填充或砌体结构外墙，要设置2道及以上防水层。防水等级为二级的框架填充或砌体结构外墙，要设置1道及以上防水层。当采用2道防水时，应设置1道防水砂浆，及1道防水涂料或其他防水材料。

（2）防水等级为一级的现浇混凝土外墙、装配式混凝土外墙板要设置1道及以上防水层。

（3）封闭式幕墙要达到一级防水要求。

2）无外保温外墙的防水构造

（1）外墙采用涂料饰面时（图7-37a），防水层设在找平层和涂料饰面层之间，防水层宜采用聚合物水泥防水砂浆或普通防水砂浆；

（2）采用块材饰面时（图7-37b），防水层设在找平层和块材粘结层之间，防水层宜采用聚合物水泥防水砂浆或普通防水砂浆；

（3）外墙采用幕墙饰面时（图7-37c），防水层应设在找平层和幕墙饰面之间，防水层宜采用聚合物水泥防水砂浆、普通防水砂浆、聚合物水泥防水涂料、聚合物乳液防水涂料或聚氨酯防水涂料。

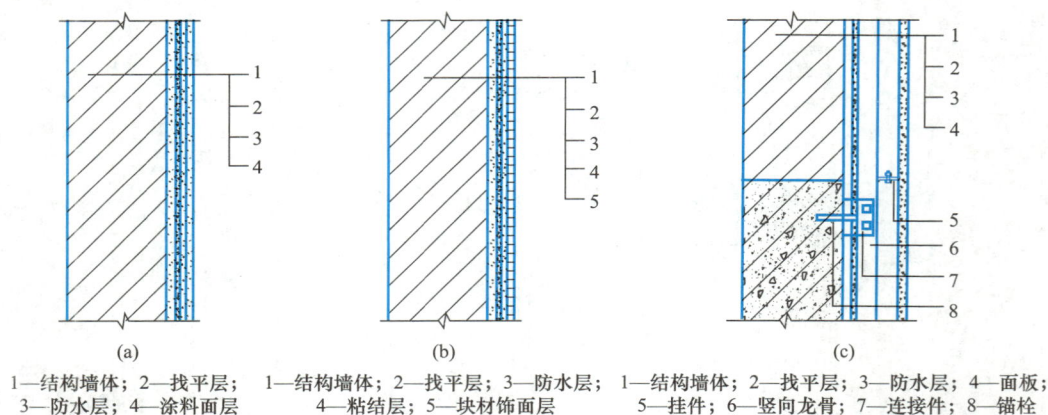

1—结构墙体；2—找平层；　　1—结构墙体；2—找平层；3—防水层；　　1—结构墙体；2—找平层；3—防水层；4—面板；
3—防水层；4—涂料面层　　4—粘结层；5—块材饰面层　　5—挂件；6—竖向龙骨；7—连接件；8—锚栓

图 7-37　无外保温外墙的防水构造

（a）涂料饰面外墙整体防水构造；（b）块材饰面外墙整体防水构造；（c）幕墙饰面外墙整体防水构造

3）有外保温外墙的防水构造

（1）采用涂料或块材饰面时，防水层宜设在保温层和墙体基层之间。防水层可采用聚合物水泥防水砂浆或普通防水砂浆（图7-38a）；

（2）采用幕墙饰面时，防水层宜设在保温层和装饰面层之间。设在找平层上的防水层宜采用聚合物水泥防水砂浆、普通防水砂浆、聚合物水泥防水涂料、聚合物乳液防水涂料或聚氨酯防水涂料；当外墙保温层选用矿物棉保温材料时，防水层宜采用防水透气膜（图7-38b）。

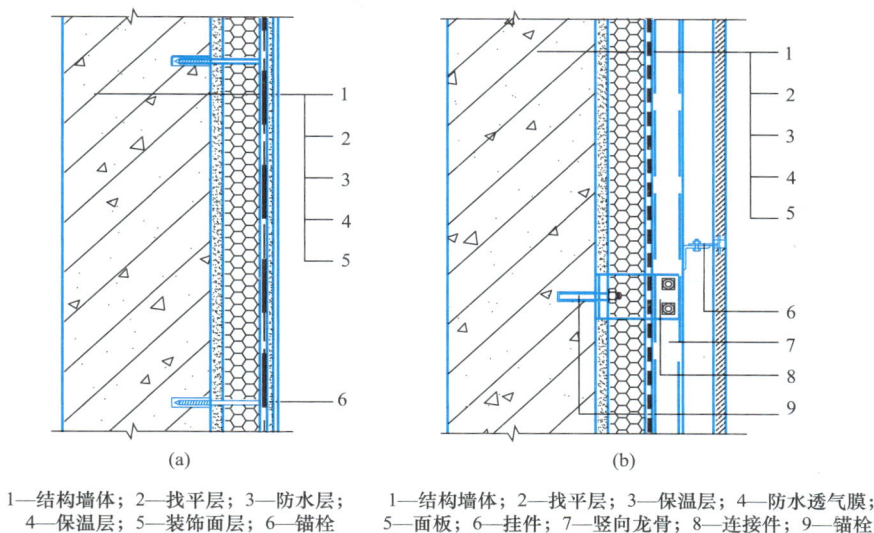

1—结构墙体；2—找平层；3—防水层；
4—保温层；5—装饰面层；6—锚栓

1—结构墙体；2—找平层；3—保温层；4—防水透气膜；
5—面板；6—挂件；7—竖向龙骨；8—连接件；9—锚栓

图 7-38　有外保温外墙的防水构造
（a）涂料或块材饰面外保温外墙整体防水构造；（b）幕墙饰面外保温外墙防水构造

4）外墙饰面层施工要点

（1）防水砂浆饰面层应留置分格缝，分格缝宜设置在墙体结构不同材料交接处；水平分格缝宜与窗口上沿或下沿平齐；竖向分格缝间距宜根据建筑层高确定，但不应大于6m，且宜与门、窗框两边线对齐；缝宽宜为 8～10mm，缝内应采用密封材料做密封处理；保温层的抗裂砂浆层兼作防水防护层时，防水防护层不宜留设分格缝。

（2）面砖饰面层宜留设宽度为 5～8mm 的块材接缝，用聚合物水泥防水砂浆勾缝。

（3）防水饰面涂料要涂刷均匀，涂层厚度根据具体的工程与材料确定，但不得小于 1.5mm。

（4）上部结构与地下墙体交接部位的防水层要与地下墙体防水层搭接，搭接长度不小于 150mm，防水层收头用密封材料封严，如图 7-39 所示；有保温的地下室外墙防水防护层要延伸至保温层的深度。

2. 防水材料的配制

1）防水砂浆的配制要求

（1）配制乳液类聚合物水泥防水砂浆前，乳液应先搅拌均匀，再按规定比例加入拌合料中搅拌均匀；

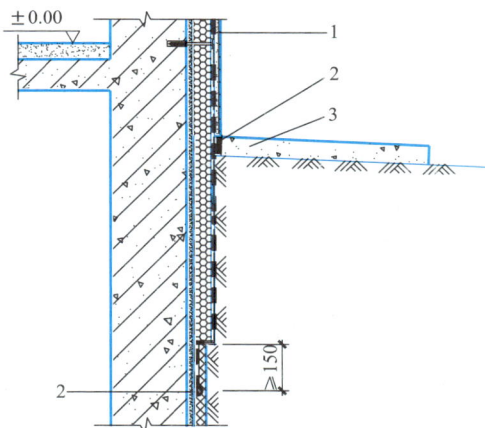

图 7-39　与散水交接部位防水构造
1—外墙防水层；2—密封材料；
3—室外地坪（散水）

（2）干粉类聚合物水泥防水砂浆应按规定比例加水搅拌均匀；

（3）粉状防水剂配制普通防水砂浆时，应先将规定比例的水泥、砂和粉状防水剂干拌均匀，再加水搅拌均匀；

（4）液态防水剂配制普通防水砂浆时，应先将规定比例的水泥和砂干拌均匀，再加入用水稀释的液态防水剂搅拌均匀。

2）涂膜防水的配制要求

（1）双组分涂料配制前，要将液体组分搅拌均匀，配料按照规定要求进行，不得任意改变配合比；

（2）采用机械搅拌，配制好的涂料要色泽均匀，无粉团、沉淀。

3）防水层厚度

聚合物水泥防水砂浆的抗渗压力、粘结强度、压折比等性能均比普通水泥砂浆更好，也更有韧性，因此聚合物水泥砂浆防水层设置可以比普通水泥砂浆稍薄仍能达到一样的防水效果。干粉类聚合物水泥防水砂浆为工厂化生产的材料，在产品质量上更易得到保证，同时对骨料的粒径也可以更好地控制，干粉类的砂浆防水层可以比乳液类砂浆防水层更薄一些。

防水层必要的厚度是防水功能和耐久性的保证。现浇混凝土墙体比砌体墙体的致密性及刚度更好，因此基层为现浇混凝土墙体时，防水层可以稍薄，而基层为砌体墙体时，防水层宜稍厚。防水层的最小厚度见表7-16。

防水层最小厚度（mm）　　　　　　　表 7-16

墙体基层种类	饰面层种类	聚合物水泥防水砂浆		普通防水砂浆	防水涂料	防水饰面涂料
		干粉类	乳液类			
现浇混凝土	涂料	3	5	8	1.0	1.2
	面砖				—	—
	幕墙				1.0	—
砌体	涂料	5	8	10	1.2	1.5
	面砖				—	—
	干挂幕墙				1.2	—

砂浆防水层中可增设耐碱玻璃纤维网布或热镀锌电焊网增强，防止砂浆防水层产生裂缝。当基层平整度不好时，砂浆防水层较厚时，宜采用热镀锌电焊网；砂浆防水层较薄时宜采用耐碱玻璃纤维网布，并宜用锚栓固定于结构墙体中。

7.4.2　外墙细部防水构造

1. 门窗洞口节点构造防水

门窗框洞口周边是渗漏高发部位，应重点设防。

（1）门窗框间嵌填的密封处理应与外墙防水层连续，才能阻止雨水从门窗框四周流入室内，所以外墙防水层要延伸至门窗框，防水层与门窗框间预留凹槽，采用聚合物水泥防水砂浆或发泡聚氨酯填充嵌填和密封；如图7-40所示。

（2）门窗上楣的滴水处理可以阻止雨水顺墙渗入门窗洞口缝隙，所以门窗洞口上楣要设置滴水线。

（3）门窗性能和安装质量要满足水密性要求。

（4）窗台处要设置排水板和滴水线等排水构造措施，排水坡度不得小于5%。

（5）装配式混凝土结构外墙接缝以及门窗框与墙体连接处应采用密封材料、止水材料和专用防水配件等进行密封。

2. 雨篷、阳台、室外挑板防水

（1）雨篷要设置雨水迅速外排走措施，坡度不应小于1%，且外口下沿应做滴水线。雨篷与外墙交接处的防水层要连续，保证此处防水的可靠性，且防水层必须沿外口下翻至滴水线。

（2）开敞式外廊和阳台的楼面必须设防水层，阳台坡向水落口的排水坡度不小于1%，不得积水，并要通过雨水立管接入排水系统，水落口周边留槽嵌填密封材料。当阳台下沿采用水泥砂浆时，做成滴水槽或者鹰嘴；当阳台下沿采用石（块）材面砖饰面时，可在阳台下沿底边铺贴出滴水线；如图7-41所示。

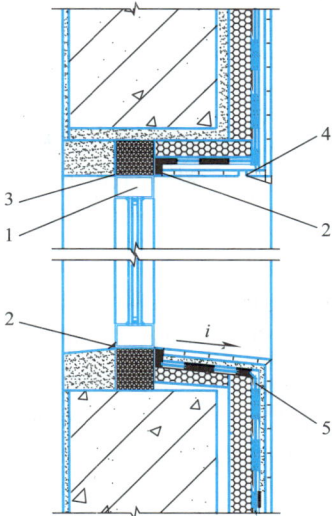

图7-40　门窗框防水防护立剖面构造

1—窗框；2—密封材料；

3—发泡聚氨酯填充；

4—滴水线；5—外墙防水层

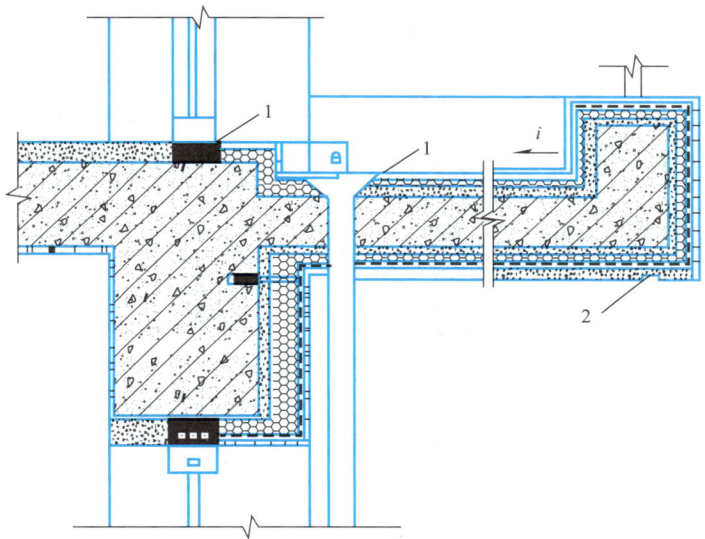

图7-41　雨篷、阳台防水防护构造

1—密封材料；2—滴水线

（3）室外挑板与墙体连接处采取防雨水倒灌措施和节点构造防水措施。

3. 外墙变形缝、穿墙管道、预埋件等节点防水

（1）变形缝部位采取防水加强措施，见图7-42（a）。当采用增设卷材附加层措施时，卷材两端要满粘于墙体，满粘的宽度不小于150mm，并辅以金属压条钉压固定，做好卷材的收头密封，达到封闭外墙变形缝的目的。

（2）穿墙空调管道、热水器管道、排油烟管道等，由于安装的需要，管道和管道孔壁间会有一定的空隙，雨水在风压作用下会渗入到空隙中，另外孔道上部顺墙流下的雨水也可能在毛细作用下通过空隙渗入墙体或室内。因此伸出外墙管道要采用套管，套管周边做好密封处理，并形成内高外低的坡度，管道和套管间的空隙封堵密实，见图7-42（b）。

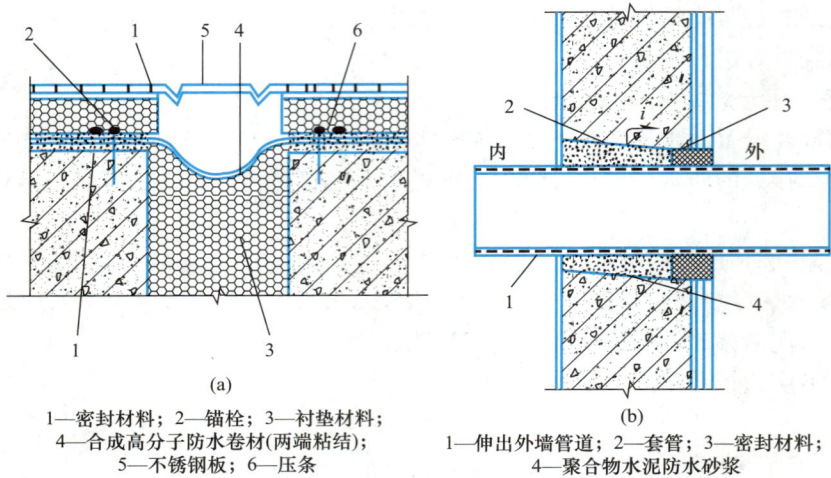

1—密封材料；2—锚栓；3—衬垫材料；
4—合成高分子防水卷材（两端粘结）；
5—不锈钢板；6—压条

1—伸出外墙管道；2—套管；3—密封材料；
4—聚合物水泥防水砂浆

图 7-42　变形缝、穿墙管道防水构造

（a）变形缝防水构造；（b）伸出外墙管道防水构造

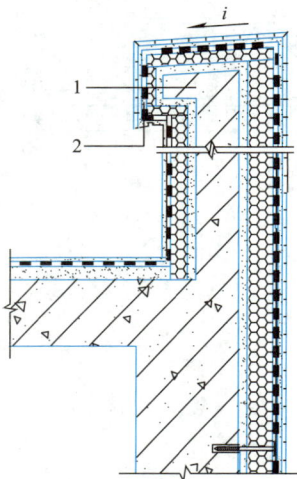

图 7-43　女儿墙防水构造
1—混凝土压顶；2—防水砂浆

（3）外墙预埋件、外挂锚固件四周采用防水密封材料连续封闭，由于预埋件易产生变形，因此，后置埋件和预埋件均需做密封增强处理以保证防水的整体性。

4. 女儿墙压顶

女儿墙压顶宜采用现浇钢筋混凝土或金属压顶，压顶要向内找坡，坡度不小于 2%。当采用混凝土压顶时，外墙防水层要上翻至压顶，内侧的滴水部位宜用防水砂浆做防水层，如图 7-43 所示；当采用金属压顶时，防水层要做到压顶的顶部，金属压顶采用专用金属配件固定。

7.4.3　外墙防水施工要点

1. 砂浆防水层施工

1）防水砂浆铺抹施工

界面处理材料涂刷厚度要均匀、覆盖完全，收水后就要及时进行砂浆防水层施工。

（1）厚度大于 10mm 时，要分层施工，第二层应待前一层指触不粘时进行，各层必须粘结牢固；

（2）每层连续施工，留茬时，采用阶梯坡形茬，接茬部位离阴阳角不得小于 200mm；上下层接茬要错开 300mm 以上，接茬依层次顺序操作、层层搭接紧密；

（3）喷涂施工时，喷枪的喷嘴要垂直于基面，合理调整压力、喷嘴与基面距离；

（4）涂抹时要压实、抹平；遇气泡时要挑破，保证铺抹密实；

（5）抹平、压实要在初凝前完成；

（6）配制好的防水砂浆要在 1h 内用完，施工中不得加水。

2）外墙防水细部施工

（1）窗台、窗楣和凸出墙面的腰线等部位上表面的排水坡度要准确，外口下沿的滴水线连续、顺直；

（2）砂浆防水层分格缝的留设位置和尺寸要符合设计要求，嵌填密封材料前，需要将分格缝清理干净，密封材料应嵌填密实；

（3）砂浆防水层转角宜抹成圆弧形，圆弧半径不小于 5mm，转角抹压应顺直；

（4）门框、窗框、伸出外墙管道、预埋件等与防水层交接处需要留 8～10mm 宽的凹槽，并进行密封处理；

（5）聚合物防水砂浆在硬化过程中，既有水泥的水化反应，又有聚合物乳液的脱水固化过程，因此，在聚合物防水砂浆完工后初期，采用不洒水的自然养护，时间根据聚合物乳液的掺量、环境湿度确定，一般在 48h 左右，硬化后再采用干湿交替养护的方法；其他的防水砂浆在终凝后采用洒水保湿养护；砂浆防水层未达到硬化状态时，不得浇水养护或直接受雨水冲刷，养护期间不得受冻。

2. 涂膜防水层施工

施工前应对节点部位进行密封或增强处理。涂膜防水层施工前的基层干燥程度需要根据涂料的品种和性能确定。

（1）防水涂料涂布前，需要涂刷基层处理剂；

（2）涂膜宜多遍完成，后遍涂布要在前遍涂层干燥成膜后进行。挥发性涂料的每遍用量每平方米不宜大于 0.6kg；

（3）每遍涂布要交替改变涂层的涂布方向，同一涂层涂布时，先后接茬宽度宜为 30～50mm；

（4）涂膜防水层的甩茬部位不得污损，接茬宽度不小于 100mm；

（5）胎体增强材料铺贴要平整，不得有褶皱和胎体外露，胎体层充分浸透防水涂料；胎体的搭接宽度不小于 50mm。胎体的底层和面层涂膜厚度均不小于 0.5mm；

（6）涂膜防水层完工并经检验合格后，要及时做好饰面层。

7.5　室内防水工程

室内防水工程是指对室内卫生间、厨房、浴室、水池、游泳池等和水有接触的部位进行防水作业的工程。室内防水受自然气候的影响相对较小，但受水的侵蚀具有干湿交替性和长久性，因此要求防水材料的耐水性及耐久性优良，不易水解、霉烂，同时，受到使用功能及施工环境影响，要求防水材料无毒、环保，并满足施工复杂性的要求。扫描二维码 7-5 观看室内防水工程教学视频。

二维码 7-5
室内防水工程

7.5.1　楼、地面防水要求

1. 室内楼地面防水做法

1）室内楼地面防水设防道数

室内工程都属于对渗漏水敏感的工程，在Ⅰ类、Ⅱ类使用环境下，防水等级应为一级，一级防水设防道数不应少于 2 道，考虑到卷材质量的可控以及防水涂料在处理管根、地漏等节点时的便捷，基层变形影响，规范要求在两道设防中，必须设置一道防水卷材或防水涂料，详见表 7-17。

室内楼地面防水做法　　　　　　　　　　　　表 7-17

防水等级	防水做法	防水层		
		防水卷材	防水涂料	水泥基防水材料
一级	不应少于 2 道	防水涂料或防水卷材不应少于 1 道		
二级	不应少于 1 道	任选		

2）楼、地面防水的构造

（1）楼、地面的防水层在门口处应水平延展，且向外延展的长度不小于 500mm，向两侧延展的宽度不小于 200mm，如图 7-44 所示。

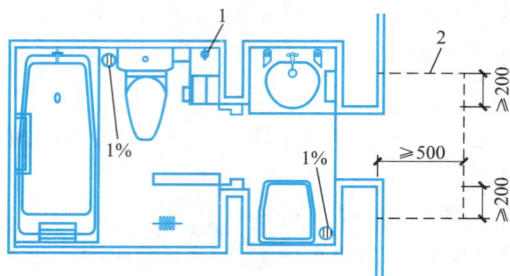

图 7-44　门口处防水层延展示意

1—穿越楼板的管道及其防水套管；2—门口处防水层延展范围

（2）地漏、大便器、排水立管等穿越楼板的管道根部与基层的交接部位，应预留宽 10mm，深 10mm 的环形凹槽，槽内嵌填密封材料嵌填压实，见图 7-45。

（3）穿越楼板的管道要设置防水套管，高度高出装饰层完成面 20mm 以上；套管与管道间采用防水密封材料嵌填压实，见图 7-46。

（4）水平管道在下降楼板上采用同层排水措施时，楼板、楼面要做双层防水设防。对降板后可能出现的管道渗水，要有密闭措施（图 7-47），且宜在贴临下降楼板上表面处设泄水管，并采取增设独立的泄水立管的措施。

（5）同层排水的地漏，其旁通水平支管宜与下降楼板上表面处的泄水管联通，并接至增设的独立泄水立管上（图 7-48）。

2. 室内墙面防水要求

室内墙面通常只需设置 1 道防水层即可满足防水要求。防水材料应同时满足与基层及饰面层的粘结要求。室内墙面用水泥基防水材料主要是聚合物水泥防水砂浆和聚合物防水浆料。

1）室内墙面防水设防高度

（1）淋浴区墙面防水层翻起高度不小于 2000mm，且不低于淋浴喷淋口高度；

（2）盥洗池盆等用水处墙面防水层翻起高度不小于 1200mm；

（3）墙面其他部位泛水翻起高度不应小于 250mm；

（4）轻质隔墙用于卫生间、厨房时，应做全防水墙面，其根部应做 C20 细石混凝土坎台；

（5）防水及防潮墙面宜采用防水砂浆处理。

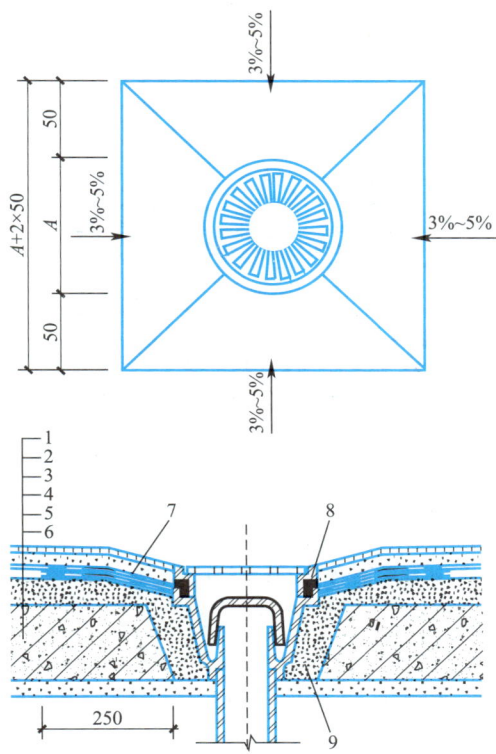

图 7-45 地漏防水构造

1—楼、地面面层；2—粘结层；3—防水层；4—找平层；
5—垫层或找坡层；6—钢筋混凝土楼板；7—防水层的
附加层；8—密封膏；9—C20 细石混凝土掺聚合物填实

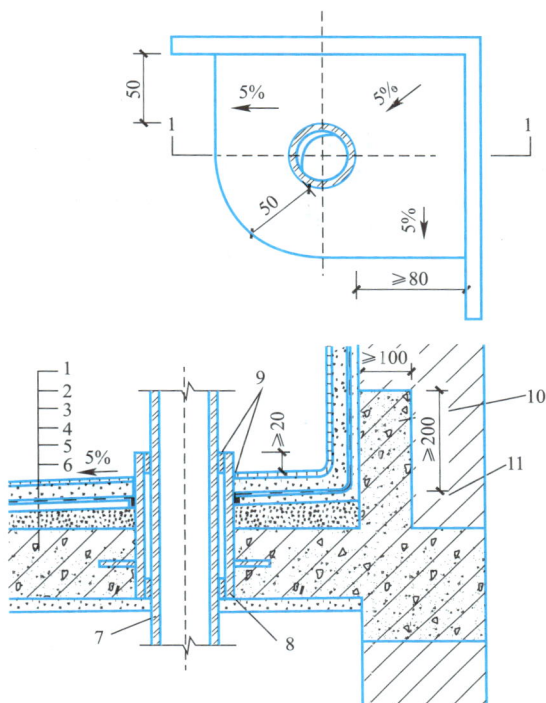

图 7-46 穿楼板管道防水构造

1—楼、地面面层；2—粘结层；3—防水层；4—找平层；
5—垫层或找坡层；6—钢筋混凝土楼板；7—排水立管；
8—防水套管；9—密封膏；10—C20 细石混凝土翻边；
11—装饰层完成面高度

2）防潮墙面构造

（1）当墙面设置防潮层时，楼、地面防水层应沿墙面上翻，且至少应高出饰面层200mm；

（2）当卫生间、厨房采用轻质隔墙时，应做全防水墙面，其四周根部除门洞外，应做C20细石混凝土坎台，并应至少高出相连房间的楼、地面饰面层200mm（图7-49）。

7.5.2 楼地面防水施工

楼地面防水施工程序为：基层处理→细部处理→防水层施工→蓄水试验→保护层（饰面层）施工→蓄水试验。

1）基层处理

（1）基层符合设计的要求，并通过验收。基层表面应坚实平整，无浮浆，无起砂、裂缝现象；

（2）与基层相连接的各类管道、地漏、预埋件、设备支座等安装牢固；

（3）管根、地漏与基层的交接部位，应预留宽10mm，深10mm的环形凹槽，槽内应嵌填密封材料；

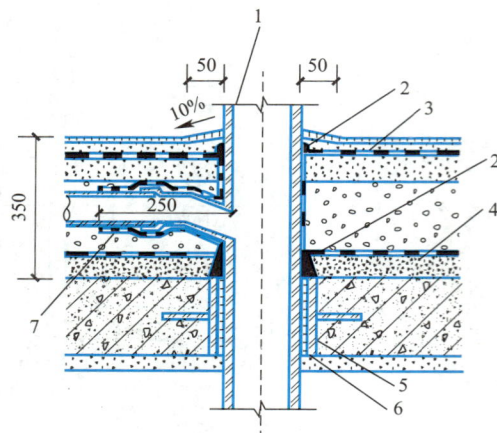

图 7-47　同层排水穿楼板管防水构造

1—排水立管；2—密封膏；3—设防房间装修面层下
设防的防水层；4—钢筋混凝土楼板基层上设防的防水层；
5—防水套管；6—管壁间用填充材料塞实；
7—附加层

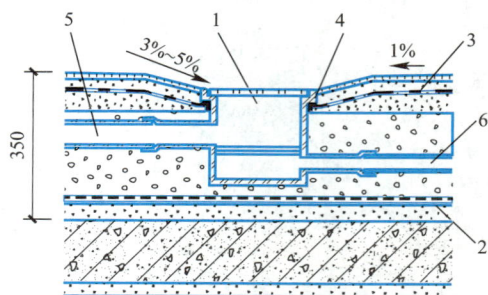

图 7-48　同层排水地漏防水构造

1—多通道地漏；2—下降的钢筋混凝土楼板基层上
设防的防水层；3—设防房间装修面层下设防的防水层；
4—密封膏；5—排水支管接至排水立管；6—旁
通水平支管接至增设的独立泄水立管

（4）基层的阴、阳角部位宜做成圆弧钝角；

（5）基层表面不得有积水，基层的含水率满足施工要求。

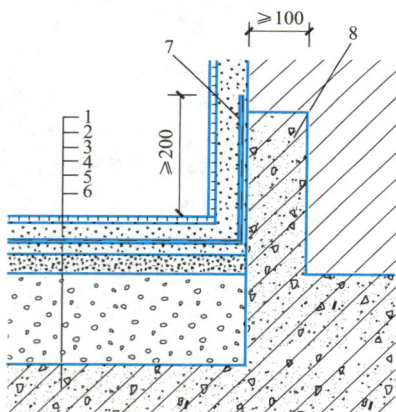

图 7-49　防潮墙面底部构造

1—楼、地面层；2—粘结层；3—防水层；
4—找平层；5—垫层或找坡层；
6—钢筋混凝土楼板；7—防水层翻起高度；
8—C20 细石混凝土翻边

2）防水层施工

（1）防水涂料施工

① 防水涂料施工时，采用与涂料配套的基层处理剂。基层处理剂涂刷应均匀、不流淌、不堆积。

② 防水涂料在大面积施工前，要先在阴阳角、管根、地漏、排水口、设备基础根等部位施做附加层，并加铺胎体增强材料，附加层的宽度和厚度符合设计要求。

③ 防水涂料施工操作：

A. 双组分涂料应按配比要求在现场配制，并使用机械搅拌均匀，不得有颗粒悬浮物；

B. 防水涂料要薄涂、多遍施工，前后两遍的涂刷方向相互垂直，涂层厚度均匀，不得有漏刷或堆积现象；

C. 应在前一遍涂层实干后，再涂刷下一遍涂料；

D. 施工时宜先涂刷立面，后涂刷平面；

E. 加铺胎体增强材料时，应使防水涂料充分浸透胎体层，不得有折皱、翘边现象；

F. 防水涂膜最后一遍施工时，可在涂层表面撒砂。

（2）防水卷材施工

① 防水卷材与基层满粘施工，防水卷材搭接缝采用与基材相容的密封材料封严。

② 均匀涂刷基层处理剂。基层潮湿涂刷湿固化胶粘剂或潮湿界面隔离剂；多数情况下基层处理剂使用的溶剂为苯类物质，溶剂挥发将给室内环境及人身健康带来不良影响。

因此，基层处理剂不得在施工现场配制或添加溶剂稀释；基层处理剂干燥后应立即进行下道工序的施工。

③ 防水卷材施工操作：

A. 防水卷材应在阴阳角、管根、地漏等部位先铺设附加层，附加层材料可采用与防水层同品种的卷材或与卷材相容的涂料；

B. 卷材与基层满粘施工，表面应平整、顺直，不得有空鼓、起泡、皱折；

C. 防水卷材与基层粘结牢固，搭接缝处粘结牢固；

D. 聚乙烯丙纶复合防水卷材施工时，基层应湿润，但不得有明水；

E. 自粘聚合物改性沥青防水卷材在低温施工时，搭接部位宜采用热风加热。

（3）防水砂浆施工

① 施工前应洒水润湿基层，但不得有明水，并宜做界面处理；

② 防水砂浆用机械搅拌均匀，并随拌随用；

③ 防水砂浆宜连续施工。当需留施工缝时，应采用坡形接槎，相邻两层接槎应错开100mm以上，距转角不得小于200mm；

④ 水泥砂浆防水层终凝后，及时进行保湿养护，养护温度不低于5℃；

⑤ 聚合物防水砂浆，按产品的使用要求进行养护。

（4）密封施工

① 密封施工宜在卷材、涂料防水层施工之前、刚性防水层施工之后完成；

② 密封材料施工宜采用胶枪挤注施工，也可用腻子刀等嵌填压实；

③ 密封材料根据预留凹槽的尺寸、形状和材料的性能采用一次或多次嵌填。

3）蓄水试验

待防水层完全固化干燥后，即可进行蓄水试验。蓄水试验的蓄水深度不小于20mm，蓄水时间不小于24h，观察无渗漏为合格。

4）饰面层施工

蓄水试验合格后即可进行水泥砂浆保护层或贴地砖等饰面层施工，面层宜采用不透水材料和构造，有防水要求的楼地面需要设排水坡，坡向地漏或排水设施，排水坡度不应小于1.0%。用水空间与非用水空间楼地面交接处要有防止水流入非用水房间的措施。

5）第二次蓄水试验

饰面层完成后，进行第二次蓄水试验，经过试验无渗漏，楼、地面防水层施工完成。

7.5.3　室内防水成品保护

（1）防水层做完后24小时内不得上人施工，避免防水层的凝固和空鼓；

（2）防水保护层施工时，施工人员不得穿带钉子鞋进入，推车要搭设专用车道，车道上要铺垫木板，施工人员不得用铁锹铲破防水层，以免影响防水层的效果；

（3）已铺好的卷材防水层，及时采取保护措施，防止机具和施工作业损伤；

（4）变形缝、管道、地漏等处防水层施工前，要进行临时堵塞，防水层完工后，要进行清除，保证管道、地漏、缝内通畅，满足使用功能；

（5）施工中不得污染已做完的成品。已涂好的水泥胶未固化前，不允许上人和堆积物品，以免涂膜防水层受损坏，造成渗漏。防水层通过验收合格后，要尽快做好保护层，在没有完成保护层前不得进行下道工序作业；

（6）游泳馆、洗浴中心、温泉馆等建筑在顶棚部位增设防水或防潮措施，避免水蒸气导致顶棚发霉、破坏装修等情况发生。

7.6　工程案例

工程概况：东方壹品项目位于南充市高坪区松韵路 73 号，该项目共包含了 12 栋 26 层住宅楼及两层地下室，总建筑面积约 24.8 万 m²，其中地上面积 18.2 万 m²，地下面积 6.6 万 m²。扫描二维码 7-6 观看该工程的屋面防水施工工艺动画。

二维码 7-6
东方壹品
工程案例

作业

图 7-50 是某高校新校区二期教学楼坡屋面做法详图。

【任务】请编写该屋面施工方案。扫描二维码 7-7 观看案例作业视频。

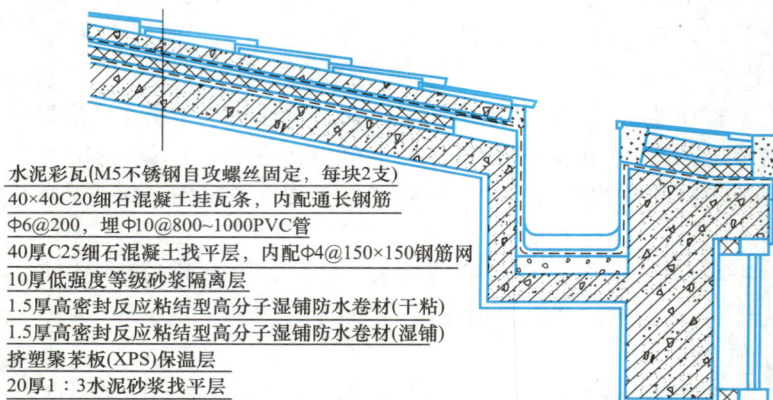

二维码 7-7
案例作业视频

水泥彩瓦(M5不锈钢自攻螺丝固定，每块2支)
40×40C20细石混凝土挂瓦条，内配通长钢筋
Φ6@200，埋Φ10@800~1000PVC管
40厚C25细石混凝土找平层，内配Φ4@150×150钢筋网
10厚低强度等级砂浆隔离层
1.5厚高密封反应粘结型高分子湿铺防水卷材(干粘)
1.5厚高密封反应粘结型高分子湿铺防水卷材(湿铺)
挤塑聚苯板(XPS)保温层
20厚1:3水泥砂浆找平层

图 7-50　某高校新校区二期教学楼坡屋面做法详图

本章小结

（1）建筑屋面工程的防水做法及防水等级的划分；重点介绍了平屋面和瓦屋面的防水施工工艺。

（2）地下防水工程中主体结构防水做法；明挖法地下工程接缝防水设防接缝处防水设防措施；矿山法地下工程复合式衬砌的防水做法；重点介绍了防水混凝土施工和地下工程细部防水构造。

（3）外墙整体防水构造要求、细部防水构造要求及防水施工。

（4）楼地面防水的构造及施工要求、墙面防水的施工要求、室内细部防水构造。

（5）无论屋面、地下、外墙、室内防水施工，细部构造是所有防水工作的重点。

第8章 建筑装饰与节能工程

【知识目标】

（1）墙体、门窗、楼地面、屋面节能技术及构造；

（2）墙体、幕墙、门窗、楼地面、吊顶、轻质隔墙、裱糊与软包等装饰工程施工工艺。

【能力目标】

（1）能编制各类建筑装饰与建筑绿色节能施工方案；

（2）能优化各类建筑装饰与节能工程施工工艺。

【素质教育】扫描二维码 8-1 观看大力倡导绿色低碳的生产生活方式视频。

二维码 8-1
大力倡导绿色低碳
的生产生活方式

8.1 建筑装饰与节能工程

8.1.1 建筑装饰装修子分部工程、分项工程划分

建筑装饰装修指的是为保护建筑物的主体结构、完善建筑物的使用功能和美化建筑物，采用装饰装修材料或饰物，对建筑物的内外表面及空间进行的各种处理工程；不仅包含对建筑内外表面面层及空间装饰效果的处理，还包含基层处理、龙骨设置等处置工程。建筑装饰装修工程的子分部工程、分项工程划分详见表 8-1。

建筑装饰装修工程的子分部工程、分项工程划分❶   表 8-1

序号	子分部	分项工程
1	抹灰工程	一般抹灰，保温层薄抹灰，装饰抹灰，清水砌体勾缝
2	外墙防水工程	外墙砂浆，涂膜，透气膜
3	门窗工程安装	木门窗，金属门窗，塑料门窗，特种门，门窗玻璃
4	吊顶工程	整体面层，板块面层，格栅
5	轻质隔墙工程	板材隔墙，骨架隔墙，活动隔墙，玻璃隔墙
6	饰面板安装工程	石板，陶瓷板，木板，金属板，塑料板
7	饰面砖粘贴工程	外墙饰面砖，内墙饰面砖

---

❶ 《建筑装饰装修工程质量验收标准》GB 50210—2018 附录 A 中把建筑装饰装修分部划分了 12 个子分部。

序号	子分部	分项工程
8	幕墙工程安装	玻璃幕墙，金属幕墙，石材幕墙，人造板材幕墙
9	涂饰工程	水性涂料，溶剂型涂料，美术
10	裱糊与软包工程	裱糊，软包
11	细部工程制作与安装	橱柜，窗帘盒和窗台板，门窗套，护栏和扶手，花饰
12	建筑地面铺设工程	基层，整体面层，板块面层，木、竹面层

装饰装修工程具有同一施工部位施工项目多、工程量大、机械化施工程度低、工期长、新型装饰材料发展日新月异的特点。同时，随着社会经济水平不断提高，装饰装修的标准也越来越高，其所占工程造价的比重呈逐步上升的趋势。

8.1.2　建筑围护系统节能

建筑节能是指建筑物在全寿命周期过程中的节能降耗，采用节能型的技术、工艺、设备、材料和产品，提高建筑保温隔热性能和采暖供热、空调制冷制热系统效率，利用可再生能源，加强建筑物能源系统的运行管理，在保证室内热环境质量的前提下减少建筑物的能耗。

1. 建筑节能系统

建筑节能是一个综合复杂的系统，由许多子系统组成，如建筑墙体保温系统、建筑供热制冷系统、可再生能源系统等，如图 8-1 所示。

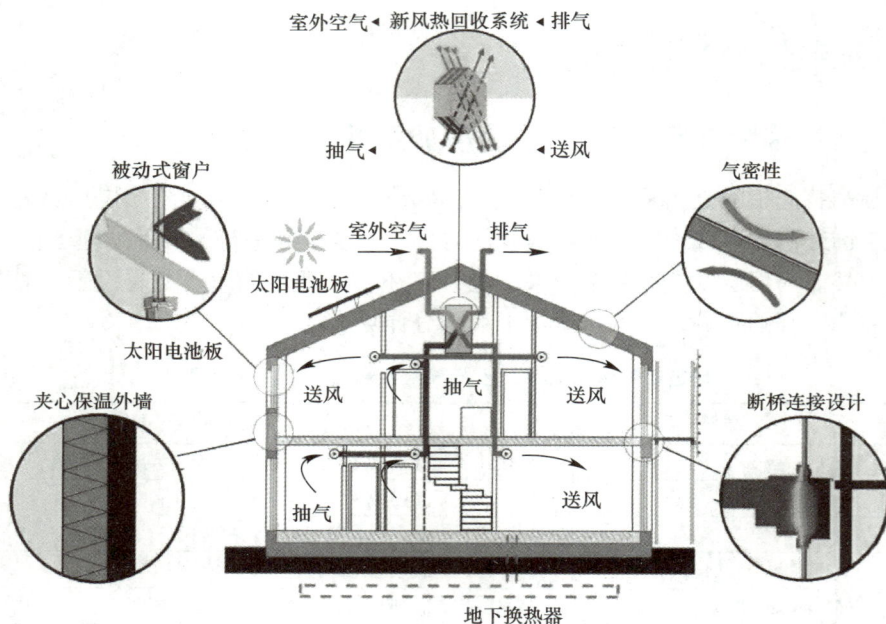

图 8-1　被动式建筑节能系统

《建筑节能工程施工质量验收标准》GB 50411—2019 将建筑节能工程分部划分为围护结构节能工程、供暖空调节能工程、配电照明节能工程、监测控制节能工程、可再生能源节能工程五个子分部。其中围护系统节能子分部的主要验收内容见表 8-2❶。

围护系统节能子分部的主要验收内容 表 8-2

序号	分项工程	主要验收内容
围护系统节能	墙体节能	基层；保温隔热构造；抹面层；饰面层；保温隔热砌体等
	幕墙节能	保温隔热构造；隔气层；幕墙玻璃；单元式幕墙板块；通风换气系统；遮阳设施；凝结水收集排放系统；幕墙与周边墙体和屋面间的接缝等
	门窗节能	门；窗；天窗；玻璃；遮阳设施；通风器；门窗与洞口间隙等
	屋面节能	基层；保温隔热构造；保护层；隔气层；防水层；面层等
	地面节能	基层；保温隔热构造；保护层；面层等

2. 建筑节能设计标准

20 世纪 80 年代初期，我国开始制定和实施建筑节能的政策，到 20 世纪 90 年代中期，我国建筑节能政策进入全面实施阶段，根据气候特征划分为严寒、寒冷、夏热冬冷、夏热冬暖、温和五个不同的分区。

居住建筑根据气候分区先后发布了《严寒和寒冷地区居住建筑节能设计标准》JGJ 26—2018、《温和地区居住建筑节能设计标准》JGJ 475—2019、《夏热冬冷地区居住建筑节能设计标准》JGJ 134—2010、《夏热冬暖地区居住建筑节能设计标准》JGJ 75—2012 四个居住建筑节能设计标准。

不同地区对建筑围护系统有不同节能重点和要求：

(1) 严寒、寒冷地区以节约采暖能耗为主，兼顾夏季空调节约，对墙体以保温为主；

(2) 夏热冬冷地区既要节约冬季采暖能耗，也要节约空调能耗，对墙体既要保温，又要考虑夏季隔热；

(3) 夏热冬暖地区主要是节约空调能耗，对墙体主要考虑隔热。

相关资料数据显示，民用建筑运行总能耗中采暖空调能耗占比达 65%。由此可见建筑围护结构各组成部分（屋顶、墙体、门窗、地面等）对内外环境、建筑能耗有重要影响。保温隔热节能建筑围护成为建筑节能技术的重中之重。

3. 建筑围护系统

1) 墙体节能技术

通过改善墙体材料（如墙体砌筑材料）的热工性能，提高外墙保温隔热性能。外墙保温工程应采用预制构件、定型产品或成套技术，并应具备同一供应商提供配套的组成材料和型式检验报告❷。

除了从墙体节能材料入手改善墙体传热系数达到外墙保温隔热目的外，对墙体采取科学合理的构造措施，也是节能技术的重要方面。如利用烟囱效应形成的通风墙体，通风外墙的隔热性能可提高约 20%，适用于夏热冬冷、夏热冬暖地区。

(1) 保温装饰一体化

建筑围护系统的保温装饰一体化目前是指将 EPS、XPS、聚氨酯、酚醛泡沫或无机发

---

❶ 《建筑节能工程施工质量验收标准》GB 50411—2019 第 3.4.1 条。

❷ 《建筑节能与可再生能源利用通用规范》GB 55015—2021 第 3.1.19 条。

泡等保温材料与多种造型、多种颜色的金属装饰板材或无机装饰板复合，使其集保温节能与装饰功能于一体，见图8-2。复合保温板材完全在工厂制作与生产，达到产品的预制标准化，可实现组合多样化、施工装配化的目的。

外墙保温装饰一体板使建筑物保温功能与外立面装饰一次完成，克服当前其他外墙外保温节能系统的施工效率低，容易开裂，装饰性差，漆膜变色，保温层易脱落，墙面易脏，使用寿命短等缺点。

（2）夹心保温外墙板

目前，我国推行了二十多年的外墙外保温墙板，逐渐表现出严重的质量隐患，外墙保温脱落的现象不断发生，尤其高层住宅建筑外墙保温的脱落，严重威胁着居民的生命财产安全。随着装配整体式建筑的不断发展，夹心保温外墙板技术日益成熟，与传统施工工艺相比，夹心保温外墙板集承重、围护、保温、防水、防火等功能为一体的重要装配式预制构件，由外墙板、挤塑板、内墙板通过连结结构件预制而成，见图8-3。通过局部现浇及钢筋套筒连接等有效的连接方式组装，使之形成装配整体式住宅的外围护体系。从根本上消除了外墙保温材料脱落的隐患。预制夹心外墙板基本构造见表8-3。

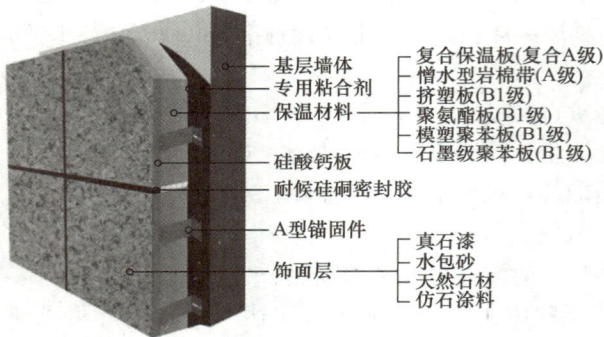

图 8-2　保温装饰一体化外墙板

图 8-3　夹心保温预制外墙板

预制夹心外墙板基本构造　　　　　　　　　　表 8-3

基本构造					构造示意图
内叶墙板①	夹心保温层②	外叶墙板③	连接件④	饰面层⑤	
钢筋混凝土	保温材料	钢筋混凝土	1. FRP连接件； 2. 不锈钢连接件	1. 腻子＋涂料； 2. 饰面砖、石材； 3. 无饰面（清水混凝土）	

2）节能幕墙

节能幕墙要求幕墙在防火、隔声、防水、密封性、防潮、隔热、防雷、遮阳、自然采光及通风等功能方面都达到节能效果，从节能工程的角度建筑幕墙可分为透明幕墙和非透明幕墙两种。透明幕墙是指可见光直接透射入室内的幕墙，一般指各类玻璃幕墙；非透明幕墙指各类金属幕墙、石材幕墙、人造板材幕墙等。透明幕墙的主要热工性能指标有传热系数和遮阳系数、可见光透射比等指标，非透明幕墙的热工指标主要是幕墙材料（石材幕墙、人造板材幕墙等）的传热系数。

除从热工性优良的幕墙材料研发与选择上入手实现幕墙节能外，幕墙设计、构造优化也是幕墙节能的重要措施，如双层玻璃幕墙、遮阳措施的使用等。

（1）玻璃节能

在玻璃幕墙中，玻璃所占的面积比铝合金框要大得多，玻璃的节能是玻璃幕墙节能的关键。近年来幕墙玻璃技术发展很快，镀膜玻璃（包括 Low-E 玻璃）、中空玻璃等产品日益丰富，这些高性能玻璃组成幕墙的技术也已经很成熟。如采用 Low-E 中空玻璃、填充惰性气体和"断热桥"型材龙骨或双层通风式幕墙，完全可以把玻璃幕墙的传热系数由普通单层玻璃的 $6.0W/(m^2 \cdot K)$ 以上降到 $1.5W/(m^2 \cdot K)$，从而减少温差传热的热负荷损失。

有资料显示，中空玻璃（普通）$K = 2.3 \sim 3.2W/(m^2 \cdot K)$，而采用离线低辐射镀膜中空玻璃（中空层充惰性气体）$K = 1.4 \sim 1.8W/(m^2 \cdot K)$，节能效果是显著的。

（2）铝合金断热桥型材节能

为提高外露结构架框体节能性能，可以采用断桥铝型材。

铝合金型材在窗及幕墙系统中，不但起着支承龙骨的作用，而且对节能效果也有较大影响。通常情况下，铝合金断热型材的特点是在内、外两侧铝型材中间采用低导热系数的隔离物质隔开，降低传热系数，增加热阻值。相关数据显示，即使在炎热的夏季，太阳暴晒的情况下，断热桥型材室外部分表面温度通常可达 $35 \sim 85℃$，而室内仍可维持在 $24 \sim 28℃$ 左右，有效地减少传到室内的热量；而在寒冷的冬季，室外铝材的温度可与环境温度相当（一般 $-28 \sim -20℃$），而室内铝材仍然可达到 $8 \sim 15℃$，从而减少热量损失，达到节能目的。

（3）节能构造体系

玻璃幕墙大面积采用玻璃，如何实现在烈日炎炎的夏季将光（能量）挡在室外，或在寒冷的冬季能让充足的光（能量）传入室内，目前，在幕墙体系上融入遮阳技术是节能的有效途径之一。玻璃幕墙遮阳可采用花格、挡板、百叶、卷帘等，采用智能化的控制装置进行调节，以达到夏季遮阳、冬季采光的协调。

在大型公共建筑玻璃幕墙设计中，许多新的构造技术得以应用，如双层玻璃幕墙、水幕玻璃幕墙、可进行雨水收集的绿色玻璃幕墙、太阳能光伏玻璃幕墙、太阳能取暖制冷门窗幕墙等。在这些技术中，最能体现利用构造技术来达到节能目的的应当首选双层玻璃幕墙系统，如图 8-4 所示，利用两层结构间的空气层的绝热及空气动力学原理，降低系统总传热系数，来实现节能目的。

3）门窗节能

门窗是影响建筑能耗四大围护部件之一，是建筑保温、隔热、隔声的薄弱环节，尤以绝热性能最差，它通过辐射传递、对流传递、传导传递和空气渗透等四种形式导致建筑物能量流失，普通单层玻璃窗的能量损失约占建筑冬季保温和夏季降温能耗的50%以上。

门窗节能技术主要体现在：①采用热阻大的玻璃和门窗框窗扇材料，减少传热量；②提高东、西向外窗玻璃的遮阳系数，降低太阳辐射能；③提高外窗的气密性减少渗透量。

（1）门窗框材料

框材从单一的木、钢、铝合金等发展到了复合材料，如铝木复合、铝塑复合、玻璃钢等。节能型门窗包括PVC塑料门窗、铝木复合门窗、铝塑复合门窗、玻璃钢门窗等。铝塑组合门窗外侧是彩色铝合金材料，内侧是PVC材料，因此既具备铝合金门窗的特点，又具备塑料门窗良好的保温节能优势。

严寒地区宜使用中空Low-E镀膜玻璃或单框三玻中空玻璃窗，窗框与窗扇间宜采用三级密封。当采用附框法与墙体连接时，附框应采取隔热措施。在墙体采取保温措施时窗框与保温层构造应协调，不得形成热桥。

（2）节能玻璃

目前门窗采用的节能玻璃主要有：中空玻璃、热反射玻璃、太阳能玻璃、吸热玻璃、电致变色玻璃、玻璃替代品（聚碳酸酯板）。常用玻璃的主要光热参数见表8-4。

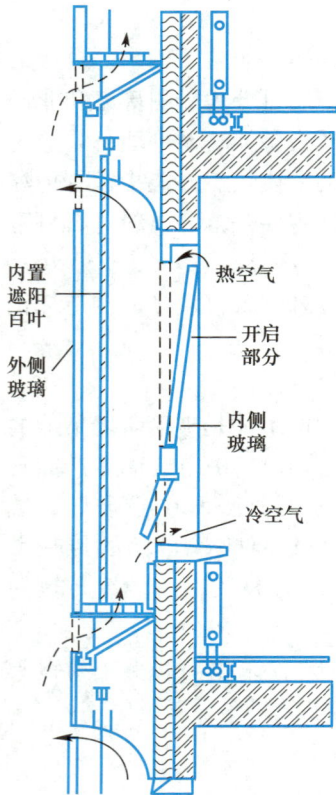

图8-4　双层玻璃幕墙

（内置遮阳百叶、外侧玻璃、热空气、开启部分、内侧玻璃、冷空气）

常用玻璃的主要光热参数　　　　　　　　　　表8-4

玻璃名称	玻璃种类、结构	透光率（%）	遮阳系数 S_c	传热系数（W/m²·K）	
				$U_冬$	$U_夏$
透明中空玻璃	6C＋12A＋6C	81	0.87	2.75	3.09
热反射镀膜玻璃	6CTS140＋12A＋6C	37	0.44	2.58	3.04
高透型Low-E玻璃	6CES11＋12A＋6C	73	0.61	1.79	1.89
遮阳型Low-E玻璃	6CEB12＋12A＋6C	39	0.31	1.66	1.70

普通白玻璃（6mm）U值约为5W/(m²·K)，对比表中中空玻璃U值，中空玻璃节能优势明显，特别是Low-E中空玻璃技术，冬季可有效地阻止室内暖气的热辐射向外泄漏，夏季可防止外面的热辐射进入室内。中空玻璃气体层厚度不宜小于9mm，见图8-5。

（3）遮阳

在南方地区太阳辐射非常强烈，通过窗户传递的辐射热占主要地位，因此可通过遮阳设施（外遮阳、内遮阳等）及高遮蔽系数的镶嵌材料（如Low-E玻璃）来减少太阳辐射量。百叶中空玻璃是在中空玻璃内置百叶，可实现百叶的升降、翻转，结构合理，操作简便，具有良好的遮阳性能。门窗还可以设置外遮阳装置，见图8-6。

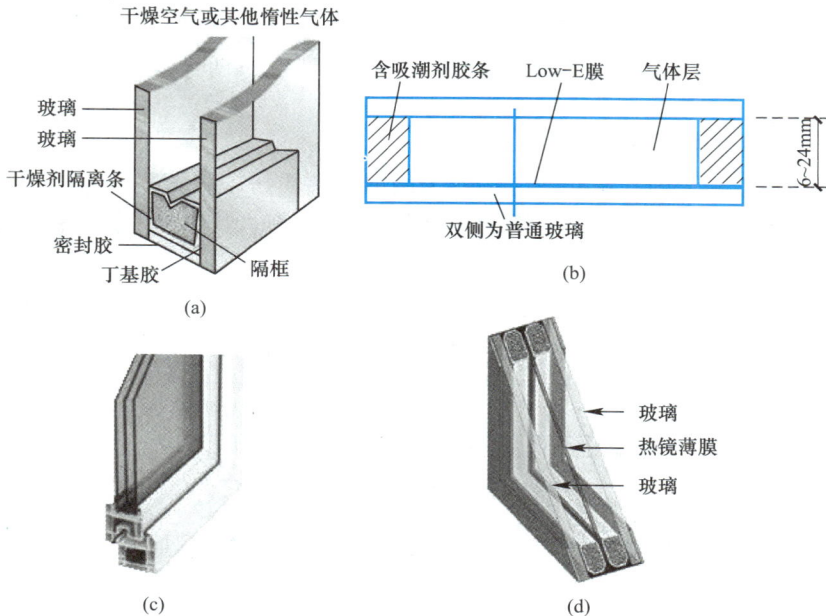

图 8-5 中空玻璃

（a）普通中空玻璃；（b）贴 Low-E 膜中空玻璃构造；（c）三玻中空玻璃；（d）热镜中空玻璃

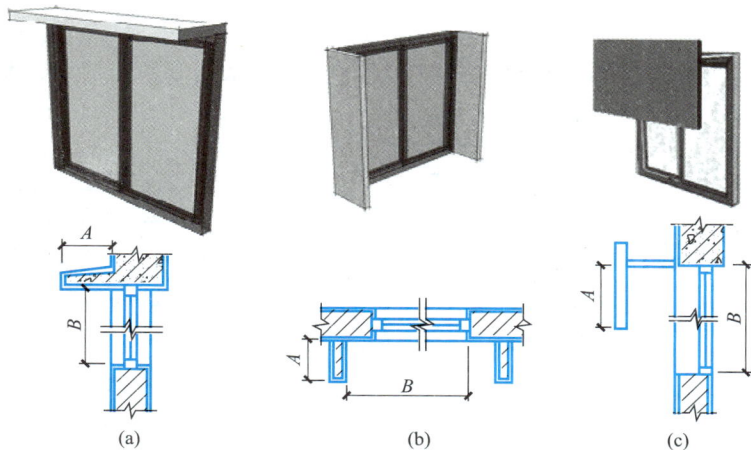

图 8-6 建筑构造外遮阳

（a）水平外遮阳；（b）垂直外遮阳；（c）挡板外遮阳

（4）水密性与气密性

门窗水密性与气密性是门窗节能的主要指标，居住建筑1～9层外窗的水密性与气密性性能应不低于《建筑幕墙、门窗通用技术条件》GB/T 31433—2015 的 4 级水平；10 层以上外窗的水密性与气密性性能应不低于 6 级水平。

4）楼地面节能技术

在建筑中，楼地面不仅具有支撑作用，而且还具有保温、隔热、蓄热作用。建筑围护结构中，通过地面向外传导的热（冷）量约占围护结构传热量的 3%～5%。在不同气候区，楼地面的节能重点不一样。在南方湿热地区由于潮湿气候影响，在春末夏初的潮霉季节常产生地面结霜现象；在严寒和寒冷地区的采暖建筑中，接触室外空气的楼板以及不采暖地下室上面的地面如不加保温，则不仅增加采暖能耗，而且因地面温度过低，严重影响居民健康。

（1）楼、地面保温隔热分类

① 保温层在楼板上面的正置法。例如采用铺设硬质挤塑聚苯板、泡沫玻璃保温板等板材或强度符合地面要求的保温砂浆、发泡混凝土等材料，其厚度由设计进行节能计算后确定。

② 保温层在楼板底面的反置法。可如同外墙外保温做法一样。普通的楼面在楼板下粘贴膨胀聚苯板、挤塑聚苯板或其他高效保温材料后抹保护砂浆或吊顶保护，见图8-7。

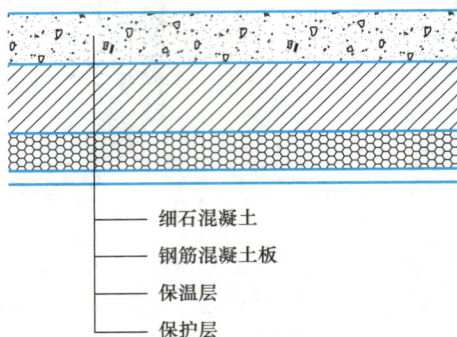

- 细石混凝土
- 钢筋混凝土板
- 保温层
- 保护层

图 8-7　保温层反置法

③ 装饰保温一体化。例如铺设木搁栅、木地板或无木搁栅的实铺木地板见图8-8。

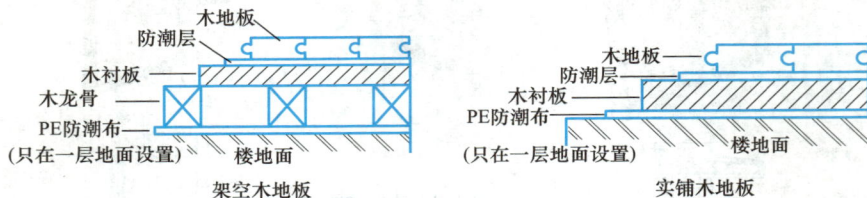

架空木地板

- 木地板
- 防潮层
- 木衬板
- 木龙骨
- PE防潮布
（只在一层地面设置）
- 楼地面

实铺木地板

- 木地板
- 防潮层
- 木衬板
- PE防潮布
（只在一层地面设置）
- 楼地面

图 8-8　竹木地板构造示意图

④ 采暖保温一体化。地面辐射采暖是成熟、健康、卫生的节能供暖技术，在我国寒冷和夏热冬冷地区已推广应用，地板辐射采暖的楼地面常规构造做法见图8-9。其做法是在楼、地面基层上先铺防潮层（对与土壤相邻地面），再铺绝热保温层（硬质聚苯板、泡沫玻璃保温板、发泡混凝土），而后将采暖管道（交联聚乙烯、聚丁烯、改性聚丙烯或铝塑复合等材料）按一定的间距盘曲固定在保温材料上，然后浇筑豆石混凝土填充层，经平整排实后，在其上再进行隔离层（对潮湿房间）施工，最后施工室内装饰地面。

（2）楼面的保温隔热

对于上下楼层之间的楼面的保温隔热是伴随分户供暖、供冷的计量而产生的，一般方法同外墙保温，在楼面铺设保温隔热层，例如在垫层下铺硬质聚苯板、泡沫玻璃保温板等。近几年，随着发泡混凝土的发展，越来越多的设计单位采用发泡混凝土垫层的方法，把保温隔热与混凝土垫层结合，上面直接做室内地面装饰层，是一种值得推广的工程做法。

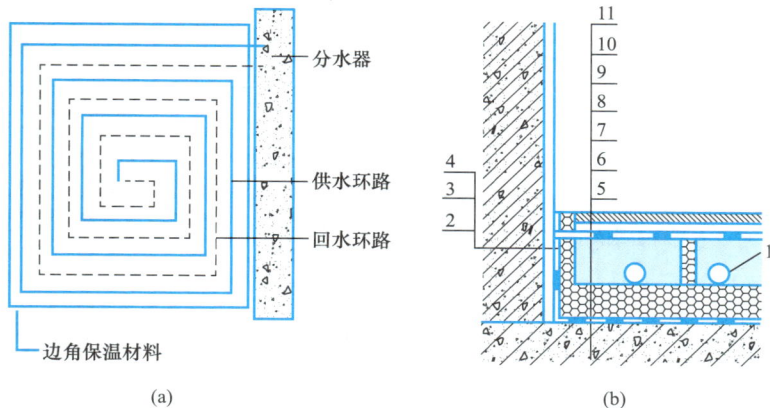

图 8-9　地面辐射供暖的整体面层构造

（a）水管环路平面；（b）地板供暖结构剖面

1—加热管；2—侧面绝热层；3—抹灰层；4—外墙；5—楼板或地面；6—防潮层（对与土壤相邻地面）；

7—绝热层；8—豆石混凝土填充层；9—隔离层（对潮湿房间）；10—找平层；11—装饰面层

（3）地面的保温隔热

对于底层地面的保温、隔热及防潮措施应根据地区的气候条件，结合建筑节能设计标准的规定采取不同的节能技术。

① 寒冷地区采暖建筑的地面应以保温为主，在持力层以上土壤层的热阻已符合地面热阻规定的条件下，最好在地面面层上铺设适当厚度的板状保温材料，进而提高地面的保温和防潮性能。

二维码 8-2
建筑装饰与节能

② 夏热冬冷地区应兼顾冬天采暖时的保温和夏天制冷时的隔热、防潮，也宜在地面面层下铺设适当厚度的板状保温材料，提高地面的保温及隔热、防潮性能。

③ 夏热冬暖地区底层地面应以防潮为主，宜在地面面层下铺设适当厚度保温层或设置架空通风道以提高地面的隔热、防潮性能。

扫描二维码 8-2，观看教学视频建筑装饰与节能。

8.2　抹灰工程

抹灰工程指用抹面砂浆涂抹在基底材料的表面，具有保护基层和增加美观的作用，为建筑物提供特殊功能的系统施工工程。抹灰工程具有两大功能：一是防护功能，保护墙体不受风，雨，雪的侵蚀，增加墙面防潮，防风化，隔热的能力，提高墙身的耐久性能，热工性能；二是美化功能，改善室内卫生条件，净化空气，美化环境，提高居住舒适度。抹灰工程包括一般抹灰、保温层薄抹灰、装饰抹灰和清水砌体勾缝等分项工程。

二维码 8-3
一般抹灰

8.2.1　一般抹灰

扫描二维码 8-3，观看教学视频一般抹灰。

1. 一般抹灰的分类

按建筑物标准、质量要求及操作工序，一般抹灰工程分为普通抹灰和高级抹灰，一般

抹灰分类如表 8-5 所示。

一般抹灰的分类 　　　　　　　　　　　　　　　　　　　表 8-5

级别	适用范围	做法要求
高级抹灰	适用于大型公共建筑物、纪念性建筑物（如剧院、礼堂、宾馆、展览馆等）和高级住宅）以及有特殊要求的高级建筑等	一层底灰，数层中层和一层面层。阴阳角找方，设置标筋、分层赶平、修整，表面压光。要求表面应光滑、洁净、颜色均匀、无抹纹，分格缝和灰线应清晰美观
普通抹灰	适用于一般居住、公用和工业建筑（如住宅、宿舍、教学楼、办公楼）以及建筑物中的附属用房，如汽车库、仓库、锅炉房、地下室、储藏室等	一层底灰，一层中层和一层面层（或一层底层，一层面层）。阳角找方，设置标筋、分层赶平、修整，表面压光。要求光滑、洁净、接槎平整，分格缝应清晰

一般抹灰包括水泥砂浆、水泥混合砂浆、聚合物水泥砂浆和粉刷石膏等抹灰。抹灰所用材料的品种、规格和质量应符合设计要求和国家现行标准的规定。水泥的凝结时间和安定性复验应合格，不同品种、不同强度的水泥不得混用；砂浆配比应符合设计要求，砂颗粒坚硬，含泥量不大于 3%，并不得含有有机杂质；抹灰用石灰膏的熟化期不应少于 15d。当要求抹灰层具有防水、防潮功能时，应采用防水砂浆。

2. 一般抹灰施工工艺流程（图 8-10）

图 8-10　一般抹灰施工工艺流程

抹灰前，对砖、石、混凝土等基层表面的灰尘、污垢、油渍等应清除干净，对于表面光滑的基体应进行毛化处理，并将墙面上的施工孔洞、管线沟槽、门窗框缝隙堵塞密实。抹灰前基体一定要洒水湿润，砖基体一般使砖面渗水深度达 8～10mm 左右，混凝土基体使水渗入混凝土表面 2～3mm。基体为加气混凝土、灰砂砖和煤矸石砖时，在湿润的基体表面还需刷掺加适量胶粘剂的 1:1 水泥浆一道，封闭基体的毛细孔，使底灰不至于早期脱水，增强基体与底层灰的粘结力。在不同结构基层的交接处，应先铺钉一层加强网（金属网或纤维布）并绷紧牢固❶，加强网与各基层的搭接宽度不应小于 100mm，以防抹灰层由于两种基体材料胀缩差异而产生裂缝，如图 8-11 所示。

3. 施工作业要点

1）有排水要求的部位应做滴水线（槽），滴水线及鹰嘴应内高外低，滴水槽宽度和深度不应小于 10mm。

2）防止开、裂、空鼓、脱落、缺棱掉角措施如下：

---

❶　《建筑装饰装修工程质量验收标准》GB 50210—2018 规定：

4.2.3 抹灰工程应分层进行。当抹灰总厚度大于或等于 35mm 时，应采取加强措施。不同材料基体交接处表面的抹灰，应采取防止开裂的加强措施，当采用加强网时，加强网与各基体的搭接宽度不应小于 100mm。

（1）抹灰前应熟悉图纸、设计说明及其他设计文件，制定抹灰方案，做好样板引路。

（2）各种砂浆抹灰层在凝结前要防止快速风干（干缩裂缝）、水冲、撞击、震动和受冻。冬期施工石灰砂浆不得受冻；水泥砂浆抹灰需要进行湿润养护；采用清水混凝土楼板施工工艺，取消顶棚抹灰层。

（3）抹灰采取分层进行，抹灰层的平均总厚度不大于 20mm。如果一次抹得太厚，由于内外收水快慢不同，易产生开裂，甚至空鼓脱落，并且底层的抹灰层强度不得低于面层的抹灰层强度，以增强各层间的粘结，保证抹灰质量。当抹灰总厚度不小于 35mm 时，为防止干缩率较大而产生起鼓、脱落等质量问题，应采取加强措施。

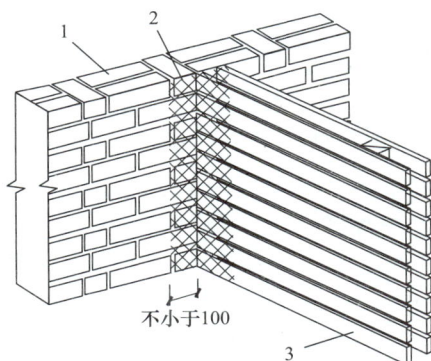

图 8-11　不同基层接缝处理

1—砖墙基层；2—金属网；3—木板隔墙

不小于100

（4）室内墙面、柱面和门洞口的阳角做法应符合设计要求。当设计无要求时，应采用不低于 M20 水泥砂浆做护角，其高度不应低于 2m，每侧宽度不应小于 50mm。

8.2.2　装饰抹灰

扫描二维码 8-4，观看装饰抹灰教学视频。

二维码 8-4
装饰抹灰

装饰抹灰与一般抹灰的区别在于两者具有不同的装饰面层。装饰抹灰施工的工序、要求与一般抹灰基本相同，罩面是用水泥石子浆和各种颜色的颜料作为抹灰的基本材料，利用分格条分割，填充不同颜色的石子浆。后期经过不同工艺处理可形成不同质感的饰面层，具有一般抹灰无法比拟的优点。装饰抹灰的种类有干粘石、水刷石、水磨石、斩假石、拉毛灰、拉条灰、假面砖、喷砂、喷涂、滚涂、弹涂及彩色抹灰等。❶

各类装饰抹灰的施工工艺流程基本相同，只是装饰层的处理工艺不同（图 8-12）。

基层处理　　弹线、贴分格条　　冲刷(磨、甩)水泥石子浆

抹底、中层灰　　抹(装)水泥石子浆　　浇水养护(抛光)

图 8-12　装饰层的处理工艺

---

❶　《建筑装饰装修工程质量验收标准》GB 50210—2018 规定：

4.4.5 装饰抹灰工程的表面质量应符合下列规定：

1. 水刷石表面应石粒清晰、分布均匀、紧密平整、色泽一致，应无掉粒和接槎痕迹；

2. 斩假石表面剁纹应均匀顺直、深浅一致，应无漏剁处；阳角处应横剁并留出宽窄一致的不剁边条，棱角应无损坏；

3. 干粘石表面应色泽一致、不露浆、不漏粘，石粒应粘结牢固、分布均匀，阳角处应无明显黑边；

4. 假面砖表面应平整、沟纹清晰、留缝整齐、色泽一致，应无掉角、脱皮和起砂等缺陷。

检验方法：观察；手摸检查。

8.2.3　保温层薄抹灰工程

保温层薄抹灰工程现行行业标准有《外墙外保温工程技术标准》JGJ 144—2019、《岩棉薄抹灰外墙外保温工程技术标准》JGJ/T 480—2019等。近几年，由于外墙外保温暴露、外墙保温层脱落、外墙保温失火造成火灾等问题，目前多地禁限外墙外保温薄抹灰工艺。

外墙外保温系统根据构造和施工方法不同又分为保温板材薄抹灰外墙外保温系统（图8-13）、胶粉聚苯颗粒保温浆料外保温系统、EPS板现浇混凝土外保温系统（图8-14）、EPS钢丝网架板现浇混凝土外保温系统、胶粉聚苯颗粒浆料贴砌EPS板外保温系统、现场喷涂硬泡聚氨酯外保温系统。●

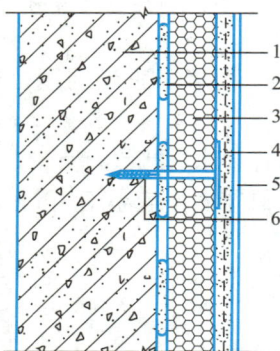

图 8-13　粘贴保温板薄抹灰外保温系统

1—基层墙体；2—胶粘剂；3—保温板；
4—抹面胶浆复合玻纤网；5—饰面层；6—锚栓

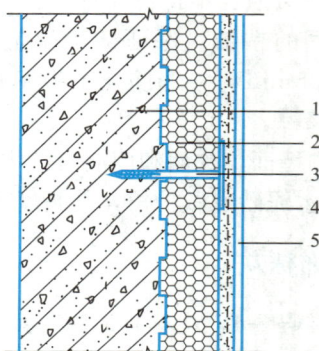

图 8-14　EPS板现浇混凝土外保温系统

1—现浇混凝土外墙；2—EPS板；3—辅助
固定件；4—抹面胶浆复合玻纤网；5—饰面层

1. 粘贴保温板薄抹灰外保温系统施工工艺

粘贴保温板薄抹灰外保温系统应由粘结层、保温层、抹面层和饰面层构成。粘结层材料应为胶粘剂；保温层材料可为EPS板、XPS板和PUR板或PIR板；抹面层材料应为抹面胶浆，抹面胶浆中满铺玻纤网；饰面层可为涂料或饰面砂浆。

1）施工工艺流程（图8-15）

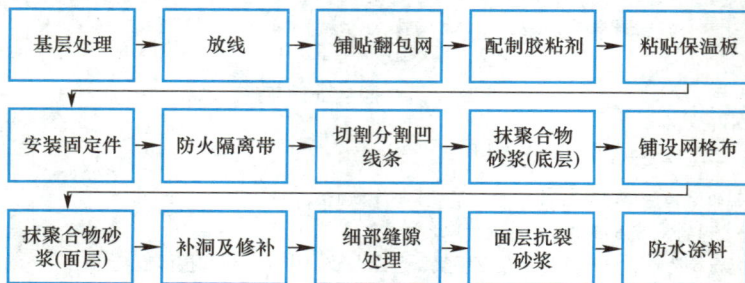

图 8-15　施工工艺流程

● 《外墙外保温工程技术标准》JGJ 144—2019第6.1章粘贴保温板薄抹灰外保温系统。

2）施工作业要点

（1）粘结保温板时应轻柔均匀挤压板面，随时用托线板检查平整度。每粘完一块板，用木杠将相邻板面拍平，同时及时清除板边缘挤出的胶粘剂。保温板应挤紧、拼严，严禁上下通缝，超过 0.5mm 的板缝用憎水微膨胀砂浆进行塞缝。局部不规则处可现场裁切，但必须注意切口与板面垂直。墙面的边角处不应用短边尺寸小于 300mm 的保温板。

粘贴保温板的方法有：点粘法、条粘法等，见图 8-16。

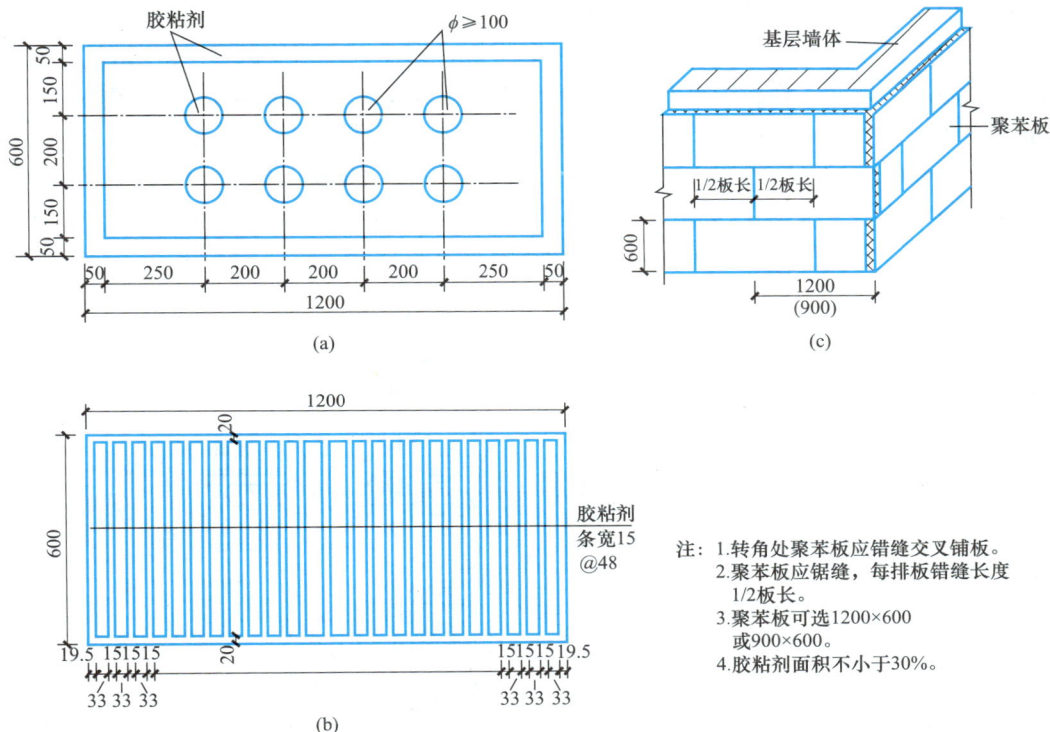

图 8-16　粘接保温板方法

（a）聚苯板点粘法；（b）聚苯板条粘法；（c）聚苯板转角排列示意图（平直墙面同样）

（2）固定锚栓布置。锚栓固定在施工玻纤网格布后进行，在拼缝、交叉处固定锚栓，交叉点部位必须固定锚栓，间距 600mm，呈梅花形布置锚栓，洞口处可增加锚固点，依据现场实际情况选择锚栓长度，要求锚入结构不小于 25mm。锚栓的数量具体布置如图 8-17 所示。

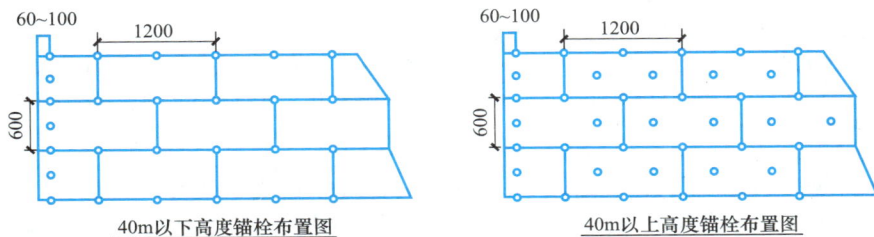

图 8-17　锚栓的数量及布置示意图

（3）粘贴玻纤网及抹面砂浆。在保温板面上用抹子将抗裂砂浆按约 1.5mm 厚度均匀涂抹在略大于铺设网格布的表面位置上,将裁好的网格布用抹子压入湿润的砂浆中,稍停顿一分钟后,将第二道抗裂砂浆涂抹在网格布上,直至将网格布全部覆盖,形成表面无网格布痕迹、平整光滑面,两道抗裂砂浆及一层网格布厚度控制在 3~5mm 范围内。

在抗裂砂浆凝结前再抹一道罩面浆,厚度 1~2mm,以完全覆盖玻纤网为宜,抹面砂浆表面应平整,玻纤网不得外露。抹面砂浆总厚度不得小于 5mm。❶

2. 外保温墙体防火

尽管保温层处于外墙外侧,采用了自熄性保温板材料,防火处理仍不容忽视。在房屋内部发生火灾时,大火仍然会从窗户洞口往外燃烧,因此,外墙外保温建筑所有门窗洞口周边的保温层的外面,都必须有非常严密且要有厚度足够的保护面层覆盖。在建筑物超过一定高度时,需要设置防火隔离带,以免在发生火灾时蔓延。

防火隔离带保温材料的燃烧性能应为 A 级,并宜选用岩棉带防火隔离带,防火隔离带高度方向尺寸不应小于 300mm,防火隔离带应与外墙外保温系统厚度相同,防火隔离带应与基层墙体全面积粘贴,防火隔离带构造图见图 8-18。❷

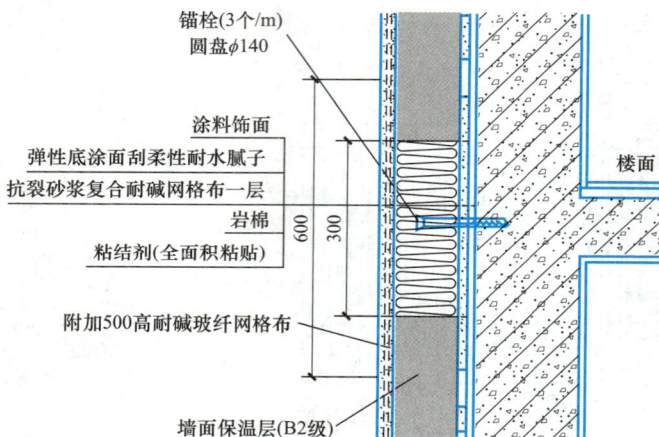

图 8-18　岩棉防火隔离带

3. 外保温墙体抗风

风力随着建筑高度的增高而逐步加大,特别是在背风面上产生的吸力。因此,对保温层应有十分可靠的固定措施。要计算当地不同层高处的风压力,以及保温层固定后所能抵抗的风负压,并按标准方法进行耐风负压检测,以确保在最大风荷载时保温层不脱落。

---

❶ 《建筑防火通用规范》GB 55037—2022 规定:

6.6.2 建筑的外围护结构采用保温材料与两侧不燃性结构构成无空腔复合保温结构体时,该复合保温结构体的耐火极限不应低于所在外围护结构的耐火性能要求。当保温材料的燃烧性能为 B1 级或 B2 级时,保温材料两侧不燃性结构的厚度均不应小于 50mm。

❷ 《建筑外墙外保温防火隔离带技术规程》JGJ 289—2012 规定:

5.0.8 防火隔离带应设置在门窗洞口上部,且防火隔离带下边缘距洞口上沿不应超过 500mm。

5.0.9 当防火隔离带在门窗洞口上沿时,门窗洞口上部防火隔离带在粘贴时应做玻璃纤维网布翻包处理,翻包、底层及面层的玻璃纤维网布不得在门窗洞口顶部搭接或对接,抹面层平均厚度不宜小于 6mm。

5.0.10 当防火隔离带在门窗洞口上沿,且门窗框外表面缩进基层墙体外表面时,门窗洞口顶部外露部分应设置防火隔离带,且防火隔离带保温板宽度不应小于 300mm。

8.3 饰面工程

扫描二维码 8-5，观看饰面工程教学视频。

饰面工程是指把饰面材料镶贴或安装到基体表面（基层）上以形成装饰层。饰面材料的种类很多，但基本上可分为饰面板和饰面砖两大类。就施工工艺而言，前者以采用连接安装工艺为主，后者以镶贴工艺为主。

二维码 8-5
饰面工程

8.3.1 饰面板安装

饰面板包括天然或人造石材、陶板、金属饰面板等。建筑装饰用的石材主要有天然大理石（花岗石）、人造大理石（花岗石）和预制水磨石板；陶板主要包括陶板、异形陶板和陶土百叶；金属饰面板主要有铝合金板、铝塑板、彩色涂层钢板、彩色不锈钢板、镜面不锈钢饰面板等。

1. 大理石（花岗石、预制水磨石）饰面板施工

1）饰面板湿作业

湿作业法施工是按照设计要求先在主体结构上安装钢筋骨架，在饰面板的四周侧面钻好（剔槽）绑扎钢丝或铅丝用的圆孔，然后用铜丝将石材与主体结构上的钢筋骨架固定，最后在饰面板与主体的缝隙内分层浇筑细石混凝土固定，如图 8-19 所示。

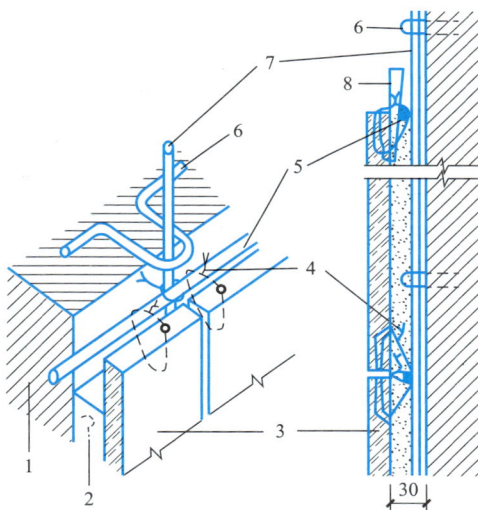

图 8-19　饰面板湿作业法示意图
1—墙体；2—灌细石混凝土；3—饰面板；4—钢丝；5—横筋；6—预埋铁环；
7—立筋；8—定位木楔

（1）湿作业法施工工艺流程：基层处理、板材钻孔、剔槽→穿丝→安装钢筋或型钢骨架、绑扎钢筋→穿钢丝安装板材→灌浆→嵌缝清理。

（2）湿作业法施工安装要点：安装施工时饰面板材离墙面留出 20～50mm 空隙，板材上下口四角用石膏临时固定，确保板面平整；石板固定后进行分层灌入 1∶2.5 水泥砂浆，每层约为 100～200mm，待下层初凝后再灌上层，直到离板材水平缝以

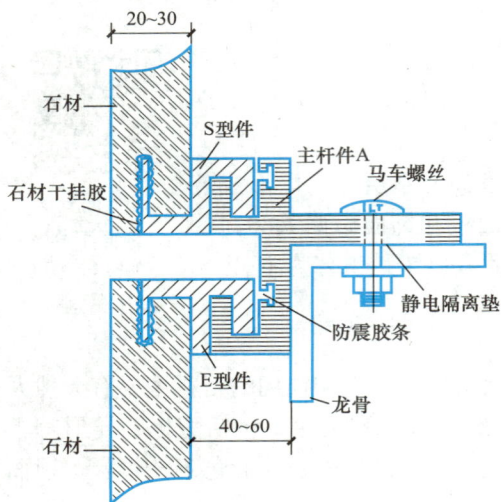

图 8-20　石材背栓挂件

下 5～10mm 为止，上一行板材安装好后再继续灌缝处理，依次逐行向上操作。如在灌浆中板发生移位，应及时拆除重装，以确保安装质量。

2）饰面板干挂法

湿作业施工方法饰面板易脱落，而且灌浆中的盐碱等色素对石材的渗透污染，会影响装饰质量和观感效果，干挂工艺有效地克服了湿作业存在的缺陷。目前，主要采用背栓挂件及组合式挂件（SE 型、H 型、C 型和 L 型等）等连接工艺，将石材干挂在建筑结构的外表面，石材与结构之间留出 40～50mm 的空隙，其构造如图 8-20 所示。

其施工工艺流程如图 8-21 所示。

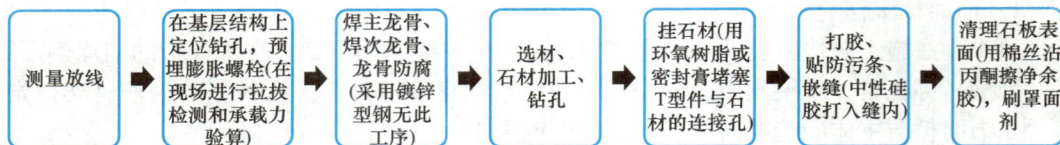

图 8-21　施工工艺流程

2. 陶瓷饰面板施工

天然石板材厚度一般在 2.5～3cm 之间，存在色差、强度较低，本身很重，选板费力，施工进度较慢，大面积投入使用后会吸收污染物，装饰效果不理想。陶瓷板重量轻、强度高，尤其是外观色泽一致，装饰效果好，投入使用后不易吸收有害污染物，安装构造与大理石基本相同，而且价格便宜近一半，因此陶瓷板材应用的前景广泛。

3. 金属饰面板的安装

1）金属饰面板安装

金属饰面板可用于内外墙装饰及吊顶等。铝合金饰面板的固定方法有两大类：一类是用螺钉拧到型钢或木骨架上，一类是将饰面板卡在特制的龙骨上。其施工工艺：找规矩、弹线→固定骨架的连接件→固定防腐骨架→金属饰面板安装。

将金属饰面板用螺钉直接拧固在骨架上。如采用后条扣压前条的构造方法，可使前块板条的固定螺钉被后块板条扣压遮盖，从而达到使螺钉全部暗装的效果，既美观，又对螺钉起保护作用，如图 8-22 所示。

2）铝塑板建筑饰面安装

铝塑板系以铝合金片与聚乙烯复合材复合加工而成。其安装方法一般有无龙骨贴板法、轻钢龙骨贴板法和木龙骨贴板法，后两种方法均为在墙体表

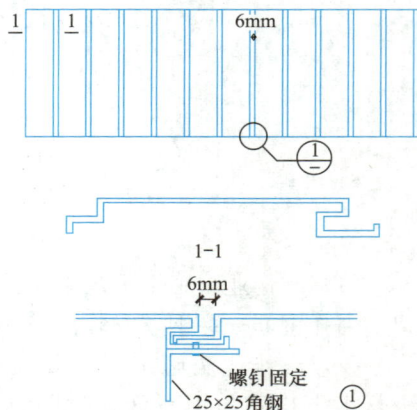

图 8-22　金属饰面板安装示意图

面先安装龙骨后安装纸面石膏板（室外采用硅钙板），最后粘贴铝塑板。

8.3.2 饰面砖镶贴

饰面砖包括釉面砖、外墙面砖、陶瓷锦砖、玻璃锦砖等。住房和城乡建设部 2021 年 12 月发布《房屋建筑和市政基础设施工程危及生产安全施工工艺、设备和材料淘汰目录（第一批）》，淘汰了使用现场水泥拌砂浆粘贴外墙饰面砖工艺，由水泥基粘接材料粘贴工艺替代❶。国家"十四五"规划建议明确提出了加快推动绿色低碳发展的要求，在绿色建筑理念的推广普及之下，作为节能环保材料的瓷砖胶、预混合材料等新型粘结剂普及率会进一步提高。

1. 釉面砖镶贴

釉面砖正面挂釉，有白色、彩色和印花等多种，形状有正方形和长方形两种。其表面光滑、美观、易于清洗，且防潮耐碱，多用于室内卫生间、浴室、水池、游泳池等处作为饰面材料。其镶贴工艺为：选砖→抹底灰→找规矩、弹控制线→镶贴釉面砖→擦缝。

（1）釉面砖镶贴前应经挑选，要做到颜色均匀、尺寸一致，并涂刷背胶后阴干备用。

（2）基层应清除干净，浇水湿润，用预拌水泥砂浆打底（7~10mm），找平划毛，打底后养护 1~2d 方可镶贴。

（3）镶贴前，墙面的阴阳角、转角处均需拉垂直线，并进行找方，阳角要双面挂垂直线，划出纵、横皮数，沿墙面进行预排。排列方法有直缝排列和错缝排列两种。缝宽一般宽约为 1~1.5mm。

（4）镶贴顺序为自下而上，从阳角开始，使非整块砖留在阴角或次要部位。如墙面有突出的管线、灯具、卫生器具等，应用整砖套割吻合，不得用非整砖拼凑镶贴。

施工时，将水泥基粘接材料均匀刮抹在瓷砖背面，逐块粘贴于底层上，轻轻敲击，使之贴实粘牢。并随时检查平整方正、修正缝隙。

（5）贴后擦缝，擦缝材料的品种、颜色应符合设计规定，最后用棉丝擦干净或用稀盐酸溶液刷洗瓷砖表面，并随即用清水冲洗干净。

2. 陶瓷锦砖镶贴

陶瓷锦砖旧称"马赛克"，是以优质瓷土烧制而成的小块瓷砖，由于规格小，不宜分块铺贴，故出厂前工厂按各种图案组合将陶瓷锦砖反贴在护面纸上，常用作地面及室内外墙面饰面材料。其镶贴工艺为：绘制大样图→找规矩，弹线、基层处理→镶贴陶瓷锦砖→揭纸→擦缝。

（1）镶贴前，应按照设计图纸要求及图纸尺寸核实墙面的实际尺寸，根据排砖模数和分格要求，绘制出施工大样图，加工好分格条，并对陶瓷锦砖统一编号，便于镶贴时对号镶贴。

---

❶ 《室内装修用水泥基胶结料》GB/T 40376—2021 规定，水泥基胶结料强度分为 22.5、32.5 和 42.5 三个等级。《陶瓷砖胶粘剂》JC/T 547—2017 标准中，有水泥基胶粘剂（C 型）、膏状乳液基胶粘剂（D 型）、反应型树脂胶粘剂（R 型）3 个类型产品。水泥基胶粘剂有 C1 级（拉伸粘结强度不小于 0.5MPa）、C2 级（拉伸粘结强度不小于 1MPa）两种。一般情况，800mm×800mm 以下尺寸瓷砖使用 C1 级别的瓷砖胶；超过 800mm×800mm 以上尺寸的瓷砖选择 C2 级别的瓷砖胶。

（2）基层上用预拌水泥砂浆打底（10～12mm），找平划毛，洒水养护。

（3）在湿润的底层上刷水泥基粘接一道，再抹一层水泥基粘接材料作粘结层。同时将陶瓷锦砖底面朝上铺在木垫板上，用1∶1水泥细砂干灰填缝，再刮一层1～2mm厚的水泥基粘接层，随即将托板上的陶瓷锦砖纸板对准分格线贴于底层上，并拍平拍实。

（4）待水泥基粘接材料初凝后，用软毛刷将护纸刷水润湿，约半小时后揭纸，并检查缝的平直大小，校正拨直，使其间距均匀，边角整齐。

（5）粘贴48h后擦缝，擦缝材料的品种、颜色应符合设计规定。待嵌缝材料硬化后用棉丝将表面擦净或用稀盐酸溶液刷洗，并随即用清水冲洗干净。

8.4   涂饰工程

涂饰工程是指将涂料施涂于结构表面，以达到保护、装饰及防水、防火、防腐蚀、防霉、防静电等作用的一种饰面工程。涂饰有水性涂料涂饰、溶剂型涂料涂饰、美术涂饰三种，水性涂料包括乳液型涂料、无机涂料、水溶性涂料等；溶剂型涂料包括丙烯酸酯涂料、聚氨酯丙烯酸涂料、有机硅丙烯酸涂料、交联型氟树脂涂料等；美术涂饰包括套色涂饰、滚花涂饰、仿花纹涂饰等。

8.4.1   涂饰工程的基层处理

（1）新建筑物的混凝土或抹灰基层在涂饰涂料前需要刮腻子找平，并要涂刷抗碱封闭底漆；❶

（2）既有建筑墙面在用腻子找平或直接涂饰涂料前应清除疏松的旧装修层，并涂刷界面剂；

（3）混凝土或抹灰基层在用溶剂型腻子找平或直接涂刷溶剂型涂料时，含水率不得大于8%；在用水性腻子找平或直接涂刷水性涂料时，含水率不得大于10%，木材基层的含水率不得大于12%；

（4）找平层应平整、坚实、牢固，无粉化、起皮和裂缝；

（5）厨房、卫生间墙面必须使用耐水腻子。

───────────────

❶ 《建筑涂饰工程施工及验收规程》JGJ/T 29—2015规定：

4.0.1 基层质量应符合下列要求：

1. 基层应牢固不开裂、不掉粉、不起砂、不空鼓、无剥离、无石灰爆裂点和无附着力不良的旧涂层等；

2. 基层应表面平整，立面垂直，阴阳角方正和无缺棱掉角，分格缝（线）应深浅一致且横平竖直；

3. 基层应清洁：表面无灰尘、无浮浆、无油迹、无锈斑、无霉点、无盐类析出物等；

4. 基层应干燥：涂刷溶剂型涂料时，基层含水率不得大于8%；涂刷水性涂料时，基层含水率不得大于10%；

5. 基层的pH值不得大于10。

4.0.2 建筑涂饰工程涂饰前，应对基层进行检验，合格后，方可进行涂饰施工。

7.0.1 涂饰工程施工应按"基层处理、底涂层、中涂层、面涂层"的顺序进行，并应符合下列规定：

1. 涂饰材料应干燥后方可进行下一道工序施工；

2. 涂饰材料应涂饰均匀，各层涂饰材料应结合牢固；

3. 旧墙面重新复涂时，应对不同基层进行不同处理。

8.4.2 涂饰施工

涂饰在施涂前及施涂过程中，必须充分搅拌均匀，如需稀释应用该种涂料所规定的稀释剂稀释。

1. 涂饰施工方法

建筑涂饰施工方法有刷涂、喷涂、滚涂等。

（1）刷涂。刷涂是用毛刷、排笔等将涂料涂饰在物体表面上的一种施工方法。刷涂一般不少于两遍，较好的饰面为三遍。第一遍浆的稠度要小些，前一遍涂层表干后才能进行后一遍刷涂，前后两遍间隔时间与施工现场的温度、湿度有密切关系，通常不少于 2～4h。

（2）喷涂。喷涂是利用压力或压缩空气将涂料喷涂于墙面的机械化施工方法。在喷涂施工中，涂料稠度必须适中，空气压力在 0.4～0.8MPa 之间选择，喷射距离一般为 40～60cm，喷枪运行中喷嘴中心线必须与墙面垂直。

（3）滚涂。滚涂是利用滚筒蘸取涂料并将其涂布到物体表面上的一种施工方法。这种涂饰层可形成明晰的图案、花色纹理，具有良好的装饰效果。

滚涂时应从上往下、从左往右进行操作，不够一个滚筒长度的留到最后处理，待滚涂完毕的墙面花纹干燥后，以遮盖的办法补滚。若是滚花时，滚筒每移动一次位置，应先将滚筒花纹的位置校正对齐，以保持图案一致。

滚涂过程中若出现气泡，解决的方法是待涂料稍微收水后，再用蘸浆较少的滚筒复压一次，消除气泡。

2. 墙面涂饰工艺流程（图 8-23）

处理基层	重新批荡	防裂处理	涂界面剂	防水处理	批刮腻子	砂纸打磨
• 5年以上旧墙需铲除腻子，铲至批荡层。墙面老化严重的需铲到见砖，并重新批荡	• 重新批荡，注意水泥砂浆比例，批荡干后应洒水保养预防开裂	• 原墙面有裂缝的话，需在刷漆前进行防裂处理	• 界面剂能够增强对基层的粘结力，可避免批荡层空鼓、起壳的现象	• 厨卫、阳台涂刷防水涂料。防水涂料应均匀、平整光滑、无砂眼、开裂、气泡、透底等现象	• 腻子粉调配应按产品要求严格控制腻子粉和水的配比	• 待腻子干透，用砂纸仔细打磨后，将浮尘清理干净

图 8-23 墙面涂饰工艺流程

3. 检查验收

1）检验批划分及检查数量

（1）室外涂饰工程每一栋楼的同类涂料涂饰的墙面每 $1000m^2$ 划分为一个检验批，不足 $1000m^2$ 也划分为一个检验批；室内涂饰工程同类涂料涂饰墙面每 50 间划分为一个检验批，不足 50 间也划分为一个检验批，大面积房间和走廊可按涂饰面积每 $30m^2$ 计为 1 间。

（2）室外涂饰工程每 $100m^2$ 至少检查一处，每处不得小于 $10m^2$；室内涂饰工程每个检验批至少抽查 10%，并不得少于 3 间；不足 3 间时全数检查。

2）质量要求

涂饰工程所用材料的品种、型号和性能应符合设计要求及国家现行标准的有关规定。涂饰工程涂饰均匀、粘结牢固，不得出现漏涂、透底、开裂、起皮、掉粉和反锈等。

8.5　幕墙工程

扫描二维码 8-6,观看幕墙与门窗工程教学视频。

二维码 8-6
幕墙与门窗
工程

建筑幕墙是悬挂在主体结构之外的连续的外围护系统,建筑幕墙已成为融建筑艺术、建筑技术、建筑功能(防水、保温、隔热、气密、防火和避雷等功能)为一体的新型建筑外围护构件,是现代大型和高层建筑常用的带有装饰效果的轻质墙体。本节以玻璃幕墙为例,阐述幕墙施工技术。

8.5.1　玻璃幕墙的构造和分类

玻璃幕墙系统主要由结构框架支撑体系、镶嵌板材、减震和密封材料等部分组成。结构框架支撑体系可分为框支撑玻璃幕墙(构件式和单元式)(图 8-24)、点支撑玻璃幕墙(钢管式、玻璃肋式、拉杆式、拉索式等)(图 8-25)等。幕墙所采用的骨架材料主要有铝合金型材、钢材(碳素结构钢或不锈钢型材或钢材拉杆、拉索等)两大类。

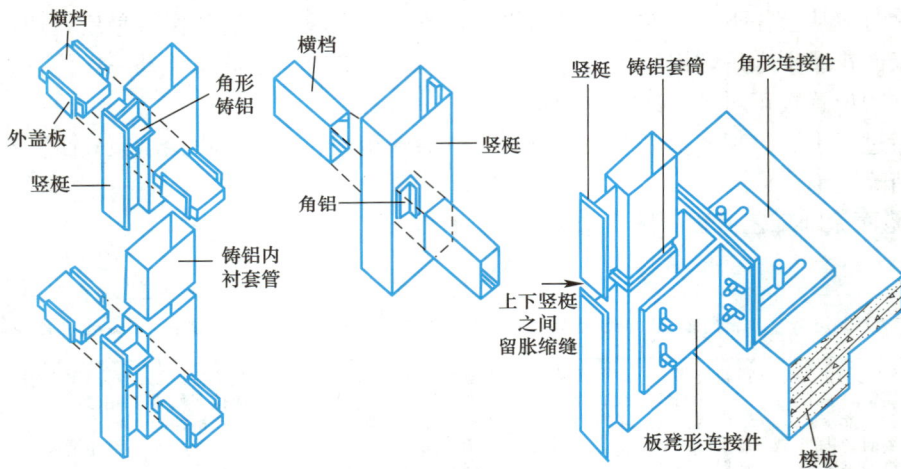

图 8-24　幕墙支撑结构与主体结构连接示意图

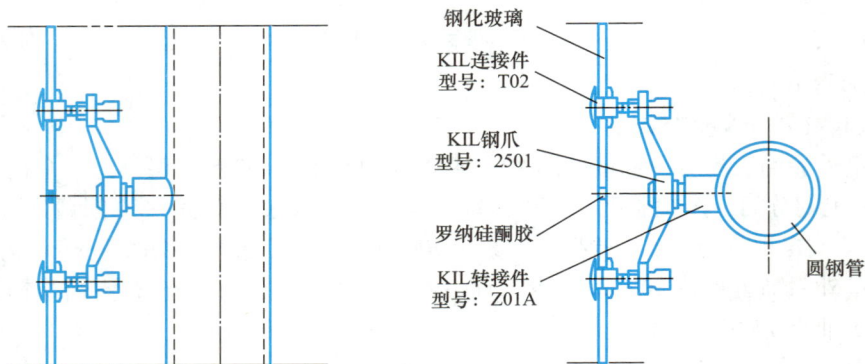

图 8-25　点支承玻璃幕墙示意图

(1)框支撑玻璃幕墙又分为明框幕墙和隐框幕墙。明框幕墙其玻璃镶嵌在框内,金属框架构件显露在玻璃外表面，节点构造如图 8-26 所示。隐框幕墙金属框架构件全部隐蔽在玻璃后面的有框玻璃幕墙，即将玻璃用结构胶粘结在框上，大多数情况下不再加金属连接件，形成大面积全玻璃镜面。节点构造如图 8-27 所示。

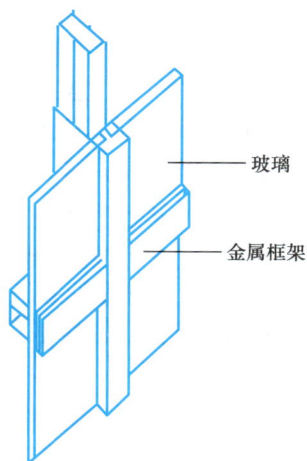

图 8-26　明框玻璃幕墙三维节点　　图 8-27　隐框玻璃幕墙内视三维节点

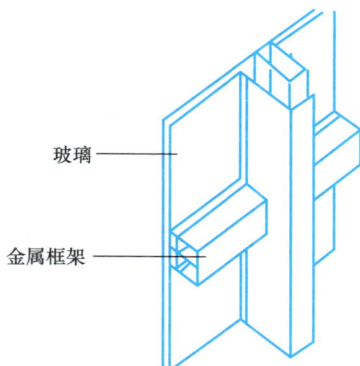

（2）全玻璃幕墙又称为无金属骨架玻璃幕墙，是由玻璃板和玻璃肋构成的玻璃幕墙。高度不超过 4m 的全玻璃幕墙，可以用下部直接支承的方式进行安装，超过 4m 的宜用上部悬挂方式安装。

（3）点支承玻璃幕墙又称为挂架式（或点式）玻璃幕墙，是由玻璃面板、点支承装置与支承结构构成的玻璃幕墙。它采用四爪式不锈钢挂件与立柱相焊接，每块玻璃四角在厂家加工钻四个 $\phi 20$ 孔，挂件的每个爪与一块玻璃一个孔相连接，即一个挂件同时与四块玻璃相连接，所以一块玻璃需要四个挂件来固定。

8.5.2　玻璃幕墙的施工工艺

目前，框支玻璃幕墙使用最为广泛，本节以框支玻璃幕墙为例阐述其施工工艺。

1. 定位放线

玻璃幕墙的测量放线应与主体结构测量放线相配合，其中心线和标高点由主体结构施工单位提供并校核准确。放线应沿楼板外沿弹出墨线定出幕墙平面基准线，从基准线测出一定距离为幕墙平面，以此线为基准弹出立柱的位置线，再确定立柱的锚固点位置。

2. 骨架安装❶

骨架的固定是通过连接件将骨架与主体结构相连接的。常用的固定方法有两种，一种是将型钢连接件与主体结构上的预埋铁件按弹线位置焊接牢固；另一种则是将型钢连接件与主体结构上的预埋膨胀螺栓锚固。

预埋件应在主体结构施工时按设计要求埋设，并将锚固钢筋与主体构件主钢筋绑扎牢固或点焊固定，以防预埋件在浇筑混凝土时位置变动。膨胀螺栓的准确位置可通过放线确

---

❶ 《建筑装饰装修工程质量验收标准》GB 50210—2018 规定：

11.1.12 幕墙与主体结构连接的各种预埋件，其数量、规格、位置和防腐处理必须符合设计要求。

定，其埋深应符合设计要求。

（1）安装连接件。检查预埋件安装合格后，将连接件通过焊接或螺栓连接到预埋件上。

（2）安装立柱。将立柱从上至下（也可从下至上）安装就位。安装时将已加工、钻孔后的立柱嵌入连接件角钢内，用不锈钢螺栓初步固定，根据控制通线对立柱进行复核，调整立柱的垂直度、平整度，检查是否符合设计分格尺寸及进出位置，如有偏差应及时调整，经检查合格后，将螺栓最终拧紧固定。

（3）安装横杆。待立柱通长布置完毕后，将横杆的位置线弹到立柱上。横杆一般是分段在立柱上嵌入安装，如果骨架为型钢，可以采用焊接或螺栓连接；如果是铝合金型材骨架，其横杆与立柱的连接，一般是通过铝铆钉与连接件进行固定。骨架横杆两端与立柱连接处设有弹性橡胶垫，橡胶垫应有 $20\%\sim30\%$ 的压缩性，以适应横向温度变形的需要。安装时应将横杆两端的连接件及橡胶垫安装在立柱预定位置，并保证安装牢固、接缝严密。支点式（挂架式）幕墙只需立柱而无横杆，所有玻璃均靠挂件驳接爪挂于立柱上。

3. 玻璃安装

构件式玻璃安装前应将表面尘土和污物擦拭干净，四边的铝框也要清除污物，以保证嵌缝耐候胶可靠粘结。热反射玻璃安装应将镀膜面朝向室内。元件式幕墙框料宜由上往下进行安装，单元式幕墙安装宜由下往上进行。玻璃装入镶嵌槽要有一定的嵌入量。

4. 嵌缝

玻璃安装就位后，在玻璃与槽壁间留有的空腔中嵌入橡胶条或注入耐候胶固定玻璃。隐框、半隐框幕墙所采用的结构粘结材料必须是中性硅酮结构密封胶，其性能必须符合《建筑用硅酮结构密封胶》GB 16776—2005 的规定，硅酮结构密封胶必须在有效期内使用。

玻璃幕墙四周与主体之间的间隙，应采用防火的保温材料填塞，内外表面应采用密封胶连续封闭，接缝应严密不漏水。

8.5.3　金属与石材幕墙

金属与石材幕墙的设计要根据建筑物的使用功能、建筑立面要求和技术经济能力，选择金属或石材幕墙的立面、结构型式和材料品质。幕墙的色调、构图和线型等，幕墙设计应保障幕墙维护和清洗方便与安全。《金属与石材幕墙工程技术规范》JGJ 133—2001 规范了民用建筑的金属与天然石材幕墙的工程设计、构件制作、安装施工及其工程验收。

幕墙性能应包括风压变形性能、雨水渗漏性能、空气渗透性能、平面内变形性能、保温性能、隔声性能及耐撞击性能。金属与石材幕墙一般规定：

1）幕墙的防雨水渗漏。单元幕墙或明框幕墙应有泄水孔。有霜冻的地区，应采用室内排水装置；无霜冻地区的排水装置可设在室外，但应有防风装置；石材幕墙的外表面，不宜有排水管；采用无硅酮耐候密封胶时，必须有可靠的防风雨措施；

2）幕墙中不同的金属材料接触处处理。除不锈钢外，均应设置耐热的环氧树脂玻璃纤维布或尼龙 12（聚十二内酰胺）垫片，防止不同电位差造成不同金属间的电化学反应；❶

---

❶ 《建筑装饰装修工程质量验收标准》GB 50210—2018 规定：

11.1.9 不同金属材料接触时应采用绝缘垫片分隔。

3）幕墙的钢框架结构，应设温度变形缝，以适应幕墙骨架系统的热胀冷缩。金属与石材幕墙工程大多采用钢骨架，伸缩缝一般为两层一个接头，接头布置由设计确定；对于主体结构的抗震缝、伸缩缝、沉降缝等部位必须保证幕墙在此部位的功能性，不得在施工中任意改变这些部位的功能特性；

4）空气通气层。幕墙的保温材料可与金属板、石板结合在一起，但应与主体结构外表面有 50mm 以上的空气通气层；

5）金属与石材幕墙的防火。金属与石材幕墙的防火除要符合现行国家标准《建筑设计防火规范》GB 50016—2014（2018 年版）的有关规定外，其他规定还包括：

（1）防火层需要采取隔离措施（一般在楼层之间设一道防火隔层），并需要根据防火材料的耐火极限，决定防火层的厚度和宽度，且必须在楼板处形成防火带；❶

（2）幕墙的防火层必须用经防腐处理厚度不小于 1.5mm 的铁板包起来，不得用铝板，更不允许用铝塑复合板；

（3）防火层的密封材料应采用防火密封胶；防火密封胶应有法定检测机构的防火检验报告。

6）幕墙的防雷。金属与石材幕墙的防雷设计应符合现行《建筑物防雷设计规范》GB 50057—2010 的有关规定外，还应符合下列规定：

（1）在幕墙结构中要自上而下地安装防雷装置，并要与主体结构的防雷装置可靠连接；

（2）导线要在材料表面的保护膜除掉部位进行连接；

（3）幕墙的防雷装置设计及安装需要经建筑设计单位认可。

8.5.4 幕墙安装工程验收

1. 检验批的划分

（1）相同设计、材料、工艺和施工条件的幕墙工程每 1000m² 划分为一个检验批，不足 1000m² 也要划分为一个检验批；

（2）同一单位工程不连续的幕墙工程要单独划分检验批；

（3）对于异形或有特殊要求的幕墙，检验批的划分需要根据幕墙的结构、工艺特点及幕墙工程规模，由监理单位（或建设单位）和施工单位协商确定。

2. 材料复验

（1）铝塑复合板的剥离强度；

（2）石材、瓷板、陶板、微晶玻璃板、木纤维板、纤维水泥板和石材蜂窝板的抗弯强度；严寒、寒冷地区石材、瓷板、陶板、纤维水泥板和石材蜂窝板的抗冻性；室内用花岗石的放射性；

（3）幕墙用结构胶的邵氏硬度、标准条件拉伸粘结强度、相容性试验、剥离粘结性试验；石材用密封胶的污染性；

（4）中空玻璃的密封性能；

（5）防火、保温材料的燃烧性能；

---

❶ 《建筑防火通用规范》GB 55037—2022 规定：

6.2.4 建筑幕墙应在每层楼板外沿处采取防止火灾通过幕墙空腔等构造竖向蔓延的措施。

（6）铝材、钢材主受力杆件的抗拉强度。

3. 隐蔽验收项目

（1）预埋件或后置埋件、锚栓及连接件；

（2）构件的连接节点；

（3）幕墙四周、幕墙内表面与主体结构之间的封堵；

（4）伸缩缝、沉降缝、防震缝及墙面转角节点；

（5）隐框玻璃板块的固定；

（6）幕墙防雷连接节点；

（7）幕墙防火、隔烟节点；

（8）单元式幕墙的封口节点。

4. 幕墙安装工程验收的主控项目和一般项目见《建筑装饰装修工程质量验收标准》GB 50210—2018 相关内容。其验收内容、检验方法、检查数量还需要符合现行行业标准《玻璃幕墙工程技术规范》JGJ 102—2003、《金属与石材幕墙工程技术规范》JGJ 133—2001 和《人造板材幕墙工程技术规范》JGJ 336—2016 的规定。

8.6　门窗工程

8.6.1　门窗安装

1. 安装流程

1）门窗框安装

门窗框安装应选择在主体结构基本结束后进行。安装前，应先在洞口弹出门、窗位置线。按弹线确定的位置将门窗框就位，先临时固定，待检查立面垂直、左右间隙、上下位置等符合要求后，将门窗框与墙体连接固定，固定方法见图 8-28。

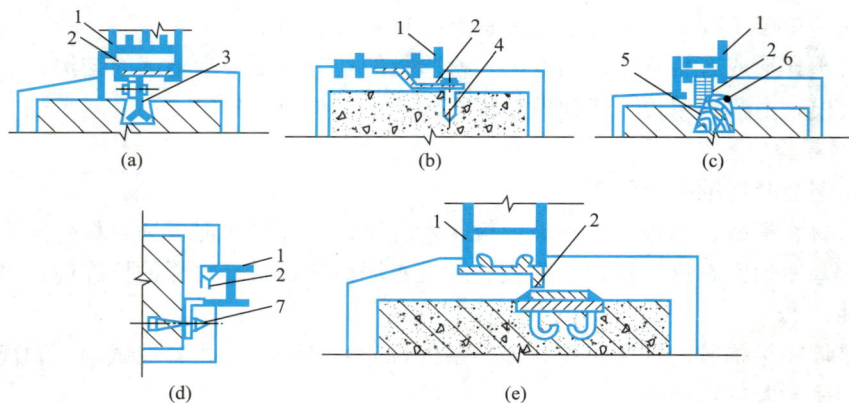

图 8-28　铝合金门窗框与墙体连接方式

（a）预留洞燕尾铁脚连接；（b）射钉连接；（c）预埋木砖连接；（d）膨胀螺钉连接；（e）预埋件焊接

1—门窗框；2—连接铁件；3—燕尾铁脚；4—射（钢）钉；5—木砖；6—木螺钉；7—膨胀螺钉

门窗框安装固定后，要及时处理框与洞口的间隙，洞口的构造尺寸要包括预留口与待安装窗框的间隙及墙体饰面、保温材料的厚度。

2）门窗扇的安装

宜在室内外装修基本结束后进行，以免土建施工时将其损坏。安装推拉门窗扇时，应先装室内侧门窗扇，后装室外侧门窗扇；安装平开门窗扇时，应先把合页按要求位置固定在铝合金门窗框上，然后将门窗扇嵌入框内临时固定，调整合适后，再将门窗扇固定在合页上，必须保证上、下两个转动部分在同一轴线上。

3）玻璃的安装

小块玻璃用双手操作就位，若单块玻璃尺寸较大，可使用玻璃吸盘就位。玻璃就位后，即以橡胶条固定，然后在橡胶条上注入密封胶。也可以直接用橡胶衬条封缝、挤紧，表面不再注胶。

2. 安装要点❶

施工中窗台的安装位置、窗台大小、流水坡度、有无防水层遮雨罩等措施对窗户的影响很大。为防止雨水沿窗楣汇水到门窗，必须在窗洞口的上侧预留"滴水槽"和"鹰嘴"，滴水槽的宽度和深度均不得低于10mm。该构造措施可有效减少雨水在窗户上流淌进而引发渗水的可能性。图8-29是外保温墙体外窗窗楣、窗台的做法。

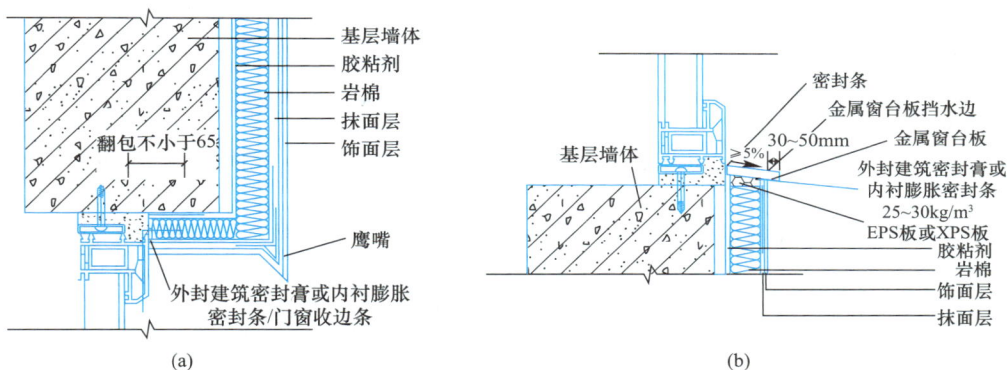

图 8-29　外保温墙体外窗窗楣、窗台的做法
（a）窗楣；（b）窗台

窗洞口外窗台预留成室内高室外低的企口式，建筑外窗宜与外墙表面有一定的距离，外窗台宽度宜大于100mm，外窗台前后高低差不小于25mm，形成外窗台流水坡度并做一道防水涂料下返到垂直外墙100mm。图8-30是以60断桥铝窗型材为例，介绍外保温层外窗企口的创新做法。

窗框与墙体缝隙填充聚氨酯发泡胶密封，不要使用普通砂浆或含有海砂成分的砂浆填

❶《建筑装饰装修工程质量验收标准》GB 50210—2018规定：
6.1.8 金属门窗和塑料门窗安装应采用预留洞口的方法施工。
6.1.9 木门窗与砖石砌体、混凝土或抹灰层接触处应进行防腐处理，埋入砌体或混凝土中的木砖应进行防腐处理。
6.1.10 当金属或塑料门窗为组合窗时，其拼樘料的尺寸、规格、壁厚应符合设计要求。
6.1.11 建筑外门窗安装必须牢固。在砌体上安装门窗严禁采用射钉固定。
6.1.12 推拉门窗扇必须牢固，必须安装防脱落装置。
6.1.14 门窗安全玻璃的使用应符合现行行业标准《建筑玻璃应用技术规程》JGJ 113—2015的规定。
6.1.15 建筑外窗口的防水和排水构造应符合设计要求和国家现行标准的有关规定。

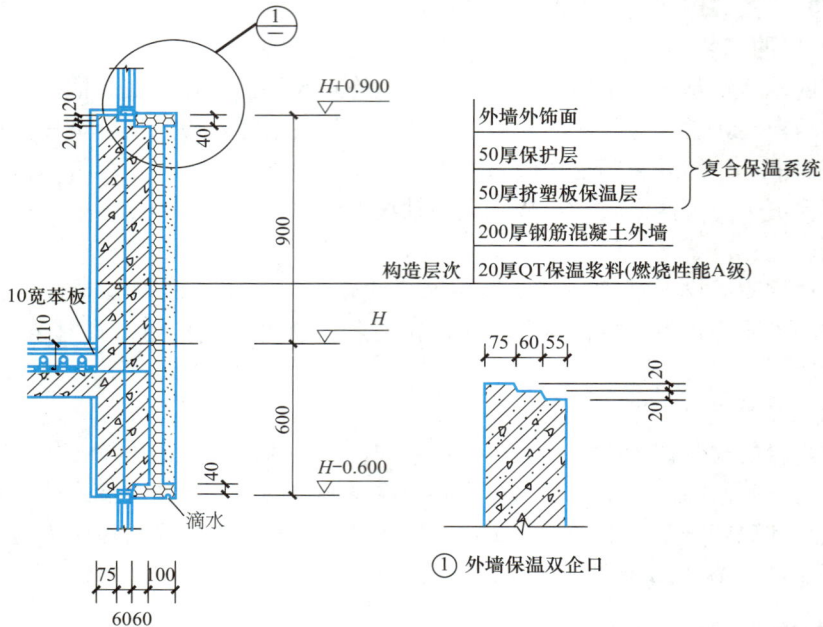

外墙外饰面
50厚保护层
50厚挤塑板保温层 } 复合保温系统
200厚钢筋混凝土外墙
构造层次 20厚QT保温浆料(燃烧性能A级)

10宽苯板

滴水

① 外墙保温双企口

图 8-30　外保温层外窗企口的创新做法

注：1. 当采用外保温，外墙铺贴保温层时，外窗在窗企口的基础上继续深化保温层企口，形成外墙保温双企口。

　　2. 窗企口总宽65mm，包括5mm易拆斜口和60mm窗框企口，企口高度20mm。

　　3. 保温层企口总宽60，包括5mm易拆斜口和55保温层企口，保温收口企口高度 $H=$ 保温层厚度－20mm

充。然后进行外保温板的粘贴，窗洞四周必须粘贴严密严禁空鼓，保温层外侧找平层刷外墙涂料并保证下侧窗台有20mm的泛水，最后在窗框与墙体交界处打外墙密封胶。

建筑外门窗防雷设计，应符合《建筑物防雷设计规范》GB 50057—2010 的规定。一类防雷建筑物其建筑高度在30m及以上的外门窗，二类防雷建筑物其建筑高度在45m及以上的外门窗，三类防雷建筑物其建筑高度在60m及以上的外门窗应采取防侧击雷和等电位保护措施，并与建筑物防雷系统进行可靠的电气连接。

8.6.2　门窗安装工程验收

1. 检验批的划分及检查数量

（1）同一品种、类型和规格的木门窗、金属门窗、塑料门窗和门窗玻璃每100樘划分为一个检验批，不足100樘也划分为一个检验批；特种门每50樘划分为一个检验批，不足50樘也划分为一个检验批；

（2）木门窗、金属门窗、塑料门窗和门窗玻璃每个检验批应至少抽查5%，并不得少于3樘，不足3樘时应全数检查；高层建筑的外窗每个检验批应至少抽查10%，并不得少于6樘，不足6樘时应全数检查；特种门每个检验批应至少抽查50%，并不得少于10樘，不足10樘时应全数检查。

2. 门窗工程材料复验

（1）人造木板门的甲醛释放量；

（2）建筑外窗的气密性能、水密性能和抗风压性能。

3．隐蔽验收项目

（1）预埋件和锚固件；

（2）隐蔽部位的防腐和填嵌处理；

（3）高层金属窗防雷连接节点。

4．门窗安装工程验收的主控项目和一般项目

见《建筑装饰装修工程质量验收标准》GB 50210—2018 相关内容。

二维码 8-7
建筑地面
工程

8.7　建筑地面工程

建筑地面是建筑物底层地面和楼（层地）面的总称。建筑地面有整体面层、板块面层、木竹面层三个子分部工程。楼面、地面的组成分为基层和面层两大基本构造层，基层部分包括结构层和垫层。为了能满足一定的使用功能，还需增设结合层、找平层、填充层、隔离层等附加构造层。图 8-31 为建筑地面构造示意图。扫描二维码 8-7，观看建筑地面工程教学视频。

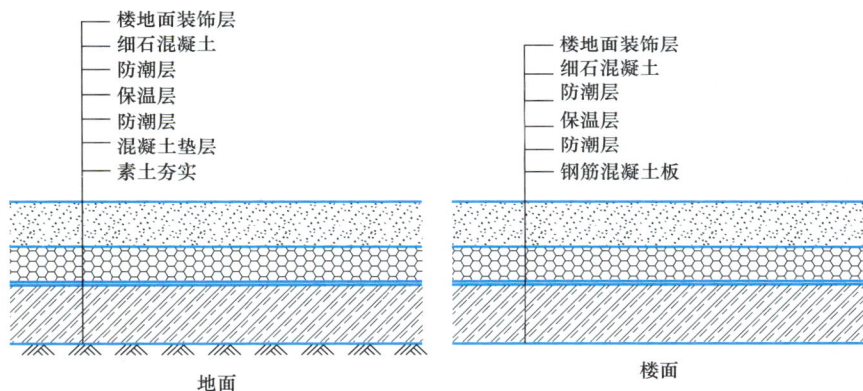

楼地面装饰层
细石混凝土
防潮层
保温层
防潮层
混凝土垫层
素土夯实

楼地面装饰层
细石混凝土
防潮层
保温层
防潮层
钢筋混凝土板

地面　　　　　　　　　　　　　　　　楼面

图 8-31　建筑地面构造示意图

8.7.1　基层施工

基层的作用是承担其上面的全部荷载，它是楼地面的基体。基层施工包括基土、垫层、找平层、绝热层、隔离层、填充层等的施工。

1．基土施工

基土是底层地面垫层下的土层，是承受由整个地面传来荷载的地基结构层。地面应铺设在均匀密实的基土上，土层结构被扰动的基土应换填并压实，压实系数应符合设计要求。基土施工应严格按照《建筑地基基础工程施工质量验收标准》GB 50202—2018 的有关规定进行，基土施工完后，应及时施工其上垫层或面层，防止基土被扰动破坏。

2．垫层施工

垫层是承受并传递地面荷载于基土上的构造层，包括灰土垫层、砂垫层和砂石垫层、混凝土垫层、碎石垫层和碎砖垫层、三合土垫层、炉渣垫层等。

（1）灰土垫层施工。灰土垫层是采用熟化石灰与黏土（或粉质黏土、粉土）按一定比例或按设计要求经拌合后铺设在基土层而成，其厚度不应小于100mm。灰土拌合料要随拌随用，不得隔日夯实，也不得受雨淋，如遭受雨淋浸泡，应将积水及松软灰土除去，晾干后再补填夯实。

（2）砂垫层和砂石垫层施工。砂垫层和砂石垫层是分别采用砂和天然砂石铺设在基土层上压实而成，如用人工级配的砂石，应按一定比例拌合均匀后使用。垫层可采用夯实法使其密实，压实后的密实度应符合设计要求。

（3）混凝土垫层。混凝土垫层的厚度不应小于60mm。浇筑混凝土垫层前，应清除基层的淤泥和杂物。在墙上弹出控制标高线，垫层面积较大时，要设置混凝土墩控制垫层标高。铺设前，将基层湿润，摊铺混凝土后，用表面振捣器振捣密实，用木抹子将表面槎平，并应加强养护工作。

3. 找平层施工

找平层是在各类垫层上、楼板或填充层上铺设，起着整平、找坡或加强作用的构造层。当找平层厚度小于30mm时宜用水泥砂浆做找平层，大于30mm时宜用细石混凝土铺设。

4. 隔离层施工

隔离层是防止建筑地面上各种液体（主要指水、油、腐蚀性和非腐蚀性液体）侵蚀作用以及防止地下水和潮气渗透到地面而增设的构造层，仅防止地下潮气渗透到地面的可称作防潮层。隔离层应采用防水卷材、防水涂料等铺设而成。

5. 填充层施工

填充层是在建筑地面上起隔声、保温、找坡或敷设管线等作用的构造层，可采用松散材料、板块、整体保温材料和吸声材料等铺设而成。松散材料可采用膨胀蛭石、膨胀珍珠岩、炉渣等铺设；板块材料可采用泡沫塑料板、膨胀珍珠岩板、蛭石板、加气混凝土板等铺设；整体材料可采用沥青膨胀蛭石、沥青膨胀珍珠岩、水泥膨胀珍珠岩和轻骨料混凝土等拌合料铺设。

6. 结合层施工

结合层是面层与下一层相连接的中间层，是指水泥砂浆、沥青胶结料或胶粘剂等。通过结合层将整体面层（或板块面层）与垫层（或找平层）连接起来，以保证建筑地面工程的整体质量，防止面层出现起壳、空鼓等缺陷。

8.7.2　面层施工

面层是楼地面的表层，即装饰层，它直接受外界各种因素的作用。地面的名称通常以面层所用的材料来命名，如水泥砂浆地面。按工程做法和面层材料不同楼地面可分为整体面层、板块面层、竹木面层铺装等。

1. 整体面层施工

整体面层包括水泥混凝土面层、水泥砂浆面层、板块面层、涂料面层、塑胶面层等。

水泥砂浆面层是地面做法中最常用的一种整体面层。铺设前，先刷一道掺加4%～5%的108胶的水泥浆，随即铺抹水泥砂浆，用刮尺刮平，并用木抹子压实，在砂浆初凝后终凝前用铁抹子反复压光三遍。砂浆终凝后覆盖草帘、麻袋，浇水养护，养护时间不应少于7d。

2. 板块面层施工

板块面层包括砖面层（陶瓷锦砖、缸砖、陶瓷地砖和水泥花砖面层）、大理石面层和花岗石面层、预制板块面层（水泥混凝土板块、水磨石板块面层）、料石面层（条石、块石面层）、塑料板面层、活动地板面层、地毯面层等。

板块面层施工工艺流程为：选板→试拼→弹线→试排→铺板块面层→灌缝、擦缝→养护→打蜡（当面层为大理石或花岗石时有此工序）。

铺砌前将板块浸水湿润，晾干后表面无明水时，方可使用。先将找平层洒水湿润，均匀涂刷素水泥浆（水灰比为0.4～0.5），涂刷面积不要过大，铺多少刷多少。为了找好位置和标高，应从门口开始铺贴，纵向先铺2～3行砖，以此为标筋拉纵横水平标高线，铺时应从里向外退着操作，人不得踏在刚铺好的砖面上。凡有柱子的大厅，宜先铺砌柱子与柱子中间的部分，然后向两边展开。如发现空隙应将块料板掀起用砂浆补实再行安装。

纵横缝隙要顺直。在铺砌后1～2昼夜进行灌浆擦缝，派专人洒水养护不少于7d，踢脚板的缝隙与地面块料板接缝对齐为宜，阳角处切割成45°斜面对角连接，待砂浆强度达到设计强度后，用5%浓度草酸清洗，再打蜡。

3. 竹木面层施工

实木地板面层铺设方法有空铺和实铺两种方式。底层木地板一般采用空铺方法施工，而楼层木地板可采用空铺也可采用实铺方法进行施工，其构造做法见图8-32。铺设工艺流程为：清理基层→弹线→铺设木搁栅→铺设实木地板→镶边→地面磨光→安装踢脚板→油漆打蜡。

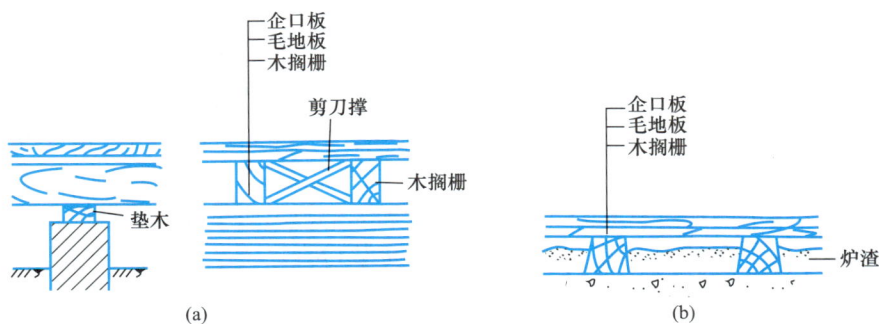

图8-32 竹木面层构造做法示意图
（a）空铺式；（b）实铺式

（1）清理基层、弹线。在基层上弹出木搁栅中心控制线，并弹出标高控制线。

（2）铺设木搁栅。将木搁栅逐根就位，用预埋的Φ4钢筋或8号铁丝将木搁栅固定牢，要严格做到整间木搁栅面标高一致。在木搁栅之间加设横向木撑，然后用炉渣、矿棉毡、珍珠岩、加气混凝土块等（具体材料按设计要求）填平木搁栅之间空隙，要拍平拍实。空铺时钉以剪刀撑固定木搁栅。

（3）铺设面层实木地板。地板为单层木板面层时在木搁栅上直接钉直条面板，侧面带企口，面板应与木搁栅方向垂直铺钉，且要注意使木地板的芯材（髓心）朝上。在企口凸榫处斜着钉暗钉，每块板不少于2个钉。钉的长度应为板厚的2～2.5倍，钉头送入板中2mm左右，斜向入木，钉子不易从木板中拔出，使地板坚固耐用。剩最后一块用无榫地板条，加胶平接以明钉固定。

地板为双层木板面层时在木搁栅上先钉一层毛地板，再钉一层企口面板。毛地板条与木搁栅成 30°或 45°斜角方向铺钉，面板应与木搁栅方向垂直铺钉，这样避免上下两层同缝，增加地板的整体性。毛地板接头必须在搁栅上不得悬挑，接头缝留 2～3mm，接头要错开。毛地板与木搁栅用圆钉固定，钉长为板厚的 2～2.5 倍，每块毛地板与木搁栅处钉 1 个钉子。毛地板的含水率应严格控制并不得大于 12%。在毛地板上先铺一层沥青油纸或油毡隔潮（是否设置防潮层依设计要求），然后将企口板钉在毛地板上。

（4）地板磨光。地面磨光用磨光机，磨时不应磨得太快，磨深不宜过大，一般不超过 1.5mm，要多磨几遍，直到符合要求为止。

（5）安装踢脚板。当房间设计为实木踢脚板时，踢脚板应预先刨光，在靠墙的一面开成凹槽，以防翘曲，并每隔 1m 钻直径 6mm 的通风孔，每隔 750mm 与墙内防腐木砖钉牢。踢脚板要垂直，上口水平，在踢脚板与地板交角处，钉上 1/4 圆木条，以盖住缝隙。

（6）打蜡。该工作应在房间内所有装饰工程完工后进行。打蜡可用地板蜡，以增加地板的光洁度，使木材固有的花纹和色泽最大限度地显现出来。

8.7.3   地面工程验收

1. 检验批划分

（1）基层（各构造层）和各类面层的分项工程的施工质量验收应按每一层次或每层施工段（或变形缝）划分检验批，高层建筑的标准层可按每三层（不足三层按三层计）划分检验批。

（2）每检验批应以各子分部工程的基层（各构造层）和各类面层所划分的分项工程按自然间（或标准间）检验，抽查数量应随机检验不应少于 3 间；不足 3 间，应全数检查；其中走廊（过道）应以 10 延长米为 1 间，工业厂房（按单跨计）、礼堂、门厅应以两个轴线为 1 间计算。

（3）有防水要求的建筑地面子分部工程的分项工程施工质量每检验批抽查数量应按其房间总数随机检验不应少于 4 间，不足 4 间，应全数检查。

2. 施工质量合格评定

建筑地面工程的分项工程施工质量检验的主控项目，必须达到《建筑地面工程施工质量验收规范》GB 50209—2010 规定的质量标准，认定为合格；一般项目 80% 以上的检查点（处）符合规范规定的质量要求，其他检查点（处）不得有明显影响使用，且最大偏差值不超过允许偏差值的 50% 为合格。

8.8   吊顶工程

吊顶具有保温、隔热、隔声和吸音作用，也是顶棚安装照明、暖卫、通风空调、通信和防火、报警管线设备的遮盖层，其形式有整体面层吊顶、板块面层吊顶和搁栅吊顶。整体面层吊顶包括以轻钢龙骨、铝合金龙骨和木龙骨等为骨架，以石膏板、水泥纤维板和木板等为整体面层的吊顶；板块面层吊顶包括以轻钢龙骨、铝合金龙骨和木龙骨等为骨架，以石膏板、金属板、矿棉板、木板、塑料板、玻璃板和复合板等为板块面层的吊顶；搁栅吊顶包括以轻钢龙骨、铝合金龙骨和木龙骨等为骨架，以金属、木材、塑料和复合材料等为搁栅面层的吊顶。

8.8.1 吊顶的构造

吊顶主要由吊杆（吊筋）、龙骨（搁栅）和饰面板（罩面板）三部分组成。

1. 吊杆

吊杆是吊顶与基层连接的构件，属于吊顶的支承部分。对现浇钢筋混凝土楼板，一般在混凝土中预埋Φ6钢筋（吊环）或8号镀锌铁丝作为吊杆，如图8-33所示。坡屋顶可用长杆螺栓或8号镀锌铁丝吊在屋架下弦作吊杆，吊杆间距为1.2～1.5m。

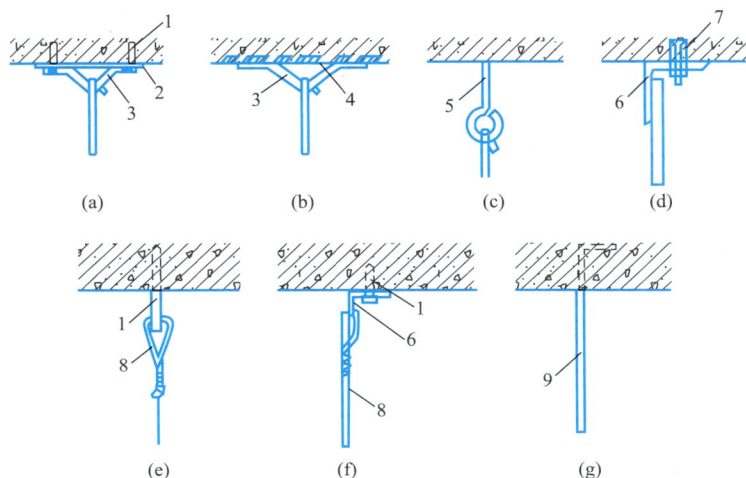

图8-33 吊杆固定

（a）射钉固定；（b）预埋件固定；（c）预埋Φ6钢筋吊环；（d）金属膨胀螺丝固定；（e）射钉直接连接钢丝（或8号铁丝）；（f）射钉角铁连接法；（g）预埋8号镀锌铁丝

1—射钉；2—焊板；3—Φ10钢筋吊环；4—预埋钢板；5—Φ6钢筋；6—角钢；7—金属膨胀螺丝；8—铝合金丝（8号、12号、14号）；9—8号镀锌铁丝

2. 龙骨

龙骨（搁栅）是固定饰面板的空间格构，并将承受饰面板的重量传递给支承部分。吊顶龙骨有木质龙骨、金属龙骨（轻钢龙骨、铝合金龙骨）两类。木质龙骨多用于民用吊顶，而公用建筑吊顶多为金属龙骨。

轻钢龙骨与铝合金龙骨吊顶的主龙骨断面形状有C形、T形、L形等。截面尺寸取决于荷载大小，其间距尺寸应考虑次龙骨的跨度及施工条件，一般采用1～1.5m。主龙骨与屋顶结构、楼板结构多通过吊杆连接。TL形铝合金龙骨安装示意图如图8-34所示。

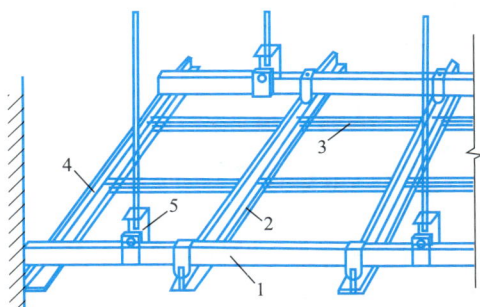

图8-34 TL形铝合金吊顶示意图

1—大龙骨；2—大T；3—小T；4—角条；5—大吊挂件

3. 饰面板

饰面板是顶棚的装饰层，使顶棚达到既具有吸声、隔热、保温、防火等功能，又具有美化环境的效果。按材料不同可分为石膏饰面板、钙塑泡沫板、胶合板、纤维板、矿棉板、PVC饰面板、金属饰面板等。对人造木板的甲醛释放量进行复验。

8.8.2 吊顶施工工艺

1. 吊顶施工工艺流程

弹线→固定吊杆→安装边龙骨→安装主龙骨→安装次龙骨→安装饰面板→安装压条。

（1）弹线。从墙上的水准线（50线）量至吊顶设计高度加上一层饰面板的厚度，用墨线沿墙（柱）弹出水准线，即为吊顶次龙骨的下皮线。同时，在混凝土顶板弹出主龙骨的位置，并标出吊杆的固定点。

（2）固定吊杆。按图8-33所示的方法固定吊杆。吊顶灯具、风口及检修口等处应设附加吊杆。

（3）安装边龙骨。边龙骨的安装应按设计要求弹线，沿墙（柱）上的水平龙骨线把L形镀锌轻钢条用自攻螺丝固定在预埋木砖上；如为混凝土墙（柱），可用射钉固定，射钉间距应不大于吊顶次龙骨的间距。

（4）安装主龙骨。主龙骨应吊挂在吊杆上，间距900～1000mm。主龙骨应平行房间长向安装，同时应起拱，起拱高度为房间跨度的1/300～1/200。主龙骨的悬臂段不应大于300mm，否则应增加吊杆。主龙骨的接长应采取对接，相邻龙骨的对接接头要相互错开。跨度大于15m以上的吊顶，应在主龙骨上，每隔15m加一道大龙骨，并垂直主龙骨焊接牢固。主龙骨挂好后应及时调整其位置标高。

（5）安装次龙骨。次龙骨应紧贴主龙骨安装。次龙骨间距300～600mm。用T形镀锌铁片连接件把次龙骨固定在主龙骨上时，次龙骨的两端应搭在L形边龙骨的水平翼缘上。

（6）安装饰面板。饰面板的安装方法有搁置法、嵌入法、粘贴法、钉固法和卡固法（图8-35）。

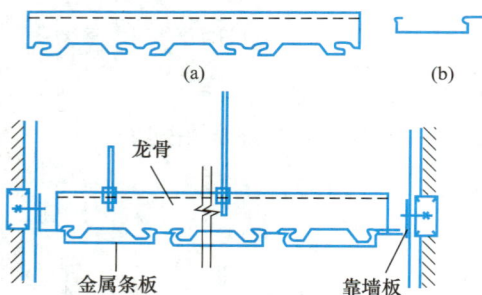

图8-35 卡固法
(a) 龙骨；(b) 金属条板断面

2. 吊顶工程质量

吊顶工程质量应满足《建筑装饰装修工程质量验收标准》GB 50210—2018规定。

（1）吊顶工程的木龙骨和木面板应进行防火处理，并应符合有关设计防火标准的规定。

（2）吊顶埋件与吊杆的连接、吊杆与龙骨的连接、龙骨与面板的连接应安全可靠，埋件、钢筋吊杆和型钢吊杆应进行防腐处理。

（3）吊杆距主龙骨端部距离不得大于300mm。当吊杆长度大于1500mm时，应设置反支撑。当吊杆与设备相遇时，应调整并增设吊杆或采用型钢支架；重型设备和有振动荷载的设备严禁安装在吊顶工程的龙骨上。

（4）吊杆上部为网架、钢屋架或吊杆长度大于2500mm时，应设有钢结构转换层。大面积或狭长形吊顶面层的伸缩缝及分格缝应符合设计要求。

8.9　轻质隔墙、裱糊与软包工程

扫描二维码 8-8，观看吊顶、隔断、软包、裱糊教学视频。

二维码 8-8
吊顶、隔断、
软包、裱糊

8.9.1　轻质隔墙工程

轻质隔墙是分隔建筑物内部空间的非承重构件，具有自重轻，厚度薄，便于拆装，具有一定的刚度等优点。某些隔墙还有隔声、耐火、耐腐蚀以及通风、透光等要求。

1. 轻质隔墙的种类

轻质隔墙的种类很多，按其构造方式分为板材隔墙、骨架隔墙、活动隔墙和玻璃隔墙等。

（1）板材隔墙常用的板材有复合轻质墙板、石膏空心条板、预制或现制的钢丝网水泥板，此外还有加气混凝土轻质板材、增强水泥条板、轻质陶粒混凝土条板等。

（2）骨架隔墙是以轻钢龙骨、铝合金龙骨、木龙骨等为骨架，以纸面石膏板、人造木板、水泥纤维板、胶合板、木丝板、刨花板、塑料板等为墙面板的隔墙。也可在两层面板之间加设隔声层，以起到隔声的作用。

（3）活动隔墙是地面和顶棚带有轨道，可以推拉的轻质隔墙。

（4）玻璃隔墙是以轻钢龙骨、铝合金龙骨、木龙骨等为骨架，以玻璃为墙面板的隔墙，这种隔墙透光较好。

2. 隔墙施工工艺

轻质隔墙的施工工艺流程：弹线→安装龙骨→安装墙面板→饰面施工。

（1）弹线。在地面和墙面上弹出隔墙的宽度线和中心线，并弹出门窗洞口的位置线。

（2）安装龙骨。先安装沿地、沿顶龙骨，与地、顶面接触处，先要铺填橡胶条或沥青泡沫塑料条，再按中距 0.6～1m 用射钉（或电锤打眼固定膨胀螺栓）将沿地、沿顶龙骨固定于地面和顶面。然后将预先切裁好长度的竖向龙骨，装入横向沿地、沿顶龙骨内，翼缘朝向拟安装的板材方向，校正其垂直度后，将竖向龙骨与沿地、沿顶龙骨固定好，固定方法可以用点焊，或者用连接件与自攻螺钉固定。

（3）安装墙面板。安装时，将墙面板放竖直，贴在龙骨上用电钻同时把板材与龙骨一起打孔，再拧上自攻螺丝，钉头要埋入板材平面 2～3mm，钉眼应用石膏腻子抹平。墙面板应竖向铺设，长边接缝应落在竖向龙骨上，接缝处用嵌缝腻子嵌平。

需要隔声、保温、防火的应根据设计要求在龙骨一侧安装好板材后，进行隔声、保温、防火等材料的填充。一般采用玻璃丝棉或 30～100mm 岩棉板进行隔声；采用 50～100mm 苯板进行保温处理。再封闭另一侧的板。

端部的墙面板与周围的墙或柱应留有 3mm 的槽口。施铺罩面板时，应先在槽口处加注嵌缝膏，然后铺板并挤压嵌缝膏使面板与邻近表层接触紧密。在丁字形或十字形相接处，如为阴角应用腻子嵌满，贴上接缝带，如为阳角应做护角。

（4）饰面施工。待嵌缝腻子完全干燥后，即可在隔墙表面裱糊墙纸，或进行涂料施工。

3. 轻质隔墙的质量要求

轻质隔墙的质量要求应符合《建筑装饰装修工程质量验收标准》GB 50210—2018 的规定。❶

8.9.2　裱糊工程

裱糊工程是将壁纸、墙布用胶粘剂裱糊在结构基层的表面上，进行室内装饰的一种工艺。裱糊材料分为壁纸和墙布两大类，常用的壁纸有普通壁纸、纺织纤维壁纸、塑料壁纸、发泡壁纸、特种壁纸等，墙布又有玻璃纤维墙布、纯棉装饰墙布、化纤装饰墙布及无纺墙布等。

1. 裱糊施工工艺

1）基层处理

混凝土和抹灰面基层表面应清扫干净，泛碱部位，用 9％的稀醋酸中和、清洗。对表面脱灰、孔洞较大的缺陷用砂浆修补平整；对麻点、凹坑、接缝、裂缝等较小缺陷，用腻子涂刮 1～2 遍修补填平，干燥后（基层含水率不得大于 8％）用砂纸磨平。为防止基层吸水过快，裱糊前用 1∶1 的 108 胶水溶液涂刷基层以封闭墙面，并为粘贴壁纸提供一个粗糙面。木质、石膏板等基层先将基层的接缝、钉眼等处用腻子填平，然后满刮石膏腻子一遍，用砂纸打磨平整光滑，基层的含水率不得大于 12％。

2）弹线

在墙面上弹出水平、垂直线，作为裱糊的依据，保证壁纸裱糊后横平竖直、图案端正。弹线时应从墙的阳角处开始，按壁纸的标准宽度找规矩弹线，作为裱糊时的操作准线。

3）裁纸

裱糊前应先预拼试贴，观察接缝效果，确定裁纸尺寸及花饰拼贴方法。根据弹线找规矩的实际尺寸统一规划裁纸，并编号按顺序粘贴。裁纸时应以上口为准，下口可比规定尺寸略长 10～20mm，如为带花饰的壁纸，应先将上口的花饰对好，小心裁割，不得错位。

4）润纸

塑料壁纸有遇水膨胀，干后收缩的特性，因此一般需将壁纸放在水槽中浸泡 3～5min，取出后抖掉明水，静置 2min，然后再裱糊。

5）刷胶

一般基层表面与壁纸背面应同时刷胶，刷胶要薄而均匀，不裹边，不起堆，以防溢

---

❶ 《建筑装饰装修工程质量验收标准》GB 50210—2018 规定：

8.3.1 骨架隔墙所用龙骨、配件、墙面板、填充材料及嵌缝材料的品种、规格、性能和木材的含水率应符合设计要求。有隔声、隔热、阻燃和防潮等特殊要求的工程，材料应有相应性能等级的检验报告。

检验方法：观察；检查产品合格证书、进场验收记录、性能检验报告和复验报告。

8.3.3 骨架隔墙中龙骨间距和构造连接方法应符合设计要求。骨架内设备管线的安装、门窗洞口等部位加强龙骨的安装应牢固、位置正确。填充材料的品种、厚度及设置应符合设计要求。

检验方法：检查隐蔽工程验收记录。

8.5.3 有框玻璃板隔墙的受力杆件应与基体结构连接牢固，玻璃板安装橡胶垫位置应正确。玻璃板安装应牢固，受力应均匀。

检验方法：观察；手推检查；检查施工记录。

8.5.4 无框玻璃板隔墙的受力爪件应与基体结构连接牢固，爪件的数量、位置应正确，爪件与玻璃板的连接应牢固。

8.5.6 玻璃砖隔墙砌筑中埋设的拉结筋应与基体结构连接牢固，数量、位置应正确。

检验方法：手扳检查；尺量检查；检查隐蔽工程验收记录。

出，弄脏壁纸。基层表面涂胶宽度要比壁纸宽 20～30mm，涂刷一段，裱糊一张。如用背面带胶的壁纸，则只需在基层表面涂刷胶粘剂。

6）裱糊

先贴长墙面，后贴短墙面，每个墙面从显眼的墙面以整幅纸开始，第一条纸都要挂垂线。对需对花的，贴每条纸均先对花，对纹拼缝由上而下进行，不留余量，先在一侧对缝保证墙纸粘贴垂直，后对花纹拼缝，对好后用板式鬃刷由上向下抹压平整，挤出的多余胶液用湿毛巾及时擦干净，上、下边多出的壁纸用刀裁割齐整。阳角处只能包角压实，不能对接和搭接，施工时还应对阳角的垂直度和平整度严格控制。窄条纸的裁切边应留在阴角处，其接缝应为搭接缝，搭缝宽 5～10mm，要压实，无张嘴现象。大厅明柱应在侧面或不显眼处对缝。裱糊到电灯开关、插座等处应减口做标志，以后再安装纸面上的照明设备或附件。

7）清理修整

整个房间贴好后，应进行全面细致的检查，对未贴好的局部进行清理修整。若出现空鼓、气泡，可用针刺放气，再用注射针挤进胶粘剂，用刮板刮压密实，要求修整后不留痕迹，然后进行成品保护。

2. 裱糊工程施工质量

裱糊工程施工质量要求详见《建筑装饰装修工程质量验收标准》GB 50210—2018。❶

8.9.3 软包工程

软包工程是用于室内墙面或门的一种高级装饰方法，其面料多用锦缎、皮革等。锦缎、皮革软包墙面或门可保持柔软、消声、温暖，适用于防止碰撞的房间及声学要求较高的房间。

软包工程作业条件为混凝土和墙面抹灰已完成，基层按设计要求木砖或木筋已埋设，水泥砂浆找平层已抹完灰并刷冷底子油，且经过干燥，含水率不大于 8％；木材制品的含水率不得大于 12％，水电及设备，顶墙上预留预埋件已完成。原则上房间内的地、顶内装修已基本完成，墙面和细木装修底板做完，开始做面层装修时插入软包墙面镶贴装饰和安装工程。

1. 软包工程施工工艺

1）埋木砖

在结构墙中埋入木砖，间距一般控制在 400～600mm 之间。

2）抹灰、做防潮层

为防止潮气使面板翘曲、织物发霉，应在砌体上先抹 20mm 厚 1：3 预拌水泥砂浆找平层，然后刷冷底子油，铺贴一毡二油防潮层。

3）立墙筋，铺底板

---

❶ 《建筑装饰装修工程质量验收标准》GB 50210—2018 规定：

13.2.1 壁纸、墙布的种类、规格、图案、颜色和燃烧性能等级应符合设计要求及国家现行标准的有关规定。

检验方法：观察；检查产品合格证书、进场验收记录和性能检验报告。

13.2.3 裱糊后各幅拼接应横平竖直，拼接处花纹、图案应吻合，应不离缝、不搭接、不显拼缝。

检验方法：距离墙面 1.5m 处观察。

13.2.4 壁纸、墙布应粘贴牢固，不得有漏贴、补贴、脱层、空鼓和翘边。

检验方法：观察；手摸检查。

安装 25mm×50mm 木墙筋，间距为 450mm，用木螺钉钉于木砖上，并找平找直，然后在木墙筋上铺钉多层胶合板。如采取直接铺贴法，基层必须作认真的处理，方法是先将基层拼缝用油腻子嵌平密实、满刮腻子 1～2 遍，待腻子干燥后用砂纸磨平，粘贴前，在基层表面满刷清油（清漆＋香蕉水）一道。如有填充层，此工序可以简化。门扇软包不需做底板，直接进行下道工序。

4）找规矩、弹线

根据设计图纸要求，把房间需要软包部位的装饰尺寸、造型等通过吊直、套方、找规矩、弹线等工序，把设计的尺寸与造型落实到墙面、柱面或门扇上。

5）套裁填充料和面料

首先根据设计图纸的要求，确定软包工程的具体做法。一般做法有两种，一是直接铺贴法，此法操作比较简便，但对基层或底板的平整度要求较高；二是预制铺贴镶嵌法，此法有一定的难度，要求必须横平竖直、不得歪斜，尺寸必须准确等，故需要做定位标志以利于"对号入座"。然后按照设计要求进行用料计算和底衬（填充料）、面料套裁工作。要注意同一房间、同一图案的面料必须用同一匹卷材套裁面料。

6）面层施工

面料在蒙铺之前必须确定正、反面及面料的纹理方向，同一场所必须使用同一匹面料，且纹理方向必须一致。

将裁剪好的面料蒙铺到已贴好内衬材料的门扇或墙面上，把下端和两侧位置调整合适后，用压条先将上端固定好，然后固定下部和两侧。四周固定后，若设计要求有压条或装饰钉时，按设计要求钉好压条，再用电化铝帽头钉或其他装饰钉梅花状进行固定。设计采用木压条时，必须先将压条进行油漆打磨，再进行上墙安装。

7）理边、修整

清理接缝、边沿露出的面料纤维，调整接缝不顺直处。开设、修整各设备安装孔，安装镶边条，安装贴脸或装饰物，修补各压条上的钉眼，修刷压条、镶边条油漆，最后擦拭、清扫浮灰。

8）完成其他涂饰

软包面施工完成后，要对其周边的木质边框、墙面以及门扇的其他几个面做最后一遍油漆或涂饰，以使其整个室内装修效果完整、整洁。

2.软包工程质量

软包工程质量要求参阅《建筑装饰装修工程质量验收标准》GB 50210—2018 规定。❶

---

❶ 《建筑装饰装修工程质量验收标准》GB 50210—2018 规定：

13.3.6 单块软包面料不应有接缝，四周应绷压严密。需要拼花的，拼接处花纹、图案应吻合。软包饰面上电气槽、盒的开口位置、尺寸应正确，套割应吻合，槽、盒四周应镶硬边。

检验方法：观察；手摸检查。

13.3.7 软包工程的表面应平整、洁净、无污染、无凹凸不平及皱折；图案应清晰、无色差，整体应协调美观、符合设计要求。

检验方法：观察。

13.3.8 软包工程的边框表面应平整、光滑、顺直，无色差、无钉眼；对缝、拼角应均匀对称、接缝吻合。清漆制品木纹、色泽应协调一致。其表面涂饰质量应符合本标准第 12 章的有关规定。

检验方法：观察；手摸检查。

8.10　工程案例

北京亦庄蓝领公寓项目位于北京经济技术开发区，共 9 层、高 32m、建筑面积 12 万 m²，共 1810 间住房（其中，1504 间为模块化箱式装配式房屋），整体装配率 92％，是北京市 AAA 级超高装配率模块化示范工程。

该项目采用新型的预制模块化箱式房屋装配建造，具有可循环利用的特点。建造过程类似搭"积木"，集成模块安装具有"智能＋绿色"特点，以科技创新推动建造方式转型升级，将设计、采购、生产、施工和运营等上中下游环节整合成完整的绿色产业链，能有效提高建造活动的经济效益、社会效益以及生态效益。扫描二维码 8-9 观看工程案例视频。

二维码 8-9
工程案例

作业

图 8-36 为一套 81m² 的两居室住宅。

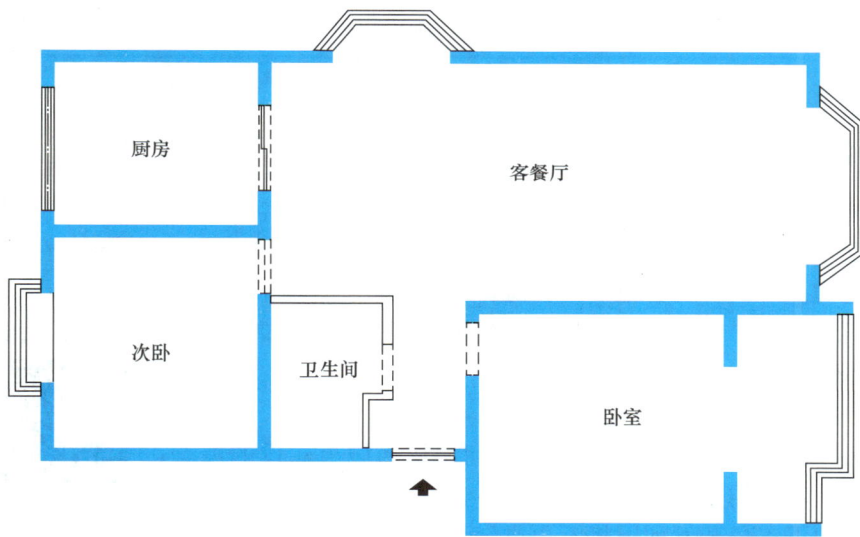

图 8-36　两居室住宅平面图

【任务】

1. 对该户型进行内装设计；
2. 编制装饰工程施工方案（包括防止装修质量通病与问题的措施）。

扫描二维码 8-10，观看作业视频。

二维码 8-10
作业

本章小结

本章主要介绍了建筑装饰工程与节能。节能工程重点介绍了墙体、门窗、楼地面等节能技术及构造。装饰工程主要介绍了抹灰、饰面、涂饰、幕墙、门窗、建筑地面、吊顶、轻质隔墙、裱糊与软包等装饰工程施工工艺。

第 9 章   地 下 工 程

【知识目标】
(1) 地下工程施工方法；
(2) 地下工程明挖法及暗挖法的施工流程和关键技术。

【能力目标】
(1) 能根据地下工程特点编制地下工程施工方案、优选施工方法；
(2) 能具备解决地下工程施工技术问题。

【素质教育】扫描二维码 9-1 观看品牌"智造"掘进世界第一。

二维码 9-1
品牌"智造"
掘进世界第一

9.1   地下工程概述

地下工程是指为了开发利用地下空间资源所修建的各种工程空间与设施的总称。地下工程涉及的内容比较广泛，主要包括地下房屋、城市地铁隧道工程、交通山岭隧道工程、水工隧洞工程、电力及燃气管道、地下商业街、地下停车场、地下发电站、地下工厂、各类通道工程、地下共同沟、矿山井巷工程、人防避难工程和各种储备设施等。扫描二维码 9-2 观看地下工程概述教学视频。

二维码 9-2
地下工程概述

1. 地下工程的发展趋势

当前，世界各个国家均把地下空间的开发利用作为城市建设的重点，从城市地下空间开发利用的角度分析其发展趋势有：

（1）综合化。地下工程开发利用将不再是满足某一单项功能，将立足于城市的整体建设与功能要求，是多项城市功能的集合体，地下人行系统、快速轨道系统和高速公路系统之间形成立体空间网络，地下和地上空间功能既有区分又相互融合，地上地下设施互联互通、多种功能复合利用。

（2）深层化。随着深层开挖技术和装备逐步完善，可以在地下更深的位置开发出更加多样化、高效的地下空间，地下空间的开发和利用逐步向深层发展。

（3）层次化。在地下空间深层化的同时，未来城市地下空间的开发利用将更加注重多层次空间的开发，各空间层面分化趋势越来越强。它以人及其服务的功能区为中心，首先把人车分流，然后将各种地下交通分层设置，减少相互干扰，同时还将市政管线、污水和垃圾处理置于不同层次，构建多层次的城市空间系统。

（4）绿色化。未来城市地下空间的开发利用将更加注重绿色化，例如积极推进地下资源高效可持续利用，节能降碳，推广应用地下工程绿色设计、绿色施工、绿色运维等关键技术。

（5）智能化。将地下空间纳入各地"数字城市""智慧城市"的规划建设中，充分运用物联网、互联网、大数据等现代信息技术，加强地下空间信息数据库建设，建立地下空间变化监测和数据资源动态更新机制，实现地下空间信息的共建共享。

2. 地下工程施工技术

近年来，我国在地下工程施工技术与方法上取得了较大发展，有的明挖法、逆作法、浅埋暗挖法、沉井法、盾构法、顶管法及沉管法等施工技术的研究与应用已达到国际先进水平，主要体现在：

（1）地下工程施工机械的自动化水平不断提高，各种联合掘进机和盾构机的国产化速度快速推进，新型的地下工程施工设备的自主研发日新月异。

（2）以锚索联合支护技术为代表的主动支护方法的理论和实践水平不断成熟，加快了工程进度，改善了施工质量。

（3）地下工程的新工法不断涌现，提高了地下工程的施工水平。如盾构法、浅埋暗挖法等不仅施工效率高，而且将地下施工对周围环境和建筑物的影响降低到最低限度。

（4）地下工程信息化施工水平不断提高，监控预测信息反馈指导地下工程施工已得到广泛应用。例如，GPS、RS、GIS 等 3S 技术在地下工程施工中应用地不断普及。

9.2　地下工程施工方法的选择

地下工程施工方法要结合结构形式和埋深，根据场地工程地质和水文地质条件、环境情况，通过对工程安全、结构质量、环境影响、造价和工期等多方面的论证后确定❶。常见的施工方法见表 9-1。

常见的地下工程施工方法　　　　　　　　　　　　　　　　表 9-1

序号	施工方法	环境场地要求	优点	缺点	发展趋势
1	明挖法	施工场地开阔，附近建筑物少，地层为软岩或土体	进度快，工作面大，便于机械和大量劳动力投入，施工质量好	破坏环境生态，影响交通，带来粉尘和造成污染	（1）建立有效井点降水系统； （2）建立可靠的支撑系统； （3）实现大型土方机械、混凝土搅拌及预制拼装式结构
2	盖挖法	施工地段交通繁忙，要求阻断交通时间短，多用于浅埋地下工程	占用场地时间短，对地面干扰较小，施工安全	施工工序复杂，交叉作业，施工条件差	（1）建立合理的施工管理网络、交叉施工和流水作业线； （2）采用地下小型施工机具； （3）提高钻孔桩柱施工质量控制和桩柱转换技术

---

❶ 《地铁设计规范》GB 50157—2013 规定：

11.4.3 确定地下区间隧道的施工方法应遵循以下原则：

1. 区间隧道宜采用暗挖法施工，并宜遵守下列原则：

1）盾构法适用于第四纪地层、无侧限抗压强度中等偏低的地层和软岩地层的隧道施工；在硬质岩层和含有大量粗颗粒漂石、块石的地层不宜采用；

2）矿山法适用于从硬岩地层至具备一定自稳能力的第四纪地层的隧道施工；

3）隧道掘进机（TBM）工法仅应用于岩质隧道的施工，在岩溶地区不宜采用。

2. 在地面空旷且隧道埋深较浅的地段，经技术经济比选确有优势时，可采用明挖法施工。

续表

序号	施工方法	环境场地要求	优点	缺点	发展趋势
3	钻爆法（传统矿山法）	施工地段为岩石或坚硬土体	对地面干扰小，气候影响小	劳动强度大，施工工序干扰大，环境恶劣，施工安全性差	（1）采用多臂钻孔台车、自动装药引爆装置；（2）采用光面爆破，锚喷支护，监控数据反馈指导设计和施工
4	新奥法	适用范围广，软岩、硬岩、土层中均可采用；不同埋深、不同形状、不同大小的洞室均可采用	经济、快速，安全、适应性强，对地面干扰小，施工灵活性大，便于小型机具作业	设计理论仍不成熟，机械化程度低，劳动强度高，环境恶劣，对工人要求高	（1）完善控制爆破技术；（2）发展多种锚喷支护和快速有效的支护施工手段；（3）智能化信息监测与反馈技术
5	浅埋暗挖法	适用于软土地层，有时需对地层进行超前预支护或预加固	不影响交通和地面建筑对围岩的扰动次数少，工序简单，便于大型机械化施工	对地面影响大，需严格控制地面变形，施工要求高	（1）发展可靠的浅层地基处理技术；（2）小型灵活的地下开挖机械；（3）采用可靠的临时支护措施和机具
6	盾构法	主要施工地段为软弱地层，砂卵石、软岩直至岩层均可适用	对地面影响小，机械化程度高，施工安全，工人劳动强度低，进度快	机械设备复杂、昂贵，施工工艺繁琐，确保一定的覆土厚度，曲线施工困难	（1）施工断面多元化，开发进出洞、地中对接、扩径施工等新技术；（2）采用钢纤维挤压混凝土衬砌；（3）开发三维仿真计算机管理系统，管理信息化、自动化
7	掘进机法（TBM）	施工地段为坚硬岩石地质	速度快，机械化程度高，安全，对地面无干扰	地质条件适应性差，造价高，技术复杂，刀具易磨损、更换困难	（1）开发国产高性能掘岩机，提高地层适应性；（2）提升智能化水平；（3）改进高强合金刀具，完善后配备系统；（4）改进超前不良地质探测与加固系统
8	沉管法	跨越江河湖海，软地基	适应性高，速度快，隧道断面大，断面利用率高，接缝少宜防水，施工质量有保证	占用航道，要有专门的驳船、下沉、对接机具，受气象水文影响大，水下作业风险大	（1）实现大型涵管制作及驳运技术；（2）实现水下精确定位、对接及新型防水技术；（3）研究沉管法隧道接头关键技术；（4）提高沉管沉降控制技术
9	顶管法	传统交通繁忙道路、地面铁路、地下管网等障碍物地区	不中断地面交通，接缝少宜防水，工期短、造价低，噪声、振动小，工序简单	需要大箱涵预制与顶进场地，多曲线、大直径、超长距离顶进困难	（1）开发多节长距离顶进技术；（2）开发高效减摩材料，提高减摩效果；（3）自动化测量和显示系统

扫描二维码 9-3 观看地下工程施工方法的选择教学视频。

二维码 9-3
地下工程施工
方法的选择

9.3　地下工程明挖施工技术

9.3.1　明挖法

明挖法是从地面向下直接开挖，形成露天的基坑，在基坑中修建隧道、车站等地下结构，最后恢复地面的地下工程施工技术❶。

在地面建筑少、拆迁少、地表干扰小的地区修建浅埋地下工程通常采用明挖法，明挖法按开挖方式分放坡明挖和不放坡明挖。放坡明挖法主要适用于埋深较浅、地下水位较低的城郊地段，边坡通常进行护面防护、锚喷支护或土钉墙支护。不放坡明挖是指在围护结构内开挖，主要适用于场地有限及地下水较丰富的软弱围岩地区，围护结构形式主要有地下连续墙、人工挖孔桩、钻孔灌注桩、钻孔咬合桩、SMW 工法桩墙、工字钢桩和钢板桩围堰等。

明挖法施工难度小，质量容易保证，工期短，造价低，因此在早期的地下工程施工中应用较多，但由于该法占地多、拆迁量大，影响交通，噪声污染严重，且随着浅埋暗挖法施工技术的成熟，明挖法在地下工程修建中应用逐渐减少。目前在国内外地下工程修建中明挖法主要应用于大型浅埋地下建筑物的修建和郊区地下建筑的修建，且逐渐演化成盖挖和明挖结合的施工方法。明挖法分为敞口开挖和支撑开挖，支撑开挖与敞口开挖相比，支撑开挖可以较好地控制基坑周围变形，可以满足深基坑开挖的要求。

1. 明挖法施工方法

城市地下隧道工程明挖法常用的施工方法有先墙后拱法、先拱后墙法和墙拱交替法三种。

（1）先墙后拱法（图 9-1）。它是最常用的一种方法，适用于地形有利、地质条件较好的各种浅埋隧道和地下工程。其施工步骤是：先开挖基坑或堑壕，再以先边墙后拱圈（或顶板）的顺序施做衬砌和铺设防水层，最后进行洞顶回填。当地形和施工场地条件许可，边坡开挖后又能暂时稳定时，可采用带边坡的基坑或堑壕。如施工场地受限制，或边坡不稳定时，可采用直壁的基坑或堑壕，此时坑壁必须进行支护。

（2）先拱后墙法（图 9-2）。它适用于破碎岩层和土层。其施工步骤是：从地面先开挖起拱线以上部分。按地质条件可开挖成敞开式基坑，或支撑的直壁式基坑Ⅰ，接着修筑顶拱Ⅱ，然后在顶拱下挖中槽 3，分段交错开挖马口 4 和 6，修筑边墙Ⅴ和Ⅶ。

（3）墙拱交替法（图 9-3）。它是上述两种方法的混合使用，边墙和顶拱的修筑相互交替进行，它适用于不能单独采用先墙后拱法或先拱后墙法的特殊情况。其施工步骤是：

---

❶ 《地铁设计规范》GB 50157—2013 规定：

11.4.2 确定地下车站主体结构施工方法应符合下列规定：

1. 位于土层中的车站宜选择明挖法施工；需要减少施工对地面交通影响时，可采用盖挖法施工，并宜铺设临时路面，采用盖挖顺作法（包括半盖挖顺作法）施工；对环境保护要求高或平面尺寸大的地下结构，宜采用盖挖逆作法（包括半盖挖逆作法）施工；必要时也可采用暗挖法或明暗挖结合的方法施工。

2. 位于岩石地层中的车站，当围岩稳定性好和覆盖层厚度适宜时，可选择矿山法施工。

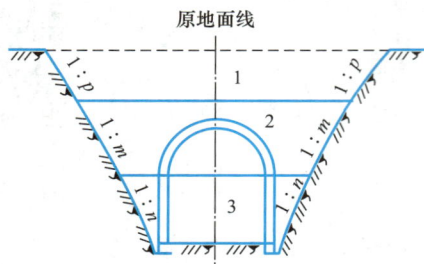

图 9-1   先墙后拱法

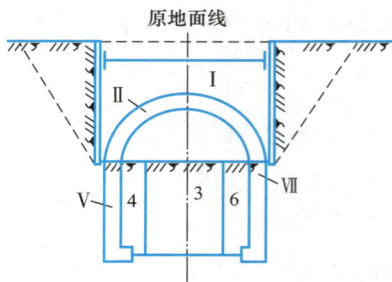

图 9-2   先拱后墙法

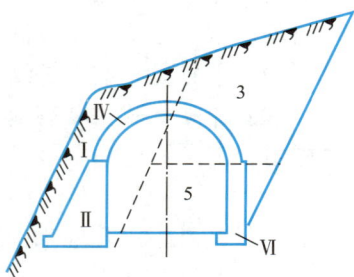

图 9-3   墙拱交替法

先开挖外侧边墙部位土石方Ⅰ，修筑外侧边墙Ⅱ；开挖部分堑壕 3 至起拱线，修筑顶拱Ⅳ；分段交错开挖余下的堑壕 5，修筑内侧边墙Ⅵ。

2. 明挖法施工工艺流程

开挖遵循"分段分层、由上而下、先撑后挖"的原则。

1）明挖法施工地下工程的程序

（1）直接开挖至第一道支撑下（不大于 50cm）一定位置，架设第一道内支撑；

（2）继续开挖至第二层，架设第二道支撑，如此反复；

（3）开挖至基坑底，留人工清底 30cm，人工及时清理基底；

（4）结构施工；

（5）根据道路下各种市政管道、设备的路由施工埋设；

（6）回填及恢复路面，道路通车。

2）明挖法土方开挖的准备工作

（1）围护结构施工

在岩石地层和一般黏土地层中，不具备放坡条件时，通常采用钢支撑支护，有时可配合用锚杆支护。在不稳定含水松软地层中施工时，常用板桩支护，根据具体情况选用工字钢或钢板桩。当基坑较大，不便于架设横撑时，可采用土层锚杆。

① 放坡开挖。它适用于地面开阔和地下地质条件较好的情况。基坑应自上而下分层、分段依次开挖，随挖随刷边坡，必要时采用水泥黏土护坡。

② 型钢支护开挖。一般使用单排工字钢或钢板桩，基坑较深时可采用双排桩，采用多层钢横撑支护或单层、多层锚杆与型钢共同形成支护结构。

③ 地下连续墙支护开挖。地下连续墙支护不仅能承受较大载荷，同时具有隔水效果，适用于软土和松散含水地层。

④ 混凝土灌注桩支护开挖。一般有人工挖孔或机械钻孔两种方式。钻孔中灌注普通混凝土和水下混凝土成桩。支护可采用双排桩加混凝土连梁，还可用桩加横撑或锚杆。

⑤ 土钉墙支护开挖。在原位土体中用机械钻孔或洛阳铲人工成孔，插入钢筋或钢管注浆成土钉，坑壁喷射混凝土防护板，使土体、土钉、喷射混凝土板面结合成土钉支护体系。

⑥ 锚杆（索）支护开挖。在孔内放入钢筋或钢索后注浆，达到强度后与桩墙进行拉锚，并施加预应力锚固，适用于高边坡及受载大的场所。

⑦ 混凝土和钢结构支护开挖。依据设计在不同开挖位置上灌注混凝土内支撑体系和安装钢结构内支撑体系，与灌注桩或连续墙形成一个框架支护体系，承受侧向土压力，内支撑体系在做结构时要换撑，适用于高层建筑物密集区和软弱淤泥地层。

（2）施工防水排水

在基坑开挖之前，必须在其周围开挖排水沟拦截地表水。在含水地层中施工时，根据水文地质条件，可选用集水坑水泵抽水、井点降水、钢板桩围堰、压浆堵水或冻结法等施工防水排水方法。

3）地下结构主体施工内容

多为钢筋混凝土的相关内容，不再赘述。

9.3.2　盖挖法

扫描二维码 9-4 观看地下工程盖挖法教学视频。

1. 盖挖法的特点

采用明挖法修建城市地下结构，对城市路面交通和居民正常生活干扰较大。在城市交通繁忙的地段修建地下工程，或者需要严格控制开挖引起的地面沉降时，可以采用盖挖法施工。盖挖法有顺作、逆作和半逆作法三种施工方法。

1）盖挖法的施工特点

（1）盖挖法修建的地下结构水平位移小，安全系数高；

（2）盖挖法对地面影响小，只在短期内封锁地面交通，对居民生活干扰小；

（3）施工受外界气候影响小；

（4）与明挖法相比，基坑内出土不便，空间小，工期长，费用高。

2）盖挖顺作法

（1）施工原则

做好临时路，分区、分层、分段、分块、对称均匀开挖土体，快挖快支，严禁超挖，快速封闭底板，合理拆撑和换撑，施作主体结构，拆除覆盖板，回填土方，恢复路面。

（2）施工步骤

盖挖顺作法是在地表面完成挡土结构后，以定型的预制标准覆盖结构（纵、横梁和路面板）置于挡土结构上维持交通，往下反复开挖和加设横撑至设计高度，再由下而上构筑地下工程主体结构和防水设施，最后回填土并恢复线路。

盖挖顺作法的施工工艺流程，见图 9-4。

盖挖顺作法施工中地下挡土结构非常重要，刚度大、变形小、防水性好的地下连续墙（兼做地下主体结构边墙）是在饱和松软地层施工的首选；中间支撑桩一般为临时结构，在主体结构完工后拆除；覆盖板一般是由型钢、纵横梁和钢筋混凝土复合板组成的预制结构。

3）盖挖全逆作法

（1）施工原则

分区、分层、分段、分块，对称均衡开挖，边挖快支，严禁超挖，快速封闭底板，做好防水。

第一步　　　　第二步　　　　第三步　　　　第四步

第五步　　　　第六步　　　　第七步　　　　第八步

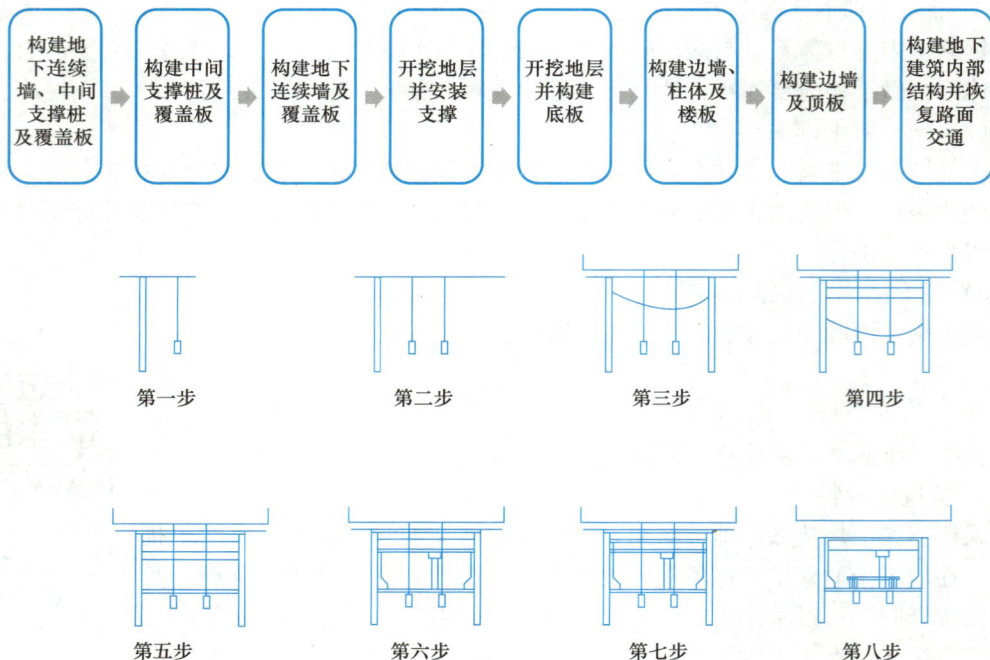

图9-4　盖挖顺作法施工步骤

（2）施工步骤

盖挖全逆作法施工顺序与顺作法相反，自上而下开挖地层并依次构建地下主体结构，即首先构建围护结构和中间桩柱支撑组成竖向承重体系，然后开挖浅部表土层并立即修筑地下结构的顶板，期间对顶板上方的埋设物和路面进行恢复，最后依次逐层向下开挖并修筑边墙和楼板，直至地下结构最底层的底板和边墙。此工法在恢复地面交通的时间性上优势明显。

盖挖全逆作法的施工工艺流程，见图9-5。

4）盖挖半逆作法

该方法类似于逆作法，区别在于盖挖半逆作法在结构的第一层或第二层顺作完成后，再采用逆作法施工下部结构，实现上、下部同时施工，施工效率高，施工流程见图9-6。在半逆作法施工中，上部开挖基坑顺作时，一般需要设置临时横撑并施加预应力。该法一般用于深、大基坑，需要上下同时施工，需要注意的是，必须严格控制下部施工对上部结构的影响。盖挖半逆作法施工要点：

（1）采用半逆作法施工时都要注意混凝土施工缝的处理问题，由于它是在上部混凝土达到设计强度后再接着往下浇筑的，混凝土的收缩及析水，施工缝处不可避免地要出现3~10mm宽的缝隙，将对结构的强度、耐久性和防水性产生不良影响。

（2）在半逆作法施工中，如主体结构的中间立柱为钢管混凝土柱，而柱下基础为钢筋混凝土灌注桩时，需要解决好两者之间的连接问题。

5）盖挖局部逆作法

该方法亦称为"中心岛-局部逆作法"，是以保留四周土方平衡支护结构侧压力，减小支护结构施工阶段的内力和变形，节省支护结构材料费用，使大量土方能进行机械

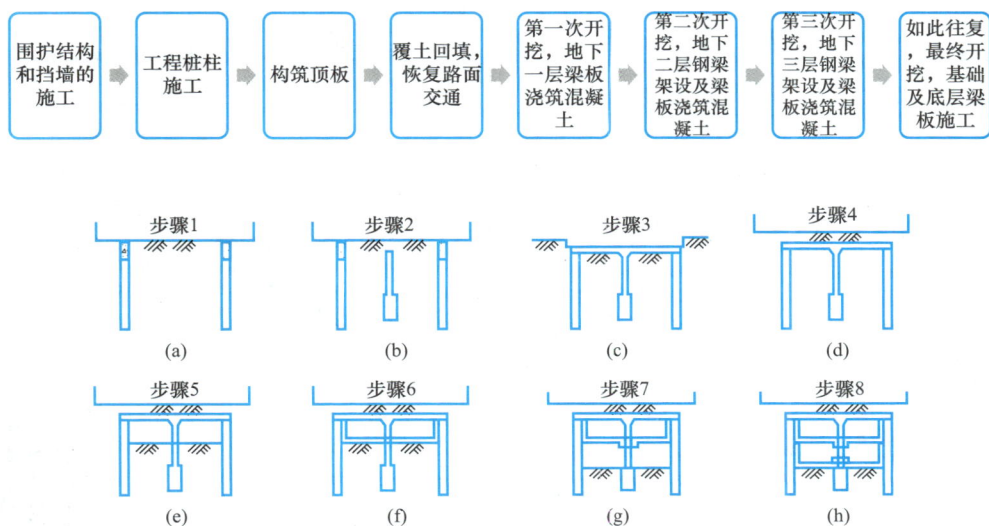

图 9-5 盖挖全逆作法施工步骤

盖挖逆作法施工流程（土方、结构均由上至下施工）

（a）构筑围护结构；（b）构筑主体结构中间立柱；（c）构筑顶板；（d）回填土、恢复路面；
（e）开挖中层土；（f）构筑上层主体结构；（g）开挖下层土；（h）构筑下层主体结构

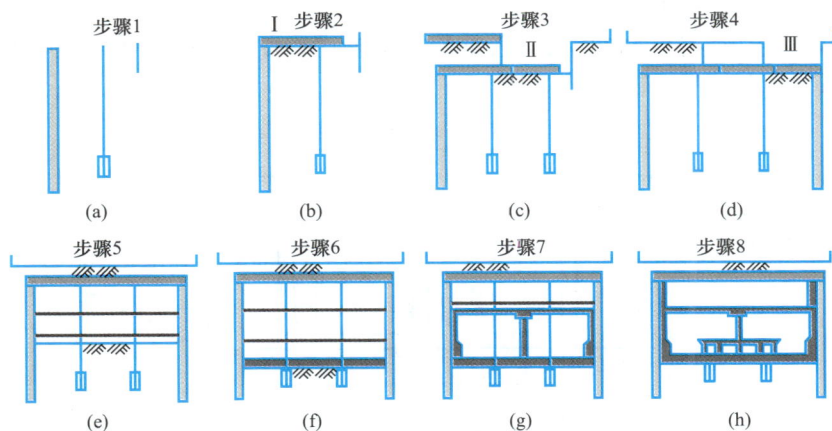

图 9-6 盖挖半逆作法施工流程

（a）构筑连续墙中间支承桩及临时性挡土设备；（b）构筑顶板（Ⅰ）；（c）打设中间桩、临时性挡土及
构筑顶板（Ⅱ）；（d）构筑连续墙及顶板（Ⅲ）；（e）依序向下开挖及逐层安装水平支撑；（f）向下开挖、
构筑底板；（g）构筑侧墙、柱及楼板；（h）构筑侧墙及内部之其余结构物

化作业，加快施工进度，适用于建筑规模大、一至二层地下室工程，支护结构可采用地下连续墙兼作地下室承重外墙，亦可采用密排桩与内衬墙组成桩墙合一的地下室承重外墙。

盖挖局部逆作法的施工工艺流程，见图 9-7。

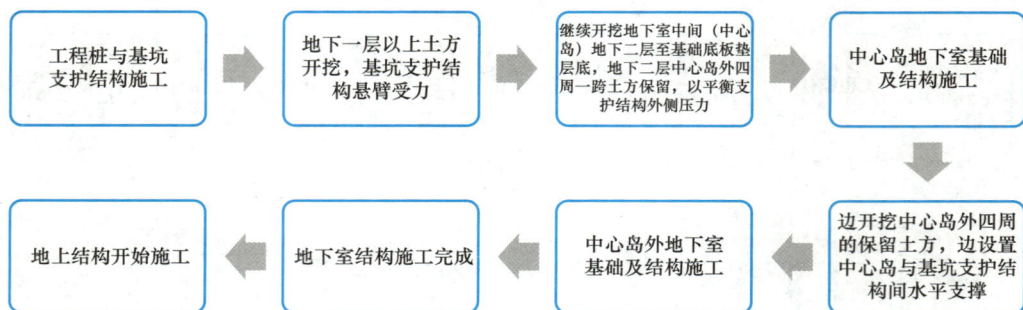

图 9-7 盖挖局部逆作法的施工工艺流程

9.3.3 沉管法

扫描二维码 9-5 观看沉管法教学视频。

当城市道路遇到江河、港湾时，需要横渡水路，沉管法是常用的跨越方法。沉管法又称预制管段沉放法，此法是在水底挖好沟槽并设置临时支座，将预制的沉放管段运至沉放现场，待管段准确定位后，向管段水箱内灌水压载下沉，进行水下管段接头施工，然后覆土回填，抽出隧道内的水，最后进行内部设备安装与装修。

二维码 9-5
沉管法施工

1. 沉管隧道的基本结构

1）沉管隧道的横断面结构

水下沉管隧道的整体结构是由管段基槽、基础、管段、覆盖层等组成，整体坐落于河、海水底，如图 9-8 所示。

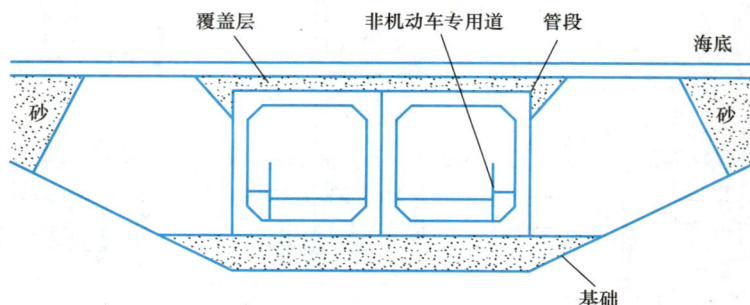

图 9-8 沉管隧道的横断面图

沉管隧道的管段断面结构形式按制作材料分，主要有钢壳混凝土管段和钢筋混凝土管段两种；按断面形状分有圆形、矩形和混合形，如图 9-9 所示。其中，矩形断面最为常用，高 6~10m，宽度十几米到几十米不等。孔数由单孔向双孔（港珠澳大桥）及三孔（上海外环隧道）发展。

2）沉管隧道的纵断面结构

沉管隧道在纵断面上一般由敞开段、暗埋段、沉埋段及岸边竖井组成，如图 9-10 所示。竖井通常作为沉埋段的起讫点以及通风、供电、排水、运料和监控等的通道，如上海外环路过江沉管隧道。但是，根据具体的地形、地貌和地质情况，也可将沉埋段和暗埋段直接相连而不设竖井，如广州珠江沉管隧道。

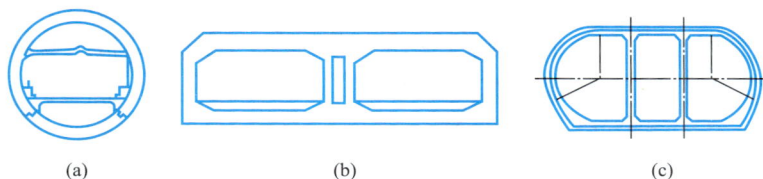

图 9-9 沉管隧道的结构形式

（a）圆形（单孔式）；（b）矩形（组合式）；（c）混合形（混合式）

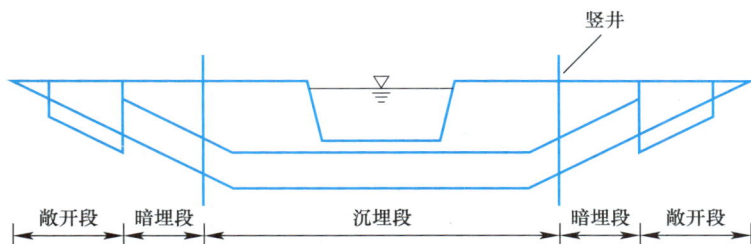

图 9-10 沉管隧道纵断面图

2. 沉管法施工工艺

沉管法的主要施工工艺流程，见图 9-11。

图 9-11 沉管法的主要施工工艺流程

1）前期调查

在沉管隧道施工前，必须做好水文、地质、气象、航运、土壤、生态条件和地震等方面的调查。

2）干坞施工

干坞是坞底低于坞外水面的水池式构筑物，是修筑矩形沉管隧道的必需场所。通常是在隧址附近地质条件较好且便于浮运的地方，开挖一块低洼场地用于预制隧道管段。干坞是一项临时性工程，隧道施工结束后便完成其使命。

（1）干坞的一般施工平面布置

干坞内的机具设备一般是普通土建工程的通用设备，包括混凝土搅拌站设备、水平运输车辆、起重设备和钢筋成型设备、各种材料的堆放和存储仓库、各种加工车间以及交通、供电、防洪等设施。

在施工隧道附近的适当位置建造一个与工程规模相适应的临时干坞，用于预制沉管管段的场地，且又能在管段制成后灌水将其浮起。一般干坞的施工方法有两种，即干挖方式和先湿挖后干挖方式。

（2）干坞施工工艺流程

干坞施工一般采用"干法"进行干坞内的土方开挖，具体步骤：先沿着干坞四周做混凝土防渗墙，隔断地下水，然后用推土机、铲运机从里面向坞口开挖，挖出来的一部分土用来回填坞堤，大部分土运至弃土场。坞底和坞外设排水井、截水沟和集水井。坡面用塑料薄膜满铺并压砂袋，以防雨水冲刷。坞底铺砂、碎石，再用压路机压实并平整，坞内修筑车道。具体干坞施工工艺流程如图 9-12 所示。

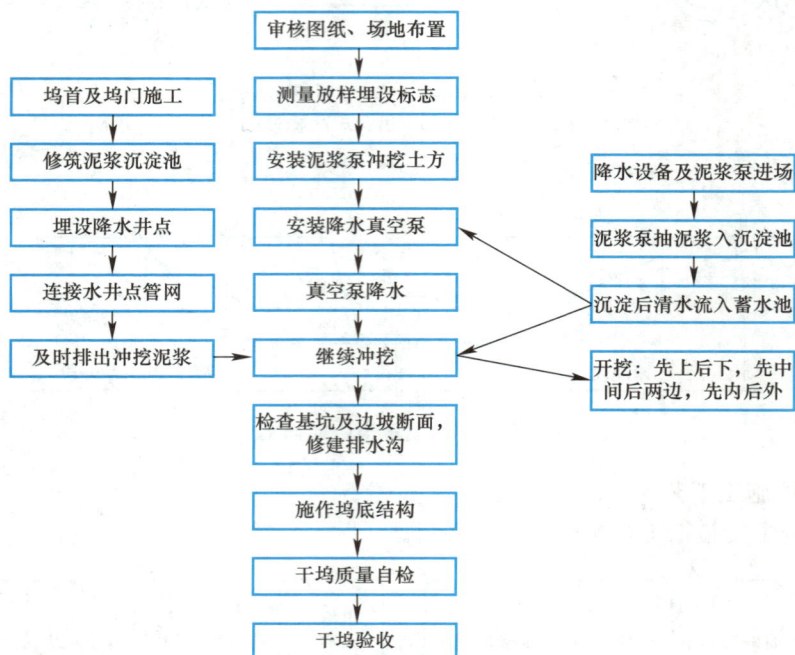

图 9-12　干坞施工工艺流程图

3）管段制作

管段制作在干坞中进行，其工艺与一般混凝土结构大致相同。由于沉管预制管段采用浮运沉放的施工方式，而且最终埋设到河底水中，因此，对预制管段的对称均匀性和水密性要求很高。注意以下三点：

（1）保证混凝土的防水性与抗渗性。管段制作完毕后，必须进行检漏。一般在干坞灌水之前，先往压载水箱内加水压载，然后再往干坞内灌水。干坞灌水后进一步抽吸管段内的空气，使管段内气压降到 0.06MPa，待灌水 24～48h 后，进入管段内部进行仔细检查，如发现渗漏，需将干坞内的水排干，进行修补；若无问题，即可排出压载水，让管段浮起。此外，管段浮起后还要在干坞中检查四边的干舷（管节在寄放、系泊、浮运过程中，其顶面高出吃水线的竖向距离），如有倾斜现象，通过调整压载加以解决，见图 9-13 广州洲头咀隧道干坞检漏全景。

（2）严格控制混凝土的重度，避免管段浮不起来。

（3）严格控制模板变形，保证对混凝土均质性的要求。为了保证管段的浮运与下沉，管段上还要设置端封墙和压载设施。

图 9-13　广州洲头咀隧道干坞检漏全景

4）基槽浚挖

沉管隧道的基槽一般采用疏浚的方式开挖，需要较高的精度，要求沟槽底板应相对平稳，误差通常为±15cm。沉管基槽的断面通常由三个基本尺寸决定，即底宽、深度和坡度，这些尺寸根据土质情况、沟槽搁置时间以及河道水流情况具体确定。沉管基槽断面如图 9-14 所示。

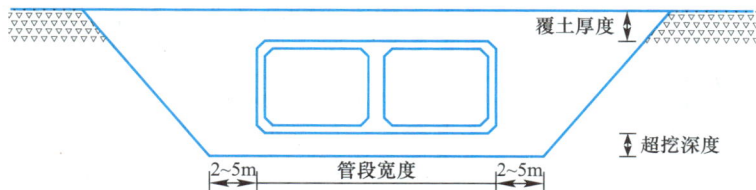

图 9-14　沉管基槽

浚挖作业一般分层分段进行。在基槽断面上分成两层或三层逐层开挖。在平面上沿隧道纵轴方向，划成若干分段，分段分批进行浚挖。此外，基槽在水中留置时间长短、水流情况等因素均对基槽边坡的稳定性有很大影响，不可忽视。

泥质基槽开挖的挖泥工作分为两个阶段进行，即粗挖和精挖。粗挖时应挖到离管底标高约 1.0m 处；精挖的长度只要超前 2～3 节管段长度，精挖层应在临近管段沉放前再挖，以避免淤泥沉积。挖到基槽底的标高后，应将槽底浮土和淤渣清除。

水中基槽开挖一般可用吸泥船疏浚，自航泥驳运泥。当土层坚硬，水深超过 20m 时，可用抓斗挖泥船配小型吸泥船清槽及爆破。粗挖时也可用链斗式挖泥机，其挖泥深度可达 19m，对硬质黏土层可采用单斗挖泥机。

岩石基槽开挖，首先清除岩石面以上的覆盖层，然后用水下爆破方法挖槽，最后清礁。水下炸礁采用钻孔爆破法。

5）管段浮运❶

将管段从干坞拖运到沉放位置的过程叫浮运。管段在干坞预制完成后，在干坞内灌水使其逐渐浮起，利用四周预先布设的锚位，用地锚绳索固定上浮的管段，然后通过坞顶的绞车将管段逐节牵引出坞。管段向隧址浮运时，可采用拖轮拖运（水面宽时）或岸上绞车拖运（水面窄时）。托运过程中通常需要船只护航，以保证管段的安全。管段浮运时应在临时航道设置导航系统，加强对水上交通的管理，一般要求风力小于 6 级，能见度应大于 500m。管段浮运方案如图 9-15 所示。

图 9-15　管段浮运方案

❶ 《沉管法隧道施工与质量验收规范》GB 51201—2016 规定：

10.1.3 管节浮运前应收集相关水域水文及气象等基础资料，应对潮位、水深、水流速度、水容重、悬浮指数、风速等进行监测与计算。

10.1.4 管节浮运前，应核对航道沿线水下地形、地质资料和水文资料，浮运路线上不应有损害管节的障碍物。

10.1.5 管节出坞、浮运应根据隧址处工程、水文地质条件，水文条件，水下地形，气象，航道，管节结构和环境保护等条件，合理选择浮运船机和作业设备。

6）管段沉放

当管段浮运就位后，需将管段沉放至水底，在事先开挖的基槽中与相邻管段对接。管段沉放是沉管法施工的重要环节，受到自然条件（气象、水流、地形）、航道条件、管段规模以及设备等因素的直接影响。

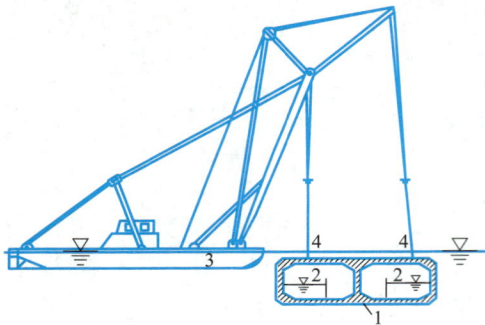

图 9-16　起重船分吊法

1—沉管；2—压载水箱；3—起重船；4—吊点

（1）沉放方法。国内外已建成的沉管隧道所采用的沉管沉放方法有两类：吊沉法和拉沉法，其中前者应用较为广泛。

① 吊沉法

吊沉法根据所采用的设备不同，又可分为分吊法、扛吊法、骑吊法。

A. 分吊法。采用分吊法进行沉放的隧道，一般均在管段上预埋 3 至 4 个吊点，用 2～4 艘 100～200t 起重船（图 9-16）或浮箱（图 9-17）提着各吊点，通过卷扬机进行下沉。分吊法要注意的是，各吊力的合力应作用在沉放管段的重心上。

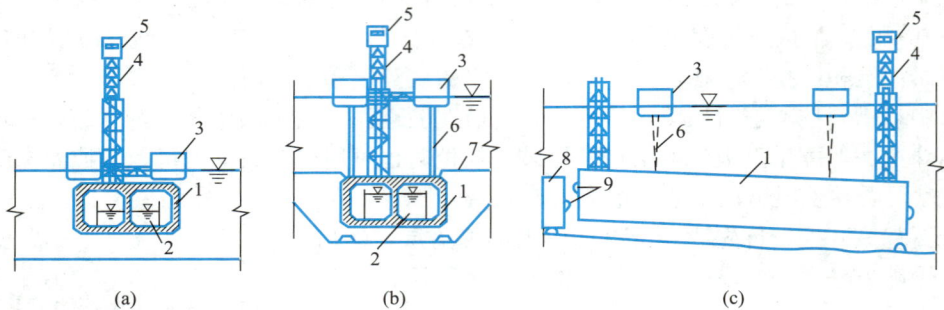

（a）　　　　　　　　　（b）　　　　　　　　　（c）

图 9-17　浮箱分吊法

（a）就位前；（b）加载下沉；（c）沉设定位

1—沉设管段；2—压载水箱；3—浮箱；4—定位塔；5—指挥室；6—吊索；

7—定位索；8—既设管段；9—鼻式托座

B. 扛吊法。扛吊法亦称为方驳扛吊法，有双驳扛吊法和四驳扛吊法两种。四驳扛吊法就是利用两副"扛棒"来完成沉放作业。每副"扛棒"的两"肩"就是两艘方驳，共四艘方驳。左右两艘方驳的"扛棒"，一般是型钢梁或钢板梁，在前后两组方驳之间可用钢桁架联系起来，成为一个整体的驳船组，见图 9-18。驳船组用六根锚索定位，管段本身则另用六根锚索定位，所用的定位卷可直接安放在"杠棒"钢梁上，在方驳扛吊法中，由于管段一般的下沉力只有 100～400t，大多数为 200t，因此每副"杠棒"上仅受力 50～200t，因此只要用 100～200t 的小型方驳就足够有余了。

C. 骑吊法，也可称为顶升平台法，是用水上作业平台"骑"在管段上方，将它慢慢吊下完成沉放作业，见图 9-19。此法是由海洋钻探或开采石油的办法演变而来，适用于宽阔的海湾地带（此处锚索难以固定）。其平台部分实际上是个矩形钢浮箱，就位时，可以向浮箱内灌水加荷压载，使平台的四条钢腿插入海底或河底（如需要入土较深时，可于压沉一次后，排水浮起钢平台，而后再灌水加载压沉，如此反复数次，直至达到设计要求的入土深度）。移位时，只需连续排水，将四条钢腿拔出海底或河底。它的优点在于不需抛设锚索，作业时对航道影响较小。然而，由于其设备费用很大，故较少利用。

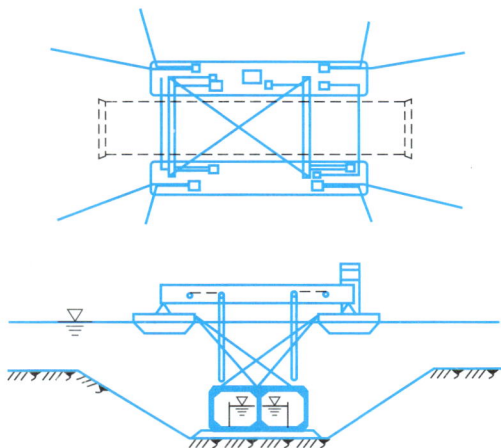

图 9-18　双驳扛吊法

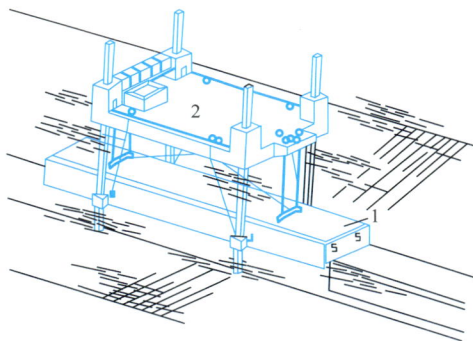

图 9-19　骑吊法
1—沉管；2—水上作业台（SEP）

② 拉沉法

拉沉法的主要特点是既不用浮吊、方驳，也不用浮箱、浮筒。管段沉放时不是灌注水，即不是以载水的办法来取得下沉力，而是利用预先设置在沟槽底板上的水下桩墩，通过设在管段顶面钢桁架上的卷扬机和扣在水下桩墩上的钢索，将具有 200～300t 浮力的管段慢慢拉下水，沉放到桩墩上，在管段沉放到水底后，以斜拉方式进行水下连接。使用此法必须设置水底桩墩，因费用较大而较少使用，见图 9-20。

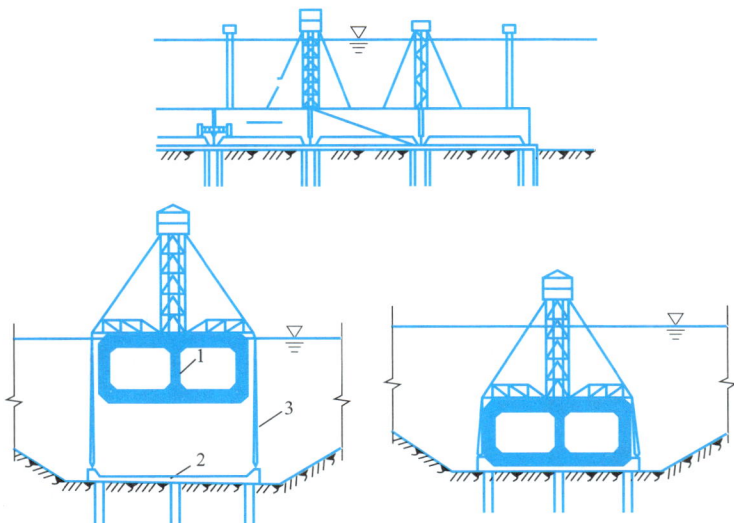

图 9-20　拉沉法
1—沉管；2—桩墩；3—拉索

（2）沉放作业。当管段运抵隧址现场后，需将其定位于挖好的基槽上方，管段的中线应与隧道的轴线基本重合，定位完毕后，可开始灌注压载水，管段即开始缓慢下沉。管段沉放作业全过程分为三个阶段：沉放前的准备、管段就位和管段下沉。其中管段下沉是最为重要的环节，一般需要 2～4h，包括初次下沉、靠拢下沉和着地下沉 3 个步骤。管段下沉步骤如图 9-21 所示。

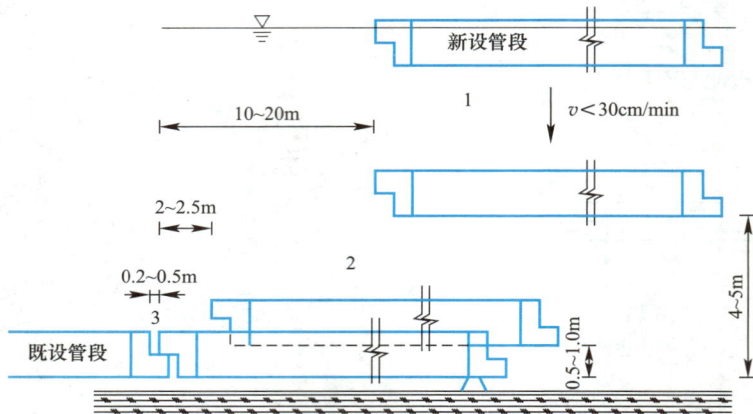

图 9-21　管段下沉作业
1—初次下沉；2—靠拢下沉；3—着地下沉

① 初次下沉。先灌注压载水使管段下沉力达到规定值的 50％，然后进行位置校正，待管段前后左右位置校正完毕后，再继续灌水直至下沉力完全达到下沉的规定值，并使管段开始以小于 30cm/min 的速度下沉，直到管底离设计标高 4～5m 为止。在管段的下沉过程中，要随时校正管段的位置。

② 靠拢下沉。先把管段向前面已沉放的管段方向平移，直至距前面已设管段大约 2～2.5m 处，然后下沉管段，至高于其最终标高的 0.5～1.0m 处。管段的水平位置要随时测定并予校正。

③ 着地下沉。在靠拢下沉并校正位置之后，再次下沉管段，高于最终位置 5～20cm 处（其值的大小取决于涨、落潮的速度）。然后，把管段拉向距前面已设管段约为 0.2～0.5m 处，再检查其水平位置。着地时，先将管段前端搁上已设管段的鼻托，然后将后端轻轻地搁置到临时支座上。待管段位置校正后，即可卸去全部吊力。

沉放时间应该尽量保证沉放作业的最后阶段在河、海的平潮期进行。每一步操作完成后，应等管段恢复静止后再进行下一步操作；靠拢下沉和着地下沉的过程中，除常规测量仪器、水下超声波测距仪进行不间断监测外，还需要潜水员进行水下实测、检查测量管段的相对位置和端头距离。

7）管段水下连接

水下连接的关键是保证管段接头不漏水，目前施工一般采用水力压接法。

（1）水力压接法原理。利用作用在管段上的巨大水压力使安装在管段前端面周边上的一圈胶垫发生压缩变形，形成一个水密性相当可靠的管段接头。水力压接法具有工艺简单、施工方便、质量可靠、省工省料费等优点，目前已在各国的水底工程中普遍采用。

（2）施工工序。用水力压接法进行管段水下连接的主要工序是对位、拉合、压接和拆除封端墙。

① 对位。在本节先前部分已叙述管段在沉放时基本可分为三个步骤，当管段着地下沉时必须结合管段连接工作进行。当管段沉放到临时支承上后，首先进行初步定位，而后用临时支承上的垂直和水平千斤顶进行精确定位。

② 拉合。当管段沉放对位完毕后，采用带有锤状螺杆的专用千斤顶先将新设管段拉向既设管段并紧密靠上，这时接头胶垫产生第一次压缩变形，并具有初步止水作用。

③ 压接。拉合作业完成之后，就可打开安装在临时隔墙上的排水阀，随即将既设管段后端的封端墙与新设管段前端的封端墙之间的水抽掉排走。排水之前，作用在新设管段前、后端封端墙上的水压力是平衡的，排水后，作用在前端封端墙上的压力变成了自然空气压力，于是作用在后端封端墙上的巨大水压力（30 000～45 000kN）就将管段推向前方，使接头胶垫产生第二次压缩变形，接头完全封住，如图 9-22 所示。

第二次压缩变形后的胶垫使管段接头具有非常可靠的水密性。目前，水力压接法使用的管段接头胶垫有两类：一是尖肋形橡胶垫安装在管段接头竖直面，作为管段接头第一道防水线，承受压力；二是采用"Ω"或者"W"形橡胶板安装在管段接头内壁水平方向，作为管段接头的第二道防水线，承受拉力。

④ 拆除封端墙。压接完毕后即可拆除封端墙。拆除封端墙后各沉设管段相通，连成整体，并与岸上相连，辅助工程与内部装饰工程即可开始。

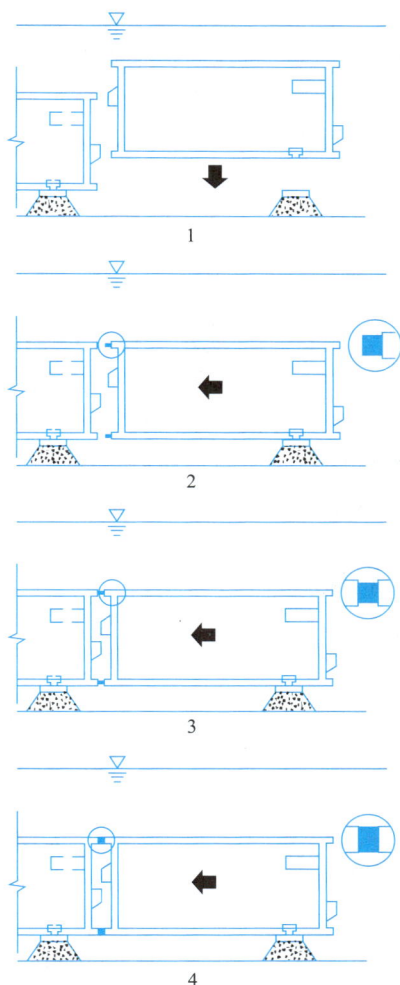

图 9-22　水力压接法
1—对位；2—拉合；
3—压接；4—拆除封端墙

8）基础处理

沉管隧道一般不会产生由于土体固结或剪切破坏所引起的沉降，因为作用在基槽底面的荷载，在设置沉管后并非增加，而是减小。所以沉管隧道一般不需要构筑人工基础，但是任何挖泥机械浚挖后，槽底表面与管段之间均存在许多不规则空隙，导致地基土受力不均，引起不均匀沉降，使结构受到较高的局部应力而开裂。因此，在沉管隧道施工中必须进行地基处理，其目的是使管段底面与地基之间的空隙充填密实。沉管隧道的基础处理主要是垫平基槽底部，按照垫平的途径分为先铺法和后填法，应根据地质、水文、通航、抗震、管节类型、造价及施工工艺等条件进行综合比选确定。

（1）先铺法。是在管段沉放之前进行，即在已开挖好的沟槽底面上，按规定的坡度精密地、均匀地铺上一层粒径为 50mm 或 80mm 以下的砂砾或碎石，沉放的管段可直接搁置在它上面，包括刮铺法和桩基法。刮铺法以刮铺碎石为主，桩基法主要用于特别软弱地基。

（2）后填法。是在管段沉放之后进行，根据三点确定平面的原理，在沟槽底面，按沉放管段的埋置深度，正确地设置临时支座，把沉放管段暂时搁置在它的上面，在管段沉放对接完成后，再用适当的材料在管段底部与沟槽面之间进行填充，从而形成永久性的均匀连续基础，包括灌砂法、压注法和灌囊法。灌囊法是沿管段底面系上囊袋，管段沉放后向囊袋内灌注砂浆充填，这种方法现已被压浆法取代。目前，大型沉管隧道的基础处理多用后填法。

9）覆土回填

覆土回填是沉管法的最终工序，回填应由锁定回填、一般回填与护面层回填三部分组成，如图 9-23 所示。锁定回填位于管节两侧，为施工阶段的管节稳定提供约束。护面层回填位于管节顶部。一般回填位于锁定回填与护面层回填之间。回填料应选用强度符合要求、取材方便、不液化、耐久无害的材料，含泥量不应大于 5％。锁定回填宜选用透水性好的碎石、砾石或粗砂，高度不应小于 1/3 管节高度，应两侧同步、分层、对称抛填。一般回填宜选用透水性好的河（海）砂或碎石。护面层回填宜满足冲刷稳定性、防拖锚、防抛锚及管节抗浮等要求，宜选用片石、块石或预制混凝土块体等，厚度不应小于 1.5m。基槽回填的主要作用：

（1）保护沉管隧道沉管段，使其具有较好的防冲刷、防锚及防沉船等重物冲击作用；

（2）防止基础外侧形成抗震液化薄弱区域。

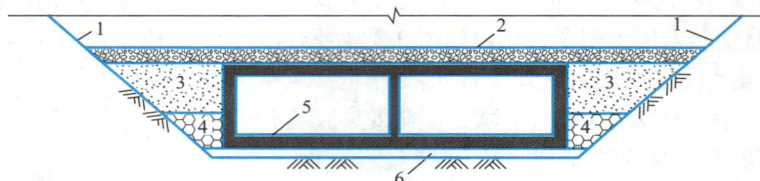

图 9-23　回填的组成与布置

1—基槽；2—护面层回填；3——般回填；4—锁定回填；5—管节结构；6—基础垫层

9.4　地下工程暗挖施工技术

9.4.1　矿山法

扫描二维码 9-6 观看矿山法教学视频。

二维码 9-6
矿山法

矿山法适用于岩石地层及具备一定自稳能力的第四纪地层的地下空间结构的施工，常见暗挖开挖方法分类见表 9-2。

暗挖开挖方法　　　　　　　　　　　　　　　表 9-2

开挖方法	横断面示意图	适用条件	沉降	工期	造价	主要施工方法
全断面法	1	稳定岩层中的单拱单线区间隧道	一般	最短	低	采用光面或预裂爆破开挖，按照设计轮廓一次爆破成形，然后修建支护和衬砌

开挖方法	横断面示意图	适用条件	沉降	工期	造价	主要施工方法
正台阶法		稳定岩体、土层及不稳定岩体跨度不大于12m	一般	短	低	（1）稳定岩体：采用光面或预裂爆破，台阶留设长度不大于5B（B为隧道开挖跨度）或50m； （2）土层及不稳定岩体：拱部开挖后及时施工初期支护结构，根据地质和隧道跨度采用短台阶（B～1.5B）或超短台阶（3～5m）
中隔壁法（CD法）		土层及不稳定岩体单拱隧道跨度不大于18m	较大	较短	偏高	（1）以台阶法为基础，将隧道分成左右两个导洞； （2）分别施工左右导洞，并施工初期支护
交叉中隔壁法（CRD法）		土层及不稳定岩体单拱隧道跨度不大于20m	较小	长	高	（1）以台阶法为基础，将隧道分成左右两个导洞； （2）交叉开挖左右侧导洞，每侧导洞均设临时仰拱封闭支护
双侧壁导坑法（眼镜法）		土层及不稳定岩体单拱隧道	大	长	高	（1）以台阶法为基础，先开挖双侧壁导洞并施工初期支护结构； （2）开挖拱部并施工初期支护结构； （3）开挖核心土体并做仰拱
环形留核心土法		土层及不稳定岩体单拱隧道	一般	短	低	（1）以台阶法为基础，先分别开挖上台阶的环形拱部，施工完初期支护结构后开挖核心土； （2）开挖下台阶，施工墙体初期支护结构后并做仰拱
中洞法		土层及不稳定岩体多拱隧道	小	长	高	（1）以台阶法为基础，施工双侧壁及中导洞，然后在中导洞内施工梁柱结构； （2）开挖拱部并施工初期支护结构； （3）开挖下台阶，施工墙体初期支护后并做楼板和底板
侧洞法		土层及不稳定岩体多拱隧道	大	长	高	（1）以台阶法为基础，施工侧导洞，然后在侧导洞内施工梁柱结构； （2）开挖拱部并施工初期支护结构； （3）开挖下台阶，施工墙体初期支护后并做楼板和底板

注：图注阿拉伯数字为开挖顺序。

1. 钻爆法施工 ❶

岩石地层的地下工程一般采用钻爆法开挖。根据工程地质条件、开挖断面、分部开挖方法、钻孔机械和爆炸材料等进行钻爆设计，设计内容包括炮孔布置、数目、深度和角度、装药量和装药结构、起爆方法等。一般而言，在硬岩中采用光面爆破，软岩中采用预裂爆破，分步开挖时可采用预留光爆层的光面爆破。

1）爆破参数

根据围岩特点合理选择周边孔间距及周边孔的最小抵抗线，严格控制周边孔的装药量和装药结构，采用小直径药卷和低爆速炸药，采用毫秒微差有序起爆，爆破参数可采用工程类比或根据爆破漏斗及成缝试验确定。

2）爆破振动速度

在城市地下工程进行爆破施工时，为确保地面建筑物及地下管线的安全，要进行爆破振动速度测试，以控制振速。已知衬砌结构的爆破振动速度应小于下列数值：硬岩15cm/s、中硬岩10cm/s、软岩5cm/s。隧道上方有建筑物时，爆破振动对建筑物的破坏，取决于爆破地震波到达建筑物时的强度、频率、传播方向、延续时间和建筑物本身的属性等因素。

3）初期支护

硐室开挖后应立即进行必要的支护，并使围岩与支护尽量密贴，以稳定硐室围岩。采用锚喷支护作为初期支护时，一般先喷射混凝土后打锚杆；围岩条件恶劣时，采用初喷混凝土、架设钢支撑、打锚杆、二次喷射混凝土。当围岩有水时，锚杆可采用管缝锚杆、快速凝固药卷锚杆和注浆锚杆等。

2. 浅埋暗挖法施工

浅埋暗挖法是在软弱围岩浅埋地层中修建山岭隧道洞口段、城区地下铁路及其他适用于浅埋地下工程的施工方法。它以新奥法原理为基础，采用多种辅助施工措施加固地层，开挖后及时支护，封闭成环，使支护结构与围岩共同作用而形成联合支护体系，有效地抑制地层变形。它适用于不宜明挖施工的土质或软弱无胶结的砂卵石等第四纪地层，对于水位高的地层，需要采取堵水、降水和排水等措施。

1）预加固和预支护

地下工程浅埋暗挖法施工过程中，经常会遇到砂砾土、砂性土、黏性土或强风化基岩等不稳定地层，自稳时间短、自承载能力低，初期支护尚未施作时隧道围岩便开始坍塌。因此，需要采取地层预加固和预支护来提高地层的自稳能力，降低地表沉降。浅埋暗挖隧道施工时常用的预加固和预支护方法有：

（1）注浆法。注浆法指的是浆液在注浆压力作用下扩散并挤压土体，起到加固地层和堵水的作用，通常配合小导管和大管棚使用。注浆方式主要有小导管注浆、大管棚注浆、帷幕注浆和全断面注浆等。注浆材料有普通水泥、超细水泥、水玻璃和化学浆液等。注浆孔布置需要结合浆液的扩散半径、注浆孔间距进行考虑，保证孔与孔之间浆液的相互搭

---

❶ 《爆破安全规程》GB 6722—2014 规定：

8.10.1 隧道开挖方法应根据隧道周围环境、工程地质条件、开挖断面形式及尺寸、施工设备、工期等因素，选择全断面法、半断面法或分部爆破开挖法。

接。注浆压力与静水压力、土层渗透性能、浆液的黏度和凝胶时间有关，选取时一般需要通过现场注浆试验确定。注浆方式有全孔一次性注浆、分段前进式注浆和分段后退式注浆。

（2）降水法。降水法主要有轻型井点降水、管井降水、喷射井点降水、真空降水和电渗降水等。我国北方地区多采用地面深井降水法，也采用洞内轻型井点降水法；南方地区多采用基坑内管井降水法，也采用真空或电渗降水法。

（3）超前小导管法。超前小导管法指的是沿隧道纵向在拱部开挖轮廓线外一定范围向前上方倾斜一定角度设置的密排注浆钢花管，通过超前小导管注浆，使地层得到加固改良，阻止地下水的流入，保证开挖面的稳定，降低地表沉降。超前小导管长度宜为 3～5m，直径宜为 42～50mm，环向间距宜为 0.3～0.5cm，通常沿着上半断面开挖轮廓线 120°范围内向开挖面前方土层以一定仰角（10°～15°）打入带孔小导管，并进行注浆，如图 9-24 所示。

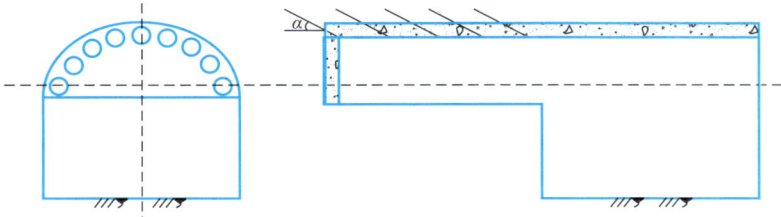

图 9-24　超前小导管法

小导管的安设应采用引孔顶入法，钻孔采用吹孔法清空，小导管管口应安设孔口阀门，外露长度不宜小于 30cm。注浆应采用注浆泵，配置好的浆液应在规定时间内注完，随配随用，注浆顺序为由下至上，浆液先稀后浓。

（4）长管棚法。长管棚法适用于自稳能力差的地层或邻近重要建筑物等条件，它是在隧道开挖前，将钢管沿隧道外轮廓线顺着轴线方向打入工作面前方的地层以支撑来自外侧的围岩压力。需要指出的是，管棚直径超过一定限度后并不能显著提高其防塌、控沉效果；相反，管棚直径越大对地层的扰动就越大，可能引起更大的地层沉降。因此，仅在临近既有线等特殊场合采用该法施工，一般情况下建议采用小导管注浆法。长管棚法的布置形式有扇形布置、半圆形布置、门型布置、全周布置、拱墙布置、双层布置、一字型布置等，如图 9-25 所示。

（5）水平旋喷法。地层水平旋喷超前支护主要适用于局部地层异常松软需要加固和有重要建筑物需要特殊保护的条件，它是以高压泵为动力源，通过水平钻机钻杆前的喷嘴将浆液喷射到土体内，喷嘴边喷射边旋转，强制土颗粒与浆液搅拌混合，待浆液凝固后形成水平圆柱状水泥土固结体，即水平旋喷桩，当旋喷桩相互咬合后以同心圆形式在隧道拱顶和周边形成封闭的水平旋喷帷幕体，起到防流砂、抗滑移、防渗透及预支护的作用。在地表建筑物和管线密集地层施工中应用该方法比其他方法经济。水平旋喷桩拱部超前支护如图 9-26 所示。

（6）注浆-冻结法。由于冻结法易引起融沉，冻结质量不易控制，故不适用于地下水流速过大的地层。在南方地区，建议采用注浆-冻结法。通过注浆，在地层中形成骨架，降低水流速度，再冻结地层，可保证冻结效果，减小解冻引起的地表沉降。

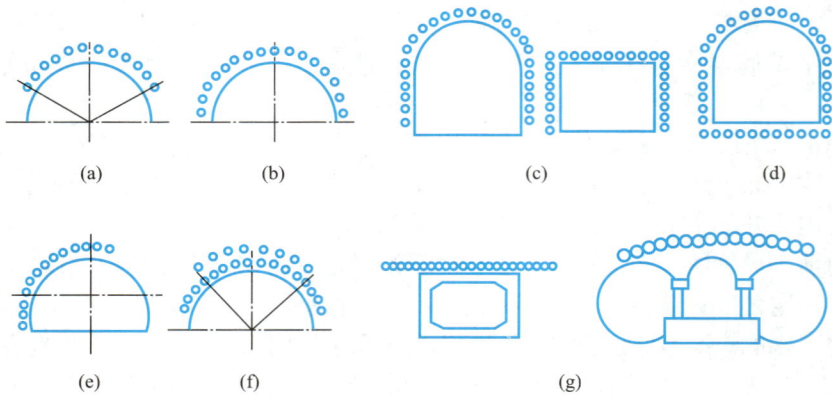

图 9-25　长管棚法布置形式

(a) 扇形配置；(b) 半圆形配置；(c) 门形配置；(d) 全周形配置；(e) 上半单侧配置；
(f) 上半双排配置；(g) 一字形配置

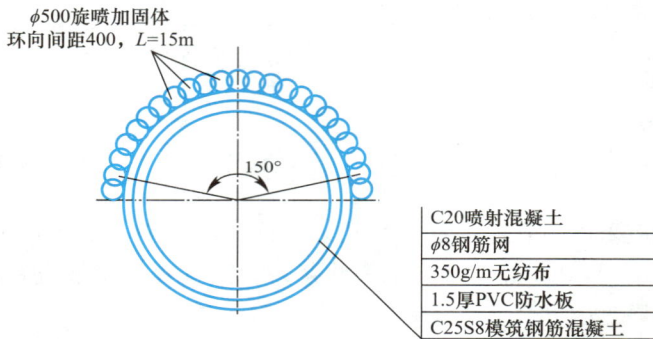

图 9-26　水平旋喷桩拱部超前支护示意图

2）隧道开挖

在松散不稳定地层中采用浅埋暗挖法进行隧道开挖时，选用的施工方法及工艺应该保证最大限度地减少对地层的扰动，提高周围地层自承载能力和减少地表沉降；而在稳定地层中施工时可采用长台阶半断面施工方法，施工机械布置在上台阶，加快施工进度。浅埋暗挖法施工机械除局部坚硬岩层采用爆破施工外，一般均采用单臂掘进机，出渣方式可采用有轨或无轨运输。浅埋暗挖法的施工原则可概括为"十八字方针"："管超前、严注浆、短开挖、强支护、快封闭、勤量测"。

3）初期支护

围岩开挖后应立即进行必要的支护，并使围岩与支护结构密贴贴实。隧道初期支护施作的及时性以及支护的强度和刚度，对保证隧道的稳定性、减少地层扰动和地表沉降等都具有决定性的影响。钢架锚喷混凝土支护的施工工艺流程如下：

（1）喷射混凝土。喷射混凝土是借助喷射机械，利用压缩空气或其他动力，将一定配合比的拌合料通过管道高速喷射到受喷面上，凝结硬化而成的一种混凝土。在高速喷射时（速度达到 70m/s），水泥和集料反复连续撞击而使混凝土密实，故可采用较小的水胶比（0.4～0.5），以获得较高的强度和良好的耐水性。特别是与受喷面之间具有一定的粘结强度，可以在结合面上传递拉应力和剪应力，对于任何形状的受喷面都可以良好地结合，不留空隙。

（2）锚杆。浅埋暗挖法中常用的锚杆是预应力或无预应力的砂浆锚杆或树脂锚杆。杆体由热轧钢筋制成，锚杆孔内灌水泥砂浆，强度不低于 M20，锚杆杆体的抗拉力不应小于 150kN。锚杆必须安装垫板，垫板应与喷射混凝土面密贴。

（3）钢架。钢架支撑的作用主要是在喷射混凝土还未达到必要强度之前，承担地层压力及约束地层变形。钢拱架支撑按照材料可分为两大类：第一类是型钢钢拱架支撑，包括工字钢支撑、钢管支撑、H 形钢支撑、U 形钢支撑等；第二类是搁栅拱架支撑，一般由普通钢筋经冷弯成形后，按隧道轮廓进行设计、焊接而成，断面形式有三角形、矩形、四边形等。

4）二次衬砌

（1）基本要求。二次衬砌可在围岩和初期支护变形基本稳定后施作，但在松散地层应及时施作二次衬砌。通过监控量测，掌握初期支护后工作面动态，指导二次衬砌施作时间，这是浅埋暗挖法施工与一般隧道衬砌施工的主要区别，其他工艺和机械设备与一般隧道衬砌施工基本相同。

（2）衬砌模板。二次衬砌模板可采用临时木模板或金属定性模板，更多情况则使用衬砌台车，因为地下结构的断面尺寸基本不变，便于使用衬砌台车，加快立模及拆模的速度。

（3）混凝土的浇筑与捣固。混凝土浇筑以前，应做好地下水引排工作。浇筑混凝土时，自由落高不得超过 2m，应按照搅拌能力、运输距离、浇筑速度、振捣等因素确定一次浇筑的厚度、次序、方向，一般情况下应保持连续浇筑。

9.4.2　盾构法

扫描二维码 9-7 观看盾构法施工教学视频。

盾构法施工是在隧道的一端建造始发竖井，将盾构机安装就位，在地层中沿设计轴线向另一端到达竖井掘进。盾构掘进中受到的地层阻力，通过盾构千斤顶传至盾构尾部拼装好的衬砌管片上，盾构机既能承受围岩压力又能在地层中自动前进。

二维码 9-7
盾构法施工

盾构法适用于第四纪地层、湿陷性黄土、海相沉积地层等无侧限抗压强度中等偏低的地层和软岩地层，随着机械设备和施工工艺的不断发展，盾构法的适用范围不断扩展。盾构机施工流程见示意图 9-27。

1. 盾构机

1）盾构机的种类

按盾构断面形状不同可将盾构分为：圆形、拱形、矩形和马蹄形四种。其中，圆形因其抵抗地层中的土压力和水压力较好，衬砌拼装简便，可采用通用构件，便于更换，因而应用广泛。按开挖方式不同可将盾构分为：手工挖掘式、半机械挖掘式和机械式；按盾构前部构造不同可将盾构分为：敞胸式和闭胸式；按排除地下水与稳定开挖面的方式不同可将盾构分为：人工井点降水、泥水加压式、土压平衡式的无气压盾构，局部气压盾构，全气压盾构等。随着地下工程的发展，盾构机的种类越来越多，适应性越来越广泛，根据盾构机性能及设计原理可将盾构机进行如下分类，见表 9-3。

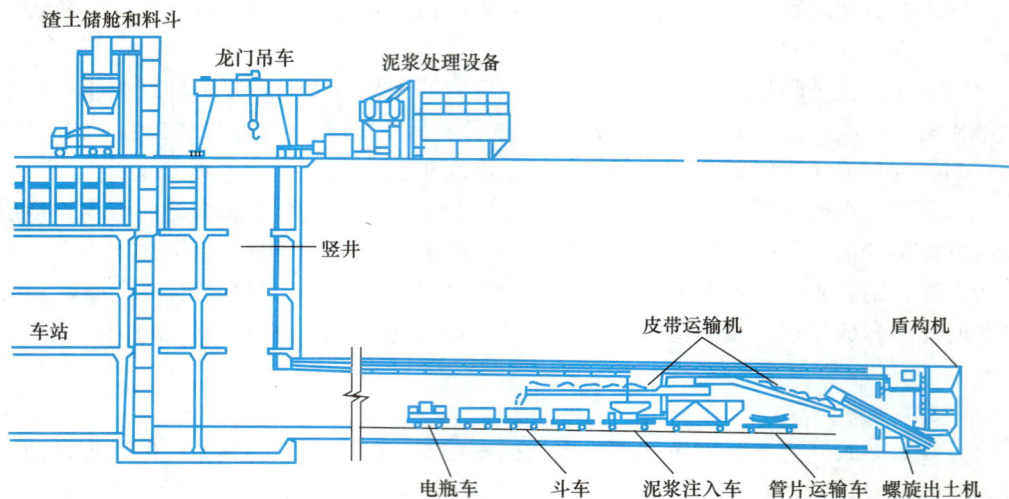

图 9-27　盾构机施工流程示意图

盾构机分类　　　　　　　　　　　　　　　　　　　　表 9-3

序号	盾构机类别	盾构机性能
1	敞口式盾构	有全部或部分的正面支撑，人工或正反铲开挖；无正反面支撑，人工或正反面开挖；正面有切削土体或软岩的刀盘
2	半机械化盾构	正面全部胸板封闭，挤压推进；留有可调节进土孔口的面积，局部挤压推进；正面网格上覆盖全部或部分封板。装调节开挖面积的闸门，挤压、局部挤压推进
3	机械化盾构	正面密封封仓中加氧压，刀盘切削土体的，称局部气压盾构；正面密封舱中设土压或土压加泥式平衡装置的，称为泥水平衡盾构、泥水加氧式平衡盾构；正面密封舱中设土压或土压加泥式平衡装置，称土压平衡式、盾构或加泥式土压平衡盾构；复合式盾构
4	TBM 盾构	在硬岩中使用的隧道掘进机（TBM）分敞开式和密封式，盾构正面的切削有大刀盘加滚刀组成的复合刀盘

2）盾构机的结构

盾构机主要构造分为盾构壳体、推进系统和拼装系统三大部分。

（1）盾构壳体

对于盾构的形式，其本体从工作面开始均可分为切口环、支承环和盾尾三部分。盾构壳体如图 9-28 所示。

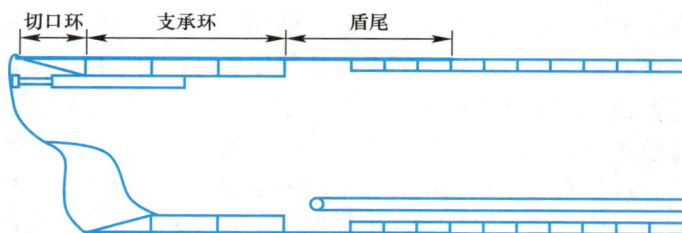

图 9-28　盾构壳体示意图

① 切口环。切口环是开挖和挡土部分，它位于盾构的最前端，施工时是先切入地层并掩护开挖作业，部分盾构切口环前端设有刃口，以减少切入掘进时对地层的扰动。切口环保持着工作面的稳定，并作为将开挖下来的土体向后运输的通道。切口环的长度主要取决于盾构正面支承、开挖的方式。在局部气压、泥水加压、土压平衡盾构中，因切口内压力高于隧道内，所以在切口环处还需布设密封隔板及人行舱的进出闸门等。

② 支承环。支承环是盾构的主要结构，是承受用于盾构上全部载荷的骨架。它紧接于切口环，位于盾构中部，通常是一个刚性很好的圆形结构。地层压力、所有千斤顶的反作用力、切开入土正面阻力和衬砌拼装时的施工载荷均由支承环承受。支承环外沿布置有千斤顶，中间布置有拼接机及部分液压设备、动力设备操纵控制台。支承环的长度应不小于固定盾构千斤顶所需的长度。对于有刀盘的盾构还要考虑安装切削刀盘的轴承装置、驱动装置和排土装置的空间。

③ 盾尾。盾尾一般是由盾构外壳钢板延伸构成，主要用于掩护隧道管片衬砌的安装工作。盾构末端设有密封装置，要能适应盾尾与衬砌间的空隙，由于施工中纠偏的频率很高，因此要求密封材料要富有弹性、耐磨、防撕裂等，以防止水、土及压注材料从盾尾和衬砌之间进入盾构内。盾尾厚度从整体结构上考虑应尽量薄，这样可以减少地层与衬砌形成的建筑间隙，从而减少压浆工作量，对地层的扰动范围小，有利于施工。盾尾的长度必须根据管片宽度、形状和盾尾的道数确定，对于机械化土压式和泥水加压式盾构，还要根据盾尾密封的结构来确定，必须保证管片拼装工作的进行、修正盾尾千斤顶和在曲线段进行施工等，故必须有一定的富余量。

（2）推进系统

推进机构主要由盾构千斤顶和液压设备组成。盾构千斤顶沿支承环周围均匀布置，对于千斤顶的台数和每个千斤顶的推力，要根据盾构外径、总推力大小、衬砌结构、隧道断面形状等条件而定。盾构千斤顶的最大伸缩量应考虑到盾尾管片拼装及曲线施工等因素，通常取管片宽度加上 10~20cm 富余量。盾构千斤顶的推进速度必须根据地质条件和盾构形式来定，一般取 5~10cm/min，且可无级调速，提高工作效率。推进系统如图 9-29 所示。

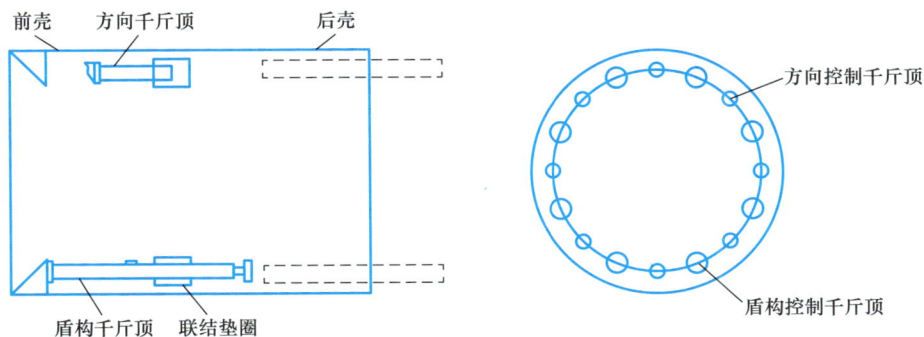

图 9-29 推进系统示意图

（3）切削系统

掘削式，封闭式（土压式、泥水式）盾构的掘削机构是切削刀盘，切削刀盘即作转动或摇动的盘状掘削器，由切削地层的刀具、稳定掘削面的面板，出土槽口、转动或摇动的驱动机构、轴承机构等构成。刀盘主要具有三大功能：开挖功能、稳定功能、搅拌功能。

刀盘的正面形状有轮辐形（图 9-30）和面板形（图 9-31）两种，它的支承方式与盾构直径、土质、螺旋输送机和土体黏附状况等多种因素有关，可分为周边支承式、中心支承式和中间支承式等，以中心支承式和中间支承式居多。

图 9-30 轮辐形刀盘

图 9-31 面板形刀盘

（4）排土系统

排土系统因机器类型的不同而异。土压平衡盾构的排土系统由螺旋输送机、排土控制器及盾构机以外的泥土运出设备构成，如图 9-32 所示。

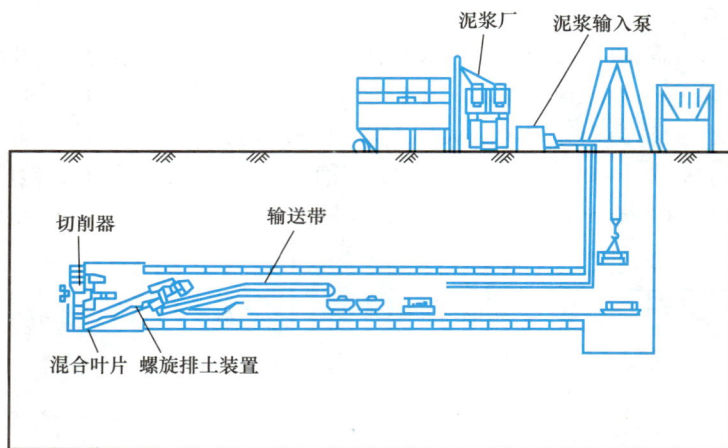

图 9-32 土压平衡盾构排土系统

泥水平衡盾构的排土系统为送排泥水系统，泥水送入系统包括泥水制作设备、泥水压送泵、测量装置及泥水舱壁上的注入口；泥水排放系统由排泥泵、测量装置、中继排泥泵、泥水输送管及地表泥水储存池构成，如图 9-33 所示。

（5）拼装系统

拼装系统即为设置在盾构尾部的管片拼装机，由举重臂和真圆保持器构成，如图 9-34 所示。举重臂以液压为动力，安装在支承环后部。举重臂作旋转、径向运动，还能沿隧道中线作往复运动，完成这些动作的精度应能保证待装配的衬砌管片的螺栓与已拼装好的管

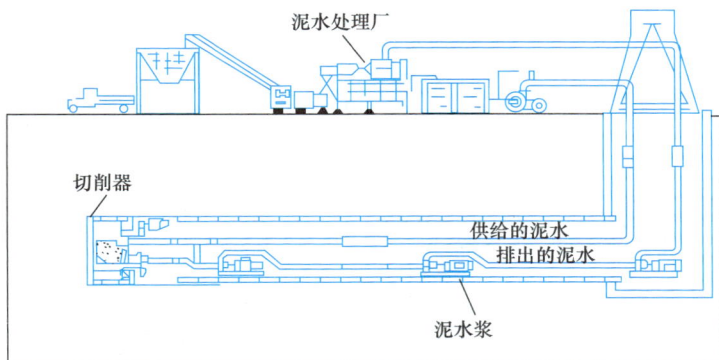

图 9-33　泥水平衡盾构排土系统

片螺栓孔对好，以便插入螺栓固定。

当盾构向前推进时，管片拼装环（管环）就从盾尾部脱出，管片受到自重和土压的作用会产生横向变形，使横断面成为椭圆形，已成环管片与拼装环在拼装时就会产生高低不平，给安装纵向螺栓带来困难。因此，就需要使用真圆保持器，如图 9-35 所示，使拼装后的管环保持正确（真圆）位置。真圆保持器支柱上装有可上、下伸缩的千斤顶和圆弧形的支架，它在动力车架的伸出梁上是可以滑动的。当一环管片拼装成环后，就将真圆保持器移到该管片环内，当支柱的千斤顶使支架圆弧面密贴管片后，盾构就可推进。

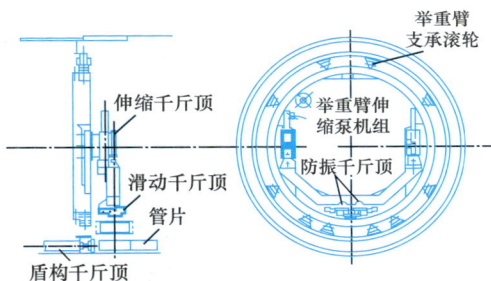

图 9-34　管片拼装机

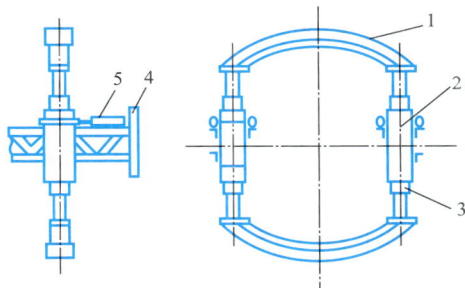

图 9-35　真圆保持器
1—扇形顶块；2—支撑臂；3—伸缩千斤顶；
4—支架；5—纵向滑动千斤顶

2. 盾构法施工流程

盾构法施工流程包括盾构的始发和到达、盾构的掘进、衬砌、注浆等，盾构隧道施工流程如图 9-36 所示。

1）盾构的始发和到达

盾构法施工的隧道，在始发和到达时，需要有拼装和拆卸盾构用的竖井。竖井应尽量结合隧道规划线路上的通风井、设备井、地铁车站、排水泵房、立体交叉、平面交叉、施工方法转换处等设置。竖井的平面形状一般为矩形、圆形和其他特殊形状，主要由竖井深度、挡土支护结构等决定。竖井的建筑尺寸应满足盾构拼装、拆卸的施工工艺要求，结构形式较多地采用沉井和地下连续墙，在竖井的端墙上应预留出盾构通过的封门。

目前常用的施工方法中，沉井系列的有压气沉井法和开口沉井法，挡土墙系列的有锚

施工准备

土体加固

盾构机安装

土仓压力、推进速度设定　——根据观测结果调整盾构轴线姿态——　盾构掘进　←—　土仓压力、推进速度设定　←反馈—　地面沉降观测、建筑物监测

螺旋输送机出土

皮带输送机运送

泥斗车装泥

电瓶车牵引运输

龙门式起重机吊运出井

卸入储土箱

装载机装车外运

盾构千斤顶伸长至规定长度

安装机安管片

调整管片位置

管片背后注浆

螺栓二次复拧

二次注浆

嵌缝、充填手孔

质量检查

管片出厂

运至现场储存交验质保书

管片外观检查

安装密封止水带

龙门式起重机吊运下井

电瓶车运输

管片就位

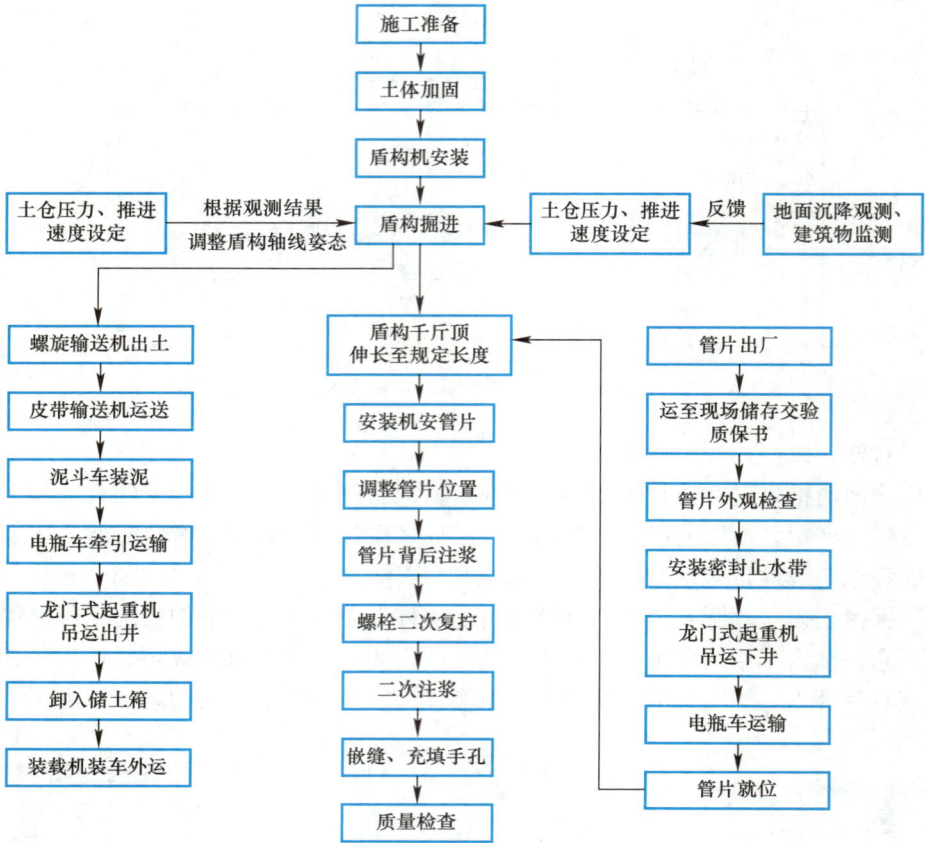

图 9-36　盾构隧道施工流程

喷法、钢板桩法、SMW 法和地下连续墙法。根据土质条件竖井施工法有所不同，但深度小于 15m 的竖井，多采用锚喷法、钢板桩法和 SMW 法。特别是要求低噪声、低振动的场合，不需要拆除时，采用锚喷施工法较多；深度超过 20m 的竖井，根据挡土墙的强度常采用护壁桩、地下连续墙或开口沉井法等施工方法。

　　2）盾构机拼装

　　盾构机拼装前在拼装室底部铺设混凝土垫层并埋设钢轨导向，防止盾构机旋转。由于起重设备和运输条件限制，通常将盾构机拆成切口环、支承环和盾尾三部分运输，然后逐一放到垫层上。切口环和支承环用螺栓连接成整体，并在螺旋连接面外圈加薄层电焊，盾尾与支承环之间采用对接焊连接。拼接好的盾构后面设置由型钢拼成的反力支架和传力管片。一般情况下，这种传力管片均不封闭成环，故两侧都要将其支撑住。

　　3）洞口加固

　　当盾构工作井周围地层条件不理想时，必须对其进行加固，否则在凿除封门后，土体和地下水会涌入井内，导致地表沉陷并危及周边建筑物的安全。常用的加固方法有注浆、旋喷、深层搅拌、井点降水、冻结等。加固好的土体应有一定的自立性、防水性和强度，一般以单轴无侧限抗压强度 0.3～1.0MPa 为宜。根据理论分析和工程实践经验，孔洞周围土体的最小加固宽度和高度可参照表 9-4 确定。

土体加固最小尺寸　　　　　　　　　　　　　　　表 9-4

参数	直径（m）				简图
	$D<1.0$	$1.0<D<3.0$	$3.0<D<5.0$	$5.0<D<8.0$	
B	1.0	1.0	1.5	2.0	
H_1	1.0	1.5	2.0	2.5	
H_2	1.0	1.0	1.0	1.0	

4）盾构推进

根据地层围岩条件，通过调整千斤顶的行程和推力，保证盾构机沿设计方向准确推进，同时保证开挖工作面的稳定。盾构推进时，必须随时掌握盾构的位置和方向，在适当的位置施加推力，通过曲线、变坡点来修正蛇形行为。由于地层软弱或管片构造等原因，盾构前倾，推进时可在盾构前方的底部铺筑混凝土，或用化学注浆法加固地基，或在盾构前面的底部架设翘曲板。当盾构的直径与长度比较小时，盾构转向困难，故有时采用阻力板。当盾构出现偏转时，调节平衡板的角度，或在偏转方向的反侧加设压铁，或在盾构千斤顶和衬砌间插入垫块，从而达到修正偏移的目的。

目前盾构机的主流发展方向由开挖面开敞型向泥水式和土压式的开挖面密封型转变。盾构掘进管理的目的是保持隧道线形和开挖面稳定的同时，尽早进行尾隙处理，防止围岩松弛和下沉。

5）衬砌、注浆❶

盾构推进后将若干管片组成环状，完成一次衬砌施工。二次衬砌在一次衬砌、防水、清扫等作业后进行，可用无筋或有筋混凝土浇筑。在盾构推进的同时或之后立即进行注浆，将衬砌背后的空隙全部充实，防止围岩松弛下沉，增加结构的整体性和抗震性，回填注浆是工程成败的关键因素之一。注浆材料有水泥砂浆、加气砂浆、速凝砂浆、小砾石混凝土、纤维砂浆、可塑性材料等，注浆压力取 1.1～1.2 倍的静止土压力。

3. 盾构法施工地表沉降防治

国内外实践经验表明，盾构法施工会扰动地层而引起地表沉降，且不可能完全消除。地表沉降达到一定程度就会危及周围地下管线和建筑物的安全。做好盾构掘进的施工管理，即对盾构施工参数优化是防治地面沉降的基本措施：

（1）保持开挖面的稳定性，开挖面的稳定性可用稳定系数 N 来描述。当 $N=1\sim2$ 时，地层损失率可控制在 1%；当 $N=2\sim4$ 时，地层损失率可控制在 0.5%～11%；当

---

❶ 《地铁设计规范》GB 50157—2013 规定：

11.5.4 盾构法施工的隧道衬砌应符合下列规定：

1. 在满足工程使用、受力和防水要求的前提下，可采用装配式钢筋混凝土单层衬砌或在其内现浇钢筋混凝土内衬的双层衬砌；

2. 在联络通道门洞区段的装配式衬砌，宜采用钢管片、铸铁管片或钢与钢筋混凝土的复合管片。

$N＝4\sim6$ 时，地层损失率较大。

（2）盾构掘进时，严格控制开挖面的出土量，防止超挖，即使是对地层扰动较大的局部挤压盾构，只要严格控制其出土量，仍有可能控制地表变形。

（3）严格控制盾构施工中的偏差量，以减少盾构在地层中的摆动和对地层的扰动。盾构施工偏差量大，不但影响地铁等交通的使用，还会导致地表沉降量偏大。

（4）提高隧道施工速度和连续性，避免盾构停搁，对减小地表变形有利。若盾构需要中途检修或其他原因必须暂停推进时，务必做好防止后退的措施，正面及盾尾要严格封闭，以尽量减少搁置期间对地表沉降的影响。

（5）及时、有效、足量地充填衬砌背后的间隙，必要时还可以通过在管片上的注浆孔进行二次注浆法加固，充填第一次注浆后留下的空隙。

（6）确保合理的压浆数量，控制适当的注浆压力，但过量的压注会引起地表隆起及局部跑浆现象，对管片受力状态有影响。改进压浆材料的性能，施工时严格掌握压浆材料的配合比，对其凝结时间、强度、收缩量要通过试验不断改进，提高注浆材料的抗渗性。

（7）隧道选线时要充分考虑地表沉降可能对建筑群的影响，尽可能避开建筑群或使建筑物处于地表均匀沉降区内。对双线盾构隧道还应预计到先后掘进产生的二次沉降，最好在盾构出洞后的适当距离内，对地表沉降和隆起进行量测，作为后掘进盾构控制地表变形的依据。

9.4.3　隧道掘进机法

扫描二维码 9-8 观看隧道掘进机法教学视频。

二维码 9-8
隧道掘进机法

隧道掘进机法是利用隧道掘进机在岩石地层中进行隧道开挖的方法。该方法利用掘进机上的回转刀盘和推进装置的推进力使刀盘上滚刀切割或破碎岩面，以达到破岩开挖隧道的目的。与传统开挖方法相比，隧道掘进机法可以一次性完成隧道全断面掘进、初期支护、渣石运输、仰拱铺设、注浆、风水电管路和运输线路的延伸，它就像一列移动的列车，具有工厂化施工的特征。隧道掘进机法具有掘进速度快、施工安全、施工质量好、劳动强度小、自动化程度高等优点，与此同时，主机重量大运输困难、费用高、对地质条件适用性较差、作业效率低等劣势制约着该方法的发展应用。

按照破岩方式的不同，隧道掘进机分为全断面掘进机和部分断面掘进机（悬臂式掘进机）两大类。其中，全断面岩石隧道掘进机（TBM）是目前使用最为广泛的掘进机，本节以 TBM 为例进行介绍。

1. TBM 的类型和构造

1）TBM 的类型

TBM 一般分为开敞式 TBM 和护盾式 TBM 两大类型，护盾式 TBM 根据盾壳的数量又分为单护盾 TBM 和双护盾 TBM。其中，开敞式 TBM 适用于硬岩隧道，它依靠隧道围岩的坚硬壁面来提供所需的顶推反力与刀盘的扭矩力；而护盾式 TBM 适用于软岩隧道，它利用尾部已经安装好的衬砌管片作为推进支撑，或者同时可以利用岩壁、管片衬砌来获得反力。

2）基本构造

以单支撑开敞式 TBM 为例，介绍 TBM 系统的主要构成，包括 TBM 主机和后配套系统。

（1）刀盘。刀盘是掘进机中几何尺寸最大、单件重量最重的部件，它是由刀盘钢结构主体、刀座、滚刀、铲斗和喷水装置等组成，如图 9-37 所示。刀盘是装拆掘进机时起重设备和运输设备选择的主要依据，刀盘通过专用大直径高强度螺栓与大轴承转动组件相连接，隧道的开挖直径由刀盘最外缘的边刀轨迹控制。刀盘在掘进过程中沿着掘进机轴线向前做直线运动，同时又环绕掘进机轴线做单向回转运动，这是典型的螺旋运动轨迹。全断面岩石掘进机

图 9-37 掘进机刀盘

的刀盘回转运动的特点是：在掘进硬岩时必须单向回转，即刀盘回转只能顺着铲斗铲着岩渣方向进行，任何逆向回转都有可能损坏刀盘。

（2）刀具。TBM 的刀具为盘型滚刀，是掘进机的关键部位和易损件。根据在刀盘上的位置不同分为中心刀、正刀和边刀。目前，直径 432mm 的窄形单刃滚刀是最佳刀具，兼顾承载能力、使用寿命、利于更换等因素。

（3）刀盘驱动系统。刀盘驱动方式有电动机驱动和液压驱动两大类。由于变频技术的发展，目前硬岩 TBM 普遍采用变频电机驱动，这样可以在较宽范围内实现无级调速以适应不同岩石掘进的要求。掘进机贯入度是反应掘进能力的重要指标，它主要取决于刀盘的转速和推力。液压驱动与电动机驱动相比，技术上成熟，启动扭矩大，但效率低，维修工艺相对复杂。

（4）护盾。护盾的主体为钢结构焊接件。双护盾 TBM 和单护盾 TBM 的护盾较长，敞开式 TBM 护盾相对较短，围绕在刀盘驱动机头架周边并与之相连，起到 TBM 掘进时稳定刀盘和保护刀盘驱动系统的作用。整个护盾分为顶、侧、底护盾三部分。

（5）主梁和后支撑。主梁一般为箱形钢结构，主要承担刀盘传递的力和扭矩，并传递到撑靴上。后支撑一方面在非掘进作业时支撑主机尾部，另一方面在掘进作业时，撑靴支撑到洞壁上，将后支撑抬起，掘进完毕，将其放下再收回撑靴换步。

（6）支撑和推进系统。支撑系统是掘进机的固定部分，它支撑着掘进机的重量并将开挖所需的推力和扭矩传递给岩壁以形成反力。一般掘进机提供的支撑反力是切削刀盘额定推力的 3 倍左右，足够大的支撑反力使刀盘有足够的稳定和正确的导向，有利于减少刀具磨损。

（7）主机附属设备。开敞式 TBM 主机上的附属设备主要有钢拱架安装器、锚杆钻机、超前钻机和主机皮带机等。

（8）TBM 后配套系统。TBM 的后配套系统是由一系列轨道工作台组成的长度约150m 的台车，其主要装置有出渣与运输系统、润滑系统、液压系统、电气系统、防风防尘系统和供水与排水系统、自动导向系统、信息处理系统、地质预测系统等。掘进机主机与后部配套设备组成了一个完整的掘进系统。

2. TBM 掘进循环作业

TBM 的掘进循环由掘进作业和换步作业交替组成。TBM 掘进时刀盘沿着隧道轴线作

直线运动和绕轴线作单向回转运动的复合螺旋运动，破碎后的岩石由刀盘的铲斗落入胶带机向后输送。以双支撑开敞式 TBM 为例，其掘进循环过程如图 9-38 所示。

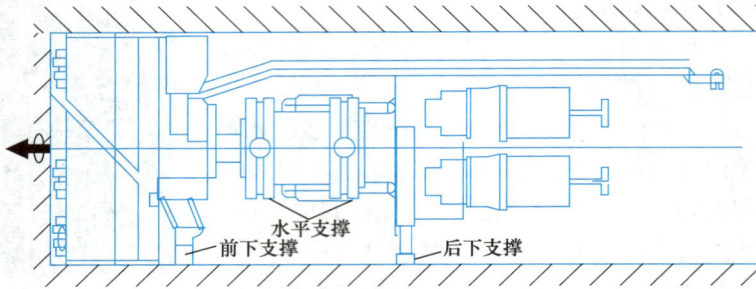

图 9-38　开敞式 TBM 掘进循环

　　开敞式 TBM 掘进时伸出水平支撑撑紧洞壁，收起前支撑和后支撑，启动带式输送机，然后刀盘回转开始掘进；掘进一个循环后，进行换步作业。换步作业利用支撑系统，掘进机掘进时，撑靴撑紧洞壁，推进液压油缸推动刀盘掘进破岩，被破碎的岩石由刀盘的铲斗落入出渣系统后输至洞外。

　　3. TBM 衬砌施工

　　TBM 掘进施工的隧道，支护结构基本都是由初期支护和二次支护组成。采用 TBM 施工，由于开挖工作面被掘进机遮挡无法对围岩进行观察判断，且掘进机本身长度较大，初期支护的位置滞后开挖面一段距离，因此，采用不同类型的掘进机施工要求采用不同的支护形式。例如引水隧道，一般采用护盾式掘进机进行管片衬砌的结构型式，对于一般的公路和铁路隧道，初期支护外要采用二次喷射混凝土或二次模筑混凝土作为永久衬砌，也可以直接采用管片衬砌。

　　(1) 复合式衬砌。对于开敞式掘进机，一般先施作初期支护，然后浇灌模筑混凝土二次衬砌，即复合式衬砌，如图 9-39 所示。初期支护以锚杆、挂网和喷射混凝土支护为主，地质条件差时还可以设置钢拱架。

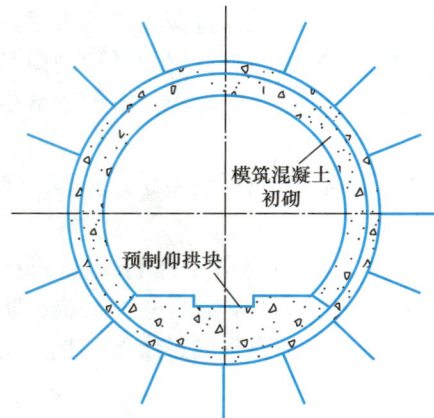

　　(2) 管片式衬砌。使用护盾式掘进机，一般采用圆形管片衬砌，如图 9-40 所示。管

图 9-39　复合式衬砌

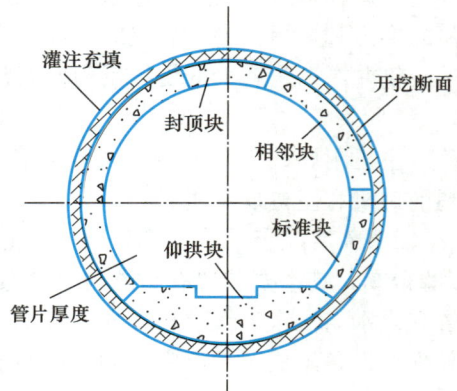

图 9-40　管片衬砌

片类型分为标准块、邻接块和封顶块三类。为了满足防水要求，管片之间必须安装止水带，并注浆充填管片外壁和岩壁的间隙。

9.4.4　顶管法

顶管法是一种非开挖的敷设地下管道的施工方法，它是借助于主顶千斤顶推力，把工具管或掘进机从工作井内穿过土层一直推到接收井内吊起，同时将管道牵引埋设在两井之间，如图 9-41 所示。

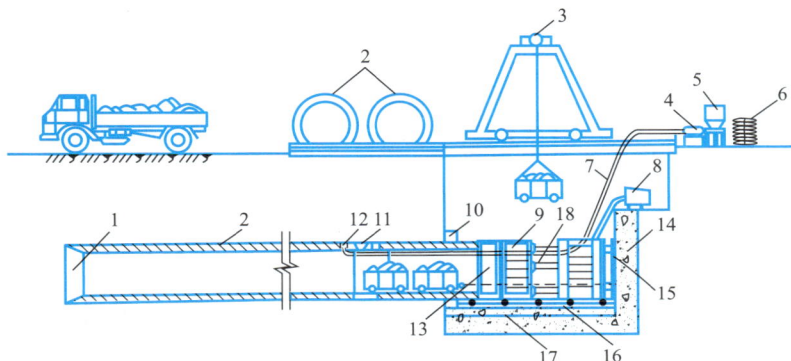

图 9-41　顶管法施工示意图

1—工具管刃口；2—管子；3—起重行车；4—泥浆泵；5—泥浆搅拌机；6—膨润土；7—灌浆软管；
8—液压泵；9—定向顶铁；10—洞口止水圈；11—中继接力环和扁千斤顶；12—泥浆灌入孔；
13—环形顶铁；14—顶力支撑墙；15—承压垫木；16—导轨；17—底板；18—后千斤顶

1. 顶管法的分类及特点

1）顶管施工的分类

（1）按土体开挖方式分，有采用人工开挖的普通顶管法，采用机械开挖的机械顶管法，采用水射流冲蚀的水射顶管法，采用夯击、钻头施工的挤压钻挖顶管法。

（2）按口径大小分，有大口径、中口径、小口径和微型顶管四种。大口径多指直径 2m 以上的顶管，人可以在其中直立行走；中口径顶管的直径多为 1.2~1.8m，人在其中需弯腰行走，大多数顶管为中口径顶管。小口径顶管直径为 500~1000mm，人只能在其中爬行；微型顶管的直径通常在 500mm 以下。

（3）按一次顶进的长度分，有普通距离顶管、长距离顶管和超长距离顶管，根据上海市工程建设规范《顶管工程施工规程》DG/TJ 08-2049—2016，将一次顶进长度 500~1000m 的顶管称为长距离顶管，开始考虑设置通风、变电和中继间。一次顶进长度超过 1000m 的顶管称为超长距离顶管。

（4）按制作管节的材料分，有钢筋混凝土顶管、钢管顶管以及其他管材的顶管。

（5）按管子顶进的轨迹分，有直线顶管和曲线顶管。

2）适用范围

城区水污染治理的截污管施工；在能源供应中液化气、天然气输送管，油管施工；动力电缆、宽频网、光纤网等电缆的管道施工；城市市政地下工程中穿越公路、铁路、建筑物下的综合通道及地铁人行通道施工都可以采用顶管敷设管道的施工技术，以减少投资和降低对周围环境的影响。

顶管法与盾构法相比，接缝大大减少，容易达到防水要求；管道纵向受力性能好，能适应地层的变形；对地表交通的干扰少；工期短，造价低，人员少；施工时噪声和振动小；在小型、短距离顶管，使用人工挖掘时，设备少，施工准备工作量小；不需二次衬砌，工序简单。但是顶管法需要详细的现场调查，需要开挖工作坑，多曲线顶进、大直径顶进和超长距离顶进困难，纠偏及障碍物的处理困难。

3）顶管机系统

完整的顶管施工技术主要包括工作井、推进系统、注浆系统、定位纠偏系统及辅助系统五个部分，如图 9-42 所示。

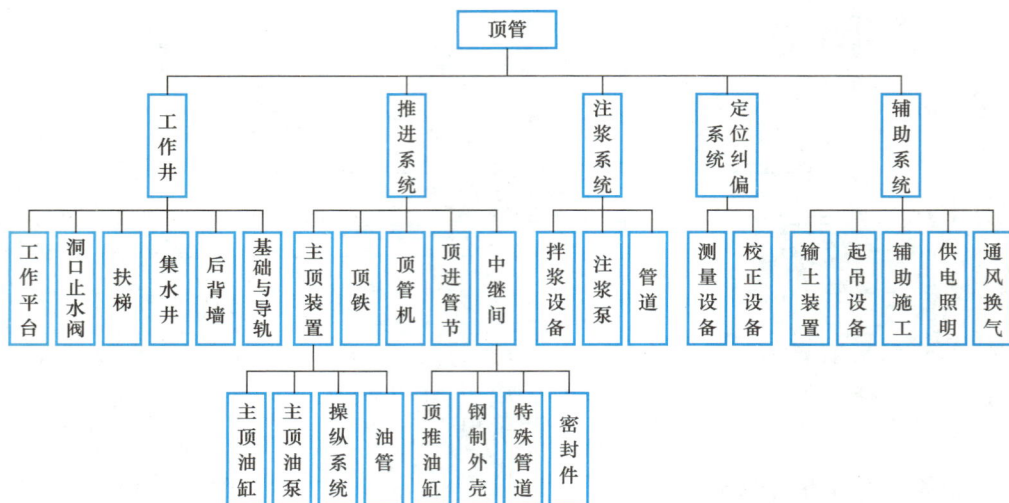

图 9-42　顶管施工技术构成

图 9-43　中继间

（1）中继间

中继间也称为中间顶推站、中继站或中继环（图 9-43），是安装在顶进管线的某些部位，把顶进隧道分成若干个推进区间的设施。它主要由多个均匀分布于保护外壳内的顶推千斤顶、特殊的钢制外壳、前后两个特殊的顶进管节和均压环、密封件等组成。当所需的顶进力超过主顶工作站的顶进能力、隧道管节或者后座装置所允许承受的最大荷载时，则需要在管节间安装中继间进行辅助施工。中继间必须具有足够的强度、刚度、良好的密闭性，而且要方便安装。

长距离隧道常需多个中继间。顶进施工时，全部中继站只有一个处在顶进状态，其他中继间都保持不动。各中继间按从前往后顺序依次完成顶进，按次序依次将每段管节向前推移，最后由主顶工作站完成顶进循环的最后顶进。一般来说，在顶管作业结束后，中继间留在地层中，不再进行回收，但是其内部的组成部分需拆卸回收，以备他用。拆卸工作完成之后，所留下的区间，可以借助于后面的中继间或主顶工作站将其合拢封闭，或者通过现浇混凝土的方法形成衬砌。

（2）注浆系统

注浆系统由拌浆、注浆和管道三部分组成。

① 拌浆：拌浆是把注浆材料加水以后再搅拌成所需的浆液；

② 注浆：注浆是通过注浆泵来进行的，它可以控制注浆压力和注浆量；

③ 管道：管道分为总管和支管，总管安装在管道内的一侧，支管则把总管内压送过来的浆液输送到每个注浆孔去。

（3）纠偏系统

纠偏系统由测量设备和纠偏装置组成。

① 测量设备。常用的测量装置就是置于基坑后部的经纬仪和水准仪。经纬仪是用来测量管道的水平偏差，水准仪是用来测量管道的垂直偏差。机械式顶管是用激光经纬仪，在普通经纬仪上加装一个激光发射器而构成的。激光束打在顶管机的光靶上，通过观察光靶上光点的位置就可判断管子顶进的偏差。

② 纠偏装置。纠偏装置是纠正顶进姿态偏差的设备，主要包括纠偏油缸、纠偏液压动力机组和控制台。

（4）辅助系统

辅助系统主要由输土设备、起吊设备、辅助施工、供电照明、通风换气组成。

2. 顶管法施工

顶管施工示意图如图9-44所示。在敷设管道前，在地下管线的一端事先建造一个工作井（图9-45），在井内顶进轴线后方布置后背墙、千斤顶，将敷设的管道放置于千斤顶前面的导轨上，管道的最前端安装顶管机。千斤顶顶进时，以顶管机开路，顶推着前面的管道穿过工作井井壁上的穿孔墙管把管道压入土中。进入顶管机的泥土被不断挖掘、排出，当千斤顶达到最大行程后缩回，放入顶铁填充缩回行程，千斤顶继续顶进。如此不断加入顶铁，管道不断向土中延伸。当井内导轨上的管道全部顶入土中后，缩回千斤顶，吊

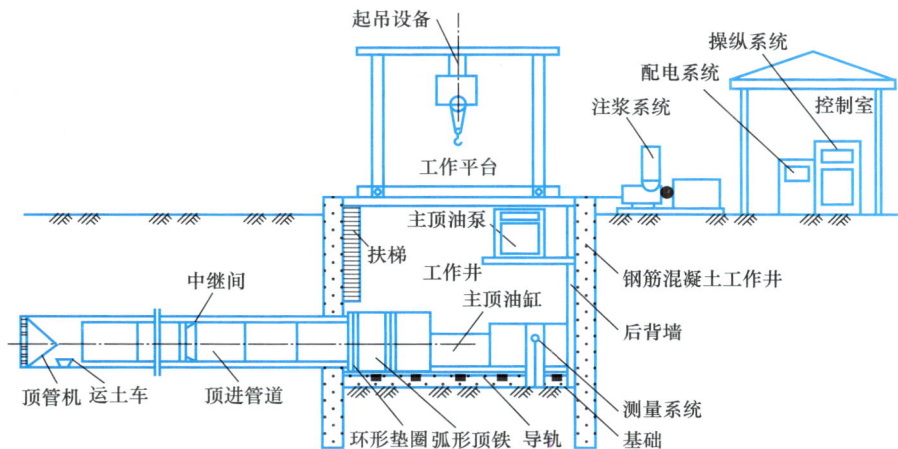

图 9-44 顶管施工示意图

图 9-45　顶管工作井

去全部顶铁，将下一节管段吊入井内并安装在管段的后面，接着继续顶进，如此循环施工，直至顶进结束。为进行较长距离的顶管施工，可在管道中间设置一至几个中继间作为接力顶进，并在管道外周压注润滑泥浆。

9.5　工程实例

武陵山隧道位于张家界市永定区及慈利县之间，隧道全长 9.044km，是黔张常铁路全线最长隧道，也是I级高风险隧道和全线控制性工程。隧道穿越世界上最复杂的喀斯特地貌，地下暗河系统复杂多变，岩溶强烈发育，易突泥突水，是I级高风险隧道和全线控制性工程。建成后，将从根本上改善武陵山区落后的交通状况，加快推进武陵山区的脱贫致富进程，促进湘西革命老区经济社会快速发展。

扫描二维码 9-9 观看武陵山隧道项目教学视频。

二维码 9-9
武陵山隧道项目

作业

某施工单位承接了一条二级公路的隧道施工项目，该隧道主要穿越砂层泥岩和砂岩，岩层节理、裂隙发育，富含裂隙水。隧道全长 800m，设计净高 5m，净宽 12m，为单洞双向行驶的两车道隧道。施工单位针对该项目编制了专项施工方案，其中包括工程概况、编制依据、劳动力计划等内容。拟采取二台阶开挖方法施工，二台阶开挖工作内容见表 9-5。施工顺序如图 9-46 所示，并按①～⑨的顺序作业。

二台阶开挖工作内容　　　　　　　　　　　　　　　　表 9-5

序号	工作内容	序号	工作内容
①	上台阶开挖	⑥	下台阶左马口初支
②	上台阶支护	⑦	
③	下台阶右马口开挖	⑧	
④	下台阶左马口开挖（围岩较弱处）	⑨	
⑤	下台阶右马口初支		

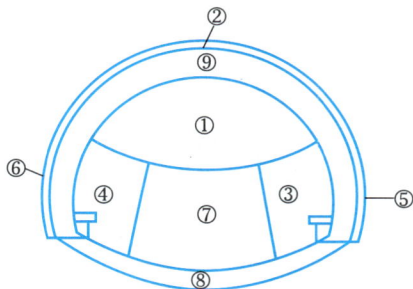

图 9-46　二台阶开挖方法施工顺序

【任务】

1. 表中③～⑥的施工顺序，监理工程师认为不妥，要求修改后再报。如何修改，说明修改原因。

2. 列出表中⑦～⑨项工作的内容。

扫描二维码 9-10 观看地下工程视频。

二维码 9-10
地下工程作业

本章小结

（1）地下工程施工方法应该结合工程和水文地质条件、环境要求、埋藏深度、资金状况、装备水平、施工进度和质量要求等因素，综合分析比较经济技术方案后确定。

（2）地下工程施工方法一般有明挖法、盖挖法、沉管法、矿山法、盾构法、隧道掘进机法、顶管法等方法，每种方法都有其特定的适应条件和基本流程。一般来讲，地下工程施工尤其需要注意的就是基坑和隧道的安全，要根据不同的地质水文条件选取不同的支护方式，并进行必要的监测手段。

第 10 章　道路与桥梁工程

【知识目标】

(1) 道路与桥梁工程的分类、基本构造；

(2) 路基工程及附属设施的施工方法与工艺要求；

(3) 路面工程及接缝的施工方法与工艺要求；

(4) 桥梁墩台与基础施工方法及工艺要求；

(5) 桥梁上部结构施工方法与工艺要求。

【能力目标】

(1) 能根据道路与桥梁的类型合理地选用对应的施工方法与施工工艺；

(2) 能够编制路基、路面、梁式桥、拱桥、斜拉桥及悬索桥上下部主要结构的专项施工方案。

【素质教育】扫描二维码 10-1 观看人生之桥名为奋斗（茅以升）教学视频。

人生一征途耳，其长百年，我已走过十之七八。回首前尘，历历在目，崎岖多于平坦，忽深谷、忽洪涛，幸赖桥梁以渡，桥何名欤？曰奋斗。——茅以升

二维码 10-1
人生之桥名为
奋斗（茅以升）

道路是交通运输的常见载体，是提供各种车辆和行人通行的一种线形工程结构物，包括线形组成和结构组成两大部分。道路工程则是以道路为对象而进行的规划、设计、施工、养护与管理工作的全过程及其工程实体的总称。随着公路建设里程地快速增长，我国在道路工程学科及专业装备制造等领域也取得了长足的发展。

二维码 10-2
路基工程施工

10.1　路基工程施工

路基既是路线的主体，又是路面的基础，与路面共同承受车辆荷载。路基工程除路基本体以外，还有道路排水、防护加固等措施。路基按其断面的填挖情况分为路堤、路堑和半填挖路基三类，见图 10-1。扫描二维码 10-2 观看路基工程施工教学视频。

10.1.1　土质路基施工

1. 路堤填筑

1) 填料的选择

路堤通常是利用沿线就近土石作为填筑材料，可选择挖取方便、易压实、强度高、水

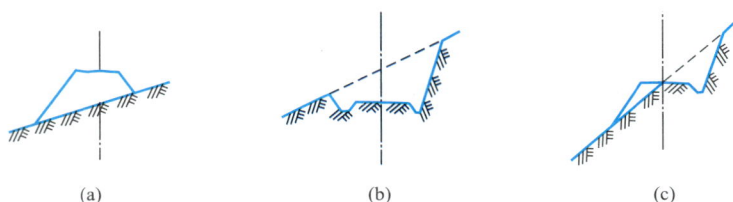

图 10-1　路基横断面形式

（a）路堤；（b）路堑；（c）半填挖路基

稳性好的土石料，一般情况下优先采用具有良好的透水性、强度高、稳定性好的碎石、卵石、砾石、粗砂等材料。淤泥、沼泽土、冻土、含残余树根和易于腐烂物质的土，以及含水量超过规定的土，不得作为填料。含盐量超过规定的强盐渍土和过盐渍土不能作为高等级公路的填料，膨胀土除非表层用非膨胀土封闭，一般也不宜作为高等级公路的填料。工业废渣（如粉煤灰、钢渣）是较好的填料，但使用前应检验有害物质含量，防止污染环境。

2）基底的处理

为使填筑在天然地面上的路堤与原地貌紧密结合，避免路堤产生沿基底发生滑动或路堤沉陷，在填筑路堤前，应根据基底的水质、水文、植被和填土高度采取一定的措施对基底进行处理。

（1）做好原地面临时排水工作。临时排水设施排出的水不得流入农田、耕地，也不得引起水沟淤塞和冲刷路基；原地面易积水的洞穴、坑槽等要用土填平并按规定压实。

（2）当土质路堤基底的原状土强度不符合要求时，要进行换填处理，挖深不小于300mm，并分层找平压实。

（3）基底土密实稳定，且地面横坡不陡于 1∶5 时，可将土质路堤直接修筑在天然地面上；但在不填挖或路堤高度小于 1m 的地段，要清除原地表杂草。当横坡为 1∶10～1∶5 时，要清除地表草皮杂物再填筑。横坡陡于 1∶5 时，清除草皮杂物后还应该将坡面筑成不小于 1m 宽的台阶。若地面横坡超过 1∶2.5，则外坡脚应进行特殊处理，如修筑护脚或护墙等。

（4）特殊地区的路基施工根据不同的情况采取相应措施，详见《公路路基施工技术规范》JTG/T 3610—2019 特殊地区的路基施工。

3）填筑的方式

（1）水平分层填筑。即按照横断面全宽分成水平层次，逐层向上填筑。不同土质应分层填筑，透水性差的土填筑在下层，其表面应做成不小于 4% 的横坡，以保证上层透水性填土的水分及时排出；为防止相邻两段用不同土质填筑的路堤在交接处发生不均匀变形，交接处应做成斜面（图 10-2）。不得出现未水平分层、反坡积水、有冻土块和粗大石块、有陡坡斜面等情况。

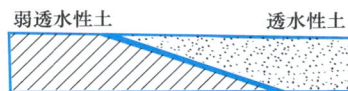

图 10-2　不同土质路堤接头

（2）竖向填筑。竖向填筑是指沿路中心线方向逐步向前深填（图 10-3）。当路线跨越深谷陡坡地形，难以水平分层填筑时使用，竖向填筑由于填土过厚难以压实。

（3）混合填筑。受地形限制或堤身较高，不能按前两种方法自始至终填筑时，可采用混合填筑法，即路堤下层用竖向填筑，而上部用水平分层填筑，如图 10-4 所示。

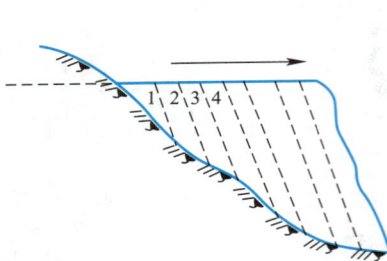

图 10-3 竖向填筑法

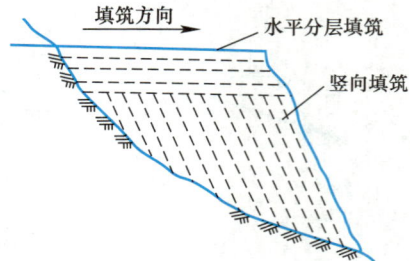

图 10-4 混合填筑法

2. 路堑开挖

路堑边坡受到自然、人为因素的影响，比路堤边坡更容易破坏和失稳，其稳定性与施工方法关系密切。土质路堑开挖方法主要有横挖法、纵挖法和混合法几种。

1）横挖法

从路堑一端或两端按横断面全宽向前开挖的方式称为横挖法，适用于较短的路堑。当路堑深度较浅时，可一次挖到设计标高（图 10-5a）；路堑深度较大时，可分几个台阶进行开挖（图 10-5b），深度视施工作业与安全而定，一般为 1.5～2.0m。各层要有独立的出土道和临时排水设施，以免相互干扰，影响工效。

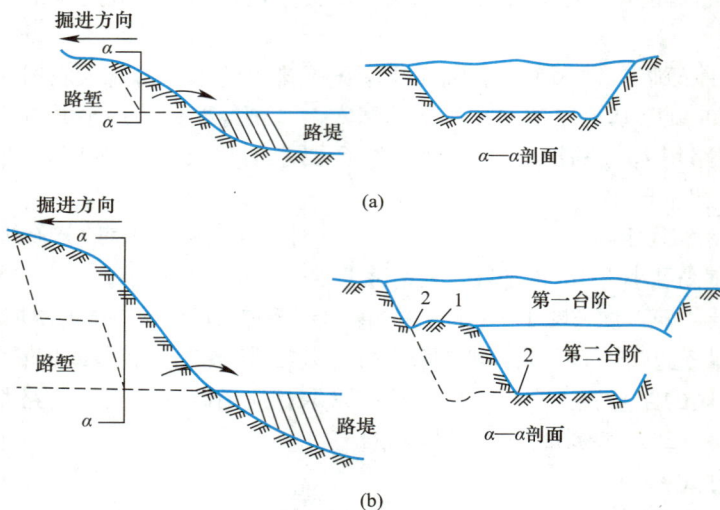

(a)

(b)

图 10-5 横挖法

（a）一层横向全宽；（b）多层横向全宽
1—第一台阶运土道；2—临时排水沟

2）纵挖法

沿路堑纵向将高度分成层次开挖的方法称为纵挖法，适用于较长的路堑开挖。如果路堑的宽度和深度均不大，可按照横断面全宽纵向分层挖掘，称为分层纵挖法（图 10-6a）；如果路堑的宽度和深度均比较大，可沿纵向分层、每层先挖出一条通道，然后开挖两旁，称为通道纵挖法（图 10-6b）；如果路堑很长，可在适当位置将路堑一侧横向挖穿，将路堑分为几段同时开挖，称为分段纵挖法（图 10-6c），适用于傍山长路堑。

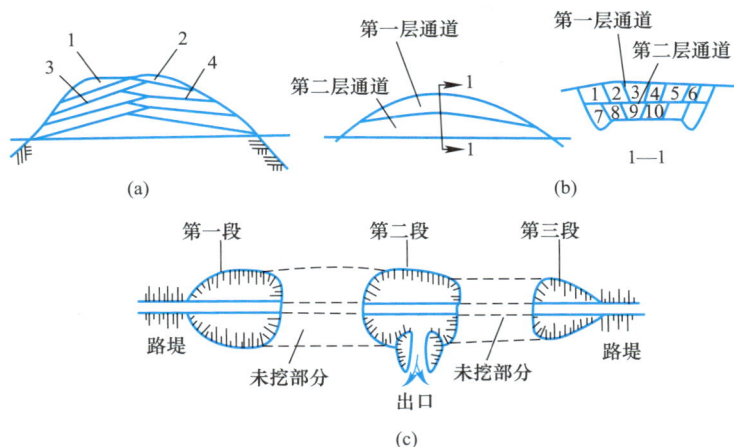

图 10-6 纵向挖掘法

（a）分层纵挖法（图中数字为挖掘顺序）；（b）通道纵挖法
（图中数字为拓宽顺序）；（c）分段纵挖法

3）混合法

当路线纵向长度和挖深都很大时，宜采用混合式开挖法，即将横挖法和通道纵挖法混合使用。先沿路堑纵向挖通道，然后沿横向坡面挖掘，以增加开挖坡面，每一坡面应设一个施工小组或一台机械作业，如图 10-7 所示。

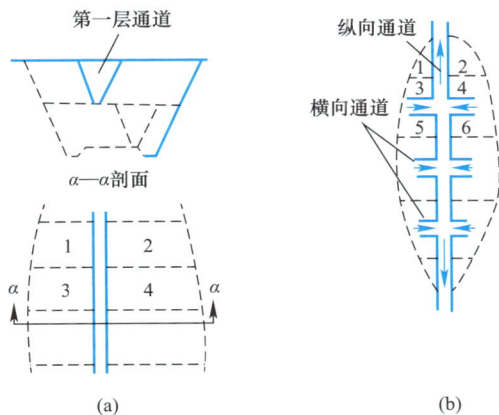

图 10-7 混合法

（a）横面和平面；（b）平面纵横通道
注：箭头表示运土与排水方向，数字为工作面数

10.1.2 路基压实

路基施工破坏了土体的天然状态，致使其结构松散，经路基压实后，土体密实度提高，透水性降低，毛细水上升高度减小，消除了水集聚侵蚀软化路基及冻胀引起的不均匀变形，提高了路基的强度和稳定性。土基压实是保证路基获得足够强度和稳定性的根本技

术措施之一，各级道路的路堤和路堑均应按规定进行压实并达到规定的密实度。

1. 压实施工❶

碾压前应对填土层的松铺厚度、平整度和含水量进行检查，符合要求后方可进行碾压。土方路基的压实的施工要点为：

1）用铲运机、推土机和自卸汽车推运土料填筑时，应平整每层填土，且自中线向两边设置 2%～4% 的横向坡度。

2）高速公路、一级公路路基填土压实宜采用振动式压路机或者采用 35～50t 轮胎式压路机。

3）当采用振动式压路机碾压时，第一遍应静压，然后先慢后快，先弱振后强振。碾压机械的行驶速度，开始时宜慢速，最大速度不宜超过 4km/h。

4）碾压时直线段由两边向中间，小半径曲线段由内侧向外侧，纵向进退式进行。

5）横向接头的轮迹应有一部分重叠，对振动式压路机一般重叠 0.4～0.5m。

6）对三轮压路机一般重叠后轮宽的 1/2，前后相邻两区段（碾压区段之前的平整预压区段与其后的检验区段）宜纵向重叠 1.0～1.5m，应达到无漏压、无死角，确保碾压均匀。

7）采用夯锤压实时，首遍各夯位宜紧靠，如有间隙不得大于 15cm，次遍夯位应压在首遍夯位的缝隙上，如此连续夯实直至达到规定的压实度。

2. 路基压实标准

1）压实度

压实度是工地实际达到的干容重与室内标准击实试验所得的最大干容重的比值，或称压实系数。压实度不应小于表 10-1 的规定。

2）压实施工工艺要点

压实施工工艺要点包括：

路基压实度标准

表 10-1

填挖类别	路床顶面以下深度（m）	路基压实度（%）		
		高速公路、一级公路	二级公路	三级公路、四级公路
零填及挖方	0～0.30	—	—	≥94
	0～0.80	≥96	≥95	—

❶ 《公路路基设计规范》JTG D30—2015 规定：

3.3.6 地基表层处理设计应符合下列要求：

1. 稳定的斜坡上，地面横坡缓于 1：5 时，清除地表草皮、腐殖土后，可直接填筑路堤；地面横坡为 1：5～1：2.5 时，原地面应挖台阶，台阶宽度不应小于 2m。当基岩面上的覆盖层较薄时，宜先清除覆盖层再挖台阶；当覆盖层较厚且稳定时，可予保留。

2. 地面横坡陡于 1：2.5 地段的陡坡路堤，必须检算路堤整体沿基底及基底下软弱层滑动的稳定性，抗滑稳定系数不得小于表 3.6.11 规定值，否则应采取改善基底条件或设置支挡结构物等防滑措施。

3. 当地下水影响路堤稳定时，应采取拦截引排地下水或在路堤底部填筑渗水性好的材料等措施。

4. 地基表层应碾压密实。一般土质地段，高速公路、一级公路和二级公路基底的压实度（重型）不应小于 90%；三、四级公路不应小于 85%，低路堤应对地基表层土进行超挖、分层回填压实，其处理深度不应小于路床深度。

5. 稻田、湖塘等地段，应视具体情况采取排水、清淤、晾晒、换填、加筋、外掺无机结合料等处理措施。当为软土地基时，其处理措施应符合本规范第 7.7 节的有关规定。

续表

填挖类别	路床顶面以下深度（m）	路基压实度（%）		
		高速公路、一级公路	二级公路	三级公路、四级公路
填　方	0~0.80	≥96	≥95	≥94
	0.80~1.50	≥94	≥94	≥93
	>1.50	≥93	≥92	≥90

注：1. 表列数值以重型击实试验法为准；

2. 特殊干旱或特殊潮湿地区的路基压实度，表列数值可适当降低；

3. 三级公路修筑沥青混凝土或水泥混凝土路面时，其路基压实度采用二级公路标准。

（1）根据土质正确选择压实机具，掌握不同机具适宜的碾压土层松铺厚度与碾压遍数；

（2）组织实施时，采用的压路机和碾压速度应遵循"先轻后重，先慢后快"的原则；

（3）碾压路线应先边缘后中间，超高路段应先低后高，相邻两次的碾压轨迹应重叠轮宽的1/3~1/2，从而保证压实均匀且不漏压；压不到的边角则需以人力和小型机具夯实辅之；

（4）碾压过程中应经常检查含水率和压实度，保证符合规定的密实度要求后进行下一道碾压。

3）压实质量的检查和评价

路基在施工碾压的过程中，其主要控制点如下：

（1）压实过程中，施工单位的检测人员应经常检查每一层的密实度是否符合要求，路基压实度试验方法可采用灌砂法、环刀法、灌水法（水袋法）或核子密度适度仪法，详见《公路土工试验规程》JTG 3430—2020。压实度的评定以一个工作班完成的路段压实层为检验评定单元比较恰当，检验评定段的压实度大于压实度的标准值，则为合格。

（2）地基表层应碾压密实。一般土质地段，高速公路、一级公路和二级公路基底的压实度（重型）不应小于90%；三、四级公路不应小于85%，低路堤应对地基表层土进行超挖、分层回填压实，其处理深度不应小于路床深度。

10.1.3　路基排水设施

公路路基防排水应根据公路沿线气象、水文、地形、地质以及桥涵和隧道设置情况，遵循总体规划、合理布局、防排疏结合、少占农田、保护环境的原则，设置完善、通畅的防排水系统，做好路基防排水与地基处理、路基防护等综合设计，并与路面、桥梁、涵洞、隧道等防排水系统相协调，与当地农田排灌和水土保持相结合。路基排水设施设置要求必须符合规范要求。

1. 地面排水设施

路基地面排水设施的作用是将可能停滞在路基范围内的水迅速排除，并防止路基范围外的水流入路基内。路基地面排水设施一般有以下几种：

1）边沟、截水沟与排水沟

挖方地段和填土高度小于边沟深度的填方地段均应设置边沟，用以汇集和排除少量地表水。边沟断面形式有梯形、三角形和矩形，如图10-8所示。土质地段沟底纵坡超过3%时应采用沟底抹面、浆（干）砌片石、混凝土预制块等进行加固。

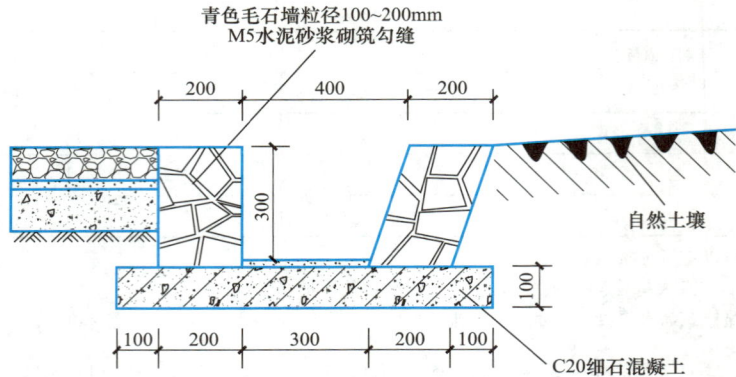

青色毛石墙粒径100~200mm
M5水泥砂浆砌筑勾缝
自然土壤
C20细石混凝土

图 10-8　边沟

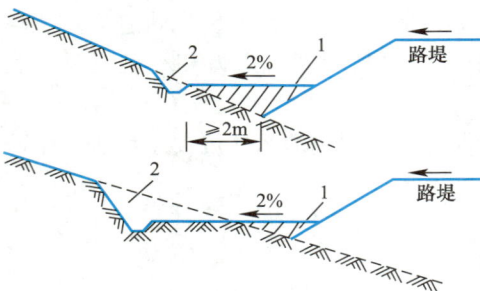

图 10-9　填方路段上的截水沟示意图
1—土台；2—截水沟

截水沟（图 10-9）设在路堑坡顶外或山坡路堤上方，用以拦截上方流来的地面水，减轻边沟的负担。断面形式一般为梯形，横坡较陡时可做成石砌矩形。

排水沟作用是将边沟、截水沟、取土坑或路基附近的积水引流。其横断面一般采用梯形，尺寸大小应经过水力计算选定。排水沟应与各种水沟连接通畅，长度不宜超过 500m。

2）跌水与急流槽

跌水与急流槽是路基地面排水沟渠的特殊形式，用于纵坡大于 10%，水头高差大于 1.0m 的陡坡地段。跌水和急流槽一般采用矩形，用浆砌片石或混凝土修筑，进口部分始端和出口部分终端的裙墙应埋入冻结线以下。

3）拦水带

为避免高路堤边坡被路面汇集的雨水冲坏，可在路肩上作拦水带，将水流拦截至挖方边坡或在适当地点设急流槽引离路基。

4）虹吸管（涵）

虹吸管（涵）是引水渠道横穿公路而保持水头高度的一种设施，它是有压管道，必须保证不透水。虹吸管（涵）直径由水力计算确定，一般为 400~1000mm。

2. 地下排水设施

1）盲沟

盲沟用以拦截流向路基的层间水或降低地下水位，防止毛细水上升至路基范围内积聚而造成冻胀和翻浆，危及路基的强度和稳定性。其断面为矩形或梯形，内部用颗粒状材料填满，顶部和底面一般设厚 300mm 以上的不透水层。

2）渗沟

渗沟有填石渗沟、洞式渗沟和管式渗沟三种，图 10-10 为管式渗沟，三种渗沟均应设排水层（或管、洞）、反滤层和封闭层。填石渗沟适用于渗流不长的路段，常为矩形或梯形，底部和中间用较大碎石或卵石填筑，碎石或卵石的两侧和上部，按一定比例分层填中、粗砂或砾石等较细颗粒的粒料作反滤层，顶部用草皮或土工合成防渗材料作封闭层。管式渗沟适用于地下水引水较长、流量较大的地区，当其长度为 100～300m 时，应设泄水管。洞式渗沟适用于地下水流量较大的地段，洞壁宜采用浆砌片石，洞顶用盖板覆盖。渗沟的开挖宜自下游向上游进行，并应随挖随即作渗沟和迅速回填，以免塌方。为检查维修渗沟，每隔 30～50m 或在平面转折和坡度由陡变缓处设置检查井。

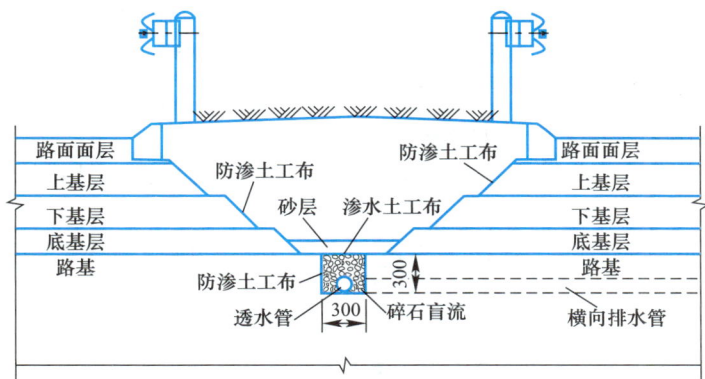

图 10-10　管式渗沟

3）渗井

当路基附近地面水或浅层地下水无法排除，影响路基稳定时，可设置渗井，将地面水或地下水经渗井通过不透水层中的孔流入下层的透水层中排除。渗井直径 500～600mm，井内填充材料按层次在下层透水范围内填碎石或卵石，填充料应层次分明，不得粗细材料混杂填塞，井壁和填充料之间设反滤层，井顶加筑混凝土盖。

10.1.4　路基防护

各级公路应根据当地气候、水文、地形、地质条件及筑路材料分布情况，采取不同的防护措施，这对维护正常交通运输，确保行车安全具有重要意义。路基防护与加固措施一般可分为坡面防护、堤岸防护、支挡结构及地基加固等。

1. 坡面防护[1]

坡面防护主要是保护路基边坡表面，以免受到降水、日照、气温、风力等外力作用的破坏，常用的坡面防护措施有植物防护、骨架植物防护、圬工防护、封面等类型。

---

[1]　《公路路基设计规范》JTG D30—2015 规定：

5.1.2 路基坡面防护工程应设置在稳定的边坡上，当土质和气候条件适宜时，宜采用植物防护；当植物防护的坡面有可能产生冲刷时，应设置浆砌片石或水泥混凝土骨架；对完整性较好，稳定的弱、微、未风化硬质岩石边坡，可不作防护。当路基稳定性不足时，应设置必要的支挡加固工程。

5.1.3 支挡结构设计时，应对拟加固的边坡和地基进行工程地质勘察，查明其工程地质、水文地质条件及其潜在腐蚀性，不良地质和特殊岩土的分布情况，以及支挡结构地基的承载力和锚固条件；合理确定岩土体的物理力学参数。

5.1.4 路基支挡结构设计应满足各种设计荷载组合下支挡结构的稳定性、坚固性和耐久性要求；结构类型选择及设置位置应满足安全可靠、经济合理、便于施工养护的要求；结构材料应符合耐久、耐腐蚀的要求。

5.1.5 防护支挡结构应与桥台、隧道洞门、既有支挡结构物协调配合，衔接平顺。

5.1.6 地下水较丰富的路段，应做好路基边坡防护与地下排水措施的综合设计。多雨地区砂质土和细粒土路堤，应采取坡面防护与坡面截排水的综合措施。

1) 植物防护

植物防护一般采用种草、铺草皮、种植灌木。种草适于边坡稳定、坡面轻微冲刷的路堤与路堑边坡；铺草皮适用于土质边坡，可采用平铺、叠铺、方格式等方式铺设；植树主要用在堤岸边的河滩上，防止水直接冲刷路堤。

2) 工程防护

工程防护用在草木不易生长的坡面，采用砂石、水泥、石灰等矿质材料进行防护。防护方法包括勾缝及灌浆、抹面、喷浆及喷射混凝土、护面墙等。

（1）勾缝及灌浆一般适用于岩石较坚硬不易风化的路堑边坡，节理裂缝多而细者用勾缝，缝宽较大宜用砂浆灌缝，一般采用水泥砂浆。

（2）抹面适用于易风化而表面比较完整，尚未剥落的岩石边坡，抹面应均匀紧贴坡面，面积较大时应留伸缩缝。

（3）喷浆和喷射混凝土，适用于易风化但尚未严重风化的岩石边坡，喷射厚度要均匀。

（4）护面墙一般用于软质岩层或破碎岩石挖方边坡较陡的地段，墙基应坚固，墙面和坡面应结合紧密，墙顶与边坡间缝隙应封严，砌体石质坚硬，浆砌砌体和干砌咬扣必须紧密、错缝，严禁通缝、叠砌、贴砌和浮塞，每隔10～15m设置伸缩缝。

（5）挡土墙是用于支挡路基填土或山坡土体的构造物，在公路工程中广泛应用，种类较多，按结构形式分为重力式、衡重式、悬臂式、扶壁式、锚杆式、柱板式、加筋式等。

2. 冲刷防护施工

常用的岸坡冲刷防护措施主要有植物防护、石砌护坡、抛石、石笼和挡土墙等。

1) 植物防护

水流方向与路线接近平行，流速小于1.2～1.8m/s的季节性水流冲刷，可采用铺草皮等植物防护。经常浸水或长期浸水的路堤边坡，不宜采用种草防护。可在沿河路基外的河滩上植造防护林带，以降低水流速度，促使泥砂淤积，改变水流方向，起保护堤岸的作用。

2) 砌石或混凝土护坡

砌石或混凝土护坡适用于流速为2～8m/s的路堤边坡。干砌片石护坡可按流速大小分别采用单层或双层铺砌。这种措施适用于水流方向较平顺的河岸滩地边缘或不受主流冲刷的路堤边坡。受主流冲刷、波浪作用强烈或有漂浮物撞击的路堤边坡，可用浆砌片石护坡厚0.3～0.6m，容许流速可达4～8m/s。

3) 抛石、石笼和挡土墙

抛石适用于经常浸水且水深较大的路基边坡或坡脚以及挡土墙、护坡的基础防护。抛石一般多用于抢修工程。抛石边坡坡度和选用石料粒径应根据水深、流速和波浪情况确定，石料粒径应大于300mm，坡度不应陡于所抛石料浸水后的天然休止角，厚度不应小于所用最小石料粒径的2倍。

石笼防护适用于受水流冲刷和风浪侵袭，且防护工程基础不易处理或沿河挡土墙、护坡基础局部冲刷深度过大的沿河路堤坡脚或河岸。石笼内所填石料，应采用重度大、浸水不崩解、坚硬且未风化的石块，粒径应大于石笼的网孔。

浸水挡土墙适用于流速为 5~8m/s 的峡谷急流和水流冲刷严重的河段。应注意浸水
挡土墙和岸坡的衔接。

10.2　路面工程施工

二维码 10-3
路面工程施工

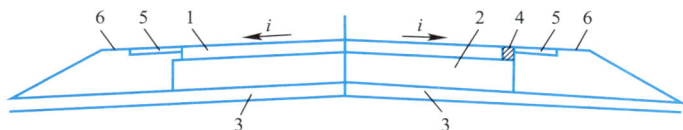

路面工程的结构层由面层、基层、底基层、垫层等多层结构组成，见
图 10-11。各级公路应根据具体情况设置必要的结构层，对三、四级公路
最少不得低于两层，即面层和基层。扫描二维码 10-3 观看路面工程施工教
学视频。

图 10-11　路面结构层次示意图
1—面层；2—基层（有时包括底基层）；3—垫层；4—路缘石；5—加固路肩；6—土路肩
i—路拱横坡度

1. 面层

面层是直接承受车轮荷载反复作用，并将荷载传递到基层以下的结构层，因此，它应
满足表面功能性和结构性的使用要求。面层可为单层、双层或三层。双层结构分为表面
层、下面层；若采用三层结构则为表面层、中面层、下面层。

表面层应具有平整密实、抗滑耐磨、稳定耐久的功能，同时应具有高温抗车辙、抗低
温开裂、抗老化等性能。中、下面层应密实、基本不透水，并具有高温抗车辙、抗剪切、
抗疲劳的力学性能。不同面层的适用范围见表 10-2。

路面面层类型及适用范围　　　　　　　　　　表 10-2

面层类型	适用范围
沥青混凝土	高速公路、一级、二级、三级、四级
水泥混凝土	高速公路、一级、二级、三级、四级
沥青贯入、沥青碎石、沥青表面处治	三级、四级公路
砂石路面	四级公路

2. 基层

主要承重层，应具有稳定、耐久、较高的承载能力。基层可为单层或双层，双层称为
上、下基层。当基层较厚或材料来源广泛时，常分两层或三层铺筑，则分别称为基层和底
基层或基层上、中、下层。底（下）基层可使用质量一般的当地材料。

用作基层的材料，主要有各种结合料（如石灰、水泥或沥青等）稳定土或碎（砾）石
混合料各种工业废渣混合料，水泥混凝土，各种碎（砾）石混合料或天然砂砾以及片石、
块石等材料。无论是沥青混合料或粒料类基层，还是半刚性基层、刚性基层，均要求具有
相对较高的物理力学性能指标。

3. 底基层

底基层是设置在基层之下，并与面层、基层一起承受车轮荷载反复作用的次要承重层，因此，对底基层材料的技术指标要求比基层材料略低，底基层也可分为上、下底基层。

4. 垫层

垫层是设置在底基层与土基之间的结构层，垫层材料的强度要求不一定高，但其水稳性、隔温性和透水性要好，可起排水、隔水、防冻、防污及减少层间模量比、降低半刚性底基层拉应力的作用。常用材料一类是由松散的颗粒材料如砂、砾石、炉渣等组成的透水性垫层，另一类是石灰土或炉渣石灰土等稳定土垫层。

10.2.1　基层（底基层）施工

常用的基层有以下两类：一类是半刚性基层，包括水泥稳定类、石灰稳定类、石灰工业废渣稳定类基层等；另一类是柔性基层，包括级配型粒料基层（如级配碎（砾）石）、嵌锁型粒料基层（如泥结碎石、填隙碎石）以及沥青碎石。下面介绍半刚性基层施工。

在粉碎的或原状松散的土（包括各种粗、中、细粒土）中掺入适量的无机结合料（水泥、石灰、工业废渣等）和水，经拌合、压实及养生后形成的半刚性基层，也叫做稳定土基层。

稳定土基层的施工步骤有：

1）整型。在直线段，平地机由两侧向路中心进行刮平，平曲线段平地机应由内侧向外侧进行刮平。在初平的路段上，用拖拉机、平地机或轮胎压路机快速碾压一遍，以暴露潜在的不平整。每次整型时都应按照规定的坡度和路拱进行，并特别注意接缝顺适平整。

2）碾压。碾压应在最佳含水量的±1%范围内进行，碾压施工要点：

（1）各种稳定土结构层应用12t以上压路机碾压。用12～15t三轮压路机碾压时，每层压实厚度不应超过15cm。用18～20t的三轮压路机不超过20cm。

（2）直线段上，由两侧路肩向中心碾压。平曲线段上，由内侧路肩向外侧路肩进行碾压。

（3）碾压时应重叠1/2轮宽，后轮必须超过两段的接缝处，后轮压完路面全宽时，即为一遍，一般需6～8遍。碾压速度头两遍1.5～1.7km/h为宜，以后宜采用2.0～2.5km/h。

（4）碾压结束前用平地机再终平一次，使其纵向顺适，路拱和超高符合设计要求。终平时必须将局部高出部分刮平并扫出路外。对于局部低洼之处，不再进行找补，留待铺筑上层时处理。

3）接缝处理及养生。在两工作段的搭接部分，前一段拌合整型后，留5～8m不进行碾压，待后一段施工时，将前段留下未压部分一起再进行拌合、碾压。保湿养生时间不少于7d。水泥稳定类混合料碾压完成后，即刻开始养生，二灰稳定类在碾压完成后第二或第三天开始养生。养生期结束，立即铺筑面层或做下封层。

10.2.2　沥青路面面层施工

沥青路面是用沥青材料作结合料铺筑面层的路面的总称，是由沥青材料、矿料及其他外掺剂按要求比例混合、铺筑而成的单层或多层式结构层。沥青路面按技术特性分为沥青混凝土、热拌沥青碎石、乳化沥青碎石、沥青表面处治和沥青贯入式等。面层材料类型选用见表 10-3❶。

面层材料的交通荷载等级和层位　　　　　　　　　　　表 10-3

材料类型	适用交通荷载等级和层位
连续级配沥青混合料	各交通荷载等级的表面层、中面层和下面层
沥青玛蹄脂碎石混合料	极重、特重和重交通荷载等级的表面层，对抗滑有特殊要求的表面层
厂拌热再生沥青混合料	各交通荷载等级的表面层、中面层和下面层
上拌下贯沥青碎石	中等、轻交通荷载等级的表面层
沥青表面处治	中等、轻交通荷载等级的表面层

1. 沥青路面材料

1) 沥青

高速公路、一级公路和城市快速路、主干路的沥青路面，选用符合"重交通道路石油沥青技术要求"的沥青或改性沥青；其他道路选用符合"中、轻交通道路石油沥青技术要求"的沥青或改性沥青；乳化沥青应符合"道路乳化沥青技术要求"的规定。

2) 填料

填料主要是指 0.075mm 以下的粉料。矿粉必须采用石灰岩或岩浆岩中的强基性岩石等憎水性石料磨细的矿粉，应洁净、干燥，能自由地从矿粉仓流出，质量应符合规范要求。

3) 矿料

粗、细集料均应洁净干燥、无风化、无有害杂质，粗集料还应具有一定硬度和强度、良好的颗粒形状。细集料可用天然砂、机制砂和石屑，并有适当的颗粒级配。矿料规格和质量应符合《公路沥青路面施工技术规范》JTG F40—2004 的规定。

4) 纤维

在沥青混合料中掺加的纤维稳定剂宜选用木质素纤维、矿物纤维等，其性能指标应符合规定要求。

2. 沥青路面施工

1) 沥青表面处治路面

沥青表面处治面层是用沥青和矿料按层铺或拌合的方法，修筑的厚度不大于 30mm 的一种薄层路面面层。沥青表面处治是用沥青和细粒矿料铺筑的一种薄层面层，由于处治层很薄，一般不起强度作用，主要是用来抵抗行车的磨损，增强防水性，提高平整度，改善路面的行车条件，适用于三级及三级以下公路、城市道路的支路、县镇道路、各级公路的施工便道以及在旧沥青面层上加铺的罩面层或磨耗层。沥青表面处治施工采用的机械有沥青洒布机、集料撒布机和压路机等，沥青表面处治施工程序与沥青贯入式路面的施工程序类同。

2) 沥青贯入式路面

沥青贯入式面层是在初步压实的碎石（或轧制砾石）上，分层浇洒沥青、撒布嵌缝料压实而成的路面结构，厚度通常为 40~80mm。根据沥青材料贯入深度的不同，贯入式路

---

❶ 《公路沥青路面设计规范》JTG D50—2017 第 4.5.2 条规定。

面可分为深贯入式（60～80mm）和浅贯入式（40～50mm）两种。沥青贯入式路面适用于二级及二级以下公路、城市道路的次干路及支路，也可作为沥青路面的联结层。沥青贯入式路面采用的机械有摊铺机、沥青洒布机、压路机。其施工程序如下：

（1）放样和安装路缘石。

（2）清扫基层。厚度为4～5cm的浅贯式应浇洒透层或黏层沥青。

（3）撒铺主层矿料，其规格和用量符合规定，并检查其松铺厚度。

（4）主层矿料摊铺后，先用6～8t压路机进行慢速初压，至无明显推移为止。然后再用10～20t压路机碾压，直至主层矿料嵌挤紧密、无明显轮迹而又有一定孔隙，使沥青能贯入为止。

（5）浇洒第一次沥青。趁热撒铺第一层嵌缝料，撒铺应均匀，扫匀后应立即用10～12t压路机碾压（碾压6遍），随压随扫，使其均匀嵌入。

（6）以后施工程序为浇洒第二层沥青，撒铺第二层缝料，然后碾压，再浇洒第三层洒铺封面料，最后碾压。最后碾压采用6～8t压路机，碾压2～4遍，后开放交通。

3）热拌热铺沥青混合料路面施工

热拌沥青混合料路面是矿料与沥青在热态下拌合、热态下铺筑施工成型，适用于各等级道路，施工过程可分为沥青混合料的拌制、运输、现场铺筑和压实成型。

（1）沥青混合料的拌制

热拌沥青混合料可采用间歇强制式拌合机和连续式拌合机拌制。

① 间歇强制式拌合机的特点是冷矿料的烘干、加热以及与热沥青的拌合，是先后在不同设备中进行的，其中集料的烘干与加热是连续进行的，而混合料的拌制则是间歇进行，由搅拌器强制拌合。

② 连续滚筒式拌合设备的特点是骨料烘干、加热及沥青的搅拌在同一个滚筒内完成，即骨料烘干与加热后未出滚筒就被沥青裹覆，从而避免了粉尘的飞扬和逸出，其拌合方式是非强制式的，具有结构简单、投资少、能耗低、污染少等优点，但必须确保原材料是均匀一致的，否则很难保证配合比。

为保证混合料的质量，沥青与矿料的加热温度应调节到能使拌合的沥青混合料出厂温度符合《公路沥青路面施工技术规范》JTG F40—2004的规定。经拌合后的混合料应均匀，无花白料，无结团成块或严重的粗细料分离现象，不符合要求时不得使用，并应及时调整。

（2）沥青混合料的运输

沥青混合料用自卸汽车运至工地，运料车每次使用前后必须清扫干净，在车厢板上涂一薄层防止沥青粘结的隔离剂或防粘剂。运量应较拌合能力或摊铺速度有所富余。

（3）铺筑

① 准备工作。铺筑前对基层或旧路面的厚度、密实度、平整度等各项指标进行检查。为使面层与基层粘结好，在面层铺筑前4～8h，在粒料类的基层洒布透层沥青。为控制混合料的摊铺厚度，基层准备好后进行测量放样，沿路面中心线和1/4路面宽度处设置样桩，标出松铺厚度。

② 摊铺作业。热拌沥青混合料应采用沥青摊铺机摊铺，摊铺机主要由基础车（发动机与底盘）、供料设备（料斗、输送装置和闸门）、工作装置（螺旋摊铺器、振捣器和熨平

装置）及控制系统等部分组成，工作过程见图 10-12。

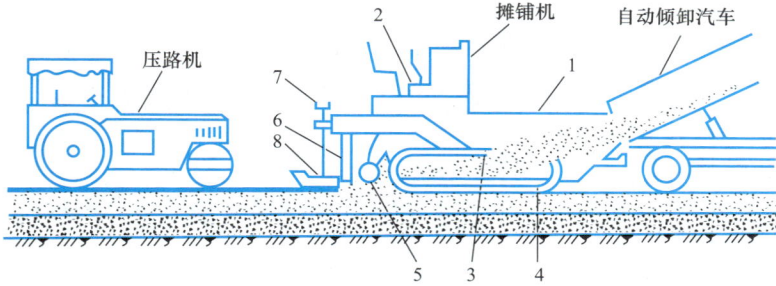

图 10-12　沥青混合料摊铺机操作示意图

1—料斗；2—驾驶台；3—送料器；4—履带；5—螺旋摊铺器；
6—振捣器；7—厚度调节螺杆；8—摊平板

混合料从自卸汽车上卸入摊铺机的料斗中，经由刮板输送到摊铺室，再由螺旋摊铺器横向摊开，随着机械的行驶，被摊开的混合料又被振捣器初步捣实，再由熨平板根据摊铺厚度修成适当的横断面，并加以熨平。

摊铺机必须缓慢、均匀、连续不间断地摊铺。为提高平整度，减少混合料的离析，施工过程中不得随意变换速度或中途停顿，摊铺速度宜控制在 $2\sim6m/min$ 的范围内。

（4）压实。沥青混合料摊铺后，应趁热及时碾压。压路机应以慢而均匀的速度碾压，碾压速度满足规范相关规定。碾压过程分为初压、复压和终压三个阶段。

① 初压是压实的基础，目的是整平和稳定混合料，同时为复压创造有利条件。初压紧跟摊铺机后碾压，宜采用钢轮压路机静压 $1\sim2$ 遍。碾压时应将压路机的驱动轮面向摊铺机，从外侧向中心碾压，在超高路段则由低向高碾压，在坡道上应将驱动轮从低处向高处碾压。

② 复压是整个压实过程中的关键，目的是使混合料密实、稳定、成型，应紧跟在初压后开始，且不得随意停顿。当采用三轮钢筒式压路机时，总质量不宜小于 12t，相邻碾压带宜重叠后轮的 1/2 宽度，并不应少于 200mm。复压遍数 $4\sim6$ 次，压至稳定，且表面无显著轮迹为止。

③ 终压是消除轮迹、缺陷和保证面层有较好平整度的最后一步，终压应紧接在复压后进行，可选用双轮钢筒式压路机或关闭振动的振动压路机碾压 $2\sim4$ 遍。

（5）接缝施工。接缝包括纵向接缝和横向接缝（工作缝）。

① 纵向接缝有热接缝和冷接缝两种。热接缝施工一般使用两台以上摊铺机成梯队同步摊铺，此时相邻摊铺带的混合料处于压实前的热状态，所以纵向接缝易于处理，且连接强度好；冷接缝指新铺层与经过压实后的冷铺层进行搭接，搭接宽度约为 $3\sim5cm$，摊铺新铺层时，对已铺层带接缝边缘进行铲修垂直，新铺层与已铺层松铺厚度相同。

② 横向接缝对路面平整度影响很大。高速公路和一级公路的表面层横向接缝应采用垂直的平接缝，平接缝宜趁尚未冷透时用凿岩机或人工垂直刨除端部层厚不足的部分，使工作缝成直角连接。以下各层及其他等级公路的各层均可采用自然碾压的斜接缝，沥青层较厚时也可作阶梯形接缝。

10.2.3　混凝土路面施工

混凝土路面是一种刚性路面，包括普通混凝土、钢筋混凝土、连续配筋混凝土、预应力混凝土、装配式混凝土、钢纤维混凝土、碾压混凝土和混凝土小块铺砌等面层板和基（垫）层所组成的路面。

1. 混凝土面层铺筑

目前我国水泥混凝土路面采用4种施工方式：滑模摊铺施工、三辊轴摊铺施工、轨道摊铺施工、碾压摊铺混凝土施工。

1）滑模摊铺机铺筑

滑模摊铺机具有分料、振捣、成型、熨平、打传力杆等功能，同时还设有纵横向自动找平装置。在摊铺运行过程中，能一次完成面层的摊铺、密实、整平等多道工序作业，摊铺机行走作业之后路面即成型，滑模摊铺机工作简图见图10-13。操作滑模摊铺机应缓慢、匀速、连续不间断地作业，摊铺速度应根据拌合物稠度、供料多少和设备性能控制在1.5～3.0m/min之间。

2）轨道式摊铺机铺筑

轨道摊铺机的混凝土摊铺方式有刮板式、箱式或螺旋式三种。施工时首先在基层上安装轨道和钢模板，然后用布料机将自卸车倾卸在基层上的水泥混凝土料堆均匀地摊铺在模板范围之内，当摊铺机在轨道上行驶时，通过摊铺器将事先初步均匀的混凝土进一步摊铺整平，并在机械自重作用下对路面进行初压；用振捣梁或振捣板对混凝土表面进行振捣，最后用整平机或抹光机进行整平和表面修整。余下工序如表面修正拉毛、切缝清缝、养生填缝等工序由人工或专用机械设备完成。轨道式摊铺机构造示意图见图10-14。

图10-13　滑模摊铺机工作简图

图10-14　轨道式摊铺机构造示意图

图10-15　三辊轴机组铺筑

3）三辊轴机组铺筑

三辊轴机组是一种中型施工设备（图10-15），比较适用于我国二、三、四级公路及县乡公路混凝土路面的施工。施工时采用前进振动、后退静滚的方式，其作业单元长度宜为20～30m，与振捣工序的时间间隔不超过10min。

三辊轴机组的施工流程为：

布料机具布料→排式振捣机振捣→拉杆安装→人工找补→三辊轴整平→(真空脱水)→(精平饰面)→拉毛→切缝→养生→(硬刻槽)→填缝。

4)碾压混凝土施工

碾压混凝土施工流程为:碾压混凝土拌合→运输→卸入沥青摊铺机→沥青摊铺机摊铺→打入拉杆→钢轮压路机初压→振动压路机复压→轮胎压路机终压→抗滑构造处理→养生→切缝→填缝。

2.接缝施工

1)接缝材料

接缝材料包括填缝料、接缝板、接缝钢筋三类,具体要求应符合公路水泥混凝土路面接缝材料的要求❶。

2)接缝类型

按作用的不同,接缝可分为缩缝、胀缝和施工缝三类,见图 10-16。设置位置和构造应能满足三方面的要求:一是能控制温度伸缩应力和翘曲应力所引起的开裂出现的位置;二是能提供一定的荷载传递能力;三是防止路表水下渗和坚硬杂物贯入缝隙内。

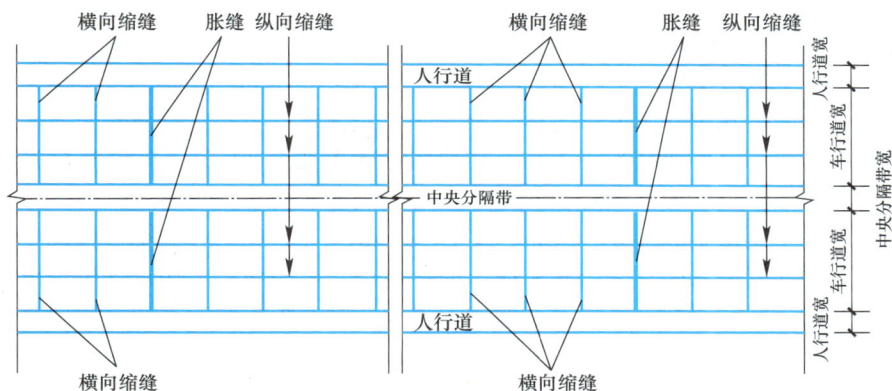

图 10-16　道路的缩缝和胀缝

(1)缩缝

缩缝的作用是控制混凝土的收缩应力和翘曲应力,按设置位置的不同,有横向缩缝和纵向缩缝两种。

(2)胀缝

在桥涵两端以及小半径平、竖曲线处应设置胀缝。在采用较短缩缝间距和非低温时浇筑混凝土的情况下,可仅在邻近构造物或与其他路面不对称交叉处设置胀缝。胀缝传力杆的尺寸、布置间距和要求,与缩缝传力杆相同。但胀缝传力杆的一端需加金属套,套子应能套住传力杆 50mm 长,并在套顶留下至少 20～25mm 长的空间,供板伸长位移时传力

---

❶　《公路水泥混凝土路面施工技术细则》JTG/T F30—2014 规定:

3.9.1 用于水泥混凝土面层的胀缝板的高度、长度和厚度应符合设计要求,并按设计间距预留传力杆孔。孔径宜大于传力杆直径 2mm,高度和厚度尺寸偏差均应小于 1.5mm。

3.9.2 胀缝板质量应符合表 3.9.2 的规定。

3.9.3 高速公路、一级公路胀缝板宜采用塑胶板、橡胶(泡沫)板或沥青纤维板;其他等级公路也可采用浸油木板。

杆相应地有向前移动的余地，见图 10-17。

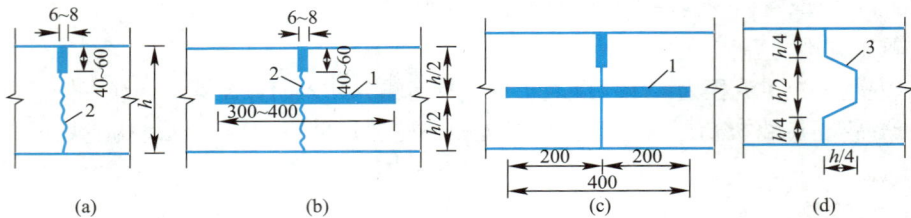

图 10-17　缩缝与工作缝的构造形式（mm）

（a）假缝；（b），（c）传力杆；（d）企口缝

1—传力杆；2—裂缝；3—凸榫接头

（3）施工缝

每天工作结束或因临时原因而中断施工时，需设置横向施工缝；混凝土一次铺筑宽度小于路面宽度时，需设置纵向施工缝。横向施工缝应尽可能设在缩缝处，做成设传力杆的平缝形式。如有困难而设在缩缝之间时，施工缝采用设拉杆的企口形式，以保证缝隙不张开。纵向施工缝则采用设拉杆的平缝或设拉杆的企口缝形式。传力杆和拉杆的尺寸和间距，与前述缩缝和胀缝的传力杆和拉杆相同。

3. 表面修正与防护措施

混凝土终凝前必须用人工或机械抹平其表面。为保证行车安全，混凝土表面应具有粗糙抗滑的表面。摊铺完毕或精平表面后，宜使用钢支架托挂 1～3 层叠合麻布、帆布或棉布，洒水润湿后做拉毛处理。最普通的做法是用棕刷或金属梳子梳成深 1～2mm 的横槽，也可用锯槽机将路面锯割成深 5～6mm、宽 2～3mm、间距 20mm 的小横槽。

特重和重交混凝土路面宜采用硬刻槽，即在完全凝固的面层上用锯缝机锯出横向防滑槽，凡使用圆盘、叶片式抹面机整平后的路面、钢纤维混凝土路面必须采用硬刻槽方式制作抗滑沟槽。

4. 养生、填缝与开放交通❶

（1）混凝土完工后要进行养护。可采用洒水养生，至少需 14d；也可采用混凝土表面均匀喷洒塑料溶液养护剂形成不透水的薄膜黏附于表面，从而阻止混凝土中水分的蒸发，保证混凝土的水化作用，养生期一般为 28d。

（2）填缝工作宜在混凝土初步结硬后及时进行。填缝前，首先将缝隙内泥砂杂物清除干净，其次浇灌填缝料。填缝料可用聚氯乙烯类填缝料或沥青玛蹄脂等。

（3）待混凝土强度达到设计强度时，方可开放交通。

10.3　桥梁工程施工

桥梁是由上部（桥跨）结构、下部结构和附属设施组成。

（1）上部结构包括桥跨结构和支座系统两部分。桥跨结构是指直接承重并架空的结构部分，按照结构体系，桥梁可分为梁、拱、刚架，悬索、斜拉与组合体系桥梁。支座系统的作

---

❶　《公路水泥混凝土路面施工技术细则》JTG/T F30—2014 规定：

11.4.7 面层养生初期，人、畜、车辆不得通行，达到设计弯拉强度 40%后，可允许行人通行。

用是支承桥跨结构并把荷载传递给墩台，并且要保证桥跨结构能满足一定的变位要求。

（2）下部结构包括桥墩、桥台和墩台的基础。其作用是支承上部结构，并将结构的荷载向下传递给地基。桥台设在桥跨结构的两端，桥墩则设在两桥台之间。桥台除了起支承桥跨结构的作用外，还起到与路堤衔接、抵御路堤土压力、防止路堤滑坡的作用，故桥台两侧常设置锥体护坡。

墩台的基础是承受由上至下的全部作用（包括交通荷载和结构自重）并将其传至地基的结构部分。它通常埋于土层中或建筑在基岩上，常常需要在水下施工，因而也是桥梁建筑中情况比较复杂的部分。

（3）附属设施包括桥面铺装、排水防水系统、伸缩缝、栏杆和灯光照明等。它与桥梁的服务功能密切相关，对桥梁行车的舒适性和结构物的外观质量有着重要影响，因而在桥梁设计中要对附属设施给予足够的重视。

10.3.1 桥梁墩台施工

1. 石砌墩台

墩台砌筑前应按设计图放出大样，按大样图用挤浆法分段砌筑。砌筑时应计算砌筑层数，选好石料，严格控制平面位置和高度。镶面石一顺一丁排列，砌缝横平竖直，缝宽不大于2cm，上下层竖缝错开距离不小于10cm。里面可按块石砌筑，其平缝宽度不大于3cm，竖缝宽度不大于6cm，上下层竖缝应错开。

1）砌筑脚手架

砌石时所采用的施工脚手架应环绕墩台搭设，以便堆放材料，并支承施工人员砌镶面定位行列及勾缝。脚手架的类型根据墩台高度选择，6m以下墩台一般采用固定式轻型脚手架，25m以下墩台选用简易活动脚手架，墩台较高时则多采用悬吊脚手架。

2）石砌墩台施工要点

（1）圆端形桥墩。桥台应先砌角石，再接砌镶面石，除角石错缝不小于15cm外，接缝宽度宜控制在2～3cm。桥墩砌石时一般先从桥墩的上下游圆头石或分水尖开始，然后砌镶面石，最后再砌腹石。圆端桥墩的圆端顶点不应有垂直灰缝，砌石应从顶端开始先砌石块①，然后以丁顺相间排列，接砌四周镶面石，见图10-18（a）。圆端底层顺石宜稍长，以利于逐层减短收坡，使丁石位置保持不变。

（2）尖端形桥墩。尖端及转角不得有垂直接缝，同样应先砌石块①，再砌转角石②，见图10-18（b）。然后丁顺相间排列，接砌四周镶面石。砌石时应将大面平面朝下，安放稳定，砂浆饱满，并不得在石块间垫塞小石块。

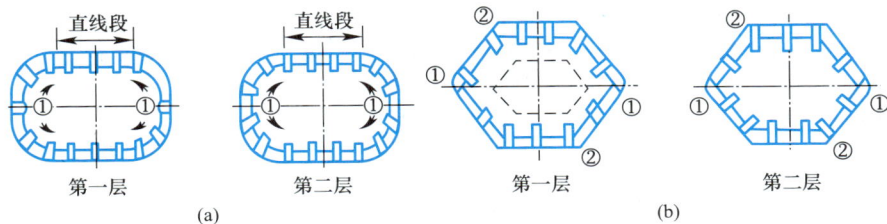

图 10-18 石砌桥墩
（a）圆端形桥墩；（b）尖端形桥墩

（3）同一层砌筑顺序是：桥墩先砌上下游圆头石或分水尖，桥台先砌四个转角，然后挂线砌筑中部表层，最后填砌腹部。

（4）挤浆法砌筑时，横向缝和竖缝的砂浆均应饱满。

（5）墩台的顶帽（盖梁）一般用混凝土或钢筋混凝土灌注。支撑垫石位置、标高和帽栓孔眼的位置都应特别注意，其偏差必须满足施工规范要求。

二维码 10-4 桥墩施工

2. 混凝土墩台

一般情况下，当混凝土墩台高度小于 30m 时采用固定模板施工；当高度不小于 30m 时采用滑动模板施工，滑升模板浇筑墩台混凝土时，宜采用低流动、半干硬性混凝土进行分层浇筑，各段应浇筑到距模板上口 100～150mm 的位置为止。

墩台身混凝土采用高性能混凝土一次灌注法施工工艺。对混凝土进行集中拌合，用输送车送至施工现场，混凝土输送泵泵送入模，插入式振捣棒振捣。主要控制步骤为混凝土养护、混凝土温控及防裂和施工缝处理。混凝土脱模强度宜为 0.2～0.5MPa。

扫描二维码 10-4 观看桥墩施工教学视频。

3. 装配式墩台

装配式墩台适用于山谷架桥、跨越平缓无漂流物的河沟、河滩等的桥梁，特别是在工地干扰多，施工场地狭窄、缺水与砂石供应困难地区，其效果更为显著。装配式墩台结构形式轻便、建桥速度快、预制构件质量有保证。目前经常采用的有砌块式、柱式和管节式或环圈式墩台等。图 10-19 为排架式柱式桥墩照片。

图 10-19　排架式柱式桥墩

10.3.2　桥梁基础施工

1. 桩基础

桩基础是以桩体外壁与其周围土壤的摩擦力或桩端的支撑力来传力的基础，各类桩基础施工工艺详见第 2 章。

2. 沉井基础

沉井基础是一个井筒状的结构物，它是从井内挖土、依靠自身重力克服井壁摩阻力后下沉到设计标高，然后采用混凝土封底并填塞井孔，使其成为桥梁墩台或其他结构物的基础。沉井基础的特点是埋置深度大、整体性强、稳定性好，有较大的承载面积，能承受较大的垂直荷载和水平荷载。同时，沉井既是基础，又是施工时的挡土和挡水的围堰结构物。

1）施工方法

按施工方法可将沉井分为陆地沉井、筑岛沉井和浮运沉井。

（1）陆地沉井是指在陆地上制作和下沉的沉井，是较常用的一种沉井类型，见图 10-20（a）。

（2）在河道中施工沉井时，如果河流流速不大，在河床水位较浅的条件下，可以用砂石材料在河床上筑岛，岛面高程在水位 50m 以上，即为筑岛沉井，见图 10-20（b）。

（3）浮运沉井是指先在岸边预制，把沉井底节先做成浮体结构，使其在水中漂浮，然后使用船只将其托运到设计位置，再灌水下沉储落在河床上，壳体内填充混凝土，就地接高除土下沉；通常在深水地区（一般大于 10m）或水流流速大、有通航要求、人工筑岛困难或不经济时采用，是目前大跨径桥梁基础工程中较为常见的施工技术，见图 10-20（c）。

图 10-20　不同施工方法下的沉井基础
（a）陆地沉井；（b）筑岛沉井；（c）浮运沉井

2）施工要点

沉井施工前要对沉井所要通过的地质层进行详细钻探，查明其地质构造、土质层次、地下连续墙深度、特性和水文情况，以便制定切实可行的沉井下沉方案和对附近构造物采取有效防护措施。以浮运沉井基础的施工为例，其主要施工要点如下：

（1）浮运沉井制作与运输如果河岸地形条件允许，应尽可能在岸上搭设预制沉井平台，沿岸坡铺设滑道，将作好的底节沉井顺着滑道滑入水中。

（2）当河岸不具备制作条件时，也可以在桩支架或浮船支架平台上制作沉井。当沉井混凝土达到设计强度后，再进行起吊、拆平台、落水、接高及填充空腔混凝土等后道工序。

10.3.3　梁式桥施工

1. 按承重结构的静力体系划分的梁式桥主要类型见图 10-21。

（1）简支梁桥。简支梁桥属于静定结构，且邻桥孔各自单独受力，故最易设计成各种标准跨径的装配式构件，见图 10-21（a）。

（2）连续梁桥。这种体系属于超静定结构。连续梁由于荷载作用下支点截面产生负弯矩，从而显著减小了跨中的正弯矩，这样不但可减小跨中的截面高度，而且能节省钢筋混凝土数量，跨径增大时，这种节省就愈益显著。连续梁通常适用于桥基良好的场合，否则，任一墩台基础发生不均匀沉陷时，桥跨结构内会产生附加内力，从而影响结构强度与稳定性，见图 10-21（b）。

（3）悬臂梁桥。这种桥梁的主体是长度超跨径的悬臂结构。仅一端悬出者称为单悬臂梁，两端均悬出者称为双悬臂梁。对于较长的桥，还可以借助简支的挂梁与悬臂梁一起组合成多孔桥。悬臂梁桥属于静定结构，悬臂根部产生的负弯矩减小跨中正弯矩。墩台的不均匀沉陷不会在梁内引起附加内力，见图 10-21（c）。

2. 简支梁式桥施工

简支梁式桥最常用的施工方法是就地浇筑施工法和预制安装施工法。扫描二维码 10-5 观看梁式桥施工教学视频。

二维码 10-5
梁式桥施工

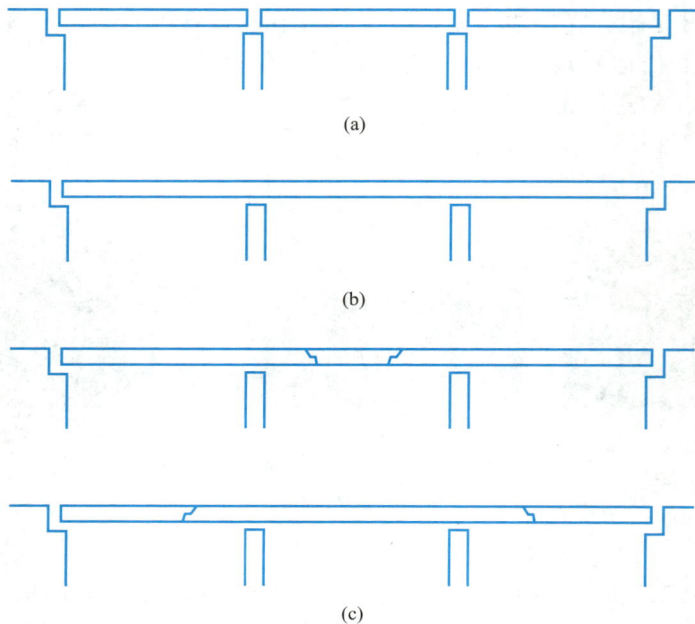

(a)

(b)

(c)

图 10-21　按承重结构的静力体系划分

（a）简支梁桥；（b）连续梁桥；（c）悬臂梁桥

1）就地浇筑施工法

就地浇筑施工法是在支架上完成梁体制作的施工方法。由于施工需要大量的模架，一般仅在小跨径桥梁或交通不便的偏远地区采用。随着桥梁结构形式的发展，出现了一些变宽桥、弯桥等复杂的预应力混凝土结构，也常采用就地浇筑施工方法。

（1）支架。支架按其构造分为柱式、梁式和梁-柱式，按材料可分为木支架、钢支架、钢木混合支架，其他还有万能杆件、贝雷梁等常备式构件拼装的支架。

（2）预拱度设置。支架受压后产生弹性变形和非弹性变形，桥梁上部结构在自重作用下产生挠度，为了保证桥梁竣工后尺寸准确，施工时支架需设置预拱度。预拱度在梁体的跨中位置设置，其他各点的预拱度，应以中间点为最大值，梁的两端为零，按直线或二次抛物线分布。

2）预制安装施工法

预制安装施工法就是将一孔梁分成多片在工厂（场）预制，然后运至桥位处，进行现场架设的施工方法，按架梁的施工环境及工艺类别来分，有陆地架、浮吊架和利用安装导梁或塔架、缆索的高空架设等。每一类架设工艺中，按起重、吊装等机具的不同，又可分为各种独具特色的架设方法。

（1）陆地架法

① 自行式起重机架梁（图 10-22a）

在桥不高，场内又可设置行车便道的情况下，用自行式起重机（汽车起重机或履带起重机）架设中、小跨径的桥梁十分方便。此法视吊装重量不同，可以采用一台起重机架设、两台起重机架设、起重机和绞车配合架设等方法。其特点是机动性好，不需要动力设备，架梁速度快。

② 跨墩龙门式起重机架梁（图 10-22b）

对于桥不高，桥孔多，沿桥墩两侧铺设轨道不困难时，可以采用一台或两台跨墩门式起重机来架梁。此时，除了起重机行走轨道外，在其内侧尚应铺设运梁轨道，或者设便道用拖车运梁。梁运到后，就用门式起重机起吊、横移，并安装在预定位置。当一孔架完后，起重机前移，再架设下一孔。在水深不超过 5m、水流平缓、不通航的中小河流上，也可以搭设便桥并铺轨后用门式起重机架梁。

③ 摆动式支架架梁法（图 10-22c）

将预制梁沿路基牵引到桥台上并稍悬出一段，从桥孔中心河床上悬出的梁端底下设置人字拔杆或木支架，前方用牵引绞车牵引梁端（悬出距离根据梁的截面尺寸和配筋确定）此时支架随之摆动而到对岸。为防止摆动过快，应在梁的后端用制动绞车牵引制动。

摆动支架架梁法，较适宜于桥梁高跨比稍大的场合。当河中有水时也可用此法架梁，但需在水中设一个简单小墩，供设立木支架用。

④ 移动支架架梁法（图 10-22d）

此法是在架设孔的地面上，顺桥轴线方向铺设轨道，其上设置可移动支架，预制梁的前端搭在支架上，通过移动支架将梁运移到要求的位置后，再用龙门架或人字拔杆吊装。或者在桥墩上设枕木垛，用千斤顶卸下，再将梁横移就位。

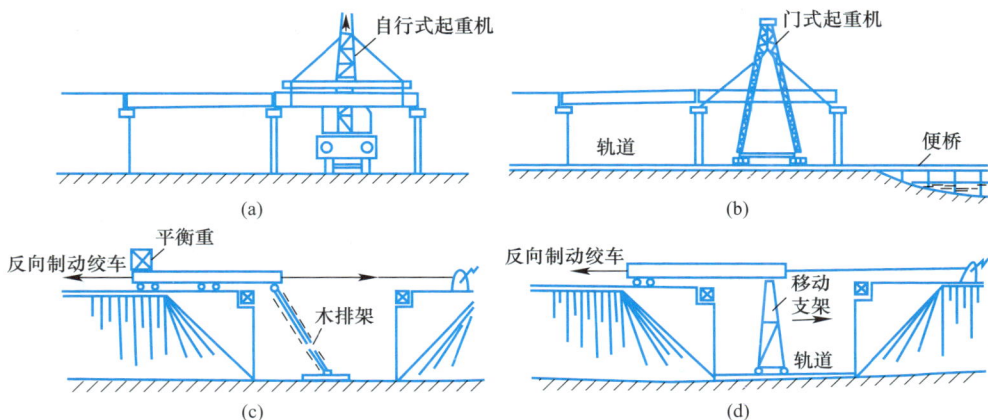

图 10-22 陆地架梁法

利用移动支架架设，设备较简单，可安装重型的预制梁。无动力设备时，可使用手摇卷扬机或绞盘移动支架进行架设。但不宜在桥孔下有水、地基过于松软的情况下使用，为保证架设安全，一般也不适宜桥墩过高的场合。

（2）浮吊架法

① 浮吊船架梁

在海上和深水大河上修建桥梁时，用可回转的伸臂式浮吊架梁比较方便（图 10-23a）。这种架梁方法，需要大型浮吊，架梁时，浮吊要锚固牢靠，以保证架桥精度。

② 固定式浮吊架梁

在缺乏大型伸臂式浮吊时，也可用钢制万能杆件或贝雷钢架拼装固定式的悬臂浮吊进行架梁（图10-23b）。架梁前，先从存梁场吊运至河边栈桥，再由固定式悬臂浮吊接运并安放稳妥，然后用托轮将重载的浮吊托运至待架桥孔处，并使浮吊初步就位。将船上的定位钢丝绳锚系在桥墩上，慢慢调整定位，在对准梁位后落梁就位。

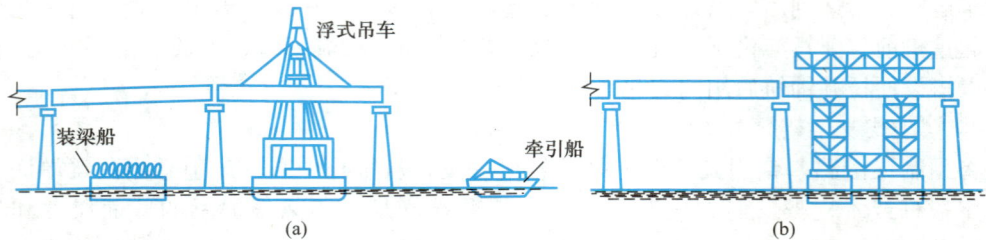

图 10-23　浮吊架设法

（a）浮吊船架梁；（b）固定式浮吊架梁

（3）高空架设法

① 联合架桥机架设

此法适合于架设中、小跨径的多跨简支梁桥，其优点是不受水深和墩高的影响，并且在作业过程中不影响通航。联合架桥机是由一根总长大于两倍桥跨的钢导梁，两套门式起重机和一个托架（又称蝴蝶架）三部分组成。导梁顶面铺设轨道供运梁平车和托架行走，门式起重机顶横梁上设有吊梁用的行走小车，为了不影响架梁的净空位置，其立柱底部还可做成在横向内倾斜的小斜腿，这样的起重机俗称拐脚龙门架。

② 自行式起重机桥上架梁

当梁的跨径不大、重量较轻且预制梁能运到桥头引道上时，直接用自行式伸臂起重机（汽车式起重机或履带式起重机）来架梁甚为方便（图10-24a）。

③ 人字拔杆提梁架梁

利用设在一岸的拔杆或塔柱用绞车牵引预制梁前端，拔杆上设复式滑车，俗称"钓鱼法"架梁。梁的后端用制动绞车控制，就位后用千斤顶落梁。此法适用于架设小跨径梁（图10-24b）

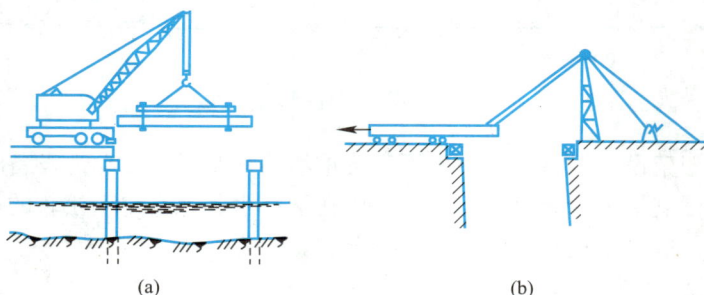

图 10-24　小跨径梁的架设

（a）自行式起重机桥上架梁；（b）人字拔杆提梁架梁

3. 悬臂体系和连续体系梁桥施工

悬臂体系和连续体系梁桥的结构和重量一般都比简支梁要大，其受力特点也与简支梁有所不同。目前常用的施工方法有悬臂施工法、逐孔施工法、顶推法施工。

1) 悬臂施工法

悬臂施工法也叫做逐段施工法，是在已建成的桥墩上，沿桥梁跨径方向对称地逐段拼装或浇筑的施工方法。按照梁体的制作方式，悬臂施工法又可分为悬臂浇筑法和悬臂拼装法两类。

采用悬臂法施工桥梁的施工顺序见图 10-25。

```
0号块浇筑 > 悬臂阶段的预制
          安装或挂篮现浇 > 桥跨间的合拢段
                          施工及相应的结
                          构体系转换 > 桥面系统施工
```

图 10-25　悬臂法施工桥梁的施工顺序

（1）悬臂浇筑法

采用移动式挂篮作为主要施工设备，以桥墩为中心，对称向两岸利用挂篮逐段浇筑梁段混凝土，待混凝土达到要求强度后，张拉预应力钢筋并锚固，然后向前移动挂篮，进行下一节段的施工，直至悬臂端为止（图 10-26）。

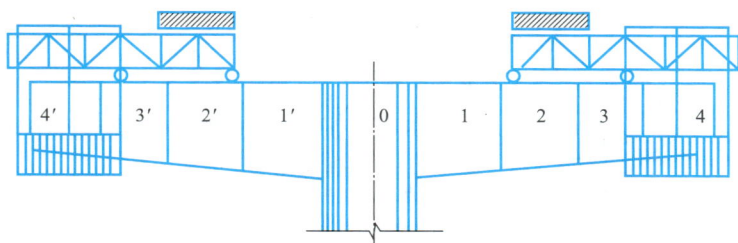

图 10-26　悬臂浇筑施工

悬臂浇筑的节段长度要根据主梁的截面变化情况和挂篮设备的承载能力来确定，一般可取 2～8m。每个节段可以全截面一次浇筑，也可以先浇筑梁底板和腹板，再安装顶板钢筋及预应力管道，最后浇筑顶板混凝土，但需注意由混凝土龄期差而产生的徐变、收缩次内力。悬臂浇筑施工的周期一般为 6～10d，依节段混凝土的数量和结构复杂的程度而定。合龙段是悬臂施工的关键部位。为控制合龙段的准确位置，除了需要预先设计好预拱度和进行严密的施工监控外，还要在合龙段中设置劲性钢筋定位，采用超早强水泥，选择最合适的合龙温度（宜在低温）及合龙时间（夏季宜在晚上），以提高施工质量。

（2）悬臂拼装法

在工厂或桥位附近将梁体沿轴线划分成适当长度的块件进行预制，然后用船（板车）从水上（已建成部分桥上）运至架设地点，用活动起重机向墩柱两侧对称均衡地拼装就位，张拉预应力筋并锚固。重复上述工序直至拼装完悬臂梁全部块件为止。

预制块件的悬臂拼装可根据现场布置和设备条件采用不同方法实现。当桥梁高度不大且靠近河岸时，可以采用自行式起重机、门式起重机。对于河中桥跨，可采用浮运吊装和悬臂式起重机，如图 10-27 所示。

2) 逐孔施工法

逐孔施工法是中等跨径预应力混凝土梁长桥较常采用的一种施工方法，它使用一套设备从桥梁的一端逐孔施工。逐孔施工法从施工技术方面可分为逐孔拼装、逐孔现浇、整孔吊装三种类型。

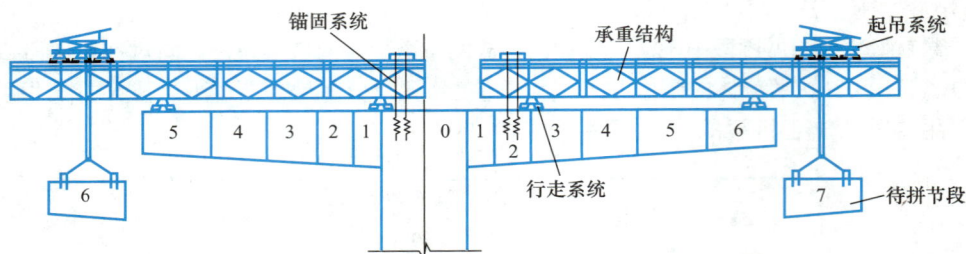

图 10-27　悬臂式起重机拼装施工

（1）逐孔拼装

逐孔拼装是用临时支承组拼预制节段逐孔施工。它是将每一桥跨分成若干节段，预制完成后在临时支承上逐孔组拼施工（图 10-28）。

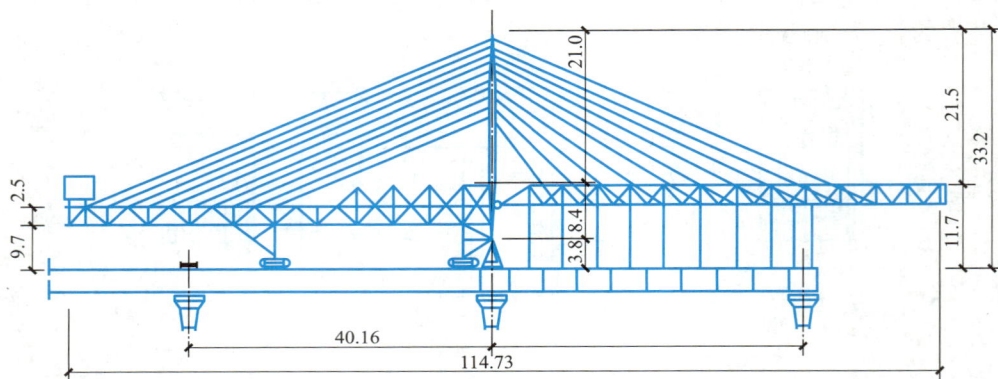

图 10-28　用斜缆索式架桥机组拼施工（单位：m）

（2）逐孔现浇

逐孔现浇是使用移动支架逐孔现浇施工，也称为移动模架法，即逐孔完成模板工程、钢筋工程、浇筑混凝土和张拉预应力筋等工序，待混凝土有足够强度后，再进行下一孔梁的施工，如图 10-29 所示。由于此法是在桥位上现浇施工，可免去大型运输和吊装设备，施工连续性和整体性较好，同时它又具有在桥梁预制厂生产的特点，可提高机械设备的利用率和生产效率。

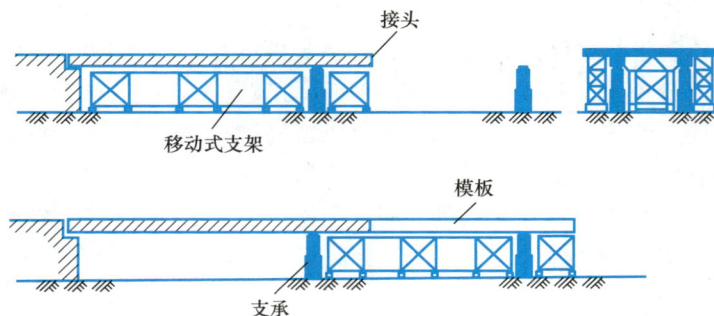

（a）

图 10-29　用移动支架逐孔现浇施工（一）

（a）落地式支架

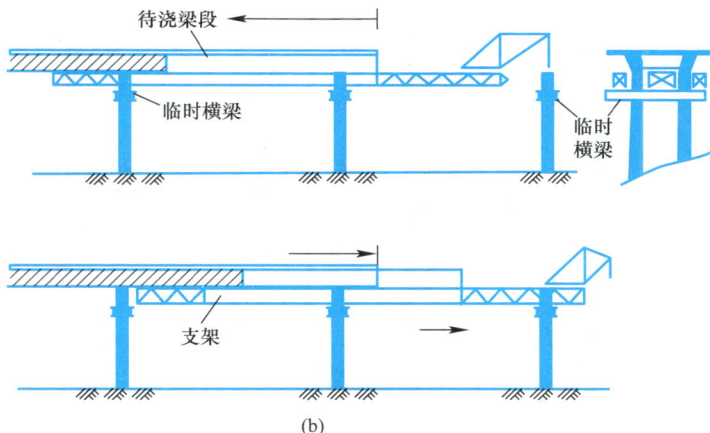

图 10-29　用移动支架逐孔现浇施工（二）
（b）梁式支架

（3）整孔吊装

整孔吊装方法是早期连续梁桥采用逐孔施工的方法，如图 10-30 所示。近年来，随着机械装备起重能力增强，桥梁的预制构件向大型化方向发展，逐孔施工速度快的特点不断突显，这一工艺被广泛应用于混凝土连续梁和钢连续梁桥的施工中。

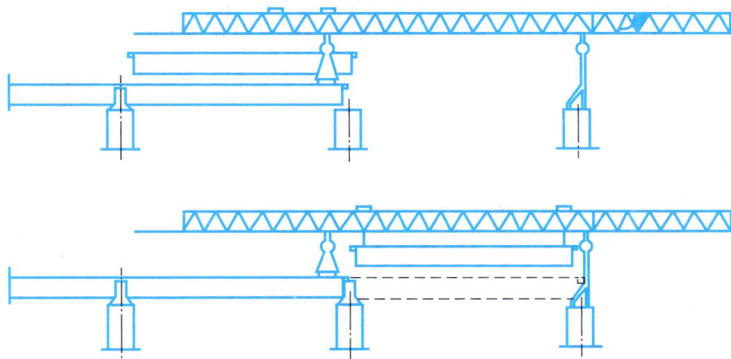

图 10-30　使用桁式起重机逐孔架设施工

3）顶推法施工

在沿桥的纵向台后设置一个固定的预制场地，分节段预制梁身并用纵向预应力钢筋将各节段连成整体，然后通过水平与竖向液压千斤顶的联合作用，借助不锈钢板与聚四氟乙烯模压板组成的滑动装置将梁逐孔向对岸推进，待全部顶推就位后，落梁、更换正式支座，完成桥梁施工，如图 10-31 所示。

根据顶推装置布置不同，可有单点顶推与多点顶推。集中设在一处的为单点顶推，将总的顶推力分散到多个桥墩上的为多点顶推。顶推法施工可以省去大量脚手架，不中断桥下交通，特别适合于水深、桥高以及高架道路的中等跨径、等截面的直桥或曲线桥梁施工。

多点顶推与集中单点顶推比较，可以免去大规模的顶推设备，能有效地控制顶推梁的偏离，顶推时对桥墩的水平推力可以减到很小，便于结构采用柔性墩。在弯桥采用多点顶

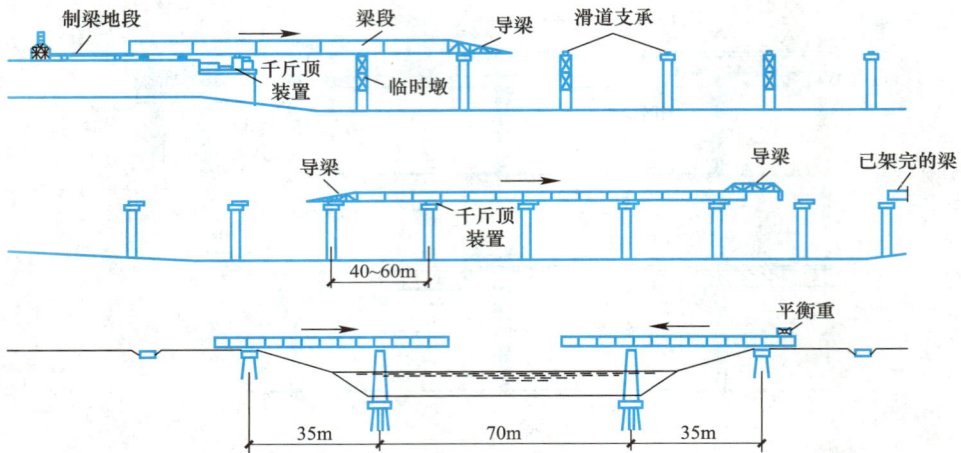

图 10-31 顶推施工流程

推时，由各墩均匀施加顶力，同样能顺利施工。采用拉杆式顶推系统，免去在每一循环顶推过程中用竖向千斤顶将梁顶起使水平千斤顶复位的操作，简化了工艺流程，加快顶推速度。但多点顶推需要较多的设备，操作要求也比较高。

4. 梁式钢桥施工

钢桥施工是指通过铆接、焊接或高强度螺栓连接，把预制的钢桥构件或杆件组装成钢桥，并架设安装到桥位上。钢桥所用材料的性能应满足规范规定。钢桥的施工方法有很多，前几节介绍的方法均可用于钢桥梁的架设，相对而言，拖拉架设法和悬臂拼装架设法更适合于钢桥架设。

1）拖拉架设法

拖拉架设法与顶推滑移法相似，顶推法采用聚四氟乙烯板减少摩擦系数，用千斤顶顶推或拽拉；拖拉法用辊轴或滑箱减少摩擦系数，用卷扬机等设备拖拉（图 10-32）。

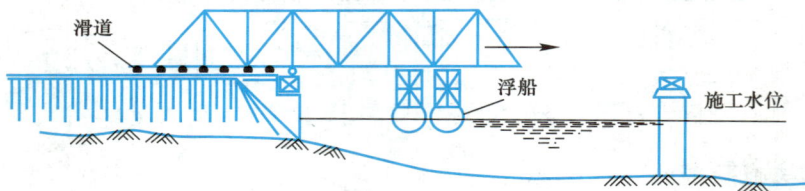

图 10-32 中间浮运支撑的纵向拖拉

拖拉架设法是在路堤上、支架上或已拼好的钢梁上进行拼装，并在钢梁下设上滑道，在路堤、支架和墩台顶面设置下滑道。上、下滑道之间根据施工设计的需要，放置一定数量的滚轴、滚筒箱或四氟滑块，通过滑车组、绞车等牵引设备，沿桥轴纵向拖拉钢梁至预定的桥跨，最后拆除附属设备，落梁就位。

2）悬臂拼装架设法

（1）全悬臂拼装

全悬臂拼装是跨中不设临时支墩，为减少悬臂拼装长度，常在前方桥墩一侧设立墩旁托架，或在墩顶钢梁上设立塔架和斜拉吊索。

（2）半悬臂拼装

半悬臂拼装是在桥孔内设立一个或几个临时支墩，以减小悬臂长度，使悬臂弯矩大为减少。如靠近桥台的河滩多属浅滩，建临时支墩或支架较省工省料，可先用支架法组拼一段钢梁作为平衡重，用半悬臂方式悬拼其余节段，待拼装成一跨桁梁后，再利用此跨钢梁作为平衡梁，改用全悬臂方式组拼下一跨的钢梁。

（3）中间合龙悬臂拼装

中间合龙悬臂拼装是从桥跨两端相向悬臂拼装，在跨间适当位置合龙的方式。这种方法的特点是悬臂较短，拼装应力、下挠度、平衡重和振动等均较小，但是要求提高施工精确度，且合龙计算复杂，调整工作量大，并需要较多的墩顶调节设施。

10.3.4　拱桥施工

拱桥的施工，从方法上大体可分为有支架施工和无支架施工两大类。在我国，前者常用于石拱桥和混凝土预制块拱桥，后者多用于肋拱、双曲拱、箱形拱、桁架拱桥等。

1. 有支架拱桥施工

传统的拱桥施工方法是搭设拱架，在拱架上现浇或组拼拱圈。其主要施工工序有：材料的准备→拱圈放样（包括石拱桥拱石的放样）→拱架制作与安装→拱圈及拱上建筑的砌筑等。

1）拱圈放样

大中跨径悬链线拱圈要在样台上将拱圈按 1∶1 的比例放出大样，然后用木板或锌铁皮在样台上按分块大小制作样板，并注明拱石编号，以便加工。

拱架按使用材料的不同可分为木拱架、钢拱架、竹拱架、竹木拱架及"土牛拱胎"等型式，如图 10-33 所示。

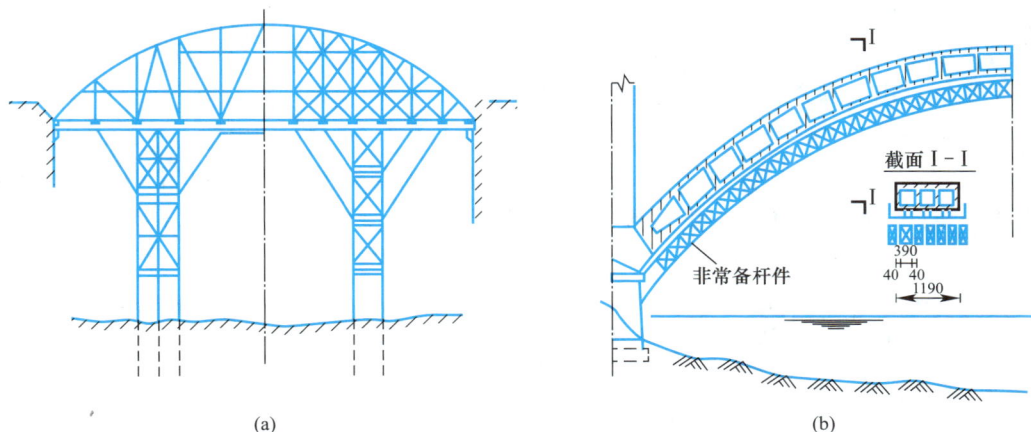

图 10-33　拱架类型
（a）撑架式支架；（b）钢拱架

另外，当拱圈砌筑完毕，强度达到要求而卸落拱架后，拱圈由于承受自重、温度变化及墩台位移等因素影响，会产生弹性下沉。为了使拱轴线符合设计要求，必须在拱架上预留施工拱度❶，以抵消这些发生的垂直变形。

2）拱圈的施工

拱圈的施工一般可根据跨度的大小、构造形式等分别采用不同繁简程度的施工方法，以使在浇筑（砌筑）过程中，拱架受力均匀，变形量小，已施工的拱圈不产生裂缝，并且尽可能简化施工过程。

（1）连续浇筑法

当拱的跨度较小时，按拱圈的全宽和全厚，自两端拱脚向拱顶对称地连续浇筑，并且在拱脚处混凝土初凝前全部完成。否则，须在拱脚处预留隔缝，并最后浇筑隔缝混凝土。拱圈砌筑时，常在拱顶预留一条拢口，最后在拱顶合龙。为了防止拱圈因温度变化而产生过大的附加应力，拱圈合龙应在设计要求的温度范围内进行。设计无规定时，宜选取气温在10~15℃时进行。拱尖封顶应在拱圈砌缝砂浆强度达到设计规定的强度后进行。

（2）分段浇筑法

一般当拱的跨度大于16m左右时，为避免因拱架不均匀变形而导致拱圈产生裂缝，以及为减少混凝土的收缩应力，应利用分段浇筑法施工。分段的长度约为6.0~15.0m，视浇筑能力、拱架结构和跨度大小而定。分段位置应使拱架受力对称均匀，一般分段点应设在拱架支点、节点处，及拱顶、拱脚处。

（3）分环浇筑法

为减轻拱架的负担，箱形截面拱圈一般采用分环、分段的浇筑方法施工。若底板分段浇筑合龙后，再浇筑上面一环（腹板和顶板，或仅为腹板和隔板），此时合龙后的底板可与拱架共同受力。

（4）钢管混凝土浇筑

钢管混凝土拱桥施工，一般采用节段悬拼法或转体施工法安装钢管拱，然后浇筑钢管混凝土。钢管拱既是浇筑混凝土的支架和模板，又是钢管混凝土拱的组成部分。钢管混凝土拱多采用泵送混凝土。在钢管上应每隔30m左右设一排气孔，以减小管内空气压力，有助于空气排出，加强管内混凝土的密实度。

3）拱上建筑的施工

拱上建筑的施工，应在拱圈合龙❷、施工强度达到设计强度的30%以上时进行。若拱架先松离拱圈，则应在施工强度达到70%后进行。拱上建筑的施工，应掌握对称均衡的

❶ 《公路桥涵施工技术规范》JTG/T 3650—2020 规定：

5.4.4 支架应结合模板的安装一并考虑设置预拱度和卸落装置，并应符合下列规定：

1. 设置的预拱度值，应包括结构本身需要的预拱度和施工需要的预拱度两部分。

2. 施工预拱度应考虑下列因素：模板、支架承受施工荷载引起的弹性变形；受载后由于杆件接头的挤压和卸落装置压缩而产生的非弹性变形；支架地基在受载后的沉降变形。

3. 专用支架应按其产品的要求进行模板的卸落；自行设计的普通支架应在适当部位设置相应的木楔、木马、砂筒或千斤顶等卸落模板的装置，并应根据结构形式、承受的荷载大小确定卸落量。

❷ 《公路桥涵施工技术规范》JTG/T 3650—2020 规定：

19.3.3 间隔槽混凝土的浇筑应符合设计规定，设计未规定时，应在拱圈混凝土的强度达到设计强度的85%后，由拱脚向拱顶对称进行浇筑；拱顶及拱脚间隔槽的混凝土应在最后封拱时浇筑。

19.3.6 拱圈合龙的温度应符合设计要求，设计未要求时，宜选择夜间气温较稳定时段的温度。拱圈合龙前如采用千斤顶对两侧拱圈施加压力的方法调整拱圈应力，拱圈混凝土的强度应达到设计规定的强度。

原则进行，避免主拱圈产生过大的不均匀变形。

4）拱架的卸落❶

为了使拱架所承受的重量能够逐渐地转移到由拱圈自身承受，安装拱架时应在适当的位置安放卸落拱架的专用设备，以保证拱架能均匀卸载。卸落时间必须待拱圈混凝土达到一定强度后才能进行，为了保证拱圈或整个上部结构逐渐对称均匀降落，以便使拱架所支承的桥跨结构重量逐渐转移给拱圈来承担，因此拱架不能突然卸除，而应按照一定的卸架程序进行。

一般卸架程序是：对于满布式拱架的中小跨径拱桥，可从拱顶开始，逐渐向拱脚对称卸落，对于大跨径拱圈，为了避免拱圈发生"M"形的变形，也有从两边 $L/4$ 处逐次对称地向拱顶均匀地卸落。卸架时宜在白天气温较高时进行，这样的条件对卸落拱架工作较方便。

2. 无支架缆索吊装施工

在峡谷或水深流急的河段上，或在通航河道上，不断航施工时，或在洪水季节施工并受漂流物影响等条件下修建拱桥，宜采用无支架施工。可根据桥梁规模、河流、地形及设备等条件选用拔杆、龙门架、塔式起重机、浮式起重机、缆索吊装等方式进行吊装（图 10-34）。当拱肋吊装合龙成拱，要在裸拱上加载，加载程序：

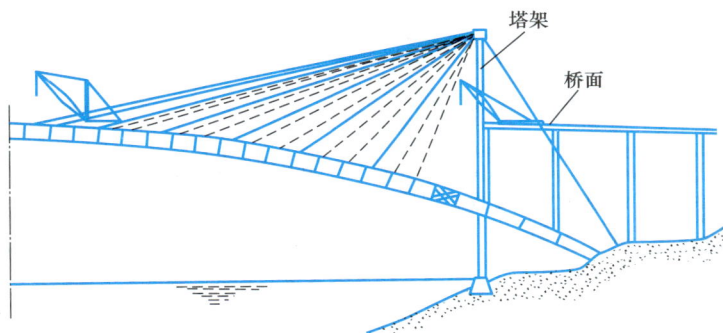

图 10-34　拱桥无支架施工

（1）中、小跨径拱桥，当拱肋的截面尺寸满足一定的要求时，可不作施工加载程序设计，按有支架施工方法对拱上结构作对称、均衡的施工。

（2）在多孔拱桥的两个相邻孔之间，必须均衡加载。两孔的施工进度不能相差太远，

❶《公路桥涵施工技术规范》JTG/T 3650—2020 规定：

19.2.3 拱架的拆卸应符合下列规定：

1. 现浇混凝土拱圈的拱架，其拆除期限应符合设计规定；设计未规定时，应在拱圈混凝土强度达到设计强度的 85% 后，方可卸落拆除。

2. 卸落拱架应按提前拟定的卸落程序进行，且宜分步卸落；在纵向应对称均衡卸落，在横向应同时一起卸落。满布式落地拱架卸落时，可从拱顶向拱脚依次循环卸落；拱式拱架可在两支座处同时均匀卸落；多孔拱桥卸架时，若桥墩允许承受单孔施工荷载，可单孔卸落，否则应多孔同时卸落，或各连续孔分阶段卸落。卸落拱架时，应设专人对拱圈的挠度和墩台的位移等情况进行监测，当有异常时，应暂停卸落，查明原因并采取相应措施后方可继续进行。

3. 石拱桥的拱架卸落时间应符合下列规定：

1）对浆砌石拱桥，应待砂浆强度达到设计强度的 85% 后方可卸落；设计另有规定时，应从其规定。

2）对跨径小于 10m 的小拱桥，宜在拱上建筑全部完成后卸架；中等跨径的实腹式拱桥，宜在护拱砌完后卸架；跨径较大的空腹式拱，宜在拱上小拱横墙砌好（未砌小拱圈）后卸架。

3）当需要裸拱卸架时，应对裸拱进行截面强度及稳定性验算，并应采取必要的辅助稳定措施。

以免桥墩承受过大的单向推力而产生过大的位移，造成施工进度快的一孔的拱顶下沉，相邻孔的拱顶上冒，而导致拱圈开裂。

装配式的混凝土、钢筋混凝土拱圈、钢管混凝土拱拱肋（桁架）以及装配式的桁架拱和刚构拱都可采用无支架缆索吊装施工法进行架设安装。

3. 转体施工法

桥梁转体施工是在河流的两岸（适当位置），通过简便的支架（或利用地形）先将半桥预制完成，后以桥梁结构本身为转动体，通过机具设备分别将两个半桥转体到桥位轴线位置合龙成桥。转体施工一般适用于单孔或三孔等奇数跨拱桥。转体的方法可以采用平面转体（图10-35）、竖向转体或平竖结合转体，目前已应用在拱桥、梁桥、斜拉桥、斜腿刚架桥等不同桥型上部结构的施工中。

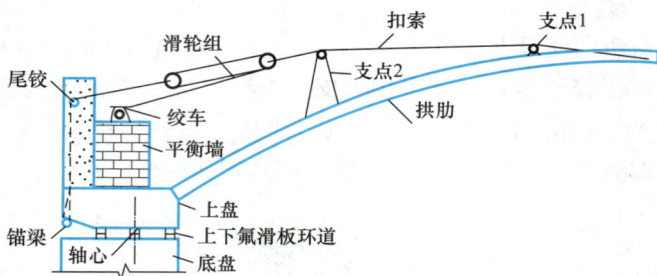

图 10-35　拱桥水平转体施工示意图

用转体施工法建造大跨径桥，可不搭设费用昂贵的支架，减少安装架设工序，把复杂的、技术性强的高空作业和水上作业变为陆上作业。施工安全、质量可靠，施工中可不干扰交通、不间断通航、减少对环境的损害、减少机具设备使用，是具有良好的技术经济效益和社会效益的桥梁施工方法之一。

10.3.5　斜拉桥施工

斜拉桥主要由主梁、索塔和斜拉索三大部分组成，如图10-36所示。主梁一般采用钢筋混凝土结构，索塔采用钢结构或钢筋混凝土结构，斜拉索一般采用高强钢丝或钢绞线制成。斜拉桥中荷载传递路径是：斜拉索的两端分别锚固在主梁和索塔上，将主梁的恒载和车辆荷载传递至索塔，再通过索塔传至地基。斜拉桥的施工包括基础施工、主梁施工、索塔施工、斜拉索施工。其中基础施工与其他类型的桥梁相同，这里不作介绍。扫描二维码10-6观看斜拉桥施工教学视频。

二维码 10-6
斜拉桥施工

1. 索塔施工❶

1）混凝土索塔施工

混凝土索塔施工大体上可分为搭架现浇、预制吊装和模板浇筑等几种方法，钢-混凝

---

❶《公路桥涵施工技术规范》JTG/T 3650—2020 规定：

20.2.1 索塔的施工方法宜根据结构特点、施工环境和设备能力等综合确定。索塔施工期间，宜设置必要的起重设备、工作电梯和安全通道。

混凝土索塔的施工应符合 20.2.2 规定。钢索塔的施工应符合 20.2.5 规定。

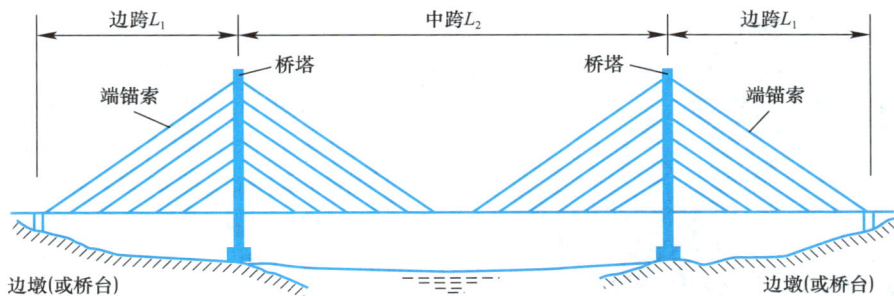

图 10-36　双塔三跨斜拉桥

土组合索塔一般先安装钢构件再浇筑混凝土。

（1）搭架现浇。这种方法工艺成熟，无需专用的施工设备，可以适应各种断面形式，对锚固区的预留孔道和预埋件的处理也较方便，但是比较费工、费料、速度慢。对于跨径重大的桥梁，塔柱可分为几段施工，下部适合支架现浇，上部则采用预制安装。

（2）预制吊装。这种方法要求有较强的起重能力和专用的起重设备，当索塔不是太高时，可加快施工进度，减小高空作业的难度和劳动强度。

（3）裸塔现浇。裸塔施工宜用爬模法，横梁较多的高塔宜用劲性骨架挂模提升法。裸塔现浇主要有滑升模板浇筑、翻模浇筑和爬模浇筑三种方法。

① 滑升模板浇筑。这种方法的最大优点是施工进度快，适用于高塔的施工。塔柱无论是竖直的或是倾斜的都可以用这个方法，但对斜拉索锚固区预留孔道和预埋件的处理要困难些。

② 翻模浇筑。翻模浇筑的施工模板设计为内外双面板，中间为型钢骨架。模板上下两边安装铰，各块模板之间可采用铰轴连接，以支撑模板进行翻转作业。

③ 爬模浇筑分为无爬架爬模施工和有爬架爬模施工，主要施工要点和工序见图 10-37。

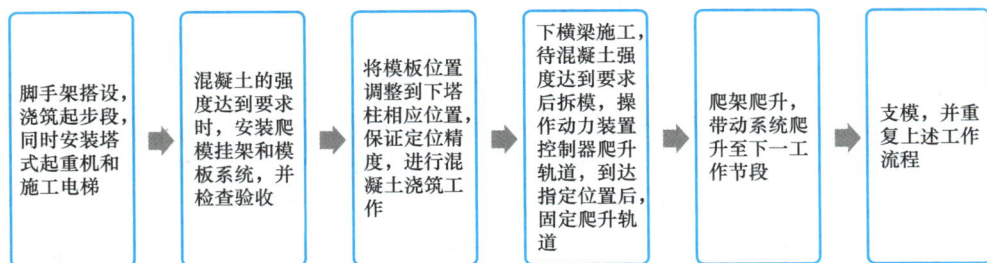

图 10-37　爬模浇筑主要施工要点和工序

有爬架爬模施工是指依靠附着在已浇筑混凝土索塔上的模板爬升架，利用提升设备，通过导向轨分块提升模板，安装就位，图 10-38 所示为苏通大桥下塔柱支架配合爬模分节段现浇施工，完成横梁施工，并进入中塔柱施工阶段。

无爬架爬模施工要用塔式起重机等起重设备进行提升，仅靠模板系统自身不能完成提升作业但是其制造简单，构造种类少，施工缝易于处理，外表美观，施工速度快。

2）钢索塔施工

相比于混凝土索塔，钢索塔具有预制加工、体积小、自重轻、施工进度快等优点。钢索塔一般采用预制吊装施工，钢索塔按设计节段制作完成并在工厂试拼调整后，经运输至桥位处进行安装。钢索塔安装应当按照塔基架设、下塔柱架设和上塔柱架设的顺序，从塔的根部向塔的顶部安装，组装完成并定位固定后，进行焊接或螺栓连接施工。

塔的安装方式主要有三种：用浮式起重机大节段安装，用浮式起重机和塔式起重机分多段安装，用附着爬升式起重机多节段安装。钢索塔安装完成后需对钢索塔进行防腐蚀处理，目前主要采用涂装的方法进行钢索

图 10-38　苏通大桥下塔柱支架
配合爬模分节段现浇施工

塔的防腐。

3）钢-混凝土组合索塔施工

钢-混凝土组合索塔的施工主要流程：

（1）承台施工。绑扎承台顶层钢筋，预埋塔座钢筋，设置顶层钢筋定位系统，绑扎索塔第一节段伸入承台的钢筋，完成承台混凝土浇筑。

（2）第一节段施工。利用浮式起重机吊装索塔第一节段钢结构至定位钢框架定位座，按精度要求精确调整到位，与定位座栓接固定，绑扎钢筋，设置钢筋与钢结构部分的连接构造，浇筑混凝土。

（3）其余节段施工。在施工第二节段前，需将第一节段的混凝土顶面进行凿毛处理，完成索塔竖向节段间的所有钢筋机械连接。起吊第二节段的钢结构，并将两节段钢结构进行焊接处理，实现钢结构节段间的永久连接，对钢结构表面涂装。

水平拉筋安装绑扎，设置竖向钢筋与钢结构部分的连接构造，浇筑第二节段混凝土。提升操作平台，随后进行下一节段钢结构吊装混凝土浇筑，重复上述标准施工流程，直至封顶。

2. 主梁施工

混凝土梁式桥施工中的任一种合适的方法都可以在混凝土斜拉桥上部结构的施工中采用。由于斜拉桥梁体尺寸较小，各节间有拉索，还可以利用索塔来架设辅助钢索，因此更为有利于采用各种无支架施工法。其中悬臂施工法是混凝土斜拉桥施工中普遍采用的方法。另外，斜拉桥与其他梁桥相比，主梁高跨比很小，梁体十分纤细，抗弯能力差，所以考虑施工方法时，须充分利用斜拉桥结构本身特点，在施工阶段充分发挥斜拉索的作用，尽量减轻施工荷载，使结构在施工阶段和运营阶段的受力状态基本一致。

3. 拉索的施工

随着拉索跨径的增大、拉索数量的增多，对斜拉索材料和制作水平的要求也越来越高，为了保证质量，拉索要求在工厂制作，并采取临时防护措施和永久防护措施来防止拉索产生锈蚀，影响使用。

斜拉索由两端锚具、中间斜拉索传力件和防护材料组成，称为斜拉索组装件。拉索的构造基本上分为整体安装的拉索和分散安装的拉索两大类。前者的代表为平行钢丝索配冷铸锚，后者的代表为平行钢绞线索配夹片锚。斜拉索的主要材料有钢丝绳、粗钢筋、高强

钢丝、钢绞线等。冷铸锚斜拉索由锚杯、锚圈、连接筒和索体等组成（图 10-39）。

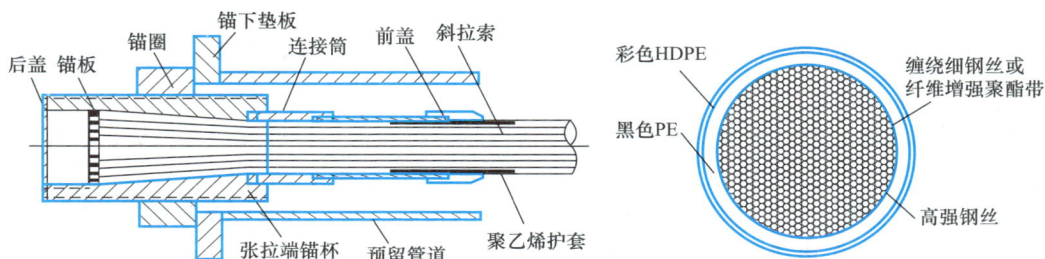

图 10-39 冷铸锚斜拉索结构示意

1) 拉索安装

拉索与塔、梁连接结构的功能是将斜拉索力可靠地传递给主梁和桥塔，图 10-40（a）为拉索与箱梁的锚固示意图，图 10-40（b）为拉索与索塔的锚固示意图。拉索安装主要包括运输、进索、放索、挂设、端部安装和张拉等工作。

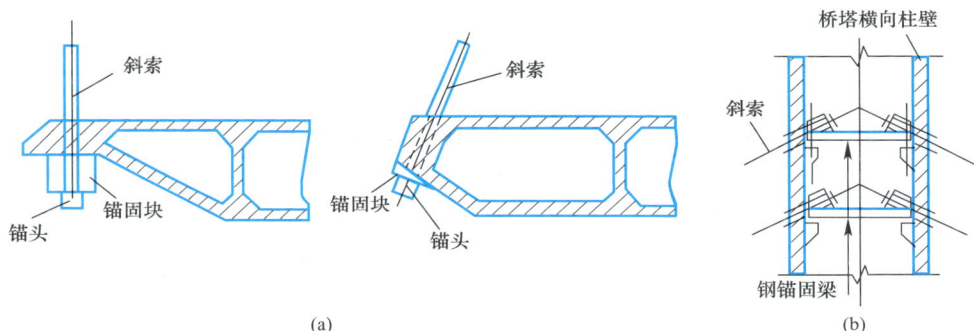

图 10-40 拉索与箱梁、索塔的锚固示意图

（a）拉索与箱梁的锚固；（b）拉索与索塔的锚固

（1）索的运输

索制好后堆放在制索场，在安装前运到桥上。索在吊装前只做临时防锈措施，可卷盘运输或用起重机吊装。为了防止索在运输过程中遭受损伤，大跨度斜拉桥的拉索通常采用钢结构焊成的索盘将索卷盘，然后运至工地安装。

（2）挂索施工

挂索是将索的两端分别穿入梁上和塔上预留的索孔内，并初步固定在索孔端面的锚板上。不同的拉索、不同的锚具，采用不同的挂索方式。

常用的挂索施工方法有三种：

① 先装梁端，再牵引安装塔端

挂设步骤是：先利用塔上起吊设备将缆索锚头提升到距塔上索道管一定高度，再将梁端缆索锚头安装到位，最后塔端锚头利用软、硬牵引装置牵引到位❶。这种挂索方法常用于主梁为预制安装或梁端没有操作条件而塔端有操作净空的斜拉桥。

---

❶ 硬牵引：采用大直径张拉杆进行张拉，牵引力较大，能重复利用；但牵引长度受张拉杆长度限制，一般不超过 4m。软牵引：采用柔性钢绞线作为牵引索，将斜拉索锚头牵引至锚固位置后，安装锚固螺帽。

②　先装塔端，再牵引安装梁端

挂设步骤是：先挂塔端，利用塔上起吊设备使缆索锚头在塔端锚固板上带上螺母，再挂缆索梁端，梁端缆索锚头上按要求安装好张拉杆及牵引杆，通过牵引杆分步牵引缆索安装到位。

这种挂索方法适用于主梁采用支架法或挂篮悬浇法施工，且塔端没有足够的操作净空的情况。

③　先接长安装一端，待牵引安装另一端到位后再将先接长的一端牵引到位

这种方法适用于塔梁两端都具有施工操作条件的情况。

（3）端部安装方法

锚固端部安装方法有吊点法、起重机安装法；张拉端部一般用分步牵引法。

①　吊点法（图10-41）。一般用在锚固端在梁上放置转向滑轮，牵引绳从套筒中伸出，用起重机将索吊起后，随锚头逐渐地牵入套筒，缓缓放下吊钩，向套筒中平移，直至将锚头穿入套筒内。

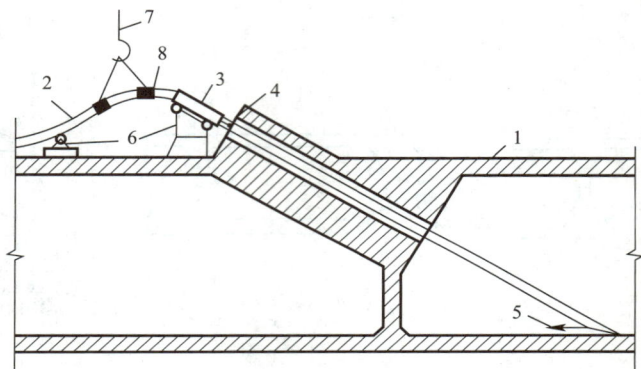

图 10-41　吊点法

1—主梁梁体；2—待安装拉索；3—拉索锚头；4—牵索滑轮；
5—卷扬机牵引；6—滚轮；7—起重机；8—索夹

②　起重机安装法。采用索塔施工时的提升起重机，用特制的扁担梁捆扎拉索起吊。拉索前端由索塔孔道内伸出的牵引索引入索塔拉索锚孔内，下端用移动式起重机提升。

③　分步牵引法（图10-42）。首先用大吨位的卷扬机将索的张拉端从桥面提升到预留孔外，然后用穿心式千斤顶将其牵引至张拉锚固面。牵引过程第一步，采用柔性张拉杆（钢铰线束），利用两套钢铰线夹具系统交替牵引；第二步，随着索力逐渐增大，采用刚性张拉杆牵引到位。

（4）斜拉索的张拉

斜拉索的张拉工作一般在挂索完成后立刻进行，斜拉索张拉有单根张拉、整体张拉等不同形式。斜拉索张拉可分为安装阶段的初始张拉与其后的二次张拉。下面介绍斜拉索的张拉四种作业方式：

①　用千斤顶直接张拉。此法是在斜拉索的梁端或塔端的锚固点处装设千斤顶直接张拉斜拉索，国内几乎都是采用液压千斤顶直接张拉斜拉索的施工工艺。

②　用临时钢索将主梁前端拉起的方法。此法依靠主梁伸出前端的临时钢索，先将主

梁向上吊起。待斜拉索在此状态下锚固完毕后，再放松临时钢索，使斜拉索中产生拉力。实际上是将临时钢索中的拉力以大于 1 倍的数值转移到需要张拉的斜拉索中去。

③ 用千斤顶将塔顶鞍座顶起的方法。安装塔顶鞍座时，先将鞍座放置在低于设计高度的位置上。待斜拉索引架到鞍座上之后，再用千斤顶将鞍座顶高到设计标高，由此使斜拉索得到所需的拉力。当斜拉索长度很大时，采用此法进行张拉，有时鞍座的顶高量达 2m 之多。

④ 梁先架设在高于设计标高位置上的方法。主梁的架设标高，先高于设计位置，待全部斜拉索安装锚固后，再放松千斤顶落梁，并由此使斜拉索中得到所需的拉力。

2）索力量测与控制

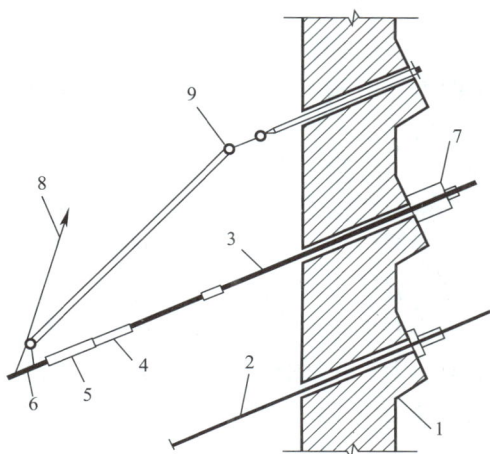

图 10-42　分步牵引法

1—索塔；2—已安装拉索；3—钢绞线；
4—刚性拉索；5—拉索锚头；6—待安装拉索；
7—千斤顶；8—卷扬机；9—滑轮

斜拉索的索力正确与否，是斜拉桥设计、施工成败的关键之一，必须有可靠的方法准确量测索力。目前常用的索力量测方法有压力传感器测定法、频率法和磁通量法等三种。斜拉桥的施工控制问题主要是索力的控制问题。索力的控制一般采用分次到位法。

10.3.6　悬索桥施工

悬索桥是以受拉缆索为主要承重构件的桥梁结构。它由缆索（主缆）、桥塔（包括基础）、锚碇、吊杆、加劲梁、鞍座及桥面结构等几部分组成（图 10-43）。当设计的桥梁跨度在 600m 及以上时，悬索桥是优先考虑的桥型。

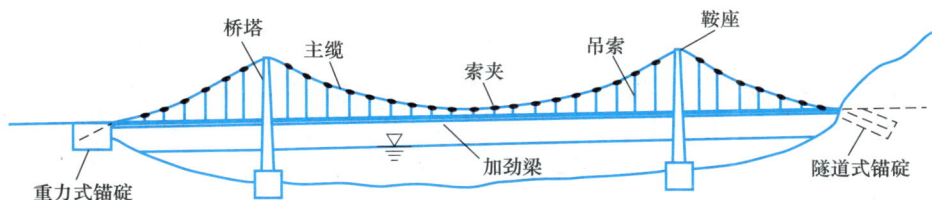

图 10-43　悬索桥主要构造

1. 悬索桥的施工

悬索桥的主要施工顺序见图 10-44。

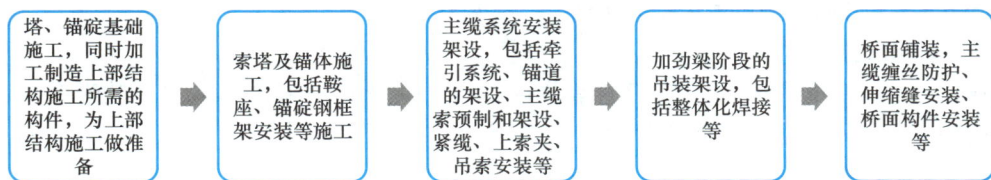

图 10-44　悬索桥的主要施工顺序

1) 锚碇施工

锚碇是主缆锚固装置的总称，由混凝土锚块、锚杆、鞍座（散索鞍）等组成（图 10-45）。主缆由空中成束的形式进入锚碇，要经过一系列转向、展开、锚固的构件。锚碇是悬索桥的主要承重构件，要抵抗来自主缆的拉力，并传递给地基。锚碇分为重力式锚碇和隧道式锚碇两种结构形式。

重力式锚碇依靠其巨大的重力来抵抗主缆拉力，重力式锚块混凝土的浇筑，应按大体积混凝土浇筑。施工中要根据施工单位的能力和温度控制的可行方案对锚块进行平面分仓和竖向分层。施工时按照一定的施工计划分期分层进行浇筑和养护，注意水化热影响，防止锚块产生裂缝，锚块与基础应形成整体。隧道式锚碇的锚体嵌入岩体内，借助基岩抵抗主缆拉力，只适合在基岩坚实完整的地区，其他情况下多采用重力式锚碇，隧道式锚块应注意隧道中排水和防水措施。

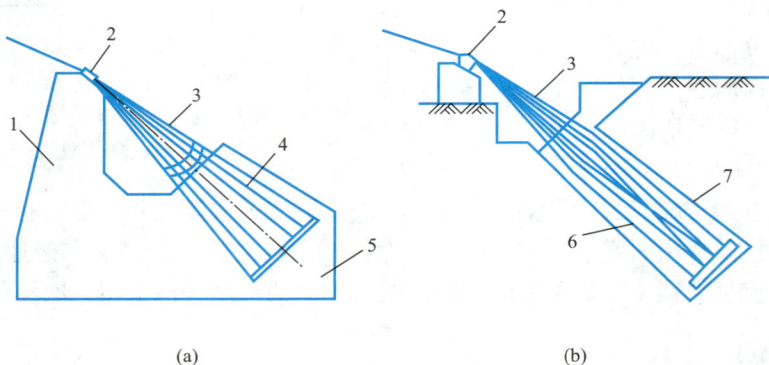

图 10-45 锚碇的形式
(a) 重力式；(b) 隧道式
1—散索鞍座；2—散索鞍；3—索股；4—锚固构架；5—锚块；6—隧道；7—眼杆

（1）重力式锚碇施工

① 混凝土浇筑。为有效抑制由水泥水化热引起的温度升高，防止有害裂缝的产生，在充分考虑现场施工能力的情况下，需对锚体进行合理的分块、分层以方便施工。

② 混凝土养护。混凝土终凝后即开始养护，同时根据实测的混凝土温度和环境温度变化情况，及时调整保温层厚度，保证混凝土内外温差满足要求。

③ 锚固系统安装。安装前首先需要进行平面拼装，平面拼装是将每一个锚固板单元在平台上预拼装为整块锚固板，检验外观几何尺寸的准确性、各锚固单元间的匹配性、各锚固单元的相对关系，并做好安装标记。安装时首先采用绝对测量的方法精确测量并控制首层锚固板的位置。按照工厂预拼时的标记点将上、下层锚固板精确定位，新安装的锚固板与已安装的锚固板的相对位置恢复至工厂拼装状态。

（2）隧道式锚碇施工

隧道式锚碇（也称隧道）施工通常包括隧洞开挖及支护锚塞体施工、散索鞍支墩施工、前锚室侧墙及顶板施工等工序。

2) 主缆架设

锚碇、索塔工程完成，主索鞍和散索鞍安装就位，牵引系统建立后，进行主缆架设。

主缆的架设方法主要有预制束股法（PPWS法）和空中纺丝法（AS法）。

（1）预制束股法（PPWS法）架设是在工厂提前将钢丝组合制造形成索股并锚固后，打盘成卷运输到现场直接架设。主缆架设施工前，应根据工程规模、工程量、进度计划、作业效率和现场条件等制订索股进场计划，确保工程进度与现场储存索股数量相匹配。索股架设前，将各种设备和机具运至现场检查，标定仪器。

索股架设施工工序主要有牵引系统试运行、索股锚头引出、索股牵引、索股横移、索股整形入鞍、锚头引入锚固、垂度调整、索力调整等。索股架设顺序是首先架设基准索，随后以基准索为参照，根据设计序号，按照从下往上、分层的原则进行架设。

（2）空中纺丝法（AS法）架设是将直径5～7mm的钢丝挂到纺丝轮上，利用牵引机械往复拽拉平行高强镀锌钢丝，往返于桥梁两侧的锚碇之间，以钢丝为单元在现场制作平行钢丝索股，进而架设缆的工艺。

随着纺丝轮的循环往返，钢丝从已缠好的丝盘中引出，纺丝轮下端的钢丝在引出后直至架设完成，始终处于同一位置不会移动，被称之为"死丝"。纺丝轮上端的钢丝从钢丝丝盘以纺丝轮行进2倍速度持续供应被称之为"活丝"。架设过程中死丝落入索鞍鞍槽和主缆成形器内，活丝落在主缆成形器外侧支撑滑轮上，纺丝轮回程时，将纺丝轮旋转一定角度，将去程活丝提起并落入索鞍鞍槽和主缆成形器内。架设于空中的钢丝通过多次往返将数百根钢丝逐步累加合成一个索股，各索股形成环状形态分别固定在锚靴上。

架设装备主要由钢丝卷绕设备、钢丝送丝设备和带纺线轮的牵引绳驱动设备等组成。牵引系统主要包括牵引卷扬机、导向轮、门架、导轮组、纺丝轮、牵引系统平衡重等。图10-46是主缆架设的施工现场照片。

图 10-46　主缆架设的施工现场照片

3）加劲梁架设

一般在架设中，为使加劲梁的线形能适应主缆变形，各加劲梁节段之间不应马上作刚性连接，可在上弦先做铰结连接而下弦暂不连接。待某一区段或全桥加劲梁吊装完毕，再做永久性连接。一般采用加劲梁从跨中向两侧主塔推进的施工方法，这种方法使靠近塔柱的梁段，是主缆在最终线形时就位的。这样，靠近塔柱的吊索索夹的最后夹紧，可推迟到塔顶处主缆仅留有很小永久角变阶段，可以减小主缆内的次应力。

（1）加劲梁安装

无论是钢桁梁、钢箱梁，还是预应力混凝土梁，其节段吊装的顺序分为从跨中到索塔和从索塔到跨中两种方向。考虑到结构受力的平衡性，大部分悬索桥加劲梁吊装均采用平衡对称吊装。

① 从跨中开始向两侧索塔式起重机吊装

该方案常用于跨缆起重机和缆索起重机吊装加劲梁的悬索桥，吊装按照跨中对称的原则进行。加劲梁吊装时，单跨悬索桥从跨中开始向两塔方向对称吊装，合龙段设置在靠近两个索塔位置。

多跨连续悬索桥由于中跨梁段多于边跨梁段，一般先完成中跨一定数量梁段吊装再由中跨和两个边跨锚碇位置同步向索塔方向吊装。

② 从索塔开始向两侧吊装

该方法多用于钢桁梁悬索桥，吊装设备为桥面悬臂起重机拼装或者浮式起重机整体节段吊装。

③ 合龙段的施工方法

加劲梁合龙段吊装时，需要采取措施使合龙空间大于合龙段长度，以保证有足够的空间使合龙段能顺利吊装到位。合龙段施工一般有温差合龙和牵引预偏合龙两种方法。

（2）钢箱梁吊装

钢箱梁吊装多采用缆载起重机法。钢箱梁悬索桥施工时，常采用大节段和小节段两种钢箱梁吊装方式。缆载起重机吊装钢箱梁节段时，根据起重机的起吊能力和梁段重量情况，可采用单台缆载起重机吊装也可采用两台缆载起重机抬吊。大节段通常由两个及以上的制造梁段组成，重量较大，需两台缆载起重机抬吊。小节段吊装重量较小，由单台起重机起吊，但吊具需达到四点平衡起吊目的。悬索桥钢箱梁的吊装顺序，常采用从跨中开始的方案，自跨中向两塔方向对称吊装。其主要施工流程包含缆载起重机行走、定位，钢箱梁运输，钢箱梁与吊具连接，垂直起吊钢箱梁，钢箱梁与吊索连接，钢箱梁顶板临时连接件连接，解除吊具与钢箱梁的连接等。

（3）钢桁梁安装施工

钢梁的安装设备种类很多，跨缆起重机、缆载起重机、桥面（悬臂）起重机、浮式起重机等吊装手段均适用。根据施工设备和结构设计的不同，既可以采用从跨中开始吊装也可以从索塔向跨中吊装。

钢梁施工方法较为多样，在大跨径悬索桥施工中，钢梁以浮式起重机和跨缆起重机大节段吊装为主，其吊装工艺与钢箱梁基本相同。国内钢梁悬索桥施工，常采用缆索起重机、缆载起重机吊装的方法。

10.4　工程案例

港珠澳大桥主体工程、桥梁工程、土建工程共分为 3 个合同段，各合同段桩号范围及工程规模如表 10-4 所示。

CB03、CB04 合同段分别为对应各自桩号范围内除钢箱梁采购与制造、钢桥面铺装及部分交通工程外的土建工程施工，主要工作包括但不限于：

各合同段桩号范围及工程规模　　　　　表 10-4

合同段	工程范围	桩号范围	里程（km）
CB03	部分深水区非通航孔桥＋青州航道桥＋跨崖 13-1 气田管线桥	K13＋413～K22＋083	8.670
CB04	部分深水区非通航孔桥＋江海直达船航道桥	K22＋083～K29＋237	7.154
CB05	浅水区非通航孔桥＋九洲航道桥	K29＋237～K35＋890	6.653

　　（1）钢管复合桩的钢管桩制作、运输及插打，海上钻孔灌注桩施工；通航孔桥承台、墩身的预制、运输及安装；通航孔桥墩台、混凝土塔身的施工；斜拉索、支座、伸缩缝、套箱等约束体系及附属设施的采购（或制造）及安装；

　　（2）钢箱梁、索塔钢结构塔身、索塔钢结构形撑、钢锚箱及附属结构吊装（不含桥位焊接）；

　　（3）首件工程认可制的实施，各种施工工艺或方案的设计、评定及相关人员的培训等；

　　（4）维护和照管期内对工程的维护和照管工作。

　　扫描二维码 10-7 观看港珠澳大桥主体工程桥梁工程案例。

二维码 10-7
港珠澳大桥主体
工程桥梁工程
案例

作业

　　某公司承建的市政桥梁工程中，桥梁引道与现有城市次干道呈 T 形平面交叉，次干道边坡坡率 1∶2，采用植草防护；引道位于种植滩地，线位上现存池塘一处（长 15m，宽 12m，深 1.5m）；引道两侧边坡采用挡土墙支护；桥台采用重力式桥台，基础为 φ120cm 混凝土钻孔灌注桩。引道纵断面如图 10-47（a）所示，挡土墙横截面如图 10-47（b）所示。

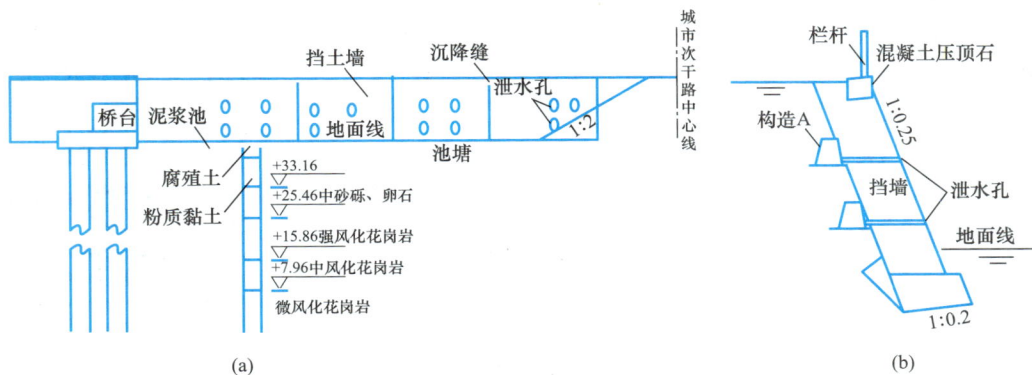

图 10-47　作业背景示意图

　　项目部编制的引道路堤及桥台施工方案有如下内容：

　　（1）桩基泥浆池设置于台后引道滩地上，公司现有如下桩基施工机械可供选用：正循环回转钻、反循环回转钻、潜水钻、冲击钻、长螺旋钻机、静力压桩机。

　　（2）引道路堤在挡墙及桥台施工完成后进行，路基用合格的土方从现有城市次干道倾倒入路基后用机械摊铺碾压成型。施工工艺流程见图 10-48。

　　监理工程师在审查施工方案时指出：施工方案（2）中施工组织存在不妥之处；施工

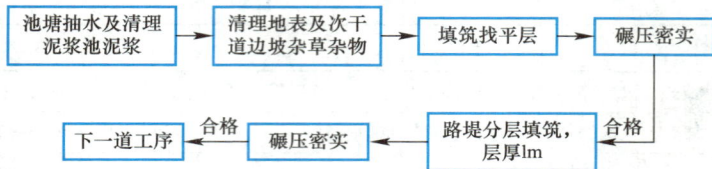

图 10-48　施工工艺流程

工艺流程图存在较多缺漏及错误，要求项目部改正。在桩基施工期间，发生一起行人滑入泥浆池事故，但未造成伤害。

【问题】

1. 施工方案（1）中，项目部宜选择哪种桩基施工机械？说明理由。

2. 指出施工方案（2）中引道路堤填土施工组织存在的不妥之处，并改正。

3. 结合图 10-47（a），补充并改正施工方案（2）中施工工艺流程的缺漏和错误之处。（用文字叙述）

4. 图 10-47（b）所示挡土墙属于哪种结构形式（类型）？写出图 10-47（b）中构造 A 的名称。

5. 针对"行人滑入泥浆池"的安全事故，指出桩基施工现场应采取哪些安全措施。

扫描二维码 10-8 观看作业教学视频。

二维码 10-8
作业

本章小结

1. 路基施工包括路基主体工程、取土坑与弃土堆、护坡道及碎落台、路基综合排水、路基防护与加固、填方与挖方路基、特殊工程地质地区的路基、冬期与雨期的施工以及由于修筑路基而引起的改沟或改河工程、土石方工程的施工组织、路基整修、质量检查、工程验收等工程项目。

2. 路面工程施工包括基层和面层施工。厂拌法是半刚性基层施工的主要方法。常用沥青路面面层施工方法为层铺法与拌合法；水泥混凝土路面采用施工方法有滑模摊铺法、三辊轴摊铺法、轨道摊铺法、小型机具法和碾压摊铺混凝土法等施工方法。

3. 桥梁墩台有石砌体、预制拼装混凝土砌块、现浇钢筋混凝土、预应力混凝土构件的施工。

4. 桥梁上部结构施工方法有就地浇筑（砌筑）法、预制安装法、悬臂施工法、转体施工法、顶推施工法、逐孔施工法、横移施工法、提升与浮运施工法等。梁桥、拱桥、钢桥、斜拉桥、悬索桥等桥梁工程施工时，需要根据各自特点选取合理的施工方法。

第 11 章　城市轨道工程

【知识目标】
(1) 城市轨道交通无砟轨道分类及其特点；
(2) 整体道床的施工工艺流程；
(3) 弹性整体道床的施工工艺；
(4) 浮置板轨道结构特点及其施工工艺。

【能力目标】
(1) 能够编制各轨道结构施工的控制要点；
(2) 能够编制城市轨道交通无砟轨道施工方案。

【素质教育】扫描二维码 11-1 观看"王振信与上海地铁 60 年"教学视频。

大胆设想，小心求证。

——中国盾构工法开拓者王振信

二维码 11-1
王振信与上海
地铁 60 年

城市轨道交通是采用轨道结构进行承重和导向的车辆运输系统。轨道结构按其轨下道床形式的不同可分为三大类：普通有砟道床、沥青道床和混凝土整体道床，见图 11-1。

有砟道床通常由具有一定粒径、级配和强度的硬质碎石堆集而成，在次要线路上，也可以使用级配卵石或粗砂；沥青道床是为了改善普通石砟道床的散体特性而加入乳化沥青或沥青砂浆的结构形式；整体道床常为现浇钢筋混凝土结构，常用于不易变形的隧道内或桥梁上。

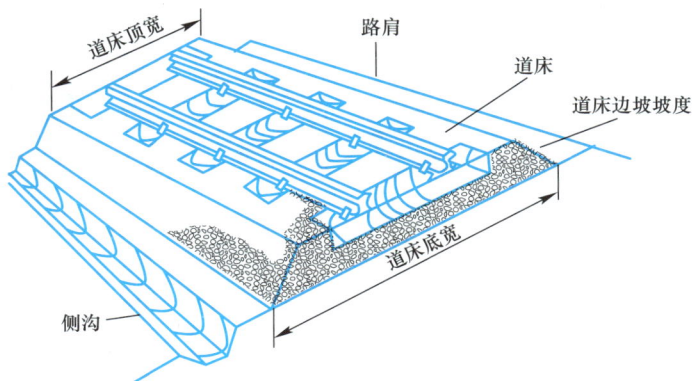

图 11-1　轨道结构示意图

城市轨道交通应优先采用混凝土整体道床，这是由城市轨道交通运营特点所决定的。

11.1　混凝土整体道床施工

道床是指路基、桥梁或隧道等下部结构之上，钢轨、轨枕之下的碎石、卵石层或混凝土层。道床是轨道的重要组成部分，道床主要作用一是支撑钢轨轨枕，把轨枕上部的巨大压力均匀地传递给路基；二是固定轨枕的位置，阻止轨枕纵向或横向移动。目前，城市轨道交通主要采用混凝土整体道床形式，具体可以分为一般混凝土整体道床、弹性混凝土整体道床和浮置板混凝土整体道床等。

整体道床又称混凝土整体道床，也称无砟道床，常用于铁路隧道、地下铁路、无砟桥梁上以及有特殊要求、基础经过处理的土质路基上。地铁隧道内的线路构造大多采用整体道床及无缝道轨，常用的整体道床有多种形式，见图11-2。

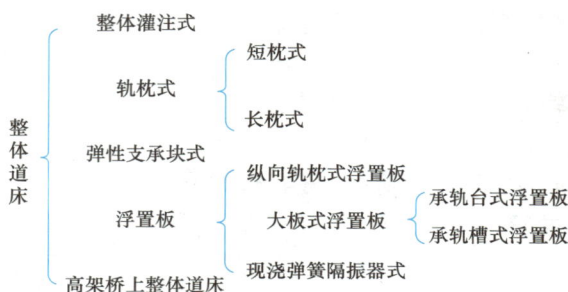

二维码 11-2
整体道床施工

图 11-2　整体道床分类示意图

一般整体混凝土道床是在坚实基底上直接浇筑混凝土以取代传统有砟轨道层轨下的轨枕及道砟基础，见图11-3。

图 11-3　整体道床

扫描二维码 11-2 观看整体道床施工教学视频。

11.1.1　短轨枕式整体道床

地铁隧道内工程通常采用混凝土支承块式整体道床。如北京地铁采用直接铺轨法铺设，设中心排水沟，铺设支承块数目直线地段为 1760 对/km，曲线地段（包括缓和曲线）为 1840 对/km，支承块为 C50 混凝土，道床为 C30 混凝土，道床最小厚度为350mm，见图 11-4。

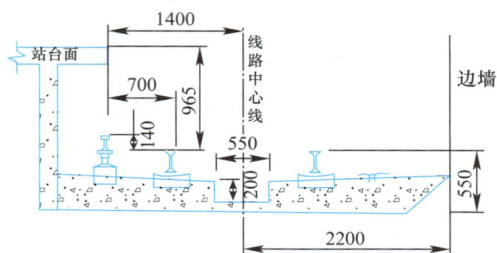

图 11-4　地铁隧道整体道床短轨枕式示意图（单位：mm）

1. 短轨枕式整体道床的施工流程

短轨枕式整体道床的施工工艺因采用的作业步骤不同而使施工方法有所不同，但作业流程都大同小异。其作业流程为：施工准备→清理道床基底→测量放样→走行轨铺设→铺设道床底层钢筋→短轨排组装、运输及轨道铺装→安装轨排→安装轨排支撑架→轨排初调、精调到位→上层钢筋绑扎及防迷流焊接→道床支模→道床浇筑混凝土→拆除支撑架及道床模板→拆除走行轨→混凝土道床、水沟修整→钢轨接头焊接→应力放散及锁定。短枕式整体道床施工工艺流程详见图 11-5。

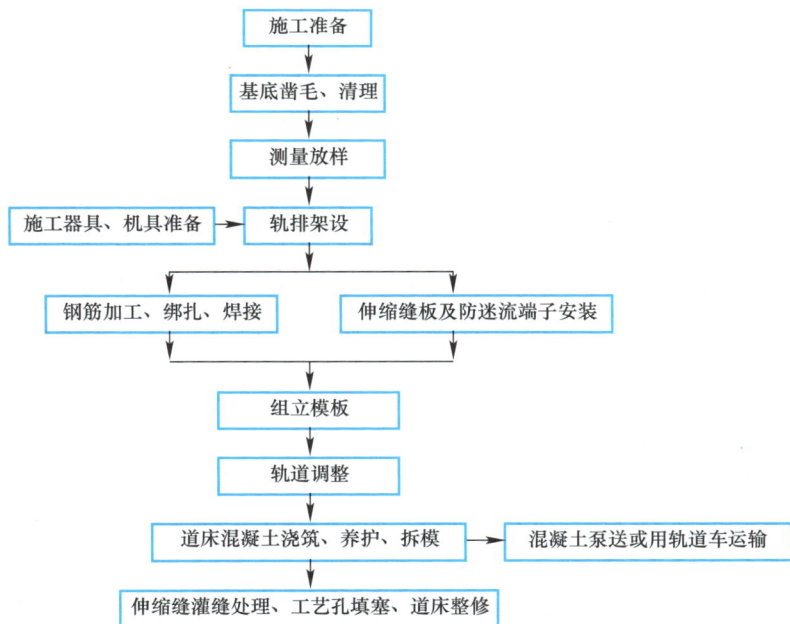

图 11-5　短枕式整体道床施工工艺流程图

2. 短轨枕式整体道床的主要施工方法

1）拼装轨排

在铺轨基地内设置固定式轨排拼装台。轨排在拼装台上组装，拼装时按轨节表所列的

钢轨长度、轨距、轨枕间距、扣件类型、接头相错量及短轨枕位置进行组装，最后采用轨

图 11-6　组装轨排施工

距拉杆进行连接构成轨道框架，其施工工序为：摆放轨枕→摆放枕上橡胶垫板、铁垫板、轨下橡胶垫板→摆放钢轨→校正钢轨→安装轨距拉杆→调整轨枕间距→安装扣轨弹簧→紧固螺母→安钢轨支承架→摆放接头夹板。组装轨排施工见图 11-6。

（1）摆放轨枕

① 在轨排拼装台位组装轨枕。其组装的顺序为：摆放轨枕→摆放枕上橡胶垫板、铁垫板、轨下橡胶垫板→摆放钢轨→调整轨枕间距→安装铁垫板→上连接螺栓→安装平垫圈及弹簧垫圈→紧螺母→安钢轨支撑架→摆放接头夹板→带螺母并拧紧。

② 按照配轨表布置的 25m 钢轨轨枕根数，摆放轨枕。

③ 根据组装台位上标注的间距线粗调轨枕间距。

（2）摆放钢轨

① 钢轨进场检验，采用 P60kg/m－25mU75V 热轧钢轨，其各项指标尺寸均在《钢轨 第 1 部分：43kg/m～75kg/m 钢轨》TB/T 2344.1—2020 允许误差之内；

② 摆放枕上橡胶垫板、铁垫板、轨下橡胶垫板；

③ 在轨排拼装台位摆放钢轨；道尺在使用前需校正，其精度允许误差为 0.5mm。

（3）紧固扣件

① 弹簧扣件要与轨底扣压密贴，不允许有松动、吊板等现象；

② 构件组装正确，螺母按规定值用测力扳手拧紧，力矩一致。

2）地铁铺轨车走行轨铺设

地铁铺轨车是隧道内轨排、钢筋、混凝土等材料吊运必不可少的，也是使用最频繁的机具之一。其走行轨选用 24kg/m 钢轨，两走行轨中心距 3.9m，走行轨支承点间距为 1.2m，最大不超过 1.4m，走行轨一般应超前钢筋网铺设地段 50m 为宜。走行轨安装工序流程为：根据基标、测量放线→固定螺栓打眼→配件材料运输→安装钢支墩、拧紧固定螺栓→架设走行轨→调整轨距、标高→剩余配件材料收集装箱倒运→拆除走行轨及上部钢支墩→收集拆除的所有配件料。地铁铺轨车走行轨在跨越岔区时抬高走行轨，使地铁铺轨车走行轨轨底高于轨面 10cm。

3）整体道床钢筋网铺设

整体道床钢筋网采取在铺轨基地下料、加工，隧道内绑扎焊接成型的作业方式，纵向钢筋按两相邻伸缩缝长度配料。

整体道床钢筋网施工时，纵向钢筋搭接处必须焊接，采用双面焊接，焊接长度不小于钢筋直径的 5 倍，焊缝高度不小于 6mm。在每条线路垂直钢轨下方，分别选 2 根纵向贯通钢筋与所有的横向钢筋焊接；在每个道床结构块内，每隔 5m 选 1 根横向钢筋与所交叉的所有纵向钢筋焊接；每个道床块两端各采用一根 80mm×8mm 镀锌扁钢与所有纵向钢筋焊接，以保证道床钢筋的电气连接，并在道床的两侧与埋入式杂散端子焊接引出连接端

子，保证全线贯通。防迷流钢筋网❶的检查是关键工作。钢筋绑扎如图 11-7 所示。

图 11-7　整体道床钢筋绑扎

4）轨排的运输

轨排在铺轨基地用龙门式起重机吊放在平板车上，利用轨道车推送至道床混凝土已施工完毕且强度达到 70％设计强度的地段，再用地铁铺轨车卸至待铺位置，如图 11-8 所示。

图 11-8　铺轨车

5）架立轨排并调整

采用上承式钢轨支承架（图 11-9）。

（1）轨排铺设

地铁铺轨车将轨排吊运至安装位置，落至设计标高，用鱼尾板和螺栓与已定位的轨排连接，旋出轨排两端立柱支撑在隧道底板，放松吊钩，轨排初步就位。整体道床施工采用钢轨支承架架设钢轨。其架设应符合下列要求。

---

❶　地铁杂散电流（迷流）防护系统的防护原则是"以堵为主，以排为辅，防排结合，加强监测"。堵的措施有钢轨下加绝缘垫、使用绝缘扣件、枕轨下加绝缘垫、道岔处加强绝缘等。排流的措施是将每个道床结构段内部的纵向钢筋搭接处以焊接方式焊接，形成可靠电气连接，形成主要的杂散电流收集网；同时将隧道结构钢筋实现可靠焊接，形成辅助杂散电流收集网；车辆段引入线与正线间、停车库内钢轨与库外钢轨间设单向导通设备。地铁杂散电流监测系统是由参考电极、整体道床测量端子、车站隧道测量端子、信号电缆、信号测量端子箱、信号盒及计算机综合测试装置构成。

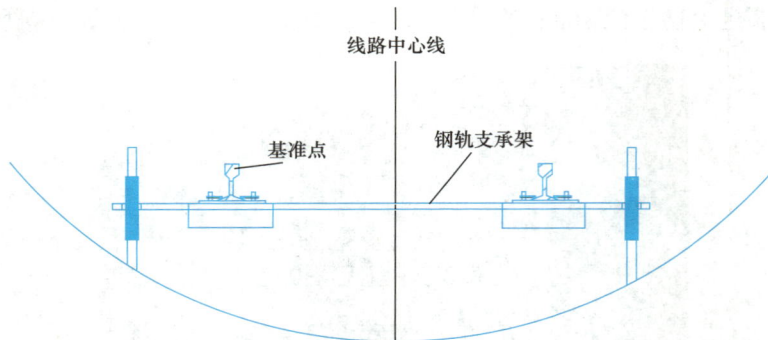

图 11-9　上承式钢轨支承架安装示意图

① 钢轨支承架间距：直线段宜 2.5m 设置一个，曲线段宜 2m 设置一个，且直线段支承架应垂直线路方向，曲线段支承架应垂直线路的切线方向；为避免钢轨低接头，接头处支承架间距应适当加密；钢轨支承架如与预留管沟有矛盾时，必须调整支承架位置。

② 架设于支承架上的钢轨应初步调整其水平、位置、轨距、轨底坡和高程，并测放出轨枕位置；其调整精度应符合地下铁道工程施工质量验收标准的有关规定。

③ 轨枕安装时，轨枕中心线与线路中心线垂直，轨枕安装距离允许偏差为±10mm。

（2）初步调整轨道位置❶

按设计图纸并依照铺轨基标进行调整，直角道尺、万能道尺使用前应校正，其精度允许偏差为+0.5～0mm。轨道精调后必须固定牢固，并应检查防杂散电流网的布设、焊接，整体隐蔽验收合格后，及时浇筑道床混凝土。

① 用特制的直角道尺和万能道尺，并辅以目测调整钢轨的标高、轨距、水平及方向，其精度不超过±20mm。

② 当轨枕位置与轨道横穿设备发生矛盾时，调整相邻几根轨枕间距避让。

③ 轨枕承轨槽边缘距结构缝不小于 70mm，如轨枕不能按设计位置布置时，可在相邻三根轨枕间调整，见图 11-10 轨排粗调顺序。对某两个特定轨排架而言，粗调顺序为：

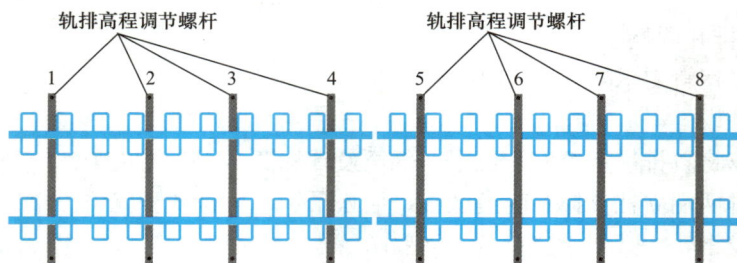

图 11-10　轨排粗调顺序

❶ 《地下铁道工程施工标准》GB/T 51310—2018 规定：

18.4.3 轨排铺设轨枕调整时，直线段两股钢轨的轨枕中心线应与线路中线垂直，曲线段应与线路中线的切线方向垂直。

18.7.2 单开道岔辙叉部分的短岔枕应垂直辙叉角的平分线，转辙器及连接部分应与道岔直股方向垂直。

1→4→5→8→2→3→6→7→1→2→3→4→5→6→7→8。粗调完成后，相邻两排架间用夹板联结，接头螺栓按 1-3-4-2 顺序拧紧。

（3）精确调整轨道位置

每一支承架都要逐一调整，一个支承架的调整往往对邻近支承架的调整有影响，需要反复多次，逐次迫近，才能达到施工的精度要求。

按铺轨基标的位置和高程，采用特制直角道尺先调整左股钢轨（曲线为内股）；用万能道尺以初步调好的左股钢轨为基准，调整右股钢轨（曲线为外股）。

（4）轨道调整精度

轨道调整精度应符合《地下铁道工程施工标准》GB/T 51310—2018 和《地下铁道工程施工质量验收标准》GB/T 50299—2018 的规定。

6）浇筑道床混凝土

安装整体道床模板验收后，就可以浇筑道床混凝土，为严格防止混凝土浇筑及捣固操作中碰撞已调好的轨排，需要随时进行轨排的复调。为了使混凝土灌注后的轨道符合线路的验收标准，同时考虑混凝土的收缩以及扣件尺寸的可能误差等因素，钢轨的调整精度要提高一级，如图 11-11 所示。

图 11-11　混凝土浇筑前检查

（1）施工工序

再次检查和调整轨道→浇筑混凝土（试件取样）→振捣混凝土→监视和调整轨道→混凝土养生→拆模→清理。

（2）混凝土浇筑前的检测

检查线路中线、钢轨位置、方向、水平、标高、轨距是否符合要求；检查模板、防迷流钢筋网、预埋件及管沟是否稳定牢固；检查防迷流钢筋网规格、尺寸、安装位置、焊接质量、导电要求等是否符合设计规定。

（3）浇筑及捣固混凝土

详见第 5 章，需要注意的是，要加强轨枕底部及周围混凝土的捣实，使道床与轨枕结合良好。

3. 施工难点、重点及采取的对策与措施

1）轨道几何尺寸调整精度

（1）首先明确基本轨平面位置以外轨为基准，高程以内轨为基准，直线区间上的基准轨参考大里程方向的下一个曲线。

（2）"先轨向后轨距"，轨向的优化通过调整外轨的平面位置来实现，内轨的平面位置利用轨距及轨距变化率来控制。

（3）"先高低后超高（水平）"，高低的优化通过调整内轨的高程来实现，外轨的高程利用超高和超高变化率来控制。

（4）"先整体、后局部，先轨向、后轨距，先高低、后水平"，优先保证参考轨的平顺性，另一股钢轨通过轨距和水平控制。

2）轨底坡控制

（1）施工中及时消除扣件螺栓扭矩过大或不足对轨底坡带来的影响，在拼装轨排时采用可定值的扭矩扳手，对每个螺栓进行紧固，保证内外侧口压力相同，使轨底面与橡胶垫板达到密贴状态，避免轨底坡出现变化。

（2）施工过程中，对钢轨支承架进行刚度和稳定性的加强，以确保钢轨轨底与承轨槽面达到密贴稳定状态，避免承受重力而产生变形，确保轨底坡满足要求。

（3）调整线路横向位置时，避免将斜撑顶在钢轨头上进行调整，以免钢轨发生扭曲变形，轨底坡发生变化。

11.1.2　长轨枕式整体道床

长轨枕整体道床（图11-12）采用"轨排架轨法"施工。其主要施工方法是：在铺轨基地用25m无眼钢轨将长轨枕组装成轨排，轨道平板车推送至施工现场，用地铁铺轨车吊运至已完成基底清理、底层钢筋绑扎等工序的位置铺设，并利用下承式钢轨支承架粗调，继续绑扎上层钢筋，然后将轨排精确到位，浇筑混凝土支墩将轨排固定在结构底板上，检查轨道状态，确认符合要求后浇筑混凝土。

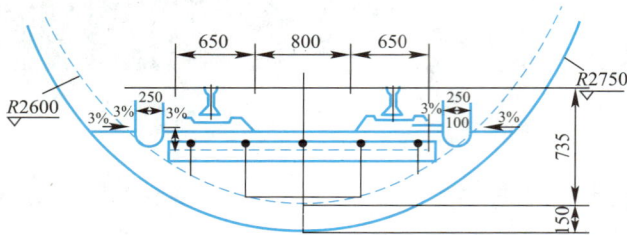

图11-12　地铁隧道整体道床长轨枕式结构示意图（单位：mm）

图11-13　长轨枕轨排组装

1. 长轨枕整体道床施工流程要点

1）长轨枕整体道床组装轨排施工工艺流程

摆放轨枕→摆轨下橡胶垫板→摆放钢轨→校正钢轨→安装轨距拉杆→调整轨枕间距→安装扣轨弹簧→配连接夹板→紧固螺母，见图11-13。

2）长轨枕整体道床施工工艺流程

轨料运输及存放→底板凿毛清理→埋设测量基标→铺设地铁铺轨车走行轨→底层钢筋绑扎→安装轨排初步正位→上层钢筋绑扎→轨排精调正位、浇筑支墩混凝土→立模、长轨枕预留孔压浆→线路状态复核→清理道床基底→浇筑道床混凝土→拆除地铁铺轨车走行轨→抹面、整修和养护。

2. 长轨枕整体道床施工要点

浇筑道床混凝土前，用压浆机将已制作符合要求的高强度等级水泥砂浆注入长轨枕钢筋预留孔。压浆时要按顺序逐根逐孔进行，不得有遗漏。压浆要求孔内饱满，不得有空洞。压浆完成后将孔两端用半干硬性砂浆封堵密实。

长轨枕长轨排通过小半径曲线时需要相当大的水平力，而轨道实际不能提供如此大的横向水平力，所以长轨枕长轨排不能在小半径曲线地铁施工中采用。

实践证明，短轨枕长轨排整体道床施工方法具有对施工环境污染小、长轨排运输及钢轨焊接对道床施工干扰小、施工工期短、钢轨焊接质量有保证、焊接接头不会置于轨枕上、曲线线路圆顺等技术特点，是城市轨道交通比较适宜的方式。

11.2 弹性整体道床

扫描二维码 11-3 观看弹性整体道床施工教学视频。

二维码 11-3
弹性整体
道床施工

弹性整体道床是无砟轨道的一种结构形式，施工精度、施工质量要求较高，道床弹性与有砟轨道相当，具有少维修或免维修的特点，整体道床主要由钢筋混凝土道床、橡胶套靴及块下橡胶垫板、支承块、弹条式可调扣件、钢轨等组成。弹性整体道床横断面如图 11-14 所示。

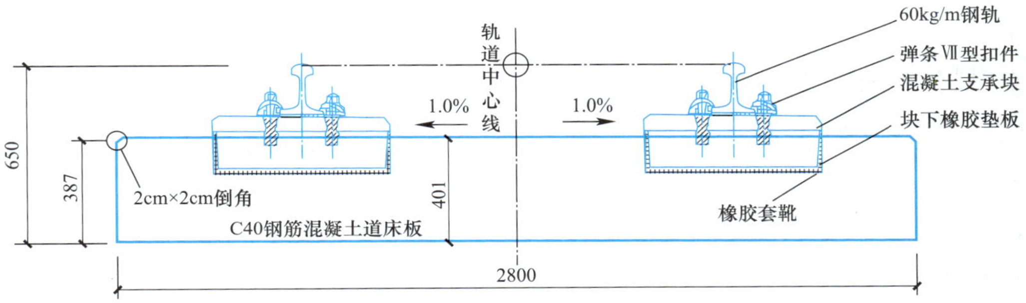

图 11-14　弹性整体道床横断面（单位：mm）

1. 施工准备

1) 测量准备

在整体道床施工前，利用贯通测量成果进行道床施工分段区间内中线点及高程点的设置，高程误差控制在±2mm 内，并对误差进行平差调整；中线误差为±2mm，两测点的间距误差控制在 1/5000 以内。

2) 施工机具准备

(1) 施工专用机具：自行式龙门起重机、200 型轨道排架、移动式组装平台（图 11-15）、起重机行走轨、插入式振捣器、混凝土输送泵等。

(2) 道床施工测量用具：经纬仪、水准尺、钢卷尺、钢板尺、轨道尺、道床坡度尺等。

(3) 道床施工主要工具：支承块夹钳、抬杠、撬棍、各种扳手、钢丝钳、锤子、钢丝刷、油刷、抹子等。

2. 弹性整体道床施工流程

弹性整体道床施工与短轨枕式整体道床的施工流程基本相同，只是短轨枕改进为弹性支承块。

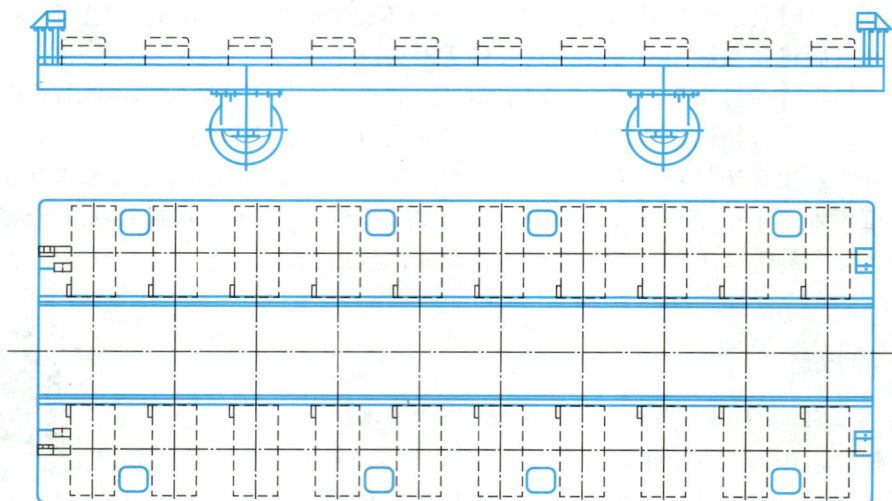

图 11-15　移动式组装平台图

1）通过 CPⅢ 控制点按设计道床板位置每隔 10m 在仰拱填充层上放出轨道中线控制点，用钢钉精确定位，用红油漆标识，用墨线弹出轨道中心线。

图 11-16　钢筋骨架绑扎

2）根据道床板钢筋布置图画出道床板底层钢筋网边线及钢筋位置控制点，布置纵、横向钢筋，所有纵横向钢筋交叉部位安装绝缘卡，并用绝缘扎丝固定。绝缘卡多余尾部及时剪掉。钢筋骨架绑扎见图 11-16。

重点注意支承块周围箍筋间距、块与套靴间隙（1cm）及顶层钢筋保护层厚度，确保符合设计要求。施工时应先核实道床板实际厚度，当实际厚度在允许偏差范围内时，应合理调整钢筋笼内钢筋相应尺寸，确保保护层厚度满足设计要求。

钢筋绑扎完成后，将伸缩缝横模板摆放就位。

3）轨排组装、运输

（1）在轨排组装平台上将待用轨枕与承轨组装轨道排架。

（2）按单股钢轨左右位置调整配置表安放合适规格的绝缘轨距块；标准轨距时绝缘轨距块外侧采用 14 号，内侧采用 10 号。

（3）对轨排螺栓安装质量及轨枕间距进行检查，合格后龙门式起重机吊起组装好的轨排至预定地点进行定位铺设。

4）轨排架设

（1）布设轨排

龙门式起重机从组装平台上吊起轨排运至铺设地点，按中线和高程粗略定位。相邻轨排间使用夹板联结，每接头安装 4 套螺栓，初步拧紧，轨缝留 6～10mm。每组轨排按准确里程调整轨排端头位置（图 11-17）。

（2）安装轨向锁定器

采用轨向锁定器固定轨排的水平方向，轨向锁定器的一端支撑至轨排的横梁上，另一端支撑到隧道侧壁或设置在隧道底板的钢筋上。

3. 控制要点

1）施工控制要点

（1）轨排精调合格后应安装轨排固定装置，轨排固定装置应有足够的强度、刚度和稳定性，可防止混凝土浇筑时轨排横向移位及上浮。

图 11-17　轨排布设照片

（2）道床板混凝土浇筑前，应复测轨排几何形位、钢筋保护层厚度，检测钢筋网绝缘性能，满足要求后方可进行混凝土浇筑。

（3）道床混凝土未达到设计强度 75% 之前，严禁在道床上行车或碰撞轨道部件。

（4）无砟道床施工过程中应加强轨道部件防护，避免混凝土等产生损坏。

2）双线隧道施工组织

双线隧道施工采用双线同时施工，单线施工区域依次划分为施工准备区、钢筋绑扎区、轨排架设调整区、混凝土浇筑区、混凝土养护区、模板拆除及后续处理区等，双线交错推进。双线隧道施工组织示意图见图 11-18。

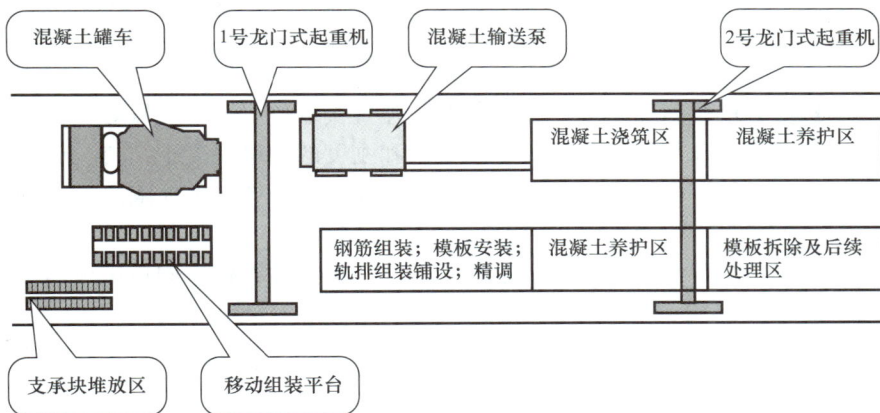

图 11-18　双线隧道施工组织示意图

11.3　浮置板式整体道床

浮置板轨道系统主要包括浮置板、板下弹性阻尼元件、侧向垫板和纵向垫板。浮置板式弹性阻尼元件可采用橡胶板或钢弹簧，钢弹簧支承浮置板减振效果更好，但造价较贵，通常作为高等级减振措施在一些特殊敏感地段使用。

扫描二维码 11-4 观看浮置板轨道施工教学视频。

二维码 11-4
浮置板轨道施工

11.3.1   浮置板轨道结构

浮置板轨道结构见图 11-19，主要包括：浮置板基础、隔振器、剪力铰、钢筋混凝土道床板、钢轨及其扣配件。

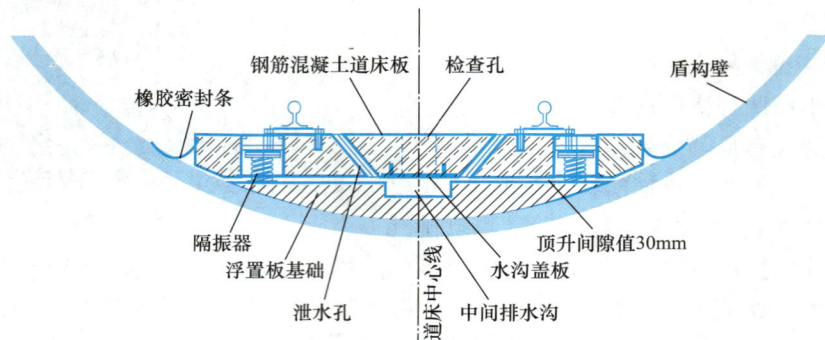

图 11-19   浮置板轨道结构

（1）浮置板基础。隧道底板进行混凝土回填，为了解决排水，在隧道底板回填时，需设置道床中间排水沟。

（2）隔振器，主要由外套筒（置于钢轨下、铁垫板之间，浇筑于钢筋混凝土内）、螺旋弹簧隔振器（包含螺旋钢弹簧和粘滞阻尼）、弹簧隔振器上的高度调节片及锁紧系统组成。

（3）剪力铰，径向刚度很大，可以传递垂向载荷，纵向可以相对自由伸缩。为消除相邻两轨道板端接缝处的垂直剪切力，在相邻两块浮置板端位置分别设置剪力铰和剪力筒。

（4）钢筋混凝土道床板，是具有一定的质量和刚度的钢筋混凝土结构。道床板内预埋外套筒，道床板与结构基础用置于外套筒内的隔振器（弹性体）整体隔离，达到减振降噪的目的。

（5）钢轨及其扣配件。钢轨为列车走行的基础，用扣件将钢轨同道床板连接。

11.3.2   浮置板轨道施工

浮置板轨道施工工艺流程见图 11-20。

1. 浮置板基标设置❶

按直线上每120m，曲线上每60m及曲线五大桩设置线路中心控制桩及高程控制桩；第三方检测单位对控制基标进行复测，复测完毕后设置加密基标，加密基标每2.5m设置

---

❶ 《浮置板轨道技术规范》CJJ/T 191—2012规定：

5.1.1 在浮置板轨道施工之前，对应地段的隧道结构、高架桥或地面线路基等应经验收合格，隧道底板应干燥、无渗漏。

5.1.2 基标设置除应符合现行国家标准《城市轨道交通工程测量规范》GB/T 50308—2017及《地下铁道工程施工质量验收标准》GB/T 50299—2018的规定外，还应符合下列规定：

1. 基标设置前应完成主体结构底板高程的检测复核主体结构限界，并应进行导线点及水准点复测，复测合格后，方可进行控制基标和加密基标的测设；

2. 浮置板轨道基标设置应牢固，控制基标的纵向间距在直线地段不宜大于120m，在曲线地段不宜大于60m，并且在各个曲线要素点设置。加密基标应根据施工需要设置。

```
调线调坡测量        施工准备
      ↓              ↓
   线路复测 →    测设加密基标
                     ↓
        浮置板地段隧道结构尺寸偏差检查 → 隧道结构尺寸不满足浮置板设计要求，
                                          同设计及相关单位确定解决方案
          ↓                    ↓
 浮置板道床基础表面清理    钢筋拼装台位的放样(直\曲线) ← 台位的设置
          ↓                    ↓
铺轨门式起重机走行轨的安装   布置隔振器外套筒
          ↓                    ↓                    钢筋的加工及
 基底钢筋加工→基底钢筋的绑扎及安装  钢筋笼的拼装 ←  钢筋网片的绑扎
          ↓                    ↓                   纵向钢筋的对焊
   立基底中心水沟模板     钢筋笼的防迷流焊接
          ↓                    ↓
轨道车运输混凝土→C40基底混凝土浇筑及养生  钢轨横向连接架及钢轨配件安装 ← 铁垫板下替代
          ↓                    ↓                   木垫板的准备
基底高程及水平度检查、整修  钢筋笼轨排的整体性加固及锁定
          ↓                    ↓
中心水沟盖板的安装及隔离膜铺设  钢筋笼由轨排孔吊装至平板车
                     ↓
         轨道车运输钢筋笼轨排至作业面
                     ↓
      铺轨门式起重机钢筋笼的吊装及就位
                     ↓
            钢筋笼就位及整修
                     ↓
      轨道的架设及轨道几何尺寸的初调 ← 丝杠及托盘运至前方进行架轨
          ↓      ↓      ↓      ↓
剪力铰及板端  检查孔  防迷流端子  道床模板
间隙模板的安装  安装  的设置    安装 ← 道床模板
                     ↓
       轨道几何尺寸的精确调整及检查
                     ↓
轨道车运输混凝土→C40浮置板混凝土的浇筑及养生
          ↓
混凝土强度达到→轨架、模板的拆除及清理
拆摸强度          ↓
          工艺孔混凝土的填充
                     ↓
          混凝土强度达到拆摸强度
          ↓              ↓
铺轨门式起重机走行轨的拆除  铁垫板下替代木板更换为正式胶垫
                     ↓
          轨道的恢复及道床整修、清理及检查
                     ↓
   弹簧隔振器及密封条的安装(混凝土施工完毕后一个月)
                     ↓
        浮置板的顶升及高度精调
```

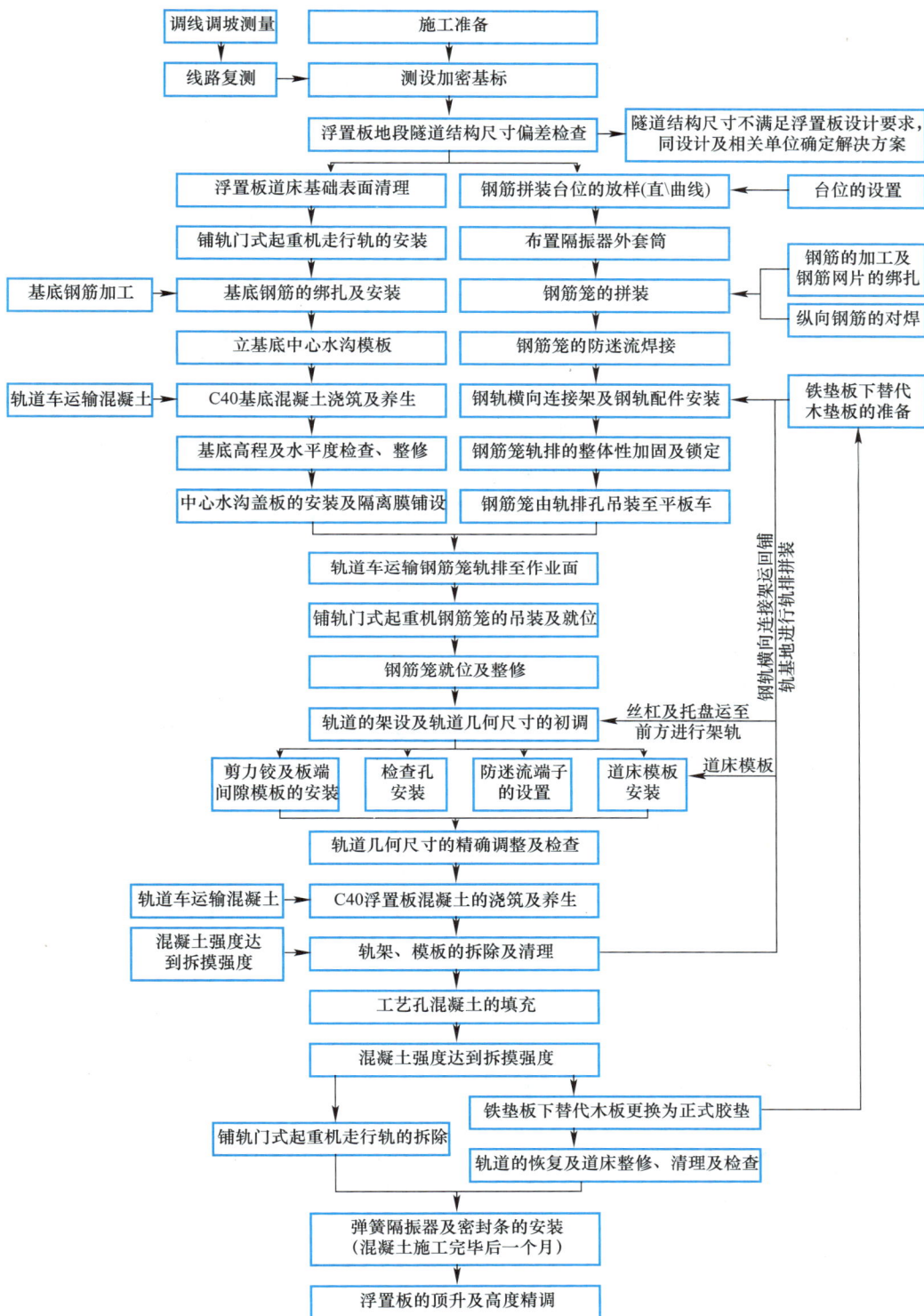

图 11-20 浮置板轨道施工工艺

一处，测量误差满足相关规范要求。同时，对现场施工测量的伸缩缝位置、基底高程控制线、轨顶高程控制线、线路中心线等不同的桩位进行标识。其中，轨顶高程及线路中心线基标每 5m 设置一处，外偏 1.5m，基底高程控制线在线路两侧盾构壁上每 2.5m 设置一处。

2. 浮置板基底清理及钢筋绑扎

1）基底清理

浮置板施工前对隧道底板进行清理，底板上残留的垃圾、杂物及盾构管片底板螺栓孔内的淤泥等必须清理干净，以保证隧道底部与道床的有效连接。

2）基底钢筋绑扎

基底钢筋均为Φ12 钢筋，横向钢筋纵向间距 150mm，误差不大于 5mm，基底部分理论结构高度为 300mm，钢筋搭接按 50d 错接，同一断面接头率不大于 50%。

钢筋绑扎完成后人工或小起重机辅助将钢筋笼提起，加混凝土垫块，保证钢筋有足够的保护层，保护层厚度 30mm。

垫块用强度等级高一级的混凝土制作，基底混凝土为 C40，垫块用 C40。

在超高 110mm 圆曲线地段，钢筋需要向外股偏移 45mm，确定偏移量时用线绳拉出基底混凝土面，在基底混凝土面上量取。直线地段无偏移，缓和曲线地段由 YH 点或 HY 点开始向 ZH 点或 HZ 点递减，递减率和超高递减率相同，计算方法是将圆曲线偏移值按缓和曲线长度平均分配到缓和曲线。

3. 支立中心水沟模板

水沟模板采用木模板加工制作，模板加工成"U"形，在模板中部进行加固。模板支立利用钢筋桩及钢筋头控制模板的位置。并根据基底混凝土面调整模板高度及横向位置。模板中心线与钢筋笼中心线重合，模板顶面与混凝土面重合，模板位置偏差不大于 10mm，高程误差不大于 2mm。水沟尺寸 350mm×120mm。

4. 基底混凝土施工

基底混凝土采用 C40，安装隔振器的位置的表面一定要平整，平整度要求 ±2mm/m²。伸缩缝设置为每两块板设置一处，伸缩缝板用泡沫板外包三合板，伸缩缝板要加固牢固，浇筑混凝土时不能弯曲。混凝土浇筑完成后，拆除伸缩缝板，用沥青灌注。

5. 浮置板钢筋笼轨排拼装

1）浮置板钢筋笼拼装台位的设置

拼装浮置板钢筋笼的台位按 26m×3.5m 设置，台位为混凝土硬化的水平面，表面平整。在台位上设置浮置板端头线、浮置板钢筋笼中心线、套筒位置中心线、凸台边线等关键线，作为拼装钢筋笼轨排的基准线。

曲线地段浮置板钢筋笼轨排按曲线进行拼装，但必须考虑不同曲线半径地段因曲线外股、内股不等长，造成的扣件、隔振器位置调整及钢筋笼轨排长度的差异。

2）布置隔振器外套筒

根据台位上标识的外套筒位置，按设计图纸布置隔振器外套筒，并注意套筒摆放的内外方向，套筒中心间距为 1950m。

布置隔振器外套筒时，需考虑因曲线内外股长度差异造成的隔振器位置的差异，曲线外侧套筒间距大于理论值，曲线内侧套筒小于理论值。

3）钢筋的加工及钢筋笼的拼装❶

（1）绑扎浮置板钢筋笼

根据设计图纸中浮置板板块钢筋的布置方式，预铺底部横向钢筋，穿纵向钢筋，并在穿筋过程中考虑搭接量为 $50d$，在钢筋绑扎过程中预留检查孔位置，钢筋所有交叉点都用扎丝绑扎，每个绑点扎丝不少于 2 根。

为了固定外套筒的位置，防止外套筒在吊运过程中移动，需将外套筒的吊耳固定于浮置板结构钢筋上，用铁丝绑扎。

（2）钢筋笼的防迷流焊接

从浮置板上层纵向钢筋中每根钢轨下方选出 2 根Φ22 的钢筋（靠近钢轨位置）作为排杂散电流纵向钢筋，并每隔 5m 焊接闭合圈，钢筋焊接要求及板端连接端子的做法同普通整体道床。组装好的浮置板轨排见图 11-21。

图 11-21　组装好的浮置板轨排

4）钢筋笼轨排支承架及配件安装

（1）根据设计位置安装铁垫板，布置铁垫板时注意铁垫板的内外侧方向、铁垫板同隔振器相对位置、铁垫板的间距是否满足设计及规范要求，同时注意曲线地段内外股长度差异造成铁垫板间距的变化。

（2）钢筋笼轨排的整体性加固及锁定

为了保证浮置板钢筋笼轨排的整体稳定性，满足钢筋笼的吊装及运输要求，避免轨排的变形和不同部位、结构之间的相互移位，采用专用器具对钢筋笼的整体性进行加固和锁定（图 11-22）。

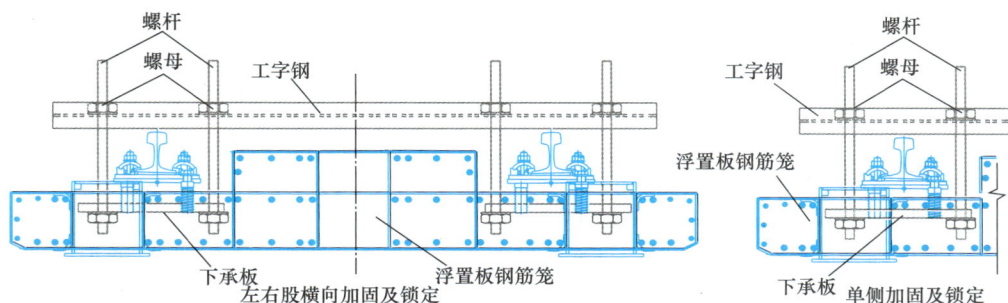

图 11-22　浮置板钢筋笼轨排加固及锁定装置示意图

6. 浮置板轨排架设及剪力铰、伸缩缝施工

1）轨道的架设及轨道几何尺寸的初调整

钢轨支撑架在直线段应垂直于线路方向并在相邻扣件中央，曲线地段应垂直线路切线

---

❶　《浮置板轨道技术规范》CJJ/T 191—2012 规定：

5.1.7 当绑扎隔振器周围的钢筋时，不得扰动隔振器外套筒。外套筒的吊耳和上部非排流钢筋应绑扎在一起。钢筋绑扎与焊接应符合杂散电流的要求，焊接时应采取避免损坏隔离膜的防护措施。

5.1.9 采用钢筋笼轨排预制拼装法的浮置板施工应防止钢筋笼轨排发生变形，钢筋笼轨排应采取特殊的加固措施，吊装钢筋笼轨排的吊点应经检算，受力分布应均匀。

方向，将各部分螺栓拧紧，不得虚接。根据铺设地段线路的超高情况，对轨道几何尺寸进行初调。

2）剪力铰安装

剪力铰在轨排架设时预先将两个部件穿在相邻轨排端部对应位置，在轨排吊装到位时进行剪力铰对位，当轨排落到位后，剪力铰也应基本到位。再根据板缝基标及轨道中心线进行剪力铰精确调整，直到剪力铰位置调整到设计位置。

3）板缝伸缩缝板安装

剪力铰安装完成后，方可进行板缝伸缩缝板安装，伸缩缝板采用 24mm 厚泡沫板外包 3mm 厚三合板，伸缩缝板要重点加固，保证在混凝土浇筑过程中不变形、不跑模。

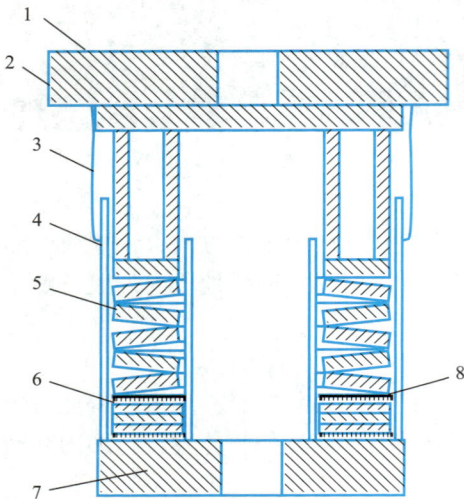

图 11-23　浮置板隔振器示意图
1—顶盖；2—第一卡箍；3—胶套；
4—第二卡箍；5—蝶形弹簧；
6—调整垫片；7—底座；8—芯轴

7. 浮置板道床混凝土立模及浇筑❶

道床模板根据浇筑混凝土的要求，分别支立道床板两侧模板。模板采用不易变形的钢模板。道床模板必须平顺，位置正确，并牢固不松动。

混凝土浇筑时采用插入式振捣棒进行捣固，并不得碰撞钢轨、模板、轨架，特别是套筒周围、铁垫板下等不容易捣固密实的部位，应加强捣固，确保整体道床混凝土的密实性。

8. 浮置板顶升作业

当混凝土浇筑 28d 后，且达到设计强度，用专用液压千斤顶从浮置板支承基础上抬起浮置板。浮置板顶升达到设计顶升高度。为了测量浮置板水平和静变形，在每块浮置板上布置 8 个测量点，测量浮置板的水平。图 11-23 为浮置板隔振器示意图。

1）弹簧浮置板道床混凝土达到设计强度后方可进行道床的顶升作业。

2）每块弹簧浮置板道床上按设计要求布置测量点，测点要求牢固，并编号。利用弹簧浮置板道床地段以外的控制基标测量弹簧浮置板道床顶升前的初始高程值，并保存记录。

3）顶升浮置板道床，应采用专用千斤顶及相应的专用工具作业；顶升作业应满足施工设计要求。

---

❶ 《浮置板轨道技术规范》CJJ/T 191—2012 规定：

5.1.12 浮置板道床混凝土施工除应符合现行国家标准《混凝土结构工程施工质量验收规范》GB 50204—2015 的相关规定外，还应符合下列规定：

1. 浇筑前应检查模板、隔离膜、钢筋、轨道几何尺寸、隔振器中心或隔振垫铺设位置与接缝、剪力铰的位置等，并应符合设计和规范要求；

2. 在无枕浮置板的道床混凝土浇筑前应对铁垫板、锚固螺栓和尼龙套管的松紧程度和垂直度进行检查，并应符合设计要求；

3. 道床混凝土应采用粗骨料粒径不大于 25mm 的混凝土，同一块浮置板的混凝土应连续浇筑，采用轨枕和隔振器的浮置板应加强枕下及隔振器周围混凝土的振捣；采用隔振垫的浮置板轨道，在浇筑和振捣混凝土时不得损伤隔振垫。

4）弹簧浮置板道床应注意成品保护，隔振器内套筒不应进水。

5）浮置板顶升完成后，严禁杂物进入弹簧浮置板板底的间隙之内。

11.4 高速客用铁路的轨道结构

随着我国客运高铁的发展，客运专线无砟轨道取得了非常大的成就，值得城市轨道交通的无砟轨道借鉴。国内客运无砟轨道的研究始于 20 世纪 60 年代，20 世纪 90 年代以来，成功开发了刚性基础地段轨枕埋入式、板式和弹性支承块式无砟轨道结构。目前，客运高铁专线无砟轨道类型有：CRTSⅠ型板式无砟轨道结构、CRTSⅡ型板式无砟轨道结构、CRTSⅠ型双块式无砟轨道结构、CRTSⅡ型双块式无砟轨道、CRTSⅢ型板式无砟轨道结构、岔区轨枕埋入式无砟轨道结构、岔区板式无砟轨道结构等。不同无砟轨道结构类型主要技术特点见表 11-1。

不同无砟轨道结构类型主要技术特点　　　　　　　　　表 11-1

型式	轨枕埋入式	板式	弹性支承块式
工程图片			
主要结构组成	预制混凝土轨枕、混凝土道床板、混凝土底座	预制混凝土轨道板、CA 砂浆调整层、混凝土底座	弹性混凝土支承块、混凝土道床板、混凝土底座
特点	1. 稳定可靠、耐久性好； 2. 现场混凝土施工量大、进度慢； 3. 制造、施工简单； 4. 初期投资较小； 5. 可修复性不足	1. 轨道板（约 5m 长）整体性好； 2. 稳定可靠、耐久性好； 3. 轨道板制造工厂化程度高，易于控制制造质量和调整施工精度； 4. 现场混凝土施工量少，施工进度快； 5. 轨道结构高度低、自重轻，有利于降低轨道及梁部高度； 6. 可工厂化制造，专用施工设备投入省； 7. 国外已使用 30 多年，技术成熟，风险极小； 8. 可修复性强； 9. 初期投资较大	1. 稳定可靠、减振性好； 2. 现场混凝土施工量大、进度慢； 3. 制造、施工简单； 4. 初期投资较大； 5. 可修复性较强

11.4.1 CRTSⅠ型板式无砟轨道

预制轨道板通过水泥沥青砂浆调整层，铺设在现浇的具有凸形挡台的钢筋混凝土底座上，轨道板是由钢轨、弹性扣件、轨道板、水泥乳化沥青砂浆充填层、底座、凸形挡台及其周围填充树脂等组成，如图 11-24 所示。

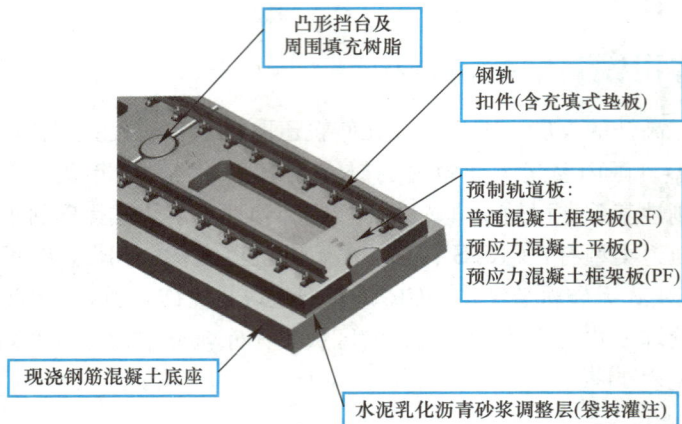

凸形挡台及周围填充树脂

钢轨
扣件(含充填式垫板)

预制轨道板：
普通混凝土框架板(RF)
预应力混凝土平板(P)
预应力混凝土框架板(PF)

现浇钢筋混凝土底座

水泥乳化沥青砂浆调整层(袋装灌注)

图 11-24　CRTSⅠ型轨道板

11.4.2　CRTSⅠ型双块式无砟轨道

CRTSⅠ型双块式无砟轨道是将预制的双块式轨枕组装成轨排，以现场浇筑混凝土方式将轨枕浇入均匀连续的钢筋混凝土道床内，并适应 ZPW-2000 轨道电路的无砟轨道结构形式。CRTSⅠ型双块式无砟轨道结构是：自上至下为刚度递减的层状结构（包括道床板、支承层、防冻层、基床底层、地基等）。道床板采用纵向连续的混凝土结构，双层配筋，见图 11-25。

11.4.3　CRTSⅡ型板式无砟轨道

预制轨道板通过水泥沥青砂浆调整层，铺设在现场摊铺的混凝土支承层或现场浇筑的钢筋混凝土底座（桥梁）上，路基上 CRTSⅡ型板式无砟轨道板的支承层，采用 C20 素混凝土垫层或干硬性材料压筑成型（称之为水硬性支承层，HGT），见图 11-26。

图 11-25　CRTSⅠ型双块式　　　　　图 11-26　CRTSⅡ型板式轨道板安装

11.4.4　CRTSⅡ型双块式无砟轨道

CRTSⅡ型双块式无砟轨道是以现场浇筑混凝土方式，将预制的双块式轨枕通过机械振动嵌入均匀连续的钢筋混凝土道床内，并适应 ZPW-2000 轨道电路的无砟轨道形式。设计思路基本同 CRTS I 型双块式无砟轨道，只是 CRTS II 型双块式轨枕是通过机械振动嵌入均匀连续的钢筋混凝土道床内。

11.4.5 岔区轨枕埋入式无砟轨道

岔区轨枕埋入式无砟轨道包括道岔及配件、道床板（含桁架式预应力混凝土岔枕）、混凝土底座等。自上至下施工，道岔和岔枕现场组装、精调完成后，进行道床板混凝土的浇筑，见图 11-27。

11.4.6 CRTS III 型板式无砟轨道

CRTS III 型板式无砟轨道是我国自主研发的一种新型无砟轨道，2009 年在成都至都江堰城际客运专线，开展了

图 11-27 岔区轨枕埋入式

具有完全知识产权的板式无砟轨道成套技术工程实验与设计创新工作，并取得了成功，于 2010 年 12 月正式定型为 CRTS III 型板式无砟轨道板，见图 11-28。

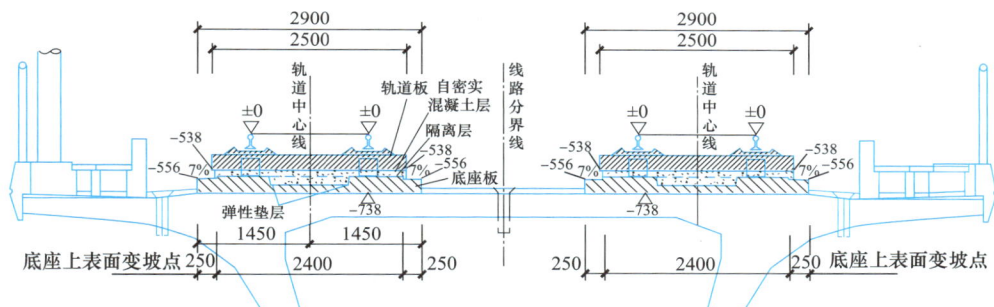
图 11-28 CRTS III 型板式无砟轨道示意图（单位：mm）

11.5 工程案例

常州轨道交通 1 号线，是中国江苏省常州市第一条开工建设的地铁线路，于 2014 年 10 月 28 日开工建设，于 2019 年 9 月 21 日开通运营，标志色为红色。

常州轨道交通 1 号线呈南北走向，北起新北区森林公园站，途径天宁区，南至武进区南夏墅站，线路串联了常州北站、常州奥体中心、常州市民广场、常州站、文化宫、武进区行政中心、常州大学城等重要节点。

截至 2019 年 7 月，常州轨道交通 1 号线全长 34.237km，其中地下线 31.635km，高架线 2.189km，过渡段 0.413km；共设 29 座车站，其中地下站 27 座，高架站 2 座；平均站间距 1.2km；列车采用 6 节编组 B 型列车。

正线地下线采用长枕埋入式整体道床，高架线地段采用短枕承轨台式整体道床。出入线地面段、试车线采用混凝土枕碎石道床；车场库内线采用短枕检查坑整体道床，库外线采用混凝土枕碎石道床。

扫描二维码 11-5，观看常州轨道交通 1 号线铺轨视频。

二维码 11-5
常州轨道交通 1 号
线铺轨视频

作业

编写常州轨道交通 1 号线长枕埋入式整体道床施工工艺。

本章小结

（1）城市轨道交通主要采用无砟轨道形式，具体可以分为整体道床、弹性整体道床和浮置板轨道等。

（2）道床的施工工序为拼装轨排、整体道床基底清理及施工排水、地铁铺轨车走行轨铺设、整体道床钢筋网铺设、轨排的运输、架立轨排并调整、安装整体道床模板、灌筑道床混凝土、道床水沟施工和道床整理。

（3）道床施工的要点为轨道几何尺寸调整精度和轨底坡控制。

第 12 章　虚 拟 施 工

【知识目标】
(1) 虚拟施工的特点；
(2) 施工过程虚拟仿真的方法。

二维码 12-1
智能建造公益
课程第一讲视频

【能力目标】
(1) 能够根据施工工艺仿真模拟施工作业。
(2) 能够进行可视化施工工艺技术交底。
【素质教育】扫描二维码 12-1 观看智能建造公益课程第一讲视频。

　　智能建造的本质就是数据驱动工程。数据是基础、模型是核心、软件是载体、机器是支撑。

——丁烈云

　　虚拟施工（Virtual Construction，简称 VC），是实际施工过程在计算机上的虚拟实现。通过 BIM 技术建立建筑物的几何模型和施工过程模型，可以实现对施工方案进行实时、交互和逼真的模拟，进而对已有的施工方案进行验证、优化和完善，逐步替代传统的施工方案编制方式和方案操作流程。基于 BIM 的虚拟施工体系流程见图 12-1。

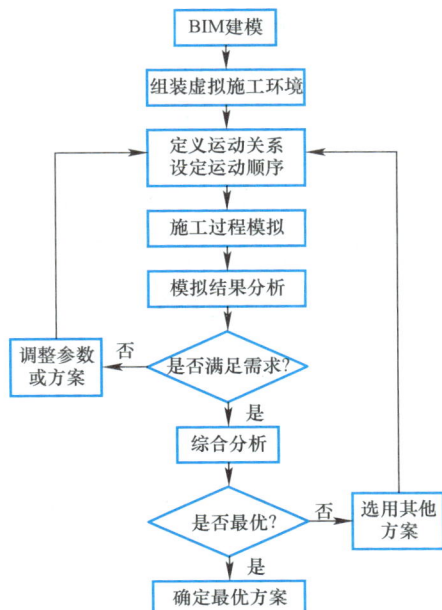

图 12-1　基于 BIM 的虚拟施工体系流程

在上述流程中，施工过程模拟可以作为施工阶段的可视化施工工艺技术交底。

12.1　模拟动画制作常用软件

模拟动画制作是通过创建三维模型或者导入已有模型，主流建模软件一般用 Revit 和 3ds Max，然后对模型添加动作参数，使用样板和插件进行渲染，最终输出成果。

施工过程模拟目前常用到的 8 个软件：Revit、Lumion、Fuzor、3ds Max、Photoshop、After Effects、Premiere、BIMFILM。施工过程模拟常用的软件见表 12-1。

施工过程模拟常用的软件　　　　　　　　　　　　　　表 12-1

软件	特点
Revit	Revit 主要的作用是完成基础模型的创建，包含建筑、结构、机电、钢结构、道路桥涵等。同时 Revit 也能够输出各种适合其他动画制作软件的格式，是施工工艺动画的基础
Navisworks	Navisworks 软件利用 AutoCAD 和 Revit 等创建的数据完成漫游、碰撞校审、模型渲染、4D 模拟等，超前实现施工项目的可视化
BIMFILM	BIMFILM 虚拟施工系统，是一款基于影像级实时渲染引擎，通过构建丰富的 BIM 施工模型库、可视化工艺工法库、案例工程集库，便于建设工程行业技术人员以及 BIM 工程师快速制作 BIM 施工动画的专业工具软件
Lumion	Lumion 是一个快速的三维模型渲染软件，在项目当中所有的环境都可以预设好，然后在这个环境中去做项目的模型或者导入外部模型如 Revit 模型等，再添加项目的配景。它的人物、车辆、植物等配景都仿真得很好
Fuzor	Fuzor 是一款将 VR 技术与 4D 施工模拟技术深度结合的平台级软件。可以导入外部模型如 Revit 模型，在 Fuzor 当中进行渲染，漫游。同时也可以对模型添加参数进行施工工艺模拟
3ds Max	3ds Max 是专业的三维建模、渲染和动画软件，可以创建精细的模型和场景。3ds Max 的软件操作比较复杂，但是呈现的效果是非常真实的，也是目前常用的渲染动画软件
Photoshop	Photoshop 是一款图像处理软件，在 BIM 项目当中主要用来调整效果图，调整画面效果
After Effects	After Effects 是一款图形视频处理软件，属于层类型后期软件。在 BIM 项目当中主要用来添加动画效果，一般和 Premiere 搭配使用，制作完整的施工工艺动画
Premiere	Premiere 是一款视频编辑软件。跟 After Effects 是一个相辅相成的关系，一般用来对动画进行剪辑、添加字幕、配音等，完成完整的施工工艺动画

扫描二维码 12-2 观看模拟动画制作常用的软件介绍。

12.2　基于 BIMFILM 虚拟施工

1. BIMFILM 虚拟施工系统
（1）安装并打开软件，注册后使用账号和密码登录 BIMFILM 软件；
（2）在新建地貌中选择一种地貌打开（图 12-2）；
（3）操作窗口（图 12-3）；

二维码 12-2
模拟动画制作
常用的软件

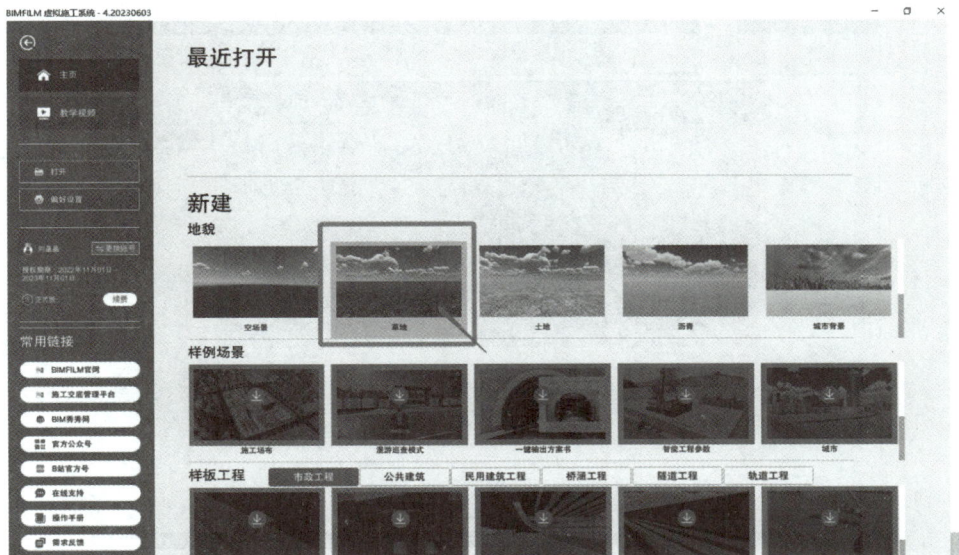

图 12-2 新建地貌

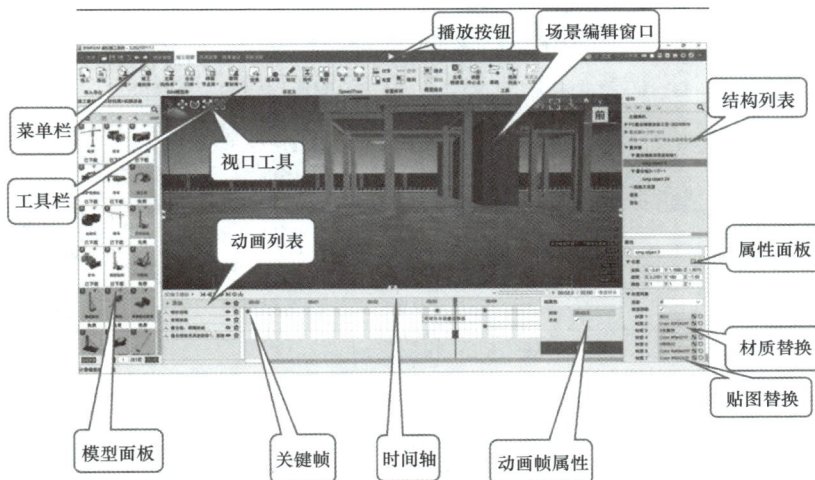

图 12-3 操作窗口

（4）在菜单栏上选择施工部署，在施工部署下工具栏中选择基本体，选中球体，单击鼠标左键选中模型拖至场景编辑窗口，放置适当位置后再次点击鼠标左键确定放置，此时鼠标依旧在选中构件状态，键盘点击 Esc 键取消选中即可。

无法确定模型位置时可以使用鼠标左键双击结构列表中模型一键调整视角（图 12-4）；

（5）点击键盘 W 键（前）、S 键（后）、A 键（左）、D 键（右）、Q 键（上）、E 键（下），试着调整一下视角，操作键盘的时候同时摁住 Shift 键移速加快，再试着摁住鼠标右键或滑动鼠标滚轮查看视角变化（图 12-5）。在视口工具中可以调整相机和滚轮移速。

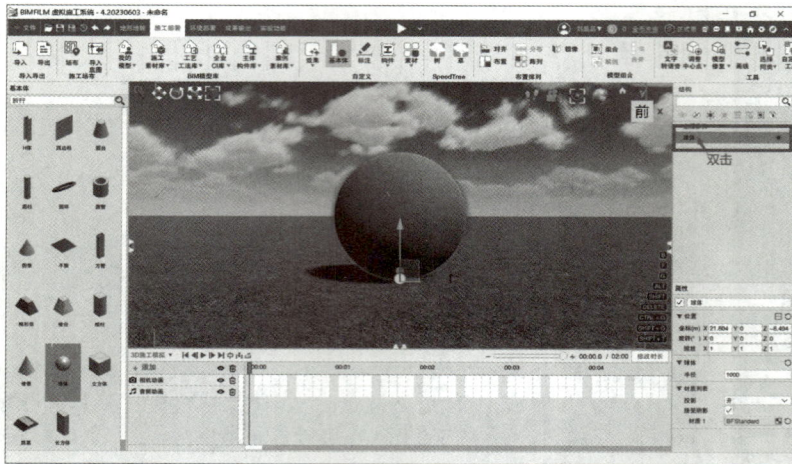

图 12-4　模型视角调整

图 12-5　键鼠操作命令

2. 基于 BIMFILM 制作虚拟施工动画流程（图 12-6）

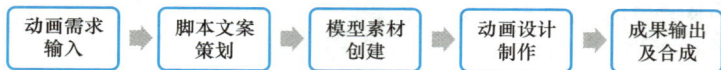

动画需求输入　→　脚本文案策划　→　模型素材创建　→　动画设计制作　→　成果输出及合成

图 12-6　虚拟施工动画流程

3. 动画制作的思路

了解实际需求→探讨内容→提供初步方案→寻找详细相关资料→进行内部讨论→具体制作方案→确定方案→脚本文案策划→开始制作动画。扫描二维码 12-3 观看动画制作的思路教学视频。

二维码 12-3
动画制作的思路

4. 脚本文案策划

1）脚本的定义

工程动画脚本是动画视频制作的指导性文件。可明确工作目标、分解工作内容、落实任务分工，为工程动画制作工作的实施提供明确的边界和依据。

2）脚本的内容

制定视频结构章节、画面表现内容、标题、字幕、配音。如有必要可对动作进行详细描述，对画面时长进行预估，收集图片或相关视频作为辅助参考。涉及内容较多，可能需多人配合完成，脚本内容除了结构章节、画面分镜内容、配音台词、标题和字幕，还可包含画面时长、素材细分和素材制作负责人等。

3）脚本文案策划

（1）结构划分

划分视频总体结构，总分总、总分等。细分各章节层级不宜超过三层，按照划分的结构形式、设计的章节层级，编写脚本文案。

（2）脚本设计

将文案转化为脚本，脚本包含有标题、字幕、配音、动作、镜头等内容。扫描二维码12-4观看脚本创作教学视频。

二维码 12-4
脚本创作

【案例】人工挖孔灌注桩虚拟施工设计脚本见表12-2。

人工挖孔灌注桩虚拟施工设计脚本　　　　　　　　　　表 12-2

序号	标题	字幕/配音	动作	备注
1	人工挖孔灌注桩施工	人工挖孔灌注桩施工	AE 模板	
2	1. 施工准备	1. 施工准备，施工场地必须做好三通一平。施工前，现场技术负责人和施工员，应逐级进行技术交底和安全教育	铲车平整场地	
3			出土道路出现	
4			铲车消失，交底人物出现、消失	
5	2. 测量放样	2. 测量放样，确定好桩位中心点，以中心为圆心，以桩身半径加护壁厚度为半径，画出上部的圆周	测量员出现、消失	
6			中心点出现	
7			尺寸标注出现	
8			白灰线出现、消失，中心点、尺寸标注消失	
9	3. 开挖第一节桩孔土方	3. 开挖第一节桩孔土方，从上到下逐层开挖，每节开挖高度宜为 0.9～1.2m	挖土人员出现	
10			桩孔土方下移 1m	
11			注释开挖高度、消失	
12	4. 第一节支护壁施工	4. 第一节支护壁施工，钢筋绑扎，模板安装，浇筑第一节支护壁混凝土，井圈顶面应比场地高出 100～150mm	钢筋出现	
13			模板出现，下移就位	
14			混凝土浇筑，模板消失	
15			井圈顶面尺寸标注、消失	
16	5. 检测	5. 检测，吊线坠向孔底投设，检查孔壁的垂直平整度	吊线坠出现、投射	
17			盒尺出现、测量，吊线坠、盒尺消失	
18	6. 卷扬机安装	6. 卷扬机安装，选择适当的位置安装卷扬机。吊桶与桩孔的中心位置重合，孔口四周必须设置护栏	卷扬机出现、安装就位	
19			吊桶出现、吊桶跟随卷扬机的吊钩上下移动	
20			防护栏杆出现	

续表

序号	标题	字幕/配音	动作	备注
21	7. 开挖第二节桩孔土方	7. 开挖第二节桩孔土方，从第二节开始，利用提升设备运土	隐藏一侧的场地	做土壤剖面镜头
22			卷扬机吊绳上下运动	
23			第一节支护壁半透明	
24			桩孔土方下移1m	
25	8. 第二节支护壁施工	8. 第二节支护壁施工，钢筋绑扎，模板安装，模板上口留出高度50mm的混凝土浇筑口，人工浇筑	钢筋出现	
26			模板安装就位	
27			注释浇筑口、消失	
28			混凝土浇筑，模板消失	
29	9. 循环作业	9. 循环作业，逐层往下循环作业，将桩孔挖至设计深度，清除孔底的残渣	桩孔土方每下移1m，浇筑一节支护壁（重复）	
30			扫帚清扫、消失	
31	10. 吊放钢筋笼	10. 吊放钢筋笼，对准孔位，缓慢下沉	起重机、钢筋笼出现，起重机吊放钢筋笼	
32	11. 浇筑桩身混凝土	11. 浇筑桩身混凝土，当落距超过3m时，可采用导管泵送。连续浇筑，分层振捣密实	罐车出现、移动就位	
33			导管、料斗出现	
34			混凝土特效	
35			桩身混凝土浇筑完成	

（3）时长预估

正常讲话语速约280字/min（含标点），配音语速约210字/min（含标点）。

（4）文案的内容来源

施工方案、工艺工法、工程质量、安全文明施工、进度计划等，脚本必须围绕着表达的核心内容进行设计。

【案例】人工挖孔灌注桩施工工艺动画文案案例

① 施工准备。施工场地必须做好三通一平。施工前，现场技术负责人和施工员，应逐级进行技术交底和安全教育。

② 测量放样。确定好桩位中心点，以中心为圆心，以桩身半径加护壁厚度为半径，画出上部的圆周。

③ 开挖第一节桩孔土方。从上到下逐层开挖，每节开挖高度宜为0.9～1.2m。

④ 第一节支护壁施工。钢筋绑扎，模板安装，浇筑第一节支护壁混凝土，井圈顶面应比场地高出100～150mm。

⑤ 检测。吊线坠向孔底投设，检查孔壁的垂直平整度。

⑥ 卷扬机安装。选择适当的位置安装卷扬机。吊桶与桩孔的中心位置重合，孔口四周必须设置护栏。

⑦ 开挖第二节桩孔土方。从第二节开始，利用提升设备运土。

⑧ 第二节支护壁施工。钢筋绑扎，模板安装，模板上口留出高度50mm的混凝土浇筑口，人工浇筑。

⑨ 循环作业。逐层往下循环作业，将桩孔挖至设计深度，清除孔底的残渣。

⑩ 吊放钢筋笼。对准孔位，缓慢下沉。

⑪浇筑桩身混凝土。当落距超过 3m 时，可采用导管泵送。连续浇筑，分层振捣密实。

5. 模型素材创建

扫描二维码 12-5 观看根据脚本完善模型。

6. 动画设计制作

配音文稿转化为音频，为动画添加配音，根据脚本制作相关虚拟动画，虚拟动画包括漫游、施工机械、人物的动画等；脚本中的数据添加标注，例如尺寸标注、箭头、注释、路线标识等。扫描二维码 12-6 观看跟随脚本的节奏做动画。

7. 成果输出及合成

用 BIMFILM 输出所有的成果，成果内容：效果图、全景图、视频；利用剪辑软件做最后的合成，用 AE 做一些特效，例如：开场的大标题，最后将所有的成果放到 PR 等视频剪辑软件中合成。扫描二维码 12-7 观看输出与最终合成，扫描二维码 12-8 观看人工挖孔灌注桩施工虚拟施工。

二维码 12-5	二维码 12-6	二维码 12-7	二维码 12-8
根据脚本完善模型	跟随脚本的节奏做动画	输出与最终合成	人工挖孔灌注桩施工虚拟施工

12.3　虚拟施工的意义

1）先模拟后实施。模拟的可视化，不仅有利于培训操作工人，而且可以验证建筑机器人跑点点位的可行性。正是因为它这一特点大大降低了施工过程中的返工率，节约了成本。

2）分析与优化。对设计的可施工性，提前进行分析与优化，确保施工的可行性。

（1）增强了设计优化的手段，设计、检查、协调、修改、再设计的循环过程，直至在施工之前解决所有设计问题，修改难于施工的设计，降低施工难度；

（2）工序上分解 BIM 模型，进行安全、施工空间、环境影响等可施工性模拟分析。

3）改变了传统抽象文字技术交底方式，优化了施工管理。虚拟施工能清晰展示施工过程，操作人员能清楚了解自己的工作内容和工作顺序。

施工技术人员传统文字交底方式，往往对建筑施工方法描述不准确，对施工现场的场景、整体施工工艺的流程无法获得更深层次的体验和理解，容易出现交底人与被交底人，虚拟施工通过可视化方式能够让操作人员一目了然。

作业

某项目在混凝土柱施工前，现场工程师利用虚拟施工动画的形式对操作人员进行了施工工艺交底。表 12-3 为现场工程师设计的混凝土柱虚拟施工动画脚本。扫描二维码 12-9 观看动画的制作过程。

二维码 12-9
动画的制作过程

【任务】根据脚本制作混凝土柱施工工艺动画。

混凝土柱虚拟施工动画脚本　　　　　　　　　　　　　　　　表 12-3

序号	操作内容	预期效果	用时
1	准备工作	1. 操作界面认识； 2. 模型下载与放置； 3. 调整中心点位置； 4. 模型属性修改	10min
2	优化结构列表	1. 掌握构件的打组（组合）功能； 2. 学会层级重命名及模型层级改造功能； 3. 利用现有模型进行优化（删除构件）	15min
3	创建构件模型	学会在软件中创建基础构件模型（墨线）	5min
4	施工准备	1. 掌握配音及字幕功能； 2. 学会使用批量动画、剖切动画、相机动画	15min
5	安装柱模	1. 学会移动关键帧； 2. 学会使用显隐动画、位置动画； 3. 掌握批量动画、相机动画； 4. 能够添加长度标注	20min
6	安装柱箍	学会使用闪烁动画	5min
7	安装斜撑	知道如何修改材质	5min
8	混凝土浇筑	1. 掌握人材机具的使用； 2. 剖切动画	20min
9	成果输出	1. 了解环境部署菜单； 2. 学会成果输出设置	5min
总计		100min	

参 考 文 献

[1] 王利文. 土木工程施工技术 [M]. 北京：中国建筑工业出版社，2017.

[2] 张爱莉. 高层建筑施工 [M]. 重庆：重庆大学出版社，2019.

[3] 蔡雪峰. 土木工程施工 I——施工技术 [M]. 2 版. 北京：高等教育出版社，2019.

[4] 郭正兴. 土木工程施工 [M]. 3 版. 南京：东南大学出版社，2020.

[5] 穆静波，侯敬峰. 土木工程施工 [M]. 3 版. 北京：中国建筑工业出版社，2020.

[6] 吴迈. 简明现代建造手册 [M]. 北京：机械工业出版社，2023.